高 等 数 学

（下册）

王顺凤　孟祥瑞　吴亚娟
朱凤琴　孙艾明　编

东南大学出版社
SOUTHEAST UNIVERSITY PRESS
·南京·

内 容 提 要

本书根据编者多年的教学实践与教改经验,结合教育部高教司颁布的本科非数学专业理工类、经济管理类《高等数学课程教学基本要求》编写而成.

全书分上、下册出版.本书为下册部分.下册包括向量代数与空间解析几何、多元函数微分学、重积分、曲线积分与曲面积分、无穷级数共五章内容.书后还包括习题参考答案与附录[MATLAB软件简介(下)与常见曲面].每节都配适量的习题,每章后附有总复习题,便于教师因材施教或学生自主学习.

本书突出重要概念的实际背景和理论知识的应用.全书结构严谨、逻辑清晰、说理浅显、通俗易懂.例题丰富且有一定梯度,便于学生自学.本书可作为高等院校理、工、经管各类专业高等数学的教材使用,也可作为工程技术人员与考研复习的参考书.

图书在版编目(CIP)数据

高等数学.下册/王顺凤等编. —南京:东南大学出版社,2018.2(2021.9重印)

ISBN 978-7-5641-7451-4

Ⅰ.①高… Ⅱ.①王… Ⅲ.①高等数学—高等学校—教材 Ⅳ.①O13

中国版本图书馆 CIP 数据核字(2017)第 254185 号

高等数学(下册)

出版发行	东南大学出版社
出 版 人	江建中
社　　址	南京市四牌楼 2 号
邮　　编	210096
经　　销	全国各地新华书店
印　　刷	兴化印刷有限责任公司
开　　本	700 mm×1000 mm　1/16
印　　张	20.5
字　　数	461 千字
版　　次	2018 年 2 月第 1 版
印　　次	2021 年 9 月第 6 次印刷
书　　号	ISBN 978-7-5641-7451-4
定　　价	42.00 元

(本社图书若有印装质量问题,请直接与营销部联系。电话:025-83791830)

前　　言

　　本教材是按照教育部提出的高等教育面向 21 世纪教学内容和课程体系改革计划的精神,参照教育部制定的全国硕士研究生入学考试理、工、经管类数学考试大纲和南京信息工程大学理、工、经管类高等数学教学大纲,以及 2004 年教育部高教司颁布的本科非数学专业理工类、经济管理类《高等数学课程教学基本要求》,并汲取近年来南京信息工程大学及滨江学院高等数学课程教学改革实践的经验,借鉴国内外同类院校数学教学改革的成功经验,由南京信息工程大学滨江学院第四期教学建设与改革立项中的教材《高等数学(下)》项目资助编写而成.本书力求具有以下特点:

　　1. 突出培养通适型、应用型人才的宗旨,注重介绍重要概念的实际背景,强调数学的思想和方法,适当弱化理论教学,强化应用教学,力求使学生会用数学知识解决相应较简单的实际问题.

　　2. 在保证科学性的前提下,充分考虑高等教育大众化的新形势,构建学生易于接受的微积分系统.如对较难理解的极限、连续等概念部分,先介绍其描述性定义,在此基础上再介绍极限、连续的精确定义,使学生易于接受;如对微分与积分部分,都以实际问题为背景引入概念;在积分的应用部分,都强调应用元素法解决实际问题,使学生对微积分的思想及其应用有更全面的认识.

　　3. 为了便于教师因材施教以及适应分层次教学的需要,对有关例题和习题进行了分层处理.每节的后面都配有适量梯度明显的习题给不同程度的学生选用,习题主要包括基础题与少量的综合题,基础题用于训练学生掌握基本概念与基本技能;综合题用于训练学生综合运用数学知识分析问题、解决问题的能力;每章的最后还配有总复习题,用于学生复习与巩固知识.

　　4. 充分注意与现阶段中学教材的衔接,本书对反三角函数作了简要介绍,并在附录中补充介绍了数学归纳法、极坐标及一些常用的中学数学公式等,供读者查阅.

　　5. 本教材对例题作了精心挑选,教材中例题丰富多样,既具有代表性又有一定的梯度,适合各类读者的要求.

6. 根据内容特点,在附录中引入 MATLAB 数学软件的简要介绍,并给出了有关案例应用,使学生能较早接触数学软件的学习,为今后运用数学软件解决实际问题打下基础.

教材中的教学内容可根据各类专业的需要选用,本书兼顾了理、工、文、经管各类专业的教学要求,在使用本书时,参照各专业对数学教学的基本要求进行取舍.如经济管理类的专业,多元函数的积分部分只需选讲二重积分,级数部分的傅立叶级数可不讲.理工类专业可以不讲数学在经济方面的应用等.教材中标有"＊"号的内容不作教学要求,可根据各类专业的需要选用.

本教材由南京信息工程大学滨江学院王顺凤、孟祥瑞、吴亚娟、朱凤琴、孙艾明老师集体编写与校对,全书的编写人员集体认真讨论了各章的书稿,左相、刘红爱、官琳琳、咸亚丽、许志奋等许多老师都提出了宝贵的修改意见.全书的框架、统稿、定稿由王顺凤老师承担.

南京信息工程大学数统院薛巧玲教授仔细审阅了全部书稿,提出了宝贵的修改意见,在此向薛巧玲教授表示衷心的感谢!

本书的出版得到南京信息工程大学滨江学院各级领导,以及东南大学出版社的领导与编辑们的大力支持与帮助,在此表示衷心感谢!

由于编者水平所限,编写时间偏紧,书中难免有不少缺点和错误,敬请各位专家、同行和广大读者批评指正.

编者

2019 年 1 月

目　　录

8　向量代数与空间解析几何 ··· 1

　8.1　向量及其线性运算 ··· 1

　　8.1.1　空间直角坐标系 ··· 1

　　8.1.2　空间两点间的距离 ·· 2

　　8.1.3　向量及有关概念 ··· 3

　　8.1.4　向量的线性运算 ··· 4

　　8.1.5　向量在轴上的投影 ·· 8

　　8.1.6　向量的分解与向量的坐标 ··· 9

　　8.1.7　向量的模和方向余弦 ·· 11

　习题 8.1 ··· 13

　8.2　向量的数量积、向量积与混合积 ·· 14

　　8.2.1　向量的数量积 ··· 14

　　8.2.2　向量的向量积 ··· 18

　　8.2.3　向量的混合积 ··· 21

　习题 8.2 ··· 23

　8.3　空间平面及其方程 ··· 24

　　8.3.1　曲面方程的概念 ··· 24

　　8.3.2　平面的方程 ··· 26

　　8.3.3　两平面之间的位置关系 ·· 29

　　8.3.4　点到平面的距离 ··· 31

　习题 8.3 ··· 31

　8.4　空间直线及其方程 ··· 32

　　8.4.1　空间直线的方程 ··· 33

　　8.4.2　两直线之间的位置关系 ·· 36

　　8.4.3　直线与平面之间的位置关系 ·· 36

　　8.4.4　点到直线之间的距离 ·· 38

　　8.4.5　平面束 ··· 39

习题 8.4 ··· 41

8.5　常见的曲面及其方程 ··· 42

　8.5.1　旋转曲面 ··· 42

　8.5.2　柱面 ··· 45

　8.5.3　椭球面 ··· 47

　8.5.4　单叶双曲面 ··· 48

　8.5.5　双叶双曲面 ··· 49

　8.5.6　椭圆抛物面 ··· 50

　*8.5.7　双曲抛物面(马鞍面) ···································· 51

习题 8.5 ··· 52

8.6　空间曲线及其方程 ··· 53

　8.6.1　空间曲线的一般方程 ····································· 53

　8.6.2　空间曲线的参数方程 ····································· 54

　8.6.3　空间曲线在坐标面上的投影 ······························· 55

习题 8.6 ··· 57

总复习题 8 ··· 57

9　多元函数微分法及其应用 ··· 59

9.1　多元函数 ··· 59

　9.1.1　平面点集与 n 维空间 ····································· 59

　9.1.2　多元函数的概念 ··· 62

　9.1.3　二元函数的极限 ··· 64

　9.1.4　二元函数的连续性 ······································· 67

　9.1.5　闭区域上多元连续函数的性质 ······························ 68

习题 9.1 ··· 68

9.2　偏导数 ··· 69

　9.2.1　偏导数的定义 ··· 70

　9.2.2　偏导数的几何意义 ······································· 73

　9.2.3　高阶偏导数 ··· 73

习题 9.2 ··· 75

9.3　全微分 ··· 76

　9.3.1　全微分的概念 ··· 76

*9.3.2 全微分在近似计算中的应用 ················· 80

习题9.3 ················· 81

9.4 多元复合函数的微分法 ················· 82

9.4.1 多元复合函数的求导法则 ················· 82

9.4.2 一阶全微分形式不变性 ················· 86

9.4.3 多元复合函数的高阶偏导数 ················· 87

习题9.4 ················· 88

9.5 隐函数的微分法 ················· 89

9.5.1 一个方程的情形 ················· 89

9.5.2 方程组的情形 ················· 94

习题9.5 ················· 95

9.6 方向导数与梯度 ················· 96

9.6.1 方向导数 ················· 96

9.6.2 梯度 ················· 99

习题9.6 ················· 100

9.7 多元函数微分法在几何上的应用 ················· 101

9.7.1 空间曲线的切线与法平面 ················· 101

9.7.2 空间曲面的切平面与法线 ················· 104

习题9.7 ················· 107

*9.8 二元函数的泰勒公式 ················· 108

习题9.8 ················· 110

9.9 多元函数的极值及其求法 ················· 110

9.9.1 多元函数的极值 ················· 111

9.9.2 条件极值 拉格朗日乘数法 ················· 115

9.9.3 多元函数的最大值与最小值 ················· 118

习题9.9 ················· 120

总复习题9 ················· 120

10 重积分 ················· 122

10.1 二重积分的概念与性质 ················· 122

10.1.1 两个实例 ················· 122

10.1.2 二重积分的定义 ················· 124

10.1.3　二重积分的性质 ……………………………………… 125

习题 10.1 …………………………………………………… 127

10.2　二重积分的计算 ……………………………………… 128

　10.2.1　直角坐标系下二重积分的计算 …………………… 128

　10.2.2　极坐标系下二重积分的计算 ……………………… 137

习题 10.2 …………………………………………………… 142

10.3　三重积分 ……………………………………………… 143

　10.3.1　三重积分的概念 …………………………………… 143

　10.3.2　三重积分的计算 …………………………………… 145

习题 10.3 …………………………………………………… 155

10.4　重积分的应用 ………………………………………… 157

　10.4.1　曲面的面积 ………………………………………… 157

　10.4.2　质心和转动惯量 …………………………………… 158

　10.4.3　引力 ………………………………………………… 161

习题 10.4 …………………………………………………… 162

总复习题 10 ………………………………………………… 163

11　曲线积分与曲面积分 …………………………………… 166

11.1　对弧长的曲线积分 …………………………………… 166

　11.1.1　对弧长的曲线积分的概念 ………………………… 166

　11.1.2　对弧长的曲线积分的计算 ………………………… 168

　11.1.3　对弧长的曲线积分的应用 ………………………… 170

习题 11.1 …………………………………………………… 173

11.2　对面积的曲面积分 …………………………………… 174

　11.2.1　对面积的曲面积分的概念 ………………………… 174

　11.2.2　对面积的曲面积分的性质 ………………………… 175

　11.2.3　对面积的曲面积分的计算 ………………………… 176

习题 11.2 …………………………………………………… 180

11.3　对坐标的曲线积分 …………………………………… 181

　11.3.1　对坐标的曲线积分的概念与性质 ………………… 181

　11.3.2　对坐标的曲线积分的计算 ………………………… 185

习题 11.3 …………………………………………………… 190

11.4 格林公式及其应用 …………………………………………… 192
  11.4.1 格林公式 ……………………………………………… 192
  11.4.2 平面曲线积分与路径无关的条件 ……………………… 198
  11.4.3 全微分方程 ……………………………………………… 204
习题 11.4 …………………………………………………………… 206

11.5 对坐标的曲面积分 ……………………………………………… 208
  11.5.1 曲面的定向 ……………………………………………… 208
  11.5.2 流体流向曲面一侧的流量 ……………………………… 209
  11.5.3 对坐标的曲面积分的概念与性质 ……………………… 210
  11.5.4 对坐标的曲面积分的计算 ……………………………… 213
习题 11.5 …………………………………………………………… 218

11.6 高斯公式及散度 ………………………………………………… 219
  11.6.1 高斯公式 ……………………………………………… 219
  11.6.2 通量与散度 ……………………………………………… 222
习题 11.6 …………………………………………………………… 225

11.7 斯托克斯公式与旋度 …………………………………………… 226
  11.7.1 斯托克斯公式 …………………………………………… 226
  11.7.2 旋度 …………………………………………………… 229
习题 11.7 …………………………………………………………… 231
总复习题 11 ………………………………………………………… 231

12 无穷级数 ……………………………………………………… 234

12.1 常数项级数的概念与性质 ……………………………………… 234
  12.1.1 常数项级数的基本概念 ………………………………… 234
  12.1.2 常数项级数的基本性质 ………………………………… 238
  12.1.3 常数项级数收敛的必要条件 …………………………… 241
习题 12.1 …………………………………………………………… 241

12.2 常数项级数的审敛法 …………………………………………… 242
  12.2.1 正项级数及其审敛法 …………………………………… 242
  12.2.2 交错级数及其审敛法 …………………………………… 250
  12.2.3 任意项级数及其审敛法 ………………………………… 252
习题 12.2 …………………………………………………………… 256

12.3　幂级数 ··· 257
　12.3.1　函数项级数的基本概念 ··· 257
　12.3.2　幂级数及其收敛性 ··· 259
　12.3.3　幂级数的运算及其和函数的性质 ································· 264
习题 12.3 ·· 267
12.4　函数展开成幂级数 ··· 268
　12.4.1　函数展开成幂级数 ··· 268
　*12.4.2　幂级数的应用 ·· 277
习题 12.4 ·· 278
12.5　傅立叶级数 ··· 279
　12.5.1　以 2π 为周期的函数展开成傅立叶级数 ························ 280
　12.5.2　非周期函数的傅立叶级数 ······································· 286
习题 12.5 ·· 290
12.6　以 $2l$ 为周期的函数的傅立叶级数 ································· 291
习题 12.6 ·· 294
总复习题 12 ·· 294

附录 V　MATLAB 软件简介(下) ··································· 296

附录 VI　常见曲面 ·· 306

参考答案 ·· 308

8　向量代数与空间解析几何

在中学数学中我们已经知道,利用向量可以更便捷地解决许多平面几何问题.空间解析几何是用代数的方法来研究空间的几何问题,即通过坐标法,把空间的点与三个有序实数、空间的图形和三元方程建立对应关系.本章首先介绍空间直角坐标系,并讨论在工程技术上有着广泛应用的向量概念和一些基本运算,然后以向量为工具,着重讨论空间中的平面、直线、曲面和曲线的方程以及有关内容.这些知识将是学习多元函数微积分必备的基础知识.

8.1　向量及其线性运算

8.1.1　空间直角坐标系

在空间取一定点 O,过 O 作三条互相垂直的数轴,它们都以 O 为原点且一般具有相同的长度单位.这三条轴分别称为 **x 轴**(横轴)、**y 轴**(纵轴)、**z 轴**(竖轴),统称为**坐标轴**.规定它们的正方向要符合右手规则,即以右手握住 z 轴,当右手的四指从正向 x 轴以 $\dfrac{\pi}{2}$ 角度转向正向 y 轴时,大拇指的指向就是 z 轴的正向,这样的三条坐标轴就组成了一个**空间直角坐标系**,点 O 称为**坐标原点**(如图 8-1 所示),如果把 x 轴和 y 轴配置在水平面上,则 z 轴就是铅垂线.

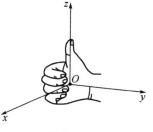

图 8-1

其中任意两条坐标轴确定一个坐标面,称 x 轴及 y 轴所确定的坐标面为 xOy 面.类似地,另两个坐标面分别称为 yOz 面与 zOx 面.这三个坐标面把空间分成八个部分,每一部分称为一个卦限,其中含有三个正半轴的卦限称为第一卦限,它位于 xOy 面的上方,在 xOy 面的上方,按逆时针方向顺序排列着的其他三个卦限依次称为**第二卦限、第三卦限**和**第四卦限**.在 xOy 面的下方,与第一卦限对应的称为第五卦限,按逆时针方向顺序排列着的其他三个卦限依次称为**第六卦限、第七卦限**和**第八卦限**.八个卦限分别用字母 Ⅰ、Ⅱ、Ⅲ、Ⅳ、Ⅴ、Ⅵ、Ⅶ、Ⅷ 表示(如图 8-2 所示).

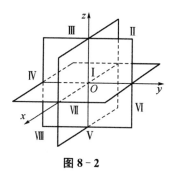

图 8-2

利用空间直角坐标系,就可以建立空间的点与有序数组之间的对应关系. 设空间一点 M,过点 M 分别作垂直于 x 轴、y 轴、z 轴的三个平面,它们与 x 轴、y 轴、z 轴的交点依次为 P、Q、R,设 P、Q、R 在 x 轴、y 轴、z 轴上的坐标依次为 x,y,z(如图 8-3 所示),于是点 M 确定了一个有序实数组 (x,y,z). 反之,如果给定了任一有序实数组 (x,y,z),依次在 x 轴、y 轴、z 轴上取与 x、y、z 相对应的点 P、Q、R,则过点 P、Q、R 作三个平面分别垂直于

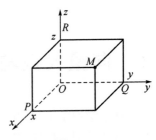

图 8-3

x 轴、y 轴和 z 轴,这三个平面交于一点空间 M. 且 M 点是唯一存在的,因此有序实数组 (x,y,z) 与空间的点 M 一一对应. 这组数 (x,y,z) 就称为点 M 的坐标,并依次称 x,y 和 z 为点 M 的横坐标、纵坐标和竖坐标. 坐标为 (x,y,z) 的点 M 通常记为 $M(x,y,z)$.

显然,原点的坐标为 $O(0,0,0)$;x 轴、y 轴和 z 轴上的点的坐标分别是 $(x,0,0)$、$(0,y,0)$、$(0,0,z)$. 坐标面 xOy 面、yOz 面与 zOx 面上点的坐标分别是 $(x,y,0)$、$(0,y,z)$、$(x,0,z)$.

8.1.2 空间两点间的距离

设 $M_1(x_1,y_1,z_1)$、$M_2(x_2,y_2,z_2)$ 为空间任意两点,过 M_1,M_2 分别作平行于各坐标面的平面,以这些平面为表面组成一个长方体,它的棱与坐标轴平行,线段 M_1M_2 为其一条对角线(如图 8-4 所示). 由图可知

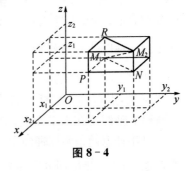

图 8-4

$$|M_1P| = |x_2 - x_1|$$
$$|PN| = |y_2 - y_1|$$
$$|NM_2| = |z_2 - z_1|$$

所以

$$
\begin{aligned}
|M_1M_2| &= \sqrt{|M_1N|^2 + |NM_2|^2} \\
&= \sqrt{|M_1P|^2 + |PN|^2 + |NM_2|^2} \\
&= \sqrt{(x_2-x_1)^2 + (y_2-y_1)^2 + (z_2-z_1)^2}
\end{aligned}
$$

即空间任意两点的距离公式为

$$|M_1M_2| = \sqrt{(x_2-x_1)^2 + (y_2-y_1)^2 + (z_2-z_1)^2} \qquad (8-1)$$

特别地,点 $M(x,y,z)$ 到原点 $O(0,0,0)$ 之间的距离为

$$|OM| = \sqrt{x^2 + y^2 + z^2} \qquad (8-2)$$

例 1　求证以 $A(4,3,1)$、$B(7,1,2)$、$C(5,2,3)$ 三点为顶点的三角形 $\triangle ABC$ 是一个等腰三角形.

证　由两点间距离公式得

$$|AB|^2 = (4-7)^2 + (3-1)^2 + (1-2)^2 = 14$$
$$|BC|^2 = (5-7)^2 + (2-1)^2 + (3-2)^2 = 6$$
$$|AC|^2 = (5-4)^2 + (2-3)^2 + (3-1)^2 = 6$$

由于 $|AC| = |BC|$，所以 $\triangle ABC$ 是一个等腰三角形.

例 2　设点 P 在 x 轴上，它到点 $P_1(0,2,\sqrt{7})$ 的距离为到点 $P_2(0,1,1)$ 的距离的两倍，求点 P 的坐标.

解　因为 P 在 x 轴上，故可设 P 点坐标为 $(x,0,0)$，按题意有

$$|PP_1| = 2|PP_2|$$

而

$$|PP_1| = \sqrt{x^2 + 2^2 + (\sqrt{7})^2} = \sqrt{x^2 + 11}$$
$$|PP_2| = \sqrt{x^2 + 1^2 + 1^2} = \sqrt{x^2 + 2}$$

故

$$\sqrt{x^2 + 11} = 2\sqrt{x^2 + 2}$$

解此方程，得

$$x = \pm 1$$

则所求点的坐标为 $(1,0,0)$ 和 $(-1,0,0)$.

8.1.3　向量及有关概念

在研究力学、运动学等自然科学中常遇到一类既有大小，又有方向的量，如力、速度、力矩、加速度等，称这一类量为**向量(或矢量)**.

在数学上，常用一条有向线段来表示向量.有向线段的长度表示向量的大小，有向线段的方向表示向量的方向.将以 A 为起点，以 B 为终点的向量，记为 $\overrightarrow{AB}$.此外，有时也用一个黑体字母或用字母上面加箭头来表示向量，例如 $\boldsymbol{a}$、$\boldsymbol{i}$、$\boldsymbol{v}$、$\boldsymbol{F}$ 或 $\vec{a}$、$\vec{i}$、$\vec{v}$、$\vec{F}$ 等.因此在几何上，向量就是在空间中有一定方向和长度的线段.

在实际问题中，有些向量与其起点有关，例如质点运动的位移与该点的位置有关，而有些向量与其起点无关，如作用力就与作用点的位置无关.数学中我们只研究与起点无关的向量，并称这些向量为**自由向量**(简称向量).因此如果两个向量满足下面两个条件：① 长度相等，② 方向相同，则称这两个向量是相等的.

向量的大小称为向量的**模**，向量 $\overrightarrow{AB}$、$\boldsymbol{a}$、$\vec{a}$ 的模依次记作 $|\overrightarrow{AB}|$、$|\boldsymbol{a}|$、$|\vec{a}|$.模

等于 1 的向量称为**单位向量**. 模等于零的向量称为**零向量**,记作 **0** 或 $\vec{0}$,零向量的起点与终点重合,它的方向可以看作是任意的. 直角坐标系中,以坐标原点 O 为起点向点 M 引向量$\overrightarrow{OM}$,称该向量为点 M 对于点 O 的**向径或矢径**.

如果两个向量的方向相同并且模相等,我们就称**这两个向量相等**. 根据这个规定,一个向量和经过平行移动后所得的向量都是相等的.

两个非零向量如果它们的方向相同或相反,就称**这两个向量平行**. 向量 a 与 b 平行,记作 $a \parallel b$. 由于零向量的方向是任意的,因此,零向量被认为是与任何向量都平行的向量. 当两个平行向量的起点放在同一点时,它们的终点和公共起点在同一条直线上,因此,又称两平行向量为**共线向量**.

类似的还有共面向量的概念. 设有 $k(k \geqslant 3)$ 个向量,当把它们的起点放在同一点时,如果 k 个终点和公共起点在同一个平面上,就称**这 k 个向量共面**.

8.1.4　向量的线性运算

1) 向量的加减运算

根据力学中关于力、速度的合成法则,我们定义两个向量的和如下:设 a 与 b 为两个向量,任取一点 A,作$\overrightarrow{AB} = a$,$\overrightarrow{AD} = b$,以$\overrightarrow{AB}$、$\overrightarrow{AD}$ 为边作平行四边形 $ABCD$,称其对角线$\overrightarrow{AC} = c$ 为向量 a 与 b 的和(如图 8-5 所示),记为

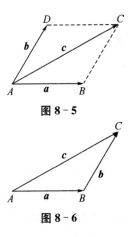

$$c = a + b$$

图 8-5

这种求两个向量和的法则称为**平行四边形法则**.

由图 8-5 容易看出,$\overrightarrow{AD} = \overrightarrow{BC}$,于是得向量加法的三角形法则:在第一个向量$\overrightarrow{AB} = a$ 的终点 B 引第二个向量$\overrightarrow{BC} = b$,则封闭这折线 ABC 的向量$\overrightarrow{AC} = c$ 就是向量 a 与 b 的和. 它的起点合于第一向量的起点,终点合于第二个向量的终点(如图 8-6 所示).

图 8-6

这种求两个向量和的法则称为**三角形法则**.

可以证明向量的加法符合下列运算规律:

① 交换律:$a + b = b + a$.

② 结合律:$(a + b) + c = a + (b + c)$.

这是因为,按向量加法的三角形法则,由图 8-5 可得

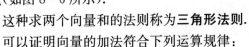

$$a + b = \overrightarrow{AB} + \overrightarrow{BC} = \overrightarrow{AC} = c$$

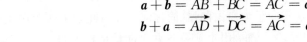

$$b + a = \overrightarrow{AD} + \overrightarrow{DC} = \overrightarrow{AC} = c$$

所以

$$a + b = b + a$$

即向量的加法符合交换律.

又如图 8-7 所示,利用三角形法则,先作 $a+b$ 再加上 c,即得 $(a+b)+c$,如以 a 与 $b+c$ 相加,则得同一结果,因此向量的加法符合结合律.

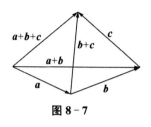

图 8-7

由图 8-7 可知,向量 $a+b+c$ 就是封闭向量 a、b、c 所在的折线的向量,由此可得多个向量的加法法则:**以任何次序相继作 n 个向量 $a_1, a_2, \cdots, a_n (n \geqslant 3)$,并以前一个向量的终点作为次一个向量的起点,则从第一个向量的起点向最后一个向量的终点所引的向量就是 $a_1 + a_2 + \cdots + a_n$**(如图 8-8 所示).

在实际问题中,还经常遇到大小相等而方向相反的向量,如作用力和反作用力等. 称与 a 大小相等而方向相反的向量为 a 的负向量,记作 $-a$.

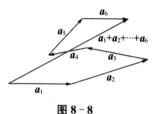

图 8-8

有了负向量的概念,可以定义两个向量 a 与 b 的差为

$$b - a = b + (-a)$$

即把向量 $-a$ 加到向量 b 上,便得 b 与 a 的差 $b-a$(如图 8-9 所示).

特别地,当 $b = a$ 时,有

$$a - a = a + (-a) = \mathbf{0}$$

显然,任给向量 $\overrightarrow{AB}$ 及点 O,利用三角形法则,有

$$\overrightarrow{AB} = \overrightarrow{AO} + \overrightarrow{OB} = \overrightarrow{OB} - \overrightarrow{OA}$$

因此,若把向量 a 与 b 移到同一起点 O,则从 a 的终点 A 向 b 的终点 B 所引向量 $\overrightarrow{AB}$ 便是向量 b 与 a 的差 $b-a$(图 8-10).

图 8-9

由三角形两边之和大于第三边的原理,可知

$$|a+b| \leqslant |a| + |b|$$
$$|a-b| \leqslant |a| + |b|$$

其中等号在 b 与 a 同向或反向时成立.

图 8-10

2) 向量与数的乘法

在应用中常遇到向量与数量的乘法,例如将速度 v 增大两倍,是指速度的方向不变,大小增大两倍,可以记为 $2v$. 由此,我们引入向量与数量相乘(简称**数乘**)的定义如下:

定义　向量 a 与实数 λ 的乘积,记为 λa,它表示这样一个向量:当 $\lambda > 0$ 时与 a 同向,当 $\lambda < 0$ 时与 a 反向,而它的模是 $|\lambda a| = |\lambda| |a|$. 当 $\lambda = 0$ 时,λa 是零向量,即 $\lambda a = \mathbf{0}$.

特别地,当 $\lambda = \pm 1$ 时,有

$$1a = a, (-1)a = -a$$

其中向量 $-a$ 的模与向量 a 的模相等,而方向相反,故称向量 $-a$ 为**向量 a 的反向量**.

可以证明,向量的数乘运算符合下列运算规律:

(1) 分配律

① $(\lambda + \mu)a = \lambda a + \mu a$;

② $\lambda(a + b) = \lambda a + \lambda b$.

(2) 结合律

$\lambda(\mu a) = (\lambda \mu)a = \mu(\lambda a)$.

证 (1) ①:当 $a = 0$,等式显然成立,当 $a \neq 0$,且 λ、$\mu > 0$ 时,等式两边的向量都是将 a 放大 $\lambda + \mu$ 倍,所以等式显然成立.其他情形根据 λ、μ,$\lambda + \mu$ 的正、负分情况,由定义同样可证明等式成立.

②:$\lambda(a + b)$ 是将向量和的三角形伸长(或缩短)λ 倍(如图 8-11 所示),由相似三角形的性质及向量加法的三角形法则可知等式成立.

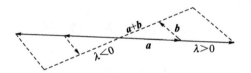

图 8-11

(2) 按数乘向量的定义,向量 $\lambda(\mu a)$、$(\lambda \mu)a$、$\mu(\lambda a)$ 都是平行的向量,且它们有相同的指向(当 λ、μ 同号时,三个向量都与 a 同向;当 λ、μ 异号时,三个向量都与 a 反向).至于长度,由数乘向量的定义可知

$$|\lambda(\mu a)| = |\lambda||\mu a| = |\mu||\lambda||a|$$

$$|(\lambda \mu)a| = |\lambda \mu||a| = |\mu||\lambda||a|$$

$$|\mu(\lambda a)| = |\mu||\lambda a| = |\mu||\lambda||a|$$

故结合律 $\lambda(\mu a) = (\lambda \mu)a = \mu(\lambda a)$ 成立.

向量的加法运算和数乘运算统称为**向量的线性运算**.

设向量 a 是一个非零向量,e_a 是与 a 同向的单位向量.由数乘向量的定义可知,a 与 $|a|e_a$ 有相同的方向,又 $|a|e_a$ 的模为

$$||a|e_a| = |a||e_a| = |a|$$

即 a 与 $|a|e_a$ 有相同的模,所以

$$a = |a|e_a \qquad\qquad (8-3)$$

当 $|a| \neq 0$ 时,有

$$e_a = \frac{a}{|a|} \tag{8-4}$$

利用数乘向量,可以得到关于如下两个向量平行的充要条件:

定理1 设 a、b 均为非零向量,则向量 a、b 平行的充要条件是:存在唯一的实数 λ,使

$$b = \lambda a \tag{8-5}$$

证 充分性:根据数乘向量的定义可知,如果 $b = \lambda a$,λ 为实数,那么向量 b 平行于 a.

必要性:如果向量 b 平行于 a,取 $\lambda = \pm \dfrac{|b|}{|a|}$($b$ 与 a 同向时取正,异向时取负),则有 $|b| = |\lambda| |a| = |\lambda a|$,即向量 $b, \lambda a$ 有相同的模,根据数乘向量的定义可知,$b = \lambda a$.

综上所述:两非零向量 a、b 平行的充要条件为 $b = \lambda a$.

下面证明上式中的实数 λ 唯一存在.

事实上,若有 $b = \lambda a$,又有 $b = \mu a$,则将两式相减,便得

$$(\lambda - \mu)a = \mathbf{0}$$

即

$$|\lambda - \mu| |a| = 0$$

因 $|a| \neq 0$,故 $|\lambda - \mu| = 0$,即 $\lambda = \mu$. 故实数 λ 唯一存在. 定理 1 得证.

例3 在平行四边形 $ABCD$ 中,M 是平行四边形对角线的交点,设 $\overrightarrow{AB} = a$,$\overrightarrow{AD} = b$,试用 a 和 b 表示向量 $\overrightarrow{MA}$、$\overrightarrow{MB}$、$\overrightarrow{MC}$、$\overrightarrow{MD}$.

解 由于平行四边形的对角线互相平分(图 8-12),所以

$$a + b = \overrightarrow{AC} = 2\overrightarrow{AM} = -2\overrightarrow{MA}$$

于是

$$\overrightarrow{MA} = -\frac{1}{2}(a+b); \quad \overrightarrow{MC} = -\overrightarrow{MA} = \frac{1}{2}(a+b)$$

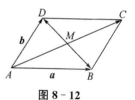

图 8-12

又因为

$$\overrightarrow{BC} + \overrightarrow{CD} = b + (-a) = \overrightarrow{BD} = 2\overrightarrow{MD}$$

所以

$$\overrightarrow{MD} = \frac{1}{2}(b-a); \quad \overrightarrow{MB} = -\overrightarrow{MD} = \frac{1}{2}(a-b)$$

8.1.5　向量在轴上的投影

1）空间两轴之间的夹角

设空间两轴 u_1、u_2，在空间任一点 S 引两轴 u_1'、u_2' 使它们分别与两轴 u_1、u_2 平行，且有相同的指向，则在两轴 u_1'、u_2' 决定的平面上，两个轴 u_1'、u_2' 的正方向所在的射线所夹的较小的角称为空间两轴 u_1、u_2 之间的夹角，记作 $(\widehat{u_1,u_2})$。一般两轴之间的夹角的范围在 0 与 π 之间，且不分轴的顺序（如图 8-13 所示）。

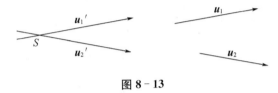

图 8-13

类似地，空间的轴 u 与向量 a 的夹角，就用轴 u 与另一和向量 a 的正向一致的轴 u_1 间的夹角来定义；两向量 a 与 b 的夹角，就用与向量 a 与 b 的正向一致的两轴 u_1、u_2 间的夹角来定义，记作 $(\widehat{a,b})$ 或 $(\widehat{b,a})$。

2）空间点与向量在轴上的投影

（1）空间点在轴上的投影

设 A 是空间一点，过 A 点作垂直于 u 轴的平面 Π，则称平面 Π 与轴 u 的交点 A' 为点 A **在轴 u 上的投影**（如图 8-14 所示）。

（2）空间向量在轴上的投影

设有一轴 u，$\overrightarrow{AB}$ 是轴 u 上的有向线段，如果数 λ 满足 $|\lambda| = |\overrightarrow{AB}|$，且当 $\overrightarrow{AB}$ 与轴 u 指向同向时 λ 取正，当 $\overrightarrow{AB}$ 与轴 u 指向反向时 λ 取负，那么数 λ 称为**轴 u 上有向线段 $\overrightarrow{AB}$ 的值**，记作 AB，即 $\lambda = AB$。

设 e 是与 u 轴同方向的单位向量，则 $\overrightarrow{AB} = \lambda e$。设点 A 为轴 u 上的一点，O 为轴 u 的原点，则存在唯一的数 λ，使得 $\overrightarrow{OA} = \lambda e$ 成立，易知，数 λ 就是点 A 在轴 u 上的坐标。

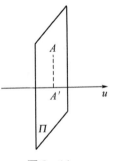

图 8-14

设向量 $\overrightarrow{AB}$ 的起点 A 和终点 B 在轴 u 上的投影分别为 A' 和 B'（图 8-15），设 e 是与 u 轴同方向的单位向量，如果 $\overrightarrow{A'B'} = \lambda e$，则称数 λ 为向量 $\overrightarrow{AB}$ 在轴 u 上的投影，记作 $\text{Prj}_u \overrightarrow{AB}$ 或 $(\overrightarrow{AB})_u$，轴 u 称为投影轴。

可以证明向量的投影有下列性质：

定理 2（投影定理）　向量 a 在轴 u 上的投影等于向

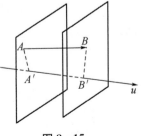

图 8-15

量的模乘以轴 u 与向量 a 间的夹角 φ 的余弦,即

$$\mathrm{Prj}_u a = |a| \cdot \cos\varphi \qquad (8-6)$$

证　设向量 a 的起点与终点分别为 A 和 B,即 $a = \overrightarrow{AB}$,A' 和 B' 分别为点 A 和 B 在数轴 u 上的投影(如图 8-16 所示).过点 A 作平行于轴 u 的轴 u',将向量 $\overrightarrow{A'B'}$ 平移到 $\overrightarrow{AB''}$,则 $\angle BAB'' = \varphi$.显然点 B'' 也是点 B 在 u' 轴上的投影,因此点 B、B'、B'' 都在垂直于 u 轴的平面上,在直角 $\triangle AB''B$ 中,$\angle AB''B$ 为直角,故 $A'B' = AB'' = |\overrightarrow{AB}| \cos\varphi$.因此

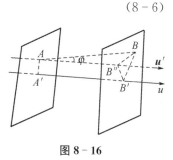

图 8-16

$$\mathrm{Prj}_u a = \mathrm{Prj}_u \overrightarrow{AB} = A'B' = |\overrightarrow{AB}| \cos\varphi$$

由上述投影定理可知,当向量 $\overrightarrow{AB}$ 与数轴 u 的夹角 φ 为锐角时,$\overrightarrow{AB}$ 在轴 u 上的投影为正;当向量 $\overrightarrow{AB}$ 与数轴 u 的夹角 φ 为钝角时,$\overrightarrow{AB}$ 在轴 u 上的投影为负;当 φ 为直角时,投影为零.显然,相等的向量在同一数轴上的投影是相等的.

读者容易推证,若干个向量的和在轴 u 上的投影有如下性质:

性质 1　两个向量的和在轴 u 上的投影等于这两个向量在该轴上投影的和,即

$$\mathrm{Prj}_u(a + b) = \mathrm{Prj}_u a + \mathrm{Prj}_u b \qquad (8-7)$$

该性质可推广到 n 个向量的情形,即

$$\mathrm{Prj}_u(a_1 + a_2 + \cdots + a_n) = \mathrm{Prj}_u a_1 + \mathrm{Prj}_u a_2 + \cdots + \mathrm{Prj}_u a_n \qquad (8-8)$$

性质 2　向量与数的乘积在轴 u 上的投影等于向量在该轴上的投影与该数之积,即

$$\mathrm{Prj}_u(\lambda a) = \lambda \mathrm{Prj}_u a \qquad (8-9)$$

8.1.6　向量的分解与向量的坐标

前面用几何方法讨论了向量的表示和运算,这种方法虽然直观,但难以进行精确计算,并且有些问题仅用几何方法不一定能够解决.下面通过对向量进行分解从而得到向量的坐标表示式,由此将向量与有序数组联系起来,就可以用代数的方法来表示并研究向量.

设有一个起点为原点,而终点为 $M(x, y, z)$ 的向量 $\overrightarrow{OM}$(图 8-17),由向量的加法定义,可知

$$\overrightarrow{OM} = \overrightarrow{ON} + \overrightarrow{NM} = \overrightarrow{ON} + \overrightarrow{OR}$$

由于

$$\overrightarrow{ON} = \overrightarrow{OP} + \overrightarrow{PN} = \overrightarrow{OP} + \overrightarrow{OQ}$$

则

$$\overrightarrow{OM} = \overrightarrow{OP} + \overrightarrow{OQ} + \overrightarrow{OR}$$

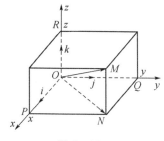

图 8-17

称向量$\overrightarrow{OP}$、$\overrightarrow{OQ}$、$\overrightarrow{OR}$为向量$\overrightarrow{OM}$在坐标轴上的**分向量**.

在坐标轴x轴、y轴和z轴上以O为起点分别取三个单位向量，其方向分别与x轴、y轴和z轴的正向相同，并分别用i、j、k表示，称这三个向量i、j、k为基本单位向量.

由点M的坐标可知

$$OP = x, OQ = y, OR = z$$

因此OP、OQ、OR正是向量$\overrightarrow{OM}$分别在三个坐标轴上的投影，又$\overrightarrow{OM}$在坐标轴上的分向量为

$$\overrightarrow{OP} = x\boldsymbol{i}, \overrightarrow{OQ} = y\boldsymbol{j}, \overrightarrow{OR} = z\boldsymbol{k}$$

于是

$$\overrightarrow{OM} = x\boldsymbol{i} + y\boldsymbol{j} + z\boldsymbol{k}$$

上式中的x、y、z是向量$\overrightarrow{OM}$分别在x轴、y轴和z轴三个坐标轴上的投影. 当向量的起点为原点时，x、y、z也正是向量的终点M的坐标.

一般地，如果向量$\boldsymbol{a}$在x轴、y轴和z轴上的投影依次为x、y、z，则其在x轴、y轴和z轴上的分向量为$x\boldsymbol{i}$、$y\boldsymbol{j}$、$z\boldsymbol{k}$，且

$$\boldsymbol{a} = x\boldsymbol{i} + y\boldsymbol{j} + z\boldsymbol{k}$$

称有序数组(x, y, z)（即$\boldsymbol{i}, \boldsymbol{j}, \boldsymbol{k}$的系数）为向量$\boldsymbol{a}$的坐标，记作$\boldsymbol{a} = (x, y, z)$，例如$\boldsymbol{a} = (2, 1, 3) = 2\boldsymbol{i} + \boldsymbol{j} + 3\boldsymbol{k}$.

由于有序实数组(x, y, z)与点M是一一对应的，因此有序数组(x, y, z)与向量$\overrightarrow{OM}$也是一一对应的.

有了向量的坐标表示式，就可以得到向量的加、减、数乘运算的坐标公式. 设有两向量

$$\boldsymbol{a} = (a_1, a_2, a_3), \boldsymbol{b} = (b_1, b_2, b_3)$$

及常数λ，则

$$\boldsymbol{a} \pm \boldsymbol{b} = (a_1\boldsymbol{i} + a_2\boldsymbol{j} + a_3\boldsymbol{k}) \pm (b_1\boldsymbol{i} + b_2\boldsymbol{j} + b_3\boldsymbol{k})$$
$$= (a_1 \pm b_1)\boldsymbol{i} + (a_2 \pm b_2)\boldsymbol{j} + (a_3 \pm b_3)\boldsymbol{k}$$
$$\lambda\boldsymbol{a} = \lambda(a_1\boldsymbol{i} + a_2\boldsymbol{j} + a_3\boldsymbol{k}) = (\lambda a_1)\boldsymbol{i} + (\lambda a_2)\boldsymbol{j} + (\lambda a_3)\boldsymbol{k}$$

即

$$\boldsymbol{a} \pm \boldsymbol{b} = (a_1 \pm b_1, a_2 \pm b_2, a_3 \pm b_3) \qquad (8-10)$$
$$\lambda\boldsymbol{a} = \lambda(a_1, a_2, a_3) = (\lambda a_1, \lambda a_2, \lambda a_3) \qquad (8-11)$$

上面两式分别就是向量的加、减运算及数乘运算的坐标运算公式.

根据前面的定理1，非零向量$\boldsymbol{a}$与$\boldsymbol{b}$共线的充要条件是$\boldsymbol{a} = \lambda\boldsymbol{b}$，按坐标形式表示有

$$(a_1, a_2, a_3) = \lambda(b_1, b_2, b_3)$$

从而有 $a_1 = \lambda b_1, a_2 = \lambda b_2, a_3 = \lambda b_3$,即

$$\frac{a_1}{b_1} = \frac{a_2}{b_2} = \frac{a_3}{b_3} \qquad (8-12)$$

即两向量 $\boldsymbol{a}$ 与 $\boldsymbol{b}(\boldsymbol{b} \neq \boldsymbol{0})$ 平行的充要条件是它们的坐标对应成比例.

应当指出,上式中若某一分子或分母为 0,则应理解为相应的分母或分子也是 0,但由于 $\boldsymbol{b} \neq \boldsymbol{0}$,因此不会三个分子或分母同时为 0.

例 4　已知两定点为 $M_1(x_1, y_1, z_1), M_2(x_2, y_2, z_2)$,求向量 $\overrightarrow{M_1M_2}$ 的坐标.

解　作向量 $\overrightarrow{OM_1}, \overrightarrow{OM_2}, \overrightarrow{M_1M_2}$(如图 8-18 所示),
因此

$$\overrightarrow{OM_1} = x_1\boldsymbol{i} + y_1\boldsymbol{j} + z_1\boldsymbol{k}$$
$$\overrightarrow{OM_2} = x_2\boldsymbol{i} + y_2\boldsymbol{j} + z_2\boldsymbol{k}$$

则有

$$\begin{aligned}
\overrightarrow{M_1M_2} &= \overrightarrow{OM_2} - \overrightarrow{OM_1} \\
&= (x_2\boldsymbol{i} + y_2\boldsymbol{j} + z_2\boldsymbol{k}) - (x_1\boldsymbol{i} + y_1\boldsymbol{j} + z_1\boldsymbol{k}) \\
&= (x_2 - x_1)\boldsymbol{i} + (y_2 - y_1)\boldsymbol{j} + (z_2 - z_1)\boldsymbol{k} \\
&= (x_2 - x_1, y_2 - y_1, z_2 - z_1)
\end{aligned}$$

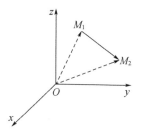

图 8-18

即

$$\overrightarrow{M_1M_2} = (x_2 - x_1, y_2 - y_1, z_2 - z_1) \qquad (8-13)$$

由例 4 表明:一个向量的坐标就是它的终点的坐标减去其起点的坐标.

8.1.7　向量的模和方向余弦

下面我们来讨论如何用向量的坐标表示它的模和方向.

1) 向量的模

设任一非零向量 $\boldsymbol{a} = (x, y, z)$,作 $\overrightarrow{OM} = \boldsymbol{a}$. 从图 8-19 容易得到

$$\boldsymbol{a} = \overrightarrow{OM} = \overrightarrow{OP} + \overrightarrow{OQ} + \overrightarrow{OR} = (x, y, z)$$

由勾股定理得

$$\begin{aligned}
|\boldsymbol{a}| = |\overrightarrow{OM}| &= \sqrt{|\overrightarrow{OP}|^2 + |\overrightarrow{OQ}|^2 + |\overrightarrow{OR}|^2} \\
&= \sqrt{x^2 + y^2 + z^2}
\end{aligned}$$

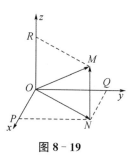

图 8-19

即向量 $\boldsymbol{a}$ 的模的坐标表示式为

$$|\boldsymbol{a}| = \sqrt{x^2 + y^2 + z^2} \qquad (8-14)$$

它与点 $M(x, y, z)$ 到原点的距离公式是一样的.

2) 方向余弦

设向量 $\boldsymbol{a} = \overrightarrow{OM}$ 与坐标轴 x 轴、y 轴、z 轴的正向间的夹角依次为 α、β、γ，并规定 $0 \leqslant \alpha \leqslant \pi, 0 \leqslant \beta \leqslant \pi, 0 \leqslant \gamma \leqslant \pi$，则 $\boldsymbol{a}$ 的方向可以由 α、β、γ 完全确定，故称 α、β、γ 为向量 $\boldsymbol{a}$ 的方向角(如图 8 - 20 所示). 因为 $\angle MOP = \alpha$，且 $MP \perp OP$

所以

$$\cos\alpha = \frac{x}{|\boldsymbol{a}|} = \frac{x}{\sqrt{x^2 + y^2 + z^2}}$$

同理可得

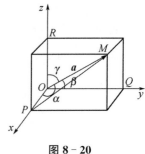

图 8 - 20

$$\cos\beta = \frac{y}{|\boldsymbol{a}|} = \frac{y}{\sqrt{x^2 + y^2 + z^2}}$$

$$\cos\gamma = \frac{z}{|\boldsymbol{a}|} = \frac{z}{\sqrt{x^2 + y^2 + z^2}}$$

故方向余弦的平方和为

$$\cos^2\alpha + \cos^2\beta + \cos^2\gamma = 1$$

从而

$$(\cos\alpha, \cos\beta, \cos\gamma) = \left(\frac{x}{|\boldsymbol{a}|}, \frac{y}{|\boldsymbol{a}|}, \frac{z}{|\boldsymbol{a}|}\right) = \frac{1}{|\boldsymbol{a}|}(x, y, z) = \frac{\boldsymbol{a}}{|\boldsymbol{a}|} = \boldsymbol{e}_a$$

称 $\cos\alpha$、$\cos\beta$、$\cos\gamma$ 为向量 $\boldsymbol{a}$ 的方向余弦. 且由向量 $\boldsymbol{a}$ 的方向余弦构成的向量 $(\cos\alpha, \cos\beta, \cos\gamma)$ 的模为 1，由此可知，以 $\boldsymbol{a}$ 的方向余弦为坐标的向量 $(\cos\alpha, \cos\beta, \cos\gamma)$ 是与 $\boldsymbol{a}$ 同向的单位向量.

例 5 设已知两点 $A(0,1,2)$ 和 $B(-1,1,3)$，计算向量 $\overrightarrow{AB}$ 的模、方向余弦、方向角及与 $\overrightarrow{AB}$ 同方向的单位向量.

解 因为

$$\overrightarrow{AB} = (-1-0, 1-1, 3-2) = (-1, 0, 1)$$

所以

$$|\overrightarrow{AB}| = \sqrt{(-1)^2 + 0^2 + 1^2} = \sqrt{2}$$

于是

$$\cos\alpha = -\frac{1}{\sqrt{2}} = -\frac{\sqrt{2}}{2}, \cos\beta = \frac{0}{\sqrt{2}} = 0, \cos\gamma = \frac{1}{\sqrt{2}} = \frac{\sqrt{2}}{2}$$

$$\alpha = \frac{3\pi}{4}, \beta = \frac{\pi}{2}, \gamma = \frac{\pi}{4}$$

设与 $\overrightarrow{AB}$ 同方向的单位向量为 $\boldsymbol{e}_a$，由于 $\boldsymbol{e}_a = (\cos\alpha, \cos\beta, \cos\gamma)$，即得

$$\boldsymbol{e}_a = \left(-\frac{\sqrt{2}}{2}, 0, \frac{\sqrt{2}}{2}\right)$$

例 6 从点 $A(2,-1,7)$ 沿向量 $\boldsymbol{a}=\boldsymbol{i}+2\boldsymbol{j}-2\boldsymbol{k}$ 的方向取线段 $|\overrightarrow{AB}|=3$,求 B 点的坐标.

解 设 B 点的坐标为 (x,y,z),则 $\overrightarrow{AB}=(x-2,y+1,z-7)$. 由题意,有 $|\overrightarrow{AB}|=3$,并且 $\overrightarrow{AB}$ 与 $\boldsymbol{a}$ 同向(即它们有相同的方向余弦).

向量 $\boldsymbol{a}$ 的方向余弦为

$$\cos\alpha = \frac{1}{\sqrt{1^2+2^2+(-2)^2}} = \frac{1}{3}$$

$$\cos\beta = \frac{2}{3}, \cos\gamma = -\frac{2}{3}$$

故

$$\boldsymbol{e}_a = (\cos\alpha,\cos\beta,\cos\gamma) = \left(\frac{1}{3},\frac{2}{3},-\frac{2}{3}\right)$$

则 $\overrightarrow{AB}=|\overrightarrow{AB}|\cdot\boldsymbol{e}_a = 3\cdot\left(\frac{1}{3},\frac{2}{3},-\frac{2}{3}\right) = (1,2,-2)$

从而

$$\overrightarrow{AB} = (x-2,y+1,z-7) = (1,2,-2)$$

解得

$$x=3, y=1, z=5$$

即所求点 B 的坐标为 $(3,1,5)$.

习题 8.1

1. 求点 (a,b,c) 关于:(1) 各坐标面;(2) 各坐标轴;(3) 坐标原点的对称点的坐标.

2. 证明以 $A(4,5,3)$、$B(1,7,4)$、$C(2,4,6)$ 为顶点的三角形是等边三角形.

3. 在 y 轴上,求与 $A(1,2,3)$、$B(0,1,-1)$ 两点等距离的点的坐标.

4. 求点 $M(1,-2,3)$ 到原点与各坐标轴的距离.

5. 用向量方法证明三角形两腰中点的连线平行于第三边,且等于第三边的一半.

6. 设 $\boldsymbol{a}=2\boldsymbol{i}+3\boldsymbol{j}+\boldsymbol{k}, \boldsymbol{b}=\boldsymbol{i}-\boldsymbol{j}+\boldsymbol{k}$,求以 $\boldsymbol{u}=\boldsymbol{a}+\boldsymbol{b}, \boldsymbol{v}=3\boldsymbol{a}-2\boldsymbol{b}$ 为邻边的平行四边形的两条对角线的长.

7. 求平行于向量 $\boldsymbol{a}=(-7,6,-6)$ 的单位向量.

8. 试证明三点 $A(1,0,-1)$、$B(3,4,5)$、$C(0,-2,-4)$ 共线.

9. 已知 $M_1(1,1,0)$,$M_2(0,-1,2)$,计算向量 $\overrightarrow{M_1M_2}$ 的模和方向余弦.

10. 设向量 $\boldsymbol{r}$ 的模是 5,它与轴 u 的夹角是 $\frac{\pi}{4}$,求向量 $\boldsymbol{r}$ 在轴 u 上的投影.

11. 设 $m = 3i + 5j + 8k, n = 2i - 4j - 7k$ 和 $p = 5i + j - 4k$，求向量 $a = 4m + 3n - p$ 在 x 轴上的投影及在 y 轴上的分向量.

12. 一向量的终点在点 $B(3, -1, 6)$，它在 x 轴、y 轴和 z 轴上的投影依次为 5、-4、6，求该向量的起点 A 的坐标.

13. 已知向量 $\overrightarrow{AB} = (-3, 0, 4), \overrightarrow{AC} = (5, -2, -14)$，求与等分角 $\angle BAC$ 的射线指向一致的单位向量.

14. 设向量 a 与 x 轴、y 轴的夹角的余弦分别为 $\cos\alpha = \dfrac{1}{3}, \cos\beta = \dfrac{2}{3}$，且其模为 3，求向量 a.

15. 已知 $a = (3, 5, -4), b = (2, 1, 8)$：

(1) 求 $2a - 3b$；

(2) λ 与 μ 满足什么条件时，$\lambda a + \mu b$ 垂直于 y 轴？

16. 设向量 a 的三个方向角 α、β、γ 相等，求 a 的方向余弦及与 a 平行的单位向量.

8.2 向量的数量积、向量积与混合积

8.2.1 向量的数量积

由物理学知道，一个力作用于物体，这个力 F 所作的功的大小，由力 F 的大小、物体受力作用后所产生的位移 s 及 s 与 F 的夹角的余弦来决定. 设一物体在常力 F 作用下沿直线从点 M_1 移动到点 M_2，以 s 表示位移 $\overrightarrow{M_1M_2}$，由物理实验可知，力 F 所作的功为

$$W = |F||s|\cos\theta$$

其中 θ 为 F 与 s 的夹角(图 8-21).

这种由两个向量的长度及其夹角的余弦组成的算式在其他一些实际问题中也会遇到. 由此我们从物理问题中抽象出来，得到两个向量的一种特殊的乘积运算 —— 向量的数量积的定义.

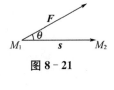

图 8-21

定义 1 对于两个向量 a 和 b，它们的模 $|a|$、$|b|$ 及它们间的夹角 θ 的余弦的乘积称为向量 a 和 b 的数量积，记作 $a \cdot b$，即

$$a \cdot b = |a||b|\cos\theta \qquad (8-15)$$

因为用符号"·"来表示这种特殊的乘积，因此数量积又称为**点积**(也称为内积).

根据这个定义，上述问题中力所作的功 W 是力 F 和位移 s 的数量积，即

$$W = F \cdot s$$

由投影的性质 1 可知,当 $a \neq 0, b \neq 0$ 时,$|b| \cos(a\overset{\wedge}{,}b)$ 是向量 b 在向量 a 上的投影,于是数量积又可以写成

$$a \cdot b = |a| \text{Prj}_a b \qquad (8-16)$$

或

$$a \cdot b = |b| \text{Prj}_b a \qquad (8-17)$$

这就是说,两向量的数量积等于其中一个向量的模和另一个向量在该向量的方向上的投影的乘积.

由数量积的定义还可以推得如下性质:

(1) $a \cdot a = |a|^2$

这是因为 a 与 a 的夹角 $\theta = 0$,所以

$$a \cdot a = |a||a| \cos 0 = |a|^2$$

(2) 向量 $a \perp b$ 的充分必要条件是 $a \cdot b = 0$

对于两个非零向量 a、b,当 $a \perp b$ 时,$\theta = \dfrac{\pi}{2}$,则 $a \cdot b = 0$.

反之,当 $a \cdot b = 0$ 时,则有

$$a \cdot b = |a||b| \cos\theta = 0$$

又 a,b 为两非零向量,即 $|a| \neq 0$,$|b| \neq 0$,故 $\cos\theta = 0$,从而 $\theta = \dfrac{\pi}{2}$,即 $a \perp b$.

由于零向量的方向可被视为任意的,于是可以认为零向量与任何向量都垂直. 因而结论也成立.

综上可得:向量 $a \perp b$ 的充分必要条件是 $a \cdot b = 0$.

(3) 向量的数量积满足下列运算规律

① 交换律:$a \cdot b = b \cdot a$;

② 分配律:$(a+b) \cdot c = a \cdot c + b \cdot c$;

③ 数乘结合律:$(\lambda a) \cdot b = a \cdot (\lambda b) = \lambda(a \cdot b)$.

上面的运算规律中,① 和 ③ 可由数量积的定义直接推得,下面证明 ②.

当 $c = 0$ 时,② 式显然成立;当 $c \neq 0$ 时,有

$$(a+b) \cdot c = |c| \text{Prj}_c(a+b) = |c|(\text{Prj}_c a + \text{Prj}_c b)$$
$$= |c| \text{Prj}_c a + |c| \text{Prj}_c b = a \cdot c + b \cdot c$$

例 1 已知 $|a| = |b| = 1$,$(a\overset{\wedge}{,}b) = \dfrac{\pi}{2}$,$c = 2a+b$,$d = 3a-b$,求 $(c\overset{\wedge}{,}d)$.

解　由

$$a \cdot b = |a||b| \cos(a\overset{\wedge}{,}b) = 0$$
$$c \cdot d = (2a+b) \cdot (3a-b)$$

$$= 6a \cdot a + 3a \cdot b - 2a \cdot b - b \cdot b$$
$$= 6 \mid a \mid^2 + a \cdot b - \mid b \mid^2 = 6 + 0 - 1 = 5$$
$$\mid c \mid^2 = c \cdot c = (2a + b) \cdot (2a + b)$$
$$= 4 \mid a \mid^2 + 4a \cdot b + \mid b \mid^2 = 5$$
$$\mid d \mid^2 = d \cdot d = (3a - b) \cdot (3a - b)$$
$$= 9 \mid a \mid^2 - 6a \cdot b + \mid b \mid^2 = 10$$

即

$$\mid c \mid = \sqrt{5} , \mid d \mid = \sqrt{10}$$

于是，得

$$\cos(c \overset{\wedge}{,} d) = \frac{c \cdot d}{\mid c \mid \mid d \mid} = \frac{5}{\sqrt{5} \sqrt{10}} = \frac{\sqrt{2}}{2}$$

则 $(c \overset{\wedge}{,} d) = \dfrac{\pi}{4}$.

下面来推导数量积的坐标表示式.

设 $a = a_1 i + a_2 j + a_3 k, b = b_1 i + b_2 j + b_3 k$, 则

$$a \cdot b = (a_1 i + a_2 j + a_3 k) \cdot (b_1 i + b_2 j + b_3 k)$$
$$= (a_1 b_1)i \cdot i + (a_1 b_2)i \cdot j + (a_1 b_3)i \cdot k + (a_2 b_1)j \cdot i + (a_2 b_2)j \cdot j$$
$$+ (a_2 b_3)j \cdot k + (a_3 b_1)k \cdot i + (a_3 b_2)k \cdot j + (a_3 b_3)k \cdot k$$

注意到 i、j、k 是相互垂直的基本单位向量，所以

$$i \cdot i = 1, j \cdot j = 1, k \cdot k = 1, i \cdot j = j \cdot k = k \cdot i = j \cdot i = k \cdot i = k \cdot j = 0$$

因此，我们得到数量积的坐标表示式为

$$a \cdot b = a_1 b_1 + a_2 b_2 + a_3 b_3 \tag{8-18}$$

这就是两向量的数量积的坐标表示式，即两个向量的数量积等于它们的对应坐标乘积之和.

由于

$$a \cdot b = \mid a \mid \mid b \mid \cos(a \overset{\wedge}{,} b)$$

因此，当 a、b 为非零向量时，有

$$\cos(a \overset{\wedge}{,} b) = \frac{a \cdot b}{\mid a \mid \mid b \mid} = \frac{a_1 b_1 + a_2 b_2 + a_3 b_3}{\sqrt{a_1^2 + a_2^2 + a_3^2} \sqrt{b_1^2 + b_2^2 + b_3^2}} \tag{8-19}$$

这就是两个向量夹角余弦的坐标表示式.

由此看出，$a \perp b$ 的充要条件是

$$a_1 b_1 + a_2 b_2 + a_3 b_3 = 0 \tag{8-20}$$

例2 已知三点 $A(1,0,0)$、$B(3,1,1)$、$C(2,0,1)$，求 $\angle ACB$.

解 因为 $\overrightarrow{CB} = (3-2, 1-0, 1-1) = (1,1,0)$，$\overrightarrow{CA} = (1-2, 0-0, 0-1)$

$= (-1,0,-1)$,所以

$$\cos\angle ACB = \frac{\overrightarrow{CB} \cdot \overrightarrow{CA}}{|\overrightarrow{CB}||\overrightarrow{CA}|} = \frac{1\times(-1)+1\times 0+0\times(-1)}{\sqrt{1^2+1^2+0}\ \sqrt{(-1)^2+0^2+(-1)^2}} = -\frac{1}{2}$$

因此

$$\angle ACB = \frac{2\pi}{3}$$

例 3 设 $a = (4,-1,2)$,$b = (-3,1,0)$,求 $a \cdot b$ 及 $\mathrm{Prj}_a b$.

解 $a \cdot b = 4\times(-3)+(-1)\times 1+2\times 0 = -13$

$$\mathrm{Prj}_a b = |b|\cos(a\overset{\wedge}{,}b) = |b|\frac{a\cdot b}{|a||b|} = \frac{a\cdot b}{|a|}$$

$$= \frac{-13}{\sqrt{4^2+(-1)^2+2^2}} = \frac{-13}{\sqrt{21}} = -\frac{13}{21}\sqrt{21}$$

例 4 已知 $|a| = 5$,$|b| = 2$,$(a\overset{\wedge}{,}b) = \frac{\pi}{3}$,求 $c = 2a - 3b$ 的模.

解 因为

$$|c|^2 = (2a-3b)\cdot(2a-3b) = 4a\cdot a - 6a\cdot b - 6b\cdot a + 9b\cdot b$$
$$= 4|a|^2 - 12a\cdot b + 9|b|^2 = 4\times 25 - 12|a||b|\cos(a\overset{\wedge}{,}b) + 9\times 4$$
$$= 76$$

从而,$|c| = \sqrt{76}$.

例 5 设液体流过平面 Π 上面积为 A 的一个区域,液体在此区域上各点处的流速均为(常向量)v.设 n 为垂直于 Π 的单位向量(图 8-22),计算单位时间内经过此区域流向 n 所指一方的液体的质量 M(液体的密度为 ρ).

解 由题设可知,$|n| = 1$,单位时间内流过此区域的液体组成一个底面积为 A、斜高为 $|v|$ 的斜柱体(图 8-23).该柱体的斜高与底面的垂线的夹角就是 v 与 n 的夹角 θ,所以该柱体的高为 $|v|\cos\theta$,因此体积为

$$V = A|v|\cos\theta = Av \cdot n$$

因而,单位时间内经过此区域流向 n 所指一方的液体的质量为

$$M = \rho V = \rho Av \cdot n$$

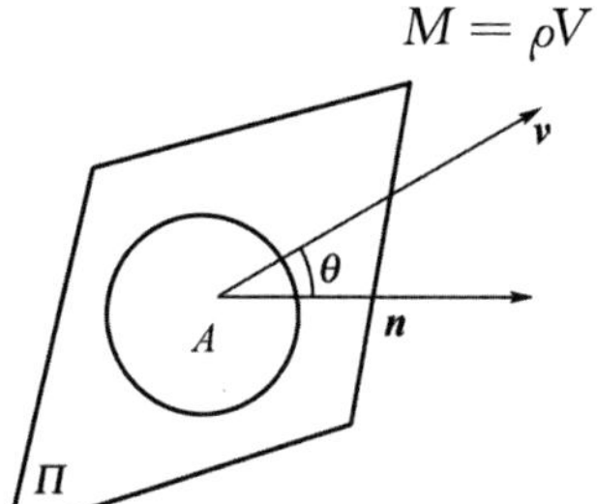

图 8-22 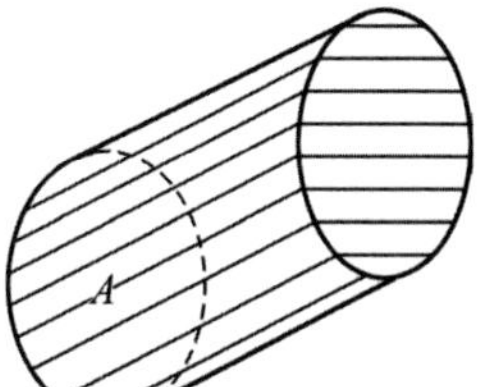   图 8-23

8.2.2　向量的向量积

由物理学可知,在研究物体转动问题时,不但要考虑该物体所受的力,还要分析这些力所产生的力矩.

设 O 为一根杠杆 L 的支点,有一个力 F 作用于该杠杆上 P 点处,F 与 $\overrightarrow{OP}$ 的夹角为 θ. 由力学可知,力 F 对支点 O 的力矩是一个向量 M(图 8-24),它的模 $|M|=|\overrightarrow{OQ}||F|=|\overrightarrow{OP}||F|\sin\theta$,而 M 的方向垂直于 $\overrightarrow{OP}$ 与 F 所决定的平面,M 的指向是按右手规则,即四指从 $\overrightarrow{OP}$ 以不超过 π 的角转向 F 时大拇指的指向来确定的.

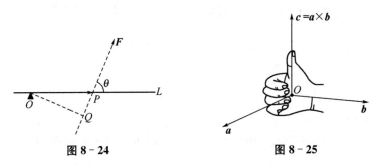

图 8-24　　　　　　　　图 8-25

抽去上述问题中的物理意义,给出下面向量积的定义.

定义 2　由向量 a 和 b 确定一个新向量 c,使 c 满足:

① c 的模为 $|c|=|a||b|\sin\theta$,其中 θ 为 a 与 b 间的夹角;

② c 的方向垂直于 a 与 b 所决定的平面,c 的指向按右手规则,即四指从 a 以不超过 π 的角转向 b 时大拇指的指向来确定(图 8-25). 这样确定的向量 c 称为 a 与 b 的向量积,记作 $a\times b$,即

$$c=a\times b$$

因为用符号"$\times$"来表示这种乘积,因此向量积又称为**叉积**(也称为**外积**).

由向量积的定义可知,力矩 M 等于 $\overrightarrow{OP}$ 与 F 的向量积,即

$$M=\overrightarrow{OP}\times F$$

向量积的模有如下明显的几何意义:

$$|a\times b|=|a||b|\sin\theta\text{(其中 }\theta\text{ 为 }a\text{ 与 }b\text{ 间的夹角)}$$

即向量积的模 $|a\times b|$ 表示以 a 与 b 为邻边的平行四边形的面积(图 8-26).

由向量积的定义可以得到向量积运算具有如下性质:

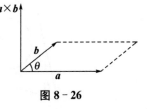

图 8-26

(1) $a\times a=\mathbf{0}$

证　由向量积的定义可知:由于 $(a\overset{\wedge}{,}a)=0$,故

$|a \times a| = 0$,因而 $a \times a = 0$.

(2) 两个非零向量 a、b 平行的充要条件是它们的向量积 $a \times b = 0$.

证 设 a、b 为两个非零向量,如果 $a \times b = 0$,由于 $|a| \neq 0$, $|b| \neq 0$,则必有 $\sin(a\overset{\wedge}{,}b) = 0$,于是 $(a\overset{\wedge}{,}b) = 0$ 或 π,即 a 与 b 平行;反之,如果 a 与 b 平行,则 $(a\overset{\wedge}{,}b) = 0$ 或 π,于是 $|a \times b| = 0$,即 $a \times b = 0$.

这就是说,两个非零向量 a、b 平行的充要条件是它们的向量积为零向量.

(3) 向量积运算符合下列运算规律

① $a \times b = -b \times a$.

交换律对向量积不成立.这是因为按右手规则从 b 转向 a 定出的方向恰好与从 a 转向 b 定出的方向相反,它表明 $a \times b$ 与 $b \times a$ 的方向相反.又 $|a \times b| = |b \times a|$,故 $a \times b = -b \times a$.

这说明向量积不满足交换律,但当交换两向量的顺序时,向量积大小不变,方向相反.

② 数乘结合律:$(\lambda a) \times c = a \times (\lambda c) = \lambda(a \times c)$($\lambda$ 为数).

读者只需对 $\lambda \geqslant 0$ 及 $\lambda < 0$ 两种情形自行验证即可证得.

③ 分配律:$(a + b) \times c = a \times c + b \times c$.

证明略.

下面讨论向量积的坐标表示式.

设 $a = a_1 i + a_2 j + a_3 k$,$b = b_1 i + b_2 j + b_3 k$,则

$$a \times b = (a_1 i + a_2 j + a_3 k) \times (b_1 i + b_2 j + b_3 k)$$
$$= (a_1 b_1)i \times i + (a_1 b_2)i \times j + (a_1 b_3)i \times k + (a_2 b_1)j \times i + (a_2 b_2)j \times j$$
$$+ (a_2 b_3)j \times k + (a_3 b_1)k \times i + (a_3 b_2)k \times j + (a_3 b_3)k \times k$$

注意到 i、j、k 是相互垂直的单位向量,根据向量积的定义,因此有

$$i \times i = 0, j \times j = 0, k \times k = 0, i \times j = k, i \times k = -j,$$
$$j \times i = -k, j \times k = i, k \times i = j, k \times j = -i$$

于是有

$$a \times b = (a_2 b_3 - a_3 b_2)i + (a_3 b_1 - a_1 b_3)j + (a_1 b_2 - a_2 b_1)k$$

为了便于记忆,利用三阶行列式,上式还可记为

$$a \times b = \begin{vmatrix} i & j & k \\ a_1 & a_2 & a_3 \\ b_1 & b_2 & b_3 \end{vmatrix} \tag{8-21}$$

这就是向量积的坐标表示式.

由上式可知,两个非零向量 a 与 b 平行的充要条件 $a \times b = 0$ 相当于

$$a_2 b_3 - a_3 b_2 = 0, a_3 b_1 - a_1 b_3 = 0, a_1 b_2 - a_2 b_1 = 0 \tag{8-22}$$

或

$$\frac{a_1}{b_1} = \frac{a_2}{b_2} = \frac{a_3}{b_3} \qquad (8-23)$$

当 b_1、b_2、b_3 都不为零时，式(8-22)与式(8-23)是等价的，从形式上看，式(8-23)要简明得多. 为了方便地使用式(8-23)，这里规定：当 b_1、b_2、b_3 中有一个或两个为零时，则规定其分子也为零. 例如，式 $\frac{a_1}{4} = \frac{a_2}{0} = \frac{a_3}{-1}$ 相当于 $a_2 = 0, \frac{a_1}{4} = \frac{a_3}{-1}$.

例 6 计算 $(a+b) \times (a-b)$.

解 由向量积的性质可得

$$(a+b) \times (a-b) = (a \times a) - (a \times b) + (b \times a) - (b \times b)$$
$$= -(a \times b) - (a \times b) = -2(a \times b)$$

由此可得：$|(a+b) \times (a-b)| = 2|a \times b|$

上面等式表明：若已知一平行四边形，那么以它的对角线为边所组成的平行四边形的面积等于原来平行四边形面积的两倍.

例 7 已知 $a = (1, -3, 1)$，$b = (2, -1, 3)$，计算 $a \times b$ 及与 a、b 都垂直的单位向量.

解 $a \times b = \begin{vmatrix} i & j & k \\ 1 & -3 & 1 \\ 2 & -1 & 3 \end{vmatrix} = \begin{vmatrix} -3 & 1 \\ -1 & 3 \end{vmatrix} i - \begin{vmatrix} 1 & 1 \\ 2 & 3 \end{vmatrix} j + \begin{vmatrix} 1 & -3 \\ 2 & -1 \end{vmatrix} k$

$$= -8i - j + 5k$$

由向量积的定义可知，令 $c = a \times b$，则 $\pm c$ 与 a、b 都垂直，而

$$|c| = |a \times b| = \sqrt{(-8)^2 + (-1)^2 + 5^2} = 3\sqrt{10}$$

因此所求的单位向量为

$$e_c = \pm \frac{c}{|c|} = \pm \frac{1}{3\sqrt{10}}(-8, -1, 5)$$

例 8 已知三角形的三顶点为 $A(4, 10, 7)$、$B(7, 9, 8)$、$C(5, 5, 8)$，求三角形 $\triangle ABC$ 的面积.

解 因为 $\overrightarrow{AB} = (3, -1, 1)$，$\overrightarrow{AC} = (1, -5, 1)$，根据向量积的定义，可知 $\triangle ABC$ 的面积

$$S_{\triangle ABC} = \frac{1}{2}|\overrightarrow{AB}||\overrightarrow{AC}|\sin\angle A = \frac{1}{2}|\overrightarrow{AB} \times \overrightarrow{AC}|$$

而

$$\overrightarrow{AB} \times \overrightarrow{AC} = = \begin{vmatrix} i & j & k \\ 3 & -1 & 1 \\ 1 & -5 & 1 \end{vmatrix} = (4, -2, -14)$$

所以

$$S_{\triangle ABC} = \frac{1}{2} \mid 4\boldsymbol{i} - 2\boldsymbol{j} - 14\boldsymbol{k} \mid = \frac{1}{2}\sqrt{4^2 + (-2)^2 + (-14)^2} = 3\sqrt{6}$$

8.2.3 向量的混合积

一个平行六面体由它在同一顶点的三条棱边完全确定,这三条边可以用以该顶点为起点的三个向量来表示,由这三个向量就可完全确定这个平行六面体的形状、大小及体积. 设某平行六面体相邻的三条棱边以同一顶点为起点所在的向量分别为 $\boldsymbol{a}$、$\boldsymbol{b}$、$\boldsymbol{c}$,下面给出该平行六面体的体积.

把以 $\boldsymbol{a}$、$\boldsymbol{b}$ 为边的平行四边形作为底面,则六面体的底面的面积为

$$S = \mid \boldsymbol{a} \times \boldsymbol{b} \mid \tag{8-24}$$

该底面上的高等于向量 $\boldsymbol{c}$ 在 $\boldsymbol{a} \times \boldsymbol{b}$ 上的投影的绝对值,如图 8-27 所示,即

$$h = \mid \mathrm{Prj}_{a \times b}\boldsymbol{c} \mid = \mid \boldsymbol{c} \mid \mid \cos\theta \mid$$

$$= \mid \boldsymbol{c} \mid \mid \cos((\boldsymbol{a} \times \boldsymbol{b})\overset{\wedge}{,}\boldsymbol{c}) \mid$$

所以平行六面体的体积为

$$V = Sh = \mid \boldsymbol{a} \times \boldsymbol{b} \mid \mid \boldsymbol{c} \mid \mid \cos\theta \mid = \mid (\boldsymbol{a} \times \boldsymbol{b}) \cdot \boldsymbol{c} \mid$$

$$\tag{8-25}$$

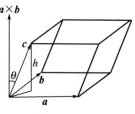

图 8-27

抽去上述问题中的几何意义,给出下面向量的混合积的定义.

定义 3　设 $\boldsymbol{a}$、$\boldsymbol{b}$、$\boldsymbol{c}$ 为三个向量,若对前两个向量 $\boldsymbol{a}$ 与 $\boldsymbol{b}$ 先作向量积 $\boldsymbol{a} \times \boldsymbol{b}$,所得向量 $\boldsymbol{a} \times \boldsymbol{b}$ 再与向量 $\boldsymbol{c}$ 作数量积,最后得到的这个数量称为这三个向量的混合积,记作

$$(\boldsymbol{a} \times \boldsymbol{b}) \cdot \boldsymbol{c} \text{ 或} [\boldsymbol{abc}]$$

由混合积的定义得

$$[\boldsymbol{abc}] = (\boldsymbol{a} \times \boldsymbol{b}) \cdot \boldsymbol{c} = \mid \boldsymbol{a} \times \boldsymbol{b} \mid \mid \boldsymbol{c} \mid \cos((\boldsymbol{a} \times \boldsymbol{b})\overset{\wedge}{,}\boldsymbol{c}) = \mid \boldsymbol{a} \times \boldsymbol{b} \mid \mathrm{Prj}_{a \times b}\boldsymbol{c}$$

$$\tag{8-26}$$

由此,混合积的几何意义为:若 $\boldsymbol{a}$、$\boldsymbol{b}$、$\boldsymbol{c}$ 都是非零向量,则混合积的绝对值 $\mid [\boldsymbol{abc}] \mid$ 等于以向量 $\boldsymbol{a}$、$\boldsymbol{b}$、$\boldsymbol{c}$ 为相邻三条棱确定的平行六面体的体积. 混合积 $(\boldsymbol{a} \times \boldsymbol{b}) \cdot \boldsymbol{c}$ 的正负取决于角 $((\boldsymbol{a} \times \boldsymbol{b})\overset{\wedge}{,}\boldsymbol{c})$ 是锐角还是钝角,也就是 $(\boldsymbol{a} \times \boldsymbol{b})$ 与 $\boldsymbol{c}$ 的指向是在底面的同侧还是异侧.

下面给出混合积的坐标表示式.

设 $\boldsymbol{a} = a_1\boldsymbol{i} + a_2\boldsymbol{j} + a_3\boldsymbol{k}, \boldsymbol{b} = b_1\boldsymbol{i} + b_2\boldsymbol{j} + b_3\boldsymbol{k}, \boldsymbol{c} = c_1\boldsymbol{i} + c_2\boldsymbol{j} + c_3\boldsymbol{k}$,由于

$$a \times b = \begin{vmatrix} i & j & k \\ a_1 & a_2 & a_3 \\ b_1 & b_2 & b_3 \end{vmatrix} = \begin{vmatrix} a_2 & a_3 \\ b_2 & b_3 \end{vmatrix} i - \begin{vmatrix} a_1 & a_3 \\ b_1 & b_3 \end{vmatrix} j + \begin{vmatrix} a_1 & a_2 \\ b_1 & b_2 \end{vmatrix} k$$

再由数量积的坐标公式,得

$$[abc] = (a \times b) \cdot c = \begin{vmatrix} a_2 & a_3 \\ b_2 & b_3 \end{vmatrix} c_1 - \begin{vmatrix} a_1 & a_3 \\ b_1 & b_3 \end{vmatrix} c_2 + \begin{vmatrix} a_1 & a_2 \\ b_1 & b_2 \end{vmatrix} c_3 = \begin{vmatrix} a_1 & a_2 & a_3 \\ b_1 & b_2 & b_3 \\ c_1 & c_2 & c_3 \end{vmatrix}$$

$$(8-27)$$

利用混合积的坐标表示式和行列式的性质容易得到混合积运算具有如下性质:

① $(a \times b) \cdot c = (b \times c) \cdot a = (c \times a) \cdot b$;

② $(a \times b) \cdot a = (a \times a) \cdot c = (a \times b) \cdot b = 0$;

③ 三个向量 a、b、c 共面的充要条件是

$$[abc] = (a \times b) \cdot c = 0, \text{即} \begin{vmatrix} a_1 & a_2 & a_3 \\ b_1 & b_2 & b_3 \\ c_1 & c_2 & c_3 \end{vmatrix} = 0$$

下面证明上述性质 ③.

证　由混合积的几何意义可知,混合积 $(a \times b) \cdot c$ 是一个数量,它的绝对值等于以 a、b、c 为棱的平行六面体的体积. 故当三个向量 a、b、c 共面时,则以 a、b、c 为棱的平行六面体的体积等于零,即

$$V = |(a \times b) \cdot c| = 0$$

由此可知三个向量 a、b、c 共面的充要条件是向量 a、b、c 的混合积为零,即

$$(a \times b) \cdot c = 0$$

例 9　已知四面体 $ABCD$ 的四个顶点 $A(2,3,1)$、$B(2,1,-1)$、$C(6,3,-1)$、$D(-5,-4,8)$,求该四面体的体积.

解　因为 $\overrightarrow{AB} = (2-2,1-3,-1-1) = (0,-2,-2)$,$\overrightarrow{AC} = (6-2,3-3,-1-1) = (4,0,-2)$,$\overrightarrow{AD} = (-5-2,-4-3,8-1) = (-7,-7,7)$,所以

$$[\overrightarrow{AB}\ \overrightarrow{AC}\ \overrightarrow{AD}] = \begin{vmatrix} 0 & -2 & -2 \\ 4 & 0 & -2 \\ -7 & -7 & 7 \end{vmatrix} = 84$$

则该四面体的体积为

$$V = \frac{1}{6}[\overrightarrow{AB}\ \overrightarrow{AC}\ \overrightarrow{AD}] = \frac{84}{6} = 14$$

例 10　证明四个点 $A\left(0,1,-\frac{1}{2}\right)$、$B(-3,1,1)$、$C(-1,0,1)$、$D(1,-1,1)$

是共面的.

证 因为 $\overrightarrow{AB}=\left(-3,0,\dfrac{3}{2}\right),\overrightarrow{AC}=\left(-1,-1,\dfrac{3}{2}\right),\overrightarrow{AD}=\left(1,-2,\dfrac{3}{2}\right)$, 所以

$$(\overrightarrow{AB}\times\overrightarrow{AC})\cdot\overrightarrow{AD}=\begin{vmatrix} -3 & 0 & \dfrac{3}{2} \\ -1 & -1 & \dfrac{3}{2} \\ 1 & -2 & \dfrac{3}{2} \end{vmatrix}=0$$

因此,三个向量 $\overrightarrow{AB}$、$\overrightarrow{AC}$、$\overrightarrow{AD}$ 共面,即 A、B、C、D 四点共面.

习题 8.2

1. 判断下列命题是否成立:

(1) $a\cdot a=|a|a$.

(2) 若 $a\cdot b=0$,则 a、b 中至少有一个零向量.

(3) 若 $a\neq\mathbf{0}$,则 a 与 $b-\dfrac{a\cdot b}{|a|^2}a$ 垂直.

(4) 若 $a\neq\mathbf{0}$,且 $a\times b=a\times c$,则 $b=c$.

(5) $a\times b=|a||b|\sin\theta$($\theta$ 为 a 与 b 间的夹角).

2. 设 $a=2i-3j+k,b=i-j+3k,c=i-2j$,计算:

(1) $(a+2b)\cdot a$. (2) $(a\times b)\cdot c$. (3) $(a+b)\times(b+c)$.

3. 已知三点 $M(1,1,1)$、$A(2,2,1)$ 和 $B(2,1,2)$,求 $\angle AMB$.

4. 设 a、b、c 为单位向量,且满足 $a+b+c=\mathbf{0}$,求 $a\cdot b+b\cdot c+c\cdot a$.

5. 已知 $|a|=2$,$|b|=1$,$|c|=\sqrt{2}$,且 $a\perp b,a\perp c,b$ 与 c 的夹角为 $\dfrac{\pi}{4}$,求 $|a+2b-3c|$.

6. 已知 $M_1(1,-1,2)$、$M_2(3,3,1)$ 和 $M_3(3,1,3)$,求与 $\overrightarrow{M_1M_2}$、$\overrightarrow{M_2M_3}$ 同时垂直的单位向量.

7. 设质量为 $100\ \text{kg}$ 的物体从点 $M_1(3,1,8)$ 沿直线运动到点 $M_2(1,4,2)$,计算重力所作的功(长度单位为 m,重力方向为 z 轴负方向).

8. 设 $a=(5,-2,5),b=(2,1,2)$,求 $a\cdot b$ 及 $\text{Prj}_b a$.

9. 设 $|a|=4$,$|b|=3$,且两向量的夹角为 $\dfrac{\pi}{6}$,求以向量 $a+2b$、$a-3b$ 为边的平行四边形的面积.

10. 设 $a=(2,-3,1),b=(3,4,1)$,且 r 满足 $r\perp a,r\perp b,\text{Prj}_i r=14$,求 r.

11. 利用向量证明不等式

$$\sqrt{a_1^2 + a_2^2 + a_3^2} \sqrt{b_1^2 + b_2^2 + b_3^2} \geqslant | a_1 b_1 + a_2 b_2 + a_3 b_3 |$$

其中 a_1、a_2、a_3、b_1、b_2、b_3 为任意实数,并指出等号成立的条件.

12. 设 $(\boldsymbol{a} \times \boldsymbol{b}) \cdot \boldsymbol{c} = 2$,计算 $[(\boldsymbol{a} + \boldsymbol{b}) \times (\boldsymbol{b} + \boldsymbol{c})] \cdot (\boldsymbol{c} + \boldsymbol{a})$.

13. 试求由向量 $\overrightarrow{OA} = (1,1,1)$,$\overrightarrow{OB} = (0,1,1)$,$\overrightarrow{OC} = (-1,0,1)$ 所确定的平行六面体的体积.

14. 问四个点 A $(1,0,1)$、B $(4,4,6)$、C $(2,3,3)$、D $(10,14,17)$ 是否共面?

8.3 空间平面及其方程

8.3.1 曲面方程的概念

在实践中我们会遇到各种曲面,例如汽车的外表面、探照灯的反光镜面以及球体的表面等等.下面我们先给出一般的曲面方程的概念.

在解析几何中,所讨论的任何曲面都被看作是具有某种性质的点的集合.这种性质是该曲面都具有的,设空间一点在直角坐标系下的坐标为(x,y,z),我们用 x、y、z 间的一个方程来表达曲面上所有点的共同性质,在这样的意义下,如果曲面 S 与三元方程

$$F(x,y,z) = 0 \tag{8-28}$$

有下述关系:

① 曲面 S 上任一点的坐标都满足方程(8-28);

② 不在曲面 S 上的点的坐标都不满足方程(8-28).

那么,方程 $F(x,y,z) = 0$ 就称为曲面 S 的方程,而曲面 S 就称为方程 $F(x,y,z) = 0$ 的图形(如图 8-28 所示).

关于曲面,我们常研究下面两类基本问题:一类是已知一曲面作为点的几何轨迹时,建立该曲面的方程;另一类是已知一方程 $F(x,y,z) = 0$ 时,研究该方程所表示的曲面的形状.

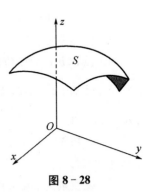

图 8-28

例 1 建立球心在 $M_0(x_0, y_0, z_0)$,而半径为 R 的球面的方程.

解 设 $M(x,y,z)$ 是球面上的任一点,则有

$$| M_0 M | = R$$

即

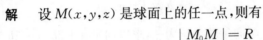

$$\sqrt{(x - x_0)^2 + (y - y_0)^2 + (z - z_0)^2} = R$$

或
$$(x-x_0)^2 + (y-y_0)^2 + (z-z_0)^2 = R^2 \qquad (8-29)$$

这就是球面上的点的坐标所满足的方程,而不在球面上的点的坐标不满足这方程.所以方程(8-29)就是以 $M_0(x_0,y_0,z_0)$ 为球心、R 为半径的球面的方程,称方程(8-29)为**球面的标准式方程**.

当球心在原点时,即 $x_0 = y_0 = z_0 = 0$,球面方程为
$$x^2 + y^2 + z^2 = R^2$$

一般地,设有三元二次方程
$$Ax^2 + Ay^2 + Az^2 + Ax + By + CZ + D = 0\left(\frac{A^2+B^2+C^2}{x} - D > 0\right) \qquad (8-30)$$

由观察可知,方程(8-30)的特点是缺 xy、yz、zx 项,而且平方项系数相同,如果将方程经过配方则可化为方程(8-29)的形式,因此它的图形是一个球面,而显然方程(8-29)也可化为方程(8-30)的形式,故方程(8-30)称为**球面的一般式方程**.

例 2　讨论方程 $x^2 + y^2 + z^2 + 2x - 2y - 4z + 2 = 0$ 表示怎样的曲面.

解　通过配方,原方程可以化为
$$(x+1)^2 + (y-1)^2 + (z-2)^2 = 2^2$$

可以看出,原方程表示球心在点 $(-1,1,2)$、半径为 2 的球面.

例 3　求与两定点 $A(1,-2,1)$、$B(0,1,3)$ 等距离的点的轨迹方程.

解　设轨迹上的动点为 $M(x,y,z)$,则有
$$|AM| = |BM|$$
即
$$\sqrt{(x-1)^2 + (y+2)^2 + (z-1)^2} = \sqrt{x^2 + (y-1)^2 + (z-3)^2}$$
等式两边平方并化简得
$$x - 3y - 2z + 2 = 0 \qquad (8-31)$$

这就是动点的坐标所满足的方程;反之,与两定点距离不等的点的坐标都不满足这个方程.因此方程(8-31)是所求的轨迹方程.

由几何学知道,例 3 的轨迹是线段 AB 的垂直平分面.从该题的结果可见,该垂直平分面的方程为 $x - 3y - 2z + 2 = 0$,它是关于 x、y、z 的一次方程.

平面和直线是空间中最基本的几何图形,用代数方法研究它们显得尤为重要,在本节和下一节里我们以向量为工具来依次讨论平面和直线及其方程.

8.3.2 平面的方程

1) 平面的点法式方程

过一已知点且垂直于一已知向量的平面是唯一确定的,我们把垂直于平面的非零向量称为该**平面的法线向量或法向量**. 显然,一个平面的法向量不唯一,有无数个,它们之间都是相互平行的.

设 $M_0(x_0,y_0,z_0)$ 为平面 Π 上一定点,$\boldsymbol{n}=(A,B,C)$ 为平面 Π 的法向量,其中 A、B、C 不全为零,现在来建立平面 Π 的方程.

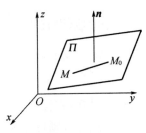

图 8-29

设 $M(x,y,z)$ 是平面 Π 上任一点(如图 8-29 所示),作向量 $\overrightarrow{M_0M}$,则 $\overrightarrow{M_0M}$ 在平面 Π 上且与法线向量 $\boldsymbol{n}$ 垂直,因此有 $\boldsymbol{n}\cdot\overrightarrow{M_0M}=0$;反过来,当点 $M(x,y,z)$ 不在平面 Π 上时,向量 $\overrightarrow{M_0M}$ 与法线向量 $\boldsymbol{n}$ 不垂直,从而 $\boldsymbol{n}\cdot\overrightarrow{M_0M}\neq0$,因而点 M 的坐标 x,y,z 不满足 $\boldsymbol{n}\cdot\overrightarrow{M_0M}=0$. 因此点 $M(x,y,z)$ 在平面 Π 上的充要条件为

$$\boldsymbol{n}\cdot\overrightarrow{M_0M}=0$$

而 $\boldsymbol{n}=(A,B,C)$,$\overrightarrow{M_0M}=(x-x_0,y-y_0,z-z_0)$,于是上式化为

$$A(x-x_0)+B(y-y_0)+C(z-z_0)=0 \tag{8-32}$$

由此可知,方程 $A(x-x_0)+B(y-y_0)+C(z-z_0)=0$ 就是平面 Π 的方程,而平面 Π 就是平面方程(8-32)的图形. 又因方程(8-32)是由平面 Π 上的一点及平面的一个法向量确定的,所以方程(8-32)称为平面的点法式方程.

例 4 求过点 $(1,-1,0)$ 且与向量 $\boldsymbol{n}=(1,-2,2)$ 垂直的平面方程.

解 根据平面的点法式方程,可知所求平面的方程为

$$(x-1)-2(y+1)+2(z-0)=0$$

即

$$x-2y+2z-3=0$$

例 5 求通过三点 $M_1(1,1,1)$、$M_2(-1,0,2)$ 和 $M_3(2,-1,1)$ 的平面方程.

解 可知 $\overrightarrow{M_1M_2}=(-2,-1,1)$,$\overrightarrow{M_1M_3}=(1,-2,0)$,因所求平面的法向量 $\boldsymbol{n}$ 与向量 $\overrightarrow{M_1M_2}$ 和 $\overrightarrow{M_1M_3}$ 都垂直,故可以取

$$\boldsymbol{n}=\overrightarrow{M_1M_2}\times\overrightarrow{M_1M_3}=\begin{vmatrix} \boldsymbol{i} & \boldsymbol{j} & \boldsymbol{k} \\ -2 & -1 & 1 \\ 1 & -2 & 0 \end{vmatrix}=2\boldsymbol{i}+\boldsymbol{j}+5\boldsymbol{k}$$

于是所求平面的方程为

$$2(x-1)+(y-1)+5(z-1)=0$$

即

$$2x+y+5z-8=0$$

2）平面的一般式方程

方程（8-32）展开即可化为

$$Ax+By+Cz+(-Ax_0-By_0-Cz_0)=0$$

令 $-Ax_0-By_0-Cz_0=D$，显然 D 为常数，则上式化为

$$Ax+By+Cz+D=0 \qquad\qquad (8-33)$$

因此任何平面都可用 x、y、z 的一次方程来表示，且由一次方程中 x、y、z 的系数 A、B、C 构成的向量是该方程表示的平面的方向向量。

反过来可以证明任意一个三元一次方程 $Ax+By+Cz+D=0$ 都表示一个平面，其中 A，B，C 不全为零。

事实上，当 A、B、C 不全为零时，方程（8-33）有无穷多组解。设 x_0、y_0、z_0 是一组满足该方程的数，即

$$Ax_0+By_0+Cz_0+D=0$$

由方程（8-33）减去上式得

$$A(x-x_0)+B(y-y_0)+C(z-z_0)=0$$

它表示过点 (x_0,y_0,z_0) 且法向量为 $\boldsymbol{n}=(A,B,C)$ 的平面。由此可知，任意一个三元一次方程（8-33）的图形总是一个平面。方程（8-33）称为**平面的一般式方程**，其中 x、y、z 的系数组成的向量就是该平面的一个法线向量 $\boldsymbol{n}$，即 $\boldsymbol{n}=(A,B,C)$。

下面讨论方程（8-33）的一些特殊情形。

（1）当 $D=0$ 时，方程（8-33）变为

$$Ax+By+Cz=0 \quad（缺常数项）$$

由于原点 $O(0,0,0)$ 的坐标满足该方程，因而原点在该方程所表示的平面上，所以该方程表示一个过原点的平面。

（2）当 $A=0$ 时，方程（8-33）变为

$$By+Cz+D=0 \quad（缺 x 项）$$

由于该平面的法向量为 $\boldsymbol{n}=(0,B,C)$，显然 $\boldsymbol{n}=(0,B,C)$ 在 x 轴上的投影为零，因此 $\boldsymbol{n}$ 与 x 轴垂直，所以该平面平行于（或通过）x 轴。

同理，方程

$$Ax+Cz+D=0 \quad（缺 y 项）$$

与

$$Ax+By+D=0 \quad（缺 z 项）$$

分别表示平行于（或通过）y 轴或 z 轴的平面。

（3）当 $A = B = 0$ 时，方程(8-33)变为

$$Cz + D = 0 \quad （缺 x、y 项）$$

由于平面的法向量 $\boldsymbol{n} = (0,0,C)$，显然 $\boldsymbol{n} = (0,0,C)$ 在 x 轴与 y 轴上的投影均为零，因此 $\boldsymbol{n} = (0,0,C)$ 同时垂直于 x 轴和 y 轴，即垂直于 xOy 面，所以这时方程(8-33)表示平行于 xOy 面的平面.

同理，方程

$$Ax + D = 0$$

和

$$By + D = 0$$

分别表示平行于 yOz 面或 zOx 面的平面.

例 6 求通过 x 轴和点 $M_0(1, -2, 1)$ 的平面的方程.

解 由于所求平面通过 x 轴，则该平面通过原点，故可设该平面方程为

$$By + Cz = 0$$

又因为该平面通过点 $M_0(1, -2, 1)$，所以有

$$-2B + C = 0$$

即

$$2B = C$$

将其代入所设方程得

$$By + 2Bz = 0$$

上式除以 $B(B \neq 0)$，即得所求的平面方程为

$$y + 2z = 0$$

3）平面的截距式方程

例 7 求过三点 $(a,0,0)$、$(0,b,0)$ 和 $(0,0,c)(abc \neq 0)$ 的平面的方程.

解 设所求平面方程为

$$Ax + By + Cz + D = 0$$

将已知三点的坐标代入上面的方程中，得方程组

$$\begin{cases} Aa + D = 0 \\ Bb + D = 0 \\ Cc + D = 0 \end{cases}$$

解得

$$A = -\frac{D}{a}, B = -\frac{D}{b}, C = -\frac{D}{c}$$

将上面三式代入所求平面方程中，得

$$-\frac{D}{a}x - \frac{D}{b}y - \frac{D}{c}z + D = 0$$

由于 $D \neq 0$,将上述方程两边同除以 D,得所求平面方程为

$$\frac{x}{a} + \frac{y}{b} + \frac{z}{c} = 1 \qquad (8-34)$$

由于三点 $(a,0,0)$、$(0,b,0)$ 和 $(0,0,c)$ 分别是该平面（方程(8-34)）与 x、y、z 三个坐标轴的交点,故 a、b、c 依次称为该平面在 x、y、z 轴上的**截距**,方程(8-34)称为**平面的截距式方程**(如图 8-30 所示).

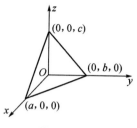

图 8-30

8.3.3 两平面之间的位置关系

设两平面 Π_1 与 Π_2 的方程分别为

$$A_1 x + B_1 y + C_1 z + D_1 = 0$$
$$A_2 x + B_2 y + C_2 z + D_2 = 0$$

则两平面 Π_1 与 Π_2 对应的法向量分别为 $\boldsymbol{n}_1 = (A_1, B_1, C_1)$ 与 $\boldsymbol{n}_2 = (A_2, B_2, C_2)$. 根据平面方程中一次项系数的几何意义及两个向量垂直、平行的充要条件可以推得两个平面垂直、平行的充要条件.

1）两平面垂直

由于两平面 Π_1 和 Π_2 垂直的等价条件为法向量 $\boldsymbol{n}_1 = (A_1, B_1, C_1)$ 与 $\boldsymbol{n}_2 = (A_2, B_2, C_2)$ 互相垂直,即 $\boldsymbol{n}_1 \cdot \boldsymbol{n}_2 = 0$,即 $A_1 A_2 + B_1 B_2 + C_1 C_2 = 0$.

故两平面 Π_1 和 Π_2 垂直的充要条件为

$$A_1 A_2 + B_1 B_2 + C_1 C_2 = 0$$

2）两平面平行

由于两平面 Π_1 和 Π_2 平行的等价条件为法向量 $\boldsymbol{n}_1 = (A_1, B_1, C_1)$ 与 $\boldsymbol{n}_2 = (A_2, B_2, C_2)$ 互相平行,即 $\boldsymbol{n}_1 = \lambda \boldsymbol{n}_2$,即

$$\frac{A_1}{A_2} = \frac{B_1}{B_2} = \frac{C_1}{C_2}$$

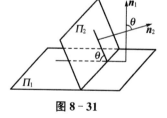

图 8-31

故平面 Π_1 和 Π_2 平行的等价条件为

$$\frac{A_1}{A_2} = \frac{B_1}{B_2} = \frac{C_1}{C_2}$$

3）两平面相交

通常将两平面的法向量 $\boldsymbol{n}_1$ 与 $\boldsymbol{n}_2$ 间所夹的较小的角 θ（通常指锐角）称为**两平面的夹角**(图 8-31).

于是

$$\cos\theta = \mid \cos(\boldsymbol{n}_1 \overset{\wedge}{,} \boldsymbol{n}_2) \mid$$

$$= \frac{\mid \boldsymbol{n}_1 \cdot \boldsymbol{n}_2 \mid}{\mid \boldsymbol{n}_1 \mid \cdot \mid \boldsymbol{n}_2 \mid} = \frac{\mid A_1 A_2 + B_1 B_2 + C_1 C_2 \mid}{\sqrt{A_1^2 + B_1^2 + C_1^2} \cdot \sqrt{A_2^2 + B_2^2 + C_2^2}}$$

即

$$\cos\theta = \frac{\mid A_1 A_2 + B_1 B_2 + C_1 C_2 \mid}{\sqrt{A_1^2 + B_1^2 + C_1^2} \cdot \sqrt{A_2^2 + B_2^2 + C_2^2}} \qquad (8-35)$$

例 8 求两平面 $2x - y + z - 7 = 0$ 与 $x + y + 2z - 1 = 0$ 的夹角.

解 由公式(8-35)可知,两平面的夹角的余弦为

$$\cos\theta = \frac{\mid 2 \cdot 1 + (-1) \cdot 1 + 1 \cdot 2 \mid}{\sqrt{2^2 + (-1)^2 + 1^2} \sqrt{1^2 + 1^2 + 2^2}} = \frac{1}{2}$$

故两平面的夹角为 $\theta = \dfrac{\pi}{3}$.

例 9 求通过两点 $M_1(1,1,1)$ 和 $M_2(0,1,-1)$ 且垂直于平面 $x+y+z=0$ 的平面的方程.

解法 1:由题设已知,从点 M_1 到 M_2 的向量设为 $\boldsymbol{n}_1 = (-1,0,-2)$,平面 $x+y+z=0$ 的法线向量为 $\boldsymbol{n}_2 = (1,1,1)$. 设所求平面的法线向量为 $\boldsymbol{n} = (A,B,C)$,由题意可知 $\boldsymbol{n} \perp \boldsymbol{n}_1$,即 $\boldsymbol{n} \cdot \boldsymbol{n}_1 = 0$,即

$$-A - 2C = 0 \qquad (8-36)$$

又因为所求平面垂直于已知平面,所以 $\boldsymbol{n} \perp \boldsymbol{n}_2$,即 $\boldsymbol{n} \cdot \boldsymbol{n}_2 = 0$,即

$$A + B + C = 0 \qquad (8-37)$$

由(8-36)、(8-37)两式得:$A = -2C, B = C$,则 $\boldsymbol{n} = (A,B,C) = (-2C,C,C) \mathbin{/\mkern-5mu/} (-2,1,1)$.

于是由点法式方程得所求平面方程为

$$-2(x-1) + (y-1) + (z-1) = 0$$

整理得

$$2x - y - z = 0$$

解法 2:设从点 M_1 到 M_2 的向量为 $\boldsymbol{n}_1 = (-1,0,-2)$,平面 $x+y+z=0$ 的法线向量为 $\boldsymbol{n}_2 = (1,1,1)$. 设所求平面的法线向量为 $\boldsymbol{n}$,由题设已知 $\boldsymbol{n}$ 同时垂直于 $\boldsymbol{n}_1$ 与 $\boldsymbol{n}_2$,故可取

$$\boldsymbol{n} = \boldsymbol{n}_1 \times \boldsymbol{n}_2 = \begin{vmatrix} \boldsymbol{i} & \boldsymbol{j} & \boldsymbol{k} \\ -1 & 0 & -2 \\ 1 & 1 & 1 \end{vmatrix} = 2\boldsymbol{i} - \boldsymbol{j} - \boldsymbol{k}$$

则所求平面方程为

$$2(x-1) - (y-1) - (z-1) = 0$$

即
$$2x - y - z = 0$$

8.3.4　点到平面的距离

设平面 Π 的方程为 $Ax + By + Cz + D = 0$,点 $P_0(x_0, y_0, z_0)$ 是平面外一点,过点 P_0 向平面 Π 作垂线,垂足为 N(图 8 - 33),则点 P_0 到平面 Π 的距离为
$$d = |P_0 N|$$

在平面 Π 上任取一点 $P_1(x_1, y_1, z_1)$,则向量 $\overrightarrow{P_1 P_0} = (x_0 - x_1, y_0 - y_1, z_0 - z_1)$,又平面 Π 的法向量为 $\boldsymbol{n} = (A, B, C)$,由图 8 - 32 可知,$\overrightarrow{P_0 N} \parallel \boldsymbol{n}$,故 $d = |P_0 N|$,而 $|P_0 N|$ 等于 $\overrightarrow{P_1 P_0}$ 在法向量 $\boldsymbol{n}$ 上的投影的绝对值,因此

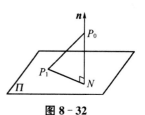

图 8 - 32

$$d = |\operatorname{Prj}_{\boldsymbol{n}} \overrightarrow{P_1 P_0}| = \frac{|\overrightarrow{P_1 P_0} \cdot \boldsymbol{n}|}{|\boldsymbol{n}|}$$

$$= \frac{|A(x_0 - x_1) + B(y_0 - y_1) + C(z_0 - z_1)|}{\sqrt{A^2 + B^2 + C^2}}$$

$$= \frac{|Ax_0 + By_0 + Cz_0 - Ax_1 - By_1 - Cz_1|}{\sqrt{A^2 + B^2 + C^2}}$$

由于点 $P_1(x_1, y_1, z_1)$ 在平面 Π 上,故
$$Ax_1 + By_1 + Cz_1 + D = 0$$

所以
$$d = \frac{|Ax_0 + By_0 + Cz_0 + D|}{\sqrt{A^2 + B^2 + C^2}} \tag{8-38}$$

即式(8 - 38)为点 $P_0(x_0, y_0, z_0)$ 到平面 $Ax + By + Cz + D = 0$ 的距离公式.

例 10　求点 $(1, 2, 1)$ 到平面 $x + 2y + 2z - 10 = 0$ 的距离.

解　由式(8 - 38),有
$$d = \frac{|1 \cdot 1 + 2 \cdot 2 + 1 \cdot 2 - 10|}{\sqrt{1 + 2^2 + 2^2}} = \frac{3}{3} = 1$$

习题 8.3

1. 设点 $A(1, 2, 3)$ 和 $B(2, -1, 4)$,求线段 AB 的垂直平分面的方程.

2. 求以点 $(1, 3, -2)$ 为球心且通过坐标原点的球面的方程.

3. 设一球面通过原点和点 $A(4, 0, 0)$、$B(1, 3, 0)$、$C(0, 0, -4)$,求其球心和半径.

4. 求过点 $(1,2,3)$ 且与平面 $x-3y+z+1=0$ 平行的平面的方程.

5. 求过点 $M_0(2,4,-2)$ 且与连接坐标原点及点 M_0 的线段 OM_0 垂直的平面的方程.

6. 求过 $(2,2,-2)$、$(-1,-1,1)$、$(1,-1,2)$ 三点的平面的方程.

7. 指出下列各平面的特殊位置：

(1) $2z+3=0$. (2) $4y-z=0$.

8. 求两平面 $x+y+2z+3=0$ 和 $x-2y-z+1=0$ 的夹角.

9. 已知平面过点 $(1,0,-1)$ 且平行于向量 $\boldsymbol{a}=(2,1,1)$ 和 $\boldsymbol{b}=(1,-1,0)$，试求该平面方程.

10. 已知平面过 z 轴且与平面 $2x+y-\sqrt{5}z-7=0$ 的夹角为 $\frac{\pi}{3}$，试求该平面方程.

11. 求过点 $(1,-2,1)$ 且与两平面 $x-2y+z-3=0$ 和 $x+y-z+2=0$ 垂直的平面的方程.

12. 分别按下列条件求平面方程：

(1) 通过 z 轴和点 $(3,1,2)$.

(2) 平行于 x 轴且经过两点 $(4,0,-2)$ 和 $(1,1,-2)$.

13. 已知一平面与平面 $6x+y+6z+5=0$ 平行，且与三坐标面所围成的四面体体积为 1，求该平面的方程.

14. 求点 $(1,1,2)$ 到平面 $2x+y-2z+4=0$ 的距离.

15. 求两平行平面 $x+y+2z-2=0$ 和 $x+y+2z+4=0$ 间的距离.

16. 已知原点到平面 $\frac{x}{a}+\frac{y}{b}+\frac{z}{c}=1$ 的距离为 d，试证：$\frac{1}{a^2}+\frac{1}{b^2}+\frac{1}{c^2}=\frac{1}{d^2}$.

8.4　空间直线及其方程

由上一节知道，在空间直角坐标系中，一个三元的方程表示一个曲面，因此凡是坐标 (x,y,z) 同时满足有两个三元方程的方程组

$$\begin{cases} F(x,y,z)=0 \\ G(x,y,z)=0 \end{cases}$$

的点，在空间中也构成一个图形. 由于这些点既在曲面 $F(x,y,z)=0$ 上又在曲面 $G(x,y,z)=0$ 上，因此是在这两个曲面的公共部分上，这种图形被称为空间曲线，空间直线是特殊的空间曲线.

8.4.1 空间直线的方程

1）空间直线的一般方程

当曲面方程 $F(x,y,z)=0$ 与 $G(x,y,z)=0$ 都是一次方程时,方程 $F(x,y,z)=0$ 与 $G(x,y,z)=0$ 的图形是空间平面,由于平面的公共部分为空间直线,所以空间直线总可以看作两个平面的交线.

反过来,由于空间任何一条直线都可以看作经过该直线的两个平面的交线,故常用两个平面的联立方程组来表示空间直线的方程.

设平面 Π_1 与 Π_2 的方程分别为 $A_1x+B_1y+C_1z+D_1=0$ 和 $A_2x+B_2y+C_2z+D_2=0$,将它们的方程联立起来,构成一个联立方程组

$$\begin{cases} A_1x+B_1y+C_1z+D_1=0 \\ A_2x+B_2y+C_2z+D_2=0 \end{cases} \tag{8-39}$$

该方程组就表示一条直线 L,直线 L 是平面 Π_1 与 Π_2 的交线（如图8-33所示）,这样的方程组称为空间直线的一般方程.

这里要注意,如果 $\dfrac{A_1}{A_2}=\dfrac{B_1}{B_2}=\dfrac{C_1}{C_2}$,则这两个平面 Π_1

与 Π_2 平行;如果 $\dfrac{A_1}{A_2}=\dfrac{B_1}{B_2}=\dfrac{C_1}{C_2}=\dfrac{D_1}{D_2}$,则这两个平面 Π_1

与 Π_2 重合,这时方程组(8-39)就不表示一条直线了.

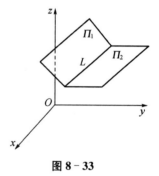

图 8-33

因为通过空间一直线 L 的平面有无限多个,所以只要在这无数多个平面中任意选取两个,则它们的联立方程组就表示空间直线 L. 例如 x 轴的方程为

$$\begin{cases} y=0 \\ z=0 \end{cases} \text{或} \begin{cases} y=0 \\ 2y+3z=0 \end{cases}$$

事实上,它是 xOy 面与 xOz 面的交线,也是 xOz 面与平面 $2y+3z=0$ 的交线.

2）空间直线的参数方程与对称式方程

我们知道,过空间一个点且平行于一已知非零向量的直线是唯一确定的. 将平行于直线的任一非零向量称为该**直线的方向向量**.

设空间直线 L 的方向向量为 $s=(m,n,p)$,$M_0(x_0,y_0,z_0)$ 为直线 L 上的一定点（图8-34）. 下面建立直线 L 的方程.

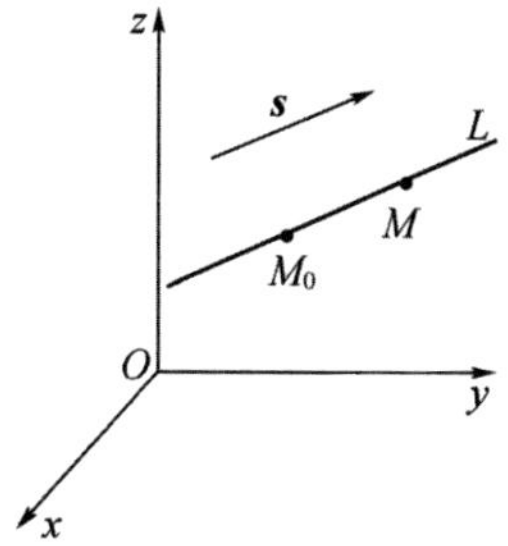

在 L 上任取一点 $M(x,y,z)$,则点 M 在 L 上的充要条件

图 8-34

为

$$\overrightarrow{M_0M} \text{ // } s$$

又

$$\overrightarrow{M_0M} = (x - x_0, y - y_0, z - z_0)$$

由两向量平行的充要条件可知，必存在实数 t，使得

$$\overrightarrow{M_0M} = ts$$

即

$$\begin{cases} x - x_0 = tm \\ y - y_0 = tn \\ z - z_0 = tp \end{cases} \tag{8-40}$$

所以

$$\begin{cases} x = x_0 + tm \\ y = y_0 + tn \\ z = z_0 + tp \end{cases} \tag{8-41}$$

方程组(8-41)中实数 t 称为**参数**，当参数 t 取某一实数时，方程组(8-41)对应的值构成的坐标对应的点为直线上的一定点 $M(x,y,z)$；当参数 t 取遍所有实数值时，由方程组(8-41)对应的值构成的坐标 (x,y,z) 所对应的点就给出直线上的所有的点，因此方程组(8-41)称为**直线的参数式方程**.

从方程组(8-41)中消去参数 t，可得

$$\frac{x - x_0}{m} = \frac{y - y_0}{n} = \frac{z - z_0}{p} \tag{8-42}$$

方程(8-42)称为**直线的标准方程或对称式方程或点向式方程**.

方程(8-42)中 (x_0, y_0, z_0) 表示直线上的已知点，$s = (m, n, p)$ 为方向向量，凡是与 m, n, p 成比例的任何一组数都称为直线的一组**方向数**. 必须指出，由于方程(8-42)中的 $s = (m, n, p)$ 是非零向量，故 m, n, p 不全为零，但其中某一个或两个可以为零. 例如，$m = 0, n, p \neq 0$，此时方程(8-42)应理解为

$$\begin{cases} x - x_0 = 0 \\ \dfrac{y - y_0}{n} = \dfrac{z - z_0}{p} \end{cases}$$

又如，当 $m = p = 0$，而 $n \neq 0$ 时，方程(8-42)应理解为

$$\begin{cases} x - x_0 = 0 \\ z - z_0 = 0 \end{cases}$$

即当方程(8-42)中的某一分母为零时，其相应的分子也应为零.

例1 求过 $M_1(x_1, y_1, z_1)$ 和 $M_2(x_2, y_2, z_2)$ 两点的直线方程.

解　所求直线的方向向量可取为
$$s = \overrightarrow{M_1 M_2} = (x_2 - x_1, y_2 - y_1, z_2 - z_1)$$
于是,由方程(8-42)得直线的方程为
$$\frac{x - x_1}{x_2 - x_1} = \frac{y - y_1}{y_2 - y_1} = \frac{z - z_1}{z_2 - z_1}$$

例 2　求过点$(3, -1, -1)$且与平面$x + 2y + 3z - 30 = 0$垂直的直线方程.

解　平面$x + 2y + 3z - 30 = 0$的法向量为$\boldsymbol{n} = (1, 2, 3)$,故与该平面垂直的直线方程的方向向量可取为$\boldsymbol{s} = \boldsymbol{n} = (1, 2, 3)$,则所求直线方程为
$$\frac{x - 3}{1} = \frac{y + 1}{2} = \frac{z + 1}{3}$$

例 3　将直线的一般方程
$$\begin{cases} 2x - y + z - 1 = 0 \\ x + y - 2z - 2 = 0 \end{cases}$$
化为直线的对称式方程和参数方程.

解　先在直线上任取一点,不妨令$z = 0$,得
$$\begin{cases} 2x - y - 1 = 0 \\ x + y - 2 = 0 \end{cases}$$
解此方程组,得$x = 1$,$y = 1$,即$(1, 1, 0)$为直线上的一点.

再求出直线的方向向量$\boldsymbol{s}$.由题设可知,两个平面的法向量为$\boldsymbol{n}_1 = (2, -1, 1)$和$\boldsymbol{n}_2 = (1, 1, -2)$.由于两平面的交线与这两个平面的法向量$\boldsymbol{n}_1$和$\boldsymbol{n}_2$都垂直,故可取其方向向量为
$$\boldsymbol{s} = \boldsymbol{n}_1 \times \boldsymbol{n}_2 = \begin{vmatrix} \boldsymbol{i} & \boldsymbol{j} & \boldsymbol{k} \\ 2 & -1 & 1 \\ 1 & 1 & -2 \end{vmatrix} = (1, 5, 3)$$
因此,所给直线的对称式方程为
$$\frac{x - 1}{1} = \frac{y - 1}{5} = \frac{z}{3}$$
令
$$\frac{x - 1}{1} = \frac{y - 1}{5} = \frac{z}{3} = t$$
得直线的参数方程为
$$\begin{cases} x = 1 + t \\ y = 1 + 5t \\ z = 3t \end{cases}$$

8.4.2 两直线之间的位置关系

设直线 L_1 和 L_2 的对称式方程分别为

$$\frac{x-x_1}{m_1} = \frac{y-y_1}{n_1} = \frac{z-z_1}{p_1}$$

和

$$\frac{x-x_2}{m_2} = \frac{y-y_2}{n_2} = \frac{z-z_2}{p_2}$$

则它们的方向向量分别为 $s_1 = (m_1, n_1, p_1)$ 与 $s_2 = (m_2, n_2, p_2)$.

若直线 L_1 和 L_2 垂直,则其充要条件为 $s_1 \perp s_2$,即

$$m_1 m_2 + n_1 n_2 + p_1 p_2 = 0 \qquad (8-43)$$

若两直线 L_1 和 L_2 平行,则其充要条件是 $s_1 /\!/ s_2$,即

$$\frac{m_1}{m_2} = \frac{n_1}{n_2} = \frac{p_1}{p_2} \qquad (8-44)$$

当两直线 L_1 与 L_2 不平行时,这两条直线或共面相交或异面交叉,称它们的方向向量 s_1 与 s_2 之间的夹角 $\theta\left(0 \leqslant \theta \leqslant \frac{\pi}{2}\right)$ 为**直线 L_1 与 L_2 的夹角**. 所以

$$\cos\theta = |\cos(s_1\hat{\ }s_2)| = \frac{|m_1 m_2 + n_1 n_2 + p_1 p_2|}{\sqrt{m_1^2 + n_1^2 + p_1^2} \cdot \sqrt{m_2^2 + n_2^2 + p_2^2}} \qquad (8-45)$$

例 4 求两直线 $L_1: \begin{cases} x = -1+t \\ y = 5-2t \\ z = -8+t \end{cases}$ 与 $L_2: \begin{cases} x-y = 6 \\ 2y+z = 3 \end{cases}$ 的夹角.

解 由直线 L_1 的参数方程可知,直线 L_1 的方向向量为 $s_1 = (1, -2, 1)$;由直线 L_2 的一般方程可知,直线 L_2 的方向向量为

$$s_2 = n_1 \times n_2 = \begin{vmatrix} i & j & k \\ 1 & -1 & 0 \\ 0 & 2 & 1 \end{vmatrix} = (-1, -1, 2)$$

设两直线的夹角为 θ,则由式(8-45)得

$$\cos\theta = \frac{|1 \cdot (-1) + (-2) \cdot (-1) + 1 \cdot 2|}{\sqrt{1^2 + (-2)^2 + 1^2} \cdot \sqrt{(-1)^2 + (-1)^2 + 2^2}} = \frac{1}{2}$$

所以,直线 L_1 和 L_2 的夹角为 $\theta = \frac{\pi}{3}$.

8.4.3 直线与平面之间的位置关系

设直线 L 与平面 Π 的方程分别为

$$L: \frac{x - x_0}{m} = \frac{y - y_0}{n} = \frac{z - z_0}{p}$$

$$\Pi: Ax + By + Cz + D = 0$$

则 L 的方向向量为 $s = (m, n, p)$,平面 Π 的法线向量为 $n = (A, B, C)$,由于直线 L 与平面 Π 垂直和平行的充要条件分别为 $s /\!/ n$ 和 $s \perp n$,因此可得直线 L 与平面 Π 垂直的充要条件为

$$\frac{A}{m} = \frac{B}{n} = \frac{C}{p} \tag{8-46}$$

直线 L 与平面 Π 平行的充要条件为

$$Am + Bn + Cp = 0 \tag{8-47}$$

当直线 L 与平面 Π 不平行时,直线 L 与平面 Π 就相交,这时设 L 在平面 Π 上的投影直线为 L',则称 L 与 L' 的夹角 φ $\left(0 \leqslant \varphi \leqslant \frac{\pi}{2}\right)$ 为**直线 L 与平面 Π 的夹角**(如图8-35所示).

由于直线 L 与平面 Π 的夹角为

$$\varphi = \left| \frac{\pi}{2} - (\overset{\wedge}{s, n}) \right|$$

因此 $\sin\varphi = |\cos(\overset{\wedge}{s, n})|$,于是有

$$\sin\varphi = \frac{|s \cdot n|}{|s||n|}$$

$$= \frac{|Am + Bn + Cp|}{\sqrt{A^2 + B^2 + C^2} \cdot \sqrt{m^2 + n^2 + p^2}} \tag{8-48}$$

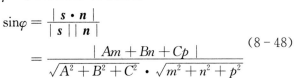

图 8-35

显然当直线 L 与平面 Π 垂直时,L 与 Π 的夹角为 $\frac{\pi}{2}$.

例5 求直线 $x - 1 = y - 2 = \frac{z - 1}{2}$ 与平面 $2x - y + z - 4 = 0$ 的夹角和交点.

解 已知直线的方向向量为 $s = (1, 1, 2)$,平面的法向量为 $n = (2, -1, 1)$,由式(8-48)得

$$\sin\varphi = \frac{|2 \cdot 1 + (-1) \cdot 1 + 1 \cdot 2|}{\sqrt{2^2 + (-1)^2 + 1^2} \cdot \sqrt{1^2 + 1^2 + 2^2}} = \frac{1}{2}$$

因此所求直线与平面的夹角为 $\varphi = \frac{\pi}{6}$.

将已知直线方程化为参数方程,得直线的参数方程为

$$\begin{cases} x = 1 + t \\ y = 2 + t \\ z = 1 + 2t \end{cases}$$

将上式代入已知平面方程中,得

$$2(1+t)-(2+t)+1+2t-4=0$$

解得 $t=1$,所以直线与平面的交点为 $(2,3,3)$.

例6　求过点 $P(1,1,1)$ 且与直线 $L:\dfrac{x}{1}=\dfrac{y}{1}=\dfrac{z+2}{-3}$ 垂直相交的直线方程.

解　由平面的点法式方程可知,过 $P(1,1,1)$ 且垂直于 L 的平面 $\varPi$ 的方程为

$$(x-1)+(y-1)-3(z-1)=0$$

即

$$x+y-3z+1=0$$

设 $\varPi$ 与 L 的交点为 $N(x_0,y_0,z_0)$,则点 $N(x_0,y_0,z_0)$ 也是点 P 与直线 L 的垂足,利用 L 的参数方程,可设

$$\begin{cases}x_0=t\\y_0=t\\z_0=-3t-2\end{cases}$$

将 (x_0,y_0,z_0) 代入平面 $\varPi$ 的方程,得 $t+t-3(-3t-2)+1=0$,即求得 $t=-\dfrac{7}{11}$,则

$$x_0=-\dfrac{7}{11},y_0=-\dfrac{7}{11},z_0=-\dfrac{1}{11}$$

即 $N\left(-\dfrac{7}{11},-\dfrac{7}{11},-\dfrac{1}{11}\right)$,由于 N 和 P 为直线上两点,则所求直线方程为

$$\dfrac{x-1}{1-\left(-\dfrac{7}{11}\right)}=\dfrac{y-1}{1-\left(-\dfrac{7}{11}\right)}=\dfrac{z-1}{1-\left(-\dfrac{1}{11}\right)}$$

即

$$\dfrac{x-1}{3}=\dfrac{y-1}{3}=\dfrac{z-1}{2}$$

8.4.4　点到直线之间的距离

设点 $M_1(x_1,y_1,z_1)$,直线 L 为

$$\dfrac{x-x_0}{m}=\dfrac{y-y_0}{n}=\dfrac{z-z_0}{p}$$

求 M_1 到直线 L 间的距离.

由直线方程可知,$M_0(x_0,y_0,z_0)$ 为直线 L 上的一点(如图 8-36 所示),直线 L 的方向向量为 $\pmb{s}=(m,n,p)$,当点 M_1 不在直线 L 上时,由图 8-36 可知,点 M_1 到直线 L 间的距离 d 是以 $\overrightarrow{M_0M_1}$、$\pmb{s}$ 为边的平行四边形在底边($\pmb{s}$ 边)上的高,由于四边

形的面积等于 $|\overrightarrow{M_1M_0}\times s|$，因此

$$|\overrightarrow{M_1M_0}\times s|=|s|\cdot d$$

从而，点 M_1 到直线 L 的距离为

$$d=\frac{|s\times\overrightarrow{M_0M_1}|}{|s|} \tag{8-49}$$

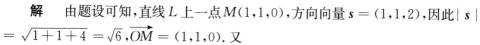

图 8-36

例7 求原点到直线 $L:\dfrac{x-1}{1}=\dfrac{y-1}{1}=\dfrac{z}{2}$ 的距离.

解 由题设可知，直线 L 上一点 $M(1,1,0)$，方向向量 $s=(1,1,2)$，因此 $|s|=\sqrt{1+1+4}=\sqrt{6},\overrightarrow{OM}=(1,1,0)$. 又

$$\overrightarrow{MO}\times s=\begin{vmatrix} i & j & k \\ 1 & 1 & 0 \\ 1 & 1 & 2 \end{vmatrix}=(2,-2,0)$$

$$|\overrightarrow{MO}\times s|=\sqrt{2^2+(-2)^2+0^2}=2\sqrt{2}$$

从而由式(8-49)得 $d=\dfrac{2\sqrt{3}}{3}$.

8.4.5 平面束

通过空间直线 L 的平面有无穷多个，将通过空间直线 L 的所有平面的集合称为**过直线 L 的的平面束**. 设直线 L 的一般式方程为

$$\begin{cases} A_1x+B_1y+C_1z+D_1=0 \\ A_2x+B_2y+C_2z+D_2=0 \end{cases}$$

其中系数 A_1、B_1、C_1 与 A_2、B_2、C_2 不成比例. 构造一个三元一次方程：

$$\lambda(A_1x+B_1y+C_1z+D_1)+\mu(A_2x+B_2y+C_2z+D_2)=0 \tag{8-50}$$

其中 λ、μ 为任意实数，则式(8-50)可写成

$$(\lambda A_1+\mu A_2)x+(\lambda B_1+\mu B_2)y+(\lambda C_1+\mu C_2)z+(\lambda D_1+\mu D_2)=0$$

$$\tag{8-51}$$

由于系数 A_1、B_1、C_1 与 A_2、B_2、C_2 不成比例，所以对于任何实数 λ、μ，上述方程的一次项系数不全为零，从而它表示一个平面. 对于不同的 λ、μ 值，所对应的平面也不同，而且这些平面都通过直线 L，也就是说，这个方程表示通过直线 L 的一族平面. 另一方面，任何通过直线 L 的平面也一定包含在上述通过 L 的平面族中. 因此，方程(8-51)就是通过直线 L 的平面束方程.

特别地，取 $\lambda=1$ 时，方程(8-50)化为

$$(A_1x+B_1y+C_1z+D_1)+\mu(A_2x+B_2y+C_2z+D_2)=0 \tag{8-52}$$

方程(8-52)表示除了平面 $A_2x+B_2y+C_2z+D_2=0$ 之外的**过直线 L 的平面束**.

取 $\mu = 1$ 时，方程(8-52) 化为

$$\lambda(A_1 x + B_1 y + C_1 z + D_1) + (A_2 x + B_2 y + C_2 z + D_2) = 0 \qquad (8-53)$$

方程(8-53) 表示除了平面 $A_1 x + B_1 y + C_1 z + D_1 = 0$ 之外的**过直线 L 的平面束**.

例 8 求过直线 $L_1: \begin{cases} y = 1 \\ x + z - 4 = 0 \end{cases}$ 且与直线 $L_2: \dfrac{x-1}{2} = \dfrac{y}{3} = \dfrac{z-1}{1}$ 平行的

平面的方程.

解 由过 L_1 的平面束的意义可知，所求平面方程可设为

$$(y - 1) + \lambda(x + z - 4) = 0$$

即

$$\lambda x + y + \lambda z - 4\lambda - 1 = 0$$

其法向量为 $\boldsymbol{n} = (\lambda, 1, \lambda)$. 由题设可知，直线 L_2 的方向向量为 $\boldsymbol{s} = (2, 3, 1)$，由于过 L_1 的平面与 L_2 平行，因此有 $\boldsymbol{n} \perp \boldsymbol{s}$，即

$$\boldsymbol{n} \cdot \boldsymbol{s} = 2\lambda + 3 + \lambda = 0$$

解得

$$\lambda = -1$$

故所求的平面方程为

$$x - y + z - 3 = 0$$

例 9 求直线 $L: \begin{cases} 2y + 3z - 5 = 0 \\ x - 2y - z + 7 = 0 \end{cases}$ 在平面 $\varPi: x - y + z + 8 = 0$ 上的投影直

线的方程.

解 根据直线方程的一般式，只需求过直线 L 且与已知平面 $\varPi$ 垂直的平面的方程，然后再与已知平面 $\varPi$ 的方程联立即可.

由过直线 $L: \begin{cases} 2y + 3z - 5 = 0 \\ x - 2y - z + 7 = 0 \end{cases}$ 的平面束的意义，设过直线 L 且与已知平面 $\varPi$ 垂直的平面的方程为

$$2y + 3z - 5 + \lambda(x - 2y - z + 7) = 0$$

即

$$\lambda x + (2 - 2\lambda)y + (3 - \lambda)z + (7\lambda - 5) = 0 \qquad (8-54)$$

其法向量为 $\boldsymbol{n}_1 = \{\lambda, 2 - 2\lambda, 3 - \lambda\}$，又已知平面 $\varPi$ 的法向量为 $\boldsymbol{n} = \{1, -1, 1\}$，由于 $\boldsymbol{n} \perp \boldsymbol{n}_1$，故有 $\boldsymbol{n} \cdot \boldsymbol{n}_1 = 0$，即 $\lambda + (2 - 2\lambda)(-1) + (3 - \lambda) = 0$，解得 $\lambda = -\dfrac{1}{2}$. 代入式(8-54) 得过直线 L 且与已知平面 $\varPi$ 垂直的平面的方程为

$$x - 6y - 7z + 17 = 0$$

故所求投影直线方程为

$$\begin{cases} x - y + z + 8 = 0 \\ x - 6y - 7z + 17 = 0 \end{cases}$$

习题 8.4

1. 求过点 $(3, -1, 1)$ 且平行于直线 $\dfrac{x-1}{2} = \dfrac{y}{1} = -\dfrac{z-2}{1}$ 的直线的方程.

2. 求过两点 $M_1(0, -2, 1)$ 和 $M_2(-1, 0, 1)$ 的直线的方程.

3. 将直线的一般方程

$$\begin{cases} x - y + z - 1 = 0 \\ 2x + y + z - 3 = 0 \end{cases}$$

化为直线的对称式方程和参数方程.

4. 求过点 $(4, 1, -1)$ 且与直线 $\begin{cases} x - 2y + z - 7 = 0 \\ 3x + y - z + 1 = 0 \end{cases}$ 垂直的平面的方程.

5. 求过点 $(1, 2, 1)$ 且与两平面 $x + 2z = 1$ 和 $y - 3z = 2$ 平行的直线的方程.

6. 求过点 $(2, 1, 2)$ 且与直线 $\dfrac{x-2}{1} = \dfrac{y-3}{1} = \dfrac{z-4}{2}$ 垂直相交的直线的方程.

7. 求点 $(-1, 2, 0)$ 在平面 $x + 2y - z + 1 = 0$ 上的投影.

8. 求直线 $L_1 : \dfrac{x-1}{2} = \dfrac{y+1}{-1} = \dfrac{z+3}{1}$ 与 $L_2 : \dfrac{x+1}{1} = \dfrac{y+2}{1} = \dfrac{z-3}{2}$ 的夹角.

9. 求通过直线 $\dfrac{x-1}{2} = \dfrac{y+2}{3} = \dfrac{z+3}{4}$ 且平行于直线 $\dfrac{x}{1} = \dfrac{y}{1} = \dfrac{z}{2}$ 的平面的方程.

10. 试确定下列各组中的直线和平面间的关系:

(1) $\dfrac{x+3}{-2} = \dfrac{y+4}{-7} = \dfrac{z}{3}$ 和 $2x - y - z - 3 = 0$.

(2) $\dfrac{x}{3} = \dfrac{y}{-2} = \dfrac{z}{7}$ 和 $3x - 2y + 7z - 8 = 0$.

(3) $\begin{cases} 2x + 2y + 5 = 0 \\ 5x - 2z - 5 = 0 \end{cases}$ 和 $4x + 3y - z + 3 = 0$.

11. 求直线 $\begin{cases} x + y - z - 1 = 0 \\ x - y + z + 1 = 0 \end{cases}$ 在平面 $x + 2y - z + 5 = 0$ 上的投影直线的方程.

12. 直线 L 过点 $A(-2, 1, 3)$ 和点 $B(0, -1, 2)$，求点 $C(10, 5, 10)$ 到直线 L 的距离.

13. 求直线 $L_1: \dfrac{x-5}{-4} = \dfrac{y-1}{1} = \dfrac{z-2}{1}$ 与直线 $L_2: \dfrac{x}{2} = \dfrac{y}{2} = \dfrac{z-8}{-3}$ 之间的距离.

8.5 常见的曲面及其方程

我们知道,在空间解析几何中,空间曲面用三元方程 $F(x,y,z) = 0$ 来表示,如果方程中 x,y,z 都是一次的,所表示的曲面称为**一次曲面**;同样,二次方程所表示的曲面就称为**二次曲面**. 由前面的内容知道一次曲面就是平面,而球面是二次曲面. 本节主要讨论常见的二次曲面及其方程.

下面我们先要讨论实际问题中经常遇到的旋转曲面、柱面、锥面及其方程,然后再讨论一些常见的二次方程对应的二次曲面.

8.5.1 旋转曲面

设 C 为空间一条已知的平面曲线,L 为一条已知的定直线,并且曲线 C 与直线 L 共面,将曲线 C 绕该平面上的定直线 L 旋转一周所成的曲面称为**旋转曲面**,曲线 C 称为旋转曲面的**母线**,定直线 L 称为旋转曲面的**轴**,曲线 C 旋转到的每一个位置对应的曲线称为**该旋转曲面的一条母线**.

例如一条直线绕与它平行的定直线旋转所成的曲面是圆柱面(如图8-37(a)所示),一条直线绕与它相交的定直线旋转所成的曲面是圆锥面(如图8-37(b)所示),一个圆绕它的直径所在的直线旋转所成的曲面是球面(如图8-37(c)所示).

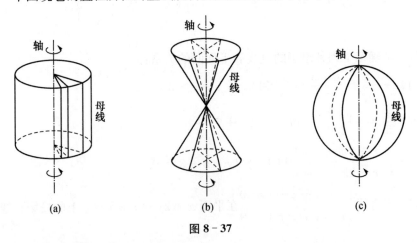

(a)   (b)   (c)

图 8-37

下面讨论坐标面上的平面曲线绕该坐标面上的坐标轴旋转所得的旋转曲面的方程.

设在 yOz 坐标面上有一已知曲线 C,其方程为

$$C: \begin{cases} f(y,z) = 0 \\ x = 0 \end{cases} \tag{8-55}$$

将该曲线 C 绕 z 轴旋转一周,得到一个以 z 轴为轴的旋转曲面(图 8-38).下面来建立它的方程.

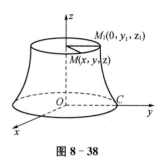

图 8-38

设 $M(x,y,z)$ 为该旋转曲面上的任意一点,则在曲线 C 上必存在一点 $M_1(0,y_1,z_1)$ 是点 M 在旋转前的起始点,即点 M 是由点 M_1 绕 z 轴旋转而来,则有 $z = z_1$,且点 M 到 z 轴的距离为 $\sqrt{x^2+y^2}$,与点 M_1 到 z 轴的距离 $|y_1|$ 相等,因此

$$\sqrt{x^2+y^2} = |y_1|$$

即

$$y_1 = \pm\sqrt{x^2+y^2}$$

将 $z_1 = z, y_1 = \pm\sqrt{x^2+y^2}$ 代入方程(8-55),便得

$$f(\pm\sqrt{x^2+y^2}, z) = 0 \tag{8-56}$$

这就是所求的旋转曲面的方程.

将 yOz 平面上的曲线 C 绕 z 轴旋转而形成的旋转曲面方程(8-56)与曲线 C 的方程(8-55)相比较可以看出,要得到该旋转曲面的方程,只要在曲线 C 的方程 $f(y,z) = 0$ 中将 z 保持不变,而将 y 替换成 $\pm\sqrt{x^2+y^2}$ 即可.

同理可知,曲线 C 绕 y 轴旋转时,只要在曲线 C 的方程 $f(y,z) = 0$ 中将 y 保持不变,而将 z 替换成 $\pm\sqrt{x^2+z^2}$,即可得曲线 C 绕 y 轴旋转形成的旋转曲面的方程为

$$f(y, \pm\sqrt{x^2+z^2}) = 0$$

一般地,坐标面上的曲线 C 绕此坐标面内的一条坐标轴旋转时,只要将曲线 C 在坐标面内的方程(可以理解为平面解析几何中的曲线)保留与旋转轴同名的坐标,而以另外两个坐标平方和的平方根代替方程中的另一个坐标,就可得到该旋转曲面的方程;反之,一个曲面方程若表示成这种形式,则必为一旋转曲面.

xOy 面上的曲线 $\begin{cases} g(x,y) = 0 \\ z = 0 \end{cases}$ 分别绕 x、y 轴旋转而成的旋转曲面的方程分别为

$$g(x, \pm\sqrt{y^2+z^2}) = 0 \text{ 与 } g(\pm\sqrt{x^2+z^2}, y) = 0$$

zOy 面上的曲线 $\begin{cases} h(y,z) = 0 \\ x = 0 \end{cases}$ 分别绕 y、z 轴旋转而成的旋转曲面的方程分

别为

$$h(y, \pm \sqrt{x^2 + z^2}) = 0 \quad 与 \quad h(\pm \sqrt{x^2 + y^2}, z) = 0$$

例 1 直线 L 绕另一条与 L 相交的直线旋转一周，所得旋转曲面称为**圆锥面**，两直线的交点称为圆锥面的**顶点**，两直线的夹角 $\alpha \left(0 < \alpha < \dfrac{\pi}{2}\right)$ 称为圆锥面的**半顶角**. 试建立顶点在坐标原点 O，旋转轴为 z 轴，半顶角为 α 的圆锥面（如图 8－39 所示）的方程.

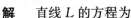

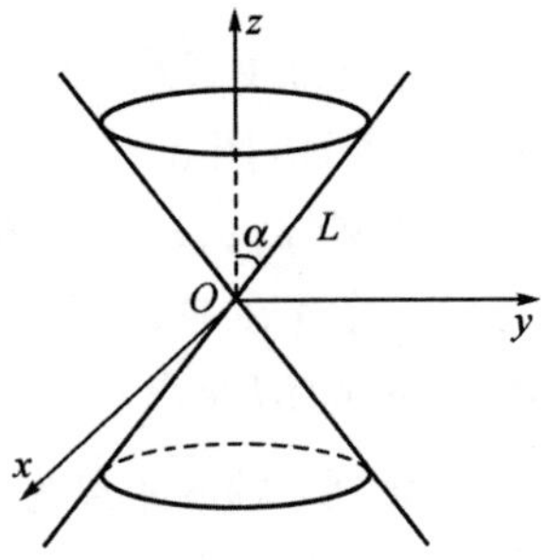

图 8－39

解 直线 L 的方程为

$$z = y\cot\alpha$$

由于 z 轴为旋转轴，故只要在该直线方程中保持 z 不变，将其中的 y 用 $\pm \sqrt{x^2 + y^2}$ 来替换，就得到所求的圆锥面方程

$$z = \pm \sqrt{x^2 + y^2}\cot\alpha$$

令 $a = \cot\alpha$ 并对上式两边平方，则有

$$z^2 = a^2(x^2 + y^2)$$

这就是所求的圆锥面方程，其中 $a = \cot\alpha$.

特别地，当直线 L 与 z 轴所夹的半顶角 $\alpha = \dfrac{\pi}{4}$ 时，所对应的圆锥面的方程为

$$z^2 = x^2 + y^2 \tag{8－57}$$

例 2 将 xOz 坐标面上的双曲线 $\dfrac{x^2}{a^2} - \dfrac{z^2}{c^2} = 1$ 分别绕 x 轴和 z 轴旋转一周，求所生成的旋转曲面的方程.

解 在方程 $\dfrac{x^2}{a^2} - \dfrac{z^2}{c^2} = 1$ 中保持 x 不变，将 z 换作 $\pm \sqrt{y^2 + z^2}$，就得到绕 x 轴旋转所生成的旋转曲面的方程为

$$\frac{x^2}{a^2} - \frac{y^2 + z^2}{c^2} = 1$$

同理，绕 z 轴旋转所生成的旋转曲面的方程为

$$\frac{x^2 + y^2}{a^2} - \frac{z^2}{c^2} = 1$$

这两个曲面分别称为**双叶旋转双曲面**（图 8－40）和**单叶旋转双曲面**（图 8－41）.

例 3 求 xOz 坐标面上的抛物线 $z = x^2$ 绕 z 轴旋转一周所生成的旋转曲面的方程.

解 曲线方程 $z = x^2$ 中，用 $\pm \sqrt{x^2 + y^2}$ 代替 x，而 z 保持不变，即可得旋转曲面的方程为

$$z = x^2 + y^2 \qquad (8-58)$$

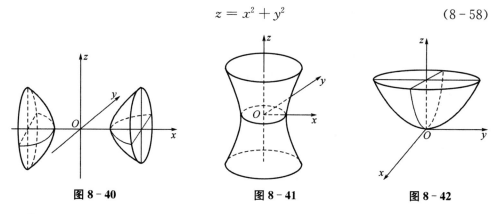

图 8-40　　　　　　　图 8-41　　　　　　　图 8-42

该曲面称为**旋转抛物面**(图 8-42).

8.5.2　柱面

设 C 为空间中的定曲线,过曲线 C 上任一点引一条直线 L,直线 L 沿曲线 C 平行移动所形成的曲面称为**柱面**,动直线 L 称为该柱面的**母线**,定曲线 C 称为该柱面的**准线**(如图 8-43(a) 所示).

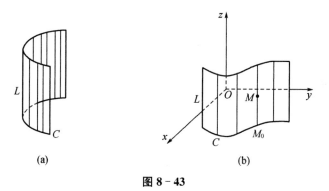

(a)　　　　　　　　　　　(b)

图 8-43

下面我们讨论母线平行于坐标轴的柱面的方程.

设柱面的准线 C 为 xOy 坐标面上的定曲线 $\begin{cases} F(x,y) = 0 \\ z = 0 \end{cases}$,母线 L 平行于 z 轴(如图 8-43(b) 所示). 在该柱曲面上任取一动点 $M(x,y,z)$,过点 M 作平行于 z 轴的直线交 xOy 面于点 $M_0(x,y,0)$,由柱面的定义可知,点 M_0 必在准线 C 上,即 M_0 点的坐标满足方程 $F(x,y) = 0$. 由于 $F(x,y) = 0$ 中不含 z,所以 M 点的坐标也满足方程 $F(x,y) = 0$.而过不在柱面上的点作平行于 z 轴的直线与 xOy 面的交点必不在曲线 C 上,也就是说不在柱面上的点的坐标不满足方程 $F(x,y) = 0$,因此所求的柱面方程就是

$$F(x,y) = 0 \qquad\qquad (8-59)$$

事实上,当把母线 L 上的点 $M(x,y,z)$ 投影到 xOy 坐标面上去的时候,它们的投影点必与准线 C 上的点 $M_0(x,y,0)$ 重合,因此柱面上的动点 $M(x,y,z)$ 的坐标与其投影点 $M_0(x,y,0)$ 的 x,y 坐标满足相同的方程 $F(x,y) = 0$.

同理可知,方程 $G(y,z) = 0$ 与 $H(x,z) = 0$ 分别表示母线平行于 x 轴与 y 轴的柱面,它们的准线分别为

$$\begin{cases} G(y,z) = 0 \\ x = 0 \end{cases} \text{与} \begin{cases} H(x,z) = 0 \\ y = 0 \end{cases}$$

例如,方程 $x^2 + y^2 = R^2$ 在空间上表示以 xOy 坐标面上的圆 $x^2 + y^2 = R^2$ 为准线、母线平行于 z 轴的圆柱面(图 8-44).

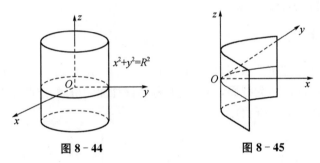

图 8-44   图 8-45

方程 $y^2 = 2x$ 在空间上表示以 xOy 坐标面上的抛物线 $y^2 = 2x$ 为准线、母线平行于 z 轴的柱面,该柱面称为抛物柱面(图 8-45).

一般地,空间曲面的直角坐标方程 $F(x,y,z) = 0$ 中若是缺少一个变量,则这个方程所表示的图形是个柱面,其母线平行于所缺少的那个变量对应的坐标轴,其准线就是与母线垂直的那个坐标面上原方程所表示的平面曲线.

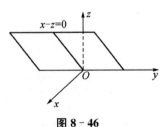

图 8-46

例如,方程 $x - z = 0$ 表示母线平行于 y 轴的柱面,其准线是 xOz 面上的直线 $x - z = 0$,它是过 y 轴的一个平面(如图 8-46 所示).

方程 $x^2 + z^2 = 1$ 表示母线平行于 y 轴的单位圆柱面,其准线是 xOz 面上的单位圆 $x^2 + z^2 = 1$(如图 8-47 所示).

对于一个给定的曲面方程 $F(x,y,z) = 0$,我们怎样去研究它在直角坐标中对应曲面的几何图形呢?下面介绍一个直观而有效的方法:**截痕法**. 所谓的截痕法

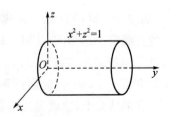

图 8-47

就是用一组平行于坐标面的平面去截曲面,观察所得交线,了解曲面与各个平行于坐标面的平面的交线(截痕)的形状,然后综合得出曲面的完整形态.下面就利用截痕法分析几种二次曲面及其方程.

先介绍曲面的对称性的概念.

如果在曲面方程 $F(x,y,z)=0$ 中,以 $-x$ 代替 x,而 y、z 不变,这时方程不变,**则称该曲面关于 yOz 面是对称的**,同理可定义曲面方程 $F(x,y,z)=0$ 关于 xOy 面、zOx 面的对称性.

如果在曲面方程 $F(x,y,z)=0$ 中,以 $-x$ 代替 x,$-y$ 代替 y,而 z 不变,这时方程不变,则称**该曲面关于 z 轴对称**,同理可定义曲面方程 $F(x,y,z)=0$ 关于 x 轴、y 轴的对称性.

如果在曲面方程 $F(x,y,z)=0$ 中,以 $-x$ 代替 x,$-y$ 代替 y,$-z$ 代替 z,这时方程不变,则称**该曲面 $F(x,y,z)=0$ 关于原点中心对称**.

8.5.3 椭球面

由方程

$$\frac{x^2}{a^2}+\frac{y^2}{b^2}+\frac{z^2}{c^2}=1 \quad (a>0,b>0,c>0) \qquad (8-60)$$

所表示的曲面称为**椭球面**,其中 a、b、c 称为椭球面的半轴.

由于在方程(8-60)的左端以 $-x$ 代替 x,而 y、z 不变,这时方程不变,所以椭球面关于 yOz 面对称;同理可知,它于 xOy 面、zOx 面对称.

又由于在方程(8-60)的左端以 $-x$ 代替 x,$-y$ 代替 y,而 z 不变,这时方程不变,所以椭球面关于 z 轴对称;同理可知,它关于 x 轴、y 轴对称.

再由于在方程(8-60)的左端以 $-x$ 代替 x,$-y$ 代替 y,$-z$ 代替 z,这时方程不变,所以椭球面关于原点中心对称.

另外,由方程(8-60)易得:$\frac{x^2}{a^2}\leqslant 1,\frac{y^2}{b^2}\leqslant 1,\frac{z^2}{c^2}\leqslant 1$,即有 $|x|\leqslant a$,$|y|\leqslant b$,$|z|\leqslant c$,这表明椭球面位于平面 $x=\pm a$,$y=\pm b$,$z=\pm c$ 所围成的对称长方体内.

分别用三个坐标面去截椭球面,则得到椭球面与三个坐标面的交线方程分别为

$$\begin{cases}\dfrac{x^2}{a^2}+\dfrac{y^2}{b^2}=1\\ z=0\end{cases}, \quad \begin{cases}\dfrac{y^2}{b^2}+\dfrac{z^2}{c^2}=1\\ x=0\end{cases}, \quad \begin{cases}\dfrac{x^2}{a^2}+\dfrac{z^2}{c^2}=1\\ y=0\end{cases}$$

显然这些交线都是相应各坐标面上的椭圆.

用平行于坐标面 xOy 的平面 $z=h(|h|<c)$ 去截椭球面,则截痕方程为

$$\begin{cases} \dfrac{x^2}{a^2\left(1-\dfrac{h^2}{c^2}\right)} + \dfrac{y^2}{b^2\left(1-\dfrac{h^2}{c^2}\right)} = 1 \\ z = h \end{cases}$$

它是平面 $z = h$ 上的一个椭圆,此椭圆的中心在 z 轴上,长、短半轴分别为

$$\frac{a}{c}\sqrt{c^2-h^2}, \frac{b}{c}\sqrt{c^2-h^2}$$

由此可见在随着 $|h|$ 从 0 增加到 c 的过程中,所截的椭圆的两半轴逐渐缩小,从而椭圆逐渐缩小. 特别地;当 $h = 0$ 时,椭圆最大;当 $|h| = c$ 时,截痕收缩成点 $(0,0,c)$ 与 $(0,0,-c)$;当 $|h| > c$ 时,平面 $z = h$ 与椭球面无交点.

用平行于 yOz 面及 zOx 面的平面去截椭球面,可得到类似的结果.

综合以上的讨论,可得出椭球面的图形(如图 8 - 48 所示).

若 $a = b > 0$,方程(8 - 60)为

$$\frac{x^2}{a^2} + \frac{y^2}{a^2} + \frac{z^2}{c^2} = 1$$

它表示 zOx 面上的椭圆 $\dfrac{x^2}{a^2} + \dfrac{z^2}{c^2} = 1$ 或 yOz 面上的椭

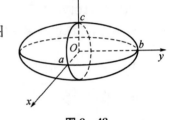

图 8 - 48

圆 $\dfrac{y^2}{a^2} + \dfrac{z^2}{c^2} = 1$ 绕 z 轴旋转一周而成的**旋转椭球面**.

若 $a = b = c > 0$,则方程(8 - 60)变为 $x^2 + y^2 + z^2 = a^2$,它表示球心在原点、半径为 a 的球面. 因此,球面是椭球面的一种特殊情形.

8.5.4　单叶双曲面

由方程

$$\frac{x^2}{a^2} + \frac{y^2}{b^2} - \frac{z^2}{c^2} = 1 (a > 0, b > 0, c > 0) \tag{8 - 61}$$

所表示的曲面称为**单叶双曲面**,其中 a、b、c 称为单叶双曲面的半轴.

由方程(8 - 61)可知,它关于三个坐标面、三个坐标轴和坐标原点都是对称的.

用平行于 xOy 面的平面 $z = h$ 截曲面(8 - 61),截痕方程为

$$\begin{cases} \dfrac{x^2}{a^2} + \dfrac{y^2}{b^2} = 1 + \dfrac{h^2}{c^2} \\ z = h \end{cases}$$

这是平面 $z = h$ 上两个半轴分别为 $\dfrac{a}{c}\sqrt{c^2+h^2}$ 与 $\dfrac{b}{c}\sqrt{c^2+h^2}$ 的椭圆. 当 $h = 0$ 时

（在 xOy 面上），半轴最小.

用平行于 xOz 面的平面 $y = h$ 截曲面(8-61)，截痕方程为

$$\begin{cases} \dfrac{x^2}{a^2} - \dfrac{z^2}{c^2} = 1 - \dfrac{h^2}{b^2} \\ y = h \end{cases}$$

若 $h^2 < b^2$，此时截痕为平面 $y = h$ 上实轴平行于 x 轴，虚轴平行于 z 轴的双曲线；若 $h^2 > b^2$，则为实轴平行于 z 轴，虚轴平行于 x 轴的双曲线；若 $h^2 = b^2$，则上述截痕方程变成

$$\begin{cases} \left(\dfrac{x}{a} + \dfrac{z}{c} \right)\left(\dfrac{x}{a} - \dfrac{z}{c} \right) = 0 \\ y = \pm b \end{cases}$$

这表示平面 $y = \pm b$ 与其截痕是两对交点分别为 $(0, b, 0)$ 和 $(0, -b, 0)$ 的相交的直线.

类似地，用平行于 yOz 面的平面 $x = h (h^2 \neq a^2)$ 截曲面 (8-61)，所得截痕也是双曲线，两平面 $x = \pm a$ 截曲面 (8-61) 所得截痕是两对相交的直线.

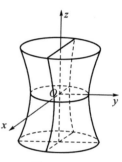

图 8-49

综合以上的讨论，可得出单叶双曲面(8-61)的图形（图 8-49).

若 $a = b > 0$，方程(8-61)为

$$\frac{x^2}{a^2} + \frac{y^2}{a^2} - \frac{z^2}{c^2} = 1$$

表示 zOx 面上的双曲线 $\dfrac{x^2}{a^2} - \dfrac{z^2}{c^2} = 1$ 绕 z 轴旋转一周而成的单叶旋转双曲面.

8.5.5　双叶双曲面

由方程

$$\frac{x^2}{a^2} + \frac{y^2}{b^2} - \frac{z^2}{c^2} = -1 \quad (a > 0, b > 0, c > 0) \tag{8-62}$$

所表示的曲面称为**双叶双曲面**.

显然，它关于坐标面、坐标轴和原点都对称，它与 xOz 面和 yOz 面的交线都是双曲线

$$\begin{cases} \dfrac{x^2}{a^2} - \dfrac{z^2}{c^2} = -1 \\ y = 0 \end{cases} \text{和} \begin{cases} \dfrac{y^2}{b^2} - \dfrac{z^2}{c^2} = -1 \\ x = 0 \end{cases}$$

用平行于 xOy 面的平面 $z = h (|h| > c)$ 去截它，当 $|h| > c$ 时，截痕是一个椭圆

$$\begin{cases} \dfrac{x^2}{a^2} + \dfrac{y^2}{b^2} = \dfrac{h^2}{c^2} - 1 \\ z = h \end{cases}$$

它的半轴随 $|h|$ 的增大而增大,当 $|h| = c$ 时,截痕是一个点;当 $|h| < c$ 时,平面 $z = h$ 与该曲面没有交点. 当用平面 $y = h$ 及 $x = h$ 截该曲面时,交线都是双曲线.

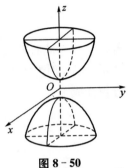

综合以上的讨论,可得出双叶双曲面(8 - 62)的图形(如图 8 - 50 所示).

若 $a = b > 0$,方程(8 - 62)为

$$\frac{x^2}{a^2} + \frac{y^2}{a^2} - \frac{z^2}{c^2} = -1$$

图 8 - 50

表示 zOx 面上的双曲线 $\dfrac{z^2}{c^2} - \dfrac{x^2}{a^2} = 1$ 绕 z 轴旋转一周而成的

双叶旋转双曲面.

8.5.6 椭圆抛物面

由方程

$$\frac{x^2}{a^2} + \frac{y^2}{b^2} = z \quad (a > 0, b > 0) \tag{8 - 63}$$

所表示的曲面称为**椭圆抛物面.**

由曲面的对称性可知,椭圆抛物面(8 - 63)关于 yOz 面和 zOx 面对称,关于 z 轴也对称.

由方程(8 - 63)可知 $z \geq 0$,因此该椭圆抛物面位于 xOy 面的上方,它与 zOx 面和 yOz 面的交线都是抛物线

$$\begin{cases} x^2 = a^2 z \\ y = 0 \end{cases} \text{和} \begin{cases} y^2 = b^2 z \\ x = 0 \end{cases}$$

这两条抛物线有共同的顶点(0,0)和对称轴 z 轴.

用平行于 zOx 面的平面 $y = h(h > 0)$ 去截它,得到截痕方程为

$$\begin{cases} x^2 = a^2 \left(z - \dfrac{h^2}{b^2} \right) \\ y = h \end{cases}$$

这是平面 $y = h$ 上的一条抛物线,其对称轴平行于 z 轴,顶点为 $\left(0, h, \dfrac{h^2}{b^2} \right)$.

类似地,用平行于 yOz 面的平面 $x = h(h > 0)$ 去截它,截痕也是抛物线,为

$$\begin{cases} y^2 = b^2\left(z - \dfrac{h^2}{a^2}\right) \\ x = h \end{cases}$$

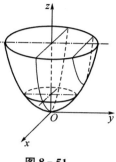

其对称轴平行于 z 轴,顶点为 $\left(h, 0, \dfrac{h^2}{a^2}\right)$.

而用平行于 xOy 面的平面 $z = h\,(h > 0)$ 去截它,可得截痕是一个椭圆

$$\begin{cases} \dfrac{x^2}{a^2} + \dfrac{y^2}{b^2} = h \\ z = h \end{cases}$$

图 8 - 51

这个椭圆的半轴随 h 的增大而增大(图 8 - 51).

特殊地,若 $a = b > 0$ 时,方程(8 - 63)化为

$$\frac{x^2 + y^2}{a^2} = z$$

它表示 zOx 面上的抛物线 $x^2 = a^2 z$ 或 yOz 面上的抛物线 $y^2 = a^2 z$ 绕 z 轴旋转一周而成的**旋转抛物面**.

*8.5.7 双曲抛物面(马鞍面)

由方程

$$-\frac{x^2}{a^2} + \frac{y^2}{b^2} = z \quad (a > 0, b > 0) \tag{8 - 64}$$

所表示的曲面称为**双曲抛物面**.

显然,该曲面关于 yOz 面和 zOx 面对称,关于 z 轴也对称.它与坐标面 zOx 和坐标面 yOz 的截痕是抛物线

$$\begin{cases} x^2 = -a^2 z \\ y = 0 \end{cases} \text{和} \begin{cases} y^2 = b^2 z \\ x = 0 \end{cases}$$

这两条抛物线有共同的顶点和对称轴,但对称轴的方向相反.

它与坐标面 xOy 的截痕是两条交于原点的直线

$$\begin{cases} \dfrac{x}{a} + \dfrac{y}{b} = 0 \\ z = 0 \end{cases} \text{和} \begin{cases} \dfrac{x}{a} - \dfrac{y}{b} = 0 \\ z = 0 \end{cases}$$

用平行于 xOy 面的平面 $z = h$ 去截它,截痕方程是

$$\begin{cases} -\dfrac{x^2}{a^2} + \dfrac{y^2}{b^2} = h \\ z = h \end{cases}$$

当 $h \neq 0$ 时,截痕总是双曲线;若 $h > 0$,双曲线的实轴平行于 y 轴;若 $h < 0$,双

曲线的实轴平行于 x 轴.

综合以上的讨论,可得出双曲抛物面(8-64)的图形(图8-52).由于双曲抛物面(8-64)的图形像马鞍,因此常常也称双曲抛物面为**马鞍面**.

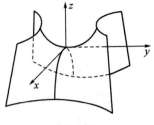

图 8-52

习题 8.5

1. 写出下列旋转曲面的方程:

(1) xOz 坐标面上的直线 $x = 2z$ 分别绕 x 轴及 z 轴旋转一周而成的旋转曲面.

(2) yOz 坐标面上的抛物线 $z^2 = 4y$ 绕 y 轴旋转一周而成的旋转曲面.

(3) yOz 坐标面上的圆 $y^2 + z^2 = 16$ 绕 z 轴旋转一周而成的旋转曲面.

(4) yOz 坐标面上的双曲线 $\dfrac{y^2}{4} - \dfrac{z^2}{9} = 1$ 分别绕 y 轴及 z 轴旋转一周而成的旋转曲面.

2. 说明下列旋转曲面是怎样形成的:

(1) $\dfrac{x^2}{4} + \dfrac{y^2}{9} + \dfrac{z^2}{9} = 1$.　　　(2) $x^2 - \dfrac{y^2}{4} + z^2 = 1$.

(3) $x^2 - y^2 - z^2 = 1$.　　　(4) $(z - a)^2 = x^2 + y^2$.

3. 指出下列方程在平面解析几何中和在空间解析几何中分别表示什么图形:

(1) $x = 0$.　　　(2) $x - y + 1 = 0$.

(3) $x^2 + y^2 = 1$.　　　(4) $y^2 = 5x$.

4. 指出下列方程所表示的曲面的名称,并画出它们的图形:

(1) $z = \sqrt{4 - x^2 - y^2}$.　　　(2) $\left(x - \dfrac{a}{2}\right)^2 + y^2 = \left(\dfrac{a}{2}\right)^2$.

(3) $z = 2 - x^2 - y^2$.　　　(4) $z = \sqrt{x^2 + y^2}$.

5. 画出下列各曲面所围成的立体的图形:

(1) $y = \sqrt{x}, x + z = \dfrac{\pi}{2}, x = 0, y = 0, z = 0$.

(2) $x = 0, y = 0, z = 0, x = 2, y = 1, 3x + 4y + 2z - 12 = 0$.

(3) $x = 0, y = 0, z = 0, x^2 + y^2 = a^2, y^2 + z^2 = a^2$(在第一卦限内).

(4) $z = x^2 + y^2, z = 2 - x^2 - y^2$.

8.6 空间曲线及其方程

8.6.1 空间曲线的一般方程

空间曲线可以看作两个曲面的交线. 设

$$F(x,y,z) = 0 \text{ 和 } G(x,y,z) = 0$$

分别为曲面 S_1 和 S_2 的方程,两曲面的交线为曲线 C(图 8–53).则曲线 C 上任何点的坐标应同时满足这两个曲面方程,即满足方程组

$$\begin{cases} F(x,y,z) = 0 \\ G(x,y,z) = 0 \end{cases} \qquad (8-65)$$

反之,若点 M 不在曲线 C 上,则它不可能同时在两个曲面上,故点 M 的坐标不满足方程组. 因此,曲线 C 可以用方程组(8–65)来表示. 方程组(8–65)称为**空间曲线 C 的一般方程**.

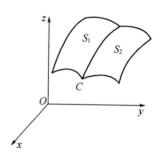

图 8–53

因为通过空间曲线 C 的曲面有无限多个,只要从这无限多个曲面中任意选取两个,把它们的方程联立起来,所得方程组也同样表示空间曲线 C. 因此,空间曲线的一般方程不是唯一的.

例 1 方程组

$$\begin{cases} z = \sqrt{a^2 - x^2 - y^2} \\ \left(x - \dfrac{a}{2}\right)^2 + y^2 = \left(\dfrac{a}{2}\right)^2 \end{cases} \quad (a > 0)$$

表示怎样的曲线?

解 方程组中第一个方程表示球心在坐标原点、半径为 a 的上半球面,第二个方程表示母线平行于 z 轴的圆柱面,其准线 xOy 面上以点 $\left(\dfrac{a}{2}, 0\right)$ 为圆心、$\dfrac{a}{2}$ 为半径的圆. 因此所给方程组就表示上述半球面与圆柱面的交线(如图 8–54 所示).

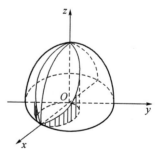

图 8–54

例 2 方程组

$$\begin{cases} x^2 + y^2 = 1 \\ x^2 + z^2 = 1 \end{cases} \quad (x \geqslant 0, y \geqslant 0, z \geqslant 0)$$

表示怎样的曲线?

解　方程组中的两个方程分别表示母线平行于 z 轴和 y 轴的圆柱面在第一卦限内的部分，它们的准线分别是 xOy 面上和 zOx 面上的 $1/4$ 单位圆.因此所给方程组表示这两个圆柱面在第一卦限的交线（图 8-55）.

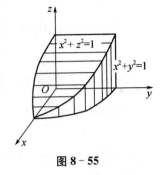

另外，若将所给方程组的第一个方程减去第二个方程，得同解的方程组

$$\begin{cases} x^2 + y^2 = 1 \\ y^2 - z^2 = 0 \end{cases}$$

图 8-55

在第一卦限内，方程 $y^2 - z^2 = 0$ 和 $y - z = 0$ 同解.于是，所给曲线也可用方程组

$$\begin{cases} x^2 + y^2 = 1 \\ y - z = 0 \end{cases}$$

来表示.这就是说，本例所给的曲线也可视为平面 $y - z = 0$ 和圆柱面 $x^2 + y^2 = 1$（$x \geqslant 0, y \geqslant 0$）的交线.

8.6.2　空间曲线的参数方程

空间曲线 C 的方程除了一般方程之外，也可以用参数形式表示，将曲线 C 上动点的坐标 x、y、z 表示为参数 t 的函数

$$\begin{cases} x = x(t) \\ y = y(t) \\ z = z(t) \end{cases} \tag{8-66}$$

当 t 取某一定值时，可由此方程组得曲线 C 上的一个点；随着 t 的变动，可得到曲线 C 上的全部点.方程组（8-66）称为**空间曲线的参数方程**.

例 3　若空间一动点 $M(x, y, z)$ 在圆柱面 $x^2 + y^2 = a^2$ 上以角速度 ω 绕 z 轴旋转，同时又以线速度 v 沿平行于 z 轴的方向上升（这里 ω, v 都是常数），则动点 M 运动的轨迹称为螺旋线（图 8-56），试建立其参数方程.

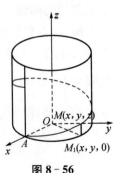

解　取时间 t 为参数，当 $t = 0$ 时，设动点为 x 轴上的点 $A(a, 0, 0)$，经过时间 t，动点 A 运动到点 $M(x, y, z)$（图 8-56），过点 M 作坐标面 xOy 的垂线与坐标面 xOy 相交于点 M_1，其坐标为 $(x, y, 0)$，因为动点在圆柱面上以角速度 ω 绕轴旋转，所以 $\angle AOM_1 = \omega t$，从而

图 8-56

$$\begin{cases} x = OM_1 \cos\angle AOM_1 = a\cos\omega t \\ y = OM_1 \sin\angle AOM_1 = a\sin\omega t \end{cases}$$

由于动点同时以线速度 v 沿平行于 z 轴的方向上升,所以

$$z = M_1 M = vt$$

因此,螺旋线的参数方程为

$$\begin{cases} x = a\cos\omega t \\ y = a\sin\omega t \\ z = vt \end{cases}$$

也可以取变量 $\theta = \angle AOM_1 = \omega t$ 作为参数,此时该螺旋线的参数方程写为

$$\begin{cases} x = a\cos\theta \\ y = a\sin\theta \\ z = b\theta \end{cases}$$

其中 $b = \dfrac{v}{\omega}$.

螺旋线是实践中常用的曲线. 例如,平头螺丝钉的外缘曲线是螺旋线. 在螺旋线上,当 θ 从 θ_0 变到 $\theta_0 + \alpha$ 时,z 由 $b\theta_0$ 变到 $b\theta_0 + b\alpha$. 这说明当螺旋线的投影线 OM_1 转过角度 α 时,点 M 沿螺旋线上升了高度 $b\alpha$,即上升的高度与 OM_1 转过的角度成正比. 特别地,当 $\alpha = 2\pi$,即螺旋线的投影线 OM_1 转动一周时,点 M 就上升固定的高度 $h = 2\pi b$. 这个高度 h 称为**螺距**.

8.6.3　空间曲线在坐标面上的投影

以曲线 C 为准线、母线平行于 z 轴的柱面称为曲线 C 关于 xOy 面的**投影柱面**,投影柱面与 xOy 面的交线 C' 称为空间曲线 C 在 xOy 面上的**投影曲线**,或简称为**投影**(图 8 - 57).

类似地可以定义曲线 C 关于其他坐标面的投影柱面和曲线 C 在其他坐标面上的投影.

设空间曲线 C 的方程为

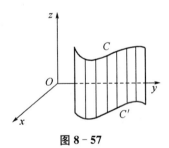

图 8 - 57

$$\begin{cases} F(x,y,z) = 0 \\ G(x,y,z) = 0 \end{cases} \tag{8-67}$$

在方程组(8-67)中消去 z,得方程

$$H(x,y) = 0 \tag{8-68}$$

这是母线平行于 z 轴的柱面方程. 当 x、y、z 满足曲线 C 的方程组(8-67)时,必有 x、y 满足方程(8-68). 因此曲线 C 上所有的点都在柱面 $H(x,y) = 0$ 上,也就是说,这个柱面是曲线 C 关于 xOy 面的投影柱面,从而

$$\begin{cases} H(x,y) = 0 \\ z = 0 \end{cases}$$

表示方程组(8－67)消去变量 x 得 $R(y,z) = 0$，消去 y 得 $T(x,z) = 0$.

同理，由方程组(8－67)消去变量 x 得 $R(y,z) = 0$，消去 y 得 $T(x,z) = 0$，则方程

$$R(y,z) = 0 \text{ 和 } T(x,z) = 0$$

分别为曲线 C 关于 yOz 面和 zOx 面的投影柱面. 因此曲线 C 在 yOz 面和 zOx 面的投影曲线的方程分别为

$$\begin{cases} R(y,z) = 0 \\ x = 0 \end{cases} \text{ 和 } \begin{cases} T(x,z) = 0 \\ y = 0 \end{cases}$$

例 4 求曲线 C：$\begin{cases} x^2 + y^2 + z^2 = 1 \\ x^2 + (y-1)^2 + (z-1)^2 = 0 \end{cases}$ 在 xOy 坐标面上的投影曲线.

解 曲线 C 是两球面的交线. 将曲线方程组中两方程相减并化简，得

$$y + z = 1$$

再将 $z = 1 - y$ 代入方程组中第一个方程消去变量 z，得

$$x^2 + 2y^2 - 2y = 0$$

它是曲线 C 在 xOy 面上的投影柱面的方程，因此两球面的交线 C 在 xOy 面上的投影方程为

$$\begin{cases} x^2 + 2y^2 - 2y = 0 \\ z = 0 \end{cases}$$

它是 xOy 面上的椭圆.

例 5 求圆锥面 $z = \sqrt{x^2 + y^2}$ 与旋转抛物面 $x^2 + y^2 = 2 - z$ 的交线在 xOy 面上的投影曲线.

解 将 $\begin{cases} z = \sqrt{x^2 + y^2} \\ x^2 + y^2 = 2 - z \end{cases}$ 中两式相减，消去 x、y，得 $z = 1$，回代入第一个方程中，得 $x^2 + y^2 = 1$.

因此，得圆锥面与旋转抛物面的交线关于 xOy 面的投影柱面的方程为

$$x^2 + y^2 = 1$$

于是，所给圆锥面与旋转抛物面的交线在 xOy 面上的投影曲线的方程为

$$\begin{cases} x^2 + y^2 = 1 \\ z = 0 \end{cases}$$

它是 xOy 面上的单位圆.

习题 8.6

1. 画出下列曲线的图形：

(1) $\begin{cases} x^2 + y^2 + z^2 = 16 \\ z = 2 \end{cases}$. (2) $\begin{cases} x = 3 \\ y = 1 \end{cases}$.

2. 求球面 $x^2 + y^2 + z^2 = 9$ 与平面 $x + z = 1$ 的交线在 xOy 面上的投影曲线的方程.

3. 求曲线 $\begin{cases} y^2 + z^2 - 2x = 0 \\ z = 3 \end{cases}$ 在 xOy 面上的投影曲线的方程.

4. 将下列曲线的一般方程化为参数方程：

(1) $\begin{cases} x^2 + y^2 + z^2 = 9 \\ y = x \end{cases}$. (2) $\begin{cases} (x-1)^2 + y^2 + (z+1)^2 = 4 \\ z = 0 \end{cases}$.

5. 把曲线方程 $\begin{cases} 2x^2 + y^2 + z^2 = 16 \\ x^2 + z^2 - y^2 = 0 \end{cases}$ 换成母线平行于 x 轴及 y 轴的柱面的交线方程.

6. 求上半球 $0 \leqslant z \leqslant \sqrt{a^2 - x^2 - y^2}$ 与圆柱体 $x^2 + y^2 \leqslant ax (a > 0)$ 的公共部分在 xOy 面和 zOx 面上的投影.

总复习题 8

1. 填空题.

(1) 设 $a = (2,1,2), b = (4,-1,10), c = b - \lambda a,$ 且 $a \perp c,$ 则 $\lambda =$ _____.

(2) 若 $|a| = 4, |b| = 3, |a+b| = \sqrt{31},$ 则 $|a-b| =$ _____.

(3) 设 $a = 2i + j + k, b = i - 2j + 2k, c = 3i - 4j + 2k,$ 则 $\mathrm{Prj}_c(a+b)$ = _____.

(4) 曲面 $x^2 + y^2 + z^2 = 1$ 与曲面 $(x-1)^2 + y^2 + z^2 = 1$ 的交线在 xOy 面上的投影方程为 _____.

(5) 过直线 $\begin{cases} 4x - y + z - 1 = 0 \\ x + 5y - z + 2 = 0 \end{cases}$ 且与 x 轴平行的平面的方程为 _____.

2. 设 a, b 为任意向量，证明：$|a+b|^2 + |a-b|^2 = 2(|a|^2 + |b|^2)$.

3. 证明向量 $(a \cdot b)b - (b \cdot c)a$ 与向量 c 互相垂直.

4. 设 $|a| = \sqrt{3}, |b| = 1, (a\overset{\wedge}{,}b) = \dfrac{\pi}{6},$ 求向量 $a - b$ 与 $a + b$ 的夹角.

5. 设 $a = (-1,3,2), b = (2,-3,-4), c = (-3,12,6)$, 证明三个向量 a、b、c 共面.

6. 设 $|a| = 4, |b| = 3, (a \overset{\wedge}{,} b) = \dfrac{\pi}{6}$, 求以 $a + 2b$ 和 $a - 3b$ 为边的平行四边形的面积.

7. 已知动点 $M(x,y,z)$ 到 xOy 面的距离与点 M 到点 $(1,-1,2)$ 的距离相等, 求点 M 的轨迹方程.

8. 指出下列旋转曲面的一条母线和旋转轴:

(1) $z = 4(x^2 + y^2)$.   (2) $\dfrac{x^2}{9} + \dfrac{y^2}{4} + \dfrac{z^2}{9} = 1$.

(3) $z^2 = 9(x^2 + y^2)$.   (4) $x^2 - y^2 - z^2 = 1$.

9. 求通过两直线 $\dfrac{x-1}{1} = \dfrac{y+1}{-1} = \dfrac{z-1}{2}$ 与 $\dfrac{x-1}{-1} = \dfrac{y+1}{2} = \dfrac{z-1}{1}$ 的平面的方程.

10. 设直线 $\dfrac{x}{-2} = \dfrac{y+1}{3} = \dfrac{z}{1}$ 在平面 $x + y - z = k$ 上, 求 k 的值.

11. 一平面过直线 $L: \begin{cases} 3x + 4y + z + 5 = 0 \\ x - 2y + z + 1 = 0 \end{cases}$ 且在 z 轴上有截距 $-\dfrac{1}{3}$, 求它的方程.

12. 设两个平面均通过点 $A(-1,1,2)$, 其中一个平面通过 x 轴, 另一个通过 y 轴, 试求这两个平面的方程.

13. 求曲线 $\begin{cases} z = 2 - x^2 - y^2 \\ z = (x-1)^2 + (y-1)^2 \end{cases}$ 在 xOy、xOz 两个坐标面上的投影曲线的方程.

14. 求锥面 $z = \sqrt{x^2 + y^2}$ 与柱面 $z^2 = 2x$ 所围成立体在 xOy 坐标面上的投影.

15. 画出下列各曲面所围立体的图形:

(1) 圆锥面 $z = \sqrt{x^2 + y^2}$ 及旋转抛物面 $z = 2 - x^2 - y^2$.

(2) 圆锥面 $z = \sqrt{x^2 + y^2}$ 与球面 $z = \sqrt{2 - x^2 - y^2}$.

9 多元函数微分法及其应用

前几章我们讨论了单变量函数的微分学,在许多实际问题中,往往要考虑多个变量之间的相互依赖关系,反映到数学上就是多元函数的问题,本章开始到第 10章,我们引入多元函数,并讨论多元函数的微积分学及其应用.

本章将在一元函数微分法的基础上讨论多元函数微分学的基本概念与方法.多元函数微分学是一元函数微分学的推广,因而多元函数微分学与一元函数微分学有许多相似的性质,但也有许多独特的规律,因此在学习的时候,既要注重比较它们的相同之处,也要善于分析它们的不同之处.下面主要以二元函数为主研究多元函数微分法,因为从一元到二元函数有些内容和研究角度是新的,而从二元到三元及以上的多元函数之间,只有形式上的不同,却没有本质上的区别,因而其微分法可以由二元函数微分法类推.

9.1 多元函数

一元函数的定义域是实数轴上的点集,常用的点集有区间与邻域,对于区间还特别有闭区间与开区间之分,这些概念都可以推广到二元(或多元)函数上来,二元函数的定义域则是坐标平面上的点集,因此我们先介绍有关平面点集的一些基本概念.

9.1.1 平面点集与 n 维空间

1) 平面点集

由平面解析几何知道,当在平面上建立了一个直角坐标系后,有序实数组 (x,y) 与平面上的点之间就建立了一一对应关系,即有序实数对 (x,y) 是平面上的点的坐标,这种建立了坐标系的平面称为**坐标平面**.有序实数对 (x,y) 的全体就表示坐标平面,也称为**二维空间**,记作 $\mathbf{R}$,即

$$\mathbf{R}^2 = \mathbf{R} \times \mathbf{R} = \{(x,y) \mid x,y \in \mathbf{R}\}$$

因此对二维空间的有序实数对 (x,y) 与坐标平面上的点不加区分,将其看作完全等同的.故将坐标平面上满足某种条件 F 的点的集合,称为**平面点集**,记作

$$E = \{(x,y) \mid (x,y) \text{ 满足条件 } F\}$$

例如,平面上以原点为中心、r 为半径的圆周上及圆内部所有点的集合为

$$I = \{(x, y) \mid x^2 + y^2 \leqslant r^2\}$$

显然平面点集是二维空间的子集.

由于讨论多元函数的需要，我们把一元函数中的邻域的概念加以推广，得到二维空间 **R** 中邻域的概念.

2）邻域

设 $P_1(x_1, y_1)$ 与 $P_2(x_2, y_2)$ 为 **R** 中任意两点，则它们之间的距离为

$$\mid P_1 P_2 \mid = \sqrt{(x_2 - x_1)^2 + (y_2 - y_1)^2}$$

设 $P_0(x_0, y_0)$ 是 xOy 平面上一定点，与点 P_0 的距离小于 $\delta(\delta > 0)$ 的所有点 $P(x, y)$ 构成的平面点集称为以点 P_0 为中心、δ 为半径的**邻域**，记作 $U(P_0, \delta)$（或简称为点 P_0 的 δ **邻域**），即

$$U(P_0, \delta) = \{P \mid\mid PP_0 \mid < \delta\} = \{(x, y) \mid \sqrt{(x - x_0)^2 + (y - y_0)^2} < \delta\}$$

将在点 P_0 的 δ 邻域 $U(P_0, \delta)$ 中去掉中心点 P_0 得到的点集称为点 P_0 的去心 δ 邻域，记作 $\mathring{U}(P_0, \delta)$，即

$$\mathring{U}(P_0, \delta) = \{P \mid 0 < \mid PP_0 \mid < \delta\} = \{(x, y) \mid 0 < \sqrt{(x - x_0)^2 + (y - y_0)^2} < \delta\}$$

特别地，对只需强调中心点 P_0 而不考虑半径 δ 大小的邻域与去心邻域，则常简称为**邻域与去心邻域**，分别记作 $U(P_0)$ 与 $\mathring{U}(P_0)$.

在几何上，$U(P_0, \delta)$ 就是 xOy 平面上以点 P_0 为中心、δ 为半径的圆内部的点的全体，而 $\mathring{U}(P_0, \delta)$ 则是 xOy 平面上以点 P_0 为中心、δ 为半径且去掉圆心 P_0 的圆内部的其他点的全体.

3）平面点与点集的基本概念

下面利用邻域来描述点与点集之间的基本概念与关系.

（1）内点、外点、边界点、聚点

设 E 是平面点集，P 是平面上的一个点，则：

① 如果存在点 P 的某一邻域 $U(P)$，使得 $U(P) \subset E$，则称点 P 为点集 E 的一个**内点**（如图 9-1 中的点 P_1）；

② 如果存在点 P 的某一邻域 $U(P)$，使得 $U(P) \bigcap E = \varnothing$，则称点 P 为点集 E 的一个外点（如图 9-1 中的点 P_2）；

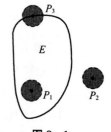

图 9-1

③ 如果点 P 的任一邻域内既有属于 E 的点，也有不属于 E 的点（点 P 本身可以属于 E，也可以不属于 E），则称点 P 为点集 E 的边界点（如图 9-1 中的点 P_3）；

④ 如果对 $\forall \delta > 0$，都有 $\mathring{U}(P, \delta) \bigcap E \neq \varnothing$，则称点 P 是点集 E 的聚点.

显然，点集 E 的内点必属于 E，而 E 的边界点与聚点可能属于 E，也可能不属于 E，E 的外点必不属于 E.

例如,平面点集 $E_1 = \{(x,y) \mid a^2 < x^2 + y^2 \leqslant b^2\}(b > a > 0)$ 中,满足 $a^2 < x^2 + y^2 < b^2$ 的每个点都是 E_1 的内点;满足 $x^2 + y^2 = a^2$ 的每个点都是 E_1 的边界点,它们都不属于 E_1;满足 $x^2 + y^2 = b^2$ 的每个点也是 E_1 的边界点,它们都属于 E_1.

(2) 开集、闭集、连通集、开区域、闭区域、边界

根据点集中点的特征,定义一些常用的平面点集.

如果点集 E 的点都是 E 的内点,则称 E 为**开集**;如果点集 E 的余集 E^c 为开集,则称 E 为**闭集**. 如果点集 E 内任何两点都可用一条包含于 E 内的折线连结起来,则称 E 为**连通集**;连通的开集称为**开区域**;点集 E 的边界点的全体称为 E 的**边界**,记作 ∂E;开区域连同其边界一起构成的点集称为**闭区域**;开区域与闭区域统称为**区域**.

(3) 有界集与无界集、点集的直径

对于点集 E,如果存在 $R(R > 0)$,使得 $E \subset U(O, R)$,则称 E 为**有界集**,其中 O 为坐标原点. 一个集合如果不是有界集,则称它为**无界集**.

例如,点集 $\{(x,y) \mid a^2 < x^2 + y^2 < b^2\}$ 为有界开区域,点集 $\{(x,y) \mid a^2 \leqslant x^2 + y^2 \leqslant b^2\}$ 为有界闭区域,点集 $\{(x,y) \mid x + y > 0\}$ 为无界开区域,点集 $\{(x,y) \mid a^2 \leqslant x^2 + y^2 < b^2\}$ 为既非开区域也非闭区域的有界区域.

4) n 维空间

一般地,设 n 为取定的一个自然数,称由 n 元有序数组 $(x_1, x_2, \cdots, x_n)$ 的全体所构成的集合为 n 维空间,用 $\mathbf{R}$ 表示,即

$$\mathbf{R}^n = \mathbf{R} \times \mathbf{R} \times \cdots \times \mathbf{R} = \{(x_1, x_2, \cdots, x_n) \mid x_i \in \mathbf{R}, i = 1, 2, \cdots, n\}$$

$\mathbf{R}^n$ 中的元素 $(x_1, x_2, \cdots, x_n)$ 也可用单个字母 x 表示,即 $x = (x_1, x_2, \cdots, x_n)$.

规定:当 $x_i = 0(i = 1, 2, \cdots, n)$ 时,称 $(x_1, x_2, \cdots, x_n) = (0, 0, \cdots, 0)$ 为 $\mathbf{R}^n$ 的零元素,记作 **0**.

与二维空间中的线性运算类似,在 $\mathbf{R}^n$ 中定义如下线性运算:

设 $\forall \boldsymbol{x} = (x_1, x_2, \cdots, x_n) \in \mathbf{R}^n, \forall \boldsymbol{y} = (y_1, y_2, \cdots, y_n) \in \mathbf{R}^n, \lambda \in \mathbf{R}$,规定

$$\boldsymbol{x} + \boldsymbol{y} = (x_1 + y_1, x_2 + y_2, \cdots, x_n + y_n)$$

$$\lambda \boldsymbol{x} = (\lambda x_1, \lambda x_2, \cdots, \lambda x_n)$$

这种定义了线性运算的集合 $\mathbf{R}^n$ 称为 n 维线性空间.

$\mathbf{R}^n$ 中的每个 n 元有序数组 $(x_1, x_2, \cdots, x_n)$ 称为 n 维空间中的一个点,数 $x_i(i = 1, 2, \cdots, n)$ 称为该点的第 i 个坐标. 当 $x_i = 0(i = 1, 2, \cdots, n)$ 时,这个点称为 $\mathbf{R}^n$ 的坐标原点,记为 O.

设 $P(x_1, x_2, \cdots, x_n)$ 与 $Q(y_1, y_2, \cdots, y_n)$ 是 n 维空间 $\mathbf{R}^n$ 中任意两点,非负实数

$$\sqrt{(x_1 - y_1)^2 + (x_2 - y_2)^2 + \cdots + (x_n - y_n)^2}$$

称为 n 维空间 $\mathbf{R}^n$ 中点 P 与 Q 之间的距离,记作 $|PQ|$,即

$$|PQ| = \sqrt{(x_1 - y_1)^2 + (x_2 - y_2)^2 + \cdots + (x_n - y_n)^2}$$

容易验证,当 $n = 1, 2, 3$ 时,上述规定与解析几何中数轴上、平面直角坐标系中、空间直角坐标系中两点间距离的定义是一致的.

由此,前面就平面点集所叙述的一系列概念可推广到 n 维空间中去.

例如,设点 $P_0 \in \mathbf{R}^n$,δ 是某一正数,则称 n 维空间内的点集

$$U(P_0, \delta) = \{P \mid |PP_0| < \delta, P \in \mathbf{R}^n\}$$

为 R^n 中点 P_0 的 δ 邻域. 以邻域概念为基础,可进一步定义 n 维空间点集的内点、外点、边界点和聚点以及开集、闭集、区域等一系列概念.

9.1.2　多元函数的概念

在很多实际问题中,经常会遇到多个变量之间相互依赖的情形.

例 1　平行四边形的面积 A 由它的一条边长 a 与该边上的高 h 所确定,即

$$A = ah$$

例 2　一克分子理想气体的体积 V 与绝对温度 T 成正比,而与压强 p 成反比,即

$$V = R\frac{T}{p}$$

其中 R 为常系数.

以上例子的具体意义虽然各不相同,但它们都是这样的对应关系:其中一个变量是依赖于其他两个变量的变化而变化的,当其他两个变量的值确定后,这个变量按照一定的规律也随之有一个确定的对应值. 这样的由两个变量对应一个变量的关系就是二元函数关系.

定义 1　设 D 是 $\mathbf{R}^2$ 上的一个非空子集,f 是一个对应法则,如果对于 D 内任意的有序数组 (x, y) 或任意的点 $P(x, y)$,通过对应法则 f,总有唯一确定的实数 z 与之对应,则称 f 为定义在 D 上的二元函数,记作

$$z = f(x, y), (x, y) \in D$$

或

$$z = f(P), P \in D$$

其中点集 D 称为该函数的**定义域**,x, y 称为**自变量**,z 称为**因变量**. 与自变量 $x、y$ 相对应的 z 称为**函数 f 在点 $P(x, y)$ 的函数值**,记作 $f(x, y)$. 函数值 $f(x, y)$ 的全体所构成的集合称为**函数 f 的值域**,记作 $f(D)$,即

$$f(D) = \{z \mid z = f(x, y), (x, y) \in D\}$$

与一元函数类似,一般地,使二元函数式 $z = f(x, y)$ 的算式有意义的全体有

序数组(x,y)构成的集合称为**函数的自然定义域**. 在解决实际问题时还要考虑实际背景对变量的限制.

例3 求二元函数 $f(x,y) = \arcsin(x^2 + y^2)$ 的定义域.

解 要使表达式有意义,必须有 $|x^2 + y^2| \leqslant 1$,即 $x^2 + y^2 \leqslant 1$,故所求定义域为

$$D = \{(x,y) \mid x^2 + y^2 \leqslant 1\}$$

例4 已知 $f(x,y) = x^2 + y^2 - xy$,求 $f(x-y, 2x)$.

解 将 $f(x,y)$ 中 x 与 y 的位置分别用 $x-y$ 与 $2x$ 代替即可,即

$$f(x-y, 2x) = (x-y)^2 + (2x)^2 - (x-y) \cdot 2x = 3x^2 + y^2.$$

设函数 $z = f(x,y)$ 的定义域为 D,对于任意 D 内的点 $P(x,y)$,对应的函数值为 $z = f(x,y)$. 如果以 x 为横坐标、y 为纵坐标、z 为竖坐标,这样就确定了空间的直角坐标系,在该空间直角坐标系下,对于任意 D 内的点 $P(x,y)$,按照对应法则 $z = f(x,y)$,就有空间一点 $M(x,y,z)$ 与之对应. 因此当 (x,y) 取遍 D 的所有点时,便得到一个空间点集

$$S = \{(x,y,z) \mid z = f(x,y), (x,y) \in D\}$$

称点集 S 为**二元函数 $z = f(x,y)$ 的图形**. 显然,S 上的点 $M(x,y,z)$ 满足三元方程

$$z - f(x,y) = 0$$

所以二元函数 $z = f(x,y)$ 的图形就是空间中的一个曲面(如图 9-2 所示).

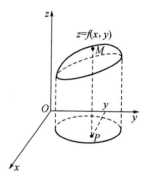

图 9-2

例如,二元函数 $z = \sqrt{1-x^2-y^2}$ 表示以原点为中心、1 为半径的上半球面,它的定义域 D 是 xOy 面上以原点为中心的单位圆;二元函数 $z = \sqrt{x^2+y^2}$ 表示顶点在原点、半顶角为 $\dfrac{\pi}{4}$ 的上半圆锥面,它的定义域 D 是整个 xOy 面.

又例如,由方程 $x^2 + y^2 + z^2 = a^2$ 所确定的函数 $z = f(x,y)$ 的图形是球心在原点、半径为 a 的球面,它的定义域是圆形闭区域 $D = \{(x,y) \mid x^2 + y^2 \leqslant a^2\}$. 在 D 的内部任一点 (x,y) 处,该函数有两个对应值,一个为 $\sqrt{a^2-x^2-y^2}$,另一个为 $-\sqrt{a^2-x^2-y^2}$. 因此它是二元多值函数,可以将它分成两个单值函数:$z = \sqrt{a^2-x^2-y^2}$ 及 $z = -\sqrt{a^2-x^2-y^2}$,前者表示上半球面,后者表示下半球面. 以后除了特别声明外,总假定所讨论的函数是单值的;如果遇到多值函数,可以将它拆成几个单值函数,再分别加以讨论.

一般地,把定义 1 中的平面点集 D 换成 n 维空间内的点集 D,则可类似地定义 n 元函数 $u = f(x_1,x_2,\cdots,x_n)$. n 元函数也可简记为 $u = f(P)$,这里点 $P(x_1,x_2,\cdots,x_n) \in \mathbf{R}^n$. 当 $n = 1$ 时,n 元函数就是一元函数;当 $n \geqslant 2$ 时,n 元函数就统称为**多元函数**.

多元函数的定义域、值域等概念与二元函数类似,这里不再一一赘述.

9.1.3　二元函数的极限

将一元函数的极限概念加以推广就得到二元函数的极限,与一元函数的极限概念类似,二元函数的极限刻划了当自变量 x 与 y 同时发生某种变化时,对应的函数值是否总是向某一个常数无限趋近的变化趋势. 下面就常见的两个自变量 x 与 y 都趋近于有限值时对应的函数极限加以讨论.

设二元函数 $z = f(x,y)$,定义域为 D,显然 D 为平面点集,点 $P_0(x_0,y_0)$ 为 D 的聚点,二元函数的自变量趋于有限值这一变化过程或变化趋势是指定义域 D 内的自变量 x 与 y 同时分别无限趋近有限值 x_0 与 y_0,其意思就是指动点 $P(x,y)$ 与定点 $P_0(x_0,y_0)$ 的距离无限趋于零. 因此,当两点之间的距离 $|PP_0| = \sqrt{(x-x_0)^2 + (y-y_0)^2} \to 0$ 时,就称**二元函数的自变量的变化过程为** x **趋于** x_0、y **趋于** y_0 或称点 $P(x,y)$ **无限趋于点** $P_0(x_0,y_0)$,记作 $x \to x_0,y \to y_0$,**也可记作** $P \to P_0$ **或** $(x,y) \to (x_0,y_0)$.

这个变化过程从几何上看就是定义域 D 内的点 $P(x,y)$ 在平面上以任意方式或沿任何路径无限趋于定点 $P_0(x_0,y_0)$,无论点 $P(x,y)$ 趋近于定点 $P_0(x_0,y_0)$ 的过程多么复杂,总可以用 $\rho = |PP_0| = \sqrt{(x-x_0)^2 + (y-y_0)^2} \to 0$ 来表示. 下面给出二元函数 $z = f(x,y)$ 当自变量趋于有限值时函数极限的定义.

定义 2　设函数 $z = f(x,y)$ 在点 $P_0(x_0,y_0)$ 的去心邻域内有定义,如果动点 $P(x,y)$ 沿任意路径无限趋近于定点 $P_0(x_0,y_0)$ 时,对应的函数 $f(x,y)$ 总趋近于某一个常数 A,则称**函数** $f(x,y)$ **当** $x \to x_0,y \to y_0$ **时收敛或有极限,其极限为** A,记作

$$\lim_{(x,y) \to (x_0,y_0)} f(x,y) = A \ 或 \lim_{\substack{x \to x_0 \\ y \to y_0}} f(x,y) = A \ 或 \lim_{P \to P_0} f(P) = A$$

也可记作

$$f(x,y) \to A(\rho \to 0) \ 或 \ f(P) \to A(P \to P_0)$$

如果这时函数 $f(x,y)$ 不能无限趋近于任何常数,则称**函数** $f(x,y)$ **当** $x \to x_0$,$y \to y_0$ **时的极限不存在**. 为了区别于一元函数的极限,我们称二元函数的极限为**二重极限**.

必须指出:在二元函数极限的定义中,函数 $z = f(x,y)$ 在点 $P_0(x_0,y_0)$ 处可以

没有定义;另外该定义中 $P \to P_0$ 表示动点 P 在平面上趋于点 P_0 的方式是任意的,即 P 可以从各个方向,沿任意路径趋近于点 P_0,只要求点 P 与 P_0 之间的距离 $\rho = |PP_0|$ 趋于零即可.

与一元函数的极限定义类似,可以得到极限 $\lim\limits_{(x,y) \to (x_0,y_0)} f(x,y) = A$ 的"$\varepsilon - \delta$"定义.

定义 2′　设二元函数 $z = f(x,y)$ 的定义域为 $D \subset \mathbf{R}^2$,$P_0(x_0,y_0)$ 是 D 的聚点,$P(x,y)$ 为定义域内的点,如果存在常数 A,对于 $\forall \varepsilon > 0$,总存在 $\delta > 0$,使得当
$$0 < \rho = |PP_0| = \sqrt{(x-x_0)^2 + (y-y_0)^2} < \delta$$ 时,恒有
$$|f(x,y) - A| < \varepsilon$$
则称常数 A 为函数 $z = f(x,y)$ 当 $P(x,y) \to P_0(x_0,y_0)$ 时的极限,记作
$$\lim\limits_{(x,y) \to (x_0,y_0)} f(x,y) = A \text{ 或 } \lim\limits_{\substack{x \to x_0 \\ y \to y_0}} f(x,y) = A \text{ 或 } \lim\limits_{P \to P_0} f(P) = A$$

例 5　设 $f(x,y) = (x^2+y^2)\cos\dfrac{xy}{\sqrt{x^2+y^2}}$,证明:$\lim\limits_{(x,y) \to (0,0)} f(x,y) = 0$.

证　对于 $\forall \varepsilon > 0$,由于
$$|f(x,y) - 0| = \left| (x^2+y^2)\cos\frac{xy}{\sqrt{x^2+y^2}} - 0 \right|$$
$$= |(x^2+y^2)| \left| \cos\frac{xy}{\sqrt{x^2+y^2}} \right| \leqslant x^2+y^2$$

因此,取 $\delta = \sqrt{\varepsilon}$,则当
$$0 < \sqrt{(x-0)^2 + (y-0)^2} < \delta$$
成立时,总有
$$\left| (x^2+y^2)\sin\frac{xy}{\sqrt{x^2+y^2}} - 0 \right| < \varepsilon$$
依据定义 2′,有
$$\lim\limits_{(x,y) \to (0,0)} f(x,y) = 0$$

应当注意:由于 $\lim\limits_{(x,y) \to (x_0,y_0)} f(x,y) = A$ 是要求点 $P(x,y)$ 在函数 $f(x,y)$ 的定义域内以任意方式趋于点 $P_0(x_0,y_0)$ 时,函数 $f(x,y)$ 都趋于数 A,因此当点 $P(x,y)$ 以某些特殊方式趋于点 $P_0(x_0,y_0)$ 时,即使函数 $f(x,y)$ 都趋于 A,也不能确定 $\lim\limits_{(x,y) \to (x_0,y_0)} f(x,y) = A$.但是,当 $P(x,y)$ 以不同方式趋于 $P_0(x_0,y_0)$ 时,函数 $f(x,y)$ 趋于不同的常数,或者当 $P(x,y)$ 以某种方式趋于 $P_0(x_0,y_0)$ 时,函数 $f(x,y)$ 不趋于任何常数,则可以肯定 $\lim\limits_{(x,y) \to (x_0,y_0)} f(x,y)$ 不存在.

例 6 证明 $\lim\limits_{\substack{x \to 0 \\ y \to 0}} \dfrac{xy}{x^2+y^2}$ 不存在.

证 令 $f(x,y) = \dfrac{xy}{x^2+y^2}$，当点 $P(x,y)$ 沿着 x 轴趋于点 $O(0,0)$ 时，有

$$\lim_{\substack{(x,y) \to (0,0) \\ y=0}} f(x,y) = \lim_{x \to 0} f(x,0) = \lim_{x \to 0} 0 = 0$$

当点 $P(x,y)$ 沿着直线 $y = kx$（k 为任意常数）趋于点 $O(0,0)$ 时，有

$$\lim_{\substack{x \to 0 \\ y=kx \to 0}} f(x,y) = \lim_{x \to 0} \frac{kx^2}{(1+k^2)x^2} = \lim_{x \to 0} \frac{k}{(1+k^2)} = \frac{k}{1+k^2}$$

这一结果表明动点沿不同的曲线趋于点 $O(0,0)$ 时，对应的函数值趋于不同的常数，因此 $\lim\limits_{\substack{x \to 0 \\ y \to 0}} \dfrac{xy}{x^2+y^2}$ 不存在.

可以证明二元函数极限具有与一元函数类似的运算法则（请读者自证）.

因此，经常利用一元函数求极限的方法来求简单的二元函数的极限. 例如，常用：利用极限的运算性质、消去分式分母中极限为零的公因子、利用无穷小量的性质、无穷小量等价替换、两个重要极限、两个极限存在准则等方法与性质将二元函数的极限转化为一元函数的极限来计算.

例 7 求极限 $\lim\limits_{\substack{x \to 0 \\ y \to 0}} \dfrac{y^2 \sin x}{x^2+y^2}$.

解 因为 $\lim\limits_{\substack{x \to 0 \\ y \to 0}} \sin x = 0$，又 $\left| \dfrac{y^2}{x^2+y^2} \right| \leqslant 1$，故 $\dfrac{y^2}{x^2+y^2}$ 为有界量，因此

$$\lim_{\substack{x \to 0 \\ y \to 0}} \frac{y^2 \sin x}{x^2+y^2} = 0$$

例 8 求极限 $\lim\limits_{\substack{x \to 0 \\ y \to 1}} \dfrac{\sin(xy) + xy^2 \mathrm{e}^x - 2x^2 y}{x}$.

解

$$\lim_{\substack{x \to 0 \\ y \to 1}} \frac{\sin(xy) + xy^2 \mathrm{e}^x - 2x^2 y}{x} = \lim_{\substack{x \to 0 \\ y \to 1}} \frac{\sin(xy)}{x} + \lim_{\substack{x \to 0 \\ y \to 1}} \frac{xy^2 \mathrm{e}^x}{x} - \lim_{\substack{x \to 0 \\ y \to 1}} \frac{2x^2 y}{x}$$

$$= \lim_{\substack{x \to 0 \\ y \to 1}} \frac{xy}{x} + \lim_{\substack{x \to 0 \\ y \to 1}} y^2 \mathrm{e}^x - \lim_{\substack{x \to 0 \\ y \to 1}} 2xy = \lim_{\substack{x \to 0 \\ y \to 1}} y + \lim_{\substack{x \to 0 \\ y \to 1}} (y^2 \mathrm{e}^x) - \lim_{\substack{x \to 0 \\ y \to 1}} (2xy)$$

$$= 1 + 1 - 0 = 2$$

例 9 求极限 $\lim\limits_{(x,y) \to (0,0)} \dfrac{\sqrt{1+x^2+y^2}-1}{x^2+y^2}$.

解 由于 $(x,y) \to (0,0)$ 时，$\sqrt{1+x^2+y^2}-1 \sim \dfrac{1}{2}(x^2+y^2)$，因此

$$\lim_{(x,y) \to (0,0)} \frac{\sqrt{1+x^2+y^2}-1}{x^2+y^2} = \lim_{(x,y) \to (0,0)} \frac{\frac{1}{2}(x^2+y^2)}{x^2+y^2} = \frac{1}{2}$$

关于二元函数极限的定义及运算性质均可相应地推广到 n 元函数 $u = f(P)$ 即 $u = f(x_1, x_2, \cdots, x_n)$ 上去,这里不再一一赘述.

9.1.4　二元函数的连续性

与一元函数的连续性相类似,利用二元函数的极限概念给出二元函数 $z = f(x, y)$ 在点 P_0 处连续的定义.

定义 3　设二元函数 $z = f(x, y)$ 的定义域为 D,点 $P_0(x_0, y_0) \in D$. 如果

$$\lim_{(x, y) \to (x_0, y_0)} f(x, y) = f(x_0, y_0)$$

则称函数 $z = f(x, y)$ 在点 $P_0(x_0, y_0)$ 处连续.

如果函数 $z = f(x, y)$ 在 D 的每一点都连续,则称函数 $z = f(x, y)$ 在 D 上连续,也称 $z = f(x, y)$ 是 D 上的连续函数. 从几何上看,在区域 D 上连续的二元函数的图形是一个无"孔"无"缝"的连续曲面.

例 10　设 $f(x, y) = e^x$,证明 $f(x, y)$ 是 $\mathbf{R}^2$ 上的连续函数.

证　对于任意的 $P_0(x_0, y_0) \in \mathbf{R}^2$,因为

$$\lim_{(x, y) \to (x_0, y_0)} f(x, y) = \lim_{(x, y) \to (x_0, y_0)} e^x = e^{x_0} = f(x_0, y_0)$$

所以函数 $f(x, y) = e^x$ 在点 $P_0(x_0, y_0)$ 处连续.

由 $P_0(x_0, y_0)$ 的任意性可知, $f(x, y) = e^x$ 作为 x、y 的二元函数在 $\mathbf{R}^2$ 上连续.

由类似的讨论可知,一元基本初等函数(幂函数、指数函数、对数函数、三角函数、反三角函数)都可以看成二元函数,故它们也被称为二元基本初等函数,并且它们在各自的定义区域内都是连续的.

定义 4　设二元函数 $z = f(x, y)$ 的定义域为 D,点 $P_0(x_0, y_0) \in D$,如果函数 $f(x, y)$ 在点 $P_0(x_0, y_0)$ 处不连续,则称 P_0 为函数 $z = f(x, y)$ 的间断点.

例如,函数

$$f(x, y) = \begin{cases} \dfrac{xy}{x^2 + y^2}, & x^2 + y^2 \neq 0 \\ 0, & x^2 + y^2 = 0 \end{cases}$$

其定义域为 $D = \mathbf{R}^2$, $O(0, 0) \in D$. 由例 6 可知,当 $(x, y) \to (0, 0)$ 时,其极限 $\lim\limits_{\substack{x \to 0 \\ y \to 0}} \dfrac{xy}{x^2 + y^2}$ 不存在,所以点 $O(0, 0)$ 是该函数的一个间断点.

有时二元函数的间断点也可以连成一条曲线,例如,函数 $z = \dfrac{e^x}{x^2 + y^2 - 4}$ 在圆周 $C = \{(x, y) \mid x^2 + y^2 = 4\}$ 上没有意义,所以该圆周上每一点都是其间断点.

因此,二元函数 $z = f(x, y)$ 的间断点有时会构成一条曲线,称为**函数的间断线**.

将一元基本初等函数看作二元基本初等函数,与一元初等函数类似,所谓二元初等函数是指由二元基本初等函数经过有限次的四则运算和有限次的复合运算所构成的能用一个式子表示的函数. 例如,$\dfrac{x-y^2}{1+x^2}$、e^{x-y}、$\sin(4-x^2-y^2)$ 等都是二元初等函数.

根据二元函数极限的运算法则,可以证明:二元连续函数的和、差、积、商(分母不为零)仍为连续函数,二元连续函数的复合函数仍为连续函数. 由此可知,一切二元初等函数在其定义区域内都是连续的. 这里的定义区域是指包含在定义域内的区域.

由二元初等函数的连续性可知,二元初等函数在定义区域内点 $P_0(x_0,y_0)$ 处的极限就等于它在该点处的函数值,即

$$\lim_{P \to P_0} f(x,y) = f(x_0,y_0)$$

例 12   求极限 $\lim\limits_{(x,y)\to(1,0)} \sin(2-x^2-y^2)$.

解   由于二元函数 $\sin(2-x^2-y^2)$ 是二元初等函数,$P_0(1,0)$ 是其定义区域内的点,故

$$\lim_{(x,y)\to(1,0)} \sin(2-x^2-y^2) = \sin(2-1-0) = \sin 1$$

可以将二元函数连续性的定义、运算法则及其相关性质推广到 $n(n>2)$ 元函数的连续性上去,这里不再一一赘述.

9.1.5   闭区域上多元连续函数的性质

与闭区间上一元连续函数的性质相似,在有界闭区域上多元连续函数也有如下重要性质.

性质 1(有界性定理)   有界闭区域 D 上的多元连续函数必定在 D 上有界.

性质 2(最大值和最小值定理)   有界闭区域 D 上的多元连续函数在 D 上一定存在最大值和最小值.

性质 3(介值定理)   有界闭区域 D 上的多元连续函数必定能在 D 上取得介于它的最大值与最小值之间的任何值.

习题 9.1

1. 判定下列平面点集中哪些是开集、闭集、区域、有界集、无界集?

(1) $\{(x,y) \mid 1 < x^2+y^2 < 4\}$.

(2) $\{(x,y) \mid xy \neq 0\}$.

(3) $\{(x,y) \mid x^2 < y\}$.

(4) $\{(x,y) \mid x^2+(y-1)^2 \leqslant 1\}$.

2. 求下列函数的定义域：

(1) $z = \sqrt{x^2 - y}$.

(2) $z = \ln(4 - x - y)$.

(3) $u = \arccos\left(\dfrac{\sqrt{x^2 + y^2}}{z}\right)$.

(4) $z = \dfrac{\sqrt{x + y - 1}}{x}$.

3. 设 $f\left(\dfrac{1}{x}, \dfrac{1}{y}\right) = \dfrac{x^2 + y^2}{xy}$，求 $f(x, y)$.

4. 设 $f(x, y) = \dfrac{x^2(1 - y)}{1 + y}$，求 $f\left(x + y, \dfrac{y}{x}\right)$.

5. 求下列各极限：

(1) $\lim\limits_{\substack{x \to 1 \\ y \to 0}} \dfrac{\ln(x + e^y)}{\sqrt{x^2 + y^2}}$.

(2) $\lim\limits_{(x,y) \to (0,0)} \dfrac{1 - \sqrt{xy + 1}}{xy} \cos(x^2 y)$.

(3) $\lim\limits_{(x,y) \to (0,0)} y\cos\dfrac{1}{x}$.

(4) $\lim\limits_{(x,y) \to (0,0)} \dfrac{2 + e^x}{x^2 - xy + 1}$.

(5) $\lim\limits_{(x,y) \to (0,0)} \dfrac{xy^2 \sin(2xy)}{x^2 + y^4}$.

(6) $\lim\limits_{\substack{x \to 0 \\ y \to 0}} \dfrac{x^2 + y^2}{\sqrt{x^2 + y^2 + 1} - 1}$.

(7) $\lim\limits_{\substack{x \to 0 \\ y \to a}} \dfrac{\sin(xy)}{x}$.

(8) $\lim\limits_{(x,y) \to (0,0)} \dfrac{y\tan x}{\sqrt{xy + 4} - 2}$.

6. 证明下列极限不存在：

(1) $\lim\limits_{(x,y) \to (0,0)} \dfrac{2x - 3y}{x + 2y}$.

(2) $\lim\limits_{(x,y) \to (0,0)} \dfrac{x^2}{x^2 + 2y^2}$.

7. 求函数 $f(x, y, z) = \ln \dfrac{1}{\sqrt{|x^2 + y^2 + z^2 - 1|}}$ 的间断点.

8. 讨论下列函数在点 $(0,0)$ 处的连续性：

(1) $f(x, y) = \begin{cases} \dfrac{x^2 y^2}{x^2 + y^2}, & x^2 + y^2 \neq 0 \\ 0, & x^2 + y^2 = 0 \end{cases}$.

(2) $f(x, y) = \begin{cases} y\sin\dfrac{1}{x}, & x \neq 0 \\ 0, & x = 0 \end{cases}$.

9. 证明函数 $f(x, y) = \begin{cases} \dfrac{2xy}{x^2 + 2y^2}, & x^2 + y^2 \neq 0 \\ 0, & x^2 + y^2 = 0 \end{cases}$ 在点 $(0,0)$ 处不连续.

9.2　偏导数

在研究一元函数时，我们已经看到变化率（导数）与微分的重要性，对于多元函数,同样需要讨论它的变化率问题. 由于多元函数中的自变量增多,所以因变量与自变量的关系要比一元函数复杂. 对于多元函数的变化率问题,我们先研究二元函数中当一个自变量固定不变时,函数关于另一个自变量的变化率,即偏导数问题.

9.2.1　偏导数的定义

定义 1　设函数 $z = f(x,y)$ 在点 $P_0(x_0,y_0)$ 的某一邻域内有定义,在该邻域内,当 y 固定在 y_0 处,而 x 在 x_0 处有增量 Δx 时,相应地函数有关于 x 的偏增量,为

$$\Delta z_x = f(x_0 + \Delta x, y_0) - f(x_0, y_0)$$

如果极限

$$\lim_{\Delta x \to 0} \frac{f(x_0 + \Delta x, y_0) - f(x_0, y_0)}{\Delta x}$$

存在,则称此极限为**函数 $z = f(x,y)$ 在点 $P_0(x_0,y_0)$ 处关于 x 的偏导数**,记作

$$\frac{\partial z}{\partial x}\bigg|_{\substack{x=x_0 \\ y=y_0}}, \frac{\partial f}{\partial x}\bigg|_{\substack{x=x_0 \\ y=y_0}}, z_x\bigg|_{\substack{x=x_0 \\ y=y_0}} \text{ 或 } f_x(x_0,y_0)$$

即

$$f_x(x_0,y_0) = \lim_{\Delta x \to 0} \frac{f(x_0 + \Delta x, y_0) - f(x_0, y_0)}{\Delta x} \tag{9-1}$$

同样,如果把 x 固定在 x_0 处,而 y 在 y_0 处有增量 Δy 时,若极限

$$\lim_{\Delta y \to 0} \frac{f(x_0, y_0 + \Delta y) - f(x_0, y_0)}{\Delta y}$$

存在,则称此极限为**函数 $z = f(x,y)$ 在点 $P_0(x_0,y_0)$ 处对 y 的偏导数**,记作

$$\frac{\partial z}{\partial y}\bigg|_{\substack{x=x_0 \\ y=y_0}}, \frac{\partial f}{\partial y}\bigg|_{\substack{x=x_0 \\ y=y_0}}, z_y\bigg|_{\substack{x=x_0 \\ y=y_0}} \text{ 或 } f_y(x_0,y_0)$$

即

$$f_y(x_0,y_0) = \lim_{\Delta y \to 0} \frac{f(x_0, y_0 + \Delta y) - f(x_0, y_0)}{\Delta y} \tag{9-2}$$

如果函数 $z = f(x,y)$ 在区域 D 内每一点 (x,y) 处对 x 的偏导数都存在,那么这个偏导数仍是 x、y 的函数,并称它为**函数 $z = f(x,y)$ 对自变量 x 的偏导函数**,记作

$$\frac{\partial z}{\partial x}, \frac{\partial f}{\partial x}, z_x \text{ 或 } f_x(x,y)$$

类似地,可以定义**函数 $z = f(x,y)$ 对自变量 y 的偏导函数**,记作

$$\frac{\partial z}{\partial y}, \frac{\partial f}{\partial y}, z_y \text{ 或 } f_y(x,y)$$

由偏导数的概念可知,$f(x,y)$ 在点 $P_0(x_0,y_0)$ 处对 x 的偏导数 $f_x(x_0,y_0)$ 就是偏导函数 $f_x(x,y)$ 在点 $P_0(x_0,y_0)$ 处的函数值;$f_y(x_0,y_0)$ 就是偏导函数 $f_y(x,$

y) 在点 $P_0(x_0,y_0)$ 处的函数值. 像一元函数的导函数一样,在不至于混淆的情况下也把偏导函数简称为**偏导数**.

将二元函数的偏导数的概念推广到多元函数上就得到多元函数的偏导数的定义.

以三元函数 $u = f(x,y,z)$ 为例,其偏导数定义为

$$\frac{\partial u}{\partial x} = \lim_{\Delta x \to 0} \frac{f(x+\Delta x,y,z) - f(x,y,z)}{\Delta x}$$

$$\frac{\partial u}{\partial y} = \lim_{\Delta y \to 0} \frac{f(x,y+\Delta y,z) - f(x,y,z)}{\Delta y}$$

$$\frac{\partial u}{\partial z} = \lim_{\Delta z \to 0} \frac{f(x,y,z+\Delta z) - f(x,y,z)}{\Delta z}$$

由以上偏导数的定义可知,多元函数的偏导数就是关于其中某一个自变量的导数,因此求多元函数的偏导数并不需要用新的方法,只要将多元函数的某一个自变量作为变量,而将其他变量看作常数,这时多元函数就可看作关于某一个自变量的一元函数,只需利用一元函数的求导公式与法则进行求导,就得到所求的偏导数. 例如在二元函数 $z = f(x,y)$ 中,将 y 暂时看作常量而对 x 求导数就得到 $\frac{\partial f}{\partial x}$,将 x 暂时看作常量而对 y 求导数就求得 $\frac{\partial f}{\partial y}$.

例 1 求函数 $f(x,y) = x^3 + 3x^2 y + y^2$ 在点 $(1,3)$ 处的偏导数.

解 把 y 看作常量,对 x 求导,得

$$f_x(x,y) = 3x^2 + 6xy$$

把 x 看作常量,对 y 求导,得

$$f_y(x,y) = 3x^2 + 2y$$

将 $(1,3)$ 代入上面的偏导数,得

$$f_x(1,3) = f_x(x,y)\Big|_{\substack{x=1 \\ y=3}} = (3x^2 + 6xy)\Big|_{\substack{x=1 \\ y=3}} = 21$$

$$f_y(1,3) = f_y(x,y)\Big|_{\substack{x=1 \\ y=3}} = (3x^2 + 2y)\Big|_{\substack{x=1 \\ y=3}} = 9$$

例 2 已知 $z = (2+xy)^x$,求 $\frac{\partial z}{\partial x}, \frac{\partial z}{\partial y}$.

解 因为 $z = e^{x\ln(2+xy)}$,故

$$\frac{\partial z}{\partial x} = (2+xy)^x \left[\ln(2+xy) + x \cdot \frac{1}{2+xy} \cdot y \right]$$

$$= (2+xy)^x \left[\ln(2+xy) + \frac{xy}{2+xy} \right]$$

$$\frac{\partial z}{\partial y} = x(2+xy)^{x-1} \cdot x = x^2(2+xy)^{x-1}$$

例 3 设函数

$$f(x,y) = \begin{cases} \dfrac{xy}{x^2+y^2}, & (x,y) \neq (0,0) \\ 0, & (x,y) = (0,0) \end{cases}$$

求 $f_x(x,y), f_y(x,y)$.

解 当 $(x,y) \neq (0,0)$ 时,

$$f_x(x,y) = \frac{y(x^2+y^2) - xy \cdot 2x}{(x^2+y^2)^2} = \frac{y(y^2-x^2)}{(x^2+y^2)^2}$$

当 $(x,y) = (0,0)$ 时,由偏导数定义可得

$$f_x(0,0) = \lim_{\Delta x \to 0} \frac{f(0+\Delta x,0) - f(0,0)}{\Delta x} = \lim_{\Delta x \to 0} \frac{0-0}{\Delta x} = 0$$

所以

$$f_x(x,y) = \begin{cases} \dfrac{y(y^2-x^2)}{(x^2+y^2)^2}, & (x,y) \neq (0,0) \\ 0, & (x,y) = (0,0) \end{cases}$$

由于 $f(x,y)$ 的表达式中关于 x、y 的结构是对称的,因此将上式 $f_x(x,y)$ 中的 x 与 y 交换位置便可得 $f_y(x,y)$ 为

$$f_y(x,y) = \begin{cases} \dfrac{x(x^2-y^2)}{(x^2+y^2)^2}, & (x,y) \neq (0,0) \\ 0, & (x,y) = (0,0) \end{cases}$$

由以上例题可知,求初等函数在定义区间内的点处的偏导数时,常利用求导的公式与法则,若求分段函数的分界点处的偏导函数时,则需利用偏导函数的定义.

例 4 已知理想气体的状态方程 $pV = RT$(R 为常量),证明:$\dfrac{\partial p}{\partial V} \cdot \dfrac{\partial V}{\partial T} \cdot \dfrac{\partial T}{\partial p} = -1$.

证 由题意可知,理想气体的状态方程 $pV = RT$ 中 R 为常量,因此 $p = \dfrac{RT}{V}$,故

$$\frac{\partial p}{\partial V} = -\frac{RT}{V^2}$$

由于 $V = \dfrac{RT}{p}$,故

$$\frac{\partial V}{\partial T} = \frac{R}{p}$$

由于 $T = \dfrac{pV}{R}$,故

$$\frac{\partial T}{\partial p} = \frac{V}{R}$$

所以

$$\frac{\partial p}{\partial V} \cdot \frac{\partial V}{\partial T} \cdot \frac{\partial T}{\partial p} = \frac{RT}{V^2} \cdot \frac{R}{p} \cdot \frac{V}{R} = -\frac{RT}{pV} = -1$$

由一元函数微分学可知,$\dfrac{\mathrm{d}y}{\mathrm{d}x}$ 可看作函数的微分 $\mathrm{d}y$ 与自变量的微分 $\mathrm{d}x$ 之商. 从例 4 可看出,偏导数的记号是一个整体记号,不能看作分子与分母之商.

9.2.2   偏导数的几何意义

设点 (x_0, y_0) 为二元函数的定义域内的点,则点 $P_0(x_0, y_0, f(x_0, y_0))$ 为曲面 $z = f(x,y)$ 上的一点,过 P_0 作平面 $y = y_0$,该平面与曲面的交线为

$$\begin{cases} z = f(x,y) \\ y = y_0 \end{cases}$$

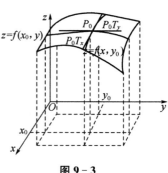

图 9-3

因此,该交线是在平面 $y = y_0$ 上的曲线 $z = f(x, y_0)$, 故偏导数 $f_x(x_0, y_0)$ 就是导数 $\dfrac{\mathrm{d}}{\mathrm{d}x} f(x, y_0) \big|_{x = x_0}$,在几何上它表示该曲线在点 P_0 处的切线 $P_0 T_x$ 对 x 轴的斜率(如图 9-3 所示). 同理,偏导数 $f_y(x_0, y_0)$ 的几何意义是曲面被平面 $x = x_0$ 所截得的曲线 $\begin{cases} z = f(x,y) \\ x = x_0 \end{cases}$ 在点 P_0 处的切线 $P_0 T_y$ 对 y 轴的斜率.

9.2.3   高阶偏导数

定义 2   设函数 $z = f(x,y)$ 在区域 D 内具有偏导数

$$\frac{\partial z}{\partial x} = f_x(x,y), \frac{\partial z}{\partial y} = f_y(x,y)$$

显然在 D 内偏导数 $f_x(x,y)$、$f_y(x,y)$ 仍是 x、y 的二元函数. 如果这两个偏导函数 $f_x(x,y)$、$f_y(x,y)$ 在 D 内的偏导数仍然存在,则称它们是**函数 $z = f(x,y)$ 的二阶偏导数**. 按照对变量求导次序的不同,共有下列四个二阶偏导数:

$$\frac{\partial}{\partial x}\left(\frac{\partial z}{\partial x}\right) = f_{xx}(x,y), \frac{\partial}{\partial y}\left(\frac{\partial z}{\partial y}\right) = \frac{\partial^2 z}{\partial y^2} = f_{yy}(x,y)$$

$$\frac{\partial}{\partial x}\left(\frac{\partial z}{\partial y}\right) = f_{yx}(x,y), \frac{\partial}{\partial y}\left(\frac{\partial z}{\partial x}\right) = \frac{\partial^2 z}{\partial x \partial y} = f_{xy}(x,y)$$

其中第三、第四两个偏导数称为**二阶混合偏导数**.

类似地,可以定义三阶、四阶 …… 以及 n 阶偏导数. 二阶及二阶以上的偏导数统称为**高阶偏导数**,如

$$\frac{\partial}{\partial x}\left(\frac{\partial^2 z}{\partial x^2}\right) = \frac{\partial^3 z}{\partial x^3}, \frac{\partial}{\partial y}\left(\frac{\partial^2 z}{\partial x^2}\right) = \frac{\partial^3 z}{\partial x^2 \partial y}$$

一般地,若函数 $z = f(x, y)$ 的 $n-1$ 阶偏导数存在且可偏导,则称函数 $z = f(x, y)$ 的 $n-1$ 阶偏导数的偏导数为函数 $z = f(x, y)$ 的 n 阶偏导数.

例5 设 $z = 4x^3 + 3x^2 y - 3xy^2 - x + y$,求 $\frac{\partial^2 z}{\partial x^2}, \frac{\partial^2 z}{\partial x \partial y}, \frac{\partial^2 z}{\partial y \partial x}, \frac{\partial^2 z}{\partial y^2}$.

解
$$\frac{\partial z}{\partial x} = 12x^2 + 6xy - 3y^2 - 1, \frac{\partial z}{\partial y} = 3x^2 - 6xy + 1$$

$$\frac{\partial^2 z}{\partial x^2} = 24x + 6y, \qquad \frac{\partial^2 z}{\partial x \partial y} = 6x - 6y$$

$$\frac{\partial^2 z}{\partial y \partial x} = 6x - 6y, \qquad \frac{\partial^2 z}{\partial y^2} = -6x$$

我们看到例5中两个二阶混合偏导数均相等,即 $\frac{\partial^2 z}{\partial x \partial y} = \frac{\partial^2 z}{\partial y \partial x}$,这种现象并不是偶然的. 可以证明下述定理.

定理 如果函数 $z = f(x, y)$ 的两个二阶混合偏导数 $\frac{\partial^2 z}{\partial y \partial x}$ 及 $\frac{\partial^2 z}{\partial x \partial y}$ 在区域 D 内连续,那么在该区域内这两个二阶混合偏导数必相等.

该定理表明:二阶混合偏导数在连续的条件下与求偏导的次序无关,即 $\frac{\partial^2 z}{\partial x \partial y} = \frac{\partial^2 z}{\partial y \partial x}$. 该结论对于二元及以上的多元函数的混合偏导数也成立.

例6 设函数 $u = \frac{1}{r}$,其中 $r = \sqrt{x^2 + y^2 + z^2}$,证明 $\frac{\partial^2 u}{\partial x^2} + \frac{\partial^2 u}{\partial y^2} + \frac{\partial^2 u}{\partial z^2} = 0$.

证 因为
$$\frac{\partial r}{\partial x} = \frac{2x}{2\sqrt{x^2 + y^2 + z^2}} = \frac{x}{r}$$

同理有:
$$\frac{\partial r}{\partial y} = \frac{y}{r}, \frac{\partial r}{\partial z} = \frac{z}{r}$$

又
$$\frac{\partial u}{\partial x} = -\frac{1}{r^2} \frac{\partial r}{\partial x} = -\frac{1}{r^2} \frac{x}{r} = -\frac{x}{r^3}$$

$$\frac{\partial^2 u}{\partial x^2} = -\frac{1}{r^3} + \frac{3x}{r^4} \cdot \frac{\partial r}{\partial x} = -\frac{1}{r^3} + \frac{3x^2}{r^5}$$

由函数关于自变量的对称性,有
$$\frac{\partial^2 u}{\partial y^2} = \frac{1}{r^3} + \frac{3y^2}{r^5}, \frac{\partial^2 u}{\partial z^2} = -\frac{1}{r^3} + \frac{3z^2}{r^5}$$

因此

$$\frac{\partial^2 u}{\partial x^2} + \frac{\partial^2 u}{\partial y^2} + \frac{\partial^2 u}{\partial z^2} = -\frac{3}{r^3} + \frac{3(x^2 + y^2 + z^2)}{r^5} = -\frac{3}{r^3} + \frac{3}{r^3} = 0$$

例 6 中的方程 $\frac{\partial^2 u}{\partial x^2} + \frac{\partial^2 u}{\partial y^2} + \frac{\partial^2 u}{\partial z^2} = 0$ 称为**拉普拉斯(Laplace) 方程**,它是数学物理方程中一种很重要的方程.

习题 9.2

1. 求下列函数的偏导数:

(1) $z = \tan(xy)$.　　　　　　(2) $z = \arctan \dfrac{x}{y}$.

(3) $z = \sin(2x - y)$.　　　　　(4) $z = xy\mathrm{e}^{\sin\pi xy}$.

(5) $z = \ln(x + \ln y)$.　　　　　(6) $z = \sqrt{x}\sin\dfrac{y}{x}$.

(7) $u = \ln(x^2 + y^2 + z^2)$.　　(8) $u = x^{y^2}$.

2. 设 $z = \mathrm{e}^{-\left(\frac{1}{x}+\frac{1}{y}\right)}$,求证:$x^2\dfrac{\partial z}{\partial x} + y^2\dfrac{\partial z}{\partial y} = 2z$.

3. 设 $z = x^y(x > 0, x \neq 1)$,求证:$\dfrac{x}{y}\dfrac{\partial z}{\partial x} + \dfrac{1}{\ln x}\dfrac{\partial z}{\partial y} = 2z$.

4. 设函数 $f(x,y) = \ln(1 + y\sin x) + x^2\cos(xy^2)$,求 $f'_x\left(\dfrac{\pi}{4}, 0\right)$.

5. 求曲面 $z = \sqrt{1 + x^2 + y^2}$ 与平面 $x = 1$ 的交线在点 $(1, 1, \sqrt{3})$ 处的切线对于 y 轴正向的倾角.

6. 设 $z = \sqrt{x^2 + y^2}$,讨论 $\dfrac{\partial z}{\partial x}\bigg|_{\substack{x=0\\y=0}}$ 与 $\dfrac{\partial z}{\partial y}\bigg|_{\substack{x=0\\y=0}}$ 的存在性.

7. 求下列函数的 $\dfrac{\partial^2 z}{\partial x^2}, \dfrac{\partial^2 z}{\partial y^2}$ 和 $\dfrac{\partial^2 z}{\partial x\partial y}$:

(1) $z = x^3 y^2 - 3xy^3 - xy + 1$.　　　(2) $z = \sin(ax + by)$.

(3) $z = \arcsin(xy)$.　　　　　　　　(4) $z = x^{2y}$.

8. 设 $f(x,y,z) = xy^2 + yz^2 + zx^2$,求 $f_{xx}(0,0,1), f_{xz}(1,0,2)$.

9. 设 $r = \sqrt{x^2 + y^2 + z^2}$,证明:

(1) $\left(\dfrac{\partial r}{\partial x}\right)^2 + \left(\dfrac{\partial r}{\partial y}\right)^2 + \left(\dfrac{\partial r}{\partial z}\right)^2 = 1$.

(2) $\dfrac{\partial^2 r}{\partial x^2} + \dfrac{\partial^2 r}{\partial y^2} + \dfrac{\partial^2 r}{\partial z^2} = \dfrac{2}{r}$.

9.3 全微分

9.3.1 全微分的概念

上一节讨论的偏导数是多元函数在只有一个自变量变化时的瞬时变化率,而在工程技术中还需要研究多元函数中各个自变量同时变化时因变量所获得的增量,即所谓全增量的问题,特别是当自变量发生微小变化时相应函数的改变量问题,全微分就是解决这问题的有力工具.下面仍以二元函数为例进行研究.

例如,矩形面积 z 与长 x 和宽 y 的关系为 $z = xy$,如果测量 x、y 时产生了误差 Δx、Δy,由此计算面积得

$$z + \Delta z = (x + \Delta x)(y + \Delta y) = xy + y\Delta x + x\Delta y + \Delta x\Delta y$$

因此测量矩形面积产生的误差为

$$\Delta z = y\Delta x + x\Delta y + \Delta x\Delta y$$

称 $\Delta z = y\Delta x + x\Delta y + \Delta x\Delta y$ 为函数 $z = xy$ 的全增量.当其中 Δx、Δy 都很小时,常略去其中的 $\Delta x\Delta y$ 项,就用其关于 Δx、Δy 的线性部分 $y\Delta x + x\Delta y$ 来近似表示 Δz,这时计算 Δz 的误差为 $\Delta z - (y\Delta x + x\Delta y) = \Delta x\Delta y$,它是比 $\rho = \sqrt{(\Delta x)^2 + (\Delta y)^2}$ 高阶的无穷小量.

因此,Δz 被分解为关于 Δx、Δy 的线性部分 $y\Delta x + x\Delta y$ 和比 $\rho = \sqrt{(\Delta x)^2 + (\Delta y)^2}$ 高阶的无穷小量 $\Delta x\Delta y$ 两部分,其中关于 Δx、Δy 的线性部分 $y\Delta x + x\Delta y$ 被称为函数 $z = xy$ 的全微分,记作

$$dz = y\Delta x + x\Delta y$$

因此

$$\Delta z \approx dz = y\Delta x + x\Delta y$$

抽去具体的函数意义,我们得到多元函数全增量与全微分的概念.

设函数 $z = f(x,y)$ 在点 $P_0(x_0, y_0)$ 的某一邻域 $U(P_0)$ 内有定义,对 $\forall P(x_0 + \Delta x, y_0 + \Delta y) \in U(P_0)$,称这两点的函数值之差为 $z = f(x,y)$ **在点** $P_0(x_0, y_0)$ **处对应于自变量增量** Δx、Δy **的全增量**,记作 Δz,即

$$\Delta z = f(x_0 + \Delta x, y_0 + \Delta y) - f(x_0, y_0) \qquad (9-3)$$

一般计算全增量 Δz 比较复杂.与一元函数类似,下面讨论用自变量增量 Δx、Δy 的线性函数来近似地表示函数的全增量 Δz 的问题.

定义 1 设函数 $z = f(x,y)$ 在点 $P_0(x_0, y_0)$ 的某一邻域 $U(P_0)$ 内有定义,如果 $z = f(x,y)$ 在点 $P_0(x_0, y_0)$ 的全增量

$$\Delta z = f(x_0 + \Delta x, y_0 + \Delta y) - f(x_0, y_0)$$

可表示为

$$\Delta z = A\Delta x + B\Delta y + o(\rho) \tag{9-4}$$

则称函数 $z = f(x,y)$ **在点** $P_0(x_0, y_0)$ **处可微**,其中 A、B 不依赖于 Δx、Δy 而仅与 x_0、y_0 有关,$\rho = \sqrt{(\Delta x)^2 + (\Delta y)^2}$,称 $A\Delta x + B\Delta y$ 为函数 $z = f(x,y)$ **在点** $P_0(x_0, y_0)$ **处的全微分**,记作 $dz\,|_{P_0}$ 或 $df(x_0, y_0)$,即

$$dz\,|_{P_0} = df(x_0, y_0) = A\Delta x + B\Delta y \tag{9-5}$$

如果函数在区域 D 内各点处都可微,则称函数在区域 D **内可微**.

例1 讨论函数 $z = \sqrt{x^2 + y^2}$ 在原点$(0,0)$ 处的连续性、可偏导性与可微性.

解 由于 $\lim\limits_{(x,y)\to(0,0)} \sqrt{x^2 + y^2} = 0 = f(0,0)$,故函数 $z = \sqrt{x^2 + y^2}$ 在原点 $(0,0)$ 处连续. 又

$$\Delta z\Big|_{(0,0)} = \sqrt{(\Delta x)^2 + (\Delta y)^2} - 0 = \sqrt{(\Delta x)^2 + (\Delta y)^2}$$

$$\frac{\partial z}{\partial x}\Big|_{(0,0)} = \lim_{\Delta x \to 0} \frac{\sqrt{(\Delta x)^2}}{\Delta x} = \lim_{\Delta x \to 0} \frac{|\Delta x|}{\Delta x}$$

由于 $\lim\limits_{\Delta x \to 0} \dfrac{|\Delta x|}{\Delta x}$ 不存在,故 $\dfrac{\partial z}{\partial x}\Big|_{(0,0)}$ 不存在,同理 $\dfrac{\partial z}{\partial y}\Big|_{(0,0)}$ 也不存在,因此函数 $z = \sqrt{x^2 + y^2}$ 在原点$(0,0)$ 处不可偏导. 又

$$\lim_{\rho \to 0} \frac{\Delta z\Big|_{(0,0)} - A\Delta x - B\Delta y}{\rho} = \lim_{\rho \to 0} \frac{\sqrt{(\Delta x)^2 + (\Delta y)^2} - A\Delta x - B\Delta y}{\rho}$$

$$= \lim_{\rho \to 0}\left(1 - \frac{A\Delta x}{\rho} - \frac{B\Delta y}{\rho}\right)$$

由于 $\lim\limits_{\Delta x \to 0} \dfrac{\Delta x}{\rho}$ 与 $\lim\limits_{\rho \to 0} \dfrac{\Delta y}{\rho}$ 都不存在,故 $\lim\limits_{\rho \to 0} \dfrac{\Delta z\Big|_{(0,0)} - A\Delta x - B\Delta y}{\rho}$ 不存在,因此函数 $z = \sqrt{x^2 + y^2}$ 在原点$(0,0)$ 处不可微.

由于微分定义中没有给出微分式$(9-5)$中的 A 与 B 的求法,因此下面来讨论当函数 $z = f(x,y)$ 在 $P_0(x_0, y_0)$ 处可微时,其微分 $dz\,|_{P_0}$ 式中的 A 与 B 如何求,以及它们与 $z = f(x,y)$ 是什么关系.

下面我们先来讨论函数 $z = f(x,y)$ 在 $P_0(x_0, y_0)$ 处可微、连续与可偏导之间的关系,从中得出 A 与 B 的结果.

由函数 $z = f(x,y)$ 在点(x_0, y_0) 处可微的定义,立即可得到以下定理.

定理1 若函数 $z = f(x,y)$ 在点(x_0, y_0) 处可微,则函数在点(x_0, y_0) 处必连续.

该定理由读者自行证明.

但是，由例 1 可知，函数 $z = f(x,y)$ 在点 (x_0,y_0) 处连续却不一定可微.

下面讨论函数 $z = f(x,y)$ 在点 $P_0(x_0,y_0)$ 处可微的另一个必要条件.

定理 2　若函数 $z = f(x,y)$ 在点 (x_0,y_0) 处可微，则该函数在点 (x_0,y_0) 处必可偏导，并且函数 $z = f(x,y)$ 在点 (x_0,y_0) 处的全微分为

$$\mathrm{d}f(x_0,y_0) = f_x(x_0,y_0)\Delta x + f_y(x_0,y_0)\Delta y \tag{9-6}$$

证　因函数 $z = f(x,y)$ 在点 $P_0(x_0,y_0)$ 处可微，则对 $\forall P(x_0+\Delta x, y_0+\Delta y) \in U(P_0)$，恒有

$$\Delta z = A\Delta x + B\Delta y + o(\rho)$$

由于当 $\Delta y = 0$ 时上式仍成立（此时 $\rho = |\Delta x|$），从而有

$$f(x_0+\Delta x, y_0) - f(x_0,y_0) = A \cdot \Delta x + o(|\Delta x|)$$

上式两边同除以 Δx，再求 $\Delta x \to 0$ 时的极限，即得

$$\lim_{\Delta x \to 0} \frac{f(x_0+\Delta x, y_0) - f(x_0,y_0)}{\Delta x} = A$$

即 $A = f_x(x_0,y_0)$.

同理可证 $B = f_y(x_0,y_0)$，所以式 (9-6) 成立.

由定理 1 与 2 可知，多元函数在一点可微，则它在该点必连续且必可偏导. 反之不然.

例 2　证明函数 $f(x,y) = \sqrt{|xy|}$ 在点 $(0,0)$ 处连续、偏导数存在但不可微.

证　因为

$$\lim_{(x,y) \to (0,0)} f(x,y) = \lim_{(x,y) \to (0,0)} \sqrt{|xy|} = 0 = f(0,0)$$

所以 $f(x,y)$ 在点 $(0,0)$ 处连续. 又

$$f_x(0,0) = \lim_{\Delta x \to 0} \frac{f(0+\Delta x, 0) - f(0,0)}{\Delta x} = \lim_{\Delta x \to 0} \frac{0-0}{\Delta x} = 0$$

所以 $f_x(0,0) = 0$. 同理，$f_y(0,0) = 0$. 因此函数 $f(x,y)$ 在点 $(0,0)$ 处的偏导数均存在. 又

$$\lim_{\rho \to 0} \frac{f(\Delta x, \Delta y) - f(0,0) - [f_x(0,0)\Delta x + f_y(0,0)\Delta y]}{\rho} = \lim_{\substack{\Delta x \to 0 \\ \Delta y \to 0}} \frac{\sqrt{|\Delta x \Delta y|}}{\sqrt{(\Delta x)^2 + (\Delta y)^2}}$$

$$\tag{9-7}$$

而

$$\lim_{\substack{\Delta x \to 0 \\ \Delta y = k\Delta x}} \frac{\sqrt{|\Delta x \Delta y|}}{\sqrt{(\Delta x)^2 + (\Delta y)^2}} = \frac{\sqrt{|k|}}{\sqrt{1+k^2}}$$

由于上式的值与 k 有关，说明式 (9-7) 的极限不存在. 所以函数 $f(x,y) = \sqrt{|xy|}$ 在点 $(0,0)$ 处不可微.

在一元函数的微分学中就已知，一元函数在某点的可导性与可微性是等价的.

而由例 2 可知,这对于二元函数则不同. 即使二元函数的各偏导数都存在,函数也不一定可微. 因为函数的偏导数仅描述了函数在某点处沿坐标轴方向的变化率,而全微分描述了函数沿各个方向的变化情况. 但如果各个偏导数连续,就可以保证函数是可微的,即有下面的定理.

定理 3   如果函数 $z = f(x,y)$ 在点 $P_0(x_0,y_0)$ 的某邻域 $U(P_0)$ 内具有连续偏导数,则函数在点 P_0 处可微.

*证   设 $\forall P(x_0 + \Delta x, y_0 + \Delta y) \in U(P_0)$,则函数的全增量为

$$\Delta z \mid_{P_0} = f(x_0 + \Delta x, y_0 + \Delta y) - f(x_0, y_0)$$

$$= [f(x_0 + \Delta x, y_0 + \Delta y) - f(x_0 + \Delta x, y_0)] + [f(x_0 + \Delta x, y_0) - f(x_0, y_0)]$$

上式两个方括号内的表达式都是函数的偏增量,对其分别应用拉格朗日中值定理,有

$$\Delta z \mid_{P_0} = f_y(x_0 + \Delta x, y_0 + \theta_1 \Delta y)\Delta y + f_x(x_0 + \theta_2 \Delta x, y_0 + \Delta y)\Delta x$$

其中 $0 < \theta_1, \theta_2 < 1$. 因为 $f_y(x,y)$ 在点 $P_0(x_0, y_0)$ 处连续,故有

$$\lim_{\substack{\Delta x \to 0 \\ \Delta y \to 0}} f_y(x_0 + \Delta x, y_0 + \theta_1 \Delta y) = f_y(x_0, y_0)$$

于是,有

$$f_y(x_0 + \Delta x, y_0 + \theta_1 \Delta y) = f_y(x_0, y_0) + \alpha$$

从而,有

$$f_y(x_0 + \Delta x, y_0 + \theta_1 \Delta y)\Delta y = f_y(x_0, y_0)\Delta y + \alpha \Delta y$$

同理,有

$$f_x(x_0 + \theta_2 \Delta x, y_0)\Delta x = f_x(x_0, y_0)\Delta x + \beta \Delta x$$

其中 α、β 为当 $\Delta x \to 0, \Delta y \to 0$ 时的无穷小量,即 $\alpha \to 0, \beta \to 0$(当 $\Delta x \to 0, \Delta y \to 0$ 时). 于是,有

$$\Delta z \mid_{P_0} = f_x(x_0, y_0)\Delta x + f_y(x_0, y_0)\Delta y + \alpha \Delta y + \beta \Delta x \tag{9-8}$$

而

$$\lim_{\substack{\Delta x \to 0 \\ \Delta y \to 0}} + \frac{\Delta z \mid_{P_0} - [f_x(x_0, y_0)\Delta x + f_y(x_0, y_0)\Delta y]}{\rho}$$

$$= \lim_{\substack{\Delta x \to 0 \\ \Delta y \to 0}} \frac{\alpha \Delta y + \beta \Delta x}{\rho} = \lim_{\substack{\Delta x \to 0 \\ \Delta y \to 0}} \left[\alpha \frac{\Delta y}{\rho} + \beta \frac{\Delta x}{\rho}\right] = 0 \left(因为 \left|\frac{\Delta x}{\rho}\right| \leqslant 1, \left|\frac{\Delta y}{\rho}\right| \leqslant 1\right)$$

其中 $\rho = \sqrt{(\Delta x)^2 + (\Delta y)^2}$.

由全微分的定义可知,函数 $z = f(x,y)$ 在点 $P_0(x_0, y_0)$ 处可微.

由定理 3 可知,偏导数连续是函数可微的充分条件.

令 $z = x$,得 $\mathrm{d}x = \Delta x$;令 $z = y$,得 $\mathrm{d}y = \Delta y$,因此自变量的增量等于自变量的微分,所以函数的全微分可以表示为

$$dz = \frac{\partial z}{\partial x}dx + \frac{\partial z}{\partial y}dy \qquad (9-9)$$

这表明二元函数的全微分等于它的两个偏微分之和,这种性质称为**二元函数微分的叠加原理.**

以上关于二元函数全微分的概念与结论可以完全类似地推广到三元及三元以上的多元函数.

例如,三元函数 $u = f(x,y,z)$ 的全微分为

$$du = \frac{\partial u}{\partial x}dx + \frac{\partial u}{\partial y}dy + \frac{\partial u}{\partial z}dz \qquad (9-10)$$

例 2　设 $z = e^{x+y}\sin x$,求 dz.

解　由于

$$\frac{\partial z}{\partial x} = e^{x+y}(\sin x + \cos x)$$

$$\frac{\partial z}{\partial y} = e^{x+y}\sin x$$

故

$$dz = e^{x+y}(\sin x + \cos x)dx + e^{x+y}\sin x\,dy$$
$$= e^{x+y}\big[(\sin x + \cos x)dx + \sin x\,dy\big]$$

例 3　设 $u = x^3 yz^2$,求 du.

解　由于

$$\frac{\partial u}{\partial x} = 3x^2 yz^2, \qquad \frac{\partial u}{\partial y} = x^3 z^2, \qquad \frac{\partial u}{\partial z} = 2x^3 yz$$

故

$$du = \frac{\partial u}{\partial x}dx + \frac{\partial u}{\partial y}dy + \frac{\partial u}{\partial z}dz$$
$$= 3x^2 yz^2\,dx + x^3 z^2\,dy + 2x^3 yz\,dz$$
$$= x^2 z(3yz\,dx + xz\,dy + 2xy\,dz)$$

*9.3.2　全微分在近似计算中的应用

由上面的讨论可知,若二元函数 $z = f(x,y)$ 在点 $P_0(x_0,y_0)$ 处可微,并且 $|\Delta x|$、$|\Delta y|$ 都较小时,则函数的全增量有近似表达式

$$\Delta z \approx dz = f_x(x_0,y_0)\Delta x + f_y(x_0,y_0)\Delta y \qquad (9-11)$$

由于

$$\Delta z = f(x_0 + \Delta x, y_0 + \Delta y) - f(x_0,y_0)$$

故由式(9-11)可得

$$f(x_0 + \Delta x, y_0 + \Delta y) \approx f(x_0, y_0) + f_x(x_0, y_0)\Delta x + f_y(x_0, y_0)\Delta y$$

$$(9-12)$$

因此(9-11)和(9-12)两式就是 Δz 与 $f(x+\Delta x, y+\Delta y)$ 的近似计算公式.

例 4 求 $1.08^{3.96}$ 的近似值.

解 设函数 $f(x,y) = x^y$,取 $x_0 = 1, y_0 = 4, \Delta x = 0.08, \Delta y = -0.04$,由近似计算公式(9-12)可得

$$
\begin{aligned}
1.08^{3.96} = f(x_0+\Delta x, y_0+\Delta y) &\approx f(x_0,y_0) + f_x(x_0,y_0)\Delta x + f_y(x_0,y_0)\Delta y \\
&= f(1,4) + f_x(1,4)\Delta x + f_y(1,4)\Delta y \\
&= 1 + 4 \times 1^3 \times 0.08 + 1^4 \times \ln 1 \times (-0.04) \\
&= 1 + 0.32 = 1.32
\end{aligned}
$$

例 5 测得一长方体盒子的长、宽、高分别为 70 cm、60 cm、50 cm,测量误差均为 0.1 cm,试求该盒子体积的测量误差的绝对值.

解 以 x、y、z 来表示该箱子的长、宽、高,则盒子的体积为

$$V = xyz$$

$$dV = \frac{\partial V}{\partial x}dx + \frac{\partial V}{\partial y}dy + \frac{\partial V}{\partial z}dz = yz\,dx + xz\,dy + xy\,dz$$

由于已知 $x = 70, y = 60, z = 50, dx = dy = dz = 0.1$,由式(9-11)得该盒子体积的绝对误差为

$$\delta_v = 60 \times 50 \times 0.1 + 70 \times 50 \times 0.1 + 70 \times 60 \times 0.1 = 1\,070(\text{cm}^3)$$

习题 9.3

1. 求下列函数的全微分:

(1) $z = e^{xy} + \ln(x+y)$. (2) $z = x^2 \cos y$.

(3) $z = 2xe^{-y} - \sqrt{3x} + \ln 3$. (4) $u = x^{yz}$.

2. 求下列函数在给定点处的全微分:

(1) $f(x,y) = x^2 + y^2 + x^2 y^2, (-1,-1)$.

(2) $z = x\sin(x+y) + e^{x-y}, \left(\frac{\pi}{4}, \frac{\pi}{4}\right)$.

3. 当 $x = 2, y = -1, \Delta x = 0.02, \Delta y = -0.01$ 时,求函数 $z = x^2 y^3$ 的全微分及全增量的值.

4. 试证: $f(x,y) = \begin{cases} \dfrac{xy}{\sqrt{x^2+y^2}}, & (x,y) \neq (0,0) \\ 0, & (x,y) = (0,0) \end{cases}$ 在点$(0,0)$处偏导数存

在，但不可微.

5. 证明：$f(x,y) = \begin{cases} \dfrac{xy}{x^2+y^2}, & (x,y) \neq (0,0) \\ 0, & (x,y) = (0,0) \end{cases}$ 在点 $(0,0)$ 处不连续，但偏

导数存在，却不可微.

*6. 计算 $(1.97)^{1.05}$ 的近似值（$\ln 2 = 0.693$）.

*7. 一圆柱体受压后发生变形，它的底面半径由 20 cm 增至 20.05 cm，高度由 100 cm 减少至 99 cm，求此圆柱体体积变化的近似值.

9.4   多元复合函数的微分法

多元函数的偏导数的运算是多元函数微分法中最基本的运算，而在很多的实际问题中常需要计算复合函数的偏导数. 下面以二元函数为例来讨论多元复合函数的求导法则.

设 $u = u(x,y)$、$v = v(x,y)$ 在 xOy 面内区域 D 上有定义，$z = f(u,v)$ 在 uv 面的区域 D_1 上有定义，且 $\{(u,v) \mid u = u(x,y), v = v(x,y), (x,y) \in D\} \subset D_1$，则 $z = f[u(x,y), v(x,y)]$ 是定义在 D 上的复合函数，称 u、v 为中间变量，x、y 为自变量.

9.4.1   多元复合函数的求导法则

1）多元函数与一元函数复合

定理 1   设函数 $z = f(u,v)$ 在点 (u,v) 处可微，又设 $u = u(t)$、$v = v(t)$ 在相应的点 t 处可导，则复合函数 $z = f[u(t), v(t)]$ 在点 t 处可导，且

$$\frac{\mathrm{d}z}{\mathrm{d}t} = \frac{\partial z}{\partial u}\frac{\mathrm{d}u}{\mathrm{d}t} + \frac{\partial z}{\partial v}\frac{\mathrm{d}v}{\mathrm{d}t} \tag{9-13}$$

称式（9-13）中的导数 $\dfrac{\mathrm{d}z}{\mathrm{d}t}$ 为全导数.

证明   设 t 有增量 Δt，则函数 $u = u(t)$、$v = v(t)$ 有对应的增量，分别设为 Δu、Δv，这时函数 $z = f(u,v)$ 在点 (u,v) 处有对应的增量，设为 Δz. 由条件可知，函数 $z = f(u,v)$ 在点 (u,v) 处可微，因此有

$$\begin{aligned} \Delta z &= \frac{\partial z}{\partial u}\Delta u + \frac{\partial z}{\partial v}\Delta v + o(\rho) \\ &= \frac{\partial z}{\partial u}\Delta u + \frac{\partial z}{\partial v}\Delta v + \alpha\rho \end{aligned} \tag{9-14}$$

其中 $\rho = \sqrt{(\Delta u)^2 + (\Delta v)^2}$，当 $\Delta u \to 0, \Delta v \to 0$ 时，有 $\rho \to 0$ 及 $\alpha \to 0$. 对式（9-14）

两边同时除以 Δt,得

$$\frac{\Delta z}{\Delta t} = \frac{\partial z}{\partial u} \cdot \frac{\Delta u}{\Delta t} + \frac{\partial z}{\partial v} \cdot \frac{\Delta v}{\Delta t} + \frac{\alpha\rho}{\Delta t} \tag{9-15}$$

由于一元函数可导必连续,所以当 $\Delta t \to 0$ 时,必有 $\Delta u \to 0, \Delta v \to 0$,从而 $\rho = \sqrt{(\Delta u)^2 + (\Delta v)^2} \to 0$. 又

$$\lim_{\Delta t \to 0} \frac{\Delta u}{\Delta t} = \frac{\mathrm{d}u}{\mathrm{d}t}, \quad \lim_{\Delta t \to 0} \frac{\Delta v}{\Delta t} = \frac{\mathrm{d}v}{\mathrm{d}t}$$

且

$$\lim_{\Delta t \to 0} \frac{\alpha\rho}{\Delta t} = \lim_{\Delta t \to 0} \alpha \sqrt{\left(\frac{\Delta u}{\Delta t}\right)^2 + \left(\frac{\Delta v}{\Delta t}\right)^2} = \lim_{\rho \to 0} \alpha \cdot \lim_{\Delta t \to 0} \sqrt{\left(\frac{\Delta u}{\Delta t}\right)^2 + \left(\frac{\Delta v}{\Delta t}\right)^2} = 0$$

（$\Delta t < 0$ 时,根号前加"—"号,结论相同）

对式 $(9-15)$ 求 $\Delta t \to 0$ 时的极限,即得

$$\frac{\mathrm{d}z}{\mathrm{d}t} = \lim_{\Delta t \to 0} \frac{\Delta z}{\Delta t} = \frac{\partial z}{\partial u} \cdot \lim_{\Delta t \to 0} \frac{\Delta u}{\Delta t} + \frac{\partial z}{\partial v} \cdot \lim_{\Delta t \to 0} \frac{\Delta v}{\Delta t} = \frac{\partial z}{\partial u} \cdot \frac{\mathrm{d}u}{\mathrm{d}t} + \frac{\partial z}{\partial v} \cdot \frac{\mathrm{d}v}{\mathrm{d}t}$$

证毕.

定理 1 给出了复合函数 $z = f(u(t), v(t))$ 在点 t 可导的条件及其全导数的计算公式.

例 1 设函数 $z = f(x, y) = \mathrm{e}^{x-2y}$,又 $x = \sin t, y = \mathrm{e}^t$,求 $\frac{\mathrm{d}z}{\mathrm{d}t}$.

解 由于 $\frac{\partial z}{\partial x} = \mathrm{e}^{x-2y}, \frac{\partial z}{\partial y} = -2\mathrm{e}^{x-2y}, \frac{\mathrm{d}x}{\mathrm{d}t} = \cos t, \frac{\mathrm{d}y}{\mathrm{d}t} = \mathrm{e}^t$,故

$$\frac{\mathrm{d}z}{\mathrm{d}t} = \frac{\partial z}{\partial x} \frac{\mathrm{d}x}{\mathrm{d}t} + \frac{\partial z}{\partial y} \frac{\mathrm{d}y}{\mathrm{d}t} = \mathrm{e}^{x-2y} \cdot \cos t + (-2)\mathrm{e}^{x-2y} \cdot \mathrm{e}^t = \mathrm{e}^{\sin t - 2\mathrm{e}^t}(\cos t - 2\mathrm{e}^t)$$

同理,定理 1 的结论可推广至中间变量多于两个的情形. 例如,若 $z = f(u, v, w)$ 在点 (u, v, w) 处可微,且 $u = \varphi(t)$、$v = \psi(t)$、$w = w(t)$ 在相应的点 t 处都可导,则复合函数 $z = f(\varphi(t), \psi(t), w(t))$ 在点 t 处可导,且有全导数公式

$$\frac{\mathrm{d}z}{\mathrm{d}t} = \frac{\partial z}{\partial u} \frac{\mathrm{d}u}{\mathrm{d}t} + \frac{\partial z}{\partial v} \frac{\mathrm{d}v}{\mathrm{d}t} + \frac{\partial z}{\partial w} \frac{\mathrm{d}w}{\mathrm{d}t} \tag{9-16}$$

例 2 设 $u = \mathrm{e}^{2x}(y - z)$,而 $y = \ln x, z = \sin 2x$,求 $\frac{\mathrm{d}u}{\mathrm{d}x}$.

解 在这里可以看作式 $(9-16)$ 的特殊情形:$x = x, y = \ln x, z = \sin 2x$,因此

$$\frac{\mathrm{d}u}{\mathrm{d}x} = \frac{\partial u}{\partial x} \frac{\mathrm{d}x}{\mathrm{d}x} + \frac{\partial u}{\partial y} \frac{\mathrm{d}y}{\mathrm{d}x} + \frac{\partial u}{\partial z} \frac{\mathrm{d}z}{\mathrm{d}x}$$

$$= 2\mathrm{e}^{2x}(y - z) \cdot 1 + \mathrm{e}^{2x} \cdot \frac{1}{x} + \mathrm{e}^{2x} \cdot (-1) \cdot 2\cos 2x$$

$$= \mathrm{e}^{2x}\left[2(\ln x - \sin 2x) + \frac{1}{x} - 2\cos 2x\right]$$

2）多元函数与多元函数复合

对于多元函数与多元函数复合而成的函数，可类似得到其偏导数存在的条件与公式.

下面以二元函数与二元函数的复合函数为例，给出多元复合函数的求导法则.

定理 2　若 $z = f(u,v)$ 在点 (u,v) 处可微，且 $u = \varphi(x,y)$、$v = \psi(x,y)$ 在相应的点处可偏导，则复合函数 $z = f(\varphi(x,y),\psi(x,y))$ 对 x、y 的偏导数也存在，且

$$\frac{\partial z}{\partial x} = \frac{\partial z}{\partial u}\frac{\partial u}{\partial x} + \frac{\partial z}{\partial v}\frac{\partial v}{\partial x} \tag{9-17}$$

$$\frac{\partial z}{\partial y} = \frac{\partial z}{\partial u}\frac{\partial u}{\partial y} + \frac{\partial z}{\partial v}\frac{\partial v}{\partial y} \tag{9-18}$$

式 $(9-13)$、$(9-16)$、$(9-17)$、$(9-18)$ 称为**多元复合函数求导的链式法则**.

本定理的证明方法与定理 1 类似，只要注意到求 $\frac{\partial z}{\partial x}$ 时，将 y 看作常量，因此将中间变量 u 及 v 也看作一元函数而应用定理 1 即可. 实质上这就是定理 1 的情形，不过由于中间变量是二元函数，因此要把式 $(9-13)$ 中的导数符号"d" 换为偏导数符号"∂".

类似地，定理 2 可以推广至中间变量多于两个的情形，例如设函数 $z = f(u,v,w)$ 在点 (u,v,w) 处可微，且 $u = \varphi(x,y)$、$v = \psi(x,y)$、$w = w(x,y)$ 都在相对应的点 (x,y) 处可偏导，则复合函数 $z = f(\varphi(x,y),\psi(x,y),w(x,y))$ 在 (x,y) 的偏导数都存在，且

$$\frac{\partial z}{\partial x} = \frac{\partial z}{\partial u}\frac{\partial u}{\partial x} + \frac{\partial z}{\partial v}\frac{\partial v}{\partial x} + \frac{\partial z}{\partial w}\frac{\partial w}{\partial x} \tag{9-19}$$

$$\frac{\partial z}{\partial y} = \frac{\partial z}{\partial u}\frac{\partial u}{\partial y} + \frac{\partial z}{\partial v}\frac{\partial v}{\partial y} + \frac{\partial z}{\partial w}\frac{\partial w}{\partial y} \tag{9-20}$$

特别地，如果 $z = f(u,x,y)$ 可微，而 $u = \varphi(x,y)$ 可偏导，则复合函数 $z = f(\varphi(x,y),x,y)$ 可以看作上述情形中 $v = x, w = y$ 的特殊情形，由于 $\frac{\partial v}{\partial x} = 1, \frac{\partial w}{\partial x} = 0, \frac{\partial v}{\partial y} = 0, \frac{\partial w}{\partial y} = 1$，利用式 $(9-19)$ 与 $(9-20)$，有

$$\frac{\partial z}{\partial x} = \frac{\partial f}{\partial u}\frac{\partial u}{\partial x} + \frac{\partial f}{\partial x} \tag{9-21}$$

$$\frac{\partial z}{\partial y} = \frac{\partial f}{\partial u}\frac{\partial u}{\partial y} + \frac{\partial f}{\partial y} \tag{9-22}$$

应当指出，上面两式中 $\frac{\partial z}{\partial x}$ 与 $\frac{\partial f}{\partial x}$ 的意义是不同的：$\frac{\partial z}{\partial x}$ 是将 z 看作自变量 x、y 的二元函数时关于 x 的偏导数，这时要把 y 看作常量；而 $\frac{\partial f}{\partial x}$ 是将 $f(u,x,y)$ 看作三元

函数时对其中的自变量 x 的偏导数,此时要把 u、y 看作常量.

必须指出,对于其他情形的复合函数有类似的链式法则,读者在求复合函数的偏导数时需灵活应用,并且注意如下两点:

① 搞清函数的复合关系;

② 对某个自变量求偏导数时应注意要经过一切有关的中间变量而归结到该自变量.

例 3　设 $z = u^2 v - uv^2$,而 $u = x\cos y, v = x\sin y$,求 $\dfrac{\partial z}{\partial x}$ 和 $\dfrac{\partial z}{\partial y}$.

解
$$\frac{\partial z}{\partial x} = \frac{\partial z}{\partial u}\frac{\partial u}{\partial x} + \frac{\partial z}{\partial v}\frac{\partial v}{\partial x}$$
$$= (2uv - v^2)\cos y + (u^2 - 2uv)\sin y$$
$$= 3x^2 \sin y\cos y(\cos y - \sin y)$$
$$\frac{\partial z}{\partial y} = \frac{\partial z}{\partial u}\frac{\partial u}{\partial y} + \frac{\partial z}{\partial v}\frac{\partial v}{\partial y}$$
$$= (2uv - v^2)(-x\sin y) + (u^2 - 2uv)(x\cos y)$$
$$= -2x^3 \sin y\cos y(\sin y + \cos y) + x^3(\sin^3 y + \cos^3 y)$$

例 4　设 $z = f(x^2 - y^2, xy)$ 具有连续偏导数,求 $\dfrac{\partial z}{\partial x}$ 和 $\dfrac{\partial z}{\partial y}$.

证明　令 $u = x^2 - y^2, v = xy$,则 $z = f(x^2 - y^2, xy)$ 可看作由 $z = f(u, v)$ 与 $u = x^2 - y^2$、$v = xy$ 复合而成,故

$$\frac{\partial z}{\partial x} = \frac{\partial z}{\partial u}\frac{\partial u}{\partial x} + \frac{\partial z}{\partial v}\frac{\partial v}{\partial x} = 2x\frac{\partial z}{\partial u} + y\frac{\partial z}{\partial v}$$

$$\frac{\partial z}{\partial y} = \frac{\partial z}{\partial u}\frac{\partial u}{\partial y} + \frac{\partial z}{\partial v}\frac{\partial v}{\partial y} = -2y\frac{\partial z}{\partial u} + x\frac{\partial z}{\partial v}$$

例 5　设 $w = F(x + y + z), z = f(x, y), y = \varphi(x)$,其中 F、f、φ 有连续的导数或者偏导数,求全导数 $\dfrac{\mathrm{d}w}{\mathrm{d}x}$.

解　令 $u = x + y + z$,则

$$\frac{\mathrm{d}u}{\mathrm{d}x} = 1 + \frac{\mathrm{d}y}{\mathrm{d}x} + \frac{\mathrm{d}z}{\mathrm{d}x}$$

又因为

$$\frac{\mathrm{d}y}{\mathrm{d}x} = \varphi'(x), \qquad \frac{\mathrm{d}z}{\mathrm{d}x} = \frac{\partial f}{\partial x} + \frac{\partial f}{\partial y}\frac{\mathrm{d}y}{\mathrm{d}x} = \frac{\partial f}{\partial x} + \frac{\partial f}{\partial y}\varphi'(x)$$

故

$$\frac{\mathrm{d}w}{\mathrm{d}x} = F'(u) \cdot \frac{\mathrm{d}u}{\mathrm{d}x} = F'(x + y + z) \cdot \left[1 + \varphi'(x) + \frac{\partial f}{\partial x} + \frac{\partial f}{\partial y}\varphi'(x)\right]$$

9.4.2 一阶全微分形式不变性

设函数 $z = f(u,v)$ 可微,则有全微分

$$\mathrm{d}z = \frac{\partial z}{\partial u}\mathrm{d}u + \frac{\partial z}{\partial v}\mathrm{d}v$$

如果 u、v 又是 x、y 的函数 $u = u(x,y)$、$v = v(x,y)$ 且也均可微,则复合函数 $z = f(u(x,y),v(x,y))$ 可微,其全微分为

$$\mathrm{d}z = \frac{\partial z}{\partial x}\mathrm{d}x + \frac{\partial z}{\partial y}\mathrm{d}y$$

而

$$\frac{\partial z}{\partial x} = \frac{\partial z}{\partial u}\frac{\partial u}{\partial x} + \frac{\partial z}{\partial v}\frac{\partial v}{\partial x}, \quad \frac{\partial z}{\partial y} = \frac{\partial z}{\partial u}\frac{\partial u}{\partial y} + \frac{\partial z}{\partial v}\frac{\partial v}{\partial y}$$

因此

$$\begin{aligned} \mathrm{d}z &= \left(\frac{\partial z}{\partial u}\frac{\partial u}{\partial x} + \frac{\partial z}{\partial v}\frac{\partial v}{\partial x}\right)\mathrm{d}x + \left(\frac{\partial z}{\partial u}\frac{\partial u}{\partial y} + \frac{\partial z}{\partial v}\frac{\partial v}{\partial y}\right)\mathrm{d}y \\ &= \frac{\partial z}{\partial u}\left(\frac{\partial u}{\partial x}\mathrm{d}x + \frac{\partial u}{\partial y}\mathrm{d}y\right) + \frac{\partial z}{\partial v}\left(\frac{\partial v}{\partial x}\mathrm{d}x + \frac{\partial v}{\partial y}\mathrm{d}y\right) \\ &= \frac{\partial z}{\partial u}\mathrm{d}u + \frac{\partial z}{\partial v}\mathrm{d}v \end{aligned}$$

由此可见,无论 z 是自变量 u、v 的函数或中间变量 u、v 的函数,它的全微分形式都是一样的,将这个性质称为**全微分形式不变性**. 因此与一元函数一样,多元函数的全微分也具有全微分形式不变性.

例 5 利用全微分形式不变性求函数 $z = \arctan\dfrac{y}{x}$ 的偏导数 $\dfrac{\partial z}{\partial x}$ 和 $\dfrac{\partial z}{\partial y}$.

解 $\mathrm{d}z = \dfrac{1}{1 + \left(\dfrac{y}{x}\right)^2}\mathrm{d}\left(\dfrac{y}{x}\right) = \dfrac{x^2}{x^2 + y^2} \cdot \dfrac{x\mathrm{d}y - y\mathrm{d}x}{x^2} = -\dfrac{y}{x^2 + y^2}\mathrm{d}x + \dfrac{x}{x^2 + y^2}\mathrm{d}y$

根据全微分形式的不变性,可得

$$\frac{\partial z}{\partial x} = -\frac{y}{x^2 + y^2}, \quad \frac{\partial z}{\partial y} = \frac{x}{x^2 + y^2}$$

例 6 求 $z = f(x+y, x-y)$ 的全微分.

解法 1:用全微分公式求.

令 $u = x+y, v = x-y$,则

$$\frac{\partial z}{\partial x} = f_u + f_v, \quad \frac{\partial z}{\partial y} = f_u - f_v$$

所以

$$\mathrm{d}z = \frac{\partial z}{\partial x}\mathrm{d}x + \frac{\partial z}{\partial y}\mathrm{d}y = (f_u + f_v)\mathrm{d}x + (f_u - f_v)\mathrm{d}y$$

解法 2：用全微分形式不变性求.

$$\mathrm{d}z = \frac{\partial z}{\partial x}\mathrm{d}x + \frac{\partial z}{\partial y}\mathrm{d}y = f_u\mathrm{d}(x+y) + f_v\mathrm{d}(x-y) = (f_u+f_v)\mathrm{d}x + (f_u-f_v)\mathrm{d}y$$

9.4.3 多元复合函数的高阶偏导数

计算多元复合函数的高阶偏导数时不需要新的求导法则，只需要重复运用前面复合函数的偏导数的运算法则（链式法则）即可. 为了表达方便起见，我们引入以下偏导数的简单记号：

令 $u = \varphi(x,y)$, $v = \psi(x,y)$, 则 $z = f(u,v) = f(\varphi(x,y),\psi(x,y))$, 由于 $u = \varphi(x,y)$ 与 $v = \psi(x,y)$ 是函数 $z = f(u,v) = f(\varphi(x,y),\psi(x,y))$ 中关于法则 f 的第一个变量与第二个变量，因此为了表达方便，引入记号

$$f_u(u,v) = f'_1, \ f_v(u,v) = f'_2, \ f_{uv}(u,v) = f''_{12}, \ f_{vu}(u,v) = f''_{21}$$

上面各式中，下标"1"表示对该函数的第一个变量 u 求偏导数；下标"2"表示对该函数的第 2 个变量 v 求偏导数；下标"12"表示该函数先对第一个变量 u 求偏导数，再对第 2 个变量 v 求偏导数；同样下标"21"表示该函数先对第二个变量 v 求偏导数，再对第 1 个变量 u 求偏导数.

例 7 设 $z = f(x+y,xy)$, f 具有二阶连续偏导数，求 $\frac{\partial z}{\partial x}$ 和 $\frac{\partial^2 z}{\partial x \partial y}$.

解 令 $u = x+y$, $v = xy$, 则 $z = f(u,v)$, 有

$$f_u(u,v) = f'_1, \ f_v(u,v) = f'_2, \ f_{uv}(u,v) = f''_{12}, \ f_{vu}(u,v) = f''_{21}$$

因此，函数 $z = f(x+y,xy)$ 可看成是由函数 $z = f(u,v)$ 与 $u = x+y$、$v = xy$ 复合而成的，根据复合函数求导法则有

$$\frac{\partial z}{\partial x} = f'_1 \cdot \frac{\partial u}{\partial x} + f'_2 \cdot \frac{\partial v}{\partial x} = f'_1 + yf'_2$$

$$\frac{\partial^2 z}{\partial x \partial y} = \frac{\partial}{\partial y}(f'_1 + yf'_2) = \frac{\partial f'_1}{\partial y} + f'_2 + y\frac{\partial f'_2}{\partial y}$$

应当注意，其中 $f'_1 = f'_1(u,v)$, $f'_2 = f'_2(u,v)$, 因此根据复合函数的求导法则，有

$$\frac{\partial f'_1}{\partial y} = f''_{11} \cdot \frac{\partial u}{\partial y} + f''_{12} \cdot \frac{\partial v}{\partial y} = f''_{11} + xf''_{12}$$

$$\frac{\partial f'_2}{\partial y} = f''_{21} \cdot \frac{\partial u}{\partial y} + f''_{22} \cdot \frac{\partial v}{\partial y} = f''_{21} + xf''_{22}$$

又 $z = f(u,v)$ 具有二阶连续偏导数，故 $f''_{12} = f''_{21}$, 于是得

$$\frac{\partial^2 z}{\partial x \partial y} = \frac{\partial f'_1}{\partial y} + f'_2 + y\frac{\partial f'_2}{\partial y}$$

$$= f''_{11} + xf''_{12} + f'_2 + y(f''_{21} + xf''_{22})$$

$$= f'_2 + f''_{11} + (x+y)f''_{12} + xyf''_{22}$$

例 8 设 $u = u(x,y)$ 可微,在极坐标变换 $x = r\cos\theta, y = r\sin\theta$ 下,证明

$$\left(\frac{\partial u}{\partial r}\right)^2 + \frac{1}{r^2}\left(\frac{\partial u}{\partial \theta}\right)^2 = \left(\frac{\partial u}{\partial x}\right)^2 + \left(\frac{\partial u}{\partial y}\right)^2$$

证 由于 $u = u(x,y) = u(r\cos\theta, r\sin\theta)$,因此

$$\frac{\partial u}{\partial r} = \frac{\partial u}{\partial x}\cos\theta + \frac{\partial u}{\partial y}\sin\theta, \qquad \frac{\partial u}{\partial \theta} = \frac{\partial u}{\partial x}(-r\sin\theta) + \frac{\partial u}{\partial y}r\cos\theta$$

于是

$$\left(\frac{\partial u}{\partial r}\right)^2 + \frac{1}{r^2}\left(\frac{\partial u}{\partial \theta}\right)^2 = \left(\frac{\partial u}{\partial x}\cos\theta + \frac{\partial u}{\partial y}\sin\theta\right)^2 + \frac{1}{r^2}\left(-\frac{\partial u}{\partial x}r\sin\theta + \frac{\partial u}{\partial y}r\cos\theta\right)^2$$

$$= \left(\frac{\partial u}{\partial x}\right)^2 + \left(\frac{\partial u}{\partial y}\right)^2$$

即等式成立.

习题 9.4

1. 设 $z = e^{2x-y}$,且 $x = \sin t, y = t^3$,求 $\dfrac{\mathrm{d}z}{\mathrm{d}t}$.

2. 设 $z = uv + \sin t$,而 $u = 3^t, v = \ln t$,求 $\dfrac{\mathrm{d}z}{\mathrm{d}t}$.

3. 设 $z = \arctan(xy)$,而 $y = e^x$,求 $\dfrac{\mathrm{d}z}{\mathrm{d}x}$.

4. 设 $y = u^v$,而 $u = \cos x, v = \sin^2 x, 0 < x < \dfrac{\pi}{2}$,求 $\dfrac{\mathrm{d}y}{\mathrm{d}x}$.

5. 设 $z = e^u \sin v$,而 $u = xy, v = x + y$,求 $\dfrac{\partial z}{\partial x}, \dfrac{\partial z}{\partial y}$.

6. 设 $z = x^2 \ln y$,而 $x = \dfrac{u}{v}, y = 3u - v$,求 $\dfrac{\partial z}{\partial u}, \dfrac{\partial z}{\partial v}$.

7. 设 $z = \arctan\dfrac{x}{y}$,而 $x = u + v, y = u - v$,证明 $\dfrac{\partial z}{\partial u} + \dfrac{\partial z}{\partial v} = \dfrac{u - v}{u^2 + v^2}$.

8. 设 $u = x^2 + y^2 + z^2$,而 $z = x^2 \cos y$,求 $\dfrac{\partial u}{\partial x}, \dfrac{\partial u}{\partial y}$.

9. 设 $z = f(x,y)e^{2x+y}$,函数 $f(x,y)$ 有一阶连续偏导数,求 $\mathrm{d}z$.

10. 设 $w = f(x,y,z), z = xe^y, f$ 具有二阶连续偏导数,求 $\dfrac{\partial w}{\partial x}$ 及 $\dfrac{\partial^2 w}{\partial x \partial y}$.

11. 设 $z = f(xy, x + y)$,其中 f 具有二阶连续偏导数,求 $\dfrac{\partial z}{\partial y}, \dfrac{\partial^2 z}{\partial y^2}$.

12. 设 f 具有二阶连续偏导数,$u = f(x^2 - y^2, e^{xy})$,求 $\dfrac{\partial u}{\partial x}, \dfrac{\partial^2 u}{\partial x \partial y}$.

13. 设 $u = f(x, y)$ 的所有二阶偏导数连续，$x = \dfrac{s - \sqrt{3}t}{2}$，$y = \dfrac{\sqrt{3}s + t}{2}$. 证明：

(1) $\left(\dfrac{\partial u}{\partial x}\right)^2 + \left(\dfrac{\partial u}{\partial y}\right)^2 = \left(\dfrac{\partial u}{\partial s}\right)^2 + \left(\dfrac{\partial u}{\partial t}\right)^2$.

(2) $\dfrac{\partial^2 u}{\partial x^2} + \dfrac{\partial^2 u}{\partial y^2} = \dfrac{\partial^2 u}{\partial s^2} + \dfrac{\partial^2 u}{\partial t^2}$.

14. 设 $u = y, v = \dfrac{y}{x}$，试将方程 $x\dfrac{\partial^2 z}{\partial x^2} + y\dfrac{\partial^2 z}{\partial x \partial y} = 0$ 变换成以 u、v 为自变量的方程，其中函数 z 具有二阶连续偏导数.

9.5 隐函数的微分法

在一些实际问题中，变量之间的关系是一个或几个方程式，这些方程在一定的条件下可以确定某个或某些变量是其余一些变量的函数. 这种由方程或方程组确定的函数称为由该方程或方程组确定的隐函数. 在一元函数微分学中，我们已经引入了隐函数的概念，并且介绍了不经过显化而直接由方程 $F(x, y) = 0$ 求它所确定的隐函数的导数的方法. 这里将进一步从理论上阐明隐函数存在的条件，并根据多元复合函数求导的链式法则导出隐函数的微分法.

9.5.1 一个方程的情形

一般来说，并不是任何方程 $F(x, y) = 0$ 都能确定隐函数，如方程 $3x^2 + y^4 + z^2 + 1 = 0$ 就不能确定任何函数，因为该方程在任何情形下都不成立. 下面给出能确定单值隐函数的方程的条件与结论，即隐函数存在定理，但这些定理本书都不给予证明，仅给出适当的推导与应用.

1) 一个二元方程确定的隐函数

隐函数存在定理 1 设函数 $F(x, y)$ 在点 $P_0(x_0, y_0)$ 的某邻域 $U(P_0)$ 内具有连续的偏导数，且 $F(x_0, y_0) = 0$，$F_y(x_0, y_0) \neq 0$，则方程 $F(x, y) = 0$ 在某邻域 $U(x_0)$ 内可唯一确定一个具有连续导数的一元隐函数 $y = f(x)$，它满足条件 $y_0 = f(x_0)$，且

$$\frac{\mathrm{d}y}{\mathrm{d}x} = -\frac{F_x}{F_y} \tag{9-23}$$

称公式 $(9-23)$ 为隐函数求导公式.

这里对隐函数的存在性不作证明，仅给出公式 $(9-23)$ 的推导.

将方程 $F(x, y) = 0$ 所确定的函数 $y = f(x)$ 代入该方程，得

$$F(x, f(x)) \equiv 0$$

根据复合函数求导法则,对上式两端求 x 的导数,得

$$\frac{\partial F}{\partial x}+\frac{\partial F}{\partial y}\frac{\mathrm{d}y}{\mathrm{d}x}=0$$

由于在邻域 $U(P_0,\delta)$ 内 $F_y(x,y)$ 连续,且 $F_y(x_0,y_0)\neq 0$,故存在 $\delta_1(0<\delta_1<\delta)$ 使得邻域 $U(x_0,\delta_1)$ 内 $F_y(x,y)\neq 0$,所以

$$\frac{\mathrm{d}y}{\mathrm{d}x}=-\frac{F_x}{F_y}$$

如果 $F(x,y)$ 的二阶偏导数也都连续,可以将上式两端看作 x 的复合函数而再一次求关于 x 的导数,即

$$\frac{\mathrm{d}^2 y}{\mathrm{d}x^2}=\frac{\partial}{\partial x}\left(-\frac{F_x}{F_y}\right)+\frac{\partial}{\partial y}\left(-\frac{F_x}{F_y}\right)\frac{\mathrm{d}y}{\mathrm{d}x}$$

$$=-\frac{F_{xx}F_y-F_{yx}F_x}{F_y^2}-\frac{F_{xy}F_y-F_{yy}F_x}{F_y^2}\left(-\frac{F_x}{F_y}\right)$$

$$=-\frac{F_{xx}F_y^2-2F_{xy}F_xF_y+F_{yy}F_x^2}{F_y^3}$$

因此,隐函数的二阶导数为

$$\frac{\mathrm{d}^2 y}{\mathrm{d}x^2}=-\frac{F_{xx}F_y^2-2F_{xy}F_xF_y+F_{yy}F_x^2}{F_y^3} \tag{9-24}$$

同样,如果 $F_x(x,y)\neq 0$,也可以求出方程 $F(x,y)=0$ 确定的隐函数 $x=x(y)$ 的导数为

$$\frac{\mathrm{d}x}{\mathrm{d}y}=-\frac{F_y}{F_x} \tag{9-25}$$

例 1　验证方程 $x^2-y^2=0$ 在点 $(1,1)$ 的某一邻域内能唯一确定一个具有连续导数且当 $x=1$ 时 $y=1$ 的隐函数 $y=f(x)$,并求该函数的导数 $\dfrac{\mathrm{d}y}{\mathrm{d}x}$ 在 $x=1$ 处的值.

解　令 $F(x,y)=x^2-y^2$,则

$$F_x=2x,F_y=-2y,F(1,1)=0,F_y(1,1)=-2\neq 0$$

由定理 1 可知,方程 $x^2-y^2=0$ 在点 $(1,1)$ 的某邻域内能唯一确定一个连续可导的隐函数,当 $x=1$ 时 $y=1$ 的隐函数为 $y=x$.且有

$$\frac{\mathrm{d}y}{\mathrm{d}x}=-\frac{F_x}{F_y}=-\frac{2x}{-2y}=\frac{x}{y}$$

故

$$\left.\frac{\mathrm{d}y}{\mathrm{d}x}\right|_{x=1}=\left.\frac{x}{y}\right|_{(1,1)}=1$$

例 2　已知 $x+2y-2\sqrt{xy}=0$,求 $\dfrac{\mathrm{d}y}{\mathrm{d}x}$.

解   对于 $\dfrac{\mathrm{d}y}{\mathrm{d}x}$，常用下面两种解法.

解法 1：利用隐函数的求导公式(9 - 23)求解.

设 $F(x,y) = x + 2y - 2\sqrt{xy}$，则

$$F_x = 1 - \frac{y}{\sqrt{xy}}, \quad F_y = 2 - \frac{x}{\sqrt{xy}}$$

$$\frac{\mathrm{d}y}{\mathrm{d}x} = -\frac{F_x}{F_y} = -\frac{1 - \dfrac{y}{\sqrt{xy}}}{2 - \dfrac{x}{\sqrt{xy}}} = -\frac{\sqrt{xy} - y}{2\sqrt{xy} - x}.$$

解法 2：利用隐函数的推导方法求解，习惯上称这样求解隐函数导数的方法为**隐函数的求导法**.

所谓的隐函数求导法就是在原方程两端对自变量求导，然后就可得到一个关于所求导数的方程，从而求出该导数.

将原方程两端对自变量 x 求导，这时 y 是 x 的函数，得

$$1 + 2y' - 2\frac{y + xy'}{2\sqrt{xy}} = 0$$

解得

$$\frac{\mathrm{d}y}{\mathrm{d}x} = -\frac{\sqrt{xy} - y}{2\sqrt{xy} - x}$$

由例2可知，求隐函数的导数 $\dfrac{\mathrm{d}y}{\mathrm{d}x}$ 时常用两种解法，一种是利用隐函数的求导公式(9 - 23) 来求；另一种是利用隐函数的求导法求解.

必须指出：如果要求隐函数的二阶导数 $\dfrac{\mathrm{d}^2 y}{\mathrm{d}x^2}$，由于隐函数的二阶导数 $\dfrac{\mathrm{d}^2 y}{\mathrm{d}x^2}$ 公式(9-24)较复杂，因此求解 $\dfrac{\mathrm{d}^2 y}{\mathrm{d}x^2}$ 时一般不用公式求，而常常将 $\dfrac{\mathrm{d}^2 y}{\mathrm{d}x^2}$ 看作由含有 $\dfrac{\mathrm{d}y}{\mathrm{d}x}$ 的方程确定的隐函数，对含有 $\dfrac{\mathrm{d}y}{\mathrm{d}x}$ 的方程利用隐函数的求导法就可得到一个含有 $\dfrac{\mathrm{d}^2 y}{\mathrm{d}x^2}$ 的方程，再解该方程，就可求得 $\dfrac{\mathrm{d}^2 y}{\mathrm{d}x^2}$. 因此对于求隐函数的高阶导数，一般都可以连续若干次对原方程利用隐函数的求导法，即可求得所要的高阶导数.

例 3   已知 $x^2 + 2y^2 = 1$，求 $\dfrac{\mathrm{d}^2 y}{\mathrm{d}x^2}$.

解   将方程两端对自变量 x 求导，这时 y 是 x 的函数，得

$$2x + 4y\frac{\mathrm{d}y}{\mathrm{d}x} = 0 \tag{9-26}$$

解得

$$\frac{\mathrm{d}y}{\mathrm{d}x} = -\frac{x}{2y} \tag{9-27}$$

将式(9-26)两端对自变量 x 求导,得

$$1 + 2\left(\frac{\mathrm{d}y}{\mathrm{d}x}\right)^2 + 2y\frac{\mathrm{d}^2 y}{\mathrm{d}x^2} = 0$$

解得

$$\frac{\mathrm{d}^2 y}{\mathrm{d}x^2} = -\frac{1 + 2\left(\frac{\mathrm{d}y}{\mathrm{d}x}\right)^2}{2y} = -\frac{1 + 2\left(-\frac{x}{2y}\right)^2}{2y} = -\frac{2y^2 + x^2}{4y^3}$$

2) 三元方程的情形

将上述隐函数存在定理 1 推广到三元及三元以上的方程确定的多元函数的情形下去.下面以三元方程为例.

隐函数存在定理 2   设函数 $F(x,y,z)$ 在点 (x_0, y_0, z_0) 的某一邻域内具有连续的偏导数,且 $F(x_0, y_0, z_0) = 0, F_z(x_0, y_0, z_0) \neq 0$,则方程 $F(x,y,z) = 0$ 在点 (x_0, y_0, z_0) 的某一邻域内恒能唯一确定一个具有连续偏导数的二元隐函数 $z = f(x,y)$,它满足条件 $z_0 = f(x_0, y_0)$,且

$$\frac{\partial z}{\partial x} = -\frac{F_x}{F_z}, \quad \frac{\partial z}{\partial y} = -\frac{F_y}{F_z} \tag{9-28}$$

关于本定理的隐函数存在性的证明略,下面仅推导公式(9-28).

将方程 $F(x,y,z) = 0$ 所确定的函数 $z = f(x,y)$ 代入该方程,得

$$F(x, y, f(x,y)) \equiv 0$$

将上式两端分别对 x 和 y 求偏导,应用复合函数求导法则,得

$$F_x + F_z\frac{\partial z}{\partial x} = 0, \quad F_y + F_z\frac{\partial z}{\partial y} = 0$$

因为 $F_z(x,y,z)$ 连续,且 $F_z(x_0, y_0, z_0) \neq 0$,所以存在点 (x_0, y_0, z_0) 的某一邻域,在该邻域内有

$$\frac{\partial z}{\partial x} = -\frac{F_x}{F_z}, \quad \frac{\partial z}{\partial y} = -\frac{F_y}{F_z}$$

对三元以上的函数也有类似结论.像上面这样求偏导数的方法就称为**多元隐函数求导法**.

例 4   设 $e^z - xyz = 0$ 确定函数 $z = z(x,y)$,求 $\dfrac{\partial^2 z}{\partial x^2}, \dfrac{\partial^2 z}{\partial x \partial y}$.

解   对原方程两边求 x 的偏导数,得

$$e^z\frac{\partial z}{\partial x} - \left(yz + xy\frac{\partial z}{\partial x}\right) = 0 \tag{9-29}$$

解得

$$\frac{\partial z}{\partial x} = \frac{yz}{e^z - xy} \qquad (9-30)$$

同理可求得

$$\frac{\partial z}{\partial y} = \frac{xz}{e^z - xy} \qquad (9-31)$$

将式(9-29)两边再一次分别对 x 与 y 求偏导数,得

$$e^z \frac{\partial z}{\partial x} \frac{\partial z}{\partial x} + e^z \frac{\partial^2 z}{\partial x^2} - \left(y \frac{\partial z}{\partial x} + y \frac{\partial z}{\partial x} + xy \frac{\partial^2 z}{\partial x^2} \right) = 0 \qquad (9-32)$$

$$e^z \frac{\partial z}{\partial y} \frac{\partial z}{\partial x} + e^z \frac{\partial^2 z}{\partial x \partial y} - \left(z + y \frac{\partial z}{\partial y} + x \frac{\partial z}{\partial x} + xy \frac{\partial^2 z}{\partial x \partial y} \right) = 0 \qquad (9-33)$$

解得

$$\frac{\partial^2 z}{\partial x^2} = \frac{2y \frac{\partial z}{\partial x} - e^z \left(\frac{\partial z}{\partial x} \right)^2}{e^z - xy} = \frac{2y \frac{yz}{e^z - xy} - e^z \left(\frac{yz}{e^z - xy} \right)^2}{e^z - xy} = -\frac{z(z^2 - 2z + 2)}{x^2(z-1)^3}$$

$$\frac{\partial^2 z}{\partial x \partial y} = \frac{z + y \frac{\partial z}{\partial y} + x \frac{\partial z}{\partial x} - e^z \frac{\partial z}{\partial y} \frac{\partial z}{\partial x}}{e^z - xy}$$

$$= \frac{z + y \frac{xz}{e^z - xy} + x \frac{yz}{e^z - xy} - e^z \frac{xz}{e^z - xy} \frac{yz}{e^z - xy}}{e^z - xy} = \frac{-z}{xy(z-1)^3}$$

由例4可知,求多元隐函数的一阶偏导数 $\frac{\partial z}{\partial x}$、$\frac{\partial z}{\partial y}$ 时常用两种解法,一种是利用隐函数的求偏导公式(9-28)求解,称该方法为**隐函数求导的公式法**;另一种是利用隐函数的求导法求解.

必须指出:如果要求隐函数的二阶偏导数 $\frac{\partial^2 z}{\partial x^2}$、$\frac{\partial^2 z}{\partial y^2}$、$\frac{\partial^2 z}{\partial x \partial y}$,由于隐函数的二阶偏导数公式较复杂,因此求解二阶偏导数时,常常对含有一阶偏导数的方程利用隐函数的求导法就可得到一个含有二阶偏导数的方程,再解该方程,就可求得所求的二阶偏导数,因此对于求隐函数的高阶导数,一般都可以连续若干次对原方程利用隐函数的求导法,即可求得所要的高阶导数.

也就是说,在求 $\frac{\partial^2 z}{\partial x^2}$ 等二阶偏导数时,一般不套用公式,而是利用对方程两边求偏导数的过程进行求解,这样更为简便.

例5 设 $x - az = f(y - bz)$,其中 $f(u)$ 可微,试证:$a \frac{\partial z}{\partial x} + b \frac{\partial z}{\partial y} = 1$.

解 对方程 $x - az = f(y - bz)$ 两边分别求 x 与 y 的偏导数,得

$$1 - a\frac{\partial z}{\partial x} = f' \cdot (-b)\frac{\partial z}{\partial x}$$

$$-a\frac{\partial z}{\partial y} = f' \cdot \left(1 - b\frac{\partial z}{\partial y}\right)$$

解得

$$\frac{\partial z}{\partial x} = \frac{1}{a - bf'}$$

$$\frac{\partial z}{\partial y} = \frac{f'}{bf' - a}$$

因此

$$a\frac{\partial z}{\partial x} + b\frac{\partial z}{\partial y} = \frac{a}{a - bf'} + \frac{bf'}{f'b - a} = 1.$$

9.5.2　方程组的情形

下面我们将隐函数存在定理进一步推广到方程组的情形. 设方程组

$$\begin{cases} F(x,y,z) = 0 \\ G(x,y,z) = 0 \end{cases} \tag{9-34}$$

我们有下面的定理.

隐函数存在定理 3　设函数 $F(x,y,z)$、$G(x,y,z)$ 在点 (x_0,y_0,z_0) 的某一邻域内具有对各个变量的连续偏导数,又 $F(x_0,y_0,z_0) = 0$,$G(x_0,y_0,z_0) = 0$,且由偏导数所组成的函数行列式[或称雅可比(Jacobi)式]

$$J = \frac{\partial(F,G)}{\partial(y,z)} = \begin{vmatrix} F_y & F_z \\ G_y & G_z \end{vmatrix}$$

在点 (x_0,y_0,z_0) 处的值不等于零,则方程组 $\begin{cases} F(x,y,z) = 0 \\ G(x,y,z) = 0 \end{cases}$ 在点 (x_0,y_0,z_0) 的某一邻域内唯一确定一组具有连续导数的函数 $\begin{cases} y = y(x) \\ z = z(x) \end{cases}$ 它满足条件 $y_0 = y(x_0)$, $z_0 = z(x_0)$,且

$$\frac{\mathrm{d}y}{\mathrm{d}x} = -\frac{1}{J}\frac{\partial(F,G)}{\partial(x,z)} = -\frac{\begin{vmatrix} F_x & F_z \\ G_x & G_z \end{vmatrix}}{\begin{vmatrix} F_y & F_z \\ G_y & G_z \end{vmatrix}} \tag{9-35}$$

$$\frac{\mathrm{d}z}{\mathrm{d}x} = -\frac{1}{J}\frac{\partial(F,G)}{\partial(y,x)} = -\frac{\begin{vmatrix} F_y & F_x \\ G_y & G_x \end{vmatrix}}{\begin{vmatrix} F_y & F_z \\ G_y & G_z \end{vmatrix}} \tag{9-36}$$

这个定理我们不作证明,下面仅推导公式(9-35)与(9-36).

将方程组(9-34)所确定的函数 $y = y(x)$, $z = z(x)$ 代入该方程组,得

$$\begin{cases} F(x, y(x), z(x)) \equiv 0 \\ G(x, y(x), z(x)) \equiv 0 \end{cases}$$

将上述两恒等式两边分别对 x 求偏导,应用复合函数求导法则,得

$$\begin{cases} F_x + F_y \dfrac{\mathrm{d}y}{\mathrm{d}x} + F_z \dfrac{\mathrm{d}z}{\mathrm{d}x} = 0 \\ G_x + G_y \dfrac{\mathrm{d}y}{\mathrm{d}x} + G_z \dfrac{\mathrm{d}z}{\mathrm{d}x} = 0 \end{cases} \tag{9-37}$$

这是关于 $\dfrac{\mathrm{d}y}{\mathrm{d}x}$、$\dfrac{\mathrm{d}z}{\mathrm{d}x}$ 的线性方程组,由假设可知在点 (x_0, y_0, z_0) 的一个邻域内,系数行列式

$$J = \begin{vmatrix} F_y & F_z \\ G_y & G_z \end{vmatrix} \neq 0$$

解方程组(9-37),得

$$\frac{\mathrm{d}y}{\mathrm{d}x} = -\frac{1}{J} \frac{\partial(F, G)}{\partial(x, z)}$$

同理可得

$$\frac{\mathrm{d}z}{\mathrm{d}x} = -\frac{1}{J} \frac{\partial(F, G)}{\partial(y, x)}$$

例 6　设方程组 $\begin{cases} x + y + z = 0 \\ x^2 + y^2 + z^2 = 1 \end{cases}$ 确定函数 $x = x(z)$, $y = y(z)$,求 $\dfrac{\mathrm{d}x}{\mathrm{d}z}$, $\dfrac{\mathrm{d}y}{\mathrm{d}z}$.

解　对方程组两端求关于 z 的导数,得

$$\begin{cases} \dfrac{\mathrm{d}x}{\mathrm{d}z} + \dfrac{\mathrm{d}y}{\mathrm{d}z} + 1 = 0 \\ 2x \dfrac{\mathrm{d}x}{\mathrm{d}z} + 2y \dfrac{\mathrm{d}y}{\mathrm{d}z} + 2z = 0 \end{cases}$$

解得

$$\frac{\mathrm{d}x}{\mathrm{d}z} = \frac{z - y}{y - x}, \qquad \frac{\mathrm{d}y}{\mathrm{d}z} = \frac{x - z}{y - x}$$

习题 9.5

1. 设 $xy + \mathrm{e}^{xy} = 1$ 确定函数 $y = y(x)$,求 $\dfrac{\mathrm{d}y}{\mathrm{d}x}$.

2. 设函数 $z = z(x, y)$ 由方程 $x + y^2 + z^3 - xy = 2z$ 确定,求 $\dfrac{\partial z}{\partial x}$, $\dfrac{\partial z}{\partial y}$.

3. 设函数 $y = y(x,z)$ 由方程 $e^x + e^y + e^z = 3xyz$ 确定，求 $\frac{\partial y}{\partial x}, \frac{\partial y}{\partial z}$.

4. 设函数 $z = z(x,y)$ 由方程 $x = e^{yz} + z^2$ 确定，求 dz.

5. 设函数 $z = z(x,y)$ 由方程 $z = 1 + \ln(x+y) - e^z$ 确定，求 $z_x(1,0), z_y(1,0)$.

6. 设 $\Phi(u,v)$ 具有连续偏导数，证明由方程 $\Phi(cx - az, cy - bz) = 0$ 所确定的函数 $z = f(x,y)$ 满足 $a\frac{\partial z}{\partial x} + b\frac{\partial z}{\partial y} = c$.

7. 设 $z = f(x+y+z, xyz)$，且 $f(u,v)$ 具有连续偏导数，求 $\frac{\partial z}{\partial x}, \frac{\partial x}{\partial y}, \frac{\partial y}{\partial z}$.

8. 设 $F(x-y, y-z, z-x) = 0$，其中 F 具有连续偏导数，且 $F'_2 - F'_3 \neq 0$，求证 $\frac{\partial z}{\partial x} + \frac{\partial z}{\partial y} = 1$.

9. 求由下列方程组所确定的函数的导数：

(1) 设 $\begin{cases} z = x^2 + y^2 \\ x + y + z = 1 \end{cases}$，求 $\frac{dy}{dz}, \frac{dx}{dz}$.

(2) 设 $\begin{cases} z = x^2 + y^2 \\ x^2 + 2y^2 + 3z^2 = 1 \end{cases}$，求 $\frac{dy}{dx}, \frac{dz}{dx}$.

10. 设 $u = \sin(x+y)$，其中 $y = y(x)$ 由方程 $e^y + y = x + \sin x$ 确定，求 $\frac{du}{dx}$.

9.6 方向导数与梯度

我们知道，二元函数 $z = f(x,y)$ 的偏导数 $\frac{\partial z}{\partial x}$、$\frac{\partial z}{\partial y}$ 刻画了函数沿平行于坐标轴方向的变化率，但在一些实际问题中往往需要考虑函数沿任意指定方向的变化率以及沿什么方向的变化率最大以及最大变化率问题．为此引入多元函数在某点沿一指定方向的方向导数与在某点处梯度的概念．

9.6.1 方向导数

例如在天气预报中要预报某地的风向与风力，就必须知道气压在该处某方向的变化率．在数学上这就涉及函数的方向导数的概念．

定义 设函数 $z = f(x,y)$ 在点 $P_0(x_0, y_0)$ 的某一邻域 $U(P_0)$ 内有定义，l 是在 xOy 平面上以点 P_0 为起点的一条射线，设 $P(x_0 + \Delta x, y_0 + \Delta y) \in U(P_0)$ 为射线 l 上的任一点．如果极限

$$\lim_{P \to P_0} \frac{\Delta z_l}{\rho} = \lim_{\rho \to 0} \frac{\Delta z_l}{\rho} = \lim_{\rho \to 0} \frac{f(x_0 + \Delta x, y_0 + \Delta y) - f(x_0, y_0)}{\rho}$$

存在,则称此极限为函数 $z = f(x,y)$ 在点 P_0 处沿方向 $\vec{l}$ 的方向导数,记作

$$\frac{\partial f}{\partial l}\bigg|_{(x_0,y_0)} \text{ 或} \frac{\partial z}{\partial l}\bigg|_{(x_0,y_0)}$$

即

$$\frac{\partial f}{\partial l}\bigg|_{(x_0,y_0)} = \lim_{\rho \to 0}\frac{f(x_0 + \Delta x, y_0 + \Delta y) - f(x_0,y_0)}{\rho} \qquad (9-38)$$

这里 $\rho = \sqrt{(\Delta x)^2 + (\Delta y)^2}$ 表示 P 与 P_0 两点间的距离.

方向导数表示函数 $z = f(x,y)$ 在点 $P_0(x_0,y_0)$ 沿方向 l 的变化率.

按定义 1 求方向导数显然不方便,下面给出方向导数存在的充分条件以及计算公式.

定理 如果函数 $z = f(x,y)$ 在点 $P_0(x_0,y_0)$ 处可微,则函数在点 $P_0(x_0,y_0)$ 沿任一方向 l 的方向导数都存在,且有

$$\frac{\partial f}{\partial l}\bigg|_{(x_0,y_0)} = \frac{\partial f}{\partial x}\bigg|_{(x_0,y_0)}\cos\alpha + \frac{\partial f}{\partial y}\bigg|_{(x_0,y_0)}\cos\beta \qquad (9-39)$$

其中 α、β 为方向 l 的方向角.

证 过点 $P_0(x_0,y_0)$ 任意取定方向 l,且 α、β 为方向 l 的方向角. 在方向 l 所在的射线上任意取一点 $P(x_0 + \Delta x, y_0 + \Delta y)$,则有

$$\Delta x = \rho\cos\alpha, \Delta y = \rho\cos\beta$$

这里 $\rho = \sqrt{(\Delta x)^2 + (\Delta y)^2}$,由于函数 $z = f(x,y)$ 在点 $P_0(x_0,y_0)$ 处可微,所以函数沿方向 l 的增量为

$$\Delta z_l = f(x_0 + \Delta x, y_0 + \Delta y) - f(x_0,y_0) = \frac{\partial f}{\partial x}\bigg|_{(x_0,y_0)}\Delta x + \frac{\partial f}{\partial y}\bigg|_{(x_0,y_0)}\Delta y + o(\rho)$$

则有

$$\frac{\Delta z_l}{\rho} = \frac{f(x_0 + \Delta x, y_0 + \Delta y) - f(x_0,y_0)}{\rho} = \frac{\partial f}{\partial x}\bigg|_{(x_0,y_0)}\frac{\Delta x}{\rho} + \frac{\partial f}{\partial y}\bigg|_{(x_0,y_0)}\frac{\Delta y}{\rho} + \frac{o(\rho)}{\rho}$$

$$= \frac{\partial f}{\partial x}\bigg|_{(x_0,y_0)}\cos\alpha + \frac{\partial f}{\partial y}\bigg|_{(x_0,y_0)}\cos\beta + \frac{o(\rho)}{\rho}$$

对上式两边求 $\rho = \sqrt{(\Delta x)^2 + (\Delta y)^2} \to 0$ 时的极限,得

$$\lim_{\rho \to 0}\frac{f(x_0 + \Delta x, y_0 + \Delta y) - f(x_0,y_0)}{\rho} = \frac{\partial f}{\partial x}\bigg|_{(x_0,y_0)}\cos\alpha + \frac{\partial f}{\partial y}\bigg|_{(x_0,y_0)}\cos\beta$$

因此,函数在点 $P_0(x_0,y_0)$ 沿方向 l 的方向导数存在,且有

$$\frac{\partial f}{\partial l}\bigg|_{(x_0,y_0)} = \frac{\partial f}{\partial x}\bigg|_{(x_0,y_0)}\cos\alpha + \frac{\partial f}{\partial y}\bigg|_{(x_0,y_0)}\cos\beta$$

定理得证.

例 1 求函数 $z = x^2 y$ 在点 $(1,2)$ 沿向量 $\boldsymbol{a} = (3,-4)$ 方向的方向导数.

解 由于向量 $a = (1, -4)$，故与 a 同方向的单位向量为 $e_a = \left(\dfrac{3}{5}, -\dfrac{4}{5} \right)$，因此方向 a 的方向余弦为

$$\cos\alpha = \frac{3}{5}, \quad \cos\beta = -\frac{4}{5}$$

又因为

$$\frac{\partial z}{\partial x} = 2xy, \quad \frac{\partial z}{\partial y} = x^2$$

在点 $(1,2)$，$\dfrac{\partial z}{\partial x}\Big|_{(1,2)} = 4$，$\dfrac{\partial z}{\partial y}\Big|_{(1,2)} = 1$.

故所求方向导数为

$$\frac{\partial z}{\partial l}\Big|_{(1,2)} = 4 \cdot \frac{3}{5} + 1 \cdot \left(-\frac{4}{5} \right) = \frac{8}{5} = 1\frac{3}{5}.$$

上述方向导数的概念及计算公式可以类推到三元及三元以上的多元函数的情形.

如果函数 $u = f(x, y, z)$ 在点 $P_0(x_0, y_0, z_0)$ 处可微，其中 α、β、γ 为方向 l 的方向角，则函数在该点沿着方向 l 的方向导数为

$$\frac{\partial f}{\partial l}\Big|_{(x_0, y_0, z_0)} = f_x(x_0, y_0, z_0)\cos\alpha + f_y(x_0, y_0, z_0)\cos\beta + f_z(x_0, y_0, z_0)\cos\gamma$$

$$(9-40)$$

例 2 设函数 $u = \dfrac{1}{r}$，其中 $r = \sqrt{x^2 + y^2 + z^2}$，求 u 沿方向 $l = (\cos\alpha, \cos\beta, \cos\gamma)$ 的方向导数. 若 $\dfrac{\partial u}{\partial l} = 0$，则 l 与 $r = (x, y, z)$ 的关系如何？

解
$$\frac{\partial u}{\partial x} = -\frac{1}{r^2} \cdot \frac{\partial r}{\partial x} = -\frac{1}{r^2} \cdot \frac{2x}{2\sqrt{x^2 + y^2 + z^2}} = -\frac{x}{r^3}$$

同理，得

$$\frac{\partial u}{\partial y} = -\frac{y}{r^3}, \quad \frac{\partial u}{\partial z} = -\frac{z}{r^3}$$

由公式 $(9-40)$，得

$$\frac{\partial u}{\partial l} = -\frac{x}{r^3}\cos\alpha - \frac{y}{r^3}\cos\beta - \frac{z}{r^3}\cos\gamma$$

$$= -\frac{1}{r^3}(x\cos\alpha + y\cos\beta + z\cos\gamma)$$

$$= -\frac{1}{r^3}(l \cdot r)$$

若 $\dfrac{\partial u}{\partial l} = 0$，则 $l \cdot r = 0$，从而 $l \perp r$.

9.6.2　梯度

由上面的讨论知道,在某一点的方向导数的值因方向的变化而不同,那么在一点处沿什么方向的方向导数值最大?或者说在一点处沿什么方向函数增长最快?为此引入函数梯度的概念.

若函数 $z = f(x,y)$ 在点 $P_0(x_0,y_0)$ 处可微,则函数在点 $P_0(x_0,y_0)$ 沿任一方向 $\boldsymbol{l}$[与 $\boldsymbol{l}$ 同方向的单位向量为 $\boldsymbol{e}_l = (\cos\alpha,\cos\beta)$] 的方向导数为

$$\frac{\partial f}{\partial l}\bigg|_{(x_0,y_0)} = f_x(x_0,y_0)\cos\alpha + f_y(x_0,y_0)\cos\beta$$
$$= (f_x(x_0,y_0),f_y(x_0,y_0)) \cdot (\cos\alpha,\cos\beta)$$

若令向量 $\boldsymbol{g} = (f_x(x_0,y_0),f_y(x_0,y_0))$,则

$$\frac{\partial f}{\partial l}\bigg|_{(x_0,y_0)} = \boldsymbol{g} \cdot \boldsymbol{e}_l = |\boldsymbol{g}|\cos\theta$$

上式中的 θ 是向量 $\boldsymbol{g}$ 与向量 $\boldsymbol{e}_l$ 的夹角,因此当 $\cos\theta = 1$ 时,即向量 $\boldsymbol{e}_l$ 与向量 $\boldsymbol{g}$ 方向一致时,$\dfrac{\partial f}{\partial l}\bigg|_{(x_0,y_0)}$ 达到最大值,其最大值为 $|\boldsymbol{g}|$. 因此函数 $z = f(x,y)$ 沿向量 $\boldsymbol{g} = (f_x(x_0,y_0),f_y(x_0,y_0))$ 的方向导数达到最大,其最大值就是向量 $\boldsymbol{g}$ 的模. 数学上,称向量 $\boldsymbol{g} = (f_x(x_0,y_0),f_y(x_0,y_0))$ 为**函数 $z = f(x,y)$ 在点 $P_0(x_0,y_0)$ 处的梯度**,记作

$$\mathbf{grad}f(x_0,y_0) \text{ 或 } \mathbf{grad}z\bigg|_{(x_0,y_0)}$$

即

$$\mathbf{grad}f(x_0,y_0) = (f_x(x_0,y_0),f_y(x_0,y_0))$$

综上可知,函数在某点的梯度是一个向量,它的方向与取得最大方向导数的方向一致,而它的模为函数在该点处的方向导数的最大值.

可以将梯度概念推广到三元及三元以上的多元函数的情形.

设函数 $u = f(x,y,z)$ 在点 $P_0(x_0,y_0,z_0)$ 处可微,则向量

$$(f_x(x_0,y_0,z_0),f_y(x_0,y_0,z_0),f_z(x_0,y_0,z_0))$$

称为**函数 $u = f(x,y,z)$ 在点 $P_0(x_0,y_0,z_0)$ 的梯度**,记作 $\mathbf{grad}f(x_0,y_0,z_0)$,即

$$\mathbf{grad}f(x_0,y_0,z_0) = (f_x(x_0,y_0,z_0),f_y(x_0,y_0,z_0),f_z(x_0,y_0,z_0))$$

例 3　求函数 $u = xyz$ 在点 $P(1,2,-2)$ 处增加最快的方向及变化率.

解
$$\frac{\partial u}{\partial x}\bigg|_{(1,2,-2)} = yz\bigg|_{(1,2,-2)} = 2\times(-2) = -4$$

$$\frac{\partial u}{\partial y}\bigg|_{(1,2,-2)} = xz\bigg|_{(1,2,-2)} = 1\times(-2) = -2$$

$$\left.\frac{\partial u}{\partial z}\right|_{(1,2,-2)} = xy\bigg|_{(1,2,-2)} = 1 \times 2 = 2$$

于是

$$\mathbf{grad}u\bigg|_{(1,2,-2)} = (-4,-2,2)$$

$$|\ \mathbf{grad}u\ |\ \bigg|_{(1,2,-2)} = \sqrt{16+4+4} = 2\sqrt{6}$$

因为函数增加最快的方向是梯度方向，其变化率是梯度的模，故在 $P(1,2,-2)$ 处函数增加最快的方向是 $(-4,-2,2)$，其变化率为 $2\sqrt{6}$.

例 4 设 $f(r)$ 为可微函数，$r = |\ \mathbf{r}\ |$，$\mathbf{r} = x\mathbf{i} + y\mathbf{j} + z\mathbf{k}$，求 $\mathbf{grad}f(r)$.

解 因为

$$r = \sqrt{x^2 + y^2 + z^2}$$

因此

$$\frac{\partial r}{\partial x} = \frac{x}{r}, \frac{\partial r}{\partial y} = \frac{y}{r}, \frac{\partial r}{\partial z} = \frac{z}{r}$$

由于

$$\frac{\partial f(r)}{\partial x} = f'(r)\frac{\partial r}{\partial x} = f'(r)\frac{x}{r} = \frac{x}{r}f'(r)$$

同理可知

$$\frac{\partial f(r)}{\partial y} = \frac{y}{r}f'(r), \qquad \frac{\partial f(r)}{\partial z} = \frac{z}{r}f'(r)$$

从而

$$\mathbf{grad}f(r) = f'(r)\left(\frac{x}{r}\mathbf{i} + \frac{y}{r}\mathbf{j} + \frac{z}{r}\mathbf{k}\right) = f'(r)\frac{\mathbf{r}}{r} = f'(r)\mathbf{e}_r$$

习题 9.6

1. 设 $u = x^2 + y^2$，求 $\left.\dfrac{\partial u}{\partial x}\right|_{(1,1)}$ 及 u 在 $(1,1)$ 点沿向量 $(-1,0)$ 方向的方向导数.

2. 求 $f(x,y,z) = xy + yz + zx - x$，在点 $(1,1,2)$ 处沿方向 $\mathbf{l}$ 的方向导数，其中 $\mathbf{l}$ 的方向角分别为 $60°,45°,60°$.

3. 求函数 $u = x^2\ln(y+3z)$ 在点 $(1,2,2)$ 处沿平面 $5x - y - z = 1$ 法方向的方向导数.

4. 用方向导数的定义证明：函数 $u = f(x,y)$ 在点 (x_0,y_0) 处的偏导数 $\left.\dfrac{\partial u}{\partial x}\right|_{(x_0,y_0)}$ 存在时，$f(x,y)$ 沿 x 轴正向和负向的方向导数分别为 $\left.\dfrac{\partial u}{\partial x}\right|_{(x_0,y_0)}$ 和

$\left.-\dfrac{\partial u}{\partial x}\right|_{(x_0,y_0)}$.

5. 求函数 $z=x^2+2^y$ 在点 $(1,1)$ 处沿 $\vec{l}$ 方向的方向导数,其中 l 为曲线 $x^2+y^2=2x$ 在点 $(1,1)$ 处的内法线向量.

6. 求函数 $u=x^2+2y^2+3z^2+xy+3x-2y-6z$ 在点 $O(0,0,0)$ 处指向点 $(1,1,1)$ 的方向导数 $\dfrac{\partial u}{\partial l}$.

7. 设 $f(x,y,z)=x^2+y^3+e^z$,求 $\mathbf{grad} f(1,-1,2)$.

8. 设函数 $u=xy^2z$,求它在点 $(1,1,1)$ 处的方向导数的最大值.

9. 设由原点到点 (x,y) 的向径为 $\boldsymbol{r}$,x 轴正向到 $\boldsymbol{r}$ 的转角为 θ,x 轴正向到射线 l(以原点为始点)的转角为 φ,求 $\dfrac{\partial r}{\partial l}$,其中 $r=|\boldsymbol{r}|=\sqrt{x^2+y^2}$ $(\boldsymbol{r}\neq 0)$.

10. 函数 $u=z^4-3xz+x^2+y^2$ 在点 $(1,1,1)$ 处沿哪个方向的方向导数值最大?并求此最大方向导数的值.

9.7 多元函数微分法在几何上的应用

9.7.1 空间曲线的切线与法平面

(1) 设空间曲线 Γ 的方程为参数式

$$\begin{cases} x=x(t) \\ y=y(t) \quad (t\in I) \\ z=z(t) \end{cases} \tag{9-41}$$

且函数 $x(t)$、$y(t)$、$z(t)$ 都在区间 I 上可导,其导数不全为零.

设 $P_0(x_0,y_0,z_0)$ 是曲线 Γ 上对应于参数 t_0 的点,给 t_0 一个增量 Δt,曲线 Γ 上对应于参数 $t_0+\Delta t$ 的一点设为 $P(x_0+\Delta x,y_0+\Delta y,z_0+\Delta z)$. 因此割线 P_0P 的方向向量为 $(\Delta x,\Delta y,\Delta z)$,则割线 P_0P 的方程为

$$\frac{x-x_0}{\Delta x}=\frac{y-y_0}{\Delta y}=\frac{z-z_0}{\Delta z}$$

用 $\Delta t(\Delta t\neq 0)$ 除上式的各分母,可知割线 P_0P 的方程可化为

$$\frac{x-x_0}{\dfrac{\Delta x}{\Delta t}}=\frac{y-y_0}{\dfrac{\Delta y}{\Delta t}}=\frac{z-z_0}{\dfrac{\Delta z}{\Delta t}} \tag{9-42}$$

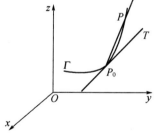

图 9-4

我们知道,当 P 沿着 Γ 趋于 P_0 时,割线 P_0P 的极限位置 P_0T 就是曲线 Γ 在点

P_0 处的切线(图 9-4).

由于

$$x'(t_0) = \lim_{\Delta t \to 0} \frac{\Delta x}{\Delta t}, y'(t_0) = \lim_{\Delta t \to 0} \frac{\Delta y}{\Delta t}, z'(t_0) = \lim_{\Delta t \to 0} \frac{\Delta z}{\Delta t}$$

对式(9-42)求 $P \to P_0$(即 $\Delta t \to 0$)时的极限,即得曲线 Γ 在点 P_0 处的切线方程为

$$\frac{x - x_0}{x'(t_0)} = \frac{y - y_0}{y'(t_0)} = \frac{z - z_0}{z'(t_0)} \tag{9-43}$$

曲线 Γ 的过点 P_0 的切线的方向向量称为**曲线 Γ 在点 P_0 点的切向量**,过点 P_0 且与切向量垂直的平面称为**曲线 Γ 在点 P_0 处的法平面**. 由于向量

$$\boldsymbol{T} = (x'(t_0), y'(t_0), z'(t_0))$$

是曲线 Γ 在点 $P_0(x_0, y_0, z_0)$ 处的一个切向量,也是曲线 Γ 在点 P_0 处法平面的法向量,因此该曲线在点 P_0 处的法平面方程为

$$x'(t_0)(x - x_0) + y'(t_0)(y - y_0) + z'(t_0)(z - z_0) = 0 \tag{9-44}$$

例 1 设曲线方程 $\Gamma: x = t - \sin t$, $y = 1 - \cos t$, $z = 4\sin \dfrac{t}{2}$, 求对应于 $t = \dfrac{\pi}{2}$ 的点处的切线及法平面方程.

解 当 $t = \dfrac{\pi}{2}$ 时, $x = \dfrac{\pi}{2} - 1$, $y = 1$, $z = 2\sqrt{2}$, 即对应点为 $\left(\dfrac{\pi}{2} - 1, 1, 2\sqrt{2} \right)$.

又

$$x'_t = 1 - \cos t, y'_t = \sin t, z'_t = 2\cos \frac{t}{2}$$

于是,曲线 Γ 在 $t = \dfrac{\pi}{2}$ 时对应点 $\left(\dfrac{\pi}{2} - 1, 1, 2\sqrt{2} \right)$ 处的切向量为

$$\boldsymbol{T} = \left(x'_t \left(\frac{\pi}{2} \right), y'_t \left(\frac{\pi}{2} \right), z'_t \left(\frac{\pi}{2} \right) \right) = (1, 1, \sqrt{2})$$

从而曲线 Γ 在 $t = \dfrac{\pi}{2}$ 时对应点处的切线方程为

$$\frac{x - \dfrac{\pi}{2} + 1}{1} = \frac{y - 1}{1} = \frac{z - 2\sqrt{2}}{\sqrt{2}}$$

法平面方程为

$$\left(x - \frac{\pi}{2} + 1 \right) + (y - 1) + \sqrt{2}(z - 2\sqrt{2}) = 0$$

即

$$x + y + \sqrt{2} z - \frac{\pi}{2} - 4 = 0$$

（2）设空间曲线 Γ 的方程为一般式

$$\begin{cases} F(x,y,z) = 0 \\ G(x,y,z) = 0 \end{cases} \qquad (9-45)$$

且 $F(x,y,z)$ 与 $G(x,y,z)$ 都具有连续的偏导数，则当 $\begin{vmatrix} F_y & F_z \\ G_y & G_z \end{vmatrix} \neq 0$ 时，由隐函数存在定理可知，方程组（9-45）在点 $P_0(x_0,y_0,z_0)$ 的某邻域内确定了一组可导的隐函数 $y=y(x), z=z(x)$，且它们的导数为

$$\frac{\mathrm{d}y}{\mathrm{d}x} = -\frac{\begin{vmatrix} F_x & F_z \\ G_x & G_z \end{vmatrix}}{\begin{vmatrix} F_y & F_z \\ G_y & G_z \end{vmatrix}}, \qquad \frac{\mathrm{d}z}{\mathrm{d}x} = -\frac{\begin{vmatrix} F_y & F_x \\ G_y & G_x \end{vmatrix}}{\begin{vmatrix} F_y & F_z \\ G_y & G_z \end{vmatrix}}$$

因此空间曲线 Γ 的方程可化为参数式：$x=x, y=y(x), z=z(x)$，于是得空间曲线 Γ 的切向量为 $(1, y'(x), z'(x))\big|_{P_0}$，即

$$\left(1, -\frac{\begin{vmatrix} F_x & F_z \\ G_x & G_z \end{vmatrix}}{\begin{vmatrix} F_y & F_z \\ G_y & G_z \end{vmatrix}}\bigg|_{P_0}, -\frac{\begin{vmatrix} F_y & F_x \\ G_y & G_x \end{vmatrix}}{\begin{vmatrix} F_y & F_z \\ G_y & G_z \end{vmatrix}}\bigg|_{P_0} \right)$$

为方便起见，可取曲线 Γ 在点 $P_0(x_0,y_0,z_0)$ 处的切向量为

$$\boldsymbol{T} = \left(\begin{vmatrix} F_y & F_z \\ G_y & G_z \end{vmatrix}\bigg|_{P_0}, -\begin{vmatrix} F_x & F_z \\ G_x & G_z \end{vmatrix}\bigg|_{P_0}, -\begin{vmatrix} F_y & F_x \\ G_y & G_x \end{vmatrix}\bigg|_{P_0} \right)$$

即

$$\boldsymbol{T} = \left(\begin{vmatrix} F_y & F_z \\ G_y & G_z \end{vmatrix}\bigg|_{P_0}, \begin{vmatrix} F_z & F_x \\ G_z & G_x \end{vmatrix}\bigg|_{P_0}, \begin{vmatrix} F_x & F_y \\ G_x & G_y \end{vmatrix}\bigg|_{P_0} \right)$$

于是，曲线 Γ 在点 $P_0(x_0,y_0,z_0)$ 处的切线方程为

$$\frac{x-x_0}{\begin{vmatrix} F_y & F_z \\ G_y & G_z \end{vmatrix}\big|_{P_0}} = \frac{y-y_0}{\begin{vmatrix} F_z & F_x \\ G_z & G_x \end{vmatrix}\big|_{P_0}} = \frac{z-z_0}{\begin{vmatrix} F_x & F_y \\ G_x & G_y \end{vmatrix}\big|_{P_0}} \qquad (9-46)$$

曲线 Γ 在点 $P_0(x_0,y_0,z_0)$ 处的法平面方程为

$$\begin{vmatrix} F_y & F_z \\ G_y & G_z \end{vmatrix}\bigg|_{P_0}(x-x_0) + \begin{vmatrix} F_z & F_x \\ G_z & G_x \end{vmatrix}\bigg|_{P_0}(y-y_0) + \begin{vmatrix} F_x & F_y \\ G_x & G_y \end{vmatrix}\bigg|_{P_0}(z-z_0) = 0$$

$$(9-47)$$

例 2　求曲线 $\begin{cases} x+y+z = 2 \\ x^2+y^2+z^2 = 2 \end{cases}$ 在点 $(1,0,1)$ 处的切线方程及法平面方程.

解　对方程组两端关于 x 求导，得

$$\begin{cases} 1 + \dfrac{\mathrm{d}y}{\mathrm{d}x} + \dfrac{\mathrm{d}z}{\mathrm{d}x} = 0 \\[3mm] 2x + 2y\dfrac{\mathrm{d}y}{\mathrm{d}x} + 2z\dfrac{\mathrm{d}z}{\mathrm{d}x} = 0 \end{cases}$$

在点 $(1,0,1)$ 处，上述方程组化为 $\begin{cases} 1 + \dfrac{\mathrm{d}y}{\mathrm{d}x} + \dfrac{\mathrm{d}z}{\mathrm{d}x} = 0 \\[3mm] 1 + \dfrac{\mathrm{d}z}{\mathrm{d}x} = 0 \end{cases}$ ，解得点 $(1,0,1)$ 处的导数为

$$\frac{\mathrm{d}y}{\mathrm{d}x}\bigg|_{(1,0,1)} = 0, \qquad \frac{\mathrm{d}z}{\mathrm{d}x}\bigg|_{(1,0,1)} = -1$$

所以曲线在点 $(1,0,1)$ 处的切向量与法平面的法向量都为 $(1,0,-1)$ ，因此该曲线在点 $(1,0,1)$ 处的切线方程为

$$\frac{x-1}{1} = \frac{y}{0} = \frac{z-1}{-1}$$

法平面方程为

$$(x-1) - (z-1) = 0$$

即

$$x - z = 0$$

例3 设函数 $f(x,y)$ 在点 $(0,0)$ 附近有连续的偏导数，且 $f'_x(0,0) = 3$ ，求曲线 $\begin{cases} z = f(x,y) \\ y = 0 \end{cases}$ 在点 $P_0(0,0,f(0,0))$ 处的切线方程.

解 将曲线方程 $\begin{cases} z = f(x,y) \\ y = 0 \end{cases}$ 改写为参数方程 $\begin{cases} x = x \\ y = 0 \\ z = f(x,0) \end{cases}$ ，则它在点 $P_0(0,0,f(0,0))$ 处的切向量为

$$\boldsymbol{T} = (x'_x, y'_x, z'_x)\big|_{P_0} = (1,0,f'_x(0,0)) = (1,0,3)$$

因此曲线在点 $P_0(0,0,f(0,0))$ 处的切线方程为

$$\frac{x}{1} = \frac{y}{0} = \frac{z - f(0,0)}{3}$$

9.7.2 空间曲面的切平面与法线

（1）设曲面 Σ 的方程为

$$F(x,y,z) = 0 \tag{9-48}$$

$P_0(x_0, y_0, z_0)$ 是曲面 Σ 上的一点，设函数 $F(x,y,z)$ 在 P_0 点处可微且各偏导数不同时为零.

设 Γ 为过点 P_0 在曲面 Σ 上的任意一条曲线（图 9-5），设其参数方程为

$$\begin{cases} x = x(t) \\ y = y(t) \quad (\alpha \leqslant t \leqslant \beta) \\ z = z(t) \end{cases} \qquad (9-49)$$

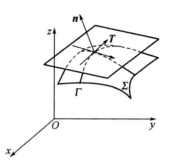

图 9-5

当 $t = t_0$ 时对应于点 $P_0(x_0, y_0, z_0)$ 且 $x'(t_0)$、$y'(t_0)$、$z'(t_0)$ 不全为零，则曲线 Γ 在点 P_0 处的切向量为

$$T = (x'(t_0), y'(t_0), z'(t_0))$$

由于曲线 Γ 在曲面 Σ 上，所以曲线 Γ 的方程满足曲面方程，即

$$F[x(t), y(t), z(t)] \equiv 0$$

又因 $F(x, y, z)$ 在点 $P_0(x_0, y_0, z_0)$ 处可微，且 $x'(t_0)$、$y'(t_0)$、$z'(t_0)$ 存在，所以对上式两边求 t 的导数，得

$$F_x \cdot x'(t) + F_y \cdot y'(t) + F_z \cdot z'(t) = 0$$

将点 $P_0(x_0, y_0, z_0)$ 坐标代入上述方程，得

$$F_x(x_0, y_0, z_0) \cdot x'(t_0) + F_y(x_0, y_0, z_0) \cdot y'(t_0) + F_z(x_0, y_0, z_0) \cdot z'(t_0) = 0$$
$$(9-50)$$

记 $n = (F_x(x_0, y_0, z_0), F_y(x_0, y_0, z_0), F_z(x_0, y_0, z_0))$，则式（9-50）可表示为

$$n \cdot T = 0$$

这说明曲面 Σ 上通过点 P_0 的任意一条曲线在点 P_0 的切线都与同一个向量 n 垂直，由此可知这些切线都在同一个平面上（图 9-5）. 显然这个平面是由曲面 Σ 上过点 P_0 的一切曲线在点 P_0 处的切线构成的，称该平面为**曲面 Σ 在点 P_0 的切平面**，并将垂直于曲面的切平面的向量称为**曲面的法向量**，将通过点 $P_0(x_0, y_0, z_0)$ 且垂直于该点处的切平面的直线称为**曲面在点 P_0 处的法线**，显然向量 n 就是曲面 Σ 在点 P_0 处的一个法向量. 因此该切平面的法向量与点 P_0 处的法线的方向向量为平行的向量，即可取

$$s = n = (F_x(x_0, y_0, z_0), F_y(x_0, y_0, z_0), F_z(x_0, y_0, z_0))$$

因此曲面 Σ 上在点 P_0 处的切平面方程为

$$F_x(x_0, y_0, z_0)(x - x_0) + F_y(x_0, y_0, z_0)(y - y_0) + F_z(x_0, y_0, z_0)(z - z_0) = 0$$
$$(9-51)$$

法线方程为

$$\frac{x - x_0}{F_x(x_0, y_0, z_0)} = \frac{y - y_0}{F_y(x_0, y_0, z_0)} = \frac{z - z_0}{F_z(x_0, y_0, z_0)} \qquad (9-52)$$

例 4 求球面 $x^2 + y^2 + z^2 = 14$ 在点 $(1, 2, 3)$ 处的切平面及法线方程.

解 令 $F(x,y,z)=x^2+y^2+z^2-14$，则
$$F_x=2x,\ F_y=2y,\ F_z=2z$$
故所求的切平面的法向量与该法线的方向向量可取为
$$\boldsymbol{s}=\boldsymbol{n}=(F_x,F_y,F_z)=(2x,2y,2z)\ /\!/\ (x,y,z)$$
因此点 $(1,2,3)$ 处可取
$$\boldsymbol{s}\Big|_{(1,2,3)}=\boldsymbol{n}\Big|_{(1,2,3)}=(1,2,3)$$
故点 $(1,2,3)$ 处的切平面方程为
$$x-1+2(y-2)+3(z-3)=0$$
即
$$x+2y+3z-14=0$$
法线方程为
$$\frac{x-1}{1}=\frac{y-2}{2}=\frac{z-3}{3}$$

(2) 设曲面 Σ 的方程为 $z=f(x,y)$. 设点 $P_0(x_0,y_0,f(x_0,y_0))$ 是曲面 Σ 上一点，且函数 $z=f(x,y)$ 在点 P_0 的邻域内具有连续偏导数，令 $F(x,y,z)=f(x,y)-z$，则 $F_x=f_x(x,y)$，$F_y=f_y(x,y)$，$F_z=-1$，故曲面 Σ 在点 P_0 处的法向量为
$$\boldsymbol{n}=(f_x(x_0,y_0),f_y(x_0,y_0),-1)$$
因此，曲面 Σ 在点 P_0 处的切平面方程为
$$f_x(x_0,y_0)(x-x_0)+f_y(x_0,y_0)(y-y_0)-(z-z_0)=0$$
或
$$z-z_0=f_x(x_0,y_0)(x-x_0)+f_y(x_0,y_0)(y-y_0) \qquad (9-53)$$
而曲面 Σ 上过点 P_0 的法线方程为
$$\frac{x-x_0}{f_x(x_0,y_0)}=\frac{y-y_0}{f_y(x_0,y_0)}=\frac{z-z_0}{-1} \quad (9-54)$$

观察式 (9-53) 可知，右端恰好是函数 $z=f(x,y)$ 在点 (x_0,y_0) 的全微分，而左端是切平面上点的竖坐标的增量. 因此，在几何上，函数 $z=f(x,y)$ 在点 (x_0,y_0) 的全微分等于曲面 $z=f(x,y)$ 在点 P_0 处的切平面上的竖坐标的增量，这就是切平面的几何意义. 因此用全微分代替函数增量在几何上就是用切平面代替曲面，如图 9-6，在计算上就是用线性函数代替原来的可微函数，由此简化了计算.

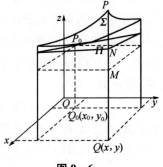

图 9-6

例5 求曲面 $z=ax^2-by^2$ 在点 $(1,1,a-b)$ 处的切平面及法线方程.

解 由于

$$z_x = 2ax, z_y = -2by$$

故所求的切平面的法向量与该法线的方向向量可取为

$$s = n = (z_x, z_y, -1)$$

因此点 $(1,1,a-b)$ 处可取

$$s\Big|_{(1,1,a-b)} = n\Big|_{(1,1,a-b)} = (2a, -2b, -1) \text{ // } (2a, -2b, -1)$$

故点 $(1,1,a-b)$ 处的切平面为

$$2a(x-1) - 2b(y-1) - (z-a+b) = 0$$

即

$$2ax - 2by - z - a + b = 0$$

法线方程为

$$\frac{x-1}{2a} = \frac{y-1}{-2b} = \frac{z-a+b}{-1}$$

例 6 已知曲面 $z = 4 - x^2 - y^2$ 在点 P 处的切平面平行于平面 $2x + 2y + z - 1 = 0$，求切点 P 的坐标.

解 设所求切点 P 的坐标为 (x,y,z)，由于 $z_x = -2x, z_y = -2y$，所以曲面 $z = 4 - x^2 - y^2$ 在点 P 处的切平面的法向量为 $n = (-2x, -2y, -1)$ // $(2x, 2y, 1)$，又已知平面 $2x + 2y + z - 1 = 0$ 的法向量为 $n_1 = (2,2,1)$，由题意可知 n // n_1，故

$$\frac{2x}{2} = \frac{2y}{2} = \frac{1}{1}$$

解得：$x = 1, y = 1$，再将 $x = 1, y = 1$ 代入曲面方程得：$z = 2$，因此切点 P 的坐标为 $(1,1,2)$.

习题 9.7

1. 求曲线 $\begin{cases} x = e^{2t} \\ y = 2t \\ z = -e^{-3t} \end{cases}$ 在 $t = 0$ 时对应点处的切线方程及法平面方程.

2. 求曲线 $x = \ln(t^3 + 1), y = \ln(t^2 + t + 3), z = \ln(t^3 - 5)$ 在对应于 $t = 2$ 的点处的切线方程和法平面方程.

3. 在曲线 $y = x^2, z = x^3$ 上求出使该点的切线平行于平面 $x + 2y + z = 4$ 的点.

4. 求圆锥曲面 $x^2 + y^2 - 2z^2 = 0$ 在点 $(1, -1, 1)$ 处的切平面方程和法线方程.

5. 求椭圆抛物面 $z = x^2 + 4y^2$ 在点 $(2, -1, 8)$ 处的切平面方程和法线方程.

6. 求椭球面 $\dfrac{x^2}{a^2} + \dfrac{y^2}{b^2} + \dfrac{z^2}{c^2} = 1$ 在点 $P_0\left(\dfrac{a}{\sqrt{3}}, \dfrac{b}{\sqrt{3}}, \dfrac{c}{\sqrt{3}}\right)$ 处的切平面方程和法线方程.

7. 求曲面 $x - e^{2y-z} = 0$ 在点 $(1,1,2)$ 处的切平面方程和法线方程.

8. 求曲面 $z = x^2 + y^2$ 上垂直于直线 $\begin{cases} x + 2z = 1 \\ y + 2z = 2 \end{cases}$ 的切平面方程.

9. 在曲面 $3x^2 + 5y^2 + z^2 = 30$ 上求一点,使曲面在该点处的切平面平行于平面 $3x - 2y - z = 4$ 并写出此切平面方程.

10. 在曲面 $z = ax^2 - by^2$ 上求一点,使曲面在该点处的法线垂直于平面 $ax + by + z = 0$ 并写出此法线方程(其中 $a \neq 0, b \neq 0$).

*9.8　二元函数的泰勒公式

本节利用一元函数的泰勒公式来推导出二元函数的泰勒公式.

设函数 $f(x, y)$ 在点 $P_0(x_0, y_0)$ 的某邻域 $U(P_0)$ 内具有直到 $n+1$ 阶的连续偏导数,并设 $(x_0 + h, y_0 + k)$ 为 $U(P_0)$ 内任一点,这里 $h = x - x_0, k = y - y_0$. 本节的问题是要把函数值 $f(x_0 + h, y_0 + k)$ 近似地表示为关于 $h = x - x_0, k = y - y_0$ 的 n 次多项式,而且由此产生的误差是比 ρ^n 高阶的无穷小量(其中 $\rho = \sqrt{h^2 + k^2}$). 为此利用一元函数的泰勒公式以及多元复合函数的微分法来解决这一问题.

构造一个关于 t 的一元函数

$$F(t) = f(x_0 + th, y_0 + tk), t \in [0, 1]$$

显然,函数 $F(t)$ 在 $[0,1]$ 上满足一元函数泰勒定理条件,且

$$F(0) = f(x_0, y_0), \quad F(1) = f(x_0 + h, y_0 + k) = f(x, y)$$

由一元函数泰勒定理得 $F(t)$ 的麦克劳林展开式为

$$F(t) = F(0) + F'(0)t + \frac{F''(0)}{2!}t^2 + \cdots + \frac{F^{(n)}(0)}{n!}t^n + \frac{F^{(n+1)}(\theta t)}{(n+1)!}t^{n+1} \quad (0 < \theta < 1)$$

在上式中令 $t = 1$,得

$$F(1) = F(0) + F'(0) + \frac{F''(0)}{2!} + \cdots + \frac{F^{(n)}(0)}{n!} + \frac{F^{(n+1)}(\theta)}{(n+1)!} \quad (0 < \theta < 1)$$

$$(9-55)$$

又利用多元复合函数微分法则可求得 $F(t)$ 的各阶导数

$$F'(t) = hf_x + kf_y = \left(h\frac{\partial}{\partial x} + k\frac{\partial}{\partial y}\right)f$$

$$F''(t) = h^2 f_{xx} + 2hk f_{xy} + k^2 f_{yy} = \left(h\frac{\partial}{\partial x} + k\frac{\partial}{\partial y}\right)^2 f$$

一般地,

$$F^{(m)}(t) = \left(h\frac{\partial}{\partial x} + k\frac{\partial}{\partial y}\right)^m f \quad (m = 1, 2, \cdots, n+1)$$

当 $t = 0$ 时,则有

$$F^{(m)}(0) = \left(h\frac{\partial}{\partial x} + k\frac{\partial}{\partial y}\right)^m f(x_0, y_0) \quad (m = 1, 2, \cdots, n) \tag{9-56}$$

及

$$F^{(n+1)}(\theta) = \left(h\frac{\partial}{\partial x} + k\frac{\partial}{\partial y}\right)^{n+1} f(x_0 + \theta h, y_0 + \theta k) \tag{9-57}$$

将式(9-56)与(9-57)代入式(9-55)就得到二元函数的泰勒公式为

$$f(x_0 + h, y_0 + k) = f(x_0, y_0) + \left(h\frac{\partial}{\partial x} + k\frac{\partial}{\partial y}\right) f(x_0, y_0)$$

$$+ \frac{1}{2!}\left(h\frac{\partial}{\partial x} + k\frac{\partial}{\partial y}\right)^2 f(x_0, y_0) + \cdots + \frac{1}{n!}\left(h\frac{\partial}{\partial x} + k\frac{\partial}{\partial y}\right)^n f(x_0, y_0) + R_n$$

$$\tag{9-58}$$

其中项 $R_n = \dfrac{1}{(n+1)!}\left(h\dfrac{\partial}{\partial x} + k\dfrac{\partial}{\partial y}\right)^{n+1} f(x_0 + \theta h, y_0 + \theta k)(0 < \theta < 1)$ 称为**拉格**

朗日型余项. 可以证明当 $\rho = \sqrt{h^2 + k^2} \to 0$ 时,$R_n = o(\rho^n)$(证略).

若在泰勒公式(9-58)中取 $x_0 = 0, y_0 = 0$,则得到

$$f(x, y) = f(0, 0) + \left(x\frac{\partial}{\partial x} + y\frac{\partial}{\partial y}\right) f(0, 0)$$

$$+ \frac{1}{2!}\left(x\frac{\partial}{\partial x} + y\frac{\partial}{\partial y}\right)^2 f(0, 0) + \cdots + \frac{1}{n!}\left(x\frac{\partial}{\partial x} + y\frac{\partial}{\partial y}\right)^n f(0, 0)$$

$$+ \frac{1}{(n+1)!}\left(x\frac{\partial}{\partial x} + y\frac{\partial}{\partial y}\right)^{n+1} f(\theta x, \theta y) \quad (0 < \theta < 1)$$

$$\tag{9-59}$$

式(9-59)称为**二元函数 $z = f(x, y)$ 在点(0,0)处的 n 阶麦克劳林公式**.

若在泰勒公式(9-58)中取 $n = 0$,则得到

$$f(a+h, b+k) = f(a, b) + f_x(a+\theta h, b+\theta k)h + f_y(a+\theta h, b+\theta k)k, 0 < \theta < 1$$

或

$$f(a+h, b+k) - f(a, b) = f_x(a+\theta h, b+\theta k)h + f_y(a+\theta h, b+\theta k), 0 < \theta < 1$$

$$\tag{9-60}$$

这便是**二元函数的拉格朗日中值公式**.

例1 求二元函数 $f(x, y) = e^{x+y}$ 的麦克劳林展开式.

解 令 $x_0 = 0, y_0 = 0, h = x, k = y$,由于二元函数 $f(x, y) = e^{x+y}$ 在全平面上存在任何阶连续偏导数,并且它对 x, y 的任何阶偏导数仍是它本身即 e^{x+y},且在

原点$(0,0)$的值为 1. 由公式$(9-59)$,得

$$f(x,y) = \mathrm{e}^{x+y} = 1 + (x+y) + \frac{1}{2!}(x+y)^2 + \cdots$$

$$+ \frac{1}{n!}(x+y)^n + \frac{1}{(n+1)!}(x+y)^{n+1}\mathrm{e}^{\theta(x+y)}$$

其中$0 < \theta < 1$.

例 2 求$f(x,y) = x^y$在点$(1,4)$的二阶泰勒展开式并用它计算$(1.08)^{3.96}$.

解 由于$x_0 = 1, y_0 = 4, n = 2$,因此有

$$f(x,y) = x^y, f(1,4) = 1$$
$$f_x(x,y) = yx^{y-1}, f_x(1,4) = 4$$
$$f_y(x,y) = x^y\ln x, f_y(1,4) = 0$$
$$f_{xx}(x,y) = y(y-1)x^{y-2}, f_{xx}(1,4) = 12$$
$$f_{xy}(x,y) = x^{y-1} + yx^{y-1}\ln x, f_{xy}(1,4) = 1$$
$$f_{yy}(x,y) = x^y(\ln x)^2, f_{yy}(1,4) = 0$$

将它们代入泰勒公式$(9-58)$,即得

$$x^y = 1 + 4(x-1) + 6(x-1)^2 + (x-1)(y-4) + o(\rho^2)$$

若略去余项,并取$x = 1.08, y = 3.96$,则有

$$(1.08)^{3.96} \approx 1 + 4 \times 0.08 + 6 \times 0.08^2 - 0.08 \times 0.04 = 1.355\ 2$$

与 8.3 节例 4 的结果相比较,这是更接近于真值$(1.356\ 307\cdots)$的近似值,因为微分近似式相当于一阶泰勒公式.

习题 9.8

求下列函数在指定点处的泰勒公式:

(1) $f(x,y) = \sin(x^2 + y^2)$,点$(0,0)$(直到二阶为止);

(2) $f(x,y) = \dfrac{x}{y}$,点$(1,1)$(直到三阶为止);

(3) $f(x,y) = \ln(1+x+y)$,点$(0,0)$(直到三阶为止);

(4) $f(x,y) = 2x^2 - xy - y^2 - 6x - 3y + 5$,点$(1,-2)$.

9.9 多元函数的极值及其求法

多元函数的极值问题是多元函数微分学的重要应用之一,这里主要以二元函数为例进行讨论.

9.9.1 多元函数的极值

定义 设函数 $z = f(x, y)$ 在点 $P_0(x_0, y_0)$ 的某一邻域 $U(P_0)$ 内有定义,且对 $\forall P(x, y) \in \mathring{U}(P_0)$,都有不等式

$$f(x, y) < f(x_0, y_0) \left[\text{或} f(x, y) > f(x_0, y_0) \right]$$

成立,则称**函数** $z = f(x, y)$ **在点** $P_0(x_0, y_0)$ **取得极大值(或极小值)** $f(x_0, y_0)$,或称 $f(x_0, y_0)$ 为函数 $f(P)$ 的**极大值(或极小值)**. 点 (x_0, y_0) 称为函数 $f(x, y)$ 的极大值点(或极小值点).

函数的极大值、极小值统称为**极值**,极大值点与极小值点统称为**极值点**.

例如函数 $z = \sqrt{x^2 + y^2}$ 在点 $(0,0)$ 处的函数值等于 0,而且在点 $(0,0)$ 的某一邻域内其函数值恒大于零,因此函数 $z = \sqrt{x^2 + y^2}$ 在点 $(0,0)$ 处取得极小值,其极小值为 0;又如函数 $z = 1 - x^2 - y^2$ 在点 $(0,0)$ 处的函数值等于 1,而且在点 $(0,0)$ 的某一邻域内其函数值恒小于 1,因此函数 $z = 1 - x^2 - y^2$ 在点 $(0,0)$ 处取得极大值,其极大值为 1;又如函数 $z = xy$ 在点 $(0,0)$ 处的函数值等于 0,而在点 $(0,0)$ 的任一邻域内其函数值可大于 0[当点 (x, y) 位于第一或第三象限时],也可小于 0[当点 (x, y) 位于第二或第四象限时],因此函数 $z = xy$ 在点 $(0,0)$ 处不取得极值.

在一般情况下,多元函数的极值不容易看出,因此必须给出判断其极值的方法.

由定义可知,若函数 $f(x, y)$ 在点 (x_0, y_0) 处取得极值,则当固定 $y = y_0$ 时,一元函数 $f(x, y_0)$ 必定在点 $x = x_0$ 处取得极值. 于是利用一元函数的极值的性质可知,在点 (x_0, y_0) 处必有

$$\frac{\mathrm{d}}{\mathrm{d}x} f(x, y_0) \bigg|_{x = x_0} = 0$$

而由偏导数的定义可知

$$\frac{\mathrm{d}}{\mathrm{d}x} f(x, y_0) \bigg|_{x = x_0} = f_x(x_0, y_0)$$

故

$$f_x(x_0, y_0) = 0$$

同理,一元函数 $f(x_0, y)$ 在点 $y = y_0$ 处也取得极值. 则在点 (x_0, y_0) 处必有 $f_y(x_0, y_0) = 0$,于是有下面的定理.

定理 1(极值存在的必要条件) 设函数 $z = f(x, y)$ 在点 (x_0, y_0) 处的偏导数 $f_x(x_0, y_0)$,$f_y(x_0, y_0)$ 都存在,且在点 (x_0, y_0) 处有极值,则它在该点的偏导数必为零,即

$$f_x(x_0, y_0) = 0, \quad f_y(x_0, y_0) = 0$$

使 $f_x(x_0,y_0)=0,f_y(x_0,y_0)=0$ 同时成立的点 (x_0,y_0) 称为**二元函数** $z=$ $f(x,y)$ **的驻点**.

在几何上,若曲面 $z=f(x,y)$ 在点 (x_0,y_0) 处可偏导且取得极值,则由极值存在的必要条件可知

$$f_x(x_0,y_0)=0, \quad f_y(x_0,y_0)=0$$

因此,曲面 $z=f(x,y)$ 在极值点 (x_0,y_0,z_0) 处有切平面,其切平面方程为

$$z-z_0=f_x(x_0,y_0)(x-x_0)+f_y(x_0,y_0)(y-y_0)=0$$

即

$$z-z_0=0$$

因此,可偏导的二元函数对应的曲面上极值点处的切平面平行于 xOy 坐标面.

二元函数极值存在的必要条件可以推广到多元函数的情形上,例如若三元函数 $u=(x,y,z)$ 在点 (x_0,y_0,z_0) 具有偏导数,则它在该点具有极值的必要条件为

$$f_x(x_0,y_0,z_0)=0,f_y(x_0,y_0,z_0)=0,f_z(x_0,y_0,z_0)=0$$

从定理 1 可知,若函数在极值点处的偏导数存在,那么该极值点必定是函数的驻点. 反过来,使两个偏导数为零的点(即驻点),函数在这里是否一定达到极值呢? 我们知道曲面 $z=xy$ 在点 $(0,0)$ 处不取得极值,而事实上 $z=xy$ 在点 $(0,0)$ 处的两个偏导数 $z_x=y,z_y=x$ 都等于零,故点 $(0,0)$ 只是函数 $z=xy$ 的驻点而非极值点,因此函数的驻点不一定是函数的极值点.

必须指出,与一元函数相类似,多元函数的极值点可能是驻点也可能是偏导数不存在的点. 例如函数 $z=-\sqrt{x^2+y^2}$ 在点 $(0,0)$ 处的偏导数不存在,但该函数在点 $(0,0)$ 处却具有极大值. 因此,函数的极值点可能是驻点,也可能是偏导数不存在的点.

由此可知对于可偏导的二元函数来说,该函数的极值都在驻点处取得,但驻点未必是极值点. 那么满足什么条件的驻点才是极值点呢? 下面的定理 2 给出了可偏导函数的驻点是极值点的充分条件.

定理 2(极值存在的充分条件) 设函数 $z=f(x,y)$ 在点 $P_0(x_0,y_0)$ 的某邻域 $U(P_0)$ 内有直到二阶的连续偏导数,且 $f_x(x_0,y_0)=0,f_y(x_0,y_0)=0$,记

$$f_{xx}(x_0,y_0)=A,f_{xy}(x_0,y_0)=B,f_{yy}(x_0,y_0)=C$$

则

(1) 当 $AC-B^2>0$ 时,$z=f(x,y)$ 在点 $P_0(x_0,y_0)$ 处取得极值 $f(x_0,y_0)$,且当 $A<0$ 时 $f(x_0,y_0)$ 是极大值,当 $A>0$ 时 $f(x_0,y_0)$ 是极小值;

(2) 当 $AC-B^2<0$ 时,$z=f(x,y)$ 在点 $P_0(x_0,y_0)$ 处不取得极值;

(3) 当 $AC-B^2=0$ 时,$z=f(x,y)$ 在点 $P_0(x_0,y_0)$ 处可能取得极值,也可能不取得极值,还需另作讨论.

该定理可利用二元函数的泰勒公式来证得,详细过程略.

根据定理1与定理2,如果函数 $z = f(x, y)$ 具有二阶连续偏导数,则可把求函数 $z = f(x, y)$ 的极值的问题归纳成如下步骤:

(1) 求出函数 $z = f(x, y)$ 的两个偏导数 f_x、f_y,再解方程组

$$\begin{cases} f_x(x, y) = 0 \\ f_y(x, y) = 0 \end{cases}$$

求出函数 $z = f(x, y)$ 的所有驻点.

(2) 求函数 $z = f(x, y)$ 的三个二阶偏导数 f_{xx}、f_{xy}、f_{yy}.

(3) 对每一个驻点 (x_0, y_0) 求出三个二阶偏导数的值

$$f_{xx}(x_0, y_0) = A, f_{xy}(x_0, y_0) = B, f_{yy}(x_0, y_0) = C$$

(4) 确定 $AC - B^2$ 的正负号,按定理2判定该驻点是否为极值点.

例 1　求 $f(x, y) = x^3 - y^3 + 3x^2 + 3y^2 - 9x$ 的极值.

解　$f_x = 3x^2 + 6x - 9, f_y = -3y^2 + 6y$,解方程组

$$\begin{cases} f_x = 3x^2 + 6x - 9 = 0 \\ f_y = -3y^2 + 6y = 0 \end{cases}$$

求得四个驻点为:$(1, 0)$、$(1, 2)$、$(-3, 0)$、$(-3, 2)$. 又

$$f_{xx} = 6x + 6, f_{xy} = 0, f_{yy} = -6y + 6$$

在点 $(1, 0)$ 处,$A = f_{xx}(1, 0) = 12 > 0, B = f_{xy}(1, 0) = 0, C = f_{yy}(1, 0) = 6$, 且 $AC - B^2 = 72 > 0$,所以 $f(1, 0) = -5$ 是极小值;

在点 $(1, 2)$ 处,$A = f_{xx}(1, 2) = 12, B = f_{xy}(1, 2) = 0, C = f_{yy}(1, 2) = -6$,故 $AC - B^2 = -72 < 0$,所以 $f(1, 2)$ 不是极值;

在点 $(-3, 0)$ 处,$A = f_{xx}(-3, 0) = -12, B = f_{xy}(-3, 0) = 0, C = f_{yy}(-3, 0) = 6, AC - B^2 = -72 < 0$,所以 $f(-3, 0)$ 不是极值;

在点 $(-3, 2)$ 处,$A = f_{xx}(-3, 2) = -12, B = f_{xy}(-3, 2) = 0, C = f_{yy}(-3, 2) = -6, AC - B^2 = 72 > 0$,所以 $f(-3, 2) = 31$ 是极大值.

综上可知,$f(1, 0) = -5$ 是 $f(x, y)$ 的极小值;$f(-3, 2) = 31$ 是 $f(x, y)$ 的极大值.

在实际问题中,常将要求极值的函数称为**目标函数**. 如果根据问题的实际意义,可以判定目标函数是有极值的,而目标函数的驻点又是唯一的,则可直接判定该驻点就是所求的极值点,对应的函数值就是所求的极值.

例 2　要制造一个体积为 8 m^3 的有盖长方体集装箱. 问当集装箱的长、宽、高各取多少米时,所用材料最少?

解　设集装箱的长为 x m,宽为 y m,由长方体的体积公式可知,其高应为 $\dfrac{8}{xy}$ m,此集装箱所用材料的全表面积为

$$S = 2\left(xy + y \cdot \frac{8}{xy} + x \cdot \frac{8}{xy}\right)$$

即

$$S = 2\left(xy + \frac{8}{x} + \frac{8}{y}\right) \quad (x > 0, y > 0)$$

解方程组

$$\begin{cases} S_x = 2\left(y - \dfrac{8}{x^2}\right) = 0 \\ S_y = 2\left(x - \dfrac{8}{y^2}\right) = 0 \end{cases}$$

得：$x = 2, y = 2$.

根据题意可知，开区域 $D: x > 0, y > 0$ 内，一定存在集装箱所用材料最少的情形. 又表面积函数在 D 内只有唯一的驻点 $(2,2)$，因此可判定当 $x = y = 2$ 时，S 取得最小值. 又 $x = y = 2$，有 $\dfrac{8}{xy} = 2$，就是说，当集装箱的长、宽、高均为 $2\,\mathrm{m}$ 时，制作集装箱所用的材料最少.

例 3(最小二乘法问题) 设通过观测或实验得到一列点 (x_i, y_i)，$i = 1, 2, \cdots, n$. 它们大体上在一条直线上，即大体上可用直线方程来反映变量 x 与 y 之间的对应关系(图 9-7). 现在要确定一直线，使得与这 n 个点的偏差平方和最小(最小二乘方).

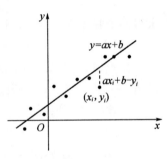

图 9-7

解 设所求直线方程为 $y = ax + b$，所测得的 n 个点为 (x_i, y_i)，$i = 1, 2, \cdots, n$. 现要确定 a、b，使得

$$f(a, b) = \sum_{i=1}^{n} (ax_i + b - y_i)^2$$

为最小. 为此，令

$$\begin{cases} f_a = 2\sum_{i=1}^{n} x_i(ax_i + b - y_i) = 0 \\ f_b = 2\sum_{i=1}^{n} (ax_i + b - y_i) = 0 \end{cases}$$

把这个关于 a、b 的线性方程加以整理，得

$$\begin{cases} a\sum_{i=1}^{n} x_i^2 + b\sum_{i=1}^{n} x_i = \sum_{i=1}^{n} x_i y_i \\ a\sum_{i=1}^{n} x_i + bn = \sum_{i=1}^{n} y_i \end{cases}$$

解此方程组得 $f(a, b)$ 的唯一驻点 $(\bar{a}, \bar{b})$，其中

$$\bar{a} = \frac{n\sum\limits_{i=1}^{n}x_iy_i - \left(\sum\limits_{i=1}^{n}x_i\right)\left(\sum\limits_{i=1}^{n}y_i\right)}{n\sum\limits_{i=1}^{n}x_i^2 - \left(\sum\limits_{i=1}^{n}x_i\right)^2}, \bar{b} = \frac{\left(\sum\limits_{i=1}^{n}x_i^2\right)\left(\sum\limits_{i=1}^{n}y_i\right) - \left(\sum\limits_{i=1}^{n}x_iy_i\right)\left(\sum\limits_{i=1}^{n}x_i\right)}{n\sum\limits_{i=1}^{n}x_i^2 - \left(\sum\limits_{i=1}^{n}x_i\right)^2}$$

又因为

$$A = f_{aa} = 2\sum_{i=1}^{n}x_i^2 > 0, B = f_{ab} = 2\sum_{i=1}^{n}x_i, C = f_{bb} = 2n$$

$$AC - B^2 = 4n\sum_{i=1}^{n}x_i^2 - 4\left(\sum_{i=1}^{n}x_i\right)^2 > 0$$

所以,由定理 2 知 $f(\bar{a},\bar{b})$ 是极小值,即 $f(\bar{a},\bar{b})$ 是最小值,故所求的直线为

$$y = \bar{a}x + \bar{b}$$

9.9.2 条件极值 拉格朗日乘数法

前面所讨论的函数极值问题,对于自变量,除了限制在定义域内外,没有其他限制条件,这样的极值称为**无条件极值**.但在有些实际问题中,函数的自变量还需要受到某些约束条件的限制,称函数的自变量受到约束条件的限制的函数极值为**条件极值**.

例如,在前面例 2 的极值问题就是求目标函数 $S = 2(xy + yz + zx)$ 在条件 $xyz = 8$ 下的极值问题,因此它属于条件极值问题.

下面来讨论条件极值的一般求法.

在条件极值问题中,如果由条件方程确定的隐函数很容易被显化成初等函数来表示,则将该条件对应的函数代入目标函数中就将条件极值问题化成了无条件极值问题,从而利用极值的充分条件就可将其极值求出.例 2 就是采用这样的解法.但在多数情况下,由条件方程确定的隐函数并不容易甚至不可能被显化成初等函数来表示,这时就不能直接将条件极值问题化为无条件极值问题,因此需要寻找直接求条件极值的一般方法.下面介绍解决这个问题的方法,即拉格朗日乘数法.

先讨论二元函数 $z = f(x,y)$ 在条件 $\phi(x,y) = 0$ 下的极值问题.

设 (x_0,y_0) 是满足条件 $\phi(x_0,y_0) = 0$ 的点,且是函数 $z = f(x,y)$ 的极值点.并假定在 (x_0,y_0) 的某邻域内 $f(x,y)$ 与 $\phi(x,y)$ 均具有连续的一阶偏导数,且 $\phi_y(x_0,y_0) \neq 0$.由隐函数存在定理可知,二元方程 $\phi(x,y) = 0$ 确定一个具有连续导数的一元函数 $y = \varphi(x)$,将其代入目标函数 $z = f(x,y)$ 中,则 $z = f[x,\varphi(x)]$.

由于函数 $z = f(x,y)$ 在点 (x_0,y_0) 取得极值,那么函数 $z = f[x,\varphi(x)]$ 在点 $x = x_0$ 必然取得极值.由一元可导函数取得极值的必要条件可得 $\dfrac{\mathrm{d}z}{\mathrm{d}x}\Big|_{x=x_0} = 0$,利用复合函数的求导法则可求得

$$\frac{\mathrm{d}z}{\mathrm{d}x}\bigg|_{x=x_0} = f_x(x_0,y_0) + f_y(x_0,y_0)\frac{\mathrm{d}y}{\mathrm{d}x}\bigg|_{x=x_0} = 0 \qquad (9-61)$$

再由条件方程 $\phi(x,y)=0$,用隐函数求导公式,有

$$\frac{\mathrm{d}y}{\mathrm{d}x}\bigg|_{x=x_0} = -\frac{\phi_x(x_0,y_0)}{\phi_y(x_0,y_0)}$$

把上式代入式(9-61),得

$$f_x(x_0,y_0) - f_y(x_0,y_0)\frac{\phi_x(x_0,y_0)}{\phi_y(x_0,y_0)} = 0 \qquad (9-62)$$

引入常数 λ_0,令 $\dfrac{f_y(x_0,y_0)}{\phi_y(x_0,y_0)} = -\lambda_0$,则可将式(9-62)化为

$$\frac{f_x(x_0,y_0)}{\phi_x(x_0,y_0)} = \frac{f_y(x_0,y_0)}{\phi_y(x_0,y_0)} = -\lambda_0 \qquad (9-63)$$

由(9-63)式可知,极值点 $P_0(x_0,y_0)$ 满足的必要条件为:

$$\begin{cases} f_x(x_0,y_0) + \lambda_0\phi_x(x_0,y_0) = 0 \\ f_y(x_0,y_0) + \lambda_0\phi_y(x_0,y_0) = 0 \\ \phi(x_0,y_0) = 0 \end{cases} \qquad (9-64)$$

方程组(9-64)的解对应的点 (x_0,y_0) 就是目标函数的可能极值点.

为了方便起见,我们引入辅助函数

$$L(x,y,\lambda) = f(x,y) + \lambda\phi(x,y) \qquad (9-65)$$

那么方程组(9-64)的解就是下面的方程组

$$\begin{cases} L_x(x,y,\lambda) = f_x(x,y) + \lambda\phi_x(x,y) = 0 \\ L_y(x,y,\lambda) = f_y(x,y) + \lambda\phi_y(x,y) = 0 \\ L_\lambda(x,y,\lambda) = \phi(x,y) = 0 \end{cases} \qquad (9-66)$$

的解. 因此方程组(9-66)的解对应的点 (x_0,y_0) 就是目标函数 $f(x,y)$ 在附加条件 $\phi(x,y)=0$ 下的可能极值点.

这样就把求函数 $z=f(x,y)$ 在条件 $\phi(x,y)=0$ 下的极值问题转化为求辅助函数(9-65)的无条件极值问题. 这种求条件极值的方法称为**拉格朗日乘数法**,其中 λ 称为**拉格朗日乘数(乘子)**,$L(x,y,\lambda)$ 称为**拉格朗日辅助函数**.

必须指出:用拉格朗日乘数法只能求出条件极值问题的可能极值点,并不能确定这些可能极值点就是极值点(也称为**条件极值点**).但在实际问题中,往往可以结合问题的实际意义来判断这些可能极值点是否为极值点或最值点. 特别是当方程组(9-66)的解唯一,而实际问题中极值或最值一定存在时,则可判定所求得的可能极值点就是极值点或最值点.

上述的拉格朗日乘数法可推广到自变量多于两个而条件方程多于一个的情形.

例如,对于多元函数 $u = f(x_1, x_2, \cdots, x_n)$ 在 $m(m < n)$ 个限制条件

$$\phi_i(x_1, x_2, \cdots, x_n) = 0 \quad (i = 1, 2, \cdots, m)$$

下的条件极值问题,有相应的拉格朗日乘数法.

作拉格朗日辅助函数为

$$L(x_1, \cdots, x_n, \lambda_1, \cdots, \lambda_m) = f(x_1, \cdots, x_n) + \sum_{i=1}^{m} \lambda_i \phi_i(x_1, \cdots, x_n)$$

解方程组

$$\begin{cases} L_{x_j} = 0, j = 1, 2, \cdots, n \\ \phi_i = 0, i = 1, 2, \cdots, m \end{cases}$$

解出点 $(x_1^0, \cdots, x_n^0, \lambda_1^0, \cdots, \lambda_m^0)$. 那么点 $(x_1^0, \cdots, x_n^0)$ 就是所求函数 $u = f(x_1, x_2, \cdots, x_n)$ 在条件 $\phi_i(x_1, x_2, \cdots, x_n) = 0(i = 1, 2, \cdots, m)$ 下的可能极值点,再用适当的方法判断 $f(x_1^0, x_2^0, \cdots, x_n^0)$ 是否为所求的极值.

例 4　用拉格朗日乘数法解例 2.

解　设有盖长方体集装箱的长、宽、高分别为 x m、y m、z m,则满足条件 $xyz = 8$. 由于有盖长方体集装箱的全表面积为

$$S = 2(xy + yz + zx)$$

因此例 2 可化为求 $S = 2(xy + yz + zx)$ 在条件 $xyz = 8$ 下的最小值. 可利用拉格朗日乘数法.

由于目标函数 $S = 2(xy + yz + zx)$ 的最值点与函数 $S = xy + yz + zx$ 的最值点是相同的,所以构造拉格朗日辅助函数为

$$L(x, y, z, \lambda) = (xy + yz + zx) + \lambda(xyz - 8)$$

解方程组

$$\begin{cases} L_x = (y + z) + \lambda yz = 0 \\ L_y = (x + z) + \lambda xz = 0 \\ L_z = (x + y) + \lambda xy = 0 \\ L_\lambda = xyz - 8 = 0 \end{cases}$$

解得唯一驻点 $(2, 2, 2)$.

根据题意可知,一定存在集装箱所用材料最少的情形. 又函数在定义域内只有唯一的驻点 $(2, 2, 2)$,因此可判定驻点 $(2, 2, 2)$ 就是所求的最小值点,即当集装箱的长、宽、高均为 2 m 时,制作集装箱所用的材料最少.

例 5　求坐标原点到椭圆 $\begin{cases} x + y + z = 1 \\ z = x^2 + y^2 \end{cases}$ 的最长与最短距离.

解　设 (x, y, z) 为椭圆上的任意一点,由于该点到坐标原点的距离函数为 $d = \sqrt{x^2 + y^2 + z^2}$,则该题可化为求目标函数 $d = \sqrt{x^2 + y^2 + z^2}$ 在约束条件 $z =$

$x^2 + y^2$ 与 $x + y + z = 1$ 下的最大值与最小值.

为了简化计算,也可取目标函数为

$$f(x,y,z) = d^2 = x^2 + y^2 + z^2$$

构造拉格朗日辅助函数

$$L(x,y,z,\lambda,\mu) = x^2 + y^2 + z^2 + \lambda(x^2 + y^2 - z) + \mu(x + y + z - 1)$$

由

$$\begin{cases} L_x = 2x + 2\lambda x + \mu = 0 & \text{①} \\ L_y = 2y + 2\lambda y + \mu = 0 & \text{②} \\ L_z = 2z - \lambda + \mu = 0 & \text{③} \\ L_\lambda = x^2 + y^2 - z = 0 & \text{④} \\ L_\mu = x + y + z - 1 = 0 & \text{⑤} \end{cases}$$

由方程 ① 和 ② 得: $x = y$,将它代入方程 ④ 和 ⑤ 得 $\begin{cases} 2x^2 - z = 0 \\ 2x + z - 1 = 0 \end{cases}$. 于是解得

$$x = y = \frac{-2 \pm \sqrt{4+8}}{4} = \frac{-1 \pm \sqrt{3}}{2}$$

$$z = 1 - 2x = 2 \mp \sqrt{3}$$

因此所求得的驻点有且仅有两个:

$$P_1\left(\frac{-1+\sqrt{3}}{2}, \frac{-1+\sqrt{3}}{2}, 2-\sqrt{3}\right), P_2\left(\frac{-1-\sqrt{3}}{2}, \frac{-1-\sqrt{3}}{2}, 2+\sqrt{3}\right)$$

于是有

$$d_1 = |OP_1| = \left\{\left(\frac{-1+\sqrt{3}}{2}\right)^2 + \left(\frac{-1+\sqrt{3}}{2}\right)^2 + (2-\sqrt{3})^2\right\}^{\frac{1}{2}} = \sqrt{9 - 5\sqrt{3}}$$

$$d_2 = |OP_2| = \left\{\left(\frac{-1-\sqrt{3}}{2}\right)^2 + \left(\frac{-1-\sqrt{3}}{2}\right)^2 + (2+\sqrt{3})^2\right\}^{\frac{1}{2}} = \sqrt{9 + 5\sqrt{3}}$$

而由几何意义可知,坐标原点到该椭圆的最长距离与最短距离必定存在,而求得的驻点有且仅有两个,可以判定求得的两个驻点分别就是函数 d 的最大值点与最小值点.因此,经比较可得,坐标原点到该椭圆的最长距离为 $\sqrt{9+5\sqrt{3}}$,最短距离为 $\sqrt{9-5\sqrt{3}}$.

9.9.3 多元函数的最大值与最小值

与一元函数相类似,我们可以利用函数的极值来求函数的最大值和最小值.在本章第一节中已经指出,如果函数 $f(x,y)$ 在有界闭区域 D 上连续,则 $f(x,y)$ 在 D 上必定取得最大值和最小值.最大值点或最小值点既可能在 D 的内部,也可能在 D

的边界上. 如果函数在 D 的内部取得最大值(最小值),那么这个最大值(最小值)必是函数的极大值(极小值). 因此,求函数的最大值和最小值时,只需求出函数 $f(x,y)$ 所有驻点和偏导数不存在的点的函数值以及函数在边界上的最大值和最小值,然后加以比较即可.

综上分析可得:如果函数 $f(x,y)$ 在 D 上可微,那么求函数 $f(x,y)$ 在 D 上的最大值和最小值的一般步骤为:

(1) 求出函数 $f(x,y)$ 在 D 内的所有驻点与偏导数不存在点及其函数值;

(2) 求出函数 $f(x,y)$ 在 D 的边界上的最大值和最小值;

(3) 将(1)、(2)两步所求得的函数值进行比较,其中最大者即为最大值,最小者即为最小值.

例 6 求函数 $z = x^3 + y^3 - 3xy$ 在圆 $x^2 + y^2 \leqslant 4$ 上的最大值与最小值.

解 先求函数 $z = x^3 + y^3 - 3xy$ 在 $x^2 + y^2 < 4$ 内的驻点. 由

$$\begin{cases} z_x = 3x^2 - 3y = 0 \\ z_y = 3y^2 - 3x = 0 \end{cases}$$

解得

$$\begin{cases} x = 0 \\ y = 0 \end{cases}, \begin{cases} x = 1 \\ y = 1 \end{cases}$$

因此,函数 $z = x^3 + y^3 - 3xy$ 在 $x^2 + y^2 < 4$ 内的驻点有两个 $(0,0)$、$(1,1)$.

其次应用拉格朗日乘数法求函数 $z = x^3 + y^3 - 3xy$ 在 $x^2 + y^2 = 4$ 上的驻点. 构造拉格朗日辅助函数

$$L(x,y,\lambda) = x^3 + y^3 - 3xy + \lambda(x^2 + y^2 - 4)$$

解方程组

$$\begin{cases} L_x = 3x^2 - 3y + 2\lambda x = 0 & \text{①} \\ L_y = 3y^2 - 3x + 2\lambda y = 0 & \text{②} \\ L_\lambda = x^2 + y^2 - 4 = 0 & \text{③} \end{cases}$$

由方程式 ① 和 ② 得 $y = x$,代入方程式 ③ 中,解得

$$x = y = \pm\sqrt{2}$$

故对应的驻点为 $(\sqrt{2},\sqrt{2})$、$(-\sqrt{2},-\sqrt{2})$.

最后计算所得的驻点的函数值为

$f(0,0) = 0, f(1,1) = -1, f(\sqrt{2},\sqrt{2}) = 4\sqrt{2} - 6, f(-\sqrt{2},-\sqrt{2}) = -4\sqrt{2} - 6$

比较可得:最大值为 $f(0,0) = 0$,最小值为 $f(-\sqrt{2},-\sqrt{2}) = -4\sqrt{2} - 6$.

习题 9.9

1. 求函数 $f(x,y) = x^2 + y^2 - xy - 2x + y$ 的极值.

2. 求函数 $f(x,y) = (6x - x^2)(4y - y^2)$ 的极值.

3. 求函数 $u = x + 2y - 3z$ 在条件 $x^2 + 4y^2 + 9z^2 = 12$ 下的最大值与最小值.

4. 求函数 $u = xy + yz + zx$ 在条件 $x^2 + y^2 + 2z^2 = 4$ 与 $x^2 + y^2 - z^2 = 1$ 下的最大值与最小值.

5. 求函数 $u = x^2 + y^2 + z^2$ 在条件 $x + 2y + 2z = 18(x > 0, y > 0, z > 0)$ 下的最小值.

6. 求原点到曲面 $x^2 + 2y^2 - 3z^2 = 4$ 的最小距离.

7. 求表面积为 a^2 且体积最大的长方体.

8. 在椭圆 $\begin{cases} x + y + z = 4 \\ z = x^2 + y^2 \end{cases}$ 上求一点 P,使该点到原点的距离的平方为最大并求出最大值.

9. 求函数 $z = x^2 + y^2 - 2x + 4y - 10$ 在闭域 $D: x^2 + y^2 \leqslant 25$ 上的最大值和最小值.

10. 求平面 $x + 2y + 3z = 6$ 和柱面 $x^2 + y^2 = 5$ 的交线上与 xOy 坐标平面距离最短的点的坐标.

总复习题 9

1. 填空题.

(1) $f(x,y)$ 在点 (x,y) 可微是 $f(x,y)$ 在该点连续的_____条件,$f(x,y)$ 在点 (x,y) 连续是 $f(x,y)$ 在该点可微分的_____条件.

(2) 设函数 $z = f(x,y)$ 的两个混合偏导数 $\dfrac{\partial^2 z}{\partial x \partial y}$ 及 $\dfrac{\partial^2 z}{\partial y \partial x}$ 在区域 D 内连续是这两个二阶混合偏导数在 D 内相等的_____条件.

(3) 若 $\dfrac{\partial f}{\partial x}(a,a) = \sqrt{a} \neq 0$,则 $\lim\limits_{x \to a} \dfrac{f(x,a) - f(a,a)}{\sqrt{x} - \sqrt{a}} = $ _____.

(4) $z = e^{xy}$ 在点 $(1,1)$ 处的全微分 $dz = $ _____.

(5) 曲面 $z = x^2 + y^2 - 1$ 在点 $(2,1,4)$ 处的切平面方程为_____.

2. 求函数 $z = \arcsin \dfrac{y}{x} + \sqrt{\dfrac{x^2 + y^2 - x}{2x - x^2 - y^2}}$ 的定义域.

3. 计算下列各极限：

(1) $\lim\limits_{\substack{x \to 0 \\ y \to 0}} \dfrac{xy}{\sqrt{x^2 + y^2}}$.

(2) $\lim\limits_{\substack{x \to 0 \\ y \to 0}} \dfrac{3 - \sqrt{9 + xy}}{xy}$.

4. 求函数 $z = \arctan \dfrac{x+y}{1-xy}$ 的一阶和二阶偏导数.

5. 设 $z = ue^v \sin u$, 而 $u = xy, v = x + y$, 求 $\dfrac{\partial z}{\partial x}, \dfrac{\partial z}{\partial y}$.

6. 设函数 $z = z(x,y)$ 由 $z + x = \displaystyle\int_0^{xy} e^{-t^2} \, \mathrm{d}t$ 所确立, 求 $\dfrac{\partial z}{\partial x}, \dfrac{\partial z}{\partial y}$.

7. 设 $z = xyf\left(\dfrac{y}{x}\right)$ 且 $f(u)$ 可导, 求 $x\dfrac{\partial z}{\partial x} + y\dfrac{\partial z}{\partial y}$.

8. 设函数 $u = f(x, \sin x, \tan x)$, 其中 $f(x,y,z)$ 可微且 $f_x(0,0,0) = 1$, $f_y(0,0,0) = 2, f_z(0,0,0) = 3$, 求 $\dfrac{\mathrm{d}u}{\mathrm{d}x}\Big|_{x=0}$

9. 设 $z = f(xy, \, x+y)$, 其中 f 具有二阶连续导数, 求 $\dfrac{\partial z}{\partial y}, \dfrac{\partial^2 z}{\partial y^2}$.

10. 已知函数 $u = yf\left(\dfrac{x}{y}\right) + xg\left(\dfrac{y}{x}\right)$, 其中 f、g 具有二阶连续导数, 求 $x\dfrac{\partial^2 u}{\partial x^2} + y\dfrac{\partial^2 u}{\partial x \partial y}$ 的值.

11. 设 l 的方向角分别为 $\dfrac{\pi}{3}$、$\dfrac{\pi}{4}$、$\dfrac{\pi}{3}$, 求 $f(x,y,z) = xy + yz + zx$ 在点 $(1,1,2)$ 处的方向导数.

12. 求 $u = \ln(x + \sqrt{y^2 + z^2})$ 在点 $A(1,0,1)$ 处沿点 A 指向点 $B(3,-2,2)$ 方向的方向导数.

13. 求函数 $f(x,y) = x^2 - xy + y^2$ 在点 $P_0(1,1)$ 处的最大的方向导数.

14. 求螺旋线 $x = a\cos t, y = a\sin t, z = bt$ 在点 $(a,0,0)$ 处的切线方程及法平面方程.

15. 椭球面 $x^2 + y^2 + 4z^2 = 9$ 被平面 $x + 2y + 5z = 0$ 截得椭圆, 求它的长半轴与短半轴之长.

16. 在坐标平面 xOy 上求一点, 使它到 $x = 0, y = 0$ 以及 $x + 2y - 16 = 0$ 三直线的距离的平方之和最小.

10 重积分

在第 5 章"定积分"中已经讨论了非均匀分布在某区间上的一些量（如曲边梯形、变力沿直线段做功等）的计算问题，引入了定积分的概念，它被定义为某种确定形式的和的极限，其被积函数是一元函数，积分范围是区间，因而它只能解决分布在某一区间上的量的求和问题. 但是在工程技术中往往还会遇到许多非均匀分布在平面或空间的几何形体上的量的计算问题，这时就需要把定积分的概念推广，从而得到多元函数的积分. 根据积分区域的不同，又可分为重积分、曲线积分与曲面积分等. 多元函数积分的这种多样性使得多元函数积分学有着更为丰富的内容. 本章先讨论积分区域分别为平面图形与空间立体图形对应的二重积分与三重积分.

10.1 二重积分的概念与性质

10.1.1 两个实例

1）曲顶柱体的体积

"曲顶柱体"是指这样的立体：它的底是 xOy 坐标面上的有界闭区域 D，它的侧面是以闭区域 D 的边界为准线、母线平行于 Oz 轴的柱面，它的顶部是定义在 D 上的连续函数 $z = f(x,y)(z \geqslant 0)$ 对应的曲面（如图 10-1 所示）. 由于其顶部是曲面，因此曲顶柱体的体积不能直接用柱体的体积公式（柱体体积 ＝ 底面积 × 高）计算，但由于 $z = f(x,y)$ 是连续的，因此可用类似求曲边梯形面积的积分方法，即"分割、取近似、求和、取极限"的方法与步骤来计算.

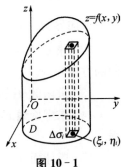

图 10-1

（1）分割：用两组曲线将底部区域 D 任意分割成 n 个小闭区域 $\Delta\sigma_i(i = 1,\cdots,n)$（也用 $\Delta\sigma_i$ 表示其面积），并以这些小区域的边界曲线为准线，作母线平行于 Oz 轴的柱面，把曲顶柱体分成 n 个细曲顶柱体，其体积分别记作 ΔV_i.

（2）取近似：由于 $z = f(x,y)$ 连续，因此函数 $z = f(x,y)$ 在每个小闭区域 $\Delta\sigma_i$ 上的值的变化是微小的，因此在每个小闭区域 $\Delta\sigma_i$ 上任取一点 (ξ_i,η_i)，则第 i 个细曲顶柱体的体积用高为 $f(\xi_i,\eta_i)$、底为 $\Delta\sigma_i$ 的平顶柱体的体积 $f(\xi_i,\eta_i)\Delta\sigma_i(i =$

$1, \cdots, n$) 近似代替,即

$$\Delta V_i \approx f(\xi_i, \eta_i) \cdot \Delta \sigma_i \quad (i = 1, \cdots, n)$$

（3）求和：这 n 个细平顶柱体体积的和 $\sum\limits_{i=1}^{n} f(\xi_i, \eta_i) \Delta \sigma_i$ 就是曲顶柱体体积的近似值,即

$$V = \sum_{i=1}^{n} \Delta V_i \approx \sum_{i=1}^{n} f(\xi_i, \eta_i) \Delta \sigma_i$$

（4）取极限：当区域的分割越来越细,或者说 n 个小闭区域的直径（区域的直径是指区域中任意两点距离的最大值）中的最大值 $\lambda \rightarrow 0$ 时,和式 $\sum\limits_{i=1}^{n} f(\xi_i, \eta_i) \Delta \sigma_i$ 的极限就是曲顶柱体的体积 V,即

$$V = \lim_{\lambda \rightarrow 0} \sum_{i=1}^{n} f(\xi_i, \eta_i) \Delta \sigma_i$$

2）非均匀分布的平面薄板的质量

设有一质量非均匀分布的平面薄板,在 xOy 面上占有闭区域 D,在点 (x, y) 处的面密度为 $\rho(x, y)$,这里 $\rho(x, y) > 0$ 且在 D 上连续,求该平面薄板的质量.

如果薄板是均匀分布的,即面密度是常数,那么薄板的质量可用公式

$$质量 = 面密度 \times 面积$$

求得. 现在面密度 $\rho(x, y)$ 是连续变量,因此薄板的质量就不能用上面的公式直接计算. 但由于薄板的总质量对于区域具有可加性,因此可用积分方法,即"分割、取近似、求和、取极限"的步骤来计算薄板的质量.

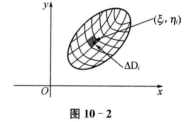

图 10 - 2

（1）分割：用两组曲线网将薄板所在的区域 D 分割成 n 个小闭区域：$\Delta D_1, \Delta D_2, \cdots, \Delta D_n$（如图 10 - 2 所示）.

（2）取近似：当小闭区域 $\Delta D_i(i = 1, 2, \cdots, n)$ 的面积很小时,由于 $\rho(x, y)$ 连续,因此在同一个小闭区域上 $\rho(x, y)$ 变化很小,这时小闭区域 ΔD_i 上的薄板小块就可近似地看作均匀薄板,在 ΔD_i（该小闭区域的面积记作 $\Delta \sigma_i$）上任取一点 (ξ_i, η_i),于是可得每个小块的质量 ΔM_i 的近似值为

$$\Delta M_i \approx \rho(\xi_i, \eta_i) \Delta \sigma_i \quad (i = 1, 2, \cdots, n)$$

（3）求和：薄板总质量等于所有小块质量之和,即

$$M = \sum_{i=1}^{n} \Delta M_i \approx \sum_{i=1}^{n} \rho(\xi_i, \eta_i) \Delta \sigma_i$$

（4）取极限：令 n 个小闭区域的面积中的最大值（记作 λ）趋于零,取上述和式

的极限,就可得所求平面薄板的质量,即

$$M = \lim_{\lambda \to 0} \sum_{i=1}^{n} \rho(\xi_i, \eta_i) \Delta \sigma_i$$

从上面曲顶柱体的体积与平面薄板的质量的求解中我们看到,可通过"分割、取近似、求和、取极限"的步骤,将体积与质量问题归结为同一种特定形式的和式的极限. 类似的问题在几何、物理和工程技术中还有很多,当所求的量对于区域具有可加性时,就可用积分方法来求解,这时采用"分割、取近似、求和、取极限"的步骤来计算,将所求的量归结为二元函数的某种特定和式的极限. 撇开上述问题中的具体意义,抽象出其中的数量关系与数学方法,就得到二重积分的概念.

10.1.2　二重积分的定义

定义　设 $f(x,y)$ 是平面有界闭区域 D 上的有界函数,将闭区域 D 任意分割成 n 个小闭区域 $\Delta D_1, \Delta D_2, \cdots, \Delta D_n$,并用 $\Delta \sigma_i$ 表示第 i 个小闭区域 ΔD_i 的面积,在每个 ΔD_i 上任取一点 (ξ_i, η_i),作乘积 $f(\xi_i, \eta_i) \Delta \sigma_i$, $(i = 1, 2, \cdots, n)$,并作和 $\sum_{i=1}^{n} f(\xi_i, \eta_i) \Delta \sigma_i$. 如果当各小闭区域的面积的最大值 λ 趋近于零时,和式的极限 $\lim_{\lambda \to 0} \sum_{i=1}^{n} f(\xi_i, \eta_i) \Delta \sigma_i$ 存在,则称此极限为函数 $f(x,y)$ 在有界闭区域 D 上的二重积分,记作 $\iint\limits_{D} f(x,y) \mathrm{d}\sigma$,即

$$\iint\limits_{D} f(x,y) \mathrm{d}\sigma = \lim_{\lambda \to 0} \sum_{i=1}^{n} f(\xi_i, \eta_i) \Delta \sigma_i \tag{10-1}$$

其中 $f(x,y)$ 称为**被积函数**, $f(x,y)\mathrm{d}\sigma$ 称为**被积表达式**, $\mathrm{d}\sigma$ 称为**面积微元**, x、y 称为**积分变量**, D 称为**积分区域**, $\sum_{i=1}^{n} f(\xi_i, \eta_i) \Delta \sigma_i$ 称为**积分和**.

当式(10-1)右端的极限存在时,也称函数 $f(x,y)$ 在区域 D 上可积.

由二重积分的定义可知,平面薄板的质量是它的面密度 $\rho(x,y)$ 在薄片所占平面区域 D 上的二重积分

$$M = \iint\limits_{D} \rho(x,y) \mathrm{d}\sigma \tag{10-2}$$

在二重积分的定义中,对有界闭区域 D 的分割是任意的,如果函数 $f(x,y)$ 在 D 上的二重积分存在,称 $f(x,y)$ 在 D 上可积,由于上述和式的极限的存在与小闭区域的分割方式无关,因此在直角坐标系中,常用平行于坐标轴的直线网来分割,那么除了包含边界点的一些小闭区域外(可以证明,在这部分小闭区域上和式中所对应的项之和的极限为0,可略去不计),其余的小闭区域都是矩形区域. 若设小矩

形闭区域 ΔD_i 的边长分别为 Δx_j 和 Δy_k,则 $\Delta \sigma_i = \Delta x_j \Delta y_k$. 因此直角坐标系中的面积微元为

$$d\sigma = dxdy$$

从而在直角坐标系中把二重积分记作

$$\iint\limits_{D} f(x,y)d\sigma = \iint\limits_{D} f(x,y)dxdy$$

可以证明,如果函数 $f(x,y)$ 在有界闭区域 D 上连续,则 $f(x,y)$ 在 D 上可积.

由二重积分的定义可知,以 xOy 坐标面上的有界闭区域 D 为底,以曲面 $z = f(x,y)(z \geqslant 0)$ 为顶部的曲顶柱体的体积为

$$V = \iint\limits_{D} f(x,y)dxdy$$

10.1.3 二重积分的性质

比较定积分与二重积分的定义,可知二重积分与定积分有类似的性质. 下面给出二重积分的一些常用性质,假设所涉及的函数都是对应有界闭区域 D 上的可积函数.

性质 1　被积函数的常数因子可以提到积分号的外面,即

$$\iint\limits_{D} kf(x,y)d\sigma = k\iint\limits_{D} f(x,y)d\sigma \quad (k \text{ 为常数})$$

性质 2　被积函数的和(或差)的二重积分等于各个函数的二重积分的和(或差),即

$$\iint\limits_{D} [f(x,y) \pm g(x,y)]d\sigma = \iint\limits_{D} f(x,y)d\sigma \pm \iint\limits_{D} g(x,y)d\sigma$$

性质 1 与性质 2 说明二重积分具有**线性性质**.

性质 3　设 σ 表示闭区域 D 的面积,则

$$\iint\limits_{D} 1 \cdot d\sigma = \iint\limits_{D} d\sigma = \sigma$$

性质 3 有明显的几何意义:高为 1 的平顶柱体的体积等于该柱体的底面积.

性质 4　如果闭区域 D 是由两个没有公共内点的区域 D_1 与 D_2 两部分组成(如图 $10-3$ 所示),则在 D 上的二重积分等于在各部分闭区域上的二重积分之和,即

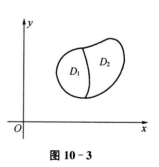

图 $10-3$

$$\iint\limits_{D} f(x,y)d\sigma = \iint\limits_{D_1} f(x,y)d\sigma + \iint\limits_{D_2} f(x,y)d\sigma$$

通常将性质 4 称为二重积分对积分区域具有**可加性**.

性质 5　如果在 D 上,恒有 $f(x,y) \leqslant g(x,y)$,则有

$$\iint\limits_{D} f(x,y)\mathrm{d}\sigma \leqslant \iint\limits_{D} g(x,y)\mathrm{d}\sigma$$

性质 5 通常被称为二重积分的**单调性**.利用该单调性易得推论

$$\left| \iint\limits_{D} f(x,y)\mathrm{d}\sigma \right| \leqslant \iint\limits_{D} |f(x,y)| \mathrm{d}\sigma$$

性质 6(二重积分的估值定理)　设 M、m 分别是函数 $f(x,y)$ 在 D 上的最大值和最小值,σ 是区域 D 的面积,则有

$$m\sigma \leqslant \iint\limits_{D} f(x,y)\mathrm{d}\sigma \leqslant M\sigma$$

性质 7(二重积分的积分中值定理)　设函数 $f(x,y)$ 在闭区域 D 上连续,σ 是 D 的面积,则在 D 上至少存在一点 (ξ,η),使得

$$\iint\limits_{D} f(x,y)\mathrm{d}\sigma = f(\xi,\eta) \cdot \sigma$$

以上性质的证明都与定积分相类似,请读者自证.

二重积分的积分中值定理的几何意义是:对于任意以连续曲面 $z = f(x,y)(z \geqslant 0)$ 为顶部的曲顶柱体,必存在一个以该曲顶柱体的底 D 为底,并以 D 内某一点 (ξ,η) 的函数值 $f(\xi,\eta)$ 为高的平顶柱体,它的体积等于该曲顶柱体的体积.

例 1　设 D 为第二象限中的有界闭区域,且 $1 < y < 2$,记

$$I_1 = \iint\limits_{D} yx^3\mathrm{d}\sigma, \quad I_2 = \iint\limits_{D} y^2 x^3\mathrm{d}\sigma$$

试比较 I_1、I_2 的大小.

解　在 D 上,由于 $1 < y < 2$,$x < 0$,故有 $yx^3 > y^2 x^3$,则

$$I_1 = \iint\limits_{D} yx^3\mathrm{d}\sigma > \iint\limits_{D} y^2 x^3\mathrm{d}\sigma = I_2$$

例 2　利用二重积分的性质估计积分 $I = \iint\limits_{D}(x^2 + 2y^2 + 2)\mathrm{d}x\mathrm{d}y$ 的值,其中 D 为圆形区域:$x^2 + y^2 \leqslant 2$.

解　令 $f(x,y) = x^2 + 2y^2 + 2$,由于 $(x,y) \in D = \{(x,y)|x^2 + y^2 \leqslant 2\}$,可设 $x = \rho\cos\theta,y = \rho\sin\theta$,则在 D 上:$0 \leqslant \rho \leqslant \sqrt{2},0 \leqslant \theta \leqslant 2\pi$. 故

$$f(x,y) = x^2 + 2y^2 + 2 = \rho^2(1 + \sin^2\theta) + 2$$

则

$$2 \leqslant f(x,y) \leqslant 6$$

又

$$\iint\limits_{D} \mathrm{d}x\mathrm{d}y = 2\pi$$

由二重积分的估值定理得

$$4\pi \leqslant I = \iint\limits_{D}(x^2 + 2y^2 + 2)\mathrm{d}x\mathrm{d}y \leqslant 12\pi$$

例3 利用二重积分的几何意义求

$$I = \iint\limits_{D}(1 - x - y)\mathrm{d}\sigma$$

其中 D 为 x 轴、y 轴和直线 $x + y = 1$ 围成的三角形区域.

解 由二重积分的几何意义可知,I 等于如图 $10-4$ 所示的以 $\triangle OAC$ 为底、平面 $z = 1 - x - y$ 为顶的三棱锥 $B\text{-}OAC$ 的体积. 故

$$I = \frac{1}{3}\left(\frac{1}{2} \cdot 1 \cdot 1 \cdot 1\right) = \frac{1}{6}$$

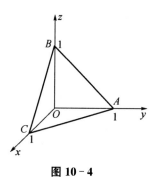

图 10-4

习题 10.1

1. 用二重积分表示由 xOy 面、圆柱面 $x^2 + y^2 = 4$ 和上半球面 $z = \sqrt{8 - x^2 - y^2}$ 围成的立体的体积.

2. 设 $I_1 = \iint\limits_{D_1}(x^2 + y^2)^2\mathrm{d}\sigma$,其中 D_1 是矩形闭区域:$-1 \leqslant x \leqslant 1, -2 \leqslant y \leqslant 2$;$I_2 = \iint\limits_{D_2}(x^2 + y^2)^2\mathrm{d}\sigma$,其中 D_2 是矩形闭区域:$0 \leqslant x \leqslant 1, 0 \leqslant y \leqslant 2$.试利用二重积分的几何意义说明 I_1 与 I_2 之间的关系.

3. 根据二重积分的的性质比较下列积分的大小:

(1) $I_1 = \iint\limits_{D}(x + y)^2\mathrm{d}\sigma$ 与 $I_2 = \iint\limits_{D}(x + y)^3\mathrm{d}\sigma$,其中积分区域 D 是由 x 轴、y 轴与直线 $x + y = 1$ 所围成.

(2) $I_1 = \iint\limits_{D}\ln(x + y)\mathrm{d}\sigma$ 与 $I_2 = \iint\limits_{D}[\ln(x + y)]^2\mathrm{d}\sigma$,其中积分区域 D 是矩形闭区域:$3 \leqslant x \leqslant 5, 0 \leqslant y \leqslant 1$.

(3) $I_1 = \iint\limits_{D}\sin(x + y)\mathrm{d}\sigma$ 与 $I_2 = \iint\limits_{D}(x + y)\mathrm{d}\sigma$,其中积分区域 D 是由 x 轴、y 轴与直线 $x + y = \dfrac{\pi}{2}$ 所围成.

4. 利用二重积分的性质估计下列积分的值:

(1) $I = \iint\limits_{D}\sin^2 x\sin^2 y\mathrm{d}\sigma$,其中积分区域 D 为矩形闭区域:$0 \leqslant x \leqslant \pi, 0 \leqslant y \leqslant \pi$.

(2) $I = \iint\limits_{D} e^{\sin x \cos y} dx dy$, 其中积分区域 D 为圆形区域: $x^2 + y^2 \leqslant 4$.

(3) $I = \iint\limits_{D} \sqrt{x^2 + y^2} dx dy$, 其中积分区域 D 为矩形域: $0 \leqslant x \leqslant 1, 0 \leqslant y \leqslant 2$.

10.2　二重积分的计算

二重积分按定义来计算相当复杂,因此下面根据二重积分的几何意义将二重积分化为两次定积分.

10.2.1　直角坐标系下二重积分的计算

我们知道,二重积分在几何上表示一个曲顶柱体的体积,我们就借助这个几何直观来寻求计算二重积分的方法.

由于二重积分存在时积分区域的划分可以是任意的,因此在直角坐标系中常用平行于坐标轴的直线族($x = $常数,$y = $常数)来划分,此时划分的区域一般是矩形区域(除若干个包含边界的区域),即 $d\sigma = dx dy$,从而二重积分可记作

$$\iint\limits_{D} f(x,y) d\sigma = \iint\limits_{D} f(x,y) dx dy$$

下面将积分区域 D 分成两种类型分别加以讨论.

1) X 型区域

设函数 $y = \varphi_1(x)$, $y = \varphi_2(x)$ 在闭区间 $[a,b]$ 上连续,若平面区域 D 由曲线 $y = \varphi_1(x), y = \varphi_2(x), (\varphi_1(x) \leqslant \varphi_2(x))$ 及直线 $x = a, x = b$ 围成(如图 $10-5$(a)、(b))所示,这样的区域称为 X 型区域. X 型区域 D 可用不等式组表示为

$$\begin{cases} a \leqslant x \leqslant b \\ \varphi_1(x) \leqslant y \leqslant \varphi_2(x) \end{cases} \tag{10-3}$$

其特点是:平行于 y 轴且穿过区域 D 内部的直线与 D 的边界相交不多于两点.

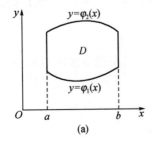
(a)

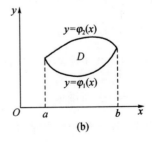
(b)

图 $10-5$

下面通过对曲顶柱体体积的计算来推导二重积分 $\iint\limits_{D} f(x,y)\mathrm{d}\sigma$ 的计算公式. 在讨论中假设 $f(x,y) \geqslant 0$，并设积分区域 D 为 X 型区域，即

$$D = \left\{ (x,y) \;\middle|\; \begin{array}{l} a \leqslant x \leqslant b \\ \varphi_1(x) \leqslant y \leqslant \varphi_2(x) \end{array} \right\}$$

由二重积分的几何意义可知，二重积分 $\iint\limits_{D} f(x,y)\mathrm{d}\sigma$ 等于以区域 D 为底，曲面 $z = f(x,y)$ 为顶的曲顶柱体的体积.

在第 6 章"定积分的应用"中已经给出了已知平行截面面积的立体的体积公式. 对于 D 为 X 型区域的曲顶柱体，从图 10-6 可知，该立体夹在两个平行于坐标面 yOz 面的平行平面 $x = a$ 与 $x = b$ 之间. 设曲顶柱体的平行于坐标面 yOz 面的截面的面积为 $A(x)$，则从 a 到 b 的定积分就是立体的体积，即 $V = \displaystyle\int_a^b A(x)\mathrm{d}x$. 下面就用这个计算方法来表示曲顶柱体的体积.

在区间 $[a,b]$ 上任取一点 x_0，过点 x_0 作平行于 yOz 面的平面 $x = x_0$，此平面截曲顶柱体所得的截面是一个以区间 $[\varphi_1(x_0), \varphi_2(x_0)]$ 为底，曲线 $z = f(x_0,y)$ 为曲边的曲边梯形，如图 10-6 中的阴影部分，其面积为

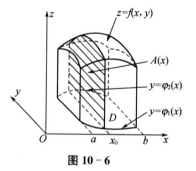

图 10-6

$$A(x_0) = \int_{\varphi_1(x_0)}^{\varphi_2(x_0)} f(x_0,y)\mathrm{d}y$$

用 x 替代 x_0，即得过区间 $[a,b]$ 上任一点 x 且平行于 yOz 面的平面截曲顶柱体所得截面的面积为

$$A(x) = \int_{\varphi_1(x)}^{\varphi_2(x)} f(x,y)\mathrm{d}y$$

于是曲顶柱体的体积为

$$V = \int_a^b A(x)\mathrm{d}x = \int_a^b \left[\int_{\varphi_1(x)}^{\varphi_2(x)} f(x,y)\mathrm{d}y \right]\mathrm{d}x$$

该体积也就是二重积分的值，即

$$\iint\limits_{D} f(x,y)\mathrm{d}\sigma = \int_a^b \left[\int_{\varphi_1(x)}^{\varphi_2(x)} f(x,y)\mathrm{d}y \right]\mathrm{d}x \tag{10-4}$$

式 (10-4) 右端的积分称为先对 y 后对 x 的二次积分，计算时先将 x 看作常数，把 $f(x,y)$ 只看作 y 的函数，对 y 计算从 $\varphi_1(x)$ 到 $\varphi_2(x)$ 的定积分，然后将算得的结果（为 x 的函数 $A(x)$）再对 x 计算区间 $[a,b]$ 上的定积分. 这个先对 y 后对 x 的二次积分常记作

$$\int_a^b \mathrm{d}x \int_{\varphi_1(x)}^{\varphi_2(x)} f(x,y) \mathrm{d}y$$

因此,式(10-4) 通常写成

$$\iint\limits_D f(x,y) \mathrm{d}\sigma = \int_a^b \mathrm{d}x \int_{\varphi_1(x)}^{\varphi_2(x)} f(x,y) \mathrm{d}y \qquad (10-5)$$

必须指出在式(10-5) 的推导中,为了应用几何意义而假设 $f(x,y) \geqslant 0$,但实际上式(10-5) 的成立并不受此条件限制,只要 $f(x,y)$ 在区域 D 上连续即可.

2) Y 型区域

设函数 $x = \psi_1(y)$,$x = \psi_2(y)$ 在闭区间 $[c,d]$ 上连续,平面区域 D 由曲线 $x = \psi_1(y)$,$x = \psi_2(y) [\psi_1(y) \leqslant \psi_2(y)]$ 及直线 $y = c, y = d$ 围成,如图 10-7(a)、(b) 所示,这种形状的区域称为 Y 型区域. Y 型区域 D 可用不等式组表示为

$$D = \left\{ (x,y) \,\middle|\, \begin{matrix} c \leqslant y \leqslant d \\ \psi_1(y) \leqslant x \leqslant \psi_2(y) \end{matrix} \right\}$$

其特点是:平行于 x 轴且穿过区域 D 内部的直线与 D 的边界曲线的交点最多不超过两个.

类似地,如果积分区域 D 为 Y 型,即 $D = \left\{ (x,y) \,\middle|\, \begin{matrix} c \leqslant y \leqslant d \\ \psi_1(y) \leqslant x \leqslant \psi_2(y) \end{matrix} \right\}$,函数 $\psi_1(y)$,$\psi_2(y)$ 在区间 $[c,d]$ 上连续. 则同样可推得

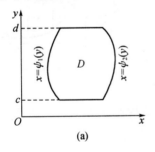 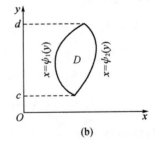

(a)   (b)

图 10-7

$$\iint\limits_D f(x,y) \mathrm{d}\sigma = \int_c^d \left[\int_{\psi_1(y)}^{\psi_2(y)} f(x,y) \mathrm{d}x \right] \mathrm{d}y$$

上式右端的积分称为先对 x 后对 y 的二次积分,它也常被记作

$$\iint\limits_D f(x,y) \mathrm{d}\sigma = \int_c^d \mathrm{d}y \int_{\psi_1(y)}^{\psi_2(y)} f(x,y) \mathrm{d}x \qquad (10-6)$$

利用公式(10-5) 与(10-6),就把二重积分化成了由两次定积分所构成的二次积分. 二次及二次以上的积分统称为**累次积分**.

一般地,当积分区域 D 为 X 型时,常选择公式(10-5) 计算二重积分;当积分区域 D 是 Y 型时,常选择公式(10-6) 计算二重积分;如果 D 既不是 X 型又不是 Y

型区域(如图10-8所示),则可将 D 分为若干部分区域,使每个部分区域是 X 型或是 Y 型,对每个部分区域上的二重积分再用公式(10-5)或(10-6)化为累次积分,求出各部分区域上的二重积分,然后由二重积分的可加性可知在 D 上的二重积分等于各部分区域上的二重积分

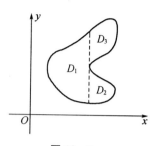

之和,从而求出二重积分 $\iint\limits_{D} f(x,y)\mathrm{d}\sigma$ 的值;如果 D 既是

图 10-8

X 型又是 Y 型区域(如图10-9所示),则一般情形下,既可用公式(10-5)也可用公式(10-6)来计算该二重积分,即有

$$\iint\limits_{D} f(x,y)\mathrm{d}\sigma = \int_{a}^{b}\left[\int_{\varphi_1(x)}^{\varphi_2(x)} f(x,y)\mathrm{d}y\right]\mathrm{d}x = \int_{c}^{d}\left[\int_{\psi_1(y)}^{\psi_2(y)} f(x,y)\mathrm{d}x\right]\mathrm{d}y \quad (10-7)$$

式(10-7)说明:当 $f(x,y)$ 在区域 D 上连续时,累次积分可以交换积分次序.

因此一般的二重积分计算问题终归可用公式(10-5)或(10-6)来计算它的数值,但在化二重积分为累次积分时,必须要根据积分区域的特点来确定累次积分的积分次序以及累次积分的上、下限,初学者往往会感觉困难,因此应先画出积分区域 D 的图形,再按图形找出区域 D 中点的坐标所满足的不等式组,即可得到累次积分的上、下限.

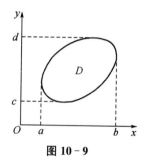

图 10-9

特别地,如果积分区域 D 的图形是一个矩形: $D = \left\{(x,y)\ \middle|\ \begin{matrix} c\leqslant y\leqslant d \\ a\leqslant x\leqslant b \end{matrix}\right\}$,则积分区域 D 既是 X 型又是 Y 型区域,因此有

$$\iint\limits_{D} f(x,y)\mathrm{d}\sigma = \int_{a}^{b}\left[\int_{c}^{d} f(x,y)\mathrm{d}y\right]\mathrm{d}x = \int_{c}^{d}\left[\int_{a}^{b} f(x,y)\mathrm{d}x\right]\mathrm{d}y \quad (10-8)$$

因此如果积分区域是一个矩形,其积分次序可以交换.

例1 计算二重积分 $\iint\limits_{D}(xy+2)\mathrm{d}\sigma$,其中 D 为矩形区域: $-1\leqslant x\leqslant 1$, $-2\leqslant y\leqslant 2$.

解 由公式(10-8)可知

$$\iint\limits_{D}(xy+2)\mathrm{d}\sigma = \int_{-1}^{1}\mathrm{d}x\int_{-2}^{2}(xy+2)\mathrm{d}y = \int_{-1}^{1}\left(\frac{1}{2}xy^2+2y\right)_{-2}^{2}\mathrm{d}x = \int_{-1}^{1}8\mathrm{d}x = 16$$

或者

$$\iint\limits_{D}(xy+2)\mathrm{d}\sigma = \int_{-2}^{2}\mathrm{d}y\int_{-1}^{1}(xy+2)\mathrm{d}x = \int_{-2}^{2}\left(\frac{1}{2}x^2y+2x\right)_{-1}^{1}\mathrm{d}y = \int_{-2}^{2}4\mathrm{d}x = 16$$

例 2　计算二重积分 $\iint\limits_{D}(x^2+y^2)\mathrm{d}\sigma$，其中 D 是由直线 $x=2$，$y=1$，$y=x$ 所围成的闭区域.

解法 1：先作出积分区域 D 的图形，显然 D 既是 X 型又是 Y 型(如图 10-10 所示).

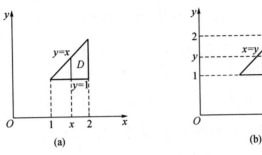

图 10-10

若选择 X 型(如图 10-10(a) 所示) 的积分计算，则区域 D 可表示为

$$D=\left\{(x,y)\,\middle|\,\begin{matrix}1\leqslant x\leqslant 2\\1\leqslant y\leqslant x\end{matrix}\right\}$$

则

$$\iint\limits_{D}(x^2+y^2)\mathrm{d}\sigma=\int_1^2\mathrm{d}x\int_1^x(x^2+y^2)\mathrm{d}y$$

$$=\int_1^2\left[x^2y+\frac{y^3}{3}\right]_1^x\mathrm{d}x=\int_1^2\left(\frac{4}{3}x^3-x^2-\frac{1}{3}\right)\mathrm{d}x$$

$$=\left(\frac{x^4}{3}-\frac{x^3}{3}-\frac{x}{3}\right)_1^2=\frac{7}{3}$$

解法 2：本题亦可选择 Y 型(如图 10-10(b)) 的积分计算，这时区域 D 可表示为

$$D=\left\{(x,y)\,\middle|\,\begin{matrix}1\leqslant y\leqslant 2\\y\leqslant x\leqslant 2\end{matrix}\right\}$$

则

$$\iint\limits_{D}(x^2+y^2)\mathrm{d}\sigma=\int_1^2\mathrm{d}y\int_y^2(x^2+y^2)\mathrm{d}x$$

$$=\int_1^2\left[\frac{x^3}{3}+y^2x\right]_y^2\mathrm{d}y=\int_1^2\left(\frac{8}{3}+2y^2-\frac{4}{3}y^3\right)\mathrm{d}y=\frac{7}{3}$$

例 3　计算 $\iint\limits_{D}xy\mathrm{d}x\mathrm{d}y$，其中 D 为抛物线 $y^2=x$ 与直线 $y=x-2$ 所围成的区域.

解法 1：画出积分区域 D 的图形（如图 10-11(a) 所示）. 解方程组 $\begin{cases} y^2 = x \\ y = x - 2 \end{cases}$，求出直线与抛物线的交点为 $A(4,2)$ 与 $B(1,-1)$. 从图中看出，区域 D 既是 X 型区域又是 Y 型区域. 先按 Y 型区域求解，则区域 D 可表示为不等式

$$\begin{cases} -1 \leqslant y \leqslant 2 \\ y^2 \leqslant x \leqslant y + 2 \end{cases}$$

则

$$\iint\limits_{D} xy \mathrm{d}x\mathrm{d}y = \int_{-1}^{2} \mathrm{d}y \int_{y^2}^{y+2} xy \mathrm{d}x$$

$$= \frac{1}{2} \int_{-1}^{2} y[(y+2)^2 - y^4] \mathrm{d}y = 5\frac{5}{8}$$

解法 2：如按 X 型区域积分（如图 10-11(b) 所示），则要用直线 $x=1$ 把区域 D 分成 D_1 和 D_2 两部分，这时区域 D_1 和 D_2 可用下列两组不等式分别表示：

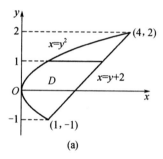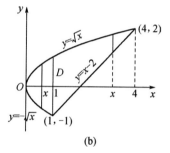

(a)　　　　　　　　　　　　(b)

图 10-11

$$D_1: \begin{cases} 0 \leqslant x \leqslant 1 \\ -\sqrt{x} \leqslant y \leqslant \sqrt{x} \end{cases} \text{ 及 } D_2: \begin{cases} 1 \leqslant x \leqslant 4 \\ x - 2 \leqslant y \leqslant \sqrt{x} \end{cases}$$

则

$$\iint\limits_{D} xy \mathrm{d}x\mathrm{d}y = \iint\limits_{D_1} xy \mathrm{d}x\mathrm{d}y + \iint\limits_{D_2} xy \mathrm{d}x\mathrm{d}y$$

$$= \int_0^1 \mathrm{d}x \int_{-\sqrt{x}}^{\sqrt{x}} xy \mathrm{d}y + \int_1^4 \mathrm{d}x \int_{x-2}^{\sqrt{x}} xy \mathrm{d}y$$

$$= 0 + \int_1^4 \left[\frac{1}{2} xy^2 \right] \Big|_{x-2}^{\sqrt{x}} \mathrm{d}x = 5\frac{5}{8}$$

根据求解情况，以上两种解法均是可行的，但从确定积分限的情形看，把区域 D 看作 Y 型区域求解更简捷，而把区域 D 作为 X 型区域时要分成两个积分区域求解，显然计算较为复杂. 因此计算二重积分时，应注意积分区域的特点，灵活选择积分的先后次序.

例 4 计算 $I = \iint\limits_{D} \dfrac{\sin y}{y} \mathrm{d}x \mathrm{d}y$，其中 D 是由直线 $y = x$ 和抛物线 $y = \sqrt{x}$ 所围成的区域.

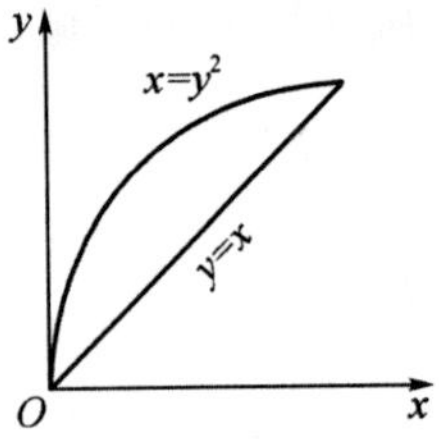

解 解方程组 $\begin{cases} y = x \\ y = \sqrt{x} \end{cases}$，求出直线与抛物线的交点为 $(0, 0)$ 与 $(1, 1)$. 由图 $10 - 12$ 可知 D 可看作为 Y 型区域，因此 D 可用不等式组表示为

$$\begin{cases} 0 \leqslant y \leqslant 1 \\ y^2 \leqslant x \leqslant y \end{cases}$$

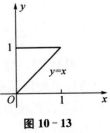

图 $10 - 12$

故

$$I = \int_0^1 \mathrm{d}y \int_{y^2}^{y} \frac{\sin y}{y} \mathrm{d}x = \int_0^1 \frac{\sin y}{y}(y - y^2) \mathrm{d}y$$

$$= \int_0^1 (\sin y - y \sin y) \mathrm{d}y = 1 - \sin 1$$

必须指出上述例 4 中，区域 D 既是 X 型区域又是 Y 型区域，但若将 D 视为 X 型区域时，即

$$D = \left\{ (x, y) \, \middle| \, \begin{array}{l} 0 \leqslant x \leqslant 1 \\ x \leqslant y \leqslant \sqrt{x} \end{array} \right\}$$

则有

$$I = \int_0^1 \mathrm{d}x \int_x^{\sqrt{x}} \frac{\sin y}{y} \mathrm{d}y$$

由一元函数积分学可知，积分 $\displaystyle\int \frac{\sin y}{y} \mathrm{d}y$ 不可积出，因此选用该积分次序时无法用牛顿-莱布尼茨公式计算.

由上面的例子可以看出，在将二重积分转化成二次积分时，积分次序的选择非常重要，不仅要看积分域的形状，还要考虑被积函数的特点，选择合适的积分顺序，这样才能使二重积分的计算简便有效.

另外，有些以二次积分的形式给出的积分按给出的次序积分较为困难，甚至无法积分，这时可以考虑交换所给的积分次序来计算.

例 5 求 $I = \displaystyle\int_0^1 \mathrm{d}x \int_x^1 \mathrm{e}^{y^2} \mathrm{d}y$.

解 由于 $\displaystyle\int_x^1 \mathrm{e}^{y^2} \mathrm{d}y$ 无法积出，因此按给出的次序积分无法计算，这时可以考虑交换所给积分的积分次序后再计算，即

$$I = \int_0^1 \mathrm{d}x \int_x^1 \mathrm{e}^{y^2} \mathrm{d}y = \iint\limits_{D} \mathrm{e}^{y^2} \mathrm{d}x \mathrm{d}y$$

图 $10 - 13$

其中积分域(如图 10-13 所示) 为

$$D = \left\{ (x,y) \,\middle|\, \begin{matrix} 0 \leqslant x \leqslant 1 \\ x \leqslant y \leqslant 1 \end{matrix} \right\}$$

$$= \left\{ (x,y) \,\middle|\, \begin{matrix} 0 \leqslant y \leqslant 1 \\ 0 \leqslant x \leqslant y \end{matrix} \right\}$$

则

$$I = \int_0^1 \mathrm{d}x \int_x^1 \mathrm{e}^{y^2} \, \mathrm{d}y = \iint\limits_D \mathrm{e}^{y^2} \, \mathrm{d}x\mathrm{d}y$$

$$= \int_0^1 \mathrm{d}y \int_0^y \mathrm{e}^{y^2} \, \mathrm{d}x = \int_0^1 y\mathrm{e}^{y^2} \, \mathrm{d}y$$

$$= \frac{1}{2} \left[\mathrm{e}^{y^2} \right]_0^1 = \frac{1}{2}(\mathrm{e}-1)$$

例 6 交换二次积分

$$I = \int_{-2}^0 \mathrm{d}x \int_0^{\frac{2+x}{2}} f(x,y)\mathrm{d}y + \int_0^2 \mathrm{d}x \int_0^{\frac{2-x}{2}} f(x,y)\mathrm{d}y$$

的积分次序.

解 设由第一、第二个二次积分对应的积分区域分别为 D_1、D_2,则积分区域 D_1 由直线 $x=-2$,$x=0$,$y=0$ 及 $y=\dfrac{2+x}{2}$ 围成,区域 D_2 由直线 $x=0$,$x=2$,$y=0$ 及 $y=\dfrac{2-x}{2}$ 围成,且 D_1、D_2 相邻,

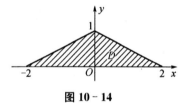

图 10-14

恰好可以合并为一个 X 型区域 D,即 $D=D_1+D_2$,如图 10-14 所示. 把 D 看作 Y 型区域则 D 可表示为

$$\begin{cases} 2y-2 \leqslant x \leqslant 2-2y \\ 0 \leqslant y \leqslant 1. \end{cases}$$

根据积分对区域的可加性,将原来的二次积分化为先对 x 后对 y 的二次积分,得

$$I = \int_{-2}^0 \mathrm{d}x \int_0^{\frac{2+x}{2}} f(x,y)\mathrm{d}y + \int_0^2 \mathrm{d}x \int_0^{\frac{2-x}{2}} f(x,y)\mathrm{d}y$$

$$= \iint\limits_{D_1} f(x,y)\mathrm{d}x\mathrm{d}y + \iint\limits_{D_2} f(x,y)\mathrm{d}x\mathrm{d}y$$

$$= \iint\limits_D f(x,y)\mathrm{d}x\mathrm{d}y = \int_0^1 \mathrm{d}y \int_{2y-2}^{2-2y} f(x,y)\mathrm{d}x$$

例 7 计算二重积分 $I = \iint\limits_D x[x^2+\cos(xy)^2]\mathrm{d}x\mathrm{d}y$,其中 D:$\begin{cases} -1 \leqslant x \leqslant 1 \\ x^2 \leqslant y \leqslant 1 \end{cases}$.

解 由于积分区域 D 关于 y 轴是对称的(如图 10-15 所示),而被积函数 $f(x,$

$y)=x[x^2+\cos(xy)]$ 是关于 x 的奇函数,当选择 Y 型即先 x 后 y 的累次积分次序时,有

$$D:\begin{cases} -\sqrt{y} \leqslant x \leqslant \sqrt{y} \\ 0 \leqslant y \leqslant 1 \end{cases}$$

则

$$\begin{aligned} I &= \iint\limits_{D} x[x^2+\cos(xy)]\mathrm{d}x\mathrm{d}y \\ &= \int_0^1 \mathrm{d}y \int_{-\sqrt{y}}^{\sqrt{y}} x[x^2+\cos(xy)]\mathrm{d}x \\ &= \int_0^1 0\mathrm{d}y = 0 \end{aligned}$$

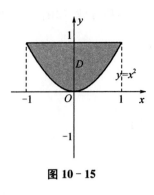

图 10 - 15

上式中计算累次积分时对积分 $\int_{-\sqrt{y}}^{\sqrt{y}} x(x^2+\cos xy)\mathrm{d}x$ 运用了定积分中奇函数在对称区间上的积分性质.

可以证明,在二重积分的计算中,当积分区域关于某个坐标轴具有对称性,函数具有相应的奇偶性时,有与定积分类似的积分性质,适当利用这种对称性可简化积分计算. 一般地:

(1) 若积分区域 D 关于 x（或 y）轴对称,而被积函数 $f(x,y)$ 是关于 y（或 x）的奇函数,则

$$\iint\limits_{D} f(x,y)\mathrm{d}\sigma = 0$$

(2) 若积分区域 D 关于 x（或 y）轴对称,而被积函数是关于 y（或 x）的偶函数,设 D_1 是 D 在 x（或 y）轴上（或右）方的部分,则

$$\iint\limits_{D} f(x,y)\mathrm{d}\sigma = 2\iint\limits_{D_1} f(x,y)\mathrm{d}\sigma$$

(3) 若积分区域 D 关于 x 与 y 轴同时都对称,而被积函数都是关于 x 与 y 的偶函数,则

$$\iint\limits_{D} f(x,y)\mathrm{d}\sigma = 4\iint\limits_{D_1} f(x,y)\mathrm{d}\sigma$$

其中 D_1 为 D 中 $x \geqslant 0, y \geqslant 0$ 的部分.

例 8 计算 $\iint\limits_{D}(|x|+|y|+x\cos(xy))\mathrm{d}\sigma$,其中 D 为 $x^2+y^2 \leqslant 1$ 围成的区域.

解 因为区域 D 关于 x、y 轴都对称,被积函数 $|x|+|y|$ 关于 x、y 都是偶函数,设 D_1 为 D 中 $x \geqslant 0, y \geqslant 0$ 的部分,则

$$\iint\limits_{D}(\mid x \mid + \mid y \mid)\mathrm{d}\sigma = 4\iint\limits_{D_1}(x+y)\mathrm{d}\sigma$$

$$= 4\int_0^1 \mathrm{d}x \int_0^{\sqrt{1-x^2}}(x+y)\mathrm{d}y$$

$$= 4\int_0^1 \left(xy+\frac{y^2}{2}\right)_0^{\sqrt{1-x^2}}\mathrm{d}x$$

$$= 4\int_0^1 \left(x\sqrt{1-x^2}+\frac{1-x^2}{2}\right)\mathrm{d}x = \frac{8}{3}$$

又由于被积函数 $x\cos(xy)$ 是关于 x 的奇函数,所以

$$\iint\limits_{D}(x\cos(xy))\mathrm{d}\sigma = 0$$

因此

$$\iint\limits_{D}(\mid x \mid + \mid y \mid + x\cos(xy))\mathrm{d}\sigma = \iint\limits_{D}(\mid x \mid + \mid y \mid)\mathrm{d}\sigma + \iint\limits_{D}(x\cos(xy))\mathrm{d}\sigma = \frac{8}{3}$$

10.2.2 极坐标系下二重积分的计算

对于二重积分 $\iint\limits_{D}f(x,y)\mathrm{d}\sigma$,若积分区域 D 和被积函数 $f(x,y)$ 用极坐标表示更为简便时,则应考虑将其化为极坐标系下的二重积分来计算.

在极坐标系下计算二重积分时,除积分区域 D 需要化成极坐标系下的表示形式外,还要将被积函数 $f(x,y)$ 与面积元素 $\mathrm{d}\sigma$ 都化为极坐标系下的形式.

由于平面上点的直角坐标 (x,y) 与极坐标 (ρ,θ) 之间有如下的变换关系:

$$\begin{cases} x = \rho\cos\theta \\ y = \rho\sin\theta \end{cases}$$

因此被积函数 $f(x,y)$ 的极坐标形式为

$$f(x,y) = f(\rho\cos\theta,\rho\sin\theta)$$

下面求面积元素 $\mathrm{d}\sigma$ 的极坐标形式.

设过原点的射线穿过积分区域 D 内部时与 D 的边界交点不多于两点. 在极坐标系中,通常用一族以极点 O 为圆心的同心圆族(即极径 $\rho =$ 常数)和一族以极点 O 为端点的射线族(即极角 $\theta =$ 常数)来划分区域,将积分区域 D 分成 n 个小区域,设小区域 $\Delta\sigma$ 是位于 ρ 到 $\rho+\mathrm{d}\rho$ 和 θ 到 $\theta+\mathrm{d}\theta$ 之间的部分区域(如图10-16中阴影部分所示),该部分区域是一个曲边

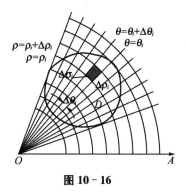

图 10-16

矩形,它有一个边长为 $\Delta\rho$,有两个边长分别为 $\rho\Delta\theta$ 与 $(\rho+\Delta\rho)\Delta\theta$. 由于

$$(\rho+\Delta\rho)\Delta\theta = \rho\Delta\theta + \Delta\rho\Delta\theta = \rho\Delta\theta + o(\Delta\rho) \approx \rho\Delta\theta$$

因此这个小曲边矩形 $\Delta\sigma$ 可近似地看成以 $\Delta\rho$ 与 $\rho\Delta\theta$ 为两边长的小矩形,因此其面积可近似地用矩形面积表示,即 $\Delta\sigma \approx \rho\Delta\rho\Delta\theta$,从而极坐标系下面积微元为

$$\mathrm{d}\sigma = \rho\mathrm{d}\rho\mathrm{d}\theta$$

于是,二重积分在极坐标系下可表示成

$$\iint\limits_{D}f(x,y)\mathrm{d}\sigma = \iint\limits_{D}f(\rho\cos\theta,\rho\sin\theta)\rho\mathrm{d}\rho\mathrm{d}\theta \tag{10-9}$$

在极坐标系下二重积分也可化为二次积分. 下面按区域 D 在极坐标系下的情形,将积分区域 D 分成三类分别加以讨论.

(1) 如果 D 由射线 $\theta=\alpha$ 和 $\theta=\beta(\beta>\alpha)$、曲线 $\rho=\rho_1(\theta)$ 和 $\rho=\rho_2(\theta)(\rho_2(\theta)\geqslant\rho_1(\theta))$ 围成(如图 10-17 所示),则 D 可用不等式组表示为

$$\begin{cases}\alpha\leqslant\theta\leqslant\beta \\ \rho_1(\theta)\leqslant\rho\leqslant\rho_2(\theta)\end{cases}$$

因此当 $\iint\limits_{D}f(x,y)\mathrm{d}\sigma$ 存在时,有

$$\iint\limits_{D}f(x,y)\mathrm{d}\sigma = \int_{\alpha}^{\beta}\mathrm{d}\theta\int_{\rho_1(\theta)}^{\rho_2(\theta)}f(\rho\cos\theta,\rho\sin\theta)\rho\mathrm{d}\rho \tag{10-10}$$

(2) 如果 D 是由射线 $\theta=\alpha$ 和 $\theta=\beta(\beta>\alpha)$ 与曲线 $\rho=\rho(\theta)$ 围成(图 10-18 所示),则 D 可用不等式组表示为

$$\begin{cases}\alpha\leqslant\theta\leqslant\beta \\ 0\leqslant\rho\leqslant\rho(\theta)\end{cases}$$

则当 $\iint\limits_{D}f(x,y)\mathrm{d}\sigma$ 存在时,有

$$\iint\limits_{D}f(x,y)\mathrm{d}\sigma = \int_{\alpha}^{\beta}\mathrm{d}\theta\int_{0}^{\rho(\theta)}f(\rho\cos\theta,\rho\sin\theta)\rho\mathrm{d}\rho \tag{10-11}$$

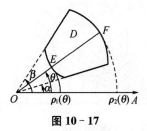

图 10-17

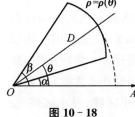

图 10-18

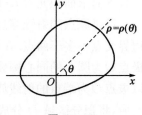

图 10-19

(3) 如果极点 O 在区域 D 内且 D 由闭曲线 $\rho=\rho(\theta)$ 围成(如图 10-19 所示),则 D 可用不等式组表示为

$$\begin{cases} 0 \leqslant \theta \leqslant 2\pi \\ 0 \leqslant \rho \leqslant \rho(\theta) \end{cases}$$

则当 $\iint\limits_{D} f(x,y)\mathrm{d}\sigma$ 存在时,有

$$\iint\limits_{D} f(x,y)\mathrm{d}\sigma = \int_0^{2\pi}\mathrm{d}\theta\int_0^{\rho(\theta)} f(\rho\cos\theta,\rho\sin\theta)\rho\mathrm{d}\rho \qquad (10-12)$$

例 9 计算积分 $I = \iint\limits_{D} \sqrt{x^2+y^2}\,\mathrm{d}\sigma$,其中 D 是由 $a^2 \leqslant x^2+y^2 \leqslant b^2(0<a<b)$ 所确定的区域.

解 首先画出积分区域 D 的图形(如图 $10-20$ 所示),由于区域 D 为圆环,在极坐标系下可用不等式组表示为

$$\begin{cases} 0 \leqslant \theta \leqslant 2\pi \\ a \leqslant \rho \leqslant b \end{cases}$$

则

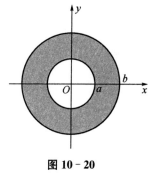

图 10-20

$$I = \iint\limits_{D} \sqrt{x^2+y^2}\,\mathrm{d}\sigma$$

$$= \int_0^{2\pi}\mathrm{d}\theta\int_a^b \rho\cdot\rho\mathrm{d}\rho = \frac{2\pi}{3}(b^3-a^3)$$

读者不妨用直角坐标来计算一下上述积分,会发现计算要烦得多.

例 10 计算 $\iint\limits_{D}\dfrac{x}{y}\mathrm{d}\sigma$,其中 D 是由圆 $x^2+y^2=2y$、直线 $y=x$ 和 y 轴围成的区域.

解 积分区域 D 如图 $10-21$ 所示,圆 $x^2+y^2=2y$ 的极坐标方程为 $\rho=2\sin\theta$,直线 $y=x$ 的极坐标方程为 $\theta=\dfrac{\pi}{4}$,y 轴(正向)的极坐标方程为 $\theta=\dfrac{\pi}{2}$,因此区域 D 可用不等式组表示为

$$\begin{cases} \dfrac{\pi}{4} \leqslant \theta \leqslant \dfrac{\pi}{2} \\ 0 \leqslant \rho \leqslant 2\sin\theta \end{cases}$$

则

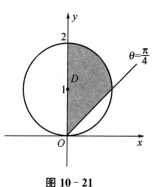

图 10-21

$$\iint\limits_{D}\frac{x}{y}\mathrm{d}\sigma = \int_{\frac{\pi}{4}}^{\frac{\pi}{2}}\mathrm{d}\theta\int_0^{2\sin\theta}\frac{\cos\theta}{\sin\theta}\rho\mathrm{d}\rho$$

$$= \int_{\frac{\pi}{4}}^{\frac{\pi}{2}}\frac{\cos\theta}{\sin\theta}\left[\frac{\rho^2}{2}\right]_0^{2\sin\theta}\mathrm{d}\theta$$

$$= 2\int_{\frac{\pi}{4}}^{\frac{\pi}{2}} \sin\theta\cos\theta d\theta = \int_{\frac{\pi}{4}}^{\frac{\pi}{2}} \sin2\theta d\theta$$

$$= -\frac{1}{2}\left[\cos2\theta\right]_{\frac{\pi}{4}}^{\frac{\pi}{2}} = \frac{1}{2}$$

例 11 计算 $I = \iint\limits_{D} e^{-x^2-y^2} dxdy$,其中 D 为圆域 $x^2 + y^2 \leqslant R^2 (R > 0)$,并由此计算反常积分 $\int_0^{+\infty} e^{-x^2} dx$.

解 在极坐标系下,D 的位于第一象限的 $1/4$ 区域 D_1 可表示为 $\begin{cases} 0 \leqslant \theta \leqslant \frac{\pi}{2}, \\ 0 \leqslant \rho \leqslant R \end{cases}$,则

$$\iint\limits_{D_1} e^{-x^2-y^2} dxdy = \int_0^{\frac{\pi}{2}} d\theta \int_0^R e^{-\rho^2} \rho d\rho$$

$$= \int_0^{\frac{\pi}{2}} \frac{1}{2}(1-e^{-R^2}) d\theta = \frac{1}{4}(1-e^{-R^2})\pi$$

故

$$I = \iint\limits_{D} e^{-x^2-y^2} dxdy = 4\iint\limits_{D_1} e^{-x^2-y^2} dxdy = (1-e^{-R^2})\pi$$

下面利用极限的夹逼准则来计算反常积分 $\int_0^{+\infty} e^{-x^2} dx$. 设

$$D_1 = \{(x,y)) \mid x^2 + y^2 \leqslant R^2, x \geqslant 0, y \geqslant 0\}$$
$$D_2 = \{(x,y) \mid x^2 + y^2 \leqslant 2R^2, x \geqslant 0, y \geqslant 0\}$$
$$S = \{(x,y) \mid 0 \leqslant x \leqslant R, 0 \leqslant y \leqslant R\}$$

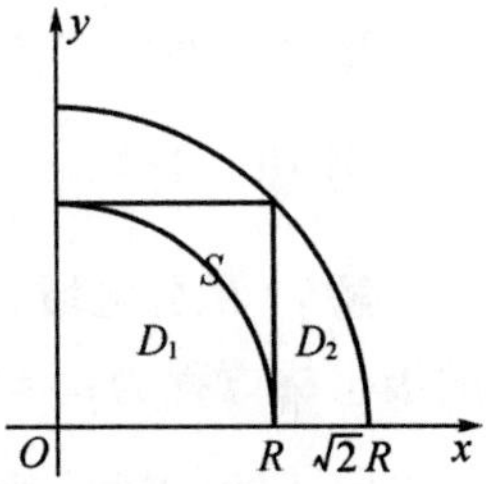

则 $D_1 < S < D_2$(如图 10-22 所示)(这里也用 D_1、S、D_2 分别表示对应图形的面积). 故

图 10-22

$$\iint\limits_{D_1} e^{-x^2-y^2} dxdy \leqslant \iint\limits_{S} e^{-x^2-y^2} dxdy \leqslant \iint\limits_{D_2} e^{-x^2-y^2} dxdy$$

但

$$\iint\limits_{D_1} e^{-x^2-y^2} dxdy = \frac{1}{4}(1-e^{-R^2})\pi$$

$$\iint\limits_{D_2} e^{-x^2-y^2} dxdy = \frac{1}{4}(1-e^{-2R^2})\pi$$

$$\iint\limits_{S} e^{-x^2-y^2} dxdy = \int_0^R e^{-x^2} dx \int_0^R e^{-y^2} dy = \left(\int_0^R e^{-x^2} dx\right)^2$$

即

$$\frac{\pi}{4}(1-\mathrm{e}^{-R^2}) \leqslant \left(\int_0^R \mathrm{e}^{-x^2}\,\mathrm{d}x\right)^2 \leqslant \frac{\pi}{4}(1-\mathrm{e}^{-2R^2})$$

令 $R \to +\infty$，上式两端的极限均为 $\frac{\pi}{4}$，故

$$\int_0^{+\infty} \mathrm{e}^{-x^2}\,\mathrm{d}x = \frac{\sqrt{\pi}}{2}$$

例 12 将累次积分 $I = \int_0^1 \mathrm{d}x \int_{1-x}^{\sqrt{1-x^2}} f(x^2+y^2)\mathrm{d}y$ 化成极坐标系中的累次积分.

解 在直角坐标系中，I 的积分区域为

$$D = \{(x,y) \,|\, 0 \leqslant x \leqslant 1, 1-x \leqslant y \leqslant \sqrt{1-x^2}\}$$

它由圆弧 $y = \sqrt{1-x^2}$ 及直线 $y = 1-x$ 所围成（如图 10-23 所示），D 的边界曲线在极坐标系中的方程为

$$\rho = 1 \text{ 及 } \rho = \frac{1}{\sin\theta + \cos\theta}$$

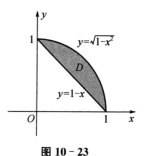

图 10-23

则在极坐标系中，D 可表示为

$$D = \left\{(\rho,\theta) \,\middle|\, \begin{array}{l} 0 \leqslant \theta \leqslant \dfrac{\pi}{2} \\[2mm] \dfrac{1}{\sin\theta + \cos\theta} \leqslant \rho \leqslant 1 \end{array} \right\}$$

故

$$I = \int_0^{\frac{\pi}{2}} \mathrm{d}\theta \int_{\frac{1}{\sin\theta+\cos\theta}}^1 f(\rho^2)\rho\mathrm{d}\rho$$

从上述一些例子中可以看到，在某些二重积分的计算中，采用极坐标可以带来很大方便，有时某些在直角坐标下无法计算的积分在极坐标下却可以计算.

一般地，当积分区域为圆域或圆域与过极点的射线围成的区域，或者被积函数中含 $x^2 + y^2$、$\arctan\dfrac{y}{x}$ 等因式时，常考虑用极坐标计算二重积分.

例 13 求由旋转抛物面 $z = 2 - x^2 - y^2$ 与坐标平面 $z = 0$ 所围成的立体的体积.

解 所求立体是一个以旋转抛物面 $z = 2 - x^2 - y^2$ 为顶的曲顶柱体，其底为圆域. 因此

$$D = \{(x,y) \,|\, x^2 + y^2 \leqslant 2\}$$

则

$$V = \iint\limits_{D} (2 - x^2 - y^2)\mathrm{d}x\mathrm{d}y = \int_{0}^{2\pi}\mathrm{d}\theta\int_{0}^{\sqrt{2}}(2 - \rho^2)\rho\mathrm{d}\rho$$

$$= 2\pi\left(\rho^2 - \frac{1}{4}\rho^4\right)\Big|_{0}^{\sqrt{2}} = 2\pi$$

习题 10.2

1. 计算下列积分:

(1) $\iint\limits_{D} x\sqrt{y}\,\mathrm{d}\sigma$,其中 D 是由两条抛物线 $y = \sqrt{x}$ 与 $y = x^2$ 所围成的闭区域.

(2) $\iint\limits_{D} e^{x+y}\mathrm{d}\sigma$,其中 D 是由 $|x| + |y| \leqslant 1$ 所确定的闭区域.

(3) $\iint\limits_{D} \frac{2y}{1+x}\mathrm{d}x\mathrm{d}y$,其中 D 是由直线 $x = 0, y = 0$ 与 $y = x - 1$ 所围成的闭区域.

(4) $\iint\limits_{D} e^{-y^2}\mathrm{d}x\mathrm{d}y$,其中 D 是由 $x = 0, y = x$ 与 $y = 1$ 所围成的闭区域.

(5) $\int_{0}^{1}\mathrm{d}y\int_{y}^{1}x\sin\frac{y}{x}\mathrm{d}x$.

2. 改变下列累次积分的积分次序:

(1) $\int_{0}^{2}\mathrm{d}y\int_{y^2}^{2y}f(x,y)\mathrm{d}x$.

(2) $\int_{1}^{2}\mathrm{d}x\int_{2-x}^{\sqrt{2x-x^2}}f(x,y)\mathrm{d}y$.

(3) $\int_{0}^{2}\mathrm{d}x\int_{\frac{x^2}{2}}^{2}f(x,y)\mathrm{d}y + \int_{2}^{2\sqrt{2}}\mathrm{d}x\int_{0}^{\sqrt{8-x^2}}f(x,y)\mathrm{d}y$.

3. 利用极坐标计算下列二重积分:

(1) $\iint\limits_{D} e^{x^2+y^2}\mathrm{d}x\mathrm{d}y, D = \{(x,y)\,|\,a^2 \leqslant x^2 + y^2 \leqslant b^2\}$,其中 $a > 0, b > 0$.

(2) $\iint\limits_{D} \sqrt{a^2 - x^2 - y^2}\,\mathrm{d}x\mathrm{d}y, D = \{(x,y)\,|\,x^2 + y^2 \leqslant ax\}$.

(3) $\iint\limits_{D} \arctan\frac{y}{x}\mathrm{d}x\mathrm{d}y$,其中 D 为由 $1 \leqslant x^2 + y^2 \leqslant 4, y = x, y = 0, x > 0, y > 0$ 所确定的区域.

(4) $\iint\limits_{D} \ln(x^2 + y^2)\mathrm{d}x\mathrm{d}y, D$ 为 $e^2 \leqslant x^2 + y^2 \leqslant e^4$.

(5) $\int_0^2 \mathrm{d}x \int_0^{\sqrt{4-x^2}} \sqrt{x^2+y^2}\,\mathrm{d}y.$

4. 选用适当的坐标系计算下列二重积分：

(1) $\displaystyle\iint_D \sqrt{\frac{1-x^2-y^2}{1+x^2+y^2}}\,\mathrm{d}\sigma,$ 其中 D 是由圆周 $x^2+y^2=1$ 与坐标轴所围成的在第一象限内的闭区域.

(2) $\displaystyle\iint_D (x^2+y^2)\mathrm{d}\sigma,$ 其中 D 是由直线 $y=x,y=x+a,y=a$ 与 $y=3a(a>0)$ 所围成的闭区域.

(3) $\displaystyle\iint_D \frac{\sin x}{x}\mathrm{d}x\mathrm{d}y,$ 其中 D 是由 $y=x$ 与 $y=x^2$ 所围成的闭区域.

(4) $\int_{\frac{1}{4}}^{\frac{1}{2}} \mathrm{d}y \int_{\frac{1}{2}}^{\sqrt{y}} \mathrm{e}^{\frac{y}{x}}\,\mathrm{d}x + \int_{\frac{1}{2}}^1 \mathrm{d}y \int_y^{\sqrt{y}} \mathrm{e}^{\frac{y}{x}}\,\mathrm{d}x.$

(5) $\displaystyle\iint_D |\, y-x^2\,|\,\mathrm{d}x\mathrm{d}y,$ 其中 D 是由 $x=-1,x=1,y=0$ 与 $y=1$ 所围成的区域.

5. 利用二重积分求下列各立体 Ω 的体积：

(1) 试求由平面 $x=0,y=0,x+y=1$ 所围成的柱体被平面 $z=0$ 及抛物面 $x^2+y^2=6-z$ 截得的立体的体积.

(2) 计算以 xOy 面上的圆周 $x^2+y^2=ax$ 围成的闭区域为底,以曲面 $z=x^2+y^2$ 为顶的曲顶柱体的体积.

6. 设 $f(u)$ 有连续的一阶导数,且 $f(0)=0$,试求

$$I = \lim_{t \to 0^+} \frac{1}{t^3} \iint_D f\,\sqrt{x^2+y^2}\,\mathrm{d}x\mathrm{d}y$$

其中,$D:x^2+y^2 \leqslant t^2.$

10.3　三重积分

10.3.1　三重积分的概念

引例　设有一质量非均匀分布的立体 Ω,在点 (x,y,z) 处的密度为 $\rho(x,y,z)$,且 $\rho(x,y,z)$ 在 Ω 上连续,求该立体的质量.

由于立体 Ω 的质量对于空间区域具有可加性,因此可用积分方法,即"分割、取近似、求和、取极限"的方法来计算立体的质量.

(1) 分割:用三组曲面网将立体 Ω 所在的区域分割成 n 个小立体

$\Delta\Omega_1, \Delta\Omega_2, \cdots, \Delta\Omega_n$（并用 Δv_i 分别表示各小立体的体积）

（2）取近似：当小立体 $\Delta\Omega_i(i = 1, 2, \cdots, n)$ 的体积都很小时，由于 $\rho(x, y, z)$ 连续，因此在同一个小立体上 $\rho(x, y, z)$ 变化很小，这时小立体 $\Delta\Omega_i(i = 1, 2, \cdots, n)$ 可近似地看作质量是均匀分布的，在 $\Delta\Omega_i(i = 1, 2, \cdots, n)$ 上任取一点 (ξ_i, η_i, ζ_i)，于是可得每个小立体的质量 ΔM_i 的近似值为

$$\Delta M_i \approx \rho(\xi_i, \eta_i, \zeta_i)\Delta v_i \quad (i = 1, 2, \cdots, n)$$

（3）求和：立体的质量等于所有小立体的质量之和，即

$$M = \sum_{i=1}^{n} \Delta M_i \approx \sum_{i=1}^{n} \rho(\xi_i, \eta_i, \zeta_i)\Delta v_i$$

（4）取极限：令 n 个小立体的体积中的最大值（记作 λ）趋于零，取上述和式的极限，就可得所求立体的质量，即

$$M = \lim_{\lambda \to 0} \sum_{i=1}^{n} \rho(\xi_i, \eta_i, \zeta_i)\Delta v_i$$

此外还有许多这样的问题可以归结为上述类型的极限，这样抽取上述问题中的具体意义，抽象出其中的数学意义，就得到三重积分的定义.

定义　设 $f(x, y, z)$ 是空间有界闭区域 Ω 上的有界函数，将闭区域 Ω 任意分成 n 个小闭区域 $\Delta\Omega_1, \Delta\Omega_2, \cdots, \Delta\Omega_n$，并用 Δv_i 表示第 i 个小闭区域 $\Delta\Omega_i$ 的体积，在每个小闭区域 $\Delta\Omega_i$ 上任取一点 (ξ_i, η_i, ζ_i)，作乘积 $f(\xi_i, \eta_i, \zeta_i) \cdot \Delta v_i (i = 1, 2, \cdots, n)$ 并作和 $\sum_{i=1}^{n} f(\xi_i, \eta_i, \zeta_i)\Delta v_i$，如果当各小闭区域的体积中的最大值 λ 趋近于零时该和式的极限存在，则称此极限为函数 $f(x, y, z)$ 在闭区域 Ω 上的三重积分，记作 $\iiint\limits_{\Omega} f(x, y, z)\mathrm{d}v$，即

$$\iiint\limits_{\Omega} f(x, y, z)\mathrm{d}v = \lim_{\lambda \to 0} \sum_{i=1}^{n} f(\xi_i, \eta_i, \zeta_i)\Delta v_i \qquad (10-13)$$

其中 $f(x, y, z)$ 称为**被积函数**，$f(x, y, z)\mathrm{d}v$ 称为**被积表达式**，$\mathrm{d}v$ 称为**体积微元**，x、y、z 称为**积分变量**，Ω 称为**积分区域**，$\sum_{i=1}^{n} f(\xi_i, \eta_i, \zeta_i)\Delta v_i$ 称为**积分和**.

由积分定义可知，当积分存在时，积分值与区域的分割方式无关，因此在各个坐标系的积分计算中，往往采用一些特殊的分割方式，使积分计算变得简单有效.

在空间直角坐标系中，常采用平行于坐标面的平面来划分区域 Ω，这时除了包含 Ω 的边界点的一些不规则小闭区域外（可略去不计），得到的小闭区域 $\Delta\Omega_i$ 均为长方体，设长方体小闭区域 $\Delta\Omega_i$ 的边长分别为 Δx_j、Δy_k、Δz_h，则 $\Delta v_i = \Delta x_j \Delta y_k \Delta z_h$. 故直角坐标系中的体积微元为

$$\mathrm{d}v = \mathrm{d}x\mathrm{d}y\mathrm{d}z$$

从而三重积分也记为

$$\iiint\limits_{\Omega} f(x,y,z)\mathrm{d}x\mathrm{d}y\mathrm{d}z$$

与二元函数的可积性类似,当 $f(x,y,z)$ 在闭区域 Ω 上连续时,$f(x,y,z)$ 在闭区域 Ω 上的三重积分必定存在.进一步可证明,如果用一些分片光滑的曲面将 Ω 分成有限多个空间小区域,而 $f(x,y,z)$ 在每个小区域内连续,则 $f(x,y,z)$ 在闭区域 Ω 上的三重积分也是存在的.对于二重积分定义中的有关性质,可相应地移植到三重积分上,这里不再赘述.

由三重积分的定义可知,以 $f(x,y,z)$ 为密度分布的空间有界闭区域 Ω 的质量,是其密度函数 $f(x,y,z)$ 在空间立体区域 Ω 上的三重积分,即

$$M = \iiint\limits_{\Omega} f(x,y,z)\mathrm{d}v \tag{10-14}$$

二重积分与三重积分统称为重积分.

10.3.2　三重积分的计算

由上面可知,三元函数 $u = f(x,y,z)$ 在空间区域 Ω 上的三重积分就是以下和式的极限:

$$\iiint\limits_{\Omega} f(x,y,z)\mathrm{d}v = \lim_{\lambda \to 0} \sum_{i=1}^{n} f(\xi_i,\eta_i,\zeta_i)\Delta v_i$$

而且当 $f(x,y,z)$ 在 Ω 上连续时,三重积分一定存在.今后我们总假定被积函数 $f(x,y,z)$ 在 Ω 上连续.

三重积分计算的基本方法仍是将其化为三次积分进行计算.下面仍然根据坐标系的特点分别讨论.

1)直角坐标系下的三重积分计算

(1)先一后二型

设空间区域 Ω 是如图 10-24 所示的立体,它满足以下条件:Ω 在 xOy 面上的投影区域为 D_{xy},用平行于 z 轴的直线穿过闭区域 Ω 内部时,该直线与闭区域 Ω

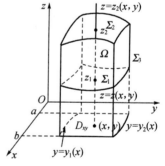

图 10-24

的边界曲面 Σ 最多相交于两点.边界曲面 Σ 由上、下两曲面 Σ_1、Σ_2 及侧柱面 Σ_3 围成,其中

$$\Sigma_1 : z = z_1(x,y),\ (x,y) \in D_{xy}$$
$$\Sigma_2 : z = z_2(x,y),\ (x,y) \in D_{xy}$$

Σ_3 是以 D_{xy} 的边界为准线而母线平行于 z 轴的介于 Σ_1 与 Σ_2 之间的侧柱面,则 Ω 可表示为

$$\Omega = \left\{ (x,y,z) \,\middle|\, z_1(x,y) \leqslant z \leqslant z_2(x,y), (x,y) \in D_{xy} \right\}$$

其中 $z_1(x,y)$ 与 $z_2(x,y)$ 都是 D_{xy} 上的连续函数,我们称这样的区域为 XY 型区域.

类似地,如果平行于 x 轴或 y 轴且穿过闭区域 Ω 内部的直线与 Ω 的边界曲面 Σ 相交不多于两点,则对应的区域分别称为 YZ 型区域与 ZX 型区域.

为方便起见,我们称这三类区域为**简单区域**.

下面以 XY 型区域为例,将三重积分化为三次积分.

先将 x、y 看作定值,$f(x,y,z)$ 只看作 z 的函数,在区间 $[z_1(x,y),z_2(x,y)]$ 上对 z 积分.积分的结果是关于 x、y 的函数,记作 $F(x,y)$,即

$$F(x,y) = \int_{z_1(x,y)}^{z_2(x,y)} f(x,y,z)\mathrm{d}z$$

然后计算 $F(x,y)$ 在闭区域 D_{xy} 上的二重积分

$$\iint\limits_{D_{xy}} F(x,y)\mathrm{d}\sigma = \iint\limits_{D_{xy}} \left[\int_{z_1(x,y)}^{z_2(x,y)} f(x,y,z)\mathrm{d}z \right]\mathrm{d}\sigma \qquad (10-15)$$

这样,就将三重积分化成了先单积分后二重积分的累次积分.这类积分区域常称为**先一后二型**,这样的方法也称为**投影法**.

如果闭区域 D_{xy} 为 X 型,即

$$D_{xy} = \left\{ (x,y) \,\middle|\, \begin{matrix} a \leqslant x \leqslant b \\ y_1(x) \leqslant y \leqslant y_2(x) \end{matrix} \right\}$$

再把上面的二重积分化为二次积分,于是得到三重积分的计算公式为

$$\iiint\limits_{\Omega} f(x,y,z)\mathrm{d}v = \int_a^b \mathrm{d}x \int_{y_1(x)}^{y_2(x)} \mathrm{d}y \int_{z_1(x,y)}^{z_2(x,y)} f(x,y,z)\mathrm{d}z \qquad (10-16)$$

式(10-16)把三重积分化为先对 z、次对 y、最后对 x 的三次积分.

若投影区域 D_{xy} 可表示为 $D_{xy} = \{ (x,y) \mid \psi_1(y) \leqslant x \leqslant \psi_2(y), c \leqslant y \leqslant d \}$,则

$$\iiint\limits_{\Omega} f(x,y,z)\mathrm{d}v = \iint\limits_{D_{xy}} \mathrm{d}x\mathrm{d}y \int_{z_1(x,y)}^{z_2(x,y)} f(x,y,z)\mathrm{d}z$$

$$(10-17)$$

$$= \int_c^d \mathrm{d}y \int_{\psi_1(y)}^{\psi_2(y)} \mathrm{d}x \int_{z_1(x,y)}^{z_2(x,y)} f(x,y,z)\mathrm{d}z$$

式(10-17)就是把三重积分化为累次积分(三次定积分)的计算公式.

类似地,若平行于 x 轴(或平行 y 轴)的直线与空间区域 Ω 的边界曲面 Σ 的交点不多于两个时,根据积分区域 Ω 的特点,如果 Ω 分别为 YZ 型区域或 ZX 型区域,这时也可把闭区域 Ω 投影到 yOz 面上或 xOz 面上,得 yOz 面上的区域 D_{yz} 或 zOx 面上的区域 D_{zx},利用投影法同样可得先一后二型累次积分

$$\iiint\limits_{\Omega} f(x,y,z)\mathrm{d}v = \iint\limits_{D_{yz}} \mathrm{d}y\mathrm{d}z \int_{x_1(y,z)}^{x_2(y,z)} f(x,y,z)\mathrm{d}x \qquad (10-18)$$

或

$$\iiint\limits_{\Omega} f(x,y,z)\mathrm{d}v = \iint\limits_{D_{zx}} \mathrm{d}x\mathrm{d}z \int_{y_1(x,z)}^{y_2(x,z)} f(x,y,z)\mathrm{d}y \tag{10-19}$$

必须指出：如果平行于坐标轴且穿过闭区域 Ω 内部的直线与边界曲面 Σ 的交点多于两个，这时 Ω 就不是简单区域，此时也可像处理二重积分那样，作辅助曲面把 Ω 分成若干个简单区域，然后根据积分对区域具有可加性，将 Ω 上的三重积分化为各部分简单闭区域上的三重积分的和.

例 1　计算 $I = \iiint\limits_{\Omega} xy\mathrm{d}v$，其中 Ω 是由三个坐标面及平面 $x+y+z=1$ 所围成的有界闭区域.

解　画出积分区域 Ω（图 10-25），利用投影法，将其向 xOy 面投影得投影区域为

$$D_{xy} = \left\{ (x,y) \,\middle|\, \begin{matrix} 0 \leqslant x \leqslant 1 \\ 0 \leqslant y \leqslant 1-x \end{matrix} \right\}$$

在 D_{xy} 内任意取一点 (x,y)，作平行于 z 轴的直线，它的下界面为 $z=0$，上界面为 $z=1-x-y$，由此 z 的积分限为：$0 \leqslant z \leqslant 1-x-y$. 故积分区域 Ω 可用不等式组表示为

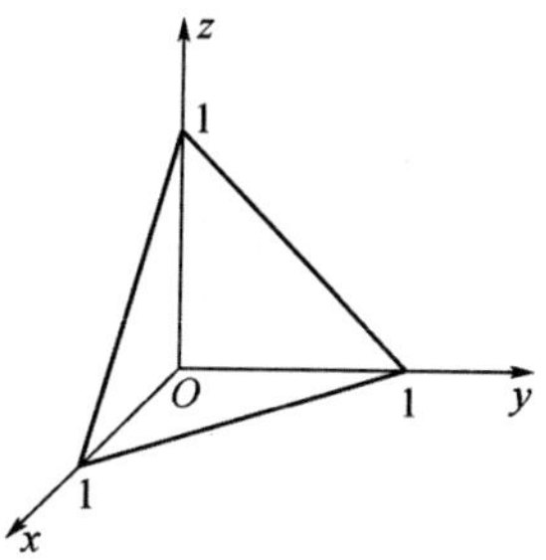

$$\Omega = \left\{ (x,y,z) \,\middle|\, \begin{matrix} 0 \leqslant x \leqslant 1 \\ 0 \leqslant y \leqslant 1-x \\ 0 \leqslant z \leqslant 1-x-y \end{matrix} \right\}$$

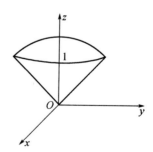

图 10-25

于是

$$I = \iiint\limits_{\Omega} xy\mathrm{d}v = \int_0^1 \mathrm{d}x \int_0^{1-x} \mathrm{d}y \int_0^{1-x-y} xy\mathrm{d}z$$

$$= \int_0^1 \mathrm{d}x \int_0^{1-x} xy(1-x-y)\mathrm{d}y = \int_0^1 \frac{x}{6}(1-x)^3\mathrm{d}x = \frac{1}{120}$$

例 2　计算 $I = \iiint\limits_{\Omega} z\mathrm{d}x\mathrm{d}y\mathrm{d}z$，其中 Ω 由锥面 $z = \sqrt{x^2+y^2}$ 与球面 $z = \sqrt{2-x^2-y^2}$ 所围成.

解　如图 10-26 所示，两曲面的交线为

$$\begin{cases} z = \sqrt{x^2+y^2} \\ z = \sqrt{2-x^2-y^2} \end{cases}$$

消去 z，解得 $z=1$，故 Ω 在 xOy 面上的投影区域为

$$D_{xy} = \{ (x,y) \,|\, x^2+y^2 \leqslant 1 \}$$

由此积分区域 Ω 可用不等式组表示为

图 10-26

$$\Omega = \left\{ (x,y,z) \,\middle|\, \begin{array}{l} (x,y) \in D_{xy} \\ \sqrt{x^2+y^2} \leqslant z \leqslant \sqrt{2-x^2-y^2} \end{array} \right\}$$

则

$$I = \iint\limits_{D_{xy}} \mathrm{d}x\mathrm{d}y \int_{\sqrt{x^2+y^2}}^{\sqrt{2-x^2-y^2}} z\mathrm{d}z = \iint\limits_{D_{xy}} (1-x^2-y^2)\mathrm{d}x\mathrm{d}y$$

$$= \int_0^{2\pi}\mathrm{d}\theta \int_0^1 (1-\rho^2)\rho\mathrm{d}\rho = 2\pi\left(\frac{1}{2}-\frac{1}{4}\right) = \frac{\pi}{2}$$

(2) 先二后一型

当积分区域 Ω 夹在两个水平面之间,且其水平截面的形状较为规则时,三重积分的计算也可通过先求截面上的二重积分再计算一个定积分来进行,这类积分区域常称为**先二后一型**,这样的方法也称为**截面法**.具体做法是:

先将积分区域 Ω 投影到 z 轴上(如图 $10-27$ 所示)有 $c \leqslant z \leqslant d$,再在区间 $[c,d]$ 内任取一点 z,过点 $(0,0,z)$ 作平行于 xOy 面的平面截 Ω 得一平面区域 D_z,则 Ω 可表示为

$$\Omega = \{(x,y,z) \,|\, c \leqslant z \leqslant d, (x,y) \in D_z\}$$

$$(10-20)$$

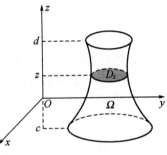

图 $10-27$

当函数 $f(x,y,z)$ 在 Ω 上连续时,对每一个固定的 $z(z \in [c,d])$,在截面 D_z 上作二重积分 $\iint\limits_{D_z} f(x,y,z)\mathrm{d}x\mathrm{d}y$,当 z 在 $[c,d]$ 上变动时,该二重积分是 z 的函数,即

$$I(z) = \iint\limits_{D_z} f(x,y,z)\mathrm{d}x\mathrm{d}y$$

对 $I(z)$ 在区间 $[c,d]$ 上作定积分

$$\int_c^d I(z)\mathrm{d}z = \int_c^d \left[\iint\limits_{D_z} f(x,y,z)\mathrm{d}x\mathrm{d}y\right]\mathrm{d}z$$

即

$$\iiint\limits_{\Omega} f(x,y,z)\mathrm{d}v = \int_c^d \mathrm{d}z \iint\limits_{D_z} f(x,y,z)\mathrm{d}x\mathrm{d}y \qquad (10-21)$$

这样就将三重积分化成了先二后一(或先重后单)型累次积分.

例 3 计算 $I = \iiint\limits_{\Omega} z^2 \mathrm{d}x\mathrm{d}y\mathrm{d}z$,其中 Ω 为椭球体 $\dfrac{x^2}{a^2} + \dfrac{y^2}{b^2} + \dfrac{z^2}{c^2} \leqslant 1$.

解 由区域特征,我们采用截面法化为先二后一型累次积分.用平面 $z=z$ 截空间区域 Ω 得截面区域为(如图 $10-28$ 所示)

$$D_z = \left\{ (x,y) \left| \frac{x^2}{a^2} + \frac{y^2}{b^2} \leqslant 1 - \frac{z^2}{c^2} \right. \right\}, -c \leqslant z \leqslant c$$

于是由式 (10 - 21) 可得

$$I = \int_{-c}^{c} \mathrm{d}z \iint\limits_{D_z} z^2 \mathrm{d}x \mathrm{d}y = \int_{-c}^{c} z^2 \mathrm{d}z \iint\limits_{D_z} \mathrm{d}x \mathrm{d}y$$

$$= \int_{-c}^{c} z^2 S(D_z) \mathrm{d}z$$

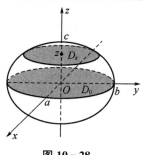

图 10 - 28

这里 $S(D_z)$ 表示区域 D_z 的面积，由椭圆面积公式

$$S(D_z) = \pi \left(a \sqrt{1 - \frac{z^2}{c^2}} \right) \cdot \left(b \sqrt{1 - \frac{z^2}{c^2}} \right)$$

$$= \pi ab \left(1 - \frac{z^2}{c^2} \right)$$

因此

$$I = \int_{-c}^{c} z^2 \pi ab \left(1 - \frac{z^2}{c^2} \right) \mathrm{d}z = \frac{4}{15} \pi abc^3$$

2) 三重积分的变量代换

为给出三重积分在其他常见坐标系下的计算公式，这里先介绍三重积分的一般变量代换公式.

定理 设函数 $\varphi(u,v,\omega)$、$\psi(u,v,\omega)$ 及 $\chi(u,v,\omega)$ 都有一阶连续偏导函数，且雅可比行列式为

$$J(u,v,\omega) = \frac{\partial(\varphi,\psi,\chi)}{\partial(u,v,\omega)} = \begin{vmatrix} \dfrac{\partial\varphi}{\partial u} & \dfrac{\partial\varphi}{\partial v} & \dfrac{\partial\varphi}{\partial \omega} \\[2mm] \dfrac{\partial\psi}{\partial u} & \dfrac{\partial\psi}{\partial v} & \dfrac{\partial\psi}{\partial \omega} \\[2mm] \dfrac{\partial\chi}{\partial u} & \dfrac{\partial\chi}{\partial v} & \dfrac{\partial\chi}{\partial \omega} \end{vmatrix} \neq 0$$

则变换 $T: x = \varphi(u,v,\omega), y = \psi(u,v,\omega), z = \chi(u,v,\omega)$ 是 $uv\omega$ 空间到 xyz 空间的一个一一对应的变换. 若函数 $f(x,y,z)$ 在区域 Ω 上连续，区域 Ω 关于变换 T 的像为区域 Ω'，则有

$$\iiint\limits_{\Omega} f(x,y,z) \mathrm{d}x \mathrm{d}y \mathrm{d}z = \iiint\limits_{\Omega'} f[\varphi(u,v,\omega),\psi(u,v,\omega),\chi(u,v,\omega)] |J| \mathrm{d}u \mathrm{d}v \mathrm{d}\omega$$

$$(10 - 22)$$

称式 (10 - 22) 为三重积分的变量代换公式.

常用的三重积分的变量代换主要有柱面坐标变换与球面坐标变换. 利用式 (10-22) 可以很方便地得到三重积分在其他常见坐标系下的计算公式.

3）柱面坐标系下的三重积分计算

设 $M(x,y,z)$ 为空间内一点，其在 xOy 面上的投影 P 的极坐标为 (ρ,θ)，则点 $M(x,y,z)$ 也可用坐标 (ρ,θ,z) 表示，称 (ρ,θ,z) 为点 M 的柱面坐标（图 10-29），这里规定 ρ、θ、z 的变化范围为

$$0\leqslant\rho\leqslant+\infty,0\leqslant\theta\leqslant2\pi,-\infty<z<+\infty$$

柱面坐标系中的三组坐标面分别为：

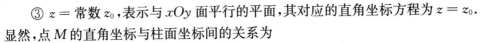

图 10-29

① $\rho=$ 常数 ρ_0，表示以 z 轴为中心的圆柱面，其对应的直角坐标方程为 $x^2+y^2=\rho_0^2$；

② $\theta=$ 常数 θ_0，表示过 z 轴的半平面，其对应的直角坐标方程为 $y=x\tan\theta_0$；

③ $z=$ 常数 z_0，表示与 xOy 面平行的平面，其对应的直角坐标方程为 $z=z_0$．

显然，点 M 的直角坐标与柱面坐标间的关系为

$$\begin{cases} x=\rho\cos\theta \\ y=\rho\sin\theta \\ z=z \end{cases}$$

上式即为柱面坐标系到直角坐标系的一个变换公式．易算得其雅可比行列式为

$$J(\rho,\theta,z)=\frac{\partial(x,y,z)}{\partial(\rho,\theta,z)}=\begin{vmatrix} \cos\theta & -\rho\sin\theta & 0 \\ \sin\theta & \rho\cos\theta & 0 \\ 0 & 0 & 1 \end{vmatrix}=\rho$$

由式（10-22）就推得在柱面坐标系下三重积分的计算公式为

$$\iiint\limits_{\Omega}f(x,y,z)\mathrm{d}v=\iiint\limits_{\Omega}f(\rho\cos\theta,\rho\sin\theta,z)\rho\mathrm{d}\rho\mathrm{d}\theta\mathrm{d}z \qquad (10-23)$$

其中，$\rho\mathrm{d}\rho\mathrm{d}\theta\mathrm{d}z$ 为柱面坐标系中的体积微元，即

$$\mathrm{d}v=\rho\mathrm{d}\rho\mathrm{d}\theta\mathrm{d}z$$

一般情形下，对式（10-23）同样可化为 ρ、θ、z 的累次积分来计算．例如，当积分区域 Ω 适合用投影法表示时，一般可依照先 z 后 ρ、最后 θ 的次序积分，其积分限则可根据 ρ、θ、z 在积分域 Ω 中的变化范围来确定．将积分区域 Ω 投影到 xOy 面，并将投影区域 D_{xy} 用极坐标表示，如 D_{xy} 可用极坐标不等式表示为 $\alpha\leqslant\theta\leqslant\beta,\rho_1(\theta)\leqslant\rho\leqslant\rho_2(\theta)$；再把 Ω 的上、下表面分别用柱面坐标表示，设为 $z=z_2(\rho,\theta),z=z_1(\rho,\theta)$．这时立体 Ω 在柱面坐标系下表示为

$$\Omega=\left\{(\rho,\theta,z)\left|\begin{array}{l} \alpha\leqslant\theta\leqslant\beta \\ \rho_1(\theta)\leqslant\rho\leqslant\rho_2(\theta) \\ z_1(\rho,\theta)\leqslant z\leqslant z_2(\rho,\theta) \end{array}\right.\right\}$$

当函数 $f(x,y,z)$ 在 Ω 上连续时,有

$$\iiint\limits_{\Omega} f(x,y,z)\mathrm{d}v = \int_{\alpha}^{\beta}\mathrm{d}\theta\int_{\rho_1(\theta)}^{\rho_2(\theta)}\rho\mathrm{d}\rho\int_{z_1(\rho,\theta)}^{z_2(\rho,\theta)} f(\rho\cos\theta,\rho\sin\theta,z)\mathrm{d}z \quad (10-24)$$

例 4 计算 $I = \iiint\limits_{\Omega}(x^2+y^2)\mathrm{d}v$,其中 Ω 是由曲面 $z = x^2+y^2$ 与 $z = 4$ 所围成的区域.

解 曲面 $z = x^2+y^2$ 与 $z = 4$ 在柱面坐标系下的方程分别为 $z = \rho^2$ 与 $z = 4$(如图 $10-30$ 所示),由于区域 Ω 在 xOy 面上的投影为 $x^2+y^2\leqslant 4$,所以闭区域 Ω 可用不等式组

$$\begin{cases} 0\leqslant\theta\leqslant 2\pi \\ 0\leqslant\rho\leqslant 2 \\ \rho^2\leqslant z\leqslant 4 \end{cases}$$

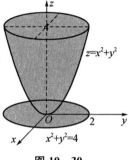

图 10-30

来表示. 于是,利用柱面坐标变换的积分公式($10-24$),有

$$I = \iiint\limits_{\Omega}(x^2+y^2)\mathrm{d}v = \int_0^{2\pi}\mathrm{d}\theta\int_0^2\rho^3\mathrm{d}\rho\int_{\rho^2}^4\mathrm{d}z$$

$$= \int_0^{2\pi}\mathrm{d}\theta\int_0^2\rho^3(4-\rho^2)\mathrm{d}\rho = 2\pi\left[\rho^4 - \frac{1}{6}\rho^6\right]_0^2 = \frac{32\pi}{3}$$

4)球面坐标系下的三重积分计算

空间点 $M(x,y,z)$ 还可以用以下三个有次序的数 r、φ、θ 来确定,其中 r 为原点 O 与点 M 间的距离,即向径 $\overrightarrow{OM}$ 的长度;φ 为 $\overrightarrow{OM}$ 转到 z 轴正向的转角;θ 为 $\overrightarrow{OM}$ 在 xOy 面上的投影向量 $\overrightarrow{OP}$ 转到 x 轴正向的转角(如图 $10-31$ 所示),数组 (r,φ,θ) 称为**点 M 的球面坐标**. 由图 $10-31$ 易见,直角坐标与球面坐标的关系为

$$\begin{cases} x = r\sin\varphi\cos\theta \\ y = r\sin\varphi\sin\theta \\ z = r\cos\varphi \end{cases} \quad (10-25)$$

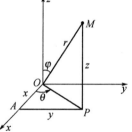

图 10-31

其中,$r\geqslant 0, 0\leqslant\varphi\leqslant\pi, 0\leqslant\theta\leqslant 2\pi$. 容易看出,若把 r 固定,那式($10-25$)就是半径为 r 的球面的参数方程.

球面坐标系中的三组坐标面分别为:

① $r = $ 常数,表示以原点为中心、r 为半径的球面,其对应的直角坐标系下的方程为

$$x^2+y^2+z^2 = r^2$$

② $\varphi = $ 常数,表示以原点为顶点、z 轴为中心轴、半顶角为 φ 的圆锥面,其对应

的直角坐标系下的方程为

$$x^2 + y^2 = z\tan\varphi$$

③ $\theta =$ 常数,表示过 z 轴的半平面,该半平面与含 x 轴正向的坐标面 xOz 面成 θ 角,其对应的直角坐标系下的方程为

$$y = x\tan\theta$$

式(10 - 25) 即为球面坐标系到直角坐标系的一个变换公式. 易算得其雅可比行列式为

$$J(r,\varphi,\theta) = \frac{\partial(x,y,z)}{\partial(r,\varphi,\theta)} = \begin{vmatrix} \cos\varphi\sin\theta & r\cos\varphi\cos\theta & -r\sin\varphi\sin\theta \\ \sin\varphi\sin\theta & r\cos\varphi\sin\theta & r\sin\varphi\cos\theta \\ \cos\varphi & -r\sin\varphi & 0 \end{vmatrix} = r^2\sin\varphi$$

这样当 $f(x,y,z)$ 在 Ω 上连续时,就推得球面坐标系下三重积分的计算公式为

$$\iiint\limits_{\Omega} f(x,y,z)\mathrm{d}v = \iiint\limits_{\Omega} f(r\sin\varphi\cos\theta, r\sin\varphi\sin\theta, r\cos\varphi)r^2\sin\varphi\mathrm{d}r\mathrm{d}\varphi\mathrm{d}\theta \quad (10 - 26)$$

其中, $r^2\sin\varphi\mathrm{d}r\mathrm{d}\theta\mathrm{d}\varphi$ 为球面坐标系中的体积微元,即

$$\mathrm{d}v = r^2\sin\varphi\mathrm{d}r\mathrm{d}\varphi\mathrm{d}\theta$$

此三重积分同样可化为 r、φ、θ 的累次积分来计算,一般可依照先 r 后 φ、最后 θ 的次序来积分.

例5 计算 $\iiint\limits_{\Omega} \sqrt{x^2 + y^2 + z^2}\,\mathrm{d}v$,其中 Ω 是由上半球面 $z = \sqrt{2 - x^2 - y^2}$ 与平面 $z = 0$ 所围成的闭区域.

解 由于区域 Ω 为中心在原点、半径为 $R = \sqrt{2}$ 的上半球体,故选择使用球面坐标系进行计算比较简单. 易知上半球面 $z = \sqrt{2 - x^2 - y^2}$ 与平面 $z = 0$ 在球面坐标系下的方程分别为 $r = \sqrt{2}$ 与 $\varphi = \frac{\pi}{2}$,因此所给区域 Ω 在球面坐标系下可用不等式组

$$0 \leqslant r \leqslant \sqrt{2}, 0 \leqslant \varphi \leqslant \frac{\pi}{2}, 0 \leqslant \theta \leqslant 2\pi$$

来表示,所以

$$\iiint\limits_{\Omega} \sqrt{x^2 + y^2 + z^2}\,\mathrm{d}v = \int_0^{2\pi}\mathrm{d}\theta\int_0^{\frac{\pi}{2}}\sin\varphi\mathrm{d}\varphi\int_0^{\sqrt{2}} r \cdot r^2\mathrm{d}r$$

$$= 2\pi \cdot 1 \cdot \left[\frac{1}{4}r^4\right]_0^{\sqrt{2}} = 2\pi$$

例6 设 Ω 为球面 $x^2 + y^2 + z^2 = 2az(a > 0)$ 和锥面(以 z 轴为对称轴,半顶角为 α) 所围的空间区域,求 Ω 的体积.

解 由于区域 Ω 由球面和锥面围成(如图 10 - 32 所示),故选择使用球面坐标

系进行计算比较简便，又球面 $x^2+y^2+z^2=2az(a>0)$ 和锥面(以 z 轴为对称轴，半顶角为 α)在球面坐标系下的方程分别为 $r=2a\cos\varphi$ 与 $\varphi=\alpha$，根据图形特征可知所给区域 Ω 可用不等式组

$$0\leqslant r\leqslant 2a\cos\varphi,0\leqslant\varphi\leqslant\alpha,0\leqslant\theta\leqslant 2\pi$$

来表示，所以

$$
\begin{aligned}
V &= \iiint\limits_{\Omega}\mathrm{d}v = \iiint\limits_{\Omega}r^2\sin\varphi\mathrm{d}r\mathrm{d}\varphi\mathrm{d}\theta \\
&= \int_0^{2\pi}\mathrm{d}\theta\int_0^{\alpha}\sin\varphi\mathrm{d}\varphi\int_0^{2a\cos\varphi}r^2\mathrm{d}r \\
&= 2\pi\int_0^{\alpha}\sin\varphi\mathrm{d}\varphi\int_0^{2a\cos\varphi}r^2\mathrm{d}r \\
&= \frac{16\pi a^3}{3}\int_0^{\alpha}\cos^3\varphi\sin\varphi\mathrm{d}\varphi \\
&= \frac{4\pi a^3}{3}(1-\cos^4\alpha)
\end{aligned}
$$

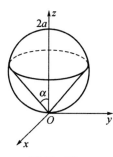

图 10-32

例 7　计算三重积分 $I=\iiint\limits_{\Omega}z\mathrm{d}x\mathrm{d}y\mathrm{d}z$，其中

$$\Omega=\{(x,y,z)\mid x^2+y^2+z^2\leqslant R^2,x^2+y^2+(z-R)^2\leqslant R^2\}$$

解法 1：利用柱面坐标系，先将 Ω 的边界曲面方程 $x^2+y^2+z^2\leqslant R^2$ 与 $x^2+y^2+(z-R)^2\leqslant R^2$ 分别化成柱面坐标形式，得

$$z=\sqrt{R^2-\rho^2},\quad z=R-\sqrt{R^2-\rho^2}$$

易求得它们的交线在 xOy 平面上的投影曲线方程为

$$\begin{cases}\rho=\dfrac{\sqrt{3}}{2}R\\[2mm]z=0\end{cases}$$

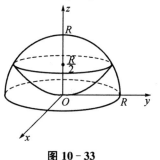

图 10-33

于是，根据图 10-33，可得所给区域 Ω 在柱面坐标系下可表示为不等式组

$$R-\sqrt{R^2-\rho^2}\leqslant z\leqslant\sqrt{R^2-\rho^2},0\leqslant\rho\leqslant\frac{\sqrt{3}}{2}R,0\leqslant\theta\leqslant 2\pi$$

因此

$$
\begin{aligned}
\iiint\limits_{\Omega}z\mathrm{d}x\mathrm{d}y\mathrm{d}z &= \int_0^{2\pi}\mathrm{d}\theta\int_0^{\frac{\sqrt{3}}{2}R}\rho\mathrm{d}\rho\int_{R-\sqrt{R^2-\rho^2}}^{\sqrt{R^2-\rho^2}}z\mathrm{d}z \\
&= \frac{2\pi}{2}\int_0^{\frac{\sqrt{3}}{2}R}\rho((R^2-\rho^2)-(R-\sqrt{R^2-\rho^2})^2)\mathrm{d}\rho \\
&= \frac{5}{24}\pi R^4
\end{aligned}
$$

解法 2：利用球面坐标系，把 Ω 的边界曲面方程 $x^2+y^2+z^2\leqslant R^2$ 与 $x^2+y^2+(z-R)^2\leqslant R^2$ 分别化为球面坐标形式，得 $r=R$ 与 $r=2R\cos\varphi$，易求得它们的交线为圆

$$\begin{cases} r=R \\ \varphi=\dfrac{\pi}{3} \end{cases}$$

因此，Ω 的边界曲面由 $r=2R\cos\varphi\ \left(\dfrac{\pi}{3}\leqslant\varphi\leqslant\dfrac{\pi}{2}\right)$ 与 $r=R\ \left(0\leqslant\varphi\leqslant\dfrac{\pi}{3}\right)$ 组成，于是根据图形特征可知，所给区域 Ω 可分成两个积分区域 Ω_1 与 Ω_2，它们在球面坐标系下分别可用下面两个不等式组表：

$$\Omega_1:0\leqslant r\leqslant R,0\leqslant\varphi\leqslant\frac{\pi}{3},0\leqslant\theta\leqslant2\pi$$

与

$$\Omega_2:0\leqslant r\leqslant 2R\cos\varphi,\frac{\pi}{3}\leqslant\varphi\leqslant\frac{\pi}{2},0\leqslant\theta\leqslant2\pi$$

于是

$$\iiint\limits_{\Omega}z\,\mathrm{d}x\mathrm{d}y\mathrm{d}z=\iiint\limits_{\Omega_1}z\,\mathrm{d}x\mathrm{d}y\mathrm{d}z+\iiint\limits_{\Omega_2}z\,\mathrm{d}x\mathrm{d}y\mathrm{d}z$$

$$=\iiint\limits_{\Omega_1}r\cos\varphi\cdot r^2\sin\varphi\mathrm{d}r\mathrm{d}\varphi\mathrm{d}\theta+\iiint\limits_{\Omega_2}r\cos\varphi\cdot r^2\sin\varphi\mathrm{d}r\mathrm{d}\varphi\mathrm{d}\theta$$

$$=\int_0^{2\pi}\mathrm{d}\theta\int_0^{\frac{\pi}{3}}\cos\varphi\sin\varphi\mathrm{d}\varphi\int_0^R r^3\,\mathrm{d}r+\int_0^{2\pi}\mathrm{d}\theta\int_{\frac{\pi}{3}}^{\frac{\pi}{2}}\cos\varphi\sin\varphi\mathrm{d}\varphi\int_0^{2R\cos\varphi} r^3\,\mathrm{d}r$$

$$=\frac{2\pi}{4}R^4\left(-\frac{1}{2}\cos^2\varphi\right)\Big|_0^{\frac{\pi}{3}}+\frac{2\pi}{4}(2R)^4\left(-\frac{1}{6}\cos^6\varphi\right)\Big|_{\frac{\pi}{3}}^{\frac{\pi}{2}}=\frac{5\pi}{24}R^4$$

解法 3：Ω 区域具有先二后一型的特点，因此利用截面法，将 Ω 向 z 轴投影得投影区间为 $[0,R]$，于是对 $\forall z\in[0,R]$，过点 $(0,0,z)$ 且平行于 xOy 面的平面截 Ω 所得的圆域记为 D_z，则

$$D_z=\begin{cases} \{(x,y)\,|\,x^2+y^2\leqslant R^2-(z-R)^2\}, & 0\leqslant z\leqslant\dfrac{R}{2} \\[2mm] \{(x,y)\,|\,x^2+y^2\leqslant R^2-z^2\}, & \dfrac{R}{2}\leqslant z\leqslant R \end{cases}$$

因此

$$\iiint\limits_{\Omega}z\,\mathrm{d}x\mathrm{d}y\mathrm{d}z=\int_0^{\frac{R}{2}}z\mathrm{d}z\iint\limits_{D_z}\mathrm{d}\sigma+\int_{\frac{R}{2}}^R z\mathrm{d}z\iint\limits_{D_z}\mathrm{d}\sigma$$

$$=\pi\int_0^{\frac{R}{2}}z[R^2-(z-R)^2]\mathrm{d}z+\pi\int_{\frac{R}{2}}^R z(R^2-z^2)\mathrm{d}z$$

$$=\frac{5\pi}{24}R^4$$

从例 7 的解法中可知,本题用方法 1 即利用柱面坐标系的解法相对较简便.

一般地,三重积分计算的繁简主要取决于坐标系的选择,坐标系的选择又取决于积分区域 Ω 的形状与被积函数 $f(x,y,z)$ 的特点. 通常,当积分区域 Ω 的形状为旋转曲面及平面围成的立体,而 $f(x,y,z)$ 中含有 x^2+y^2 或 z 的因式时,常用柱面坐标系计算;当积分区域 Ω 的形状为球体或球体与锥体 $z^2=x^2+y^2$ 围成的立体的一部分,而 $f(x,y,z)$ 中含有 $x^2+y^2+z^2$ 的因式时,宜用球面坐标系计算;对其他的情形,则用直角坐标系计算较简便.

习题 10.3

1. 设有一物体,占有空间闭区域 $\Omega:0\leqslant x\leqslant 1,0\leqslant y\leqslant 1,0\leqslant z\leqslant 1$,在点 (x,y,z) 处的密度为 $\rho(x,y,z)=x+y+z$,计算该物体的质量.

2. 设 $V=\{(x,y,z)\,\big|\,a\leqslant x\leqslant b,c\leqslant y\leqslant d,k\leqslant z\leqslant m\}$, $f(x),g(y),h(z)$ 连续,证明

$$\iiint\limits_V f(x)g(y)h(z)\mathrm{d}V=\left(\int_a^b f(x)\mathrm{d}x\right)\left(\int_c^d g(y)\mathrm{d}y\right)\left(\int_k^m h(z)\mathrm{d}z\right)$$

3. 计算下列三重积分:

(1) $\iiint\limits_\Omega xyz\mathrm{d}x\mathrm{d}y\mathrm{d}z$,$\Omega$ 是由 $0\leqslant x\leqslant 2,0\leqslant y\leqslant 1,0\leqslant z\leqslant 1$ 所确定的立体.

(2) $\iiint\limits_\Omega \cos y\mathrm{d}v$,$\Omega$ 是由 $0\leqslant x\leqslant\dfrac{\pi}{2}$,$0\leqslant y\leqslant\dfrac{\pi}{2}$ 及 $0\leqslant z\leqslant\sin(x+y)$ 所确定的立体.

(3) $\iiint\limits_\Omega z\mathrm{d}x\mathrm{d}y\mathrm{d}z$,其中 Ω 是由锥面 $z=\sqrt{x^2+y^2}$ 与平面 $z=1$ 所围成的闭区域.

(4) $\iiint\limits_\Omega \dfrac{\mathrm{d}x\mathrm{d}y\mathrm{d}z}{(1+x+y+z)^3}$,其中 Ω 为平面 $x=0,y=0,z=0,x+y+z=1$ 所围成的四面体.

4. 利用柱面坐标计算下列积分:

(1) $\iiint\limits_\Omega (x+y)\mathrm{d}v$,$\Omega$ 是由柱面 $x^2+y^2=1$ 平与面 $z=0$ 和 $z=2$ 所围成的闭区域.

(2) $\iiint\limits_\Omega (x^2+y^2)\mathrm{d}v$,其中 Ω 是由曲面 $x^2+y^2=2z$ 与平面 $z=2$ 所围成的闭区域.

(3) $\iiint\limits_{\Omega} \dfrac{1}{\sqrt{z}} \mathrm{d}v$, 其中 Ω 是由曲面 $z = 4 - x^2 - y^2$ 与平面 $z = 0$ 所围成的闭区域.

5. 在球面坐标系下将三重积分 $I = \iiint\limits_{V} f(x,y,z)\mathrm{d}v$ 化为三次积分, 其中积分区域 v 是球面 $x^2 + y^2 + z^2 = a^2 (a > 0)$ 围成的区域.

6. 利用球面坐标计算下列积分：

(1) $\iiint\limits_{\Omega} \sqrt{x^2 + y^2 + z^2}\,\mathrm{d}v$, 其中 Ω 是由球面 $x^2 + y^2 + z^2 = z$ 所围成的闭区域.

(2) $\iiint\limits_{\Omega} z\mathrm{d}v$, 其中闭区域 Ω 由不等式 $x^2 + y^2 + (z - a)^2 \leqslant a^2, x^2 + y^2 \leqslant z^2$ 所确定.

(3) $\iiint\limits_{\Omega} z\mathrm{e}^{(x^2 + y^2 + z^2)^2}\mathrm{d}v$, 其中 Ω 是介于两球面 $x^2 + y^2 + z^2 = 1$ 与 $x^2 + y^2 + z^2 = 4$ 之间的部分.

7. 选用适当的坐标系计算下列三重积分：

(1) $\iiint\limits_{\Omega} (x^2 + y^2)\mathrm{d}v$, 其中 Ω 是由曲面 $4z^2 = 25(x^2 + y^2)$ 及平面 $z = 5$ 所围成的闭区域.

(2) $\iiint\limits_{\Omega} z\mathrm{d}v$, 其中 Ω 是由 $x^2 + y^2 + z^2 \leqslant 2$ 与 $z \geqslant x^2 + y^2$ 所确定的立体.

(3) $\iiint\limits_{\Omega} (x^2 + y^2 + z^2)\mathrm{d}v$, 其中 Ω 是由曲线 $\begin{cases} y^2 = 2z \\ x = 0 \end{cases}$ 绕 z 轴旋转一周而成的曲面与平面 $z = 4$ 所围成的立体.

(4) $\iiint\limits_{\Omega} (\sqrt{x^2 + y^2 + z^2})^5 \mathrm{d}v$, 其中 Ω 是由球面 $x^2 + y^2 + z^2 = 2z$ 所围成的闭区域.

8. 利用三重积分计算下列立体 Ω 的体积：

(1) Ω 是由曲面 $z = x^2 + y^2$ 和 $z = 1$ 所围成的立体.

(2) Ω 是由曲面 $z = \sqrt{5 - x^2 - y^2}$ 与 $z^2 = 4(x^2 + y^2)$ 所围成的立体.

(3) Ω 是由球面 $x^2 + y^2 + z^2 = a^2, x^2 + y^2 + z^2 = b^2$ 与锥面 $z = \sqrt{x^2 + y^2}$ 所围成的立体 $(b > a > 0)$.

9. 设 $F(t) = \iiint\limits_{\Omega(t)} f(x^2 + y^2 + z^2)\mathrm{d}v$, f 为可导函数, $\Omega(t)$ 是 $x^2 + y^2 + z^2 \leqslant t^2$, 试求 $F'(t)$.

10. 设有内壁形状为抛物面 $z = x^2 + y^2$ 的容器, 原来盛有 $8\pi(\mathrm{cm}^3)$ 的水, 后来

又注入 $64\pi(\mathrm{cm}^3)$ 的水,试问水面比原来升高了多少?

10.4　重积分的应用

由前面的讨论可知,在引入重积分概念时,已涉及了重积分在实际中的应用问题,如用二重积分可以计算平面物件的质量、面积及曲顶柱体的体积;用三重积分可以计算空间立体物件的质量、体积. 下面利用元素法讨论重积分在几何及物理问题方面的一些应用.

10.4.1　曲面的面积

设空间有界曲面 Σ 为
$$z = z(x,y), (x,y) \in D_{xy}$$
其中 D_{xy} 是 Σ 在 xOy 面上的投影区域,$f(x,y)$ 在 D_{xy} 上具有连续的偏导数,下面讨论曲面 Σ 的表面积的计算问题.

现用平行于 x 轴和 y 轴的两组平行直线分割投影区域 D_{xy},如图 10-34 所示,任取其中的一块记作 $\Delta\sigma$,其面积也记作 $\Delta\sigma$,则当 $\Delta\sigma$ 的直径很小时,$\Delta\sigma = \mathrm{d}x\mathrm{d}y$. $\Delta\Sigma$ 表示以 $\Delta\sigma$ 的边界为准线,母线平行于 z 轴的柱面截得的曲面 Σ 上的那

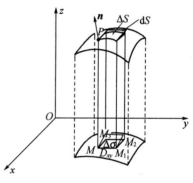

图 10-34

部分,设 $P(x,y,z)$ 是 $\Delta\Sigma$ 上的任一点,根据条件,曲面 Σ 在点 P 处有切平面,则可用柱面截得切平面上的那一小片平面的面积 $\mathrm{d}S$ 近似地代替 $\Delta\Sigma$ 的面积 ΔS. 则
$$\Delta S \approx \mathrm{d}S = \frac{1}{|\cos\gamma|} \cdot \Delta\sigma \tag{10-27}$$
其中,γ 是切平面与 xOy 面的夹角,也就是切平面的法向量 $\boldsymbol{n}$(取向上的方向)与 xOy 面的法线 Oz 轴正向的夹角,由曲面 Σ 的方程可知
$$\boldsymbol{n} = \{-z'_x, -z'_y, 1\}$$
所以
$$|\cos\gamma| = \frac{1}{\sqrt{z'^2_x + z'^2_y + 1}}$$
代入式(10-27)得
$$\Delta S \approx \sqrt{1 + z'^2_x + z'^2_y}\, \Delta\sigma$$
则曲面的面积微元为
$$\mathrm{d}S = \sqrt{1 + z'^2_x + z'^2_y}\, \mathrm{d}x\mathrm{d}y \tag{10-28}$$

将 dS 在投影区域 D_{xy} 上积分,便得计算曲面面积的二重积分公式

$$S = \iint\limits_{D_{xy}} \sqrt{1 + z_x'^2 + z_y'^2}\, \mathrm{d}x\mathrm{d}y \qquad (10-29)$$

如果所求曲面的方程用 $x = x(y,z)$ 或 $y = y(x,z)$ 表示比较方便,则同理可将曲面分别投影到 yOz 面或 zOx 面,类似地可得相应曲面的面积计算公式,分别为

$$S = \iint\limits_{D_{yz}} \sqrt{1 + \left(\frac{\partial x}{\partial y}\right)^2 + \left(\frac{\partial x}{\partial z}\right)^2}\, \mathrm{d}y\mathrm{d}z \qquad (10-30)$$

或

$$S = \iint\limits_{D_{zx}} \sqrt{1 + \left(\frac{\partial y}{\partial x}\right)^2 + \left(\frac{\partial y}{\partial z}\right)^2}\, \mathrm{d}z\mathrm{d}x \qquad (10-31)$$

其中,D_{yz} 及 D_{zx} 分别为曲面 Σ 在 yOz 面或 zOx 面上的投影区域.

例 1 证明球面 $x^2 + y^2 + z^2 = R^2$ 的表面积为 $S = 4\pi R^2$.

解 由对称性,取上半球面方程为 $z = \sqrt{R^2 - x^2 - y^2}$,它在 xOy 面上的投影区域为

$$D = \{(x,y) \mid x^2 + y^2 \leqslant R^2\}$$

$$z_x = \frac{-x}{\sqrt{R^2 - x^2 - y^2}}, z_y = \frac{-y}{\sqrt{R^2 - x^2 - y^2}}$$

由式(10-29),得

$$S = 2\iint\limits_{D} \sqrt{1 + z_x'^2 + z_y'^2}\, \mathrm{d}x\mathrm{d}y = 2R\iint\limits_{D} \frac{1}{\sqrt{R^2 - x^2 - y^2}}\mathrm{d}x\mathrm{d}y$$

$$= 2R\int_0^{2\pi}\mathrm{d}\theta\int_0^R \frac{1}{\sqrt{R^2 - \rho^2}}\rho\mathrm{d}\rho = 4\pi R^2$$

例 2 求抛物面 $z = x^2 + y^2$ 位于 $0 \leqslant z \leqslant 9$ 之间的那一部分的面积.

解 曲面在 xOy 面上的投影区域 $D = \{(x,y) \mid x^2 + y^2 \leqslant 9\}$,$z_x = 2x$,$z_y = 2y$,由式(10-29),得

$$S = \iint\limits_{D} \sqrt{1 + z_x'^2 + z_y'^2}\, \mathrm{d}x\mathrm{d}y = \iint\limits_{D} \sqrt{1 + (2x)^2 + (2y)^2}\, \mathrm{d}x\mathrm{d}y$$

$$= \iint\limits_{D} \sqrt{4(x^2 + y^2) + 1}\, \mathrm{d}x\mathrm{d}y = \int_0^{2\pi}\mathrm{d}\theta\int_0^3 \sqrt{4\rho^2 + 1}\rho\mathrm{d}\rho$$

$$= 2\pi \cdot \frac{1}{8} \cdot \frac{2}{3}(4\rho^2 + 1)\Big|_0^{\frac{3}{2}} = \frac{\pi}{6}(37\sqrt{37} - 1)$$

10.4.2 质心和转动惯量

设平面上有 n 个质点,其对应的质量分别为 $m_i(i = 1,2,\cdots,n)$,对应的坐标分

别为 $(x_i, y_i)(i = 1, 2, \cdots, n)$，由物理学知识可知，其质点系的总质量 $M = \sum\limits_{i=1}^{n} m_i$，而将 $M_y = \sum\limits_{i=1}^{n} m_i x_i, M_x = \sum\limits_{i=1}^{n} m_i y_i$ 分别称为**质点系关于 y 轴和 x 轴的静力矩**，则该组质点系的质心坐标 $(\overline{x}, \overline{y})$ 为

$$\overline{x} = \frac{1}{M} \sum_{i=1}^{n} m_i x_i, \quad \overline{y} = \frac{1}{M} \sum_{i=1}^{n} m_i y_i$$

下面利用微元法，将上述关于质点系的质心计算公式推广到平面薄片和空间物体上去，这里以平面薄片为例进行讨论.

设有一平面薄片，它占有 xOy 面上的有界闭区域 D，其密度函数 $\rho(x, y)$ 在 D 上连续. 现将薄片 D 任意分割成 n 个小块，某一部分小块及其面积均记作 $\mathrm{d}\sigma$，于是面积为 $\mathrm{d}\sigma$ 的小块对应的质量微元为 $\mathrm{d}M = \rho(x, y)\mathrm{d}\sigma$，它关于 x 轴和 y 轴的静力矩微元分别为

$$\mathrm{d}M_x = y\rho(x, y)\mathrm{d}\sigma, \quad \mathrm{d}M_y = x\rho(x, y)\mathrm{d}\sigma$$

薄片 D 的质量为

$$M = \iint\limits_{D} \rho(x, y)\mathrm{d}\sigma$$

薄片 D 关于 x 轴和 y 轴的静力矩分别为

$$M_x = \iint\limits_{D} y\rho(x, y)\mathrm{d}\sigma, \quad M_y = \iint\limits_{D} x\rho(x, y)\mathrm{d}\sigma$$

所以该平面薄片 D 的质心坐标为

$$\overline{x} = \frac{M_y}{M} = \frac{\iint\limits_{D} x\rho(x, y)\mathrm{d}\sigma}{\iint\limits_{D} \rho(x, y)\mathrm{d}\sigma}, \quad \overline{y} = \frac{M_x}{M} = \frac{\iint\limits_{D} y\rho(x, y)\mathrm{d}\sigma}{\iint\limits_{D} \rho(x, y)\mathrm{d}\sigma} \tag{10 - 32}$$

显然，当密度 $\rho(x, y)$ 为常数时，其质心坐标为

$$\overline{x} = \frac{1}{A} \iint\limits_{D} x\mathrm{d}\sigma, \quad \overline{y} = \frac{1}{A} \iint\limits_{D} y\mathrm{d}\sigma \tag{10 - 33}$$

式中 A 为薄片的面积.

这时物体的质心完全取决于区域 D 的形状，故质量密度为常数的物体质心也称为**形心**.

若空间物体占有的空间有界区域为 Ω，其密度函数 $\rho(x, y, z)$ 在 Ω 上连续，则类似可得其质心坐标为

$$\overline{x} = \frac{1}{M} \iiint\limits_{\Omega} x\rho(x, y, z)\mathrm{d}v, \overline{y} = \frac{1}{M} \iiint\limits_{\Omega} y\rho(x, y, z)\mathrm{d}v, \overline{z} = \frac{1}{M} \iiint\limits_{\Omega} z\rho(x, y, z)\mathrm{d}v$$

$$\tag{10 - 34}$$

其中
$$M = \iiint_\Omega \rho(x,y,z)\mathrm{d}v$$

显然，当密度 $\rho(x,y,z)$ 为常数时，其形心坐标为
$$\bar{x} = \frac{1}{V}\iiint_\Omega x\mathrm{d}v, \bar{y} = \frac{1}{V}\iiint_\Omega y\mathrm{d}v, \bar{z} = \frac{1}{V}\iiint_\Omega z\mathrm{d}v \qquad (10-35)$$

式中 V 为分母的积分常数.

类似地，利用微元法，可以求得平面薄片对 x 轴和 y 轴的转动惯量分别为
$$I_x = \iint_D y^2\rho(x,y)\mathrm{d}\sigma, \quad I_y = \iint_D x^2\rho(x,y)\mathrm{d}\sigma \qquad (10-36)$$

用类似的方法可得空间有界区域 Ω 对应的空间物体对 x 轴、y 轴和 z 轴的转动惯量分别为
$$I_x = \iiint_\Omega (y^2+z^2)\rho(x,y,z)\mathrm{d}v, I_y = \iiint_\Omega (x^2+z^2)\rho(x,y,z)\mathrm{d}v,$$
$$I_z = \iiint_\Omega (x^2+y^2)\rho(x,y,z)\mathrm{d}v \qquad (10-37)$$

例 3 求位于两圆 $\rho = 2\sin\theta$ 和 $\rho = 4\sin\theta$ 之间的均匀薄片的形心.

解 建立如图 $10-35$ 所示的坐标系，设形心坐标为 $C(\bar{x},\bar{y})$，由于均匀薄片关于 y 轴对称，故
$$\bar{x} = 0$$

又均匀薄片的面积为 $A = 4\pi - \pi = 3\pi$，由公式 $(10-32)$ 得

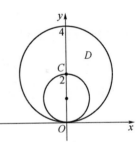

图 10 - 35

$$\bar{y} = \frac{\iint_D y\mathrm{d}\sigma}{\iint_D \mathrm{d}\sigma} = \frac{1}{A}\iint_D y\mathrm{d}\sigma = \frac{1}{3\pi}\int_0^\pi \mathrm{d}\theta\int_{2\sin\theta}^{4\sin\theta}\rho^2\sin\theta\mathrm{d}\rho$$

$$= \frac{1}{3\pi}\int_0^\pi \sin\theta\left[\frac{\rho^3}{3}\right]_{2\sin\theta}^{4\sin\theta}\mathrm{d}\theta = \frac{56}{9\pi}\int_0^\pi \sin^4\theta\mathrm{d}\theta = \frac{7}{3}$$

故所求形心坐标为 $C\left(0, \dfrac{7}{3}\right)$.

例 4 求半径为 a 的半球体的形心.

解 建立如图 $10-36$ 所示的坐标系，则球面方程为 $x^2+y^2+z^2 = a^2$ 及 $z \geqslant 0$. 由题设知，由于半球体 Ω 关于 xOz、yOz 两个坐标面均对称，故
$$\bar{x} = 0, \bar{y} = 0$$

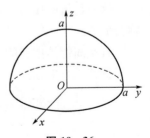

图 10 - 36

而半径为 a 的半球体的体积 $V = \dfrac{2\pi}{3}a^3$，于是

$$\bar{z} = \frac{\iiint\limits_{\Omega} z \, dv}{\iiint\limits_{\Omega} dv}$$

$$= \frac{1}{V} \int_0^{2\pi} d\theta \int_0^{\frac{\pi}{2}} d\varphi \int_0^a r\cos\varphi r^2 \sin\varphi dr$$

$$= \frac{2\pi}{V} \int_0^{\frac{\pi}{2}} \sin\varphi\cos\varphi d\varphi \cdot \int_0^a r^3 dr = \frac{2\pi}{V} \cdot \frac{1}{2} \cdot \frac{a^4}{4} = \frac{3}{8}a$$

故所求半球体 Ω 的形心位置为 $\left(0, 0, \dfrac{3}{8}a\right)$.

必须指出:质心坐标与坐标系的选取有关.

例 5 已知 yOz 平面内一条曲线 $z = y^2$，将它绕 z 轴旋转一周得一旋转曲面，该曲面与平面 $z = 3$ 所围成的立体为 Ω，其密度函数为 $\rho(x, y, z) = \sqrt{x^2 + y^2}$，求 Ω 绕 z 轴的转动惯量.

解 由题设知,有旋转曲面 $z = x^2 + y^2$，它与平面 $z = 3$ 所围成的立体 Ω 在 xOy 面上的投影区域为 $D = \{(x, y) \mid x^2 + y^2 \leqslant 3\}$，故

$$I_z = \iint\limits_{\Omega} (x^2 + y^2)\sqrt{x^2 + y^2}\, dv = \int_0^{2\pi} d\theta \int_0^{\sqrt{3}} d\rho \int_{\rho^2}^3 \rho^4 dz$$

$$= 2\pi \int_0^{\sqrt{3}} \rho^4 (3 - \rho^2) d\rho = \frac{108}{35}\sqrt{3}\,\pi$$

10.4.3 引力

设有质量分别为 m_1 和 m_2 的质点位于点 $M(x, y, z)$ 和 $M'(x', y', z')$ 处,由牛顿万有引力定律可知两质点间的引力为

$$\boldsymbol{F} = k\frac{m_1 m_2}{r^2}\boldsymbol{e}_r, k \text{ 为引力常数} \tag{10-38}$$

其中,r 为两质点间的距离,$\boldsymbol{e}_r$ 为点 M 与 M' 连线方向的单位向量,则

$$\boldsymbol{e}_r = \pm\frac{1}{r}\{x - x', y - y', z - z'\} = \pm\frac{1}{r}\vec{r}$$

$$r = |\boldsymbol{r}| = |MM'| = \sqrt{(x - x')^2 + (y - y')^2 + (z - z')^2}$$

用 Ω 表示立体的几何区域,其密度为 $f(x, y, z)$，有一质点 M 位于点 (x_0, y_0, z_0) 处,质点的质量为 m，求立体 Ω 对质点的引力.

将 Ω 分成 n 小块,设其中某小块的体积微元为 dv 并将其看作一质点,其位于

点 $P(x,y,z)$ 处,则该小块的质量微元为 $f(x,y,z)\mathrm{d}v$,故小块对质点的引力微元为

$$\mathrm{d}\boldsymbol{F} = \frac{kmf(x,y,z)\mathrm{d}v}{(x-x_0)^2+(y-y_0)^2+(z-z_0)^2}\boldsymbol{e}_r$$

其中,$\boldsymbol{e}_r$ 为从点 P 指向 M 的连线方向的单位向量,即

$$\boldsymbol{e}_r = \frac{(x-x_0)\boldsymbol{i}+(y-y_0)\boldsymbol{j}+(z-z_0)\boldsymbol{k}}{\sqrt{(x-x_0)^2+(y-y_0)^2+(z-z_0)^2}}$$

在 Ω 上积分得

$$\boldsymbol{F} = \iiint\limits_{\Omega} \frac{kmf(x,y,z)\left[(x-x_0)\boldsymbol{i}+(y-y_0)\boldsymbol{j}+(z-z_0)\boldsymbol{k}\right]}{\left[\sqrt{(x-x_0)^2+(y-y_0)^2+(z-z_0)^2}\right]^3}\mathrm{d}v \quad (10\text{-}39)$$

例 6 设由 $z = \sqrt{x^2+y^2}$ 和 $z = 2$ 所围成的均匀圆锥体 Ω 的密度为 ρ_0,求锥体对位于原点处的单位质量的质点的引力.

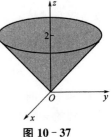

图 10-37

解 如图 10-37 所示,由于锥体 Ω 的对称性且密度为常数,因此锥体 Ω 对质点 O 的引力方向为沿 z 轴的正向,即 $\boldsymbol{F} = F_z\boldsymbol{k}$. 由(10-38)式,得

$$F_z = \iiint\limits_{\Omega} k\frac{z\rho_0}{(x^2+y^2+z^2)^{\frac{3}{2}}}\mathrm{d}v$$

$$= k\rho_0\int_0^{2\pi}\mathrm{d}\theta\int_0^{\frac{\pi}{4}}\mathrm{d}\varphi\int_0^{\frac{2}{\cos\varphi}}\frac{r\cos\varphi}{r^3}r^2\sin\varphi\mathrm{d}r$$

$$= 4\pi k\rho_0\int_0^{\frac{\pi}{4}}\sin\varphi\mathrm{d}\varphi = 2\pi k\rho_0(2-\sqrt{2})$$

所以

$$\vec{F} = 2\pi k\rho_0(2-\sqrt{2})\boldsymbol{k}$$

习题 10.4

1. 求下列曲面的面积:

(1) 求球面 $x^2+y^2+z^2 = a^2$ 含在圆柱面 $x^2+y^2 = ax$ 内部的那部分的面积.

(2) 求底圆半径相等的两个直交圆柱面 $x^2+y^2 = R^2$ 及 $x^2+z^2 = R^2$ 所围立体的表面积.

(3) 求锥面 $z = \sqrt{x^2+y^2}$ 被柱面 $z^2 = 2x$ 所割下的部分的曲面面积.

2. 求下列各几何体的质心或形心:

(1) 半径为 a 的半圆形薄片,其上任一点密度与该点到圆心距离成正比.

(2) 由心脏线 $\rho = 1 + \cos\theta$ 所围成的平面图形(密度为常数).

3. 求下列各题的转动惯量:

(1) 已知均匀薄片(面密度 ρ 为常数)所占的闭区域 D 由抛物线 $y^2 = \dfrac{9}{2}x$ 及直线 $x = 2$ 所围成,求该薄片的转动惯量 I_x 和 I_y.

(2) 求密度 $\mu = 1$ 的均匀薄片 $D = \{(r,\theta) \mid 2\sin\theta \leqslant r \leqslant 4\sin\theta\}$ 绕极轴的转动惯量.

(3) 求密度 $\mu = 1$ 的均匀球体 $\Omega = \{(x,y,z) \mid x^2 + y^2 + z^2 \leqslant R^2\}$ 绕 z 轴的转动惯量.

4. 求下列各题的引力:

(1) 求面密度 μ 为常数的均匀圆环薄片:$r^2 \leqslant x^2 + y^2 \leqslant R^2, z = 0$,对位于 z 轴上的点 $M(0,0,a)(a > 0)$ 处单位质量的质点的引力.

(2) 设有密度均匀(设密度为 1)的圆柱体,它的底半径为 R,高为 H,另有位于圆柱底面中心的单位质量的质点,求圆柱体对该质点的引力.

总复习题 10

1. 选择与填空题.

(1) $I = \displaystyle\int_0^1 \mathrm{d}y \int_0^{\sqrt{1-y}} 3x^2 y^2 \mathrm{d}x$,则交换积分次序后 $I =$　　　　　　(　　)

　A. $\displaystyle\int_0^1 \mathrm{d}x \int_0^{\sqrt{1-x}} 3x^2 y^2 \mathrm{d}y$ 　　　　　　B. $\displaystyle\int_0^{\sqrt{1-y}} \mathrm{d}x \int_0^1 3x^2 y^2 \mathrm{d}y$

　C. $\displaystyle\int_0^1 \mathrm{d}x \int_0^{1-x^2} 3x^2 y^2 \mathrm{d}y$ 　　　　　　D. $\displaystyle\int_0^1 \mathrm{d}x \int_0^{1+x^2} 3x^2 y^2 \mathrm{d}y$

(2) 累次积分 $I = \displaystyle\int_0^{\frac{\pi}{2}} \mathrm{d}\theta \int_0^{\cos\theta} f(\rho\cos\theta, \rho\sin\theta)\rho \mathrm{d}\rho$ 可以写成　　　　(　　)

　A. $\displaystyle\int_0^1 \mathrm{d}y \int_0^{\sqrt{y-y^2}} f(x,y)\mathrm{d}x$ 　　　　　B. $\displaystyle\int_0^1 \mathrm{d}y \int_0^{\sqrt{1-y^2}} f(x,y)\mathrm{d}x$

　C. $\displaystyle\int_0^1 \mathrm{d}x \int_0^1 f(x,y)\mathrm{d}y$ 　　　　　　D. $\displaystyle\int_0^1 \mathrm{d}x \int_0^{\sqrt{x-x^2}} f(x,y)\mathrm{d}y$

(3) 由 $x^2 + y^2 + z^2 \leqslant 2z, z \leqslant x^2 + y^2$ 所确定的立体的体积是　　　(　　)

　A. $\displaystyle\int_0^{2\pi} \mathrm{d}\theta \int_0^1 r\mathrm{d}r \int_{r^2}^{\sqrt{1-r^2}} \mathrm{d}z$ 　　　　B. $\displaystyle\int_0^{2\pi} \mathrm{d}\theta \int_0^r r\mathrm{d}r \int_1^{1-\sqrt{1-r^2}} \mathrm{d}z$

　C. $\displaystyle\int_0^{2\pi} \mathrm{d}\theta \int_0^1 r\mathrm{d}r \int_{1-\sqrt{1-r^2}}^{r^2} \mathrm{d}z$ 　　　　D. $\displaystyle\int_0^{2\pi} \mathrm{d}\theta \int_0^1 r\mathrm{d}r \int_{r^2}^{1-r^2} \mathrm{d}z$

(4) 设 $I = \iiint\limits_{\substack{|x| \leqslant 1 \\ |y| \leqslant 1 \\ |z| \leqslant 1}} (\mathrm{e}^{y^2}\sin y^3 + z^2\tan x + 3)\mathrm{d}v$，则 $I = $ _____.

(5) 设 $D: x^2 + y^2 \leqslant 2x$，由二重积分的几何意义知 $\iint\limits_{D} \sqrt{2x - x^2 - y^2}\,\mathrm{d}x\mathrm{d}y$

= _____.

2. 计算下列重积分：

(1) $\iint\limits_{D} y\sqrt{1 + x^2 - y^2}\,\mathrm{d}x\mathrm{d}y$，其中 D 是由直线 $y = x, y = 1, x = -1$ 所围成的闭区域.

(2) $\iint\limits_{D} \sin(\sqrt{x^2 + y^2})\,\mathrm{d}x\mathrm{d}y$，其中 D 是由 $x^2 + y^2 \leqslant 4\pi^2, x^2 + y^2 \geqslant \pi^2$ 所确定的闭区域.

(3) $\iint\limits_{D} x[1 + yf(x^2 + y^2)]\mathrm{d}\sigma$，其中 D 是由 $y = x^3, y = 1, x = -1$ 所围成的区域，$f(x)$ 为连续函数.

(4) $\iint\limits_{D} (x^2 + y^2 + x)\mathrm{d}x\mathrm{d}y$，其中 D 是圆环形区域 $1 \leqslant x^2 + y^2 \leqslant 2^2$.

(5) $\iiint\limits_{\Omega} (x^2 + y^2)\mathrm{d}v$，其中 Ω 是由柱面 $y = \sqrt{x}$ 及平面 $y + z = 1, x = 1, z = 0$ 所围成的区域.

(6) $\iiint\limits_{\Omega} \dfrac{1}{\sqrt{x^2 + y^2 + z^2}}\mathrm{d}v$，其中 Ω 是由 $x^2 + y^2 + (z-1)^2 \leqslant 1, z \geqslant 1, y \geqslant 0$ 所确定的区域.

(7) $\iiint\limits_{\Omega} (x^2 + y^2)\mathrm{d}v$，其中 Ω 是由曲面 $2z = x^2 + y^2$ 与平面 $z = 2, z = 8$ 围成的区域.

(8) $\iiint\limits_{\Omega} (x + y + z)^2\mathrm{d}x\mathrm{d}y\mathrm{d}z$，其中 Ω 是由抛物面 $z = x^2 + y^2$ 和球面 $x^2 + y^2 + z^2 = 2$ 所围成的闭区域.

3. 求由曲面 $z = 6 - x^2 - y^2$ 与 $z = \sqrt{x^2 + y^2}$ 所围成的立体的体积.

4. 求由曲面 $x^2 + y^2 = az$ 与 $z = 2a - \sqrt{x^2 + y^2}$ 所围成的立体的表面积 $(a > 0)$.

5. 设 $\int_a^b \mathrm{d}x \int_{\varphi_1(x)}^{\varphi_2(x)} f(x, y)\mathrm{d}y = \int_0^{\pi} \mathrm{d}\theta \int_0^{2\sin\theta} f(\rho\cos\theta, \rho\sin\theta)\rho\mathrm{d}\rho$，求 a、b、$\varphi_1(x)$、$\varphi_2(x)$.

6. 设 $f(x)$ 连续，Ω 是由 $x^2 + y^2 = t^2, z = 0, z = h(h > 0)$ 所围成的区域，$F(t)$

$$= \iiint\limits_{\Omega} [z^2 + f(x^2 + y^2)] \mathrm{d}v, \text{求} \frac{\mathrm{d}F}{\mathrm{d}t} \text{和} \lim_{t \to 0^+} \frac{F(t)}{t^2}.$$

7. 设 $f(x)$ 为连续函数，Ω 是球体 $x^2 + y^2 + z^2 \leqslant 1$，求证：

$$\iiint\limits_{\Omega} f(z) \mathrm{d}v = \pi \int_{-1}^{1} f(u)(1 - u^2) \mathrm{d}u$$

8. 求底半径为 a、高为 h 且密度 $\mu = 1$ 的均匀圆柱体对于过中心且平行于母线的轴的转动惯量.

11 曲线积分与曲面积分

在上一章中,我们知道非均匀分布在平面或空间上的量的求和问题都是某种特殊和式的极限,分别可以用二重与三重积分来计算,由此推断空间曲线与曲面上量的求和问题也可以用相应区域上的积分来表示. 本章将讨论非均匀分布在曲线或曲面上量的求和问题. 这类问题在几何与物理上有着广泛的应用. 先讨论第一型的曲线和曲面积分,其被积函数都是定义在相应几何形体上的数量函数,其概念与定积分和重积分的概念相类似;然后讨论第二型的曲线和曲面积分,其被积函数是定义在有向曲线和曲面上的向量函数. 解决这些积分的方法与定积分、重积分相一致,最终都归结为某种特殊和式的极限,本章着重讨论它们的基本概念、性质与计算方法以及它们与重积分之间的联系.

11.1 对弧长的曲线积分

11.1.1 对弧长的曲线积分的概念

先考察非均匀分布的曲线型构件的质量.

设平面上有一条连续的曲线弧段 $L = \overset{\frown}{AB}$,其线密度是非负的连续函数 $\rho(x, y)$,试求曲线段 L 的质量.

当曲线段的质量是均匀分布的,密度函数是常量,那么其质量就等于密度与曲线段长度之积. 当曲线段的质量是非均匀分布的,密度函数是变量,这方法就不适用了. 但由于曲线段的质量对曲线段具有可加性,故可采用积分法,即"分割、取近似、求和、取极限"的方法解决. 如图 11-1 所示,首先用 $n-1$ 个分点 $M_1, \cdots, M_{n-1}$ 将 L 分成 n 个小弧段,设 $\Delta s_i = \overset{\frown}{M_{i-1}M_i}(i=1,2,\cdots,n)$,记 $A = M_0, B = M_n, \Delta s_i$ 也表示该小弧段的长度. 在 Δs_i 弧段上任取一点 $(\xi_i, \eta_i) \in \overset{\frown}{M_{i-1}M_i}$,则相应于 Δs_i 段上的质量

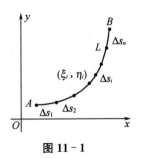

图 11-1

$$\Delta m_i \approx \rho(\xi_i, \eta_i) \Delta s_i$$

曲线 L 的总质量近似为

$$M = \sum_{i=1}^{n} \Delta m_i \approx \sum_{i=1}^{n} \rho(\xi_i, \eta_i) \Delta s_i$$

记 $\lambda = \max_{1 \leqslant i \leqslant n}\{\Delta s_i\}$，若当 $\lambda \to 0$ 时，上式右端的极限存在，则该极限就定义为曲线段 L 的质量，即

$$M = \lim_{\lambda \to 0} \sum_{i=1}^{n} \rho(\xi_i, \eta_i) \Delta s_i$$

上述和式的极限在其他很多实际问题中也会遇到，于是我们抽去这个极限的具体意义，从数学上抽象出下述对弧长的曲线积分的概念.

定义 1　设 $f(x, y)$ 是定义在光滑曲线段 $L = \overset{\frown}{AB}$ 上的有界函数，在 L 上任意插入一个有序点列 $A = M_0, M_1, \cdots, M_{n-1}, M_n = B$ 把 L 分成 n 个小弧段，记作 $\Delta s_i = \overset{\frown}{M_{i-1}M_i}(i = 1, 2, \cdots, n)$，对应的长度仍记为 Δs_i，任取点 $P_i(\xi_i, \eta_i) \in \Delta s_i(i = 1, 2, \cdots)$，作和式 $\sum_{i=1}^{n} f(\xi_i, \eta_i) \Delta s_i$，如果无论曲线 L 的分法及点 P_i 在 Δs_i 上的取法如何，当 $\lambda = \max_{1 \leqslant i \leqslant n}\{\Delta s_i\} \to 0$ 时，极限

$$\lim_{\lambda \to 0} \sum_{i=1}^{n} f(\xi_i, \eta_i) \Delta s_i$$

总存在，则称此极限为函数 $f(x, y)$ 在曲线 L 上对弧长的曲线积分，亦称为**第一型曲线积分**，记作 $\int_L f(x, y) \mathrm{d}s$，即

$$\int_L f(x, y) \mathrm{d}s = \lim_{\lambda \to 0} \sum_{i=1}^{n} f(\xi_i, \eta_i) \Delta s_i \tag{11-1}$$

其中 $f(x, y)$ 称为**被积函数**，L 称为**积分弧段**，$\mathrm{d}s$ 称为**弧长微元**.

如果 L 是闭曲线，常将函数 $f(x, y)$ 在闭曲线 L 上的对弧长的曲线积分记作 $\oint_L f(x, y) \mathrm{d}s$.

由上述定义，密度函数为 $\rho(x, y)$ 的平面上的光滑曲线弧段 L 的质量

$$M = \int_L \rho(x, y) \mathrm{d}s$$

与定积分类似，当函数 $f(x, y)$ 在光滑曲线段 L 上连续，或者在 L 上只有有限个第一类间断点时，曲线积分 $\int_L f(x, y) \mathrm{d}s$ 存在.

利用定义 1 及多元函数极限的运算性质，可以推出对弧长的曲线积分有与定积分相类似的性质(假设 $f(x, y)$ 与 $g(x, y)$ 都在曲线段 L 上可积).

性质 1(线性性)　对 $\forall k_1, k_2 \in R$，有

$$\int_L [k_1 f(x, y) + k_2 g(x, y)] \mathrm{d}s = k_1 \int_L f(x, y) \mathrm{d}s + k_2 \int_L g(x, y) \mathrm{d}s$$

性质2(对于曲线弧的可加性) 设 L 由两段光滑曲线弧 L_1 及 L_2 连接而成,则

$$\int_L f(x,y)\mathrm{d}s = \int_{L_1} f(x,y)\mathrm{d}s + \int_{L_2} f(x,y)\mathrm{d}s$$

性质3 $\int_L 1\mathrm{d}s = \int_L \mathrm{d}s = L$($L$ 也表示该弧段 L 的长度).

性质4(有序性) 如果 $f(x,y) \leqslant g(x,y), \forall (x,y) \in L$,则

$$\int_L f(x,y)\mathrm{d}s \leqslant \int_L g(x,y)\mathrm{d}s$$

利用该有序性易得:

推论 $\left| \int_L f(x,y)\mathrm{d}s \right| \leqslant \int_L |f(x,y)|\mathrm{d}s.$

性质5(估值定理) 设 M,m 分别是函数 $f(x,y)$ 在 L 上取得的最大值和最小值,也用 L 表示其长度,则有

$$mL \leqslant \int_L f(x,y)\mathrm{d}s \leqslant ML$$

性质6(积分中值定理) 设函数 $f(x,y)$ 在光滑曲线段 L 上连续,也用 L 表示其长度,则在 L 上至少存在一点 (ξ,η),使得

$$\int_L f(x,y)\mathrm{d}s = f(\xi,\eta) \cdot L$$

特殊地,当曲线段 Γ 为空间的连续曲线弧,被积函数为定义在 Γ 上的三元函数 $f(x,y,z)$ 时,式(11-1)化为三元函数 $f(x,y,z)$ 在空间曲线段 Γ 上对弧长的曲线积分,记作

$$\int_\Gamma f(x,y,z)\mathrm{d}s = \lim_{\lambda \to 0} \sum_{i=1}^n f(\xi_i,\eta_i,\zeta_i)\Delta s_i \tag{11-2}$$

上述积分的六条性质同样适用于空间曲线上对弧长的曲线积分.

11.1.2 对弧长的曲线积分的计算

当对弧长的曲线积分存在时,可以化为定积分来计算.下面以平面上对弧长的曲线积分为例进行推导,所得的结论可推广到空间对弧长的曲线积分上.

定理 设平面曲线 L 的参数方程为

$$\begin{cases} x = x(t) \\ y = y(t) \end{cases} \quad (\alpha \leqslant t \leqslant \beta)$$

其中,$x(t),y(t)$ 均在区间 $[\alpha,\beta]$ 上具有连续的导数,且 $x'^2(t) + y'^2(t) \neq 0$,函数 $f(x,y)$ 在 L 上连续,则

$$\int_L f(x,y)\mathrm{d}s = \int_\alpha^\beta f[x(t),y(t)]\sqrt{x'^2(t) + y'^2(t)}\,\mathrm{d}t \tag{11-3}$$

其中 $t = \alpha,\beta$ 分别对应于 L 的两端点,且 $\alpha < \beta$.

证　在曲线 L 上插入 $n-1$ 个分点,将 L 分成 n 个小弧段,并设分点 M_i 的坐标为 $(x(t_i), y(t_i))$ $(i=1,2,\cdots,n)$,它们对应一列单调增加的参数值

$$\alpha = t_0 < t_1 < t_2 < \cdots < t_n = \beta$$

于是,第 i 个小弧段 $\overparen{M_{i-1}M_i}$ 的弧长 Δs_i 为

$$\Delta s_i = \int_{t_{i-1}}^{t_i} \sqrt{x'^2(t) + y'^2(t)}\, \mathrm{d}t$$

由积分中值定理

$$\Delta s_i = \sqrt{x'^2(\tau_i) + y'^2(\tau_i)}\, \Delta t_i$$

这里 $\Delta t_i = t_i - t_{i-1}$, $\tau_i \in [t_{i-1}, t_i]$ $(i=1,2,\cdots,n)$,因此有和式

$$\sum_{i=1}^n f(\xi_i, \eta_i) \Delta s_i = \sum_{i=1}^n f(\xi_i, \eta_i) \sqrt{x'^2(\tau_i) + y'^2(\tau_i)}\, \Delta t_i$$

由于曲线积分存在,因为 (ξ_i, η_i) 可以在弧 $\overparen{M_{i-1}M_i}$ 上任取,故不妨取 $\xi_i = x(\tau_i)$, $\eta_i = y(\tau_i)$,这时

$$\int_L f(x,y)\mathrm{d}s = \lim_{\lambda \to 0} \sum_{i=1}^n f(\xi_i, \eta_i) \Delta s_i = \lim_{\lambda \to 0} \sum_{i=1}^n f[x(\tau_i), y(\tau_i)] \sqrt{x'^2(\tau_i) + y'^2(\tau_i)}\, \Delta t_i$$

由于 $x = x(t)$, $y = y(t)$ 在区间 $[\alpha, \beta]$ 上连续可导,故 $\lambda = \max_{1 \leqslant i \leqslant n}\{\Delta s_i\} \to 0$ 与 $\max_{1 \leqslant i \leqslant n}\{\Delta t_i\}$ $\to 0$ 等价,因此上式右端的极限式为函数 $f[x(t), y(t)] \sqrt{x'^2(t) + y'^2(t)}$ 在区间 $[\alpha, \beta]$ 上的定积分,由函数的连续性可知,该定积分是存在的,故

$$\int_L f(x,y)\mathrm{d}s = \int_\alpha^\beta f[x(t), y(t)] \sqrt{x'^2(t) + y'^2(t)}\, \mathrm{d}t$$

式(11-3)表明,计算对弧长的曲线积分 $\int_L f(x,y)\mathrm{d}s$ 时,只需把 x、y 用曲线 L 的参数方程 $x = x(t)$, $y = y(t)$ 代入,而弧长微元 $\mathrm{d}s$ 用 $\sqrt{x'^2(t) + y'^2(t)}\, \mathrm{d}t$ 替换,然后从 α 到 β 作定积分即可. 这过程可归结为一句话"一代,二换,三定限".

必须指出式(11-3)右端的定积分中的下限 α 必须小于上限 β,因为在公式推导过程中 Δs_i 表示弧长,它总是正的,从而对应的 $\Delta t_i > 0$,故必有 $\alpha < \beta$.

如果曲线段 L 的方程为 $y = y(x)$ $(a \leqslant x \leqslant b)$,则可将 x 看作参数,算得

$$\mathrm{d}s = \sqrt{1 + y'^2(x)}\, \mathrm{d}x$$

则

$$\int_L f(x,y)\mathrm{d}s = \int_a^b f[x, y(x)] \sqrt{1 + y'^2(x)}\, \mathrm{d}x \tag{11-4}$$

如果曲线段 L 的方程为 $x = x(y)$, $(c \leqslant y \leqslant d)$,则可将 y 看作参数,算得 $\mathrm{d}s = \sqrt{1 + x'^2(y)}\, \mathrm{d}y$,则

$$\int_L f(x,y)\mathrm{d}s = \int_c^d f[x(y), y] \sqrt{1 + x'^2(y)}\, \mathrm{d}y \tag{11-5}$$

如果曲线段 L 的方程是极坐标形式

$$\rho = \rho(\theta) \quad (\alpha \leqslant \theta \leqslant \beta)$$

则可将它转化为参数方程形式

$$\begin{cases} x(\theta) = \rho(\theta)\cos\theta \\ y(\theta) = \rho(\theta)\sin\theta \end{cases}$$

将 θ 看作参数，易算得

$$\mathrm{d}s = \sqrt{x'^2(\theta) + y'^2(\theta)}\,\mathrm{d}\theta = \sqrt{\rho^2(\theta) + \rho'^2(\theta)}\,\mathrm{d}\theta$$

因此

$$\int_L f(x,y)\mathrm{d}s = \int_\alpha^\beta f[\rho(\theta)\cos\theta, \rho(\theta)\sin\theta]\sqrt{\rho^2(\theta) + \rho'^2(\theta)}\,\mathrm{d}\theta \quad (11-6)$$

将式(11-3)推广到空间曲线 Γ 段也有类似的结果.

设空间光滑曲线段 Γ 的参数方程为 $x = x(t), y = y(t), z = z(t)$ $(\alpha \leqslant t \leqslant \beta)$，$f(x,y,z)$ 在 Γ 上连续，则有

$$\int_\Gamma f(x,y,z)\mathrm{d}s = \int_\alpha^\beta f[x(t),y(t),z(t)]\sqrt{x'^2(t) + y'^2(t) + z'^2(t)}\,\mathrm{d}t$$

$$(11-7)$$

11.1.3 对弧长的曲线积分的应用

设在空间有一质量连续分布的曲线弧 Γ，在点 (x,y,z) 处的线密度为 $\rho(x,y,z)$，则可用对弧长的曲线积分表示曲线弧的质量 M 与它分别对 x 轴、y 轴和 z 轴的转动惯量 I_x, I_y, I_z 以及它的质心坐标 $(\overline{x}, \overline{y}, \overline{z})$.

由曲线积分的定义和物理意义知

$$M = \int_\Gamma \rho(x,y,z)\mathrm{d}s \quad (11-8)$$

$$\begin{cases} I_x = \int_\Gamma (y^2 + z^2) \cdot \rho(x,y,z)\mathrm{d}s \\ I_y = \int_\Gamma (x^2 + z^2) \cdot \rho(x,y,z)\mathrm{d}s \\ I_z = \int_\Gamma (x^2 + y^2) \cdot \rho(x,y,z)\mathrm{d}s \end{cases} \quad (11-9)$$

$$\begin{cases} \overline{x} = \dfrac{\int_\Gamma x\rho(x,y,z)\mathrm{d}s}{M} \\[4mm] \overline{y} = \dfrac{\int_\Gamma y\rho(x,y,z)\mathrm{d}s}{M} \\[4mm] \overline{z} = \dfrac{\int_L z\rho(x,y,z)\mathrm{d}s}{M} \end{cases} \quad (11-10)$$

对于平面曲线,作为公式(11-8)、(11-9)、(11-10)的特殊情形,请读者给出.

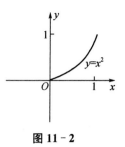

例 1　计算 $\int_L \sqrt{y}\,\mathrm{d}s$,其中 L 是抛物线 $y = x^2$ 介于点 $(0,0)$ 与点 $(1,1)$ 之间的一段弧.

解　曲线 L 的方程为 $y = x^2 (0 \leqslant x \leqslant 1)$(如图 11-2 所示),由式(11-4)得

图 11-2

$$\int_L \sqrt{y}\,\mathrm{d}s = \int_0^1 |x| \sqrt{1+(2x)^2}\,\mathrm{d}x$$

$$= \int_0^1 x \sqrt{1+4x^2}\,\mathrm{d}x = \frac{5\sqrt{5}-1}{12}$$

例 2　计算曲线积分 $\int_L y\,\mathrm{d}s$,其中 L 为心脏线 $\rho = a(1+\cos\theta)$ 上半部分.

解　(如图 11-3 所示)由式(11-6)

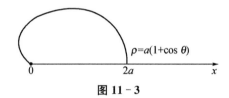

图 11-3

$$\int_L y\,\mathrm{d}s = \int_0^\pi \rho(\theta)\sin\theta \sqrt{\rho^2(\theta)+\rho'^2(\theta)}\,\mathrm{d}\theta$$

$$= \int_0^\pi a(1+\cos\theta)\sin\theta \sqrt{[a(1+\cos\theta)]^2+(-a\sin\theta)^2}\,\mathrm{d}\theta$$

$$= 8a^2 \int_0^\pi \cos^4\frac{\theta}{2}\sin\frac{\theta}{2}\,\mathrm{d}\theta = \frac{16}{5}a^2$$

例 3　计算曲线积分 $\oint_L \sqrt{x^2+y^2}\,\mathrm{d}s$,其中 L 为圆周 $x^2+y^2 = 2x$.

解　曲线 L 的参数方程为 $x = 1+\cos t, y = \sin t(0 \leqslant t \leqslant 2\pi)$,则

$$\mathrm{d}s = \sqrt{x'^2(t)+y'^2(t)}\,\mathrm{d}t$$

$$= \sqrt{\sin^2 t + \cos^2 t}\,\mathrm{d}t = \mathrm{d}t$$

于是

$$\oint_L \sqrt{x^2+y^2}\,\mathrm{d}s = \int_0^{2\pi} \sqrt{2(1+\cos t)}\,\mathrm{d}t$$

$$= 2\int_0^{2\pi} \left|\cos\frac{t}{2}\right|\,\mathrm{d}t = 2\left[\int_0^\pi \cos\frac{t}{2}\,\mathrm{d}t - \int_\pi^{2\pi} \cos\frac{t}{2}\,\mathrm{d}t\right] = 8$$

例 4　设有一半径为 a 的半圆形金属丝,质量均匀分布,求其对直径的转动惯量.

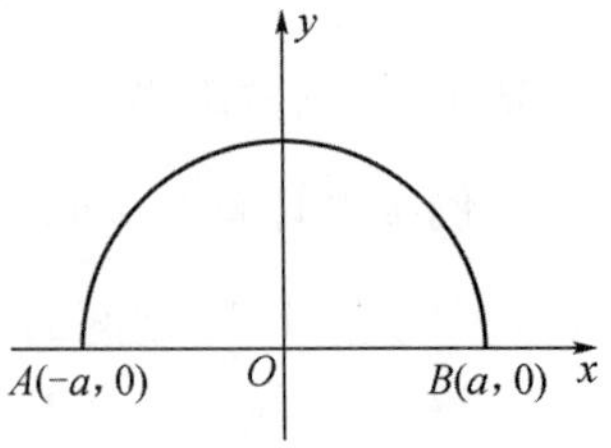

解 取半圆的直径所在的直线为 x 轴，建立直角坐标系（如图 11-4 所示）.设半圆形金属丝 L 的线密度为 μ，在弧上任取一点 $P(x, y)$，其弧长微元 ds 对直径（即 x 轴）的转动惯量，即转动惯量微元为

$$dI_x = y^2 dm = y^2 \mu ds$$

于是，金属丝对其直径的转动惯量为

$$I_x = \int_L \mu y^2 ds$$

半圆弧 L 的参数方程为

$$x = a\cos\theta, y = a\sin\theta (0 \leqslant \theta \leqslant \pi)$$

则

$$ds = \sqrt{x'^2(\theta) + y'^2(\theta)}\, d\theta = a d\theta$$

$$I_x = \int_L \mu y^2 ds = \mu \int_0^\pi a^3 \sin^2\theta d\theta = \mu a^3 \int_0^\pi \frac{1 - \cos 2\theta}{2} d\theta = \frac{\mu \pi a^3}{2} = \frac{m}{2} a^2$$

其中 $m = \mu\pi a$ 是金属丝的质量.

图 11-4

例 5 计算曲线积分 $\int_\Gamma \sqrt{2y^2 + z^2}\, ds$，其中 Γ 为球面 $x^2 + y^2 + z^2 = 1$ 与平面 $y = x$ 的交线.

解 首先写出 Γ 的参数方程.

在曲线 Γ 的方程组中消去 y，得曲线 Γ 在 xOz 坐标面上的投影为椭圆周

$$\frac{x^2}{\left(\dfrac{1}{\sqrt{2}}\right)^2} + \frac{z^2}{1} = 1$$

则 Γ 可表示为

$$\begin{cases} \dfrac{x^2}{\left(\dfrac{1}{\sqrt{2}}\right)^2} + \dfrac{z^2}{1} = 1 \\ y = x \end{cases}$$

根据椭圆的参数方程，可得 Γ 的参数方程为

$$x = \frac{1}{\sqrt{2}}\cos t, y = \frac{1}{\sqrt{2}}\cos t, z = \sin t \quad (0 \leqslant t \leqslant 2\pi)$$

从而可得

$$\int_\Gamma \sqrt{2y^2 + z^2}\, ds = \int_0^{2\pi} \sqrt{\cos^2 t + \sin^2 t} \cdot \sqrt{\frac{1}{2}\sin^2 t + \frac{1}{2}\sin^2 t + \cos^2 t}\, dt$$

$$= \int_0^{2\pi} dt = 2\pi$$

本题也可以视 x 为参数,将曲线 Γ 分为上($z>0$)、下($z<0$)两段 Γ_1、Γ_2 来做,请读者自行完成.

例6 设有一螺旋形弹簧一圈的方程为 $\Gamma:\begin{cases} x = 3\cos t \\ y = 3\sin t \\ z = 4t \end{cases}$ $(0 \leqslant t \leqslant 2\pi)$,其线密度

$\mu(x,y,z) = x^2 + y^2 + z^2$,求

(1) 它的质量;

(2) 它的质心;

(3) 它关于 z 轴的转动惯量.

解 (1) $\mathrm{d}s = \sqrt{9\sin^2 t + 9\cos^2 t + 16}\,\mathrm{d}t = 5\mathrm{d}t$

由公式(11-8)得弹簧的质量

$$M = \int_{\Gamma}(x^2+y^2+z^2)\mathrm{d}s = 5\int_0^{2\pi}(9+16t^2)\mathrm{d}t = \frac{10\pi}{3}(27+64\pi^2)$$

(2) 设弹簧的质心坐标为 $(\bar{x}, \bar{y}, \bar{z})$,则由公式(11-10)得

$$\bar{x} = \frac{\displaystyle\int_{\Gamma} x(x^2+y^2+z^2)\mathrm{d}s}{M} = \frac{\displaystyle\int_0^{2\pi}15\cos t \cdot (9+16t^2)\mathrm{d}t}{M} = \frac{288}{27+64\pi^2}$$

同理

$$\bar{y} = \frac{-288\pi}{27+64\pi^2}, \bar{z} = \frac{12(9\pi+32\pi^3)}{27+64\pi^2}$$

从而质心坐标为

$$\left(\frac{288}{27+64\pi^2}, \frac{-288\pi}{27+64\pi^2}, \frac{12(9\pi+32\pi^3)}{27+64\pi^2}\right)$$

由公式(11-7)得弹簧对 z 轴的转动惯量

$$I_z = \int_{\Gamma}(x^2+y^2)(x^2+y^2+z^2)\mathrm{d}s = \int_0^{2\pi}45(9+16t^2)\mathrm{d}t = 30\pi(27+64\pi^2)$$

习题 11.1

1. 设有一平面曲线型构件 Γ,其线密度为 $\rho(x,y,z)$,用第一型曲线积分分别表示:

(1) 该曲线型构件 Γ 的质量.

(2) 该曲线型构件关于 x 轴和 y 轴的转动惯量.

2. 计算下列对弧长的曲线积分:

(1) $\displaystyle\int_L x\mathrm{d}s$,其中 L 为抛物线 $y = 2x^2 - 1$ 上介于 $x=0$ 与 $x=1$ 之间的一段弧.

(2) $\int_L (x+y)\mathrm{d}s$，其中 L 是上半圆周 $y = \sqrt{a^2-x^2}$．

(3) $\oint_L (x+y)\mathrm{d}s$，其中 L 是以点 $O(0,0)$，$A(1,0)$，$B(0,1)$ 为顶点的三角形闭折线．

(4) $\oint_L (|x|+|y|)\mathrm{d}s$，其中 L 为闭折线 $|x|+|y| = 2$．

(5) $\int_L y^2\mathrm{d}s$，其中 L 为摆线的一拱 $x = a(t-\sin t)$，$y = a(1-\cos t)(0 \leqslant t \leqslant 2\pi)$．

(6) $\int_L (x^2+y^2)\mathrm{d}s$，其中 L 为曲线 $x = a(\cos t + t\sin t)$，$y = a(\sin t - t\cos t)$ $(0 \leqslant t \leqslant 2\pi)$．

(7) $\oint_L \mathrm{e}^{\sqrt{x^2+y^2}}\mathrm{d}s$，其中 L 为圆周 $x^2+y^2 = a^2$，直线 $y = x$ 及 x 轴在第一象限内所围成的扇形的整个边界．

(8) 计算 $\oint_L [5xy + (x^2+y^2)^2]\mathrm{d}s$，其中 L 为圆周：$x^2+y^2 = a^2$．

(9) $\int_\Gamma \dfrac{1}{x^2+y^2+z^2}\mathrm{d}s$，其中 Γ 为曲线 $x = \mathrm{e}^t\cos t$，$y = \mathrm{e}^t\sin t$，$z = \mathrm{e}^t$ 上相应于 t 从 0 变到 2 的这段弧．

(10) $\oint_\Gamma |y|\,\mathrm{d}s$，$\Gamma$ 为球面 $x^2+y^2+z^2 = 2$ 与平面 $y = x$ 的交线．

3. 设曲线 L 是半径为 R，中心角为 2α 的圆弧，其线密度为常数 μ，求 L 关于它的对称轴的转动惯量．

4. 螺旋形弹簧一圈的方程为 $x = \cos t$，$y = \sin t$，$z = t$，其中 $0 \leqslant t \leqslant 2\pi$，其线密度为 $\rho(x,y,z) = x^2+y^2+z^2$．求

(1) 它的质量．

(2) 它关于 z 轴的转动惯量 I_z．

(3) 它的质心．

11.2 　对面积的曲面积分

11.2.1 　对面积的曲面积分的概念

先考察非均匀分布的曲面型构件的质量．

在上一节中我们讨论了曲线型构件质量的求法，利用同样的方法可求解非均匀分布的曲面型构件的质量，并可得到相类似的结论．相应地，只要将曲线型构件

的线密度函数 $\rho(x,y,z)$ 改为定义在曲面 Σ 上的面密度函数 $\rho(x,y,z)$，当面密度 $\rho(x,y,z)$ 在曲面 Σ 上连续时，由积分法的四个步骤便可将曲面 Σ 的质量 M 表示为下列和式的极限：

$$M = \lim_{\lambda \to 0} \sum_{i=1}^{n} \rho(\xi_i, \eta_i, \zeta_i) \Delta S_i$$

这里 ΔS_i 为曲面 Σ 上第 i 小块曲面的面积，λ 表示 n 个小块曲面的直径的最大值.

上述形式的和式极限在其他许多实际问题中也会遇到，抽去其具体意义，得到对面积的曲面积分的概念.

定义 设 Σ 是一片有界的光滑曲面，函数 $f(x,y,z)$ 在 Σ 上有界，将 Σ 划分成 n 小块 $\Delta\Sigma_1, \Delta\Sigma_2, \cdots, \Delta\Sigma_n$，记第 i 小块 $\Delta\Sigma_i$ 的面积为 ΔS_i，在 $\Delta\Sigma_i$ 上任取一点 $P_i(\xi_i, \eta_i, \zeta_i)$，作和式

$$\sum_{i=1}^{n} f(\xi_i, \eta_i, \zeta_i) \Delta S_i$$

令 λ 为各小块曲面的直径的最大值，若当 $\lambda \to 0$ 时，该和式的极限总存在，则称此极限为函数 $f(x,y,z)$ 在曲面 Σ 上对面积的曲面积分，亦称第一型曲面积分，记作 $\iint_{\Sigma} f(x,y,z)\mathrm{d}S$，即

$$\iint_{\Sigma} f(x,y,z)\mathrm{d}S = \lim_{\lambda \to 0} \sum_{i=1}^{n} f(\xi_i, \eta_i, \zeta_i) \Delta S_i \qquad (11-11)$$

其中 $f(x,y,z)$ 称为**被积函数**，Σ 称为**积分曲面**，$\mathrm{d}S$ 称为**曲面的面积微元**.

若 Σ 为封闭曲面，常将对面积的曲面积分记作 $\oiint_{\Sigma} f(x,y,z)\mathrm{d}S$.

可以证明，函数 $f(x,y,z)$ 在光滑曲面 Σ 上连续时，曲面积分 $\iint_{\Sigma} f(x,y,z)\mathrm{d}S$ 一定存在.

从定义可知对面积的曲面积分与曲面的侧向无关，因为各小曲面 $\Delta\Sigma_i$ 的面积 ΔS_i 总是取正数.

根据定义，面密度为连续函数 $\rho(x,y,z)$ 的曲面 Σ 的质量可用对面积的曲面积分表示为

$$M = \iint_{\Sigma} \rho(x,y,z)\mathrm{d}S \qquad (11-12)$$

11.2.2 对面积的曲面积分的性质

设 $\iint_{\Sigma} f(x,y,z)\mathrm{d}S$ 与 $\iint_{\Sigma} g(x,y,z)\mathrm{d}S$ 存在，可以证明第一型曲面积分有与第一型

曲线积分类似的性质.

性质 1   设 k_1, k_2 为常数，则

$$\iint\limits_{\Sigma}[k_1 f(x,y,z) \pm k_2 g(x,y,z)]\mathrm{d}S = k_1 \iint\limits_{\Sigma}f(x,y,z)\mathrm{d}S \pm k_2 \iint\limits_{\Sigma}g(x,y,z)\mathrm{d}S$$

$$(11-13)$$

性质 2   若曲面 Σ 是由两片光滑曲面 Σ_1 和 Σ_2 组成，记作 $\Sigma = \Sigma_1 + \Sigma_2$，则

$$\iint\limits_{\Sigma}f(x,y,z)\mathrm{d}S = \iint\limits_{\Sigma_1}f(x,y,z)\mathrm{d}S + \iint\limits_{\Sigma_2}f(x,y,z)\mathrm{d}S \qquad (11-14)$$

性质 2 可推广到有限个分片光滑曲面和的情形.

性质 3

$$\iint\limits_{\Sigma}\mathrm{d}S = A \qquad (11-15)$$

其中 A 为曲面 Σ 的面积.

性质 4   设在曲面 Σ 上恒有 $f(x,y,z) \leqslant g(x,y,z)$，则

$$\iint\limits_{\Sigma}f(x,y,z)\mathrm{d}S \leqslant \iint\limits_{\Sigma}g(x,y,z)\mathrm{d}S \qquad (11-16)$$

特别地，有

$$\left|\iint\limits_{\Sigma}f(x,y,z)\mathrm{d}S\right| \leqslant \iint\limits_{\Sigma}|f(x,y,z)|\mathrm{d}S \qquad (11-17)$$

11.2.3   对面积的曲面积分的计算

当对面积的曲面积分存在时，可以化为二重积分来计算.

定理   设曲面 Σ 的方程为 $z = z(x,y)$，Σ 在 xOy 面上的投影区域为 D_{xy}，函数 $z = z(x,y)$ 在区域 D_{xy} 上具有连续的偏导数，且函数 $f(x,y,z)$ 在 Σ 上连续，则

$$\iint\limits_{\Sigma}f(x,y,z)\mathrm{d}S = \iint\limits_{D_{xy}}f[x,y,z(x,y)]\sqrt{1 + z_x'^2(x,y) + z_y'^2(x,y)}\,\mathrm{d}x\mathrm{d}y$$

$$(11-18)$$

证   设曲面 Σ 如图 11-5 所示，第 i 小块曲面 $\Delta\Sigma_i$（其面积用 ΔS_i 表示）在 xOy 面上的投影区域为 $\Delta\sigma_i$，同时也用 $\Delta\sigma_i$ 表示其面积，由 10.4 节中二重积分的应用可知，第 i 小块曲面 $\Delta\Sigma_i$ 的面积

$$\Delta S_i = \iint\limits_{\Delta\sigma_i}\sqrt{1 + z_x'^2(x,y) + z_y'^2(x,y)}\,\mathrm{d}\sigma$$

由二重积分的中值定理，则存在 $(\xi_i, \eta_i) \in \Delta\sigma_i$，使得

$$\Delta S_i = \sqrt{1 + z_x'^2(\xi_i, \eta_i) + z_y'^2(\xi_i, \eta_i)}\,\Delta\sigma_i$$

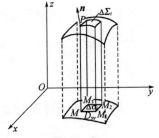

图 11-5

其中 (ξ_i,η_i) 为 $\Delta\sigma_i$ 上的任一点，由于函数 $f(x,y,z)$ 在 Σ 上连续，故积分

$$\iint\limits_{\Sigma}f(x,y,z)\mathrm{d}S$$

存在，设 $z(\xi_i,\eta_i)=\zeta_i$，则由定义可得

$$\iint\limits_{\Sigma}f(x,y,z)\mathrm{d}S=\lim_{\lambda\to 0}\sum_{i=1}^{n}f(\xi_i,\eta_i,\zeta_i)\Delta S_i$$

$$=\lim_{\lambda\to 0}\sum_{i=1}^{n}f(\xi_i,\eta_i,z_i(\xi_i,\eta_i))\cdot\sqrt{1+z_x'^2(\xi_i,\eta_i)+z_y'^2(\xi_i,\eta_i)}\,\Delta\sigma_i$$

$$=\iint\limits_{D_{xy}}f[x,y,z(x,y)]\sqrt{1+z_x'^2(x,y)+z_y'^2(x,y)}\,\mathrm{d}\sigma$$

公式(11-18) 表明，在计算曲面积分 $\iint\limits_{\Sigma}f(x,y,z)\mathrm{d}S$ 时，如果曲面 Σ 由方程 $z=z(x,y)$ 给出，则只要把被积函数 $f(x,y,z)$ 中的变量 z 用曲面方程 $z=z(x,y)$ 代入，曲面的面积微元 $\mathrm{d}S$ 用 $\sqrt{1+z_x^2+z_y^2}\,\mathrm{d}x\mathrm{d}y$ 替换，并确定 Σ 在 xOy 面上的投影区域 D_{xy}，这样就把对面积的曲面积分化为投影区域 D_{xy} 上的二重积分了. 这里对面积的曲面积分中的面积微元 $\mathrm{d}S$ 常化为其投影区域上的面积微元

$$\mathrm{d}S=\sqrt{1+z_x'^2(x,y)+z_y'^2(x,y)}\,\mathrm{d}\sigma$$

类似地，如果积分中曲面 Σ 由方程 $x=x(y,z)$ 或 $y=y(z,x)$ 给出，则只要将曲面 Σ 分别向坐标面 yOz 面或 zOx 面投影，其投影区域分别用 D_{yz} 或 D_{zx} 表示，则可将对面积的曲面积分化为相应投影区域上的二重积分

$$\iint\limits_{\Sigma}f(x,y,z)\mathrm{d}S=\iint\limits_{D_{yz}}f[x(y,z),y,z]\sqrt{1+x_y'^2(y,z)+x_z'^2(y,z)}\,\mathrm{d}y\mathrm{d}z$$

$$(11-19)$$

或

$$\iint\limits_{\Sigma}f(x,y,z)\mathrm{d}S=\iint\limits_{D_{zx}}f[x,y(z,x),z]\sqrt{1+y_x'^2(z,x)+y_z'^2(z,x)}\,\mathrm{d}z\mathrm{d}x$$

$$(11-20)$$

例 1 计算 $\iint\limits_{\Sigma}z\sqrt{x^2+y^2}\,\mathrm{d}S$，其中曲面 Σ 是圆锥面 $z=\sqrt{x^2+y^2}$ 介于平面 $z=1$ 与 $z=2$ 间的部分.

解 由于曲面 Σ 的方程表示为 $z=\sqrt{x^2+y^2}$，则将曲面 Σ 向 xOy 面投影，得到其投影区域为

$$D_{xy} = \{(x,y)\,|\,1 \leqslant x^2 + y^2 \leqslant 4\}$$

$$dS = \sqrt{1 + z_x'^2(x,y) + z_y'^2(x,y)}\,d\sigma$$

$$= \sqrt{1 + \frac{x^2}{x^2 + y^2} + \frac{y^2}{x^2 + y^2}}\,dxdy = \sqrt{2}\,dxdy$$

由公式 (11 – 18) 得

$$\iint\limits_{\Sigma} z\,\sqrt{x^2 + y^2}\,dS = \iint\limits_{D_{xy}} (x^2 + y^2)\,\sqrt{2}\,dxdy$$

$$= \sqrt{2}\int_0^{2\pi} d\theta \int_1^2 \rho^3\,d\rho = \frac{15}{2}\sqrt{2}\,\pi$$

例 2　计算半径为 R 的球面的表面积.

解　取原点为球心，则球面 Σ 的方程为 $x^2 + y^2 + z^2 = R^2$，上半球面 Σ_1 的方程为 $z = \sqrt{R^2 - x^2 - y^2}$，它在 xOy 平面上的投影区域 $D_{xy}:x^2 + y^2 \leqslant R^2$，又

$$z_x' = \frac{-x}{\sqrt{R^2 - x^2 - y^2}}, \quad z_y' = \frac{-y}{\sqrt{R^2 - x^2 - y^2}}$$

则

$$dS = \sqrt{1 + z_x^2 + z_y^2}\,dxdy = \frac{R}{\sqrt{R^2 - x^2 - y^2}}\,dxdy$$

再利用球面的对称性，得球面的表面积

$$S = 2\iint\limits_{\Sigma_1} dS = 2\iint\limits_{D_{xy}} \frac{R}{\sqrt{R^2 - x^2 - y^2}}\,dxdy$$

$$= 2\int_0^{2\pi} d\theta \int_0^R \frac{R\rho}{\sqrt{R^2 - \rho^2}}\,d\rho$$

$$= 4\pi R(-\sqrt{R^2 - \rho^2}\,)\,\Big|_0^R = 4\pi R^2$$

例 3　计算曲面积分 $\iint\limits_{\Sigma} \dfrac{dS}{x^2 + y^2 + z^2}$，其中 Σ 是圆柱面 $x^2 + y^2 = 1$ 介于平面 $z = 0$ 及 $z = 3$ 之间的部分.

解　由于曲面 Σ 在 xOy 面上的投影区域（如图 11 – 6 所示）为圆周曲线 $x^2 + y^2 = 1$，其面积为零，故不能作为曲面 Σ 的投影区域进行计算. 由图 11 – 6 可知，可以选择将曲面 Σ 向 yOz 面投影，这时其投影区域为矩形区域：$D_{yz} = \{(y,z)\,|\,-1 \leqslant y \leqslant 1, 0 \leqslant z \leqslant 3\}$，由于曲面 Σ 与平行 x 轴的直线的交点有两个，故积分要分块进行. 曲面 Σ 被 yOz 面分为前后两块，分别记作 Σ_1、Σ_2，其中

$$\Sigma_1:x = \sqrt{1 - y^2}$$

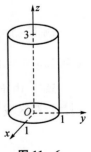

图 11 – 6

$$\Sigma_2 : x = -\sqrt{1-y^2}$$

于是

$$\iint\limits_{\Sigma} \frac{\mathrm{d}S}{x^2+y^2+z^2} = \iint\limits_{\Sigma_1} \frac{\mathrm{d}S}{x^2+y^2+z^2} + \iint\limits_{\Sigma_2} \frac{\mathrm{d}S}{x^2+y^2+z^2}$$

由公式(11-19)得

$$\iint\limits_{\Sigma} \frac{\mathrm{d}S}{x^2+y^2+z^2}$$

$$= \iint\limits_{D_{yz}} \frac{1}{1+z^2}\sqrt{1+\left(\frac{-y}{\sqrt{1-y^2}}\right)^2}\,\mathrm{d}y\mathrm{d}z + \iint\limits_{D_{yz}} \frac{1}{1+z^2}\sqrt{1+\left(\frac{y}{\sqrt{1-y^2}}\right)^2}\,\mathrm{d}y\mathrm{d}z$$

$$= 2\iint\limits_{D_{yz}} \frac{1}{1+z^2}\frac{1}{\sqrt{1-y^2}}\mathrm{d}y\mathrm{d}z$$

$$= 2\int_0^3 \frac{1}{1+z^2}\mathrm{d}z\int_{-1}^1 \frac{1}{\sqrt{1-y^2}}\mathrm{d}y = 4\arctan 3 \cdot \arcsin 1 = 2\pi\arctan 3$$

例 4 设上半球壳 Σ 的方程为 $z = \sqrt{a^2-x^2-y^2}$,其面密度函数 $\mu(x,y,z) = z^2$,求该球壳的质量.

解 曲面 Σ 在 xOy 面上的投影区域为

$$D_{xy} = \{(x,y)\mid x^2+y^2 \leqslant a^2\}$$

由公式(11-12)及(11-18)得

$$M = \iint\limits_{\Sigma} z^2\mathrm{d}S$$

$$= \iint\limits_{D_{xy}} (a^2-x^2-y^2) \cdot \sqrt{1+\frac{x^2}{a^2-x^2-y^2}+\frac{y^2}{a^2-x^2-y^2}}\,\mathrm{d}x\mathrm{d}y$$

$$= a\iint\limits_{D_{xy}} \sqrt{a^2-x^2-y^2}\,\mathrm{d}x\mathrm{d}y = a\int_0^{2\pi}\mathrm{d}\theta\int_0^a \sqrt{a^2-\rho^2}\,\rho\mathrm{d}\rho$$

$$= a \cdot 2\pi\left[\frac{-1}{3}(a^2-\rho^2)^{\frac{3}{2}}\right]_0^a = \frac{2}{3}\pi a^4$$

例 5 求质量均匀分布的球面 Σ:$x^2+y^2+z^2 = a^2$ 关于 z 轴的转动惯量.

解 设球面 $\sum$ 的面密度为 μ(μ 为常数),则

$$I_z = \oiint\limits_{\Sigma}\mu(x^2+y^2)\mathrm{d}S = \mu\oiint\limits_{\Sigma}(x^2+y^2)\mathrm{d}S$$

由于该球面的方程具有轮换对称性[①],故有

① 同时用 x 换 y,y 换 z,z 换 x 后,所求的量或式不变,称该量或式具有轮换对称性.

$$\oiint_{\Sigma} x^2 \mathrm{d}S = \oiint_{\Sigma} y^2 \mathrm{d}S = \oiint_{\Sigma} z^2 \mathrm{d}S$$

于是

$$I_z = 2\mu \oiint_{\Sigma} x^2 \mathrm{d}S = \frac{2}{3}\mu \oiint_{\Sigma}(x^2 + y^2 + z^2)\mathrm{d}S$$

$$= \frac{2\mu a^2}{3} \oiint_{\Sigma} \mathrm{d}S = \frac{2\mu a^2}{3} \cdot 4\pi a^2 = \frac{8\pi\mu a^4}{3}$$

由上述例题可以看出，在计算对面积的曲面积分时，要注意以下几点：

（1）对面积的曲面积分是将其化为投影域上的二重积分，因此必须选择投影面积不为零的投影域.

（2）若曲面 Σ 与垂直于投影面的直线的交点超过一个，则必须将曲面分成几块，使每一块与垂直于投影面的直线的交点只有一个.

（3）计算曲面（或曲线）积分时都要将曲面 Σ（或曲线）方程直接代入被积函数中，这是因为被积函数是定义在曲面（或曲线）上的. 这在重积分中是不可以的！

习题 11.2

1. 计算下列对面积的曲面积分：

（1）$\displaystyle\iint_{\Sigma} z \mathrm{d}S$，其中 Σ 为右半球面 $x^2 + y^2 + z^2 = R^2 (y \geqslant 0)$.

（2）$\displaystyle\oiint_{\Sigma} xyz \mathrm{d}S$，其中 Σ 为平面 $x + y + z = 1$ 及三个坐标平面所围成的四面体的表面.

（3）$\displaystyle\iint_{\Sigma} z \mathrm{d}S$，其中 Σ 为抛物面 $z = 2 - (x^2 + y^2)$ 在 xOy 面上方的部分.

（4）$\displaystyle\iint_{\Sigma}(x + y + z)\mathrm{d}S$，其中 Σ 为球面 $x^2 + y^2 + z^2 = a^2$ 上 $z \geqslant h(0 < h < a)$ 的部分.

（5）$\displaystyle\iint_{\Sigma}(x^2 + y^2 + z^2)\mathrm{d}S$，其中 Σ 是介于平面 $z = 0$ 和 $z = H$ 之间的圆柱面 $x^2 + y^2 = R^2$.

（6）$\displaystyle\iint_{\Sigma}(x^2 + y^2)z \mathrm{d}S$，其中 Σ 是上半球面 $x^2 + y^2 + z^2 = 4, (z \geqslant 0)$.

（7）$\displaystyle\iint_{\Sigma}(x + z)\mathrm{d}S$，其中 Σ 是平面 $x + z = 1$ 位于柱面 $x^2 + y^2 = 1$ 内的部分.

(8) $\iint\limits_{\Sigma}(xy+yz+zx)\mathrm{d}S$,其中 Σ 为上半圆锥面 $z=\sqrt{x^2+y^2}$ 被柱面 $x^2+y^2=2x$ 截得的部分.

2. 求抛物面壳 $z=\dfrac{1}{2}(x^2+y^2)(0\leqslant z\leqslant1)$ 的质量,此壳的面密度的大小为 $\rho=z$.

3. 求密度为常数 μ 的均匀半球壳 $z=\sqrt{a^2-x^2-y^2}$ 的质心坐标及该半球壳关于 z 轴的转动惯量.

4. 求面密度为常数 μ 的圆锥面的重心.

11.3　对坐标的曲线积分

11.3.1　对坐标的曲线积分的概念与性质

1）变力沿有向曲线所作的功

质点在力场中运动,场力会对其作功.定积分的应用中我们已经解决了质点沿直线运动时变力作功问题,但实际中一般质点的运动轨迹是一条有向曲线(规定了正方向的曲线称为有向曲线),所受的力不仅大小改变,而且方向也在改变,这时该如何求场力沿曲线所作的功呢?

设平面上有一个连续的力场

$$\boldsymbol{F}=P(x,y)\boldsymbol{i}+Q(x,y)\boldsymbol{j}$$

以及一条有向光滑曲线弧 $L=\overset{\frown}{AB}$,曲线 L 的起点为 A,终点为 B,如果一质点在场力 $\boldsymbol{F}$ 的作用下,从点 A 沿曲线 L 运动到点 B,在该质点运动过程中,求场力 $\boldsymbol{F}$ 对此质点所作的功.

由于场力 $\boldsymbol{F}$ 对质点所作的功关于曲线弧段具有可加性,因此可用积分法求解.

在曲线弧 $L=\overset{\frown}{AB}$ 上从点 A 到点 B 依次插入 $n-1$ 个分点 $M_1,\cdots,M_{n-1}$(如图 11-7 所示),将 L 分成 n 个有向小弧段 $\Delta L_i=\overset{\frown}{M_{i-1}M_i}$,其长度记作 $\Delta s_i(i=1,2,\cdots,n)$,这里记 $A=M_0,B=M_n$.当各有向小弧段 $\overset{\frown}{M_{i-1}M_i}$ 的弧长 Δs_i 很短时,可近似地看成弦向量 $\overrightarrow{M_{i-1}M_i}$,而力 $\boldsymbol{F}$ 在该小弧段上的变化也很小,可将其上任一点 K_i 处的力 $\boldsymbol{F}(K_i)$ 近似地看成弧段 $\overset{\frown}{M_{i-1}M_i}$ 上各点处

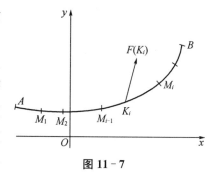

图 11-7

的力. 这样, 场力 $\boldsymbol{F}$ 在有向小弧段 $\overset{\frown}{M_{i-1}M_i}$ 上所作的功可近似表示为

$$\Delta W_i \approx \boldsymbol{F}(K_i) \cdot \overrightarrow{M_{i-1}M_i} \quad (i = 1, 2, \cdots, n)$$

将各有向小弧段上所作的功相加, 即得所求功的近似值

$$W = \sum_{i=1}^{n} \Delta W_i \approx \sum_{i=1}^{n} \boldsymbol{F}(K_i) \cdot \overrightarrow{M_{i-1}M_i}$$

记 K_i 点的坐标为 (ξ_i, η_i), 又

$$\overrightarrow{M_{i-1}M_i} = (\Delta x_i)\boldsymbol{i} + (\Delta y_i)\boldsymbol{j}$$

于是

$$W \approx \sum_{i=1}^{n} \left[P(\xi_i, \eta_i)\Delta x_i + Q(\xi_i, \eta_i)\Delta y_i \right]$$

当各小弧段长的最大值 $\lambda = \max_{1 \leqslant i \leqslant n} \{\Delta s_i\} \to 0$ 时, 所得极限就是场力 $\boldsymbol{F}$ 沿有向曲线 $L = \overset{\frown}{AB}$ 对质点所作的功, 即

$$W = \lim_{\lambda \to 0} \sum_{i=1}^{n} \left[P(\xi_i, \eta_i)\Delta x_i + Q(\xi_i, \eta_i)\Delta y_i \right]$$

此类和式的极限在研究其他应用问题时也会出现, 由此抽象出下述向量函数沿有向曲线积分的概念.

2) 对坐标的曲线积分的概念及性质

定义 设 L 是 xOy 平面内从点 A 到点 B 的一条有向光滑曲线弧, 向量值函数

$$\boldsymbol{F}(x, y) = P(x, y)\boldsymbol{i} + Q(x, y)\boldsymbol{j}$$

在曲线 L 上有界, 在曲线 L 上任意插入 $n-1$ 个有序点列 $M_1, \cdots, M_{n-1}$, 令 $A = M_0$, $M_n = B$, 把 L 分成 n 个有向小弧段 $\overset{\frown}{M_{i-1}M_i}(i = 1, 2, \cdots, n)$, 设 $\Delta x_i = x_i - x_{i-1}$, $\Delta y_i = y_i - y_{i-1}$, 任取点 $(\xi_i, \eta_i) \in \overset{\frown}{M_{i-1}M_i}(i = 1, 2, \cdots)$, 作和式 $\sum_{i=1}^{n} P(\xi_i, \eta_i)\Delta x_i$, 如果当各小弧段长度的最大值 $\lambda = \max_{1 \leqslant i \leqslant n} \{\Delta s_i\} \to 0$ 时, 极限

$$\lim_{\lambda \to 0} \sum_{i=1}^{n} P(\xi_i, \eta_i)\Delta x_i$$

存在, 则称此极限为函数 $P(x, y)$ 在有向曲线弧 L 上对坐标 x 的曲线积分, 记作 $\displaystyle\int_L P(x, y)\mathrm{d}x$, 即

$$\int_L P(x, y)\mathrm{d}x = \lim_{\lambda \to 0} \sum_{i=1}^{n} P(\xi_i, \eta_i)\Delta x_i \tag{11-21}$$

类似地, 如果极限

$$\lim_{\lambda \to 0} \sum_{i=1}^{n} Q(\xi_i, \eta_i)\Delta y_i$$

存在,则称此极限为函数 $Q(x,y)$ 在有向曲线弧 L 上对坐标 y 的曲线积分,记作 $\int_L Q(x,y)\mathrm{d}y$,即

$$\int_L Q(x,y)\mathrm{d}y = \lim_{\lambda \to 0}\sum_{i=1}^n Q(\xi_i,\eta_i)\Delta y_i \tag{11-22}$$

其中,$P(x,y),Q(x,y)$ 称为**被积函数**,L 称为**积分弧段**.

以上两个积分统称为**对坐标的曲线积分**,亦称为**第二型曲线积分**.

当以上两个积分同时存在时,则有向曲线弧 L 上,向量函数

$$\boldsymbol{F} = P(x,y)\boldsymbol{i} + Q(x,y)\boldsymbol{j}$$

对坐标的曲线积分为

$$\int_L P(x,y)\mathrm{d}x + \int_L Q(x,y)\mathrm{d}y$$

常将上式简记为

$$\int_L P(x,y)\mathrm{d}x + Q(x,y)\mathrm{d}y \tag{11-23}$$

则

$$\int_L P(x,y)\mathrm{d}x + Q(x,y)\mathrm{d}y = \lim_{\lambda \to 0}\sum_{i=1}^n \left[P(\xi_i,\eta_i)\Delta x_i + Q(\xi_i,\eta_i)\Delta y_i\right]$$

$$\tag{11-24}$$

与第一型曲线积分类似,当向量值函数 $\boldsymbol{F}$ 在有向光滑曲线 L 上连续时(即指其分量函数 $P(x,y),Q(x,y)$ 均连续),第二型曲线积分(式(11-24))必定存在.故以后我们总假定函数 $P(x,y),Q(x,y)$ 均在 L 上连续.

若有向光滑曲线弧段 $L = \overparen{AB}$ 的参数方程形式可表示为

$$x = x(t),y = y(t) \qquad (t:\alpha \to \beta)$$

上式中,$t = \alpha$ 对应有向曲线弧 L 的起点 A,$t = \beta$ 对应其终点 B(如图11-8所示),不妨设 $\alpha < \beta$(若 $\alpha > \beta$,只要令 $s = -t$,A 对应 $s = -\alpha$,B 对应 $s = -\beta$,就有 $(-\alpha) < (-\beta)$,由此下面的讨论对参数 s 也适用),函数 $x = x(t),y = y(t)$ 在以 α 与 β 为端点的区间上具有一阶连续导数,则对应于参数 t 的点 $M(x(t),y(t))$ 处有切线,其切向量为

$$\boldsymbol{\tau} = (x'(t),y'(t)) = \left(\frac{\mathrm{d}x}{\mathrm{d}t},\frac{\mathrm{d}y}{\mathrm{d}t}\right)$$

该切向量 $\boldsymbol{\tau} = (x'(t),y'(t))$ 的指向与参数 t 增大的方向一致,则当 $\alpha < \beta$ 时,$\boldsymbol{\tau}$ 的指向就是有向曲线弧 L 的走向.这种指向与有向曲线弧 L 的走向一致的切向量称为**有向曲线弧的切向量**.由弧微分的性质可知

$$(\mathrm{d}s)^2 = (\mathrm{d}x)^2 + (\mathrm{d}y)^2$$

则有向曲线弧 L 在点 M 处的单位切向量 $\boldsymbol{e}_\tau$ 可表示为

$$e_\tau = \frac{1}{\mathrm{d}s}(\mathrm{d}x, \mathrm{d}y)$$

记向量 $\mathbf{ds} = (\mathrm{d}s)e_\tau$，则

$$\mathbf{ds} = (\mathrm{d}s)e_\tau = (\mathrm{d}x, \mathrm{d}y)$$

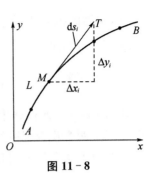

图 11 - 8

这里 $\mathbf{ds}$ 的方向就是 L 上与点 M 处的有向曲线弧走向一致的切线方向，其长度等于 $\mathrm{d}s$. 称 $\mathbf{ds}$ 为有向曲线弧 L 上点 $M(x(t), y(t))$ 处的弧微分向量（如图 $11-8$ 所示），$\mathrm{d}x, \mathrm{d}y$ 分别为该向量 $\mathbf{ds}$ 在 x 轴与 y 轴上的投影.

由此，有向光滑曲线弧段 L 上对坐标的曲线积分可用向量形式表示为

$$\int_L P(x,y)\mathrm{d}x + Q(x,y)\mathrm{d}y = \int_L \mathbf{F} \cdot \mathbf{ds} = \int_L (\mathbf{F} \cdot e_\tau)\mathrm{d}s \qquad (11-25)$$

设 α, β 分别为有向曲线弧的切向量 τ 的方向角，则有向曲线弧 L 在点 M 处的单位切向量也可表示为

$$e_\tau = (\cos\alpha, \cos\beta)$$

将上式代入式 $(11-25)$ 中，有

$$\int_L P(x,y)\mathrm{d}x + Q(x,y)\mathrm{d}y = \int_L [P(x,y)\cos\alpha + Q(x,y)\cos\beta]\mathrm{d}s$$

上式可简记为

$$\int_L P\mathrm{d}x + Q\mathrm{d}y = \int_L (P\cos\alpha + Q\cos\beta)\mathrm{d}s \qquad (11-26)$$

式 $(11-26)$ 也给出了平面上**两类曲线积分之间的相互联系**.

因此，场力 $\mathbf{F}(x,y) = P(x,y)\mathbf{i} + Q(x,y)\mathbf{j}$ 沿有向曲线弧 $L = \overset{\frown}{AB}$ 对质点所作的功为

$$W = \int_L P\mathrm{d}x + Q\mathrm{d}y \qquad (11-27)$$

当 L 为有向闭曲线时，对坐标的曲线积分常记为

$$\oint_L P\mathrm{d}x + Q\mathrm{d}y$$

根据定义，易知对坐标的曲线积分有下列性质，为了表述的简便，这里用向量形式，并假设其中的向量值函数在曲线 L 上连续.

性质 1（线性性质）

$$\int_L (k_1\mathbf{F} + k_2\mathbf{G}) \cdot \mathbf{ds} = k_1 \int_L \mathbf{F} \cdot \mathbf{ds} + k_2 \int_L \mathbf{G} \cdot \mathbf{ds}. (k_1, k_2 \text{ 均为常数})$$

性质 2（对于有向曲线弧段的可加性） 若把有向曲线弧 L 分成 L_1 和 L_2，即 $L = L_1 + L_2$ 则

$$\int_{L} \boldsymbol{F} \cdot \mathbf{d}s = \int_{L_1} \boldsymbol{F} \cdot \mathbf{d}s + \int_{L_2} \boldsymbol{F} \cdot \mathbf{d}s$$

性质 3(方向性) 设 L 为有向曲线弧,与 L 方向相反的有向曲线弧记作 L^-,则有

$$\int_{L^-} \boldsymbol{F} \cdot \mathbf{d}s = -\int_{L} \boldsymbol{F} \cdot \mathbf{d}s$$

这是因为有向曲线弧 L 的弧微分向量 $\mathbf{d}s$ 与有向曲线弧 L^- 的弧微分向量 $-\mathbf{d}s$ 方向正好相反.

将上述定义与性质推广到空间有向曲线弧上,便得空间有向曲线弧 Γ 上对坐标的曲线积分的概念及性质.

设空间有向光滑曲线 Γ,且向量值函数

$$\boldsymbol{F}(x,y,z) = P(x,y,z)\boldsymbol{i} + Q(x,y,z)\boldsymbol{j} + R(x,y,z)\boldsymbol{k}$$

在曲线 Γ 上有界,则类似地得到空间向量值函数 $\boldsymbol{F}(x,y,z)$ 在 Γ 上对坐标的曲线积分

$$\int_{\Gamma} P(x,y,z)\mathrm{d}x + Q(x,y,z)\mathrm{d}y + R(x,y,z)\mathrm{d}z$$

$$= \lim_{\lambda \to 0} \sum_{i=1}^{n} \left[P(\xi_i,\eta_i,\zeta_i)\Delta x_i + Q(\xi_i,\eta_i,\zeta_i)\Delta y_i + R(\xi_i,\eta_i,\zeta_i)\Delta z_i \right]$$

$$(11-28)$$

设 α,β,γ 分别为空间有向曲线弧的切向量 $\boldsymbol{\tau}$ 的方向角,则有向曲线 Γ 在点 $M(x,y,z)$ 处的单位切向量可表示为

$$\boldsymbol{e}_\tau = (\cos\alpha, \cos\beta, \cos\gamma)$$

类似可推得空间曲线上两类曲线积分之间有如下的联系:

$$\int_{\Gamma} P\mathrm{d}x + Q\mathrm{d}y + R\mathrm{d}z = \int_{\Gamma} (P\cos\alpha + Q\cos\beta + R\cos\gamma)\mathrm{d}s \quad (11-29)$$

因此,场力 $\boldsymbol{F}(x,y,z)$ 沿空间有向曲线 Γ 对质点所作的功为

$$W = \int_{\Gamma} P\mathrm{d}x + Q\mathrm{d}y + R\mathrm{d}z = \int_{\Gamma} \boldsymbol{F} \cdot \mathbf{d}s = \int_{\Gamma} (\boldsymbol{F} \cdot \boldsymbol{e}_\tau)\mathrm{d}s \quad (11-30)$$

11.3.2 对坐标的曲线积分的计算

对坐标的曲线积分的计算也可化为对参数的定积分进行.

定理 1 设 xOy 平面内有向曲线 L 的参数方程为 $x = x(t)$,$y = y(t)$,$t:\alpha \to \beta$,函数 $x(t)$,$y(t)$ 在以 α 与 β 为端点的闭区间上具有一阶连续导数,且 $x'^2(t) + y'^2(t) \neq 0$,函数 $P(x,y)$,$Q(x,y)$ 在曲线 L 上连续,则

$$\int_{L} P(x,y)\mathrm{d}x + Q(x,y)\mathrm{d}y = \int_{\alpha}^{\beta} \{P[x(t),y(t)]x'(t) + Q[x(t),y(t)]y'(t)\}\mathrm{d}t$$

$$(11-31)$$

其中 α 对应 L 的起点，β 对应其终点.

证 由于有向曲线 L 的参数方程为 $x = x(t)$，$y = y(t)$，$t:\alpha \to \beta$，当 $\alpha < \beta$ 时，L 在点 $M(x(t)，y(t))$ 处的切向量可表示为

$$\boldsymbol{\tau} = (x'(t), y'(t))$$

则其方向余弦为

$$\cos\alpha = \frac{x'(t)}{\sqrt{x'^2(t) + y'^2(t)}}，\cos\beta = \frac{y'(t)}{\sqrt{x'^2(t) + y'^2(t)}}$$

又

$$\mathrm{d}s = \sqrt{x'^2(t) + y'^2(t)}\,\mathrm{d}t$$

根据公式(11-6)以及对弧长的曲线积分的计算公式，有

$$\int_L P(x,y)\mathrm{d}x + Q(x,y)\mathrm{d}y$$

$$= \int_L [P(x,y)\cos\alpha + Q(x,y)\cos\beta]\mathrm{d}s$$

$$= \int_\alpha^\beta \left\{ P[x(t),y(t)]\frac{x'(t)}{\sqrt{x'^2(t) + y'^2(t)}} + Q[x(t),y(t)]\frac{y'(t)}{\sqrt{x'^2(t) + y'^2(t)}} \right\}$$

$$\sqrt{x'^2(t) + y'^2(t)}\,\mathrm{d}t$$

$$= \int_\alpha^\beta \{ P[x(t),y(t)]x'(t) + Q[x(t),y(t)]y'(t) \}\mathrm{d}t \qquad (11-32)$$

当 $\alpha > \beta$ 时，L 在点 $M(x(t)，y(t))$ 处的切向量可表示为

$$\boldsymbol{\tau} = -(x'(t), y'(t))$$

则其方向余弦为

$$\cos\alpha = \frac{-x'(t)}{\sqrt{x'^2(t) + y'^2(t)}}，\cos\beta = \frac{-y'(t)}{\sqrt{x'^2(t) + y'^2(t)}}$$

根据对弧长的曲线积分的计算公式，有

$$\int_L P(x,y)\mathrm{d}x + Q(x,y)\mathrm{d}y$$

$$= \int_L [P(x,y)\cos\alpha + Q(x,y)\cos\beta]\mathrm{d}s$$

$$= \int_\beta^\alpha \left\{ P[x(t),y(t)]\frac{-x'(t)}{\sqrt{x'^2(t) + y'^2(t)}} + Q[x(t),y(t)]\frac{-y'(t)}{\sqrt{x'^2(t) + y'^2(t)}} \right\}$$

$$\sqrt{x'^2(t) + y'^2(t)}\,\mathrm{d}t$$

$$= \int_\alpha^\beta \{ P[x(t),y(t)]x'(t) + Q[x(t),y(t)]y'(t) \}\mathrm{d}t$$

$$(11-33)$$

由式(11-32)与(11-33)可知，式(11-31)得证.

如果 L 的方程是 $y = y(x)$[或 $x = x(y)$]，则可以将它看作以坐标 x(或 y)为

参数的参数方程,例如 $y=y(x)$,这时式(11-31)化为

$$\int_L P(x,y)\mathrm{d}x+Q(x,y)\mathrm{d}y=\int_a^b\{P[x,y(x)]+Q[x,y(x)]y'(x)\}\mathrm{d}x$$

$$(11-34)$$

其中下限 $x=a$ 对应 L 的起点,上限 $x=b$ 对应 L 的终点.

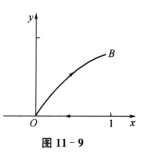

图 11-9

由式(11-34)可见,对坐标的曲线积分可通过化为曲线的参数的定积分来计算,只要将曲线的参数方程代入被积表达式中,将被积表达式中的 x、y、$\mathrm{d}x$、$\mathrm{d}y$ 分别换成 $x(t)$、$y(t)$、$x'(t)\mathrm{d}t$、$y'(t)\mathrm{d}t$,积分下限对应曲线起点的参数值 α,上限对应曲线终点的参数值 β 即可. 必须指出,这里 α 不一定比 β 小!

例1　计算 $\int_L y\mathrm{d}x+2x\mathrm{d}y$,其中 L 为抛物线 $y^2=x$ 上从点 $O(0,0)$ 到点 $B(1,1)$ 的一段有向弧.

解　把曲线 L(如图 11-9 所示)写成以 y 为参数的参数方程形式如下:

$$\begin{cases}x=y^2\\y=y\end{cases},y:0\to1$$

于是

$$\int_L y\mathrm{d}x+2x\mathrm{d}y=\int_0^1 y\cdot2y\mathrm{d}y+2y^2\mathrm{d}y=4\int_0^1 y^2\mathrm{d}y=\frac{4}{3}$$

例2　计算 $\int_L(x^2+y^2)\mathrm{d}x+(x^2-y^2)\mathrm{d}y$,其中起点和终点分别为点 $A(1,0)$ 与 $B(-1,0)$ 的有向曲线 L 为

(1) 以原点为圆心,半径为 1,按逆时针方向绕行的上半周;

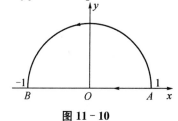

图 11-10

(2) 有向线段 $\overrightarrow{AB}$.

解　(1) 上半圆周 $\overset{\frown}{AB}$(如图 11-10 所示)的参数方程如下:

$$x=\cos t,y=\sin t,t:0\to\pi$$

于是

$$\int_{\overset{\frown}{AB}}(x^2+y^2)\mathrm{d}x+(x^2-y^2)\mathrm{d}y$$

$$=\int_0^\pi[(-\sin t)+\cos2t\cos t]\mathrm{d}t$$

$$=\int_0^\pi\Big[(-\sin t)+\frac{1}{2}(\cos3t+\cos t)\Big]\mathrm{d}t$$

$$= \left[\cos t + \frac{\sin 3t}{6} + \frac{\sin t}{2} \right]_0^\pi = -2$$

（2）有向线段 $\overrightarrow{AB}$ 写成以 x 为参数的参数方程形式如下：

$$\begin{cases} x = x \\ y = 0 \end{cases}, x : 1 \to -1$$

于是

$$\int_{\overrightarrow{AB}} (x^2 + y^2) dx + (x^2 - y^2) dy = \int_1^{-1} (x^2 + 0^2) dx = -\frac{2}{3}$$

例 2 的结果表明，虽然两个曲线积分的被积函数相同，起点和终点也相同，但当积分路径不同时，其积分值可能不等. 一般地，对坐标的曲线积分与路径有关.

例 3　计算 $I = \int_L 2yx^3 dy + 3x^2 y^2 dx$，其中起点和终点分别为 $O(0,0)$ 和 $B(1,1)$ 的有向曲线 L（如图 11 - 11 所示）为

（1）抛物线 $y = x^2$；

（2）直线段 $y = x$；

（3）依次连接 $O(0,0), A(1,0)$ 和 $B(1,1)$ 的有向折线.

解　（1）把 x 看作参数，则有

$$I = \int_0^1 (2x^5 \cdot 2x + 3x^6) dx = \int_0^1 7x^6 dx = 1$$

（2）取 x 为参数，得

$$I = \int_0^1 (2x^4 + 3x^4) dx = \int_0^1 5x^4 dx = 1$$

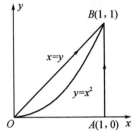

图 11 - 11

（3）$I = \int_{\overrightarrow{OA}} 2yx^3 dy + 3x^2 y^2 dx + \int_{\overrightarrow{AB}} 2yx^3 dy + 3x^2 y^2 dx$

线段 $\overrightarrow{OA}$ 的方程为 $y = 0, x : 0 \to 1$，线段 $\overrightarrow{AB}$ 的方程为 $x = 1, y : 0 \to 1$，于是

$$I = \int_0^1 3x^2 \cdot 0 dx + \int_0^1 2y \cdot 1^3 dy = 1$$

从例 3 可以看出，对于某些对坐标的曲线积分，沿不同的路径时，其积分值相同，它仅取决于起点和终点，而与积分路径无关.

空间曲线上对坐标的曲线积分的计算有相类似的结果.

定理 2　设空间有向光滑曲线 Γ 的参数方程为 $x = x(t), y = y(t), z = z(t)$，$t : \alpha \to \beta$，函数 $x(t), y(t), z(t)$ 在以 α 与 β 为端点的闭区间上具有一阶连续导数，且 $x'^2(t) + y'^2(t) + z'^2(t) \neq 0$，函数 $P(x,y,z), Q(x,y,z), R(x,y,z)$ 在曲线 Γ 上连续，则有

$$\int_\Gamma P(x,y,z)\mathrm{d}x + Q(x,y,z)\mathrm{d}y + R(x,y,z)\mathrm{d}z$$

$$= \int_\alpha^\beta \{P[x(t),y(t),z(t)]x'(t) + Q[x(t),y(t),z(t)]y'(t) \tag{11-35}$$

$$+ R[x(t),y(t),z(t)]z'(t)\}\mathrm{d}t$$

其中定积分下限 α 对应 Γ 的起点,上限 β 对应 Γ 的终点.

例 4 计算 $\int_\Gamma yz\mathrm{d}x - xz\mathrm{d}y + 2y^2\mathrm{d}z$,其中 Γ 是从点 $A(2,2,1)$ 到点 $B(0,1,0)$ 的有向线段.

解 线段 AB 的直线方程为

$$\frac{x}{2} = \frac{y-1}{1} = \frac{z}{1}$$

故有向线段 $\overrightarrow{AB}$ 的参数方程为

$$x = 2t, y = 1+t, z = t, t:1 \to 0$$

于是

$$\int_\Gamma yz\mathrm{d}x - xz\mathrm{d}y + 2y^2\mathrm{d}z = \int_1^0 [2(1+t)t - 2t\cdot t + 2(1+t)^2]\mathrm{d}t$$

$$= -\int_0^1 (2t^2 + 6t + 2)\mathrm{d}t = -5\frac{2}{3}$$

例 5 计算曲线积分 $\oint_\Gamma (z-y)\mathrm{d}x + (x-z)\mathrm{d}y + (x-y)\mathrm{d}z$,其中 Γ 是有向闭曲线 $\begin{cases} x^2+y^2=1 \\ x-y+z=2 \end{cases}$,其方向从 z 轴正方向看 Γ 是顺时针的.

解 Γ 在 xOy 面上的投影曲线为 $x^2+y^2=1$,则其参数方程为

$$x = \cos t, y = \sin t, t:0 \to -2\pi$$

将其代入 $x-y+z=2$ 得 $z = 2 - \cos t + \sin t$,从而得 Γ 的参数方程为

$$x = \cos t, y = \sin t, z = 2 - \cos t + \sin t, t:0 \to -2\pi$$

于是

$$\oint_L (z-y)\mathrm{d}x + (x-z)\mathrm{d}y + (x-y)\mathrm{d}z$$

$$= \int_0^{-2\pi} [(2-\cos t)(-\sin t) + (2\cos t - \sin t - 2)\cos t + (\cos t - \sin t)(\sin t + \cos t)]\mathrm{d}t$$

$$= \int_{-2\pi}^0 [2(\cos t + \sin t) - 2\cos 2t - 1]\mathrm{d}t = -2\pi$$

例 6 如图 11-12 所示,设质点 A 位于点 $(0,1)$,质点 M 沿曲线 $y = \sqrt{2x-x^2}$ 从点 $B(2,0)$ 运动到 $O(0,0)$,质点 A 对质点 M 的引力为

$$\boldsymbol{F} = \frac{k}{p^3}\boldsymbol{p}(k>0, \boldsymbol{p} = \overrightarrow{MA}, p = |\boldsymbol{p}|)$$

求质点 M 从 B 点运动到 O 点时,引力 F 对其所作的功.

解 设 $M(x,y)$,则 $p = \overrightarrow{MA} = \{-x, 1-y\}$

$$p = |\,p\,| = \sqrt{x^2 + (1-y)^2}$$

则

$$F = F(x,y) = \frac{k}{p^3}p$$

$$= \frac{k}{p^3}\big[(-x)\boldsymbol{i} + (1-y)\boldsymbol{j}\big]$$

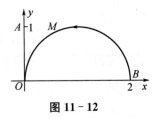

图 11-12

故

$$W = \int_{\widehat{BO}} F \cdot \mathrm{d}s = k\int_{\widehat{BO}} \frac{-x\mathrm{d}x + (1-y)\mathrm{d}y}{\big[x^2 + (1-y)^2\big]^{3/2}}$$

又曲线 $\widehat{BO}$ 的方程可化为 $(x-1)^2 + y^2 = 1$,则其参数方程为

$$x = 1 + \cos t, \quad y = \sin t$$

起点 B 到终点 O 对应的参数 t 从 0 变到 π,故

$$W = k\int_0^\pi \frac{-(1+\cos t)(-\sin t) + (1-\sin t)\cos t}{\big[(1+\cos t)^2 + (1-\sin t)^2\big]^{3/2}}\mathrm{d}t$$

$$= k\int_0^\pi \frac{\sin t + \cos t}{\big[3 + 2\cos t - 2\sin t\big]^{3/2}}\mathrm{d}t$$

$$= k\int_0^\pi \frac{-\mathrm{d}(\cos t - \sin t)}{\big[3 + 2\cos t - 2\sin t\big]^{3/2}}$$

$$= \left(-\frac{k}{2}\right) \cdot \frac{-2}{\sqrt{3 + 2\cos t - 2\sin t}}\,\Big|_0^\pi = k\left(1 - \frac{1}{\sqrt{5}}\right)$$

习题 11.3

1. 设 L_1 为 xOy 平面内直线 $x = a$ 上的一段,L_2 为直线 $y = b$ 上的一段,证明:

$$\int_{L_1} P(x,y)\mathrm{d}x = 0, \int_{L_2} Q(x,y)\mathrm{d}y = 0$$

2. 计算下列对坐标的曲线积分:

(1) $\displaystyle\int_L (x^2 - 2xy)\mathrm{d}x + (y^2 - 2xy)\mathrm{d}y$,其中 L 为抛物线 $y = x^2$ 上对应于 x 由 -1 增加到 1 的一段.

(2) $\displaystyle\oint_L xy\mathrm{d}x$,其中 L 为圆周 $(x-a)^2 + y^2 = a^2 (a > 0)$ 及 x 轴所围成的在第一象限内的区域的整个边界(按逆时针方向绕行).

(3) $\displaystyle\oint_L \frac{\mathrm{d}x + \mathrm{d}y}{|\,x\,| + |\,y\,|}$,其中 L 为以点 $A(1,0)$,$B(0,1)$,$C(-1,0)$,$D(0,-1)$ 为顶

点的正方形边界,取逆时针方向.

(4) $\oint_L y\mathrm{d}x - x\mathrm{d}y$,其中 L 为椭圆$\dfrac{x^2}{a^2} + \dfrac{y^2}{b^2} = 1$,方向为逆时针.

(5) $\oint_L \dfrac{(x+y)\mathrm{d}x - (x-y)\mathrm{d}y}{x^2 + y^2}$,其中 L 为圆周 $x^2 + y^2 = a^2$,方向为逆时针.

(6) $\displaystyle\int_L \dfrac{x^2\mathrm{d}y - y^2\mathrm{d}x}{x^{\frac{5}{3}} + y^{\frac{5}{3}}}$,其中 L 为星形线 $x = a\cos^3 t, y = a\sin^3 t (a > 0)$ 从点 $(a,0)$ 到点 $(0,a)$ 的位于第一象限的一段.

(7) $\displaystyle\int_\Gamma x\mathrm{d}x + y\mathrm{d}y + (x+y-1)\mathrm{d}z$,其中 Γ 为从点 $(1,1,1)$ 到点 $(2,3,4)$ 的一直线段.

(8) $\oint_\Gamma y\mathrm{d}x + z\mathrm{d}y + x\mathrm{d}z$,其中 Γ 为 $x = a\cos t, y = a\sin t, z = bt$ 上对应于 $t = 0$ 到 $t = 2\pi$ 的一段弧.

(9) $\displaystyle\int_\Gamma -y^2\mathrm{d}x + x\mathrm{d}y + z^2\mathrm{d}z$,其中 Γ 为平面 $y + z = 2$ 与柱面 $x^2 + y^2 = 1$ 的交线,方向为从原点向 z 轴正向看去为顺时针方向.

3. 计算$\displaystyle\int_L (x+y)\mathrm{d}x + (y-x)\mathrm{d}y$,其中 L 为

(1) 抛物线 $x = y^2$ 上从点 $(1,1)$ 到点 $(4,2)$ 的一段.

(2) 先沿直线从点 $(1,1)$ 到点 $(1,2)$,再沿直线到点 $(4,2)$ 的折线.

(3) 曲线 $x = 2t^2 + t + 1, y = t^2 + 1$ 上从点 $(1,1)$ 到点 $(4,2)$ 的一段弧.

4. 计算曲线积分 $I = \displaystyle\int_L \dfrac{-y\mathrm{d}x + x\mathrm{d}y}{x^2 + y^2}$,其中 L 为

(1) 由点 $A(-a,0)$ 到点 $B(a,0)$ 的上半圆周 $(a > 0)$.

(2) 由点 $A(-a,0)$ 到点 $B(a,0)$ 的下半圆周 $(a > 0)$.

5. 设有一平面力场 $\boldsymbol{F}$, $\boldsymbol{F}$ 在任一点的大小等于该点到原点的距离的平方,而方向与 y 轴正方向相反,求质量为 m 的质点在力场 $\boldsymbol{F}$ 的作用下沿抛物线 $1-x = y^2$ 从点 $(1,0)$ 移动到点 $(0,1)$ 时,$\boldsymbol{F}$ 所作的功.

6. 在过原点 $(0,0)$ 和 $A(\pi,0)$ 的曲线族 $y = a\sin x$ 中,求一条曲线 L,使沿 L 从原点到点 A 的积分 $I = \displaystyle\int_L (1+y^3)\mathrm{d}x + (2x+y)\mathrm{d}y$ 的值最小.

11.4　格林公式及其应用

11.4.1　格林公式

在多元函数的积分中,我们已经学习了重积分和两类曲线积分,并且知道两类曲线积分之间是可以相互转化的,那么曲线积分和重积分之间是否有相互联系呢?1825年,英国数学家格林发现了平面上沿有向封闭曲线的对坐标的曲线积分与由该封闭曲线围成的有界闭区域上的二重积分之间存在着某种联系.表达这种联系的重要公式就是格林(Green)公式,它为计算某些对坐标的曲线积分、讨论对坐标的曲线积分与路径无关等重要结论创造了条件,因此它在积分理论中占有重要地位.

先引进一个基本概念.

设 D 为一平面区域,如果 D 内任一闭曲线所围的有界区域都属于 D,则称 D 是单连通区域.不是单连通的区域称为复连通区域.例如平面区域 $\{(x,y)\mid x^2+y^2<1\}$ 就是一个单连通区域,而 $\{(x,y)\mid 1<x^2+y^2<4\}$ 与 $\{(x,y)\mid 0<x^2+y^2<4\}$ 都是复连通区域.通俗地说,单连通区域是没有"洞"的区域,复连通区域是有"洞"的区域.

设曲线 L 为平面有界闭区域 D 的边界,若当某人沿曲线 L 的某一方向行走时,D 内靠近此人近旁的区域部分始终保持在此人的左侧,则称此行走的方向为**边界曲线 L 的正方向**,记作 L^+ (常简记为 L).与之相反的方向则称为 L 的**负方向**,记作 L^-.由此定义易知,单连通区域的边界曲线的正方向为逆时针方向,如图 11-13(a) 所示,而复连通区域的边界曲线的正方向是指其外边界曲线为逆时针方向,内边界曲线则为顺时针方向,它们共同构成复连通区域的边界曲线的正方向,如图 11-13(b) 所示.

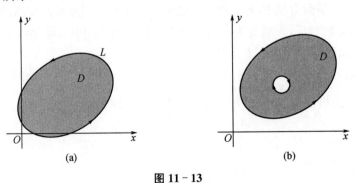

图 11-13

定理 1　设 D 是由分段光滑的曲线 L 围成的平面闭区域,如果函数 $P(x,y)$,

$Q(x,y)$ 在 D 上具有一阶连续偏导数,则

$$\oint_L P(x,y)\mathrm{d}x + Q(x,y)\mathrm{d}y = \iint_D \left(\frac{\partial Q}{\partial x} - \frac{\partial P}{\partial y}\right)\mathrm{d}x\mathrm{d}y \qquad (11-36)$$

其中 L 是区域 D 取正方向的边界曲线,公式(11-36) 称为格林公式.

证　将 D 分成单连通区域与复连通区域两种类型,分别证明.

(1) D 为单连通区域时的情形

① 当 D 为单连通且既是 X 型又是 Y 型的有界闭区域时,如图 11-14(a) 所示.

由于 D 是 X 型区域,故可设区域 D 的边界 L 由两条光滑的连续曲线 $L_1:y = y_1(x)(x:a \to b)$ 与 $L_2:y = y_2(x)(x:b \to a)$ 围成,于是 $D = \{(x,y) \mid a \leqslant x \leqslant b, y_1(x) \leqslant y \leqslant y_2(x)\}$,则

$$\begin{aligned}
\oint_L P(x,y)\mathrm{d}x &= \int_{L_1} P(x,y)\mathrm{d}x + \int_{L_2} P(x,y)\mathrm{d}x \\
&= \int_a^b P[x,y_1(x)]\mathrm{d}x + \int_b^a P[x,y_2(x)]\mathrm{d}x \\
&= \int_a^b \{P[x,y_1(x)] - P[x,y_2(x)]\}\mathrm{d}x
\end{aligned}$$

又

$$\begin{aligned}
\iint_D \frac{\partial P}{\partial y}\mathrm{d}x\mathrm{d}y &= \int_a^b \mathrm{d}x \int_{y_1(x)}^{y_2(x)} \frac{\partial P}{\partial y}\mathrm{d}y \\
&= \int_a^b \{P[x,y_2(x)] - P[x,y_1(x)]\}\mathrm{d}x
\end{aligned}$$

比较上面两式得

$$\oint_L P(x,y)\mathrm{d}x = \iint_D \left(-\frac{\partial P}{\partial y}\right)\mathrm{d}x\mathrm{d}y$$

又 D 也是 Y 型区域,同理可证

$$\oint_L Q(x,y)\mathrm{d}y = \iint_D \frac{\partial Q}{\partial x}\mathrm{d}x\mathrm{d}y$$

所以当 D 既是 X 型又是 Y 型区域时,有

$$\oint_L P(x,y)\mathrm{d}x + Q(x,y)\mathrm{d}y = \iint_D \left(\frac{\partial Q}{\partial x} - \frac{\partial P}{\partial y}\right)\mathrm{d}xy$$

② 当 D 为单连通且不同时为 X 型和 Y 型的有界闭区域时.

对于这样的区域,则通常添加几条辅助线即可将它分成有限个既是 X 型又是 Y 型的部分区域,如图 11-14(b) 所示,通过图中的虚线将其分成了 D_1,D_2,D_3 三个既是 X 型又是 Y 型的子区域,由上面的证明可知格林公式在这些区域 $D_i (i = 1,2,3)$ 上成立,于是

$$\iint\limits_{D_i}\left(\frac{\partial Q}{\partial x}-\frac{\partial P}{\partial y}\right)\mathrm{d}x\mathrm{d}y=\oint_{L_i}P\mathrm{d}x+Q\mathrm{d}y \quad (i=1,2,3)$$

其中 L_i 为 D_i 的正向边界曲线. 则有

$$\iint\limits_{D}\left(\frac{\partial Q}{\partial x}-\frac{\partial P}{\partial y}\right)\mathrm{d}x\mathrm{d}y=\sum_{i=1}^{3}\iint\limits_{D_i}\left(\frac{\partial Q}{\partial x}-\frac{\partial P}{\partial y}\right)\mathrm{d}x\mathrm{d}y=\sum_{i=1}^{3}\oint_{L_i}P\mathrm{d}x+Q\mathrm{d}y$$

由图 11-14(b) 可以看到，对于 D_1,D_2,D_3 的围线中，由于在每一条添加的辅助线上都经过一个来回且它们方向相反，因此积分相加时，其第二型曲线积分相互抵消，由此最后只剩下有界闭区域 D 整个边界 L 沿正向的积分项型. 因此

$$\iint\limits_{D}\left(\frac{\partial Q}{\partial x}-\frac{\partial P}{\partial y}\right)\mathrm{d}x\mathrm{d}y=\sum_{i=1}^{3}\oint_{L_i}P\mathrm{d}x+Q\mathrm{d}y=\oint_{L}P\mathrm{d}x+Q\mathrm{d}y$$

即公式(11-36) 仍然成立.

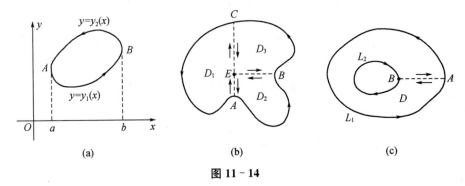

图 11 - 14

(2) 区域 D 是复连通区域时的情形

当区域 D 是复连通区域时，则可添加辅助线将其"割开"而成为单连通区域，如图 11-14(c) 所示. 将区域 D 沿辅助线 AB 割开后，可以看成以 $L_1+\overrightarrow{AB}+L_2+\overrightarrow{BA}$（这里 L_1 取逆时针方向，L_2 取顺时针方向）为正向边界曲线的单连通区域. 由已讨论的结果有

$$\iint\limits_{D}\left(\frac{\partial Q}{\partial x}-\frac{\partial P}{\partial y}\right)\mathrm{d}x\mathrm{d}y=\oint_{L_1+\overrightarrow{BA}+L_2+\overrightarrow{AB}}P\mathrm{d}x+Q\mathrm{d}y$$

并注意到在辅助线 AB 上经一个来回后曲线积分相抵消，因而有

$$\iint\limits_{D}\left(\frac{\partial Q}{\partial x}-\frac{\partial P}{\partial y}\right)\mathrm{d}x\mathrm{d}y=\oint_{L_1+L_2}P\mathrm{d}x+Q\mathrm{d}y$$

由于 L_1（逆时针方向）$+L_2$（顺时针方向）正好构成了 D 的整个正向边界曲线 L，故

$$\iint\limits_{D}\left(\frac{\partial Q}{\partial x}-\frac{\partial P}{\partial y}\right)\mathrm{d}x\mathrm{d}y=\oint_{L}P\mathrm{d}x+Q\mathrm{d}y$$

即当区域 D 是复连通区域时公式(11-36) 仍然成立.

综上所述可知,在定理条件下格林公式(11-36)都是成立的. 定理 1 证毕.

格林公式给出了二重积分与曲线积分之间的相互联系,从而可使平面上沿闭曲线的曲线积分化为由此曲线围成的区域上的二重积分,反之亦然.

特别地,令 $P = -y, Q = x$,则可以得到一个利用曲线积分计算平面区域 D 的面积公式

$$D = \frac{1}{2}\oint_L x\,\mathrm{d}y - y\,\mathrm{d}x \tag{11-37}$$

式(11-37)中的 L 为平面区域 D 的正向边界曲线.

例 1 计算椭圆 $x = a\cos\theta, y = b\sin\theta$ 所围图形的面积.

解 设 L 为椭圆域的正向边界曲线,由公式(11-37)可知椭圆域面积为

$$
\begin{aligned}
A &= \frac{1}{2}\oint_L x\,\mathrm{d}y - y\,\mathrm{d}x \\
&= \frac{1}{2}\int_0^{2\pi}(ab\cos^2\theta + ab\sin^2\theta)\,\mathrm{d}\theta \\
&= \frac{ab}{2}\int_0^{2\pi}\mathrm{d}\theta = \pi ab
\end{aligned}
$$

利用格林公式可以将平面区域上的二重积分化为该区域边界上的曲线积分来计算,下面通过例题来说明.

例 2 计算积分 $\iint_D \mathrm{e}^{-y^2}\,\mathrm{d}x\,\mathrm{d}y$,这里 D 是以 $O(0,0)$, $A(1,1), B(0,1)$ 为顶点的三角形(图 11-15).

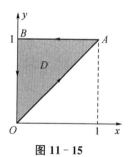

图 11-15

解 取

$$P = 0, Q = x\mathrm{e}^{-y^2}$$

由格林公式得

$$
\begin{aligned}
\iint_D \mathrm{e}^{-y^2}\,\mathrm{d}x\,\mathrm{d}y &= \oint_L x\mathrm{e}^{-y^2}\,\mathrm{d}y \\
&= \int_{\overrightarrow{OA}} x\mathrm{e}^{-y^2}\,\mathrm{d}y + \int_{\overrightarrow{AB}} x\mathrm{e}^{-y^2}\,\mathrm{d}y + \int_{\overrightarrow{BO}} x\mathrm{e}^{-y^2}\,\mathrm{d}y \\
&= \int_{\overrightarrow{OA}} x\mathrm{e}^{-y^2}\,\mathrm{d}y \\
&= \int_0^1 y\mathrm{e}^{-y^2}\,\mathrm{d}y = -\frac{1}{2}\mathrm{e}^{-y^2}\Big|_0^1 = \frac{1}{2}(1 - \mathrm{e}^{-1})
\end{aligned}
$$

由例 2 可知,将平面区域上的二重积分化为该区域边界上的曲线积分来计算时,曲线积分中的被积函数 P、Q 需要读者根据具体问题灵活地选取,所以对于一般的二重积分计算采用该方法时有一定的难度.

另外，当 $\dfrac{\partial Q}{\partial x}-\dfrac{\partial P}{\partial y}$ 在闭曲线 L 围成的区域 D 上连续且易于积分时，则可利用格林公式，将曲线积分转化为由它围成的平面区域 D 上的二重积分来计算，下面通过例题来说明.

例3 计算 $I=\displaystyle\int_L (x^3-x^2y)\mathrm{d}x+(y^3+xy^2)\mathrm{d}y$，其中

(1) L 为圆周 $x^2+y^2=a^2$ 的正向.

(2) L 为上半圆周 $y=\sqrt{a^2-x^2}$，方向从 $B(a,0)$ 到 $A(-a,0)$.

解 （1）由上一节内容可知，该积分可以通过将圆的参数方程化为定积分来计算，该方法由读者自己完成. 这里考虑到 L 为封闭曲线，因此下面利用格林公式将它化为二重积分来计算更为简单.

令 $P=x^3-x^2y,Q=y^3+xy^2$，则

$$\frac{\partial Q}{\partial x}=y^2,\frac{\partial P}{\partial y}=-x^2$$

由 L 围成的闭区域为 $D=\{(x,y)\mid x^2+y^2\leqslant a^2\}$，代入格林公式（11-36）得

$$\oint_L (x^3-x^2y)\mathrm{d}x+(y^3+xy^2)\mathrm{d}y=\iint_D (y^2+x^2)\mathrm{d}x\mathrm{d}y=\int_0^{2\pi}\mathrm{d}\theta\int_0^a \rho^3\mathrm{d}\rho=\frac{\pi a^4}{2}$$

（2）L 不是封闭曲线，不能直接应用格林公式计算，但从式（11-36）看出，用格林公式计算较为简便. 为此先补上有向直线段 $\overrightarrow{AB}:y=0,x:-a\to a$，使其封闭（如图 11-16 所示），从而有

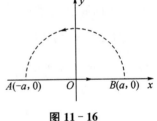

图 11-16

$$\int_L (x^3-x^2y)\mathrm{d}x+(y^3+xy^2)\mathrm{d}y$$

$$=\oint_{L+\overrightarrow{AB}} (x^3-x^2y)\mathrm{d}x+(y^3+xy^2)\mathrm{d}y$$

$$-\int_{\overrightarrow{AB}} (x^3-x^2y)\mathrm{d}x+(y^3+xy^2)\mathrm{d}y$$

对上式中的闭曲线上的积分应用格林公式化为二重积分计算，而对上式中的开曲线上的积分则应用直接法化为定积分计算. 因此

$$\oint_{L+\overrightarrow{AB}} (x^3-x^2y)\mathrm{d}x+(y^3+xy^2)\mathrm{d}y=\iint_D (y^2+x^2)\mathrm{d}x\mathrm{d}y=\int_0^{\pi}\mathrm{d}\theta\int_0^a \rho^3\mathrm{d}\rho=\frac{\pi a^4}{4}$$

由于线段 $\overrightarrow{AB}:y=0,x:-a\to a$，利用直接法，得

$$\int_{\overrightarrow{AB}} (x^3-x^2y)\mathrm{d}x+(y^3+xy^2)\mathrm{d}y=\int_{-a}^a x^3\mathrm{d}x=0$$

将上面两个积分相加，得

$$I = \frac{\pi a^4}{4} - 0 = \frac{\pi a^4}{4}$$

例 4 计算曲线积分 $I = \int_L \frac{y}{x^2} \mathrm{e}^{\frac{1}{x}} \mathrm{d}x + (2x - \mathrm{e}^{\frac{1}{x}}) \mathrm{d}y$,其中 L 为从点 $A(2,1)$ 沿右半圆周 $(x-2)^2 + (y-2)^2 = 1(x \geqslant 2)$ 到点 $B(2,3)$ 的有向曲线.

解 本题若将 L 化成参数式来计算曲线积分是困难的,可先补上有向直线段 $\overrightarrow{BA}$,它与 L 构成封闭的曲线(如图 11 - 17 所示),再利用格林公式进行计算. 令

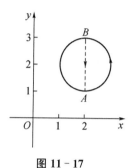

$$P = \frac{y}{x^2} \mathrm{e}^{\frac{1}{x}}, Q = 2x - \mathrm{e}^{\frac{1}{x}}$$

则

$$\frac{\partial P}{\partial y} = \frac{1}{x^2} \mathrm{e}^{\frac{1}{x}}, \frac{\partial Q}{\partial x} = 2 + \frac{1}{x^2} \mathrm{e}^{\frac{1}{x}}$$

由于 $x > 0$,则其偏导连续,且

图 11 - 17

$$\frac{\partial Q}{\partial x} - \frac{\partial P}{\partial y} = 2$$

由图 11 - 17,补充有向直线段 $\overrightarrow{BA}$:$x = 2, y: 3 \to 1$,则

$$I = \oint_{L+\overrightarrow{BA}} \frac{y}{x^2} \mathrm{e}^{\frac{1}{x}} \mathrm{d}x + (2x - \mathrm{e}^{\frac{1}{x}}) \mathrm{d}y - \int_{\overrightarrow{BA}} \frac{y}{x^2} \mathrm{e}^{\frac{1}{x}} \mathrm{d}x + (2x - \mathrm{e}^{\frac{1}{x}}) \mathrm{d}y$$

对上式中的闭曲线上的积分应用格林公式化为二重积分计算,而对上式中的开曲线上的积分则应用直接法化为定积分计算. 因此

$$I = \iint_D \left(\frac{\partial Q}{\partial x} - \frac{\partial P}{\partial y} \right) \mathrm{d}\sigma - \int_3^1 (4 - \mathrm{e}^{\frac{1}{2}}) \mathrm{d}y = 2\iint_D \mathrm{d}\sigma + 2(4 - \mathrm{e}^{\frac{1}{2}}) = \pi + 2(4 - \mathrm{e}^{\frac{1}{2}})$$

由以上的例题可见,当 $\frac{\partial Q}{\partial x} - \frac{\partial P}{\partial y}$ 在曲线围成的区域上处处连续且易于积分时,常考虑应用格林公式来计算对坐标的曲线积分. 如果积分曲线为开曲线(如例3(2)与例 4) 时,虽不能直接用格林公式,但可通过补上适当的有向曲线使其封闭后,再用格林公式计算,也起到了简化计算的显著效果.

例 5 计算 $\oint_L \frac{x\mathrm{d}y - y\mathrm{d}x}{x^2 + y^2}$,其中 L 是平面上任一不经过原点的封闭光滑曲线,方向取逆时针方向.

解 令 $P = \frac{-y}{x^2 + y^2}, Q = \frac{x}{x^2 + y^2}$,则

$$\frac{\partial P}{\partial y} = \frac{y^2 - x^2}{(x^2 + y^2)^2} = \frac{\partial Q}{\partial x} \quad (x,y) \neq (0,0)$$

(1)当 L 是不包围原点的任一封闭光滑曲线时(如图 11-18(a) 所示),由于在

L 围成的区域内恒有 $\dfrac{\partial Q}{\partial x}=\dfrac{\partial P}{\partial y}$,则由格林公式得

$$\oint_L \frac{x\mathrm{d}y-y\mathrm{d}x}{x^2+y^2}=\iint\limits_D\left(\frac{\partial Q}{\partial x}-\frac{\partial P}{\partial y}\right)\mathrm{d}x\mathrm{d}y=\iint\limits_D 0\mathrm{d}x\mathrm{d}y=0$$

(2) 当 L 是包围原点在内的封闭光滑曲线时,由于在点 $O(0,0)$ 处 $\dfrac{\partial Q}{\partial x}$、$\dfrac{\partial P}{\partial y}$ 无意义,故此时在区域 D 内格林公式的条件不满足. 因此不能直接用格林公式计算.

以原点为圆心,作圆周线 C: $\begin{cases} x=\rho\cos\theta \\ y=\rho\sin\theta \end{cases}(\rho>0)$. 取足够小的 ρ,使圆周线 C 整个含在曲线 L 内部,C 取顺时针方向(图 11-18(b)).

这样在以 $L+C$ 为边界的环域 D_1 内(D_1 是由既是围线 L 内部的点又是围线 C 外部的点构成的环域) $\dfrac{\partial Q}{\partial x}$、$\dfrac{\partial P}{\partial y}$ 连续,且 $\dfrac{\partial Q}{\partial x}=\dfrac{\partial P}{\partial y}$,由于 D_1 是以 L 为内边界、C 为外边界的复连通区域,应用格林公式,得

$$\oint_L \frac{x\mathrm{d}y-y\mathrm{d}x}{x^2+y^2}=\oint_{L+C}\frac{x\mathrm{d}y-y\mathrm{d}x}{x^2+y^2}-\oint_C\frac{x\mathrm{d}y-y\mathrm{d}x}{x^2+y^2}$$
$$=\iint\limits_D\left(\frac{\partial Q}{\partial x}-\frac{\partial P}{\partial y}\right)\mathrm{d}x\mathrm{d}y-\int_{2\pi}^0\frac{\rho^2\cos^2\theta+\rho^2\sin^2\theta}{\rho^2}\mathrm{d}\theta$$
$$=0+\int_0^{2\pi}1\cdot\mathrm{d}\theta=2\pi$$

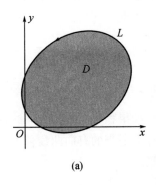 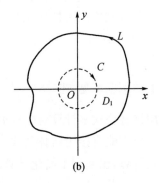

(a) (b)

图 11-18

由例5可知,对于闭曲线上的曲线积分,必须验证 $\dfrac{\partial Q}{\partial x}$、$\dfrac{\partial P}{\partial y}$ 在闭曲线围成的闭区域上的连续性,只有当它们在该闭区域上处处连续时,才可用格林公式来计算.

11.4.2 平面曲线积分与路径无关的条件

从本章第三节的例2、例3可以看到,曲线积分 $\displaystyle\int_L P(x,y)\mathrm{d}x+Q(x,y)\mathrm{d}y$ 的值

与积分路径有时有关,有时又无关.那么在什么条件下,曲线积分与路径无关呢?这个问题在物理学中有着重要的意义,当曲线积分 $\int_L P\mathrm{d}x+Q\mathrm{d}y$ 在平面区域 D 内与路径无关时,称场 $F(M)=(P(x,y),Q(x,y))$ 为保守场,例如重力场就是一个保守场.要研究一个场 $F(M)$ 是否为保守场,就是要研究场力所作的功,即曲线积分 $\int_L P(x,y)\mathrm{d}x+Q(x,y)\mathrm{d}y$ 是否与路径无关.

下面我们来讨论平面上曲线积分与路径无关的条件.

定义　设 D 是 xOy 面内的一个区域,如果对 D 内的任意两点 A、B,以及 D 内从点 A 到点 B 的任意两条有向曲线 L_1、L_2,恒有

$$\int_{L_1} P\mathrm{d}x+Q\mathrm{d}y=\int_{L_2} P\mathrm{d}x+Q\mathrm{d}y$$

成立,则称曲线积分 $\int_L P\mathrm{d}x+Q\mathrm{d}y$($L$ 是 D 内任意一条分段光滑的曲线)在 D 内与路径无关.

由定义可知,设 L 是 D 内任意一条分段光滑的曲线,则在 D 内与路径无关的曲线积分 $\int_L P\mathrm{d}x+Q\mathrm{d}y$ 与曲线形状无关仅与 L 的起点 A 和终点 B 的位置有关,因此这时曲线积分 $\int_L P\mathrm{d}x+Q\mathrm{d}y$ 是一个数值,这个数值由被积函数与 L 的起点 A 和终点 B 确定.因此这时,在曲线积分的记号里可以将积分路径 L 改写成路径 L 的起点 A 和终点 B,表示为

$$\int_A^B P\mathrm{d}x+Q\mathrm{d}y$$

那么,在什么条件下,曲线积分才与路径无关呢?下面给出曲线积分与路径无关的四个等价条件.

定理 2　设 D 是平面上的单连通区域,函数 $P(x,y)$,$Q(x,y)$ 在 D 上具有一阶连续偏导数,那么以下四个条件相互等价:

(1) 沿 D 内的任意一条光滑或分段光滑的有向闭曲线 L,有

$$\oint_L P(x,y)\mathrm{d}x+Q(x,y)\mathrm{d}y=0$$

(2) 曲线积分 $\int_L P(x,y)\mathrm{d}x+Q(x,y)\mathrm{d}y$ 在 D 内只与曲线 L 的起点和终点有关,而与积分路径 L 无关.

(3) 在 D 内存在一个二元函数 $u(x,y)$,使得 $P(x,y)\mathrm{d}x+Q(x,y)\mathrm{d}y$ 在 D 内是该函数的全微分,即

$$\mathrm{d}u(x,y)=P(x,y)\mathrm{d}x+Q(x,y)\mathrm{d}y$$

(4) 在 D 内恒有

$$\frac{\partial Q}{\partial x} = \frac{\partial P}{\partial y}$$

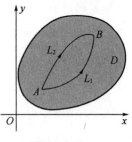

图 11 - 19

证 (1)⇒(2)

设 L_1、L_2 是平面区域 D 内连接起点 A 和终点 B 的任意两曲线(图11-19),沿以 A 为起点、B 为终点的有向曲线记为 L_1,以 B 为起点、A 为终点的有向曲线记为 L_2^-,则 $L_1 + L_2^-$ 是一条经过 A、B 两点逆时针移动的闭曲线,由条件(1)可知

$$\oint_{L_1+L_2^-} P(x,y)\mathrm{d}x + Q(x,y)\mathrm{d}y = 0$$

于是

$$\oint_{L_1+L_2^-} P\mathrm{d}x + Q\mathrm{d}y = \int_{L_1} P\mathrm{d}x + Q\mathrm{d}y + \int_{L_2^-} P\mathrm{d}x + Q\mathrm{d}y$$

$$= \int_{L_1} P\mathrm{d}x + Q\mathrm{d}y - \int_{L_2} P\mathrm{d}x + Q\mathrm{d}y = 0$$

则

$$\int_{L_1} P\mathrm{d}x + Q\mathrm{d}y = \int_{L_2} P\mathrm{d}x + Q\mathrm{d}y$$

由 L_1、L_2 的任意性可知,曲线积分 $\int_L P(x,y)\mathrm{d}x + Q(x,y)\mathrm{d}y$ 在 D 内与路径无关. 即条件(2)成立.

(2)⇒(3)

设 $A(x_0,y_0)$,$B(x,y)$ 是 D 内两点,则在条件(2)下,曲线积分 $\int_{\overset{\frown}{AB}} P\mathrm{d}x + Q\mathrm{d}y$ 与路径无关,而仅依赖于起点 A 和终点 B 的位置,这时该积分可记作

$$\int_{(x_0,y_0)}^{(x,y)} P\mathrm{d}x + Q\mathrm{d}y$$

当 A 点为固定点时,则上述积分的值将随着上限 (x,y) 的确定而唯一确定,因而是上限 (x,y) 的一个二元函数,记作 $u(x,y)$,即

$$u(x,y) = \int_{(x_0,y_0)}^{(x,y)} P(x,y)\mathrm{d}x + Q(x,y)\mathrm{d}y$$

下面证明 $\mathrm{d}u = P(x,y)\mathrm{d}x + Q(x,y)\mathrm{d}y$. 由于 $P(x,y)$ 及 $Q(x,y)$ 是连续的,只需证

$$\frac{\partial u}{\partial x} = P(x,y), \quad \frac{\partial u}{\partial y} = Q(x,y)$$

成立.

由偏导数的定义有

$$\frac{\partial u}{\partial x} = \lim_{\Delta x \to 0} \frac{u(x + \Delta x, y) - u(x, y)}{\Delta x}$$

而

$$u(x + \Delta x, y) = \int_{(x_0, y_0)}^{(x + \Delta x, y)} P(x, y) \mathrm{d}x + Q(x, y) \mathrm{d}y$$

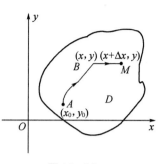

由于该曲线积分与路径无关,上述积分的路径可改选为 $\overrightarrow{AB} + \overrightarrow{BM}$,这里 $M(x + \Delta x, y)$,如图 11-20 所示,从而

图 11-20

$$u(x + \Delta x, y) = \int_{(x_0, y_0)}^{(x, y)} P \mathrm{d}x + Q \mathrm{d}y + \int_{(x, y)}^{(x + \Delta x, y)} P \mathrm{d}x + Q \mathrm{d}y$$

$$= u(x, y) + \int_{(x, y)}^{(x + \Delta x, y)} P \mathrm{d}x + Q \mathrm{d}y$$

于是

$$u(x + \Delta x, y) - u(x, y) = \int_{(x, y)}^{(x + \Delta x, y)} P(x, y) \mathrm{d}x + Q(x, y) \mathrm{d}y$$

右端积分路径为直线段 $\overrightarrow{BM}: y = y, x: x \to x + \Delta x$. 将此曲线积分化为定积分并应用积分中值定理,得

$$u(x + \Delta x, y) - u(x, y) = \int_{(x, y)}^{(x + \Delta x, y)} P(x, y) \mathrm{d}x = \int_{x}^{x + \Delta x} P(x, y) \mathrm{d}x$$

$$= P(x + \theta \Delta x, y) \Delta x \quad (0 < \theta < 1)$$

由 $P(x, y)$ 的连续性,得

$$\frac{\partial u}{\partial x} = \lim_{\Delta x \to 0} \frac{u(x + \Delta x, y) - u(x, y)}{\Delta x} = \lim_{\Delta x \to 0} P(x + \theta \Delta x, y) = P(x, y)$$

同理可证

$$\frac{\partial u}{\partial y} = Q(x, y)$$

由题设可知,函数 $P(x, y)$,$Q(x, y)$ 在 D 上具有一阶连续偏导,即 $\frac{\partial Q}{\partial x}$、$\frac{\partial P}{\partial y}$ 在 D 上连续,因此函数 $u(x, y)$ 在 D 上可微. 因此有

$$\mathrm{d}u = \frac{\partial u}{\partial x} \mathrm{d}x + \frac{\partial u}{\partial y} \mathrm{d}y$$

$$= P(x, y) \mathrm{d}x + Q(x, y) \mathrm{d}y$$

即条件(3)成立.

(3)⇒(4)

根据条件(3),存在 $u(x, y)$,使得 $\mathrm{d}u = P(x, y) \mathrm{d}x + Q(x, y) \mathrm{d}y$,则

$$\frac{\partial u}{\partial x} = P(x,y), \frac{\partial u}{\partial y} = Q(x,y)$$

由题设,函数 $P(x,y),Q(x,y)$ 在 D 上具有一阶连续偏导,对上式求偏导得

$$\frac{\partial P}{\partial y} = \frac{\partial^2 u}{\partial x \partial y}, \frac{\partial Q}{\partial x} = \frac{\partial^2 u}{\partial y \partial x}$$

由于 $\frac{\partial P}{\partial y}$ 与 $\frac{\partial Q}{\partial x}$ 在 D 内连续,故有 $\frac{\partial^2 u}{\partial x \partial y}, \frac{\partial^2 u}{\partial y \partial x}$ 在 D 内连续,则

$$\frac{\partial^2 u}{\partial x \partial y} = \frac{\partial^2 u}{\partial y \partial x}$$

即在 D 内恒有

$$\frac{\partial Q}{\partial x} = \frac{\partial P}{\partial y}$$

即条件(4) 成立.

(4)$\Rightarrow$(1)

由条件(4),在 D 内每点处有 $\frac{\partial Q}{\partial x} = \frac{\partial P}{\partial y}$,又 D 是单连通区域,故对 D 内任一条光滑或分段光滑的有向闭曲线 L,应用格林公式有

$$\oint_L P(x,y)\mathrm{d}x + Q(x,y)\mathrm{d}y = \pm\iint\limits_D \left(\frac{\partial Q}{\partial x} - \frac{\partial P}{\partial y}\right)\mathrm{d}x\mathrm{d}y = \pm\iint\limits_D 0 \cdot \mathrm{d}x\mathrm{d}y = 0$$

即条件(1) 成立.

综上,定理 2 得证.

必须指出:定理 2 中区域 D 为单连通的条件必不可少,否则定理结论未必成立,这从(4)$\Rightarrow$(1) 的证明过程中可以看出.

在定理 2 的四个等价条件中,条件(4) 较容易检验,因此常通过检验条件(4) 来推断其他三个条件是否成立.特别地,如果条件(4) 成立,则在 D 内开曲线的曲线积分 $\int_L P(x,y)\mathrm{d}x + Q(x,y)\mathrm{d}y$ 只与曲线 L 的起点和终点有关,而与其积分的路径 L 无关,因此常另取 D 内平行于坐标轴的直线段构成的折线段代替 L 来计算该曲线积分.

例 6 计算曲线积分 $I = \int_L \cos(x+y^2)\mathrm{d}x + \left[2y\cos(x+y^2) - \dfrac{1}{\sqrt{1+y^4}}\right]\mathrm{d}y$,其中 L 为摆线 $x = a(t-\sin t), y = a(1-\cos t)$ 上由点 $(0,0)$ 到点 $A(2\pi a, 0)$ 的一拱.

解 此题若直接化成定积分计算很复杂,令

$$P = \cos(x+y^2), Q = 2y\cos(x+y^2) - \frac{1}{\sqrt{1+y^4}}$$

由于

$$\frac{\partial P}{\partial y} = -\sin(x+y^2) \cdot 2y = \frac{\partial Q}{\partial x}$$

所以,该曲线积分 I 与路径无关,故可取有向线段 $\overrightarrow{OA}$, $y=0$, $x:0 \to 2\pi a$,代替有向曲线 L 计算该积分,即

$$I = \int_{\overrightarrow{OA}} \cos(x+y^2)\mathrm{d}x + \left[2y\cos(x+y^2) - \frac{1}{\sqrt{1+y^4}}\right]\mathrm{d}y$$

$$= \int_0^{2\pi a} \cos x \mathrm{d}x = \sin 2\pi a$$

一般地,若定理 2 中条件(4)成立,则在 D 内必存在一个可微的二元函数 $u(x,y)$,使得

$$\mathrm{d}u(x,y) = P(x,y)\mathrm{d}x + Q(x,y)\mathrm{d}y$$

故 $u(x,y)$ 是 $P(x,y)\mathrm{d}x + Q(x,y)\mathrm{d}y$ 的一个原函数,由定理 2 的证明过程可知

$$u(x,y) = \int_{(x_0,y_0)}^{(x,y)} P(x,y)\mathrm{d}x + Q(x,y)\mathrm{d}y$$

由于该积分与路径无关,故可取平行于 x 轴的直线段 AM 及平行于 y 轴的直线段 MB 为积分路径,这时要求折线段 AMB 完全位于 D 内(如图 11 - 21 所示),得

$$u(x,y) = \int_{x_0}^x P(x,y_0)\mathrm{d}x + \int_{y_0}^y Q(x,y)\mathrm{d}y$$

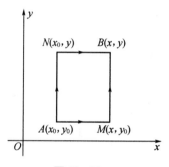

$$(11-38)$$

图 11 - 21

或者也可取平行于 y 轴的直线段 AN 及平行于 x 轴的直线段 NB 为积分路径,这时要求折线段 ANB 完全位于 D 内(如图 11 - 21 所示),则函数 $u(x,y)$ 也可表示为

$$u(x,y) = \int_{y_0}^y Q(x_0,y)\mathrm{d}y + \int_{x_0}^x P(x,y)\mathrm{d}x \qquad (11-39)$$

由 D 内不同的路径求出的二元函数 $u(x,y)$ 之间一般会相差一个常数,但都有

$$\mathrm{d}u = P(x,y)\mathrm{d}x + Q(x,y)\mathrm{d}y$$

例 7　验证 $(3x^2 - 6xy)\mathrm{d}x + (3y^2 - 3x^2)\mathrm{d}y$ 是某个二元函数的全微分,并求一个这样的函数.

解　令 $P = 3x^2 - 6xy$, $Q = 3y^2 - 3x^2$,则

$$\frac{\partial P}{\partial y} = -6x = \frac{\partial Q}{\partial x}$$

由定理 2 可知存在 $u(x,y)$,使得

$$\mathrm{d}u = (3x^2 - 6xy)\mathrm{d}x + (3y^2 - 3x^2)\mathrm{d}y$$

取定点 (x_0, y_0) 为 $O(0,0)$，于是

$$u(x,y) = \int_{(0,0)}^{(x,y)} (3x^2 - 6xy)\mathrm{d}x + (3y^2 - 3x^2)\mathrm{d}y$$

$$= \int_0^x 3x^2 \mathrm{d}x + \int_0^y (3y^2 - 3x^2)\mathrm{d}y$$

$$= x^3 + y^3 - 3x^2 y$$

除了上述用曲线积分求 $u(x,y)$ 外，我们也可用下述初等积分法求出 $u(x,y)$.

由

$$\mathrm{d}u = (3x^2 - 6xy)\mathrm{d}x + (3y^2 - 3x^2)\mathrm{d}y$$

则

$$\frac{\partial u}{\partial x} = 3x^2 - 6xy, \frac{\partial u}{\partial y} = 3y^2 - 3x^2$$

于是

$$u(x,y) = \int \frac{\partial u}{\partial x}\mathrm{d}x = \int (3x^2 - 6xy)\mathrm{d}x$$

$$= x^3 - 3x^2 y + \varphi(y)$$

故有

$$u(x,y) = x^3 - 3x^2 y + \varphi(y)$$

上面积分过程中因将 y 看作常数，故积分常数中可能含有 y，从而积分常数写为 $\varphi(y)$. 将上式两端对 y 求导，得

$$\frac{\partial u}{\partial y} = -3x^2 + \varphi'(y) = 3y^2 - 3x^2$$

即

$$\varphi'(y) = 3y^2$$

故

$$\varphi(y) = \int 3y^2 \mathrm{d}y = y^3 + C$$

从而

$$u(x,y) = x^3 - 3x^2 y + y^3 + C$$

11.4.3　全微分方程

如果一阶微分方程可写成

$$P(x,y)\mathrm{d}x + Q(x,y)\mathrm{d}y = 0 \tag{11-40}$$

且方程(11-40)的左端是某个二元函数 $u(x,y)$ 的全微分，则称其为**全微分方程**.

全微分方程也可写成

$$\mathrm{d}u(x,y) = 0$$

故

$$u(x,y) = C \quad (C \text{ 为任意常数})$$

就是**全微分方程(11 - 40) 的通解.**

并非一切形如方程(11 - 40) 的方程都是全微分方程,由前面介绍的积分与路径无关的条件可知,一阶微分方程(11 - 40) 是全微分方程的等价条件为

$$\frac{\partial Q}{\partial x} = \frac{\partial P}{\partial y}$$

这时,有

$$u(x,y) = \int_{(x_0,y_0)}^{(x,y)} P(x,y)\mathrm{d}x + Q(x,y)\mathrm{d}y$$

由此

$$\int_{(x_0,y_0)}^{(x,y)} P(x,y)\mathrm{d}x + Q(x,y)\mathrm{d}y = C \tag{11 - 41}$$

为全微分方程(11 - 40) 的通解.

例 1　求方程 $(y^3 - 3xy^2)\mathrm{d}x + (3xy^2 - 3x^2y)\mathrm{d}y = 0$ 的通解.

解　令 $P = y^3 - 3xy^2, Q = 3xy^2 - 3x^2y$,则

$$\frac{\partial P}{\partial y} = -6xy + 3y^2 = \frac{\partial Q}{\partial x}$$

在 xOy 面内成立,故该微分方程是全微分方程,取 (x_0,y_0) 为 $O(0,0)$,则

$$\begin{aligned}
u(x,y) &= \int_{(0,0)}^{x,y} (y^3 - 3xy^2)\mathrm{d}x + (3xy^2 - 3x^2y)\mathrm{d}y \\
&= \int_0^x 0\mathrm{d}x + \int_0^y (3xy^2 - 3x^2y)\mathrm{d}y \\
&= xy^3 - \frac{3x^2y^2}{2}
\end{aligned}$$

因此原方程的通解为

$$xy^3 - \frac{3}{2}x^2y^2 = C$$

例 2　求微分方程 $\cos x(\cos x - \sin y)\mathrm{d}x + \cos y(\cos y - \sin x)\mathrm{d}y = 0$ 的通解.

解　令 $P = \cos x(\cos x - \sin y), Q = \cos y(\cos y - \sin x)$,则

$$\frac{\partial P}{\partial y} = -\cos x \cos y = \frac{\partial Q}{\partial x}$$

在 xOy 面内成立,取 (x_0,y_0) 为 $O(0,0)$,则

$$\begin{aligned}
u(x,y) &= \int_{(0,0)}^{(x,y)} \cos x(\cos x - \sin y)\mathrm{d}x + (\cos^2 y - \sin x \cos y)\mathrm{d}y \\
&= \int_0^x \cos^2 x\mathrm{d}x + \int_0^y (\cos^2 y - \sin x \cos y)\mathrm{d}y
\end{aligned}$$

$$= \int_0^x \frac{1}{2}(1+\cos2x)\mathrm{d}x + \int_0^y \left(\frac{1}{2}(1+\cos2y) - \sin x\cos y\right)\mathrm{d}y$$

$$= \frac{1}{2}(x+y) + \frac{1}{4}(\sin2x+\sin2y) - \sin x\sin y$$

因此方程的通解为

$$2(x+y) + \sin2x + \sin2y - 4\sin x\sin y = C$$

对于一些简单的全微分方程，也可用凑微分方法求解.

例 3　解微分方程

$$(1+\mathrm{e}^{2y})\mathrm{d}x + 2x\mathrm{e}^{2y}\mathrm{d}y = 0$$

解　方程可化为

$$\mathrm{d}x + \mathrm{e}^{2y}\mathrm{d}x + x\mathrm{d}\mathrm{e}^{2y} = 0$$

由观察可得

$$\mathrm{d}(x + x\mathrm{e}^{2y}) = 0$$

因此方程的通解为

$$x + x\mathrm{e}^{2y} = C$$

习题 11.4

1. 利用曲线积分计算由星形线 $x = a\cos^3 t, y = a\sin^3 t$ 所围成的图形的面积.

2. 利用格林公式计算下列对坐标的曲线积分：

(1) $\oint_L y(\mathrm{e}^x-1)\mathrm{d}x + \mathrm{e}^x\mathrm{d}y$，其中 L 为曲线 $x+y=1$ 及坐标轴围成的三角形的正向边界曲线.

(2) $\oint_L xy^2\mathrm{d}y - x^2y\mathrm{d}x$，其中 L 为圆周 $x^2+y^2=a^2$，方向为逆时针方向.

(3) $\oint_L (x+y)\mathrm{d}x - (x-y)\mathrm{d}y$，其中 L 为椭圆周 $\frac{x^2}{a^2} + \frac{y^2}{b^2} = 1$，方向为逆时针方向.

(4) $\oint_L (x^2y\cos x + 2xy\sin x - y^2\mathrm{e}^x)\mathrm{d}x + (x^2\sin x - 2y\mathrm{e}^x)\mathrm{d}y$，其中 L 为正向星形线 $x^{\frac{2}{3}} + y^{\frac{2}{3}} = a^{\frac{2}{3}} (a>0)$.

(5) $\int_L (\mathrm{e}^x\sin y - 2y)\mathrm{d}x + (\mathrm{e}^x\cos y - 2)\mathrm{d}y$，其中 L 为上半圆周 $(x-a)^2 + y^2 = a^2, y \geqslant 0$，沿逆时针方向.

(6) $\int_L (y^3\mathrm{e}^x - 2y)\mathrm{d}x + (3y^2\mathrm{e}^x - 2)\mathrm{d}y$，其中 L 是一条有向折线段 $\overrightarrow{OAB}$，其中

$O(0,0),A(2,2),B(4,0)$ 为该折线段的顶点.

(7) $\int_L [\varphi(y)\mathrm{e}^x - \pi y]\mathrm{d}x + [\varphi'(y)\mathrm{e}^x - \pi]\mathrm{d}y$,其中 $\varphi(y)$ 具有连续导数,$\varphi(0)$ $= 0$,曲线 L 的极坐标方程为 $\rho = a(1-\cos\theta)(a>0,0\leqslant\theta\leqslant\pi)$,曲线 L 的方向对应于 θ 从 0 到 π.

(8) $\int_{\overset{\frown}{AMO}} (\mathrm{e}^x\sin y - my)\mathrm{d}x + (\mathrm{e}^x\cos y - m)\mathrm{d}y$,其中 $\overset{\frown}{AMO}$ 为由点 $A(a,0)$ 至点 $O(0,0)$ 的上半圆周 $x^2 + y^2 = ax$.

3. 设 $f(u)$ 为连续函数,证明

$$\int_{(0,1)}^{(a,b)} f(x+y)(\mathrm{d}x + \mathrm{d}y) = \int_0^{a+b} f(u)\mathrm{d}u$$

4. 验证下列各式为某一函数 $u(x,y)$ 的全微分,并求出一个这样的函数 $u(x,y)$:

(1) $(x^2 + 2xy - y^2)\mathrm{d}x + (x^2 - 2xy - y^2)\mathrm{d}y$.

(2) $(3x^2 y + x\mathrm{e}^x)\mathrm{d}x + (x^3 - y\sin y)\mathrm{d}y$.

(3) $(2x + \sin y)\mathrm{d}x + (x\cos y)\mathrm{d}y$.

5. 证明下列曲线积分在有定义的单连通域内与路径无关,并计算积分值:

(1) $\int_{(0,0)}^{(2,3)} (2x\cos y - y^3\sin x)\mathrm{d}x + (2y\cos x - x^2\sin y)\mathrm{d}y$.

(2) $\int_{(0,1)}^{(3,-4)} x\mathrm{d}x + y\mathrm{d}y$.

(3) $\int_{(0,1)}^{(2,3)} (x+y)\mathrm{d}x + (x-y)\mathrm{d}y$.

(4) $\int_{(0,0)}^{(a,h)} \mathrm{e}^x(\cos y\mathrm{d}x - \sin y\mathrm{d}y)$.

6. 计算 $I = \displaystyle\int_L \frac{y\mathrm{d}x - x\mathrm{d}y}{x^2 + y^2}$,其中 L 为

(1) 椭圆 $\dfrac{(x-2)^2}{2} + \dfrac{y^2}{3} = 1$ 的正向.

(2) 正方形边界 $|x| + |y| = 1$ 的正向.

7. 证明曲线积分 $\displaystyle\int_{(1,0)}^{(6,8)} \frac{x\mathrm{d}x + y\mathrm{d}y}{\sqrt{x^2 + y^2}}$(沿不通过原点的路径)在有定义的单连通域内与路径无关,并计算其积分值.

8. 设平面力场 $\boldsymbol{F} = (2xy^3 - y^2\cos x)\boldsymbol{i} + (1 - 2y\sin x + 3x^2 y^2)\boldsymbol{j}$,求质点沿曲线 $L:2x = \pi y^2$ 上从点 $(0,0)$ 移动到点 $\left(\dfrac{\pi}{2},1\right)$ 时,力 $\boldsymbol{F}$ 所作的功.

9. 求下列微分方程的通解:

(1) $(y^2 - 2x)\mathrm{d}x + (2xy - 1)\mathrm{d}y = 0$.

(2) $\sin x \sin 2y \mathrm{d}x - 2\cos x \cos 2y \mathrm{d}y = 0$.

(3) $\mathrm{e}^y \mathrm{d}x + (x\mathrm{e}^y - 2y)\mathrm{d}y = 0$.

(4) $(3x^2 + 6xy^2)\mathrm{d}x + (6x^2 y + 4y^2)\mathrm{d}y = 0$.

(5) $\left(\dfrac{xy}{\sqrt{1+x^2}} + 2xy - \dfrac{y}{x} \right)\mathrm{d}x + (\sqrt{1+x^2} + x^2 - \ln x)\mathrm{d}y = 0$.

(6) $(1 + \mathrm{e}^{2\theta})\mathrm{d}\rho + 2\rho \mathrm{e}^{2\theta} \mathrm{d}\theta = 0$.

11.5　对坐标的曲面积分

在流体力学中,常常需要研究流体通过曲面的流量;在电学中为了研究电磁场,需要研究电力线通过曲面的电通量.上述问题中的流场、电场都是某个向量场,流体或电力线都是按预先指定的方向穿过某曲面,它们可归结为同一类数学问题,即流场中流体按指定的方向穿过曲面的流量问题.

下面先给曲面定向,然后讨论穿过曲面的流量、通量对应的数学问题及计算方法.

11.5.1　曲面的定向

在光滑曲面 Σ 上任取一点 P_0,过点 P_0 的法线有两个方向,如果选定法线的某个方向为指定的方向,当点在曲面上连续移动时,法线也连续变动,当动点从 P_0 出发沿着曲面上任意一条不越过曲面边界的封闭曲线又回到原位置 P_0 时,法线的指向保持不变,称这种曲面为**双侧曲面**,否则称其为**单侧曲面**. 单侧曲面是存在的,其较典型的例子是 Mobius 带,有兴趣的读者可参阅其他参考书.

根据研究问题的需要,常通过曲面上法向量的指向来区别曲面的两侧,即要在双侧曲面上选定法线的某个方向为指定的方向,选定法线的指向称为**曲面的正向**,另一个方向则称为**曲面的反向**. 这种确定了法向量的指向(或选定了侧) 的曲面称为**有向曲面**. 当用 Σ 表示一张指定了侧的有向曲面时,则选定了其相反侧的有向曲面称为 Σ **的反向曲面**,记作 Σ^-,注意 Σ 与 Σ^- 作为有向曲面它们是不同的曲面. 通常遇到的曲面都是双侧的. 根据法线的指定方向,如果是封闭的有向曲面,则曲面法向量的指向有内侧和外侧. 如果曲面不封闭,根据其位置,一般相对于各坐标面而言,例如对于 xOy 坐标面,则曲面法向量的指向有上侧和下侧;对于 yOz 坐标面,则曲面法向量的指向有前侧与后侧;对于 xOz 坐标面,则曲面法向量的指向有左侧与右侧.

定义 1　在空间直角坐标系中,设曲面 Σ 上点 M 处的法向量用 $\boldsymbol{n}$ 表示,如果恒

有 $(\stackrel{\wedge}{n},k) < \frac{\pi}{2}\left(> \frac{\pi}{2}\right)$，则称曲面 Σ 取上(下)侧,如图 11-22 所示;如果恒有 $(\stackrel{\wedge}{n},i)$ $< \frac{\pi}{2}\left(> \frac{\pi}{2}\right)$，则称曲面 Σ 取前(后)侧;如果恒有 $(\stackrel{\wedge}{n},j) < \frac{\pi}{2}\left(> \frac{\pi}{2}\right)$，则称曲面 Σ 取右(左)侧. 对于封闭曲面,如果曲面上每一点的法向量 n 都指向曲面的外(内)部,则称曲面 Σ 取外(内)侧,如图 11-23 所示. 由此当前面的法线指向分别与 X 轴、Y 轴、Z 轴的正向同侧时,该法线指向分别称为曲面的前侧、右侧、上侧;同样,当曲面的法线指向与 X 轴、Y 轴、Z 轴三个坐标轴的正向不同侧时,该法线指向分别称为曲面的后侧、左侧、下侧,本节仅讨论有向曲面.

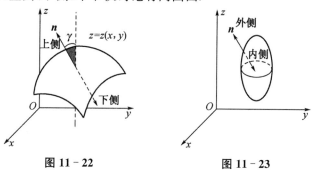

图 11-22   图 11-23

11.5.2   流体流向曲面一侧的流量

设有稳定流动①且其密度恒定不变的流体(设其密度为 1) 的速度场为
$$v(x,y,z) = P(x,y,z)i + Q(x,y,z)j + R(x,y,z)k,$$
Σ 是速度场中一片有向光滑曲面,向量值函数 $v(x,y,z)$ 在曲面 Σ 上连续,求流体流向曲面 Σ 指定一侧的流量 Φ(单位时间内通过曲面指定侧的流体的质量).

当曲面 Σ 是面积为 A 的平面,而流体在 Σ 上各点处的流速为常向量 v 时,若 Σ 指定侧的单位法向量为 e_n,那么单位时间内通过曲面 Σ 流向指定一侧的流体就组成一个底面积为 A、斜高为 $|v|$ 的斜柱体(图 11-24),这时流体流向曲面 Σ 指定一侧的流量 Φ 就等于该斜柱体的体积,即
$$\Phi = V = hA = (v \cdot e_n)A$$

但如果流速场不是常向量场,Σ 不是平面而是一片有向曲面,此时流量的计算不能直接用上述方

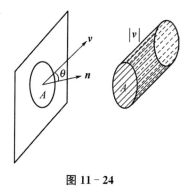

图 11-24

---

① 稳定流动是指速度与时间 t 无关.

法进行. 由于所求的流量对于曲面 Σ 具有可加性, 故可用积分法来讨论.

先把有向曲面 Σ 分成 n 块有向小曲面 $\Delta\Sigma_i$, 每块的面积记为 $\Delta S_i (i = 1, 2, \cdots, n)$; 由于 Σ 是光滑的, 向量值函数 $v(x, y, z)$ 在 Σ 上连续, 因此只要 $\Delta\Sigma_i$ 的面积很小, 就可用 $\Delta\Sigma_i$ 上任一点 (ξ_i, η_i, ζ_i) 处的速度 $v_i = v(\xi_i, \eta_i, \zeta_i)$ 来近似代替 $\Delta\Sigma_i$ 上各点处的速度, 用有向小曲面 $\Delta\Sigma_i$ 上点 (ξ_i, η_i, ζ_i) 处的单位法向量 $e_{n_i}(\xi_i, \eta_i, \zeta_i)$(指向预先给定的一侧) 近似代替 $\Delta\Sigma_i$ 上各点处的法向量, 如图 11-25 所示. 由此, 流过小曲面 $\Delta\Sigma_i$ 指定一侧的流量 $\Delta\Phi_i$ 可近似表示为

$$\Delta\Phi_i \approx [v(\xi_i, \eta_i, \zeta_i) \cdot e_{n_i}(\xi_i, \eta_i, \zeta_i)]\Delta S_i$$

将流过各小曲面 $\Delta\Sigma_i$ 的流量的近似值相加, 得流过曲面 Σ 指定侧的总流量 Φ 的近似值

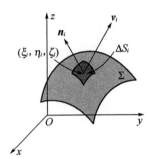

图 11-25

$$\Phi = \sum_{i=1}^{n} \Delta\Phi_i \approx \sum_{i=1}^{n} [v(\xi_i, \eta_i, \zeta_i) \cdot e_{n_i}(\xi_i, \eta_i, \zeta_i)]\Delta S_i$$

令 $\lambda = \max_{1 \leqslant i \leqslant n}\{\Delta S_i\}$, 若当 $\lambda \to 0$ 时, 上述和式的极限存在, 则该极限就是流体流向曲面 Σ 指定一侧的总流量 Φ, 即

$$\Phi = \lim_{\lambda \to 0} \sum_{i=1}^{n} [v(\xi_i, \eta_i, \zeta_i) \cdot e_n(\xi_i, \eta_i, \zeta_i)]\Delta S_i$$

像上式这类特殊和式的极限在其他问题中也会出现, 抽去其物理意义, 就称为向量值函数 $v(x, y, z)$ 在有向曲面 Σ 上的第二型曲面积分, 记作

$$\Phi = \iint_{\Sigma} [v(x, y, z) \cdot e_{n_i}(x, y, z)]\mathrm{d}S$$

11.5.3　对坐标的曲面积分的概念与性质

定义　设 Σ 是一片光滑的有向曲面, $e_n(x, y, z)$ 为有向曲面 Σ 上点 $M(x, y, z)$ 处的单位法向量, 其指向与 Σ 的侧的指向一致. 向量值函数

$$v(x, y, z) = P(x, y, z)i + Q(x, y, z)j + R(x, y, z)k$$

在 Σ 上有界, 将曲面 Σ 任意分成 n 块有向小曲面 $\Delta\Sigma_i$, 每块的面积记为 $\Delta S_i (i = 1, 2, \cdots, n)$, 在 $\Delta\Sigma_i$ 上任取一点 $M_i(\xi_i, \eta_i, \zeta_i)$, 作和

$$\sum_{i=1}^{n} [v(\xi_i, \eta_i, \zeta_i) \cdot e_{n_i}(\xi_i, \eta_i, \zeta_i)]\Delta S_i$$

如果极限

$$I = \lim_{\lambda \to 0} \sum_{i=1}^{n} [v(\xi_i, \eta_i, \zeta_i) \cdot e_{n_i}(\xi_i, \eta_i, \zeta_i)]\Delta S_i$$

存在, 其中 $\lambda = \max_{1 \leqslant i \leqslant n}\{\Delta S_i\}$, 则称此极限为向量值函数 $v(x, y, z)$ 在有向曲面 Σ 上的第二型曲面积分, 记作

$$\iint\limits_{\Sigma} \left[\boldsymbol{v}(x,y,z) \cdot \boldsymbol{e}_n(x,y,z) \right] \mathrm{d}S$$

即

$$\iint\limits_{\Sigma} \left[\boldsymbol{v}(x,y,z) \cdot \boldsymbol{e}_n(x,y,z) \right] \mathrm{d}S = \lim_{\lambda \to 0} \sum_{i=1}^{n} \left[\boldsymbol{v}(\xi_i,\eta_i,\zeta_i) \cdot \boldsymbol{e}_{n_i}(\xi_i,\eta_i,\zeta_i) \right] \Delta S_i$$

$$(11-42)$$

令 $\mathrm{d}\boldsymbol{S} = \left[\boldsymbol{e}_n(x,y,z) \right] \mathrm{d}S$，则向量 $\mathrm{d}\boldsymbol{S}$ 有明显的几何意义，其大小等于 $\mathrm{d}S$，方向与有向曲面 Σ 上点 $M(x,y,z)$ 处沿指定侧的单位法向量 $\boldsymbol{e}_n(x,y,z)$ 同向，因此也称 $\mathrm{d}\boldsymbol{S}$ 为点 M 处的曲面面积微元向量，则第二型曲面积分也可表示为

$$\iint\limits_{\Sigma} (\boldsymbol{v} \cdot \boldsymbol{e}_n) \mathrm{d}S = \iint\limits_{\Sigma} \boldsymbol{v} \cdot \mathrm{d}\boldsymbol{S} \qquad (11-43)$$

称上式右端为第二型曲面积分的向量形式.

下面来讨论第二型曲面积分在直角坐标系中的表现形式.

设 $\Delta\Sigma_i$ 上点 $M_i(\xi_i,\eta_i,\zeta_i)$ 处的沿曲面指定侧的法向量的三个方向角分别为 α_i、β_i、γ_i，则

$$\boldsymbol{e}_n(\xi_i,\eta_i,\zeta_i) = (\cos\alpha_i)\boldsymbol{i} + (\cos\beta_i)\boldsymbol{j} + (\cos\gamma_i)\boldsymbol{k}$$

代入式 $(11-43)$，得第二型曲面积分

$$\iint\limits_{\Sigma} \left[\boldsymbol{v}(x,y,z) \cdot \boldsymbol{e}_n(x,y,z) \right] \mathrm{d}S$$

$$= \lim_{\lambda \to 0} \sum_{i=1}^{n} \left[P(\xi_i,\eta_i,\zeta_i)\cos\alpha_i + Q(\xi_i,\eta_i,\zeta_i)\cos\beta_i + R(\xi_i,\eta_i,\zeta_i)\cos\gamma_i \right] \Delta S_i$$

$$(11-44)$$

将上式右端这类特殊的和式的极限记作

$$\iint\limits_{\Sigma} \left[P\cos\alpha + Q\cos\beta + R\cos\gamma \right] \mathrm{d}S \qquad (11-45)$$

将 ΔS_i 在 xOy、yOz、zOx 坐标面上的投影分别记作 $(\Delta S_i)_{xy}$、$(\Delta S_i)_{yz}$、$(\Delta S_i)_{zx}$，则有

$$\cos\alpha_i \Delta S_i = (\Delta S_i)_{yz}, \cos\beta_i \Delta S_i = (\Delta S_i)_{zx}, \cos\gamma_i \Delta S_i = (\Delta S_i)_{xy}$$

代入式 $(11-44)$ 得

$$\iint\limits_{\Sigma} \left[\boldsymbol{v}(x,y,z) \cdot \boldsymbol{e}_n(x,y,z) \right] \mathrm{d}S$$

$$= \lim_{\lambda \to 0} \sum_{i=1}^{n} \left[P(\xi_i,\eta_i,\zeta_i)(\Delta S_i)_{yz} + Q(\xi_i,\eta_i,\zeta_i)(\Delta S_i)_{zx} + R(\xi_i,\eta_i,\zeta_i)(\Delta S_i)_{xy} \right]$$

将上式右端这类特殊的和式的极限记作

$$\iint\limits_{\Sigma} P(x,y,z)\mathrm{d}y\mathrm{d}z + Q(x,y,z)\mathrm{d}z\mathrm{d}x + R(x,y,z)\mathrm{d}x\mathrm{d}y \qquad (11-46)$$

称上式为向量值函数 $v(x,y,z)$ 在有向曲面 Σ 上的第二型曲面积分的坐标形式. 它对应三个积分,称 $\iint\limits_{\Sigma} P(x,y,z)\mathrm{d}y\mathrm{d}z$ 为函数 $P(x,y,z)$ 在有向曲面 Σ 上对坐标 y、z 的曲面积分, $\iint\limits_{\Sigma} Q(x,y,z)\mathrm{d}z\mathrm{d}x$ 为函数 $Q(x,y,z)$ 在有向曲面 Σ 上对坐标 z、x 的曲面积分, $\iint\limits_{\Sigma} R(x,y,z)\mathrm{d}x\mathrm{d}y$ 为函数 $R(x,y,z)$ 在有向曲面 Σ 上对坐标 x、y 的曲面积分. 因此又将第二型曲面积分统称为**对坐标的曲面积分**.

因此速度场 $v(x,y,z)$ 中,流体通过曲面 Σ 指定一侧的流量

$$\Phi = \iint\limits_{\Sigma} P\mathrm{d}y\mathrm{d}z + Q\mathrm{d}z\mathrm{d}x + R\mathrm{d}x\mathrm{d}y$$

联系 $(11-45)$ 与 $(11-46)$ 两式,可得

$$\iint\limits_{\Sigma} P\mathrm{d}y\mathrm{d}z + Q\mathrm{d}z\mathrm{d}x + R\mathrm{d}x\mathrm{d}y = \iint\limits_{\Sigma} [P\cos\alpha + Q\cos\beta + R\cos\gamma]\mathrm{d}S \quad (11-47)$$

需要指出:式 $(11-47)$ 中 $\mathrm{d}y\mathrm{d}z$、$\mathrm{d}z\mathrm{d}x$、$\mathrm{d}x\mathrm{d}y$ 是 $\mathrm{d}S$ 在 yOz、zOx、xOy 坐标面上的投影,左端的积分是向量值函数 $v(x,y,z)$ 对坐标的曲面积分,其曲面 Σ 是有向曲面;而右端的积分是对面积的曲面积分,其曲面 Σ 无方向.

从而,对坐标的曲面积分 $\iint\limits_{\Sigma} P\mathrm{d}y\mathrm{d}z + Q\mathrm{d}z\mathrm{d}x + R\mathrm{d}x\mathrm{d}y$ 可转化为对面积的曲面积分 $\iint\limits_{\Sigma} [P\cos\alpha + Q\cos\beta + R\cos\gamma]\mathrm{d}S$. 因此式 $(11-47)$ 给出了这两类曲面积分之间的相互联系.

由对坐标的曲面积分的定义不难得到该曲面积分有以下性质(假设性质中涉及的函数均可积).

性质 1(线性性质) $\iint\limits_{\Sigma}(k_1 v_1 + k_2 v_2)\cdot\mathrm{d}\boldsymbol{S} = k_1\iint\limits_{\Sigma} v_1\cdot\mathrm{d}\boldsymbol{S} + k_2\iint\limits_{\Sigma} v_2\cdot\mathrm{d}\boldsymbol{S}$(其中 k_1,k_2 为常数)

性质 2(对积分曲面的可加性) 若将曲面 Σ 分成 Σ_1 与 Σ_2(即 $\Sigma = \Sigma_1 + \Sigma_2$)两块,则

$$\iint\limits_{\Sigma} v\cdot\mathrm{d}\boldsymbol{S} = \iint\limits_{\Sigma_1} v\cdot\mathrm{d}\boldsymbol{S} + \iint\limits_{\Sigma_2} v\cdot\mathrm{d}\boldsymbol{S}$$

性质 3(方向性) $\iint\limits_{\Sigma} v\cdot\mathrm{d}\boldsymbol{S} = -\iint\limits_{\Sigma^-} v\cdot\mathrm{d}\boldsymbol{S}$

其中 Σ^- 表示与 Σ 取相反侧的有向曲面.

若向量值函数 $v(x,y,z)$ 在分片光滑的曲面 Σ 上连续,则积分 $\iint\limits_{\Sigma} v\cdot\mathrm{d}\boldsymbol{S}$ 存在.

11.5.4 对坐标的曲面积分的计算

1) 对坐标的曲面积分在直角坐标系中化为二重积分来计算

定理 设光滑的有向曲面 Σ 的方程为 $z = z(x, y)$,函数 $R(x, y, z)$ 在 Σ 上连续,则

$$\iint_{\Sigma} R(x, y, z) \mathrm{d}x\mathrm{d}y = \pm \iint_{D_{xy}} R[x, y, z(x, y)] \mathrm{d}x\mathrm{d}y \qquad (11-48)$$

其中 D_{xy} 是曲面 Σ 在 xOy 面上的投影区域;积分号前的"$\pm$"号当 Σ 为上侧时取"$+$",当 Σ 为下侧时取"$-$".

证 由 Σ 的方程 $z = z(x, y)$,可得 Σ 的与其指定侧同向的法向量为

$$\boldsymbol{n} = \pm \{-z'_x, -z'_y, 1\}$$

上式右端的"$\pm$"号当 Σ 为上侧时取"$+$",Σ 为下侧时取"$-$",则与其同向的单位法向量为

$$\boldsymbol{e}_n = \pm \left\{ \frac{-z'_x}{\sqrt{1 + z_x^2 + z_y^2}}, \frac{-z'_y}{\sqrt{1 + z_x^2 + z_y^2}}, \frac{1}{\sqrt{1 + z_x^2 + z_y^2}} \right\}$$

从而

$$\cos\gamma = \pm \frac{1}{\sqrt{1 + z_x'^2 + z_y'^2}}$$

$$\mathrm{d}S = \sqrt{1 + z_x^2 + z_y^2}\, \mathrm{d}\sigma$$

由对坐标的曲面积分的定义及对面积的曲面积分的计算公式,有

$$\begin{aligned}
\iint_{\Sigma} R(x, y, z) \mathrm{d}x\mathrm{d}y &= \lim_{\lambda \to 0} \sum_{i=1}^{n} R(\xi_i, \eta_i, \zeta_i)(\Delta S_i)_{xy} \\
&= \iint_{\Sigma} R(x, y, z)\cos\gamma \mathrm{d}S \\
&= \iint_{D_{xy}} R[x, y, z(x, y)] \left(\frac{\pm 1}{\sqrt{1 + z_x^2 + z_y^2}} \right) \sqrt{1 + z_x'^2 + z_y'^2}\, \mathrm{d}x\mathrm{d}y \\
&= \pm \iint_{D_{xy}} R[x, y, z(x, y)] \mathrm{d}x\mathrm{d}y
\end{aligned}$$

上式的积分号前的"$\pm$"号取法同上,即当 Σ 为上侧时取"$+$",Σ 为下侧时取"$-$".

将该定理类推到对坐标 (y, z) 的曲面积分和对坐标 (z, x) 的曲面积分的情形,有如下的结论.

推论 1 设光滑的有向曲面 Σ 的方程为 $x = x(y, z)$,函数 $P(x, y, z)$ 在 Σ 上连续,则

$$\iint_{\Sigma} P(x, y, z) \mathrm{d}y\mathrm{d}z = \pm \iint_{D_{yz}} P[x(y, z), y, z] \mathrm{d}y\mathrm{d}z \qquad (11-49)$$

其中 D_{yz} 是曲面 Σ 在 yOz 面上的投影区域,积分号前的"$\pm$"号当 Σ 为前侧时取"$+$",当 Σ 为后侧时取"$-$".

推论 2 设光滑的有向曲面 Σ 的方程为 $y = y(x,z)$,函数 $Q(x,y,z)$ 在曲面 Σ 上连续,则

$$\iint_{\Sigma} Q(x,y,z)\mathrm{d}z\mathrm{d}x = \pm \iint_{D_{zx}} Q[x,y(z,x),z]\mathrm{d}z\mathrm{d}x \tag{11-50}$$

其中 D_{zx} 是曲面 Σ 在 zOx 面上的投影区域,积分号前的"$\pm$"号当 Σ 为右侧时取"$+$",当 Σ 为左侧时取"$-$".

由定理及其推论 1、推论 2 可见,计算对坐标的曲面积分时,首先要分清对坐标的曲面积分与二重积分的区别,并考察是对哪两个坐标的曲面积分;然后分类按定理或其推论来计算相对应的曲面积分.

如计算对坐标 (y,z) 的曲面积分 $\iint_{\Sigma} P(x,y,z)\mathrm{d}y\mathrm{d}z$ 时,首先将曲面 Σ 的方程表示化为 $x = x(y,z)$ 的形式,并将它代入被积函数 $P(x,y,z)$ 中;然后求出 Σ 在 yOz 面上的投影区域 D_{yz},再根据 Σ 的指向来确定积分号前的符号. 这样就将 Σ 上对坐标的曲面积分 $\iint_{\Sigma} P(x,y,z)\mathrm{d}y\mathrm{d}z$ 化为了二重积分 $\pm \iint_{D_{yz}} P[x(y,z),y,z]\mathrm{d}\sigma$.

由此可将对坐标的曲面积分 $\iint_{\Sigma} P(x,y,z)\mathrm{d}y\mathrm{d}z + Q(x,y,z)\mathrm{d}x\mathrm{d}z + R(x,y,z)\mathrm{d}x\mathrm{d}y$ 化为曲面 Σ 分别在 yOz 面、xOz 面、xOy 面上的三个投影区域上的二重积分的和,计算时必须注意以下几点:

(1) 式 $(11-48)$、$(11-49)$、$(11-50)$ 中右端各项二重积分的符号要根据曲面 Σ 指定侧的法向量来确定,当该法向量 $\boldsymbol{n}$ 分别指向前侧、右侧、上侧时,等式右端的积分号前均取正号;否则,相应的积分号前要取负号.

(2) D_{yz}、D_{zx}、D_{xy} 分别表示曲面 Σ 在对应的三个坐标面上的投影区域.

(3) 式 $(11-48)$、$(11-49)$、$(11-50)$ 中的 P、Q、R 均为定义在曲面 Σ 上的函数,因而它们的坐标 (x,y,z) 应满足曲面 Σ 的方程. 故在式 $(11-48)$、$(11-49)$、$(11-50)$ 中右端各项二重积分的被积函数中,需要将曲面 Σ 的方程代入,从而化为相应的投影区域上的二元函数.

例 1 计算曲面积分 $\iint_{\Sigma} xyz\mathrm{d}x\mathrm{d}y$,其中 Σ 是球面 $x^2 + y^2 + z^2 = 1$ 上 $x \geqslant 0, y \geqslant 0$ 的部分的外侧.

解 首先将曲面 Σ 用显式方程 $z = z(x,y)$ 来表示,由于平行 z 轴的直线交曲面多于一点,此时需将 Σ 分成上下两片,上片 Σ_1 的方程为

$$z = \sqrt{1 - x^2 - y^2}, (x,y) \in D_{xy}$$

D_{xy} 为 Σ 在 xOy 面上的投影区域,故

$$D_{xy} = \{(x,y) \mid x^2 + y^2 \leqslant 1, x \geqslant 0, y \geqslant 0\}$$

下片 Σ_2 的方程为

$$z = -\sqrt{1-x^2-y^2}, (x,y) \in D_{xy}$$

根据曲面 Σ 的侧的取法,Σ_1 取上侧,Σ_2 取下侧(如图 11 -
26 所示).应用曲面积分的性质及其计算公式(11 - 48),
将它化为二重积分,有

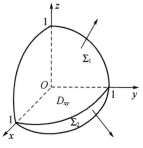

图 11 - 26

$$\iint\limits_{\Sigma} xyz\,\mathrm{d}x\mathrm{d}y = \iint\limits_{\Sigma_1} xyz\,\mathrm{d}x\mathrm{d}y + \iint\limits_{\Sigma_2} xyz\,\mathrm{d}x\mathrm{d}y$$

$$= \iint\limits_{D_{xy}} xy \cdot \sqrt{1-x^2-y^2}\,\mathrm{d}x\mathrm{d}y - \iint\limits_{D_{xy}} xy(-\sqrt{1-x^2-y^2})\,\mathrm{d}x\mathrm{d}y$$

$$= 2\iint\limits_{D_{xy}} xy \cdot \sqrt{1-x^2-y^2}\,\mathrm{d}x\mathrm{d}y = 2\int_0^{\frac{\pi}{2}} \mathrm{d}\theta \int_0^1 \rho^2 \sin\theta\cos\theta \sqrt{1-\rho^2}\,\rho\mathrm{d}\rho$$

$$= \int_0^{\frac{\pi}{2}} \sin2\theta\,\mathrm{d}\theta \int_0^1 \rho^3 \sqrt{1-\rho^2}\,\mathrm{d}\rho = \frac{2}{15}$$

必须指出:在计算对坐标的曲面积分时,若 Σ 由几片光滑的曲面组成时,应分
片计算,然后把结果相加.

例 2 计算 $\iint\limits_{\Sigma} x\,\mathrm{d}y\mathrm{d}z + y\,\mathrm{d}z\mathrm{d}x + z\,\mathrm{d}x\mathrm{d}y$,其中 Σ 是柱面 $x^2 + y^2 = 1$ 介于 $z = -1$
和 $z = 3$ 之间部分的外侧.

解 如图 11 - 27 所示,由于 Σ 垂直于坐标面 xOy,其在 xOy
坐标面的投影为 0,所以 $\iint\limits_{\Sigma} z\,\mathrm{d}x\mathrm{d}y = 0$.

对于 $\iint\limits_{\Sigma} x\,\mathrm{d}y\mathrm{d}z$,需要将 Σ 向 yOz 坐标面投影,由于

$$D_{yz} = \{(y,z) \mid -1 \leqslant y \leqslant 1, -1 \leqslant z \leqslant 3\}.$$

又 Σ 的方程可化为 $x = \pm\sqrt{1-y^2}$,故此时需将 Σ 分成前后两片
如下:

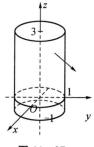

图 11 - 27

$$\Sigma_1 : x = \sqrt{1-y^2}, (y,z) \in D_{yz}$$

$$\Sigma_4 : x = -\sqrt{1-y^2}, (y,z) \in D_{yz}$$

根据 Σ 的侧的取法,Σ_1 取前侧,Σ_2 取后侧. 于是

$$\iint\limits_{\Sigma} x\,\mathrm{d}y\mathrm{d}z = \iint\limits_{\Sigma_1} x\mathrm{d}y\mathrm{d}z + \iint\limits_{\Sigma_2} x\mathrm{d}y\mathrm{d}z = \iint\limits_{D_{yz}} \sqrt{1-y^2}\,\mathrm{d}y\mathrm{d}z - \iint\limits_{D_{yz}} (-\sqrt{1-y^2})\,\mathrm{d}y\mathrm{d}z$$

$$= 2\iint\limits_{D_{yz}} \sqrt{1-y^2}\,\mathrm{d}y\mathrm{d}z = 2\int_{-1}^{3}\mathrm{d}z\int_{-1}^{1}\sqrt{1-y^2}\,\mathrm{d}y$$

$$= 2 \cdot 4 \cdot \frac{\pi}{2} = 4\pi$$

类似地,对于 $\iint\limits_{\Sigma}y\mathrm{d}x\mathrm{d}z$,需要将 Σ 向 xOz 坐标面投影,由于

$$D_{xz} = \{(x,z)\,|\,-1 \leqslant x \leqslant 1, -1 \leqslant z \leqslant 3\}$$

又 Σ 的方程可化为 $y = \pm\sqrt{1-x^2}$,故此时需将 Σ 分成右、左两片如下:

$$\Sigma_3 : y = \sqrt{1-x^2}, (x,z) \in D_{xz}$$

$$\Sigma_4 : y = -\sqrt{1-x^2}, (x,z) \in D_{xz}$$

根据 Σ 的侧的取法,Σ_3 取右侧,Σ_4 取左侧. 于是

$$\iint\limits_{\Sigma}y\mathrm{d}x\mathrm{d}z = \iint\limits_{\Sigma_3}y\mathrm{d}x\mathrm{d}z + \iint\limits_{\Sigma_4}y\mathrm{d}x\mathrm{d}z = \iint\limits_{D_{xz}}\sqrt{1-x^2}\,\mathrm{d}x\mathrm{d}z - \iint\limits_{D_{xz}}(-\sqrt{1-x^2})\mathrm{d}x\mathrm{d}z$$

$$= 2\iint\limits_{D_{xz}}\sqrt{1-x^2}\,\mathrm{d}x\mathrm{d}z = 2\int_{-1}^{3}\mathrm{d}z\int_{-1}^{1}\sqrt{1-x^2}\,\mathrm{d}x = 2 \cdot 4 \cdot \frac{\pi}{2} = 4\pi$$

因此

$$\iint\limits_{\Sigma}x\mathrm{d}y\mathrm{d}z + y\mathrm{d}z\mathrm{d}x + z\mathrm{d}x\mathrm{d}y = 4\pi + 4\pi + 0 = 8\pi$$

2) 对坐标的曲面积分化为对面积的曲面积分来计算

由式(11-47)可知,对坐标的曲面积分与对面积的曲面积分有如下的联系:

$$\iint\limits_{\Sigma}P\,\mathrm{d}y\mathrm{d}z + Q\mathrm{d}z\mathrm{d}x + R\mathrm{d}x\mathrm{d}y = \iint\limits_{\Sigma}[P\cos\alpha + Q\cos\beta + R\cos\gamma]\mathrm{d}S$$

上述关系式不仅是作为理论上的探讨,在实际计算中也有很多方便之处. 下面通过例题来介绍这一方法.

例 3 计算 $\iint\limits_{\Sigma}x\mathrm{d}y\mathrm{d}z + y\mathrm{d}z\mathrm{d}x + z\mathrm{d}x\mathrm{d}y$,其中 Σ 分别为

(1) 平面 $x-y-z+1 = 0$ 在第二卦限部分的上侧.

(2) 柱面 $x^2+y^2 = 1$ 介于 $z=0$ 和 $z=2$ 间部分的外侧.

解 (1) 平面 $\Sigma: x-y-z+1 = 0$ 取上侧,则法向量为

$$\boldsymbol{n} = (-1,1,1)$$

再单位化,得 $\boldsymbol{e}_n = \frac{1}{\sqrt{3}}(-1,1,1)$,则

$$\cos\alpha = -\frac{1}{\sqrt{3}}, \cos\beta = \frac{1}{\sqrt{3}}, \cos\gamma = \frac{1}{\sqrt{3}}$$

代入公式(11-47)得

$$\iint\limits_{\Sigma} x\,\mathrm{d}y\mathrm{d}z + y\mathrm{d}z\mathrm{d}x + z\mathrm{d}x\mathrm{d}y = \frac{1}{\sqrt{3}}\iint\limits_{\Sigma}(-x+y+z)\mathrm{d}S$$

$$= \frac{1}{\sqrt{3}}\iint\limits_{\Sigma}\mathrm{d}S = \frac{1}{\sqrt{3}}\frac{\sqrt{3}}{2} = \frac{1}{2}$$

最后的积分结果是利用了 $\iint\limits_{\Sigma}\mathrm{d}S$ 等于 Σ 的面积，这里 Σ 是边长为 $\sqrt{2}$ 的等边三角形，其面积为 $\frac{\sqrt{3}}{2}$.

(2) 圆柱面 $\Sigma: x^2 + y^2 = 1(0 \leqslant z \leqslant 2)$ 取外侧，则其法向量为

$$\boldsymbol{n} = (x, y, 0)$$

再单位化，得 $\boldsymbol{e}_n = \dfrac{1}{\sqrt{x^2+y^2}}(x, y, 0) = (x, y, 0)$，则

$$\cos\alpha = x, \cos\beta = y, \cos\gamma = 0$$

代入公式(11-47)得

$$\iint\limits_{\Sigma} x\,\mathrm{d}y\mathrm{d}z + y\mathrm{d}z\mathrm{d}x + z\mathrm{d}x\mathrm{d}y = \iint\limits_{\Sigma}(x^2+y^2)\mathrm{d}S$$

$$= \iint\limits_{\Sigma}\mathrm{d}S = 2\pi \cdot 2 = 4\pi$$

最后的积分结果中利用了 $\iint\limits_{\Sigma}\mathrm{d}S$ 等于圆柱面 Σ 的面积，其高为2，周长为 2π，故其面积等于 4π.

例4 计算曲面积分

$$I = \oiint\limits_{\Sigma} xz\,\mathrm{d}y\mathrm{d}z + yz\mathrm{d}z\mathrm{d}x + z\mathrm{d}x\mathrm{d}y$$

其中 Σ 为球面 $x^2 + y^2 + z^2 = 1$ 的外侧.

解 本题若化为二重积分，则计算量很大，下面利用公式(11-47)将它化为对面积的曲面积分来计算.

球面 $\Sigma: x^2 + y^2 + z^2 = 1$ 取外侧，则其法向量为

$$\boldsymbol{n} = (x, y, z)$$

再单位化，得 $\boldsymbol{e}_n = \dfrac{1}{\sqrt{x^2+y^2+z^2}}(x, y, z) = (x, y, z)$，则

$$\cos\alpha = x, \cos\beta = y, \cos\gamma = z$$

代入公式(11-47)得

$$I = \oiint\limits_{\Sigma} xz\,\mathrm{d}y\mathrm{d}z + yz\mathrm{d}z\mathrm{d}x + z\mathrm{d}x\mathrm{d}y = \oiint\limits_{\Sigma}(x^2z + y^2z + z^2)\mathrm{d}S$$

将球面 Σ 分成向上半球面 $\Sigma_{上}$ 和下半球面 $\Sigma_{下}$，它们在 xOy 面上的投影区域都为

$$D_{xy}:x^2+y^2\leqslant 1$$

又上半球面 $\Sigma_{上}$ 的方程为 $z=\sqrt{1-x^2-y^2}$，下半球面 $\Sigma_{下}$ 的方程为 $z=-\sqrt{1-x^2-y^2}$，易算得 $\Sigma_{上}$ 与 $\Sigma_{下}$ 对应的面积微元相等，为

$$dS_{上}=dS_{下}=\frac{1}{\sqrt{1-x^2-y^2}}dxdy$$

则

$$I=\oiint_{\Sigma}(x^2z+y^2z+z^2)dS=\iint_{\Sigma_{上}}(x^2z+y^2z+z^2)dS+\iint_{\Sigma_{下}}(x^2z+y^2z+z^2)dS$$

$$=\iint_{D_{xy}}\left[(x^2+y^2)\sqrt{1-x^2-y^2}+(1-x^2-y^2)\right]\frac{1}{\sqrt{1-x^2-y^2}}dxdy$$

$$+\iint_{D_{xy}}\left[(x^2+y^2)(-\sqrt{1-x^2-y^2})+(1-x^2-y^2)\right]\frac{1}{\sqrt{1-x^2-y^2}}dxdy$$

$$=2\iint_{D_{xy}}(1-x^2-y^2)\frac{1}{\sqrt{1-x^2-y^2}}dxdy$$

$$=2\iint_{D_{xy}}\sqrt{1-x^2-y^2}\,dxdy=2\int_0^{2\pi}d\theta\int_0^1\sqrt{1-\rho^2}\,\rho d\rho$$

$$=\frac{4\pi}{3}$$

习题 11.5

1. 计算下列对坐标的曲面积分：

(1) $\iint_{\Sigma}(x^2+y^2)dxdy$，其中 Σ 是上半球面 $x^2+y^2+z^2=R^2$ 的下侧.

(2) $\iint_{\Sigma}zdxdy$，其中 Σ 是上半球面 $z=\sqrt{4-x^2-y^2}$ 的上侧.

(3) $\iint_{\Sigma}x^2y^2zdxdy$，其中 Σ 是球面 $x^2+y^2+z^2=R^2$ 下半部分的上侧.

(4) $\iint_{\Sigma}(x^2+y^2)dzdx+zdxdy$，其中 Σ 是 $z=\sqrt{x^2+y^2}\,(z<1)$ 的下侧.

(5) $\oiint_{\Sigma}xydydz+yzdzdx+xzdxdy$，其中 Σ 是由平面 $x=0,y=0,z=0$ 与 $x+y+z=1$ 所围成的空间区域的整个边界曲面的外侧.

(6) $\iint_{\Sigma}y^2dzdx$，其中 Σ 是圆柱面 $x^2+y^2=R^2$ 上由 $y\geqslant 0,0\leqslant z\leqslant 3$ 所确定的

部分,取右侧($R > 0$).

(7) $\iint\limits_{\Sigma} 2(1+x)\mathrm{d}y\mathrm{d}z$,其中 Σ 是 $x = y^2 + z^2\,((0 \leqslant x \leqslant 1)$ 的外侧.

(8) $\oiint\limits_{\Sigma} \dfrac{\mathrm{e}^z}{\sqrt{x^2 + y^2}}\mathrm{d}x\mathrm{d}y$,其中 Σ 是锥面 $z = \sqrt{x^2 + y^2}$ 与平面 $z = 1, z = 2$ 所围成立体的表面,取外侧.

2. 计算 $I = \iint\limits_{\Sigma}[f(x,y,z) + x]\mathrm{d}y\mathrm{d}z + [2f(x,y,z) + y]\mathrm{d}z\mathrm{d}x + [f(x,y,z) + z]\mathrm{d}x\mathrm{d}y$,其中 $f(x,y,z)$ 为连续函数,Σ 为平面 $x - y + z = 1$ 在第四卦限部分的上侧.

3. (1) 计算 $\iint\limits_{\Sigma} x\mathrm{d}y\mathrm{d}z + y\mathrm{d}z\mathrm{d}x + z\mathrm{d}x\mathrm{d}y$,其中 Σ 为上半球面 $x^2 + y^2 + z^2 = 1\,(z \geqslant 0)$ 的上侧.

(2) 计算 $\iint\limits_{\Sigma} xy\mathrm{d}y\mathrm{d}z + yz\mathrm{d}z\mathrm{d}x + xz\mathrm{d}x\mathrm{d}y$,其中 Σ 为 $z = \sqrt{1 - x^2 - y^2}$ 的上侧.

4. 求向量 $\boldsymbol{V} = (yz, xz, xy)$ 穿过下列有向曲面 Σ 的流量:

(1) Σ 为圆柱面 $x^2 + y^2 = 3\,(0 \leqslant z \leqslant h)$ 的侧面的外侧.

(2) Σ 为抛物面 $x^2 + y^2 = z\,(0 \leqslant z \leqslant h)$ 的侧面的外侧.

5. 求向径 $\boldsymbol{r}$ 穿过曲面 $z = 1 - \sqrt{x^2 + y^2}\,(0 \leqslant z \leqslant 1)$ 上侧的流量.

11.6 高斯公式及散度

11.6.1 高斯公式

格林公式表达了平面有界闭区域上的二重积分与其边界曲线上的曲线积分之间的联系. 德国数学家高斯(Gauss)将格林公式进行推广,得到了空间区域上的三重积分与该区域有向边界曲面上的曲面积分之间的联系,即所谓的高斯公式.

定理1 设空间有界闭区域 Ω 的边界曲面 Σ 是光滑的或分片光滑的,函数 $P(x,y,z)$、$Q(x,y,z)$、$R(x,y,z)$ 在 Ω 上具有连续的一阶偏导数,则

$$\iiint\limits_{\Omega}\left(\frac{\partial P}{\partial x} + \frac{\partial Q}{\partial y} + \frac{\partial R}{\partial z}\right)\mathrm{d}v = \oiint\limits_{\Sigma} P\mathrm{d}y\mathrm{d}z + Q\mathrm{d}z\mathrm{d}x + R\mathrm{d}x\mathrm{d}y \qquad (11\text{-}51)$$

或

$$\iiint\limits_{\Omega}\left(\frac{\partial P}{\partial x} + \frac{\partial Q}{\partial y} + \frac{\partial R}{\partial z}\right)\mathrm{d}v = \oiint\limits_{\Sigma} (P\cos\alpha + Q\cos\beta + R\cos\gamma)\mathrm{d}S \qquad (11\text{-}52)$$

其中积分曲面 Σ 取外侧,$\cos\alpha$、$\cos\beta$、$\cos\gamma$ 是曲面 Σ 上点 (x,y,z) 处的外法线方向的

方向余弦. 式(11-51)与(11-52)均称为高斯公式.

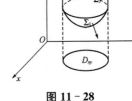

图 11-28

***证**   先设空间区域 Ω 是 XY 型的,如图 11-28 所示,则其边界曲面 Σ 由上下两底面 Σ_1、Σ_2 及侧柱面 Σ_3 围成,并设

$$\Sigma_1 = \{(x,y,z)\,|\,z = z_1(x,y), (x,y) \in D_{xy}\},\text{取下侧}$$

$$\Sigma_2 = \{(x,y,z)\,|\,z = z_2(x,y), (x,y) \in D_{xy}\},\text{取上侧}$$

$$\Sigma_3 = \{(x,y,z)\,|\,z_1(x,y) \leqslant z \leqslant z_2(x,y),\ (x,y) \in \partial D_{xy}\},\text{取外侧}$$

因此,可将 XY 型的 Ω 区域表示为

$$\Omega = \{(x,y,z)\,|\,z_1(x,y) \leqslant z \leqslant z_2(x,y), (x,y) \in D_{xy}\}$$

于是,由三重积分的投影法得

$$\iiint\limits_{\Omega} \frac{\partial R}{\partial z}\mathrm{d}v = \iint\limits_{D_{xy}} \mathrm{d}x\mathrm{d}y \int_{z_1(x,y)}^{z_2(x,y)} \frac{\partial R}{\partial z}\mathrm{d}z$$

$$= \iint\limits_{D_{xy}} \{R[x,y,z_2(x,y)] - R[x,y,z_1(x,y)]\}\mathrm{d}x\mathrm{d}y$$

另一方面,由第二型曲面积分的计算法得

$$\oiint\limits_{\Sigma} R(x,y,z)\mathrm{d}x\mathrm{d}y = \iint\limits_{\Sigma_1} R(x,y,z)\mathrm{d}x\mathrm{d}y + \iint\limits_{\Sigma_2} R(x,y,z)\mathrm{d}x\mathrm{d}y + \iint\limits_{\Sigma_3} R(x,y,z)\mathrm{d}x\mathrm{d}y$$

$$= -\iint\limits_{D_{xy}} R[x,y,z_1(x,y)]\mathrm{d}x\mathrm{d}y + \iint\limits_{D_{xy}} R[x,y,z_2(x,y)]\mathrm{d}x\mathrm{d}y + 0$$

$$= \iint\limits_{D_{xy}} \{R[x,y,z_2(x,y)] - R[x,y,z_1(x,y)]\}\mathrm{d}x\mathrm{d}y$$

所以有

$$\iiint\limits_{\Omega} \frac{\partial R}{\partial z}\mathrm{d}v = \oiint\limits_{\Sigma} R(x,y,z)\mathrm{d}x\mathrm{d}y$$

类似地,当区域 Ω 分别为 YZ 型与 ZX 型时,只要把区域 Ω 投影到 yOz 面和 zOx 面,即可证得

$$\iiint\limits_{\Omega} \frac{\partial P}{\partial x}\mathrm{d}v = \oiint\limits_{\Sigma} P(x,y,z)\mathrm{d}y\mathrm{d}z$$

$$\iiint\limits_{\Omega} \frac{\partial Q}{\partial y}\mathrm{d}v = \oiint\limits_{\Sigma} Q(x,y,z)\mathrm{d}z\mathrm{d}x$$

因此,当区域 Ω 同时为这三种类型(这三种区域统称为简单空间区域)时,上述三式同时成立,这时将它们相加,即得

$$\iiint\limits_{\Omega} \left(\frac{\partial P}{\partial x} + \frac{\partial Q}{\partial y} + \frac{\partial R}{\partial z}\right)\mathrm{d}v = \oiint\limits_{\Sigma} P\mathrm{d}y\mathrm{d}z + Q\mathrm{d}z\mathrm{d}x + R\mathrm{d}x\mathrm{d}y$$

因此这时式(11-51)成立.

对于其他非简单空间有界闭区域 Ω,则可仿照格林公式证明中的处理方法,引进若干张辅助平面,将 Ω 分成有限个简单空间子区域,从而在各子区域上高斯公式成立. 把这些式子相加,注意到曲面积分在辅助平面的正反两侧上的值相互抵消,即可证明式(11-51)仍成立.

因此,在有界闭区域上,式(11-51)恒成立. 再由两类曲面积分之间的联系得式(11-52)也成立.

高斯公式给出了闭曲面上对坐标的曲面积分化为对应的空间区域上的三重积分的间接计算方法. 该方法是计算对坐标的曲面积分的重要方法. 必须指出,使用高斯公式时,要注意检查它的条件是否满足.

例 1 计算曲面积分

$$\oiint_{\Sigma}(x+y)\mathrm{d}y\mathrm{d}z+(y+z)\mathrm{d}z\mathrm{d}x+(z+x)\mathrm{d}x\mathrm{d}y$$

其中 Σ 是边长为 a 的正方体表面的外侧.

解 该积分中的被积函数在 Σ 围成的闭区域 Ω(边长为 a 的正方体)内,符合高斯公式的条件,则由高斯公式得

$$\oiint_{\Sigma}(x+y)\mathrm{d}y\mathrm{d}z+(y+z)\mathrm{d}z\mathrm{d}x+(z+x)\mathrm{d}x\mathrm{d}y$$

$$=\iiint_{\Omega}(1+1+1)\mathrm{d}v=3\iiint_{\Omega}\mathrm{d}v=3V_{\Omega}=3a^3$$

例 2 利用高斯公式计算曲面积分

$$I=\iint_{\Sigma}(z^2+x)\mathrm{d}y\mathrm{d}z-z\mathrm{d}x\mathrm{d}y$$

其中 Σ 是曲面 $z=\dfrac{1}{2}(x^2+y^2)$ 上介于 $0\leqslant z\leqslant 2$ 之间部分的下侧.

解 注意到曲面 Σ: $z=\dfrac{1}{2}(x^2+y^2)$(取下侧)不是封闭曲面(图 11-29),故不能直接用高斯公式计算,为此先补一个平面 $\Sigma_1:z=2,(x^2+y^2\leqslant 2^2)$,取上侧. 这样有向曲面 $\Sigma+\Sigma_1$ 构成了其所围立体 Ω 的全表面的外侧,则

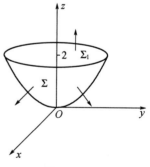

图 11-29

$$I=\oiint_{\Sigma+\Sigma_1}(z^2+x)\mathrm{d}y\mathrm{d}z-z\mathrm{d}x\mathrm{d}y-\iint_{\Sigma_1}(z^2+x)\mathrm{d}y\mathrm{d}z-z\mathrm{d}x\mathrm{d}y$$

由高斯公式得

$$\oiint\limits_{\Sigma+\Sigma_1}(z^2+x)\mathrm{d}y\mathrm{d}z-z\mathrm{d}x\mathrm{d}y=\iiint\limits_{\Omega}(1+0-1)\mathrm{d}v=0$$

而在 Σ_1 上,$z=2(x^2+y^2\leqslant 4)$,所以 Σ_1 在 xOy 面上的投影区域 $D_{xy}=\{(x,y)|$ $x^2+y^2\leqslant 4\}$,又注意到 Σ_1 垂直于 yOz 面,则

$$\iint\limits_{\Sigma_1}(z^2+x)\mathrm{d}y\mathrm{d}z=0$$

因此

$$\iint\limits_{\Sigma_1}(z^2+x)\mathrm{d}y\mathrm{d}z-z\mathrm{d}x\mathrm{d}y=-\iint\limits_{\Sigma_1}z\mathrm{d}x\mathrm{d}y$$

$$=-\iint\limits_{D_{xy}}2\mathrm{d}x\mathrm{d}y=-2\cdot 4\pi=-8\pi$$

最后可得

$$I=0-(-8\pi)=8\pi$$

例 3 计算 $I=\oiint\limits_{\Sigma}\dfrac{x}{r^3}\mathrm{d}y\mathrm{d}z+\dfrac{y}{r^3}\mathrm{d}z\mathrm{d}x+\dfrac{z}{r^3}\mathrm{d}x\mathrm{d}y$,其中 $r=\sqrt{x^2+y^2+z^2}$,Σ 为球面 $x^2+y^2+z^2=a^2$ 的外侧.

解 设 Ω 是以 Σ 为边界曲面的球体:$x^2+y^2+z^2\leqslant a^2$. 因为点 $O(0,0,0)\in\Omega$,所以 $P=\dfrac{x}{r^3}$,$Q=\dfrac{y}{r^3}$,$R=\dfrac{z^3}{r^3}$ 在 Ω 内不满足高斯公式的条件,因此该题不能直接应用高斯公式. 但可以先将曲面 Σ 的方程 $r=a$ 代入积分式中,把被积函数简化,由于简化后的被积函数在积分区域 Ω 内满足高斯公式的条件,这时再用高斯公式,即

$$I=\dfrac{1}{a^3}\oiint\limits_{\Sigma}x\mathrm{d}y\mathrm{d}z+y\mathrm{d}z\mathrm{d}x+z\mathrm{d}x\mathrm{d}y$$

$$=\dfrac{1}{a^3}\iiint\limits_{\Omega}(1+1+1)\mathrm{d}v$$

$$=\dfrac{3}{a^3}\iiint\limits_{\Omega}\mathrm{d}v=\dfrac{3}{a^3}\cdot\dfrac{4\pi a^3}{3}=4\pi$$

11.6.2 通量与散度

下面我们将简单介绍一下高斯公式的物理意义,并给出通量与散度的概念.

设某空间区域 Ω 内充满不可压缩且作稳定流动的流体,其流速为

$$v(x,y,z)=P(x,y,z)\boldsymbol{i}+Q(x,y,z)\boldsymbol{j}+R(x,y,z)\boldsymbol{k}$$

又设 Σ 为该空间区域内一片有向光滑曲面,P、Q、R 在 Σ 上具有连续的一阶偏导数,$e_n=\cos\alpha\boldsymbol{i}+\cos\beta\boldsymbol{j}+\cos\gamma\boldsymbol{k}$ 是 Σ 上点 (x,y,z) 处的单位法向量,其指向与 Σ 的侧一致. 则由本章第五节可知,单位时间内穿过曲面 Σ 指定侧的流体总质量为

$$\Phi = \iint\limits_{\Sigma} P\,\mathrm{d}y\mathrm{d}z + Q\,\mathrm{d}z\mathrm{d}x + R\,\mathrm{d}x\mathrm{d}y = \iint\limits_{\Sigma} (P\cos\alpha + Q\cos\beta + R\cos\gamma)\,\mathrm{d}S$$

$$= \iint\limits_{\Sigma} (\boldsymbol{v}(x,y,z) \cdot \boldsymbol{e}_n)\,\mathrm{d}S = \iint\limits_{\Sigma} v_n\,\mathrm{d}S \tag{11-53}$$

这里 $v_n = \boldsymbol{v} \cdot \boldsymbol{e}_n$ 是 $\boldsymbol{v}$ 在有向曲面 Σ 的法向量 $\boldsymbol{e}_n$ 上的投影.

如果 Σ 是区域内包含点 $M(x,y,z)$ 的某封闭的曲面,方向取外侧,由其围成的区域记为 Ω_1,那么由高斯公式可得

$$\oiint\limits_{\Sigma} v_n\,\mathrm{d}S = \iiint\limits_{\Omega_1} \left(\frac{\partial P}{\partial x} + \frac{\partial Q}{\partial y} + \frac{\partial R}{\partial z} \right)\mathrm{d}v \tag{11-54}$$

上式的左端表示单位时间内流出区域 Ω_1 的流体的总质量 Φ. 由于流体是不可压缩和稳定流动的,因此在流体流出 Ω_1 的同时,Ω_1 内必定要有流体产生的"源"(就如同喷泉的泉眼)产生同样多的流体来补充. 从而上式的右端可理解为分布在 Ω_1 内的源在单位时间内所产生的流体的总质量.

下面讨论在 Ω 内一定点 $M(x,y,z)$ 处源的强度有多大.

将式(11-54)的两边同除以 Ω_1 的体积 V,得

$$\frac{1}{V} \iiint\limits_{\Omega} \left(\frac{\partial P}{\partial x} + \frac{\partial Q}{\partial y} + \frac{\partial R}{\partial z} \right)\mathrm{d}v = \frac{1}{V} \oiint\limits_{\Sigma} v_n\,\mathrm{d}S \tag{11-55}$$

式(11-55)左端表示在 Ω_1 内的流场 $\boldsymbol{v}$ 在单位时间单位体积内产生的流体的质量的平均值(源的平均强度).

对上式左端的三重积分应用积分中值定理得

$$\left(\frac{\partial P}{\partial x} + \frac{\partial Q}{\partial y} + \frac{\partial R}{\partial z} \right)\Big|_{(\xi,\eta,\zeta)} = \frac{1}{V} \oiint\limits_{\Sigma} v_n\,\mathrm{d}S$$

其中 (ξ,η,ζ) 是 Ω_1 内的某一点. 令 Ω_1 收缩到点 $M(x,y,z)$,则点 $(\xi,\eta,\zeta) \to M(x,y,z)$,于是得

$$\frac{\partial P}{\partial x} + \frac{\partial Q}{\partial y} + \frac{\partial R}{\partial z} = \lim_{\Omega_1 \to M} \frac{1}{V} \oiint\limits_{\Sigma} v_n\,\mathrm{d}S \tag{11-56}$$

由式(11-56)所确定的值称为向量场 $\boldsymbol{v}(x,y,z)$ 在点 M 处的散度,记作 $\mathrm{div}\boldsymbol{v}$.

$\mathrm{div}\boldsymbol{v}$ 代表了流速场 $\boldsymbol{v}$ 在点 M 处的源的强度. 当 $\mathrm{div}\boldsymbol{v} > 0$ 时表示流体从点 M 流出(有"源"),当 $\mathrm{div}\boldsymbol{v} < 0$ 时表示流体从点 M 处消失(有"洞").

一般地,设 Σ 为某向量场

$$\boldsymbol{v}(x,y,z) = P(x,y,z)\boldsymbol{i} + Q(x,y,z)\boldsymbol{j} + R(x,y,z)\boldsymbol{k}$$

内一片有向曲面,$\boldsymbol{e}_n$ 是 Σ 上点 $M(x,y,z)$ 处的单位法向量,函数 P、Q、R 在 Σ 上具有连续的一阶偏导数,则称

$$\iint\limits_{\Sigma} P\,\mathrm{d}y\mathrm{d}z + Q\,\mathrm{d}z\mathrm{d}x + R\,\mathrm{d}x\mathrm{d}y \tag{11-57}$$

为向量场 v 通过有向曲面 Σ 的**通量**(或**流量**),称 $\left(\dfrac{\partial P}{\partial x}+\dfrac{\partial Q}{\partial y}+\dfrac{\partial R}{\partial z}\right)\Big|_M$ 为向量场 v 在点 $M(x,y,z)$ 处的**散度**或**通量密度**,记作 $\mathrm{div}\,v$,即

$$\mathrm{div}\,v=\frac{\partial P}{\partial x}+\frac{\partial Q}{\partial y}+\frac{\partial R}{\partial z} \qquad (11-58)$$

有了散度的概念,高斯公式可以写成

$$\oiint\limits_{\Sigma}P\mathrm{d}y\mathrm{d}z+Q\mathrm{d}z\mathrm{d}x+R\mathrm{d}x\mathrm{d}y=\iiint\limits_{\Omega}\mathrm{div}\,v\mathrm{d}v \qquad (11-59)$$

例 4 求向量场 $A=xyzr\,(r=xi+yj+zk)$ 在点 $M(1,3,2)$ 处的散度.

解 $A=xyzr=x^2yzi+xy^2zj+xyz^2k$

设 $P=x^2yz,Q=xy^2z,R=xyz^2$,则

$$\frac{\partial P}{\partial x}=\frac{\partial Q}{\partial y}=\frac{\partial R}{\partial z}=2xyz$$

$$\mathrm{div}A(M)=6xyz\Big|_M=36$$

例 5 设流速 $v=xi+yj+zk$,求穿过上半圆锥形 $x^2+y^2\leqslant z^2\,(0\leqslant z\leqslant h)$ 的侧表面,法向量向外的流体的流量 Q.

解 设 Σ 为圆锥形 $x^2+y^2\leqslant z^2\,(0\leqslant z\leqslant h)$ 的侧表面,法向量向外,平面 π: $z=h$,法向量向上,Ω 为 Σ 和 π 围成的立体,则穿过上半圆锥形 $x^2+y^2\leqslant z^2\,(0\leqslant z\leqslant h)$ 的侧表面,法向量向外的流体的流量 Q 为

$$Q=\iint\limits_{\Sigma+\pi}x\mathrm{d}y\mathrm{d}z+y\mathrm{d}x\mathrm{d}z+z\mathrm{d}x\mathrm{d}y-\iint\limits_{\pi}x\mathrm{d}y\mathrm{d}z+y\mathrm{d}x\mathrm{d}z+z\mathrm{d}x\mathrm{d}y$$

有高斯公式

$$\iint\limits_{\Sigma+\pi}x\mathrm{d}y\mathrm{d}z+y\mathrm{d}x\mathrm{d}z+z\mathrm{d}x\mathrm{d}y=\iiint\limits_{}3\mathrm{d}v=\int_0^{2\pi}\mathrm{d}\theta\int_0^h r\mathrm{d}r\Big|_r^h 3\mathrm{d}z=\pi h^3$$

$$\iint\limits_{\pi}x\mathrm{d}y\mathrm{d}z+y\mathrm{d}x\mathrm{d}z+z\mathrm{d}x\mathrm{d}y=\iint\limits_{x^2+y^2\leqslant h^2}h\mathrm{d}x\mathrm{d}y=\pi h^3$$

因此

$$Q=\pi h^3-\pi h^3=0$$

例 6 将电量为 q 的点电荷放置在原点处,则在该电场中,点 M(异于原点 O)处的电位移为向量场

$$D=\varepsilon E=\frac{q}{4\pi r^2}e_r$$

其中 $r=|OM|$,e_r 是与 $\overrightarrow{OM}$ 同向的单位向量,E 为电场强度,求

(1) $\mathrm{div}D(M)$.

(2) D 穿过不包含原点的任意闭曲面向外侧的电位移通量.

解　(1) 设 $M(x,y,z)$，则 $\overrightarrow{OM} = (x,y,z)$，由题设可知，$e_r = \dfrac{1}{r}(x,y,z)$. 则

$$\boldsymbol{D}(M) = \frac{q}{4\pi r^2}\boldsymbol{e}_r = \frac{q}{4\pi r^3}(x,y,z)$$

则

$$P = \frac{qx}{4\pi r^3}, \qquad \frac{\partial P}{\partial x} = \frac{q}{4\pi}\frac{r^2 - 3x^2}{r^5}$$

同理

$$Q = \frac{qy}{4\pi r^3}, \qquad \frac{\partial Q}{\partial y} = \frac{q}{4\pi}\frac{r^2 - 3y^2}{r^5}$$

$$R = \frac{qz}{4\pi r^3}, \qquad \frac{\partial R}{\partial z} = \frac{q}{4\pi}\frac{r^2 - 3z^2}{r^5}$$

则

$$\mathrm{div}\boldsymbol{D}(M) = \left(\frac{\partial P}{\partial x} + \frac{\partial Q}{\partial y} + \frac{\partial R}{\partial z}\right)\bigg|_M = \frac{q}{4\pi}\left(\frac{r^2 - 3x^2}{r^5} + \frac{r^2 - 3y^2}{r^5} + \frac{r^2 - 3z^2}{r^5}\right) = 0$$

在原点处，向量场 $\boldsymbol{D}$ 无意义，故 $\mathrm{div}\boldsymbol{D}$ 不存在.

(2) 在不包含原点的任意闭曲面 Σ_1 所围的区域 Ω_1 上，$\mathrm{div}\boldsymbol{D} = 0$，故

$$\Phi_D = \oiint\limits_{\Sigma_1} P\mathrm{d}y\mathrm{d}z + Q\mathrm{d}z\mathrm{d}x + R\mathrm{d}x\mathrm{d}y$$

$$= \iiint\limits_{\Omega_1} \mathrm{div}\boldsymbol{D}\mathrm{d}v = 0$$

习题 11.6

1. 利用高斯公式计算下列第二型曲面积分：

(1) $\oiint\limits_{\Sigma} x\mathrm{d}y\mathrm{d}z + y\mathrm{d}z\mathrm{d}x + z\mathrm{d}x\mathrm{d}y$，其中闭曲面 Σ 是由 $x - y - z + 1 = 0$ 与坐标面围成的部分的外侧.

(2) $\oiint\limits_{\Sigma} x\mathrm{d}y\mathrm{d}z + y\mathrm{d}z\mathrm{d}x + z\mathrm{d}x\mathrm{d}y$，其中 Σ 是圆柱面 $x^2 + y^2 = 1, z = 0$ 和 $z = 2$ 围成的整个表面的外侧.

(3) $\oiint\limits_{\Sigma}(z + xy^2)\mathrm{d}y\mathrm{d}z + (yz^2 - xz)\mathrm{d}z\mathrm{d}x + x^2z\mathrm{d}x\mathrm{d}y$，其中 Σ 是球面 $x^2 + y^2 + z^2 = 2Rz(R > 0)$ 的外侧.

(4) $\oiint\limits_{\Sigma}(x^2\cos\alpha + y^2\cos\beta + z^2\cos\gamma)\mathrm{d}S$，其中 Σ 是锥体 $x^2 + y^2 \leqslant z^2, 0 \leqslant z \leqslant h$

的表面,$\cos\alpha$、$\cos\beta$、$\cos\gamma$ 是此曲面外法线方向余弦.

(5) $\iint_\Sigma x\,\mathrm{d}y\mathrm{d}z + y\mathrm{d}z\mathrm{d}x + (z^2 - 2z)\mathrm{d}x\mathrm{d}y$,其中 Σ 是锥面 $z = \sqrt{x^2 + y^2}$ 夹在 $0 \leqslant z \leqslant 1$ 之间的部分的上侧.

(6) $\iint_\Sigma x\,\mathrm{d}y\mathrm{d}z + y\mathrm{d}z\mathrm{d}x + (2z-1)\mathrm{d}x\mathrm{d}y$,其中 Σ 是锥面 $z = \sqrt{x^2 + y^2}$ 夹在 $0 \leqslant z \leqslant 1$ 部分的上侧.

(7) $I = \oiint_\Sigma \dfrac{z^3}{r^3}\mathrm{d}x\mathrm{d}y$,其中 $r = \sqrt{x^2 + y^2 + z^2}$,$\Sigma$ 是球面 $x^2 + y^2 + z^2 = a^2$ 的外侧.

2. 求下列向量场的散度:

(1) $\boldsymbol{V} = xy\boldsymbol{i} + \cos(xy)\boldsymbol{j} + \cos(xz)\boldsymbol{k}$.

(2) $\boldsymbol{V} = 4x\boldsymbol{i} - 2xy\boldsymbol{j} + z^2\boldsymbol{k}$ 在点 $M(1,1,3)$ 处.

3. 设流体的速度为

$$\boldsymbol{V}(x,y,z) = x(y-z)\boldsymbol{i} + y(z-x)\boldsymbol{j} + z(x-y)\boldsymbol{k}$$

Σ 为椭球面 $\dfrac{x^2}{16} + \dfrac{y^2}{9} + \dfrac{z^2}{4} = 1$,求在单位时间内流体流向 Σ 外侧的流量.

4. 设空间闭区域 Ω 由曲面 $z = a^2 - x^2 - y^2 (a > 0)$ 及平面 $z = 0$ 所围成,Σ 为 Ω 的表面外侧,V 为 Ω 的体积. 试证明:

$$V = \oiint_\Sigma x^2 yz^2 \mathrm{d}y\mathrm{d}z - xy^2 z^2 \mathrm{d}z\mathrm{d}x + z(1 + xyz)\mathrm{d}x\mathrm{d}y$$

并求出 V.

5. 设 Σ 是任一定向光滑闭曲面,证明:

$$\oiint_\Sigma x^2 z(x\mathrm{d}y\mathrm{d}z - y\mathrm{d}z\mathrm{d}x - z\mathrm{d}x\mathrm{d}y) = 0$$

11.7　斯托克斯公式与旋度

11.7.1　斯托克斯公式

格林公式的另一推广,是把具有光滑或分段光滑的边界曲线的光滑曲面上的曲面积分与其边界上的曲线积分联系起来,便可得到下面的斯托克斯(Stokes)公式.

设 Σ 是具有边界曲线 Γ 的有向曲面,Σ 的边界曲线 Γ 的正向这样规定:使这个正向与有向曲面 Σ 的法向量符合右手法则,即当右手除大拇指外的四指依曲线 Γ

的绕行方向时,竖起的大拇指的指向与曲面 Σ 的法向量的指向一致,如此定向的边界曲线 Γ 称为**有向曲面 Σ 的正向边界曲线**.

定理 设 Γ 为空间的一条分段光滑的有向曲线,Σ 是以 Γ 为边界的分片光滑的有向曲面,Γ 的正向与 Σ 的侧符合右手法则,函数 $P(x,y,z)$、$Q(x,y,z)$、$R(x,y,z)$ 在曲面 Σ(连同边界 Γ)上具有连续的一阶偏导数,则

$$\iint_{\Sigma}\left(\frac{\partial R}{\partial y}-\frac{\partial Q}{\partial z}\right)\mathrm{d}y\mathrm{d}z+\left(\frac{\partial P}{\partial z}-\frac{\partial R}{\partial x}\right)\mathrm{d}z\mathrm{d}x+\left(\frac{\partial Q}{\partial x}-\frac{\partial P}{\partial y}\right)\mathrm{d}x\mathrm{d}y$$

$$=\oint_{\Gamma}P\mathrm{d}x+Q\mathrm{d}y+R\mathrm{d}z \tag{11-60}$$

式(11-60)称为**斯托克斯公式**.

* **证** 首先证明

$$\oint_{\Gamma}P\mathrm{d}x=\iint_{\Sigma}\frac{\partial P}{\partial z}\mathrm{d}z\mathrm{d}x-\frac{\partial P}{\partial y}\mathrm{d}x\mathrm{d}y \tag{11-61}$$

先假定用平行于 z 轴的直线穿过曲面 Σ 时只有一个交点.Σ 的方向不妨取上侧,它在 xOy 面上的投影区域为 D_{xy},而 Σ 的边界曲线 Γ 在 xOy 面上的投影即为 D_{xy} 的边界曲线 L,且 L 的方向与 Γ 方向一致,如图 11-30 所示.此时 Σ 的方程可写为 $z=z(x,y),(x,y)\in D_{xy}$.

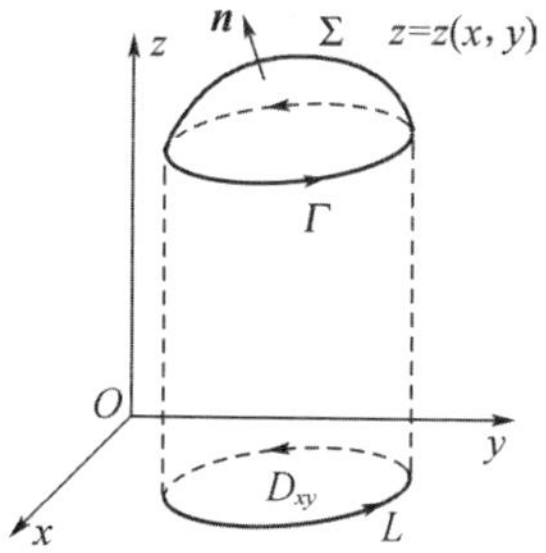

设 L 的参数方程为

$$x=x(t),y=y(t)\ (\alpha\leqslant t\leqslant\beta)$$

从而 Γ 的参数方程为

$$x=x(t),y=y(t),z=z[x(t),y(t)]\quad(\alpha\leqslant t\leqslant\beta)$$

t 的增大方向对应于 Γ 的正向,则由曲线积分计算法易于验证

$$\oint_{\Gamma}P(x,y,z)\mathrm{d}x=\oint_{L}P[x,y,z(x,y)]\mathrm{d}x$$

由格林公式得

$$\oint_{L}P[x,y,z(x,y)]\mathrm{d}x=-\iint_{D_{xy}}\frac{\partial}{\partial y}P[x,y,z(x,y)]\mathrm{d}x\mathrm{d}y$$

$$=-\iint_{D_{xy}}\left(\frac{\partial P}{\partial y}+\frac{\partial P}{\partial z}\cdot\frac{\partial z}{\partial y}\right)\mathrm{d}x\mathrm{d}y$$

另一方面,Σ 的法向量 $\boldsymbol{n}=(-z_x',-z_y',1)$,设其单位法向量 $\boldsymbol{e}_n=(\cos\alpha,\cos\beta,\cos\gamma)$,于是

$$\frac{-z_x'}{\cos\alpha}=\frac{-z_y'}{\cos\beta}=\frac{1}{\cos\gamma}$$

图 11-30

从而 $-z'_y = \dfrac{\cos\beta}{\cos\gamma}$，因此

$$\iint\limits_{\Sigma} \frac{\partial P}{\partial z}\mathrm{d}z\mathrm{d}x - \frac{\partial P}{\partial y}\mathrm{d}x\mathrm{d}y = \iint\limits_{\Sigma}\left(\frac{\partial P}{\partial z}\cos\beta - \frac{\partial P}{\partial y}\cos\gamma\right)\mathrm{d}S$$

$$= \iint\limits_{\Sigma}\left(\frac{\partial P}{\partial z}\frac{\cos\beta}{\cos\gamma} - \frac{\partial P}{\partial y}\right)\cos\gamma\mathrm{d}S = \iint\limits_{D_{xy}}\left(-\frac{\partial P}{\partial z}z'_y - \frac{\partial P}{\partial y}\right)\mathrm{d}x\mathrm{d}y$$

比较可得

$$\iint\limits_{\Sigma} \frac{\partial P}{\partial z}\mathrm{d}z\mathrm{d}x - \frac{\partial P}{\partial y}\mathrm{d}x\mathrm{d}y = \oint_{\Gamma} P(x,y,z)\mathrm{d}x$$

若 Σ 的方向取下侧，Γ 也相应地改取相反的方向，那么上式两端同时改变符号，因此上式仍成立.

当曲面 Σ 与平行于 z 轴的直线的交点多于一个时，可通过分割的方法，把 Σ 分成几部分，使每一部分均与平行于 z 轴的直线至多交于一点，然后分片讨论，再利用第二型曲线积分的性质，同样可证式(11-61)成立.

同理可证：

$$\iint\limits_{\Sigma} \frac{\partial Q}{\partial x}\mathrm{d}x\mathrm{d}y - \frac{\partial Q}{\partial z}\mathrm{d}y\mathrm{d}z = \oint_{\Gamma} Q(x,y,z)\mathrm{d}y \qquad (11-62)$$

$$\iint\limits_{\Sigma} \frac{\partial R}{\partial y}\mathrm{d}y\mathrm{d}z - \frac{\partial R}{\partial x}\mathrm{d}z\mathrm{d}x = \oint_{\Gamma} R(x,y,z)\mathrm{d}z \qquad (11-63)$$

将式(11-61)、(11-62)、(11-63)两端分别相加即得式(11-60).

为便于记忆，斯托克斯公式也常用如下的行列式来表示：

$$\iint\limits_{\Sigma} \begin{vmatrix} \mathrm{d}y\mathrm{d}z & \mathrm{d}z\mathrm{d}x & \mathrm{d}x\mathrm{d}y \\ \dfrac{\partial}{\partial x} & \dfrac{\partial}{\partial y} & \dfrac{\partial}{\partial z} \\ P & Q & R \end{vmatrix} = \oint_{\Gamma} P\mathrm{d}x + Q\mathrm{d}y + R\mathrm{d}z \qquad (11-64)$$

式(11-64)左端的行列式按第一行展开，并把 $\dfrac{\partial}{\partial y}$ 与 R 的乘积理解为 $\dfrac{\partial R}{\partial y}$，$\dfrac{\partial}{\partial x}$ 与 Q 的乘积理解为 $\dfrac{\partial Q}{\partial x}$，其他类似，展开后的表达式就是式(11-60)的左端.

利用两类曲面积分间的联系，可得斯托克斯公式的另一种形式如下：

$$\iint\limits_{\Sigma} \begin{vmatrix} \cos\alpha & \cos\beta & \cos\gamma \\ \dfrac{\partial}{\partial x} & \dfrac{\partial}{\partial y} & \dfrac{\partial}{\partial z} \\ P & Q & R \end{vmatrix}\mathrm{d}S = \oint_{\Gamma} P\mathrm{d}x + Q\mathrm{d}y + R\mathrm{d}z \qquad (11-65)$$

其中 $e_n = (\cos\alpha, \cos\beta, \cos\gamma)$ 为有向曲面 Σ 的单位法向量.

当曲面 Σ 是 xOy 面上的一块平面闭区域时，斯托克斯公式就变成格林公式.因

此斯托克斯公式是格林公式从平面形式到空间形式的一个推广.

例1 计算曲线积分 $I = \oint_{\Gamma} -y^2\mathrm{d}x + x\mathrm{d}y + z^2\mathrm{d}z$，其中 Γ 是平面 $y+z=2$ 与柱面 $x^2+y^2=1$ 的交线，若从 z 轴正向看去，Γ 取逆时针方向（如图 11-31）所示.

解 用斯托克斯公式. 根据曲线 Γ 的方向，取 Σ 为平面 $y+z=2$ 上侧被 Γ 所围的部分，它在 xOy 面上的投影为圆域 $D_{xy}: x^2+y^2 \leqslant 1$，则由斯托克斯公式，有

$$I = \begin{vmatrix} \mathrm{d}y\mathrm{d}z & \mathrm{d}z\mathrm{d}x & \mathrm{d}x\mathrm{d}y \\ \dfrac{\partial}{\partial x} & \dfrac{\partial}{\partial y} & \dfrac{\partial}{\partial z} \\ -y^2 & x & z^2 \end{vmatrix} = \iint_{\Sigma}(1+2y)\mathrm{d}x\mathrm{d}y$$

$$= \iint_{D_{xy}}(1+2y)\mathrm{d}x\mathrm{d}y$$

$$= \int_0^{2\pi}\mathrm{d}\theta\int_0^1(1+2\rho\sin\theta)\rho\mathrm{d}\rho = \pi$$

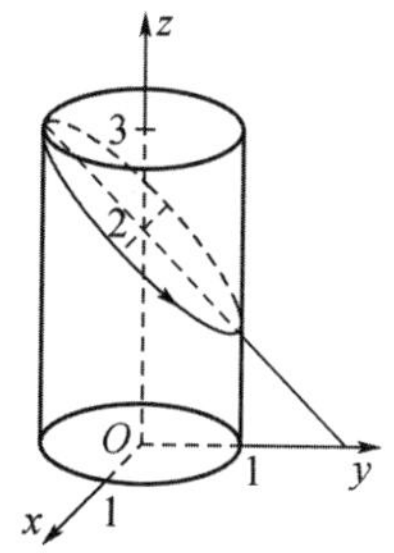

图 11-31

例2 利用斯托克斯公式计算曲线积分

$$I = \oint_{\Gamma}(y^2-z^2)\mathrm{d}x + (z^2-x^2)\mathrm{d}y + (x^2-y^2)\mathrm{d}z$$

其中 Γ 是以点 $A(1,0,0)$、$B(0,1,0)$、$C(0,0,1)$ 为顶点的三角形边界 $ABCA$（图 11-32），若从 z 轴正向看去，Γ 取逆时针方向.

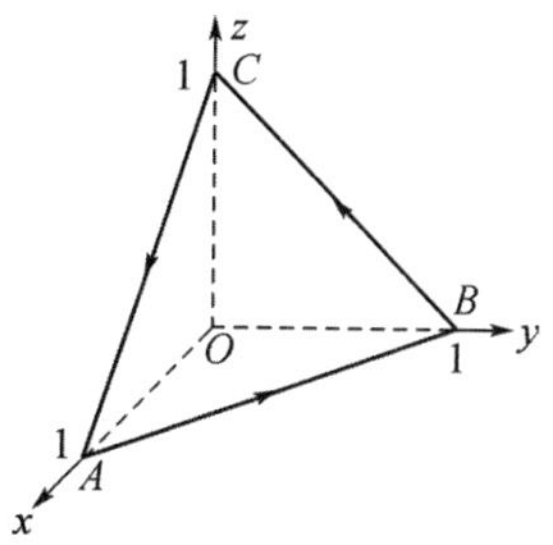

解 设 Σ 是 $\triangle ABC$，并取上侧，由于平面 ABC 的方程为 $x+y+z=1$，且单位法向量 $\boldsymbol{e}_n = \left\{\dfrac{\sqrt{3}}{3}, \dfrac{\sqrt{3}}{3}, \dfrac{\sqrt{3}}{3}\right\}$，由斯托克斯公式，有

图 11-32

$$I = \iint_{\Sigma} \begin{vmatrix} \dfrac{\sqrt{3}}{3} & \dfrac{\sqrt{3}}{3} & \dfrac{\sqrt{3}}{3} \\ \dfrac{\partial}{\partial x} & \dfrac{\partial}{\partial y} & \dfrac{\partial}{\partial z} \\ y^2-z^2 & z^2-x^2 & x^2-y^2 \end{vmatrix} \mathrm{d}S$$

$$= -\frac{4\sqrt{3}}{3}\iint_{\Sigma}(x+y+z)\mathrm{d}S = -\frac{4\sqrt{3}}{3}\iint_{\Sigma}\mathrm{d}S = -2$$

11.7.2 旋度

在向量场中，有时还要考察它有无旋转的情况. 例如，江河中有没有旋涡，大气中有没有气旋，以及它们的强度是多少，这是向量场中的又一个基本问题，旋涡或者气旋是由于流体沿闭曲线的环流产生的.

定义 1 向量场 $v(x,y,z) = P(x,y,z)i + Q(x,y,z)j + R(x,y,z)k$，在该向量场中沿某定向闭曲线 Γ 的曲线积分

$$\oint_\Gamma v \cdot dr = \oint_\Gamma Pdx + Qdy + Rdz$$

的值称为向量场 v 沿定向闭曲线 Γ 的**环流量**.

环流量 Γ 的大小反映了向量场 v 沿定向闭曲线 Γ 的旋转程度，但并不能反映在场中的点 M 处是不是有旋转. 下面的旋度概念可以揭示向量场内点 M 沿着任一方向是不是有旋转以及旋转的强度是多少.

定义 2 对于向量场 $v(x,y,z) = P(x,y,z)i + Q(x,y,z)j + R(x,y,z)k$，若 P、Q、R 具有一阶连续偏导数，称下述向量

$$\left(\frac{\partial R}{\partial y} - \frac{\partial Q}{\partial z}\right)i + \left(\frac{\partial P}{\partial z} - \frac{\partial R}{\partial x}\right)j + \left(\frac{\partial Q}{\partial x} - \frac{\partial P}{\partial y}\right)k = \begin{vmatrix} i & j & k \\ \frac{\partial}{\partial x} & \frac{\partial}{\partial y} & \frac{\partial}{\partial z} \\ P & Q & R \end{vmatrix}$$

为向量场 v 的旋度，记为 $\mathbf{rot}v$，即

$$\mathbf{rot}v = \begin{vmatrix} i & j & k \\ \frac{\partial}{\partial x} & \frac{\partial}{\partial y} & \frac{\partial}{\partial z} \\ P & Q & R \end{vmatrix} \tag{11-66}$$

利用旋度的概念，斯托克斯公式可以写成

$$\iint_\Sigma \mathbf{rot}v \cdot dS = \oint_\Gamma v \cdot dr \tag{11-67}$$

这里 $dS = e_n dS, dr = \{dx, dy, dz\}$，$\Gamma$ 的方向与 Σ 的单位法向量 e_n 满足右手法则.

由此，斯托克斯公式的物理意义是：向量场 v 沿有向闭曲线 Γ 的环流量等于向量场 v 的旋度场 $\mathbf{rot}v$ 通过曲线 Γ 所张曲面 Σ 指定侧的通量.

例 3 求向量场 $A = (x-z)i + (x+yz)j - 3xyk$ 的旋度.

解

$$\mathbf{rot}A = \begin{vmatrix} i & j & k \\ \frac{\partial}{\partial x} & \frac{\partial}{\partial y} & \frac{\partial}{\partial z} \\ x-z & x+yz & -3xy \end{vmatrix} = (-3x-y)i - (-3y+1)j + (1-0)k$$

$$= -(3x+y)i + (3y-1)j + k$$

习题 11.7

1. 利用斯托克斯公式计算下列曲线积分：

(1) $I = \oint_\Gamma z \mathrm{d}x + x \mathrm{d}y + y \mathrm{d}z$，其中 Γ 是以点 $A(1,0,0)$、$B(0,1,0)$、$C(0,0,1)$ 为顶点的三角形边界 $ABCA$，若从 z 轴正向看去，Γ 取逆时针方向.

(2) $I = \oint_\Gamma y \mathrm{d}x + z \mathrm{d}y + x \mathrm{d}z$，其中 Γ 是以点 $A(1,0,0)$、$B(0,1,0)$、$C(0,0,1)$ 为顶点的三角形边界 $ABCA$，若从 z 轴正向看去，Γ 取逆时针方向.

(3) $I = \oint_\Gamma (z-y) \mathrm{d}x + (x-z) \mathrm{d}y + (y-x) \mathrm{d}z$，其中 Γ 是从 $(a,0,0)$ 经 $(0,a,0)$ 和 $(0,0,a)$ 回到 $(a,0,0)$ 的三角形.

(4) $I = \oint_\Gamma y^2 \mathrm{d}x + z^2 \mathrm{d}y + x^2 \mathrm{d}z$，其中 Γ 是球面 $x^2 + y^2 + z^2 = 1$ 外侧位于第一卦限部分的正向边界.

(5) $I = \oint_\Gamma (y^2 - z^2) \mathrm{d}x + (2z^2 - x^2) \mathrm{d}y + (3x^2 - y^2) \mathrm{d}z$，其中 Γ 是平面 $x + y + z = 2$ 与柱面 $|x| + |y| = 1$ 的交线，从 z 轴正向看去，Γ 取逆时针方向.

2. 求向量场 $\boldsymbol{A} = -y\boldsymbol{i} + x\boldsymbol{j} + 2\boldsymbol{k}$ 沿闭曲线 C 的环流量：

(1) C 为圆周 $x^2 + y^2 = 1, z = 0$，从 z 轴正向看 C 为逆时针方向.

(2) C 为圆周 $(x+2)^2 + y^2 = 1, z = 0$，从 z 轴正向看 C 为顺时针方向.

3. 求下列向量场的旋度：

(1) $\boldsymbol{F} = x\boldsymbol{i} + y\boldsymbol{j} + z\boldsymbol{k}$.

(2) $\boldsymbol{V} = x^2\boldsymbol{i} + y^2\boldsymbol{j} + z^2\boldsymbol{k}$.

(3) $\boldsymbol{F} = (2z - 3y)\boldsymbol{i} + (3x - z)\boldsymbol{j} + (y - 2x)\boldsymbol{k}$.

4. 设向量场 $\boldsymbol{A} = (x^3 - y^2)\boldsymbol{i} + (y^3 - z^2)\boldsymbol{j} + (z^3 - x^2)\boldsymbol{k}$，求：

(1) 向量场 $\boldsymbol{A}$ 的旋度.

(2) $\boldsymbol{A}$ 沿曲线 Γ 的环流量，其中 Γ 是圆柱面 $x^2 + y^2 = Rx$ 与半球面 $z = \sqrt{R^2 - x^2 - y^2}$ 的交线，从 z 轴正向看 Γ 为逆时针方向.

总复习题 11

1. 选择与填空题.

(1) 由摆线 $x = a(t - \sin t), y = a(1 - \cos t) (0 \leqslant t \leqslant 2\pi)$ 及 x 轴围成的平面图形的面积 $S = $ (   )

  A. $2\pi a$ B. $3\pi a$ C. $3\pi a^2$ D. $4\pi a^2$

(2) 已知 $\dfrac{(x+ay)\mathrm{d}x+y\mathrm{d}y}{(x+y)^2}$ 为某二元函数的全微分，则 $a=$ （　　）

　A. -1　　　　　　B. 0　　　　　　C. 1　　　　　　D. 2

(3) 设 $\sum$ 为曲面 $z=2-(x^2+y^2)$ 在 xOy 平面上方的部分，则

$I=\displaystyle\iint_{\Sigma}z\mathrm{d}S=$ （　　）

　A. $\displaystyle\int_0^{2\pi}\mathrm{d}\theta\int_0^{2-r^2}(2-r^2)\sqrt{1+4r^2}\,r\mathrm{d}r$　　　　B. $\displaystyle\int_0^{2\pi}\mathrm{d}\theta\int_0^{2}(2-r^2)\sqrt{1+4r^2}\,r\mathrm{d}r$

　C. $\displaystyle\int_0^{2\pi}\mathrm{d}\theta\int_0^{\sqrt{2}}(2-r^2)\,r\mathrm{d}r$　　　　　　D. $\displaystyle\int_0^{2\pi}\mathrm{d}\theta\int_0^{\sqrt{2}}(2-r^2)\sqrt{1+4r^2}\,r\mathrm{d}r$

(4) 计算 $\displaystyle\int_L z\mathrm{d}s=$ _____，其中 L 为曲线 $x=t\cos t,y=t\sin t,z=t\,(0\leqslant t\leqslant\sqrt{2})$.

(5) 设 $\boldsymbol{A}=\sin(xy)\boldsymbol{i}+\ln(x+y)\boldsymbol{j}+(2x+yz^4)\boldsymbol{k}$，则 $\mathrm{div}\boldsymbol{A}=$ _____.

(6) 设 L 是单连通区域上任意简单闭曲线，a,b 为常数，则 $\displaystyle\oint_{L^+}(a\mathrm{d}x+b\mathrm{d}y)$

$=$ _____.

2. 计算题.

(1) 设螺旋线 $x=\cos t,y=\sin t,z=t\left(0\leqslant t\leqslant\dfrac{\pi}{2}\right)$ 的密度 $\rho=kz(k>0)$ 只与 z 成正比，求这段螺旋线的质量.

(2) 计算 $\displaystyle\int_L[\cos(x+y^2)+2y^2]\mathrm{d}x+2y\cos(x+y^2)\mathrm{d}y$，其中 L 是由 $O(0,0)$ 沿 $y=\sin x$ 到 $A(\pi,0)$ 的弧.

(3) 计算曲线积分 $I=\displaystyle\oint_L\dfrac{x\mathrm{d}y-y\mathrm{d}x}{4x^2+y^2}$，其中 L 是以点 $(1,0)$ 为中心、R 为半径的圆周 $(R>1)$，取逆时针方向.

(4) 计算 $\displaystyle\iint_{\Sigma}z\mathrm{d}x\mathrm{d}y+\mathrm{d}y\mathrm{d}z$，其中 Σ 是平面 $x+y-z=1$ 在第五卦限部分背向坐标原点的一侧.

(5) 计算 $\displaystyle\iint_{\Sigma}\sqrt{x^2+y^2+z^2}\,\mathrm{d}x\mathrm{d}y$，设 $\sum$ 是柱面 $x^2+y^2=4$ 介于 $1\leqslant z\leqslant3$ 之间部分的曲面，它的法向量指向含 Oz 轴的一侧.

(6) 计算 $\displaystyle\oiint_{\Sigma}2xz\mathrm{d}y\mathrm{d}z+yz\mathrm{d}z\mathrm{d}x-x^2\mathrm{d}x\mathrm{d}y$，其中 Σ 是由曲面 $z=\sqrt{x^2+y^2}$ 与 $z=\sqrt{2-x^2-y^2}$ 所围立体的表面外侧.

(7) 计算曲面积分 $I=\displaystyle\iint_{\Sigma}(8y+1)x\mathrm{d}y\mathrm{d}z+2(1-y^2)\mathrm{d}z\mathrm{d}x-4yz\mathrm{d}x\mathrm{d}y$，其中 Σ

是由曲线 $\begin{cases} z = \sqrt{y-1} \\ x = 0 \end{cases}$ $(1 \leqslant y \leqslant 3)$ 绕 y 轴旋转一周所成的曲面,它的法向量与 y 轴正向的夹角大于 $\dfrac{\pi}{2}$.

(8) 求向量场 $\boldsymbol{A} = (x - z)\boldsymbol{i} + (x^3 + yz)\boldsymbol{j} - 3xy^2\boldsymbol{k}$ 沿封闭曲线 L: $\begin{cases} z = 2 - \sqrt{x^2 + y^2} \\ z = 0 \end{cases}$ (L 从 z 轴正向看去为逆时针方向) 的环流量 Q.

(9) $\displaystyle\oint_\Gamma y^2\mathrm{d}x + z^2\mathrm{d}y + x^2\mathrm{d}z$,其中 Γ 为曲线 $\begin{cases} x^2 + y^2 + z^2 = a^2 \\ x^2 + y^2 = ax \end{cases}$ $(z \geqslant 0, a > 0)$,从 x 轴正向看去,曲线沿逆时针方向.

3. 设函数 $Q(x, y)$ 在 xOy 平面上具有一阶连续偏导数,曲线积分 $\displaystyle\int_L 2xy\mathrm{d}x + Q(x, y)\mathrm{d}y$ 与路径无关,并对任意 t 恒有

$$\int_{(0,0)}^{(t,1)} 2xy\mathrm{d}x + Q(x, y)\mathrm{d}y = \int_{(0,0)}^{(1,t)} 2xy\mathrm{d}x + Q(x, y)\mathrm{d}y$$

求 $Q(x, y)$.

12 无穷级数

初等数学中加法运算局限于对有限个数或式求和,本章将利用极限方法把这种对有限个数或式的加法运算推广到对无穷多个数或式求和,即所谓的无穷级数.无穷级数是微积分的一个重要组成部分,它包括常数项级数和函数项级数两部分.本章在介绍常数项级数的基本概念和性质的基础上着重讨论常数项级数、幂级数、傅立叶级数的敛散性判别法及如何将初等函数展开成幂级数与傅立叶级数,由此借助无穷级数表示函数,进而为利用无穷级数的方法来计算并研究函数提供了简单可行的方法.它在理论与实际应用中都是一种既重要又方便的数学工具,无穷级数的理论发展到今天已相当完善,它在各方面都有广泛应用.

12.1 常数项级数的概念与性质

12.1.1 常数项级数的基本概念

我们先来讨论圆面积问题.

为了计算圆的面积,我们在半径为 R 的圆内作内接正六边形,将其面积记为 a_1(图 12-1),它是圆面积的一个粗糙的近似值;再以这个正六边形的每一边为底边,在弓形内作顶点在圆弧上的等腰三角形,便可得到一个圆的内接正十二边形,把这六个等腰三角形的面积之和记为 a_2,则该圆的内接正十二边形的面积等于 $a_1 + a_2$,显然,它也是该圆面积的一个近似值,而且其近似程度比正六边形的面积 a_1 好;同样地,再在这正十二边形的每一边上分别在其弓形内作顶点在圆弧上的等腰三角形,得圆的内接正二十

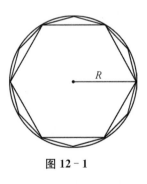

图 12-1

四边形,设这十二个等腰三角形的面积和为 a_3,则该圆的内接正二十四边形的面积为 $a_1 + a_2 + a_3$,显然,它是圆面积的一个比 a_1 与 $a_1 + a_2$ 更好的近似值.依次连续进行 n 次,便得到一个圆的内接正 3×2^n 边形,其面积为

$$s_n = a_1 + a_2 + \cdots + a_n$$

随着 n 越大,对应的该圆的内接正 3×2^n 边形越贴近圆,因此其面积 $s_n = a_1 + a_2 + \cdots + a_n$ 就越贴近圆面积 S,由此我们猜想圆面积为圆的内接正 3×2^n 边形当

n 无限增大时的极限. 即圆面积是无穷多个数累加的"和":

$$s = \lim_{n \to \infty} s_n = a_1 + a_2 + \cdots + a_n + \cdots \qquad (12-1)$$

分析上式可知,等式右端的表达式从形式上看是无穷多个数的"和",这个"和"的实际意义是表示一个极限,即

$$s = a_1 + a_2 + \cdots + a_n + \cdots = \lim_{n \to \infty}(a_1 + a_2 + \cdots + a_n) \qquad (12-2)$$

式(12-2)表示可以利用前 n 个数的和式的极限表示无穷多个数的累加,由此,数学上将无穷多个数的累加称为无穷级数. 无穷级数的这种和的运算有别于通常意义上的和,它是经由有限个数的累加通过极限过程转化而来的.

定义 1 设给定一个数列 $u_1, u_2, \cdots, u_n, \cdots$,则称表达式

$$u_1 + u_2 + \cdots + u_n + \cdots$$

为**无穷级数**,简称**级数**,记作 $\sum_{n=1}^{\infty} u_n$,即

$$\sum_{n=1}^{\infty} u_n = u_1 + u_2 + \cdots + u_n + \cdots \qquad (12-3)$$

其中 $u_1, u_2, \cdots, u_n, \cdots$ 称为这个级数的**项**,第 n 项 u_n 为这个级数的**一般项**或**通项**. 当级数的每一项都是常数时,则称 $\sum_{n=1}^{\infty} u_n$ 为**常数项无穷级数**,简称**数项级数**;当级数的每一项都是函数时,则称 $\sum_{n=1}^{\infty} u_n$ 为**函数项无穷级数**,简称**函数项级数**.

例如

$$\sum_{n=1}^{\infty} \frac{1}{2^{n-1}} = 1 + \frac{1}{2} + \frac{1}{2^2} + \cdots + \frac{1}{2^{n-1}} + \cdots$$

$$\sum_{n=0}^{\infty} \frac{1}{2n+1} = 1 + \frac{1}{3} + \frac{1}{5} + \cdots + \frac{1}{2n+1} + \cdots$$

$$\sum_{n=0}^{\infty} [(-1)^n + 1] = 2 + 0 + 2 + 0 + \cdots + [(-1)^n + 1] + \cdots$$

都是常数项级数.

又例如

$$\sum_{n=1}^{\infty} \frac{x^n}{n} = x + \frac{1}{2}x^2 + \frac{1}{3}x^3 + \cdots + \frac{1}{n}x^n + \cdots$$

$$\sum_{k=1}^{\infty} \sin kx = \sin x + \sin 2x + \cdots + \sin nx + \cdots$$

都是函数项级数.

由定义 1 可知,常数项级数只是形式上的一个表达式,无法对无穷个数求和. 那么无穷个数怎样相加?考虑到级数是从有限项出发,不断增加,最后变为无限项,

说明无穷级数的形成也是一个从有限到无限的过程,为此我们利用极限的概念将有限项的和推广到无限项的和上去,从而得到无穷级数和的概念.

定义 2 设有无穷级数

$$\sum_{n=1}^{\infty} u_n = u_1 + u_2 + \cdots + u_n + \cdots$$

称其前 n 项之和

$$s_n = \sum_{k=1}^{n} u_k = u_1 + u_2 + \cdots + u_n$$

为**该级数的部分和**,简称**部分和**.

若当 $n \to \infty$ 时部分和数列 $\{s_n\}$ 有极限 s,即 $\lim\limits_{n\to\infty} s_n = s$,则称级数 $\sum\limits_{n=1}^{\infty} u_n$ **收敛**,并称 s 为该级数的**和**,记作 $\sum\limits_{n=1}^{\infty} u_n = s$. 若部分和数列 $\{s_n\}$ 的极限 $\lim\limits_{n\to\infty} s_n$ 不存在,则称级数 $\sum\limits_{n=1}^{\infty} u_n$ **发散**.

必须指出收敛的级数才有和,发散的级数是没有和的.

显然,当级数 $\sum\limits_{n=1}^{\infty} u_n$ 收敛时,其部分和 s_n 是级数和 s 的近似值,称

$$r_n = s - s_n = \sum_{k=n+1}^{\infty} u_k = u_{n+1} + u_{n+2} + \cdots$$

为该级数的**余项**.

显然当级数(12-3)收敛时,有 $\lim\limits_{n\to\infty} r_n = 0$,故 n 越大,误差 $|r_n| = |s - s_n|$ 越小.

例 1 讨论等比级数

$$\sum_{n=1}^{\infty} aq^{n-1} = a + aq + aq^2 + \cdots + aq^{n-1} + \cdots \tag{12-4}$$

的敛散性(其中 a、q 均为常数,且 $a \neq 0$),若收敛,求它的和.

解 如果 $q \neq 1$,则部分和

$$s_n = a + aq + aq^2 + \cdots + aq^{n-1} = \frac{a(1-q^n)}{1-q}$$

(1) 当 $|q| < 1$ 时,由于

$$\lim_{n\to\infty} s_n = \lim_{n\to\infty} \frac{a(1-q^n)}{1-q} = \frac{a}{1-q}$$

故等比级数(12-4)收敛,且其和为

$$s = \frac{a}{1-q}$$

(2) 当 $|q| > 1$ 时,因为 $\lim\limits_{n\to\infty} q^n = \infty$,所以 $\lim\limits_{n\to\infty} s_n = \lim\limits_{n\to\infty} \frac{a(1-q^n)}{1-q} = \infty$,这时等

比级数(12-4)发散.

(3) 当 $q=-1$ 时,级数(12-4)成为

$$a-a+a-a+\cdots+(-1)^{n-1}a+\cdots$$

由于

$$s_n = \begin{cases} 0 & (n\text{ 为偶数}) \\ a & (n\text{ 为奇数}) \end{cases}$$

则 $\lim\limits_{n\to\infty}s_n$ 不存在,级数(12-4)发散.

当 $q=1$ 时,级数(12-4)成为

$$a+a+\cdots+a+\cdots$$

则

$$s_n = a+a+\cdots+a = na$$

由于 $\lim\limits_{n\to\infty}s_n = \infty$,故级数(12-4)也发散.

综合上述讨论,等比级数(12-4)当 $|q|<1$ 时收敛,其和为 $\dfrac{a}{1-q}$;当 $|q|\geqslant 1$ 时发散.

例2　判定级数 $\sum\limits_{n=1}^{\infty}\dfrac{1}{n(n+1)}$ 的敛散性,如收敛,求它的和.

解　由于

$$s_n = \frac{1}{1\cdot 2}+\frac{1}{2\cdot 3}+\frac{1}{3\cdot 4}+\cdots+\frac{1}{n\cdot(n+1)}$$

$$= \left(1-\frac{1}{2}\right)+\left(\frac{1}{2}-\frac{1}{3}\right)+\left(\frac{1}{3}-\frac{1}{4}\right)+\cdots+\left(\frac{1}{n}-\frac{1}{n+1}\right)$$

$$= 1-\frac{1}{n+1}$$

又

$$\lim_{n\to\infty}s_n = \lim_{n\to\infty}\left(1-\frac{1}{n+1}\right) = 1$$

所以,级数 $\sum\limits_{n=1}^{\infty}\dfrac{1}{n(n+1)}$ 收敛,其和为 1.

例3　证明调和级数

$$\sum_{n=1}^{\infty}\frac{1}{n} = 1+\frac{1}{2}+\frac{1}{3}+\cdots+\frac{1}{n}+\cdots$$

发散.

证　令 $f(x)=x-\ln(1+x),x>0$. 则当 $x>0$ 时,$f'(x)=1-\dfrac{1}{1+x}=\dfrac{x}{1+x}>0$,因此 $f(x)=x-\ln(1+x)$ 在 $x>0$ 时单调递增,则

$$f(x) = x - \ln(1+x) > f(0) = 0$$

即

$$x > \ln(1+x)$$

故有

$$s_n = \sum_{k=1}^{n} \frac{1}{k} = 1 + \frac{1}{2} + \frac{1}{3} + \cdots + \frac{1}{n}$$

$$> \ln(1+1) + \ln\left(1 + \frac{1}{2}\right) + \cdots \ln\left(1 + \frac{1}{n}\right)$$

$$= \ln 2 + \ln \frac{3}{2} + \cdots + \ln \frac{n+1}{n}$$

$$= \ln 2 + (\ln 3 - \ln 2) + \cdots + [\ln(n+1) - \ln n]$$

$$= \ln(n+1)$$

由于

$$\lim_{n \to \infty} s_n = \lim_{n \to \infty} \ln(n+1) = +\infty$$

可知调和级数 $\sum\limits_{n=1}^{\infty} \dfrac{1}{n}$ 发散.

12.1.2　常数项级数的基本性质

根据常数项级数及其收敛、发散的定义,再结合极限的运算性质,可得到级数有以下性质.

性质1　设级数 $\sum\limits_{n=1}^{\infty} u_n$ 收敛于 s,k 为任意常数,则级数 $\sum\limits_{n=1}^{\infty} ku_n$ 也收敛,且其和为 ks.

证　设

$$s_n = u_1 + u_2 + \cdots + u_n$$

$$\sigma_n = ku_1 + ku_2 + \cdots + ku_n = ks_n$$

由题设可知

$$\lim_{n \to \infty} s_n = s$$

则

$$\lim_{n \to \infty} \sigma_n = \lim_{n \to \infty} ks_n = k \lim_{n \to \infty} s_n = ks$$

所以,级数 $\sum\limits_{n=1}^{\infty} ku_n$ 收敛,且其和为 ks.

性质2　设级数 $\sum\limits_{n=1}^{\infty} u_n$ 与 $\sum\limits_{n=1}^{\infty} v_n$ 均收敛,则级数 $\sum\limits_{n=1}^{\infty} (u_n \pm v_n)$ 也收敛,且

$$\sum_{n=1}^{\infty}(u_n \pm v_n) = \sum_{n=1}^{\infty}u_n \pm \sum_{n=1}^{\infty}v_n$$

证 由题意可设级数 $\sum_{n=1}^{\infty}u_n = s, \sum_{n=1}^{\infty}v_n = \sigma$,并用 s_n 与 σ_n 分别表示 $\sum_{n=1}^{\infty}u_n$ 与 $\sum_{n=1}^{\infty}v_n$ 的部分和,即

$$\lim_{n\to\infty}s_n = s, \lim_{n\to\infty}\sigma_n = \sigma$$

$\sum_{n=1}^{\infty}(u_n \pm v_n)$ 的部分和为

$$T_n = (u_1 \pm v_1) + (u_2 \pm v_2) + \cdots + (u_n \pm v_n)$$
$$= (u_1 + u_2 + \cdots + u_n) \pm (v_1 + v_2 + \cdots + v_n)$$
$$= s_n \pm \sigma_n$$

又

$$\lim_{x\to\infty}T_n = \lim_{n\to\infty}(s_n \pm \sigma_n) = \lim_{n\to\infty}s_n \pm \lim_{n\to\infty}\sigma_n = s \pm \sigma$$

故 $\sum_{n=1}^{\infty}(u_n \pm v_n)$ 也收敛,且

$$\sum_{n=1}^{\infty}(u_n \pm v_n) = s \pm \sigma = \sum_{n=1}^{\infty}u_n \pm \sum_{n=1}^{\infty}v_n$$

性质 3 任意增加、减少或改变级数的有限项,不会改变级数的敛散性.

证 设有收敛级数

$$\sum_{n=1}^{\infty}u_n = u_1 + u_2 + \cdots + u_n + \cdots \tag{12-5}$$

不妨设去掉其前 k 项后得级数

$$u_{k+1} + u_{k+2} + \cdots + u_{k+n} + \cdots \tag{12-6}$$

级数(12-6)的前 n 项部分和为

$$s'_n = u_{k+1} + u_{k+2} + \cdots + u_{k+n} = s_{k+n} - s_k$$

由于当 $\lim_{n\to\infty}s_n = s$ 时,有 $\lim_{n\to\infty}s_{n+k} = s$,故

$$\lim_{n\to\infty}s'_n = \lim_{n\to\infty}(s_{k+n} - s_k) = s - s_k$$

故级数(12-6)收敛,其和为 $s - s_k$.

类似可证其他情形结论也成立.

需要指出:任意增加、减少或改变级数的有限项,虽然不改变级数的敛散性,但其和要改变.

性质 4 对收敛级数任意加括号后所成的新级数仍收敛,且和不改变.

证 设收敛级数 $\sum_{n=1}^{\infty}u_n$ 的和为 s,即

$$\sum_{n=1}^{\infty} u_n = u_1 + u_2 + \cdots + u_n + \cdots = s$$

设任意加括号后所成的新级数为

$$(u_1 + u_2 + \cdots + u_{i_1}) + (u_{i_1+1} + u_{i_1+2} + \cdots + u_{i_2}) + \cdots + (u_{i_{n-1}+1} + u_{i_{n-1}+2} + \cdots + u_{i_n}) + \cdots$$

设其部分和数列为 $\{\sigma_n\}$,则有

$$\sigma_1 = u_1 + u_2 + \cdots + u_{i_1} = s_{i_1}$$

$$\sigma_2 = (u_1 + u_2 + \cdots + u_{i_1}) + (u_{i_1+1} + u_{i_1+2} + \cdots + u_{i_2}) = s_{i_2}$$

$$\cdots$$

$$\sigma_n = (u_1 + u_2 + \cdots + u_{i_1}) + (u_{i_1+1} + u_{i_1+2} + \cdots + u_{i_2}) + \cdots + (u_{i_{n-1}+1} + u_{i_{n-1}+2} + \cdots + u_{i_n})$$
$$= s_{i_n}$$

$$\cdots$$

由此可见,部分和数列 $\{\sigma_n\}$ 是 $\{s_n\}$ 的一个子数列,故由 $\{s_n\}$ 的收敛性即可推出 $\{\sigma_n\}$ 也收敛,且其极限值相同,即

$$\lim_{n\to\infty}\sigma_n = \lim_{n\to\infty}s_{i_n} = \lim_{n\to\infty}s_n = s$$

所以结论成立.

需要指出:对收敛级数去括号后所成的级数不一定收敛,例如级数

$$(1-1) + (1-1) + \cdots (1-1) + \cdots$$

收敛于 0,但级数

$$1 - 1 + 1 - 1 + \cdots$$

是发散的;但是当级数的各项都为非负时,则去括号后所成的级数敛散性不变.

例 4 判别级数 $\displaystyle\sum_{n=1}^{\infty} \frac{2+(-1)^{n-1}}{3^n}$ 是否收敛,如果收敛,则求其和.

解 由例 1 可得

$$\sum_{n=1}^{\infty} \frac{1}{3^n} = \frac{\dfrac{1}{3}}{1-\dfrac{1}{3}} = \frac{1}{2}$$

$$\sum_{n=1}^{\infty} \frac{(-1)^{n-1}}{3^n} = \frac{\dfrac{1}{3}}{1+\dfrac{1}{3}} = \frac{1}{4}$$

根据收敛级数的性质 1 和性质 2 可知,$\displaystyle\sum_{n=1}^{\infty} \frac{2+(-1)^{n-1}}{3^n}$ 也收敛,其和为

$$\sum_{n=1}^{\infty} \frac{2+(-1)^{n-1}}{3^n} = 2\sum_{n=1}^{\infty} \frac{1}{3^n} + \sum_{n=1}^{\infty} \frac{(-1)^{n-1}}{3^n} = 2 \cdot \frac{1}{2} + \frac{1}{4} = \frac{5}{4}$$

12.1.3 常数项级数收敛的必要条件

定理 1 若级数 $\sum\limits_{n=1}^{\infty} u_n$ 收敛,则 $\lim\limits_{n \to \infty} u_n = 0$.

证 设级数 $\sum\limits_{n=1}^{\infty} u_n$ 收敛于 s,其部分和数列为 $\{s_n\}$,则 $\lim\limits_{n \to \infty} s_n = s$.

因为

$$u_n = s_n - s_{n-1}$$

所以

$$\lim_{n \to \infty} u_n = \lim_{n \to \infty}(s_n - s_{n-1}) = s - s = 0$$

由定理 1 的逆否命题可得如下推论.

推论 若 $\lim\limits_{n \to \infty} u_n \neq 0$,则级数 $\sum\limits_{n=1}^{\infty} u_n$ 发散.

必须指出:$\lim\limits_{n \to \infty} u_n = 0$ 是 $\sum\limits_{n=1}^{\infty} u_n$ 收敛的必要条件而非充分条件,即 $\lim\limits_{n \to \infty} u_n = 0$ 时,

级数 $\sum\limits_{n=1}^{\infty} u_n$ 未必收敛. 例如调和级数 $\sum\limits_{n=1}^{\infty} \dfrac{1}{n}$,虽然 $\lim\limits_{n \to \infty} \dfrac{1}{n} = 0$,但 $\sum\limits_{n=1}^{\infty} \dfrac{1}{n}$ 发散. 由于

$\lim\limits_{n \to \infty} u_n \neq 0$ 是级数 $\sum\limits_{n=1}^{\infty} u_n$ 发散的充分条件,因此常用该推论来判定级数发散.

例 5 判定下列级数的敛散性:

(1) $\sum\limits_{n=1}^{\infty} \sqrt[n]{5}$;　　　　(2) $\sum\limits_{n=1}^{\infty}\left(1 - \dfrac{1}{n}\right)^n$.

解 (1) 由于 $\lim\limits_{n \to \infty} u_n = \lim\limits_{n \to \infty} \sqrt[n]{5} = 1 \neq 0$,故级数 $\sum\limits_{n=1}^{\infty} \sqrt[n]{5}$ 发散.

(2) 由于 $\lim\limits_{n \to \infty} u_n = \lim\limits_{n \to \infty}\left(1 - \dfrac{1}{n}\right)^n = \lim\limits_{n \to \infty}\left(1 - \dfrac{1}{n}\right)^{-n \cdot (-1)} = \mathrm{e}^{-1} \neq 0$,故级数

$\sum\limits_{n=1}^{\infty}\left(1 - \dfrac{1}{n}\right)^n$ 发散.

习题 12.1

1. 已知 $\sum\limits_{n=1}^{\infty} (-1)^{n-1} u_n = 1$,$\sum\limits_{n=1}^{\infty} u_{2n-1} = 5$,求 $\sum\limits_{n=1}^{\infty} u_n$ 的和.

2. 设级数 $\sum\limits_{n=1}^{\infty} u_n$ 收敛,级数 $\sum\limits_{n=1}^{\infty} v_n$ 发散,判别级数 $\sum\limits_{n=1}^{\infty} (u_n \pm v_n)$ 的敛散性.

3. 根据级数 $\sum\limits_{n=1}^{\infty} a_n$ 的敛散性,讨论级数 $\sum\limits_{n=1}^{\infty} (a_n + 0.000\ 1)$ 的敛散性.

4. 写出下列级数的一般项:

(1) $\dfrac{1}{3} + \dfrac{3}{3^2} + \dfrac{1}{3^3} + \dfrac{3}{3^4} + \dfrac{1}{3^5} + \cdots$ 　　　(2) $\dfrac{1}{2} + \dfrac{1}{5} + \dfrac{1}{8} + \dfrac{1}{11} + \cdots$

5. 判别下列级数的敛散性:

(1) $\sum\limits_{n=1}^{\infty} \dfrac{1}{\sqrt{n} - \sqrt{n-1}}.$ 　　　(2) $\sum\limits_{n=1}^{\infty} \dfrac{1}{(2n-1)(2n+1)}.$

(3) $\sum\limits_{n=1}^{\infty} (\sqrt{n+1} - \sqrt{n}).$ 　　　(4) $\sum\limits_{n=1}^{\infty} \dfrac{2^n - n}{n \cdot 2^n}.$

(5) $\sum\limits_{n=1}^{\infty} (-1)^n \left(\dfrac{3}{5}\right)^n.$ 　　　(6) $\sum\limits_{n=1}^{\infty} \left(\dfrac{n-1}{n+1}\right)^n.$

6. 判别下列级数的敛散性:

(1) $\sum\limits_{n=1}^{\infty} \left(\dfrac{1}{2^n} + \dfrac{1}{3^n}\right).$ 　　　(2) $\sum\limits_{n=1}^{\infty} \ln\left(1 + \dfrac{1}{n}\right).$

(3) $\sum\limits_{n=1}^{\infty} \cos n\pi.$ 　　　(4) $\sum\limits_{n=1}^{\infty} \dfrac{n}{2} \tan \dfrac{1}{n}.$

12.2　常数项级数的审敛法

级数的求和问题虽然很重要,但其前提是收敛的级数才有和,而求和常常比较困难,因此判别级数的敛散性是级数理论中的一个基本问题.下面主要讨论常数项级数的敛散性.根据定义判别级数的敛散性,需要计算其部分和的极限.实际上,除了对某些特殊的级数可以算出其部分和的极限,一般的级数都很困难,因此需要建立更为简便的判别级数敛散性的审敛法.下面来讨论常数项级数敛散性的判别法.先讨论各项都是非负的正项级数的审敛法,再讨论交错级数以及一般的常数项级数的审敛法.

12.2.1　正项级数及其审敛法

定义 1　若常数项级数 $\sum\limits_{n=1}^{\infty} u_n$ 的一般项都是非负的,即 $u_n \geqslant 0 (n = 1, 2, \cdots)$,则称级数 $\sum\limits_{n=1}^{\infty} u_n$ 为**正项级数**.

由于正项级数 $\sum\limits_{n=1}^{\infty} u_n$ 中 $u_n \geqslant 0$,所以

$$s_n = \sum_{k=1}^{n} u_k = s_{n-1} + u_n \geqslant s_{n-1} \quad (n = 1, 2, \cdots)$$

所以正项级数 $\sum\limits_{n=1}^{\infty} u_n$ 的部分和数列 $\{s_n\}$ 是单调增加的,即

$$s_1 \leqslant s_2 \leqslant \cdots \leqslant s_n \leqslant \cdots$$

根据第 1 章中的数列极限的存在准则 Ⅱ:单调有界数列必有极限,可知:若单调增加的部分和数列 $\{s_n\}$ 有界,则 $\lim\limits_{n\to\infty} s_n$ 必存在,于是级数 $\sum\limits_{n=1}^{\infty} u_n$ 收敛;反之,若级数 $\sum\limits_{n=1}^{\infty} u_n$ 收敛,则 $\lim\limits_{n\to\infty} s_n$ 存在,又根据极限的性质可知,这时数列 $\{s_n\}$ 必有界. 由此得到正项级数 $\sum\limits_{n=1}^{\infty} u_n$ 收敛的充要条件.

定理 1 正项级数 $\sum\limits_{n=1}^{\infty} u_n$ 收敛的充要条件是它的部分和数列 $\{s_n\}$ 有界.

而事实上,正项级数 $\sum\limits_{n=1}^{\infty} u_n$ 部分和数列 $\{s_n\}$ 是单调增加的非负数列,零就是它的一个下界,因此只要有上界,它就是有界数列了. 因此定理 1 也可写成:

定理 1′ 正项级数 $\sum\limits_{n=1}^{\infty} u_n$ 收敛的充要条件是它的部分和数列 $\{s_n\}$ 有上界.

由上述定理可知,如果正项级数 $\sum\limits_{n=1}^{\infty} u_n$ 发散,则它的部分和数列就无界,再根据 $\{s_n\}$ 单调增加可知

$$\lim_{n\to\infty} s_n = +\infty, \text{即} \sum_{n=1}^{\infty} u_n = +\infty$$

在实际判别级数的敛散性时,用定理 1 或定理 1′ 并不方便,下面以定理 1 或定理 1′ 为基础可以得到其他一些更方便实用的判断正项级数是否收敛的几种判别方法.

1)比较审敛法

定理 2 设有两个正项级数 $\sum\limits_{n=1}^{\infty} u_n$、$\sum\limits_{n=1}^{\infty} v_n$,常数 $k > 0$,且 $\exists N \in \mathbf{Z}^+$,使得 $n > N$ 时,恒有

$$u_n \leqslant k v_n$$

则

(1) 若 $\sum\limits_{n=1}^{\infty} v_n$ 收敛,则 $\sum\limits_{n=1}^{\infty} u_n$ 也收敛.

(2) 若 $\sum\limits_{n=1}^{\infty} u_n$ 发散,则 $\sum\limits_{n=1}^{\infty} v_n$ 也发散.

证 因为改变级数的有限项不影响级数的敛散性,故不妨设对一切的 $n=1$, $2,\cdots$,都有

$$u_n \leqslant kv_n$$

将正项级数 $\sum\limits_{n=1}^{\infty} u_n$ 与 $\sum\limits_{n=1}^{\infty} v_n$ 的部分和分别记作 s_n 与 σ_n,则

$$s_n = \sum_{k=1}^{n} u_k \leqslant \sum_{k=1}^{n} kv_k = k\sigma_n$$

(1) 当级数 $\sum\limits_{n=1}^{\infty} v_n$ 收敛时,其部分和数列 $\{\sigma_n\}$ 必有上界 M,故数列 $\{s_n\}$ 也有上界 kM,因此级数 $\sum\limits_{n=1}^{\infty} u_n$ 收敛.

(2) 当级数 $\sum\limits_{n=1}^{\infty} u_n$ 发散时,其部分和 s_n 趋于 $+\infty(n\to\infty)$,于是数列 $\{\sigma_n\}$ 的极限也趋于 $+\infty$,故级数 $\sum\limits_{n=1}^{\infty} v_n$ 发散.

例 1 判别级数 $\sum\limits_{n=1}^{\infty} \dfrac{1}{2+3^n}$ 的敛散性.

解 由于 $0 < \dfrac{1}{2+3^n} < \dfrac{1}{3^n}$,而级数 $\sum\limits_{n=1}^{\infty} \dfrac{1}{3^n}$ 收敛,由比较审敛法可知,级数 $\sum\limits_{n=1}^{\infty} \dfrac{1}{2+3^n}$ 收敛.

例 2 判别级数 $\sum\limits_{n=1}^{\infty} \dfrac{1}{\sqrt{n(n+2)}}$ 的敛散性.

解 由于 $\dfrac{1}{\sqrt{n(n+2)}} > \dfrac{1}{n+2}$,且 $\sum\limits_{n=1}^{\infty} \dfrac{1}{n}$ 发散,故级数 $\sum\limits_{n=1}^{\infty} \dfrac{1}{n+2} = \dfrac{1}{3} + \dfrac{1}{4} + \dfrac{1}{5} + \cdots + \dfrac{1}{n+2} + \cdots$ 也发散,由比较审敛法可知,级数 $\sum\limits_{n=1}^{\infty} \dfrac{1}{\sqrt{n(n+1)}}$ 发散.

例 3 讨论 $p-$ 级数

$$\sum_{n=1}^{\infty} \frac{1}{n^p} = 1 + \frac{1}{2^p} + \frac{1}{3^p} + \cdots + \frac{1}{n^p} + \cdots$$

的敛散性.

解 当 $p \leqslant 1$ 时,$\dfrac{1}{n^p} > \dfrac{1}{n}$ $(n \in N^+)$,而调和级数 $\sum\limits_{n=1}^{\infty} \dfrac{1}{n}$ 发散,故 $\sum\limits_{n=1}^{\infty} \dfrac{1}{n^p}$ 也发散.

当 $p > 1$ 时,顺次把给定的 $p-$ 级数的一项、两项、四项、八项……括在一起各组成一项,得到新级数

$$1 + \left(\frac{1}{2^p} + \frac{1}{3^p}\right) + \left(\frac{1}{4^p} + \frac{1}{5^p} + \frac{1}{6^p} + \frac{1}{7^p}\right) + \left(\frac{1}{8^p} + \frac{1}{9^p} \cdots + \frac{1}{15^p}\right) + \cdots \quad (12-7)$$

它的各项均小于或等于下面级数(12-8)相应的各项:

$$1 + \left(\frac{1}{2^p} + \frac{1}{2^p}\right) + \left(\frac{1}{4^p} + \frac{1}{4^p} + \frac{1}{4^p} + \frac{1}{4^p}\right) + \left(\frac{1}{8^p} + \frac{1}{8^p} \cdots + \frac{1}{8^p}\right) + \cdots \quad (12-8)$$

又级数(12-8)为等比级数

$$1 + \frac{1}{2^{p-1}} + \left(\frac{1}{2^{p-1}}\right)^2 + \left(\frac{1}{2^{p-1}}\right)^3 + \cdots$$

其公比 $q = \frac{1}{2^{p-1}} < 1$,因而,当 $p > 1$ 时,级数(12-8)收敛,从而级数(12-7)收敛.

又正项级数任意去括号后得到的新级数敛散性不变,所以当 $p > 1$ 时,$p-$ 级数 $\sum\limits_{n=1}^{\infty} \frac{1}{n^p}$ 收敛.

综上所述,$p-$ 级数 $\sum\limits_{n=1}^{\infty} \frac{1}{n^p}$ 当 $p > 1$ 时收敛,当 $p \leqslant 1$ 时发散. 由此,级数 $\sum\limits_{n=1}^{\infty} \frac{1}{n^2}$、$\sum\limits_{n=1}^{\infty} \frac{1}{n\sqrt{n}}$ 均收敛,而级数 $\sum\limits_{n=1}^{\infty} \frac{1}{\sqrt{n}}$、$\sum\limits_{n=1}^{\infty} \frac{1}{\sqrt[4]{n^3}}$ 等都发散.

在比较审敛法的基础上还可推得使用更为方便的比较审敛法的极限形式.

定理 3 设有两个正项级数 $\sum\limits_{n=1}^{\infty} u_n$、$\sum\limits_{n=1}^{\infty} v_n$,满足

$$\lim_{n \to \infty} \frac{u_n}{v_n} = l \,(0 \leqslant l \leqslant +\infty, v_n \neq 0)$$

则

(1) 当 $0 < l < +\infty$ 时,级数 $\sum\limits_{n=1}^{\infty} u_n$ 与 $\sum\limits_{n=1}^{\infty} v_n$ 的敛散性相同.

(2) 当 $l = 0$ 时,若 $\sum\limits_{n=1}^{\infty} v_n$ 收敛,则 $\sum\limits_{n=1}^{\infty} u_n$ 也收敛.

(3) 当 $l = +\infty$ 时,若 $\sum\limits_{n=1}^{\infty} v_n$ 发散,则 $\sum\limits_{n=1}^{\infty} u_n$ 也发散.

证明 (1) 由于 $\lim\limits_{n \to \infty} \frac{u_n}{v_n} = l$,取 $\varepsilon = \frac{l}{2}$,则必存在自然数 N,当 $n > N$ 时,有不等式

$$\left|\frac{u_n}{v_n} - l\right| < \frac{l}{2}$$

即

$$\frac{l}{2} < \frac{u_n}{v_n} < \frac{3}{2}l$$

从而

$$\frac{1}{2}v_n < u_n < \frac{3}{2}lv_n$$

再根据比较审敛法,由定理 2 可知,级数 $\sum_{n=1}^{\infty} u_n$ 与 $\sum_{n=1}^{\infty} v_n$ 有相同的敛散性.

(2) 当 $l = 0$ 时,取 $\varepsilon = 1$,则必存在自然数 N,使得当 $n > N$ 时,有不等式

$$\left| \frac{u_n}{v_n} - 0 \right| < 1$$

即

$$0 < u_n < v_n$$

因此当 $\sum_{n=1}^{\infty} v_n$ 收敛时,则 $\sum_{n=1}^{\infty} u_n$ 也收敛.

(3) 当 $l = +\infty$ 时,由于 $\lim\limits_{n \to \infty} \frac{u_n}{v_n} = l = +\infty$,则 $\lim\limits_{n \to \infty} \frac{v_n}{u_n} = 0$,则可知存在相应的自然数 N,当 $n > N$ 时,有

$$v_n < u_n$$

当级数 $\sum_{n=1}^{\infty} v_n$ 发散时,由定理 2 可知,$\sum_{n=1}^{\infty} u_n$ 也发散.

例 4　判别下列级数的敛散性:

(1) $\sum\limits_{n=1}^{\infty} \frac{n+2}{\sqrt{n^3+n+1}}$.　　(2) $\sum\limits_{n=1}^{\infty} \sin\frac{\pi}{2^n}$.　　(3) $\sum\limits_{n=2}^{\infty} \frac{1}{\ln n}$.

解　(1) 取 $v_n = \frac{1}{\sqrt{n}}$,因为 $\lim\limits_{n \to \infty} \frac{\frac{n+2}{\sqrt{n^3+n+1}}}{\frac{1}{\sqrt{n}}} = 1$,而级数 $\sum\limits_{n=1}^{\infty} \frac{1}{\sqrt{n}}$ 发散,由比较审

敛法的极限形式知,级数 $\sum\limits_{n=1}^{\infty} \frac{n+2}{\sqrt{n^3+n+1}}$ 发散.

(2) 取 $v_n = \frac{\pi}{2^n}$,因为 $\lim\limits_{n \to \infty} \frac{\sin\frac{\pi}{2^n}}{\frac{\pi}{2^n}} = 1$,而等比级数 $\sum\limits_{n=1}^{\infty} \frac{\pi}{2^n}$ 收敛,所以由比较审敛

法的极限形式可得,级数 $\sum\limits_{n=1}^{\infty} \sin\frac{\pi}{2^n}$ 收敛.

(3) 取 $v_n = \frac{1}{n}$,因为 $\lim\limits_{n \to \infty} \frac{\frac{1}{\ln n}}{\frac{1}{n}} = \lim\limits_{n \to \infty} \frac{n}{\ln n} = +\infty \Big($用洛必达法则,可求得 $\lim\limits_{x \to \infty} \frac{x}{\ln x}$

$=+\infty$,故$\lim\limits_{n\to\infty}\dfrac{n}{\ln n}=+\infty$),而级数$\sum\limits_{n=1}^{\infty}\dfrac{1}{n}$发散,由比较审敛法的极限形式知,级数$\sum\limits_{n=2}^{\infty}\dfrac{1}{\ln n}$发散.

由例4可知,利用比较审敛法或其极限形式判别级数的敛散性,关键在于先预估级数的敛散性,再选择一个适当的已知其敛散性的级数作为比较时的参照级数.常用来作参照的级数有等比级数与$p-$级数.为此读者需记住一些常用的如等比级数、$p-$级数的敛散性,将它们作为比较的标准.

下面在比较审敛法的基础上,以等比级数为参照级数推得使用上也很方便的比值审敛法和根值审敛法.

2) 比值审敛法[达朗贝尔(D′Alembert)判别法]

定理 4　设有正项级数$\sum\limits_{n=1}^{\infty}u_n$,若

$$\lim_{n\to\infty}\frac{u_{n+1}}{u_n}=\rho \tag{12-9}$$

则

(1) 当$\rho<1$时,级数$\sum\limits_{n=1}^{\infty}u_n$收敛.

(2) 当$\rho>1$(或$\rho=+\infty$)时,级数$\sum\limits_{n=1}^{\infty}u_n$发散.

(3) 当$\rho=1$时,级数$\sum\limits_{n=1}^{\infty}u_n$可能收敛也可能发散.

证　(1) 当$\rho<1$时,必可选取适当小的正数ε,使$\rho+\varepsilon=r<1$,因式(12-9)成立,根据极限定义,必存在自然数N,当$n>N$时,有

$$\left|\frac{u_{n+1}}{u_n}-\rho\right|<\varepsilon$$

从而

$$\frac{u_{n+1}}{u_n}<\rho+\varepsilon=r \quad (n=N+1,N+2,\cdots)$$

即

$$u_{N+1}<ru_N$$
$$u_{N+2}<ru_{N+1}<r^2u_N$$
$$u_{N+3}<ru_{N+2}<r^2u_{N+1}<r^3u_N$$
$$\cdots$$

将上述不等式相加得

$$u_{N+1} + u_{N+2} + u_{N+3} + \cdots < r u_N + r^2 u_N + r^3 u_N + \cdots$$

因为等比级数 $\sum\limits_{k=1}^{\infty} r^k u_N$ 的公比 $r < 1$，所以该级数收敛，故由比较审敛法及基本性质知，级数 $u_{N+1} + u_{N+2} + u_{N+3} + \cdots$ 收敛，因此级数 $\sum\limits_{n=1}^{\infty} u_n$ 收敛.

(2) 当 $\rho > 1$ 时，选取适当小的正数 ε，使 $\rho - \varepsilon > 1$，由式(12-9)，必存在自然数 N，当 $n > N$ 时，有

$$\left| \frac{u_{n+1}}{u_n} - \rho \right| < \varepsilon$$

从而

$$\frac{u_{n+1}}{u_n} > \rho - \varepsilon > 1 \quad (n = N+1, N+2, \cdots)$$

即

$$u_{n+1} > u_n \quad (n = N+1, N+2, \cdots)$$

于是，当 $n \to \infty$ 时，u_n 不趋于零，由级数收敛的必要条件可知级数 $\sum\limits_{n=1}^{\infty} u_n$ 发散.

同理可证，当 $\rho = +\infty$ 时，级数 $\sum\limits_{n=1}^{\infty} u_n$ 也发散.

(3) 当 $\rho = 1$ 时，级数可能收敛，也可能发散. 例如，p-级数 $\sum\limits_{n=1}^{\infty} \frac{1}{n^p}$，有

$$\rho = \lim_{n \to \infty} \frac{u_{n+1}}{u_n} = \lim_{n \to \infty} \left(\frac{n}{n+1} \right)^p = 1$$

但 p-级数 $\sum\limits_{n=1}^{\infty} \frac{1}{n^p}$ 在 $p > 1$ 时收敛，在 $p \leqslant 1$ 时发散.

例 5 判别下列正项级数的敛散性：

(1) $\sum\limits_{n=1}^{\infty} \frac{a^n}{n!} (a > 0)$.   (2) $\sum\limits_{n=1}^{\infty} \frac{3^n}{2n-1}$.

(3) $\sum\limits_{n=1}^{\infty} 3^n \sin \frac{\pi}{5^n}$.   (4) $\sum\limits_{n=1}^{\infty} \frac{3^n n!}{n^n}$.

解 (1) 因为 $\rho = \lim\limits_{n \to \infty} \frac{u_{n+1}}{u_n} = \lim\limits_{n \to \infty} \dfrac{\dfrac{a^{n+1}}{(n+1)!}}{\dfrac{a^n}{n!}} = \lim\limits_{n \to \infty} \frac{a}{n+1} = 0 < 1$，所以级数

$\sum\limits_{n=1}^{\infty} \frac{a^n}{n!}$ 收敛.

(2) 因为 $\rho = \lim\limits_{n \to \infty} \frac{u_{n+1}}{u_n} = \lim\limits_{n \to \infty} \dfrac{\dfrac{3^{n+1}}{(2n+1)}}{\dfrac{3^n}{(2n-1)}} = \lim\limits_{n \to \infty} \frac{3(2n-1)}{2n+1} = 3 > 1$，所以级数

$\sum\limits_{n=1}^{\infty} \dfrac{3^n}{2n-1}$ 发散.

（3）因为 $\rho = \lim\limits_{n\to\infty} \dfrac{u_{n+1}}{u_n} = \lim\limits_{n\to\infty} \dfrac{3^{n+1}\sin\dfrac{\pi}{5^{n+1}}}{3^n\sin\dfrac{\pi}{5^n}} = \lim\limits_{n\to\infty} \dfrac{3\dfrac{\pi}{5^{n+1}}}{\dfrac{\pi}{5^n}} = \dfrac{3}{5} < 1$，所以级数

$\sum\limits_{n=1}^{\infty} 3^n\sin\dfrac{\pi}{5^n}$ 收敛.

（4）因为 $\rho = \lim\limits_{n\to\infty} \dfrac{u_{n+1}}{u_n} = \lim\limits_{n\to\infty} \dfrac{\dfrac{3^{n+1}(n+1)!}{(n+1)^{(n+1)}}}{\dfrac{3^n n!}{n^n}} = \lim\limits_{n\to\infty} \dfrac{3n^n}{(n+1)^n} = \lim\limits_{n\to\infty} \dfrac{3}{\left(1+\dfrac{1}{n}\right)^n}$

$= \dfrac{3}{e} > 1$，所以级数 $\sum\limits_{n=1}^{\infty} \dfrac{3^n n!}{n^n}$ 发散.

例 6 判别级数 $\sum\limits_{n=1}^{\infty} \dfrac{(n+1)\sin^2\dfrac{n\pi}{5}}{3^n}$ 的敛散性.

解 由于

$$0 \leqslant \dfrac{(n+1)\sin^2\dfrac{n\pi}{5}}{3^n} \leqslant \dfrac{(n+1)}{3^n}$$

对级数 $\sum\limits_{n=1}^{\infty} \dfrac{n+1}{3^n}$ 用比值审敛法，由

$$\rho = \lim\limits_{n\to\infty} \dfrac{u_{n+1}}{u_n} = \lim\limits_{n\to\infty} \dfrac{\dfrac{n+2}{3^{n+1}}}{\dfrac{n+1}{3^n}} = \dfrac{1}{3} < 1$$

可知级数 $\sum\limits_{n=1}^{\infty} \dfrac{n+1}{3^n}$ 收敛，再由比较审敛法可知，级数 $\sum\limits_{n=1}^{\infty} \dfrac{(n+1)\sin^2\dfrac{n\pi}{5}}{3^n}$ 收敛.

3）根值审敛法［柯西（Cauchy）判别法］

定理 5 设有正项级数 $\sum\limits_{n=1}^{\infty} u_n$，若

$$\lim\limits_{n\to\infty} \sqrt[n]{u_n} = \rho$$

则

（1）当 $\rho < 1$ 时，级数 $\sum\limits_{n=1}^{\infty} u_n$ 收敛.

（2）当 $\rho > 1$（或 $\rho = +\infty$）时，级数 $\sum\limits_{n=1}^{\infty} u_n$ 发散.

(3) 当 $\rho = 1$ 时,级数 $\sum\limits_{n=1}^{\infty} u_n$ 可能收敛也可能发散.

该定理的证明方法与定理 4 类似,请读者自证.

例 7 判别下列级数的敛散性:

(1) $\sum\limits_{n=1}^{\infty} \left(\dfrac{n}{3n-1}\right)^n.$ (2) $\sum\limits_{n=1}^{\infty} \left(1+\dfrac{1}{n}\right)^{n^2}.$

解 (1) 因为

$$\rho = \lim_{n\to\infty} \sqrt[n]{u_n} = \lim_{n\to\infty} \frac{n}{3n-1} = \frac{1}{3} < 1$$

由根值审敛法可知,所给级数收敛.

(2) 因为

$$\rho = \lim_{n\to\infty} \sqrt[n]{u_n} = \lim_{n\to\infty} \left(1+\frac{1}{n}\right)^n = e > 1$$

由定理 5 可知,级数 $\sum\limits_{n=1}^{\infty} \left(1+\dfrac{1}{n}\right)^{n^2}$ 发散.

12.2.2 交错级数及其审敛法

下面讨论一类特殊的数项级数——其各项依次正负号间隔出现的级数即所谓的交错级数及其敛散性.

定义 2 形如

$$\sum_{n=1}^{\infty} (-1)^{n-1} u_n = u_1 - u_2 + u_3 - u_4 + \cdots + (-1)^{n-1} u_n + \cdots \quad (12-10)$$

$$\sum_{n=1}^{\infty} (-1)^n u_n = -u_1 + u_2 - u_3 + u_4 - \cdots + (-1)^n u_n + \cdots \quad (12-11)$$

(其中 $u_n > 0, n = 1,2,3,\cdots$) 的级数称为**交错级数**.

由于级数 $\sum\limits_{n=1}^{\infty} (-1)^{n-1} u_n$ 与 $\sum\limits_{n=1}^{\infty} (-1)^n u_n$ 仅相差一个符号,因此它们有相同的敛散性,下面仅讨论 $\sum\limits_{n=1}^{\infty} (-1)^{n-1} u_n$ 的审敛法.

定理 6[莱布尼茨(Leibniz)判别法] 设交错级数 $\sum\limits_{n=1}^{\infty} (-1)^{n-1} u_n (u_n > 0, n = 1,2,3,\cdots)$ 满足条件

(1) $u_n \geqslant u_{n+1}$.

(2) $\lim\limits_{n\to\infty} u_n = 0$.

则级数 $\sum\limits_{n=1}^{\infty}(-1)^{n-1}u_n$ 收敛,其和 $s\leqslant u_1$,余项 r_n 的绝对值 $|r_n|\leqslant u_{n+1}$.

证 由于

$$s_{2n}=(u_1-u_2)+(u_3-u_4)+\cdots+(u_{2n-1}-u_{2n})$$
$$=u_1-(u_2-u_3)-\cdots-(u_{2n-2}-u_{2n-1})-u_{2n}\leqslant u_1$$

根据定理条件(1)可知前 $2n$ 项和的序列 $\{s_{2n}\}$ 递增且有上界,因而必有极限,设为 s,由上式可知 $s\leqslant u_1$,由于

$$s_{2n+1}=s_{2n}+u_{2n+1}$$

再根据定理条件(2)可知 $\lim\limits_{n\to\infty}u_{2n+1}=0$,故有

$$\lim\limits_{n\to\infty}s_{2n+1}=\lim\limits_{n\to\infty}s_{2n}=s$$

从而得 $\lim\limits_{n\to\infty}s_n=s$,且其和 $s\leqslant u_1$.

由于余项

$$r_n=(-1)^nu_{n+1}+(-1)^{n+1}u_{n+2}+\cdots=(-1)^n(u_{n+1}-u_{n+2}+\cdots)$$

其中级数 $u_{n+1}-u_{n+2}+\cdots$ 仍是满足定理两个条件的交错级数,故它的和不大于首项 u_{n+1},即

$$|r_n|\leqslant u_{n+1}$$

故定理得证.

例 8 判别下列级数的敛散性:

(1) $\sum\limits_{n=1}^{\infty}(-1)^{n-1}\dfrac{1}{n^p}$ $(p>0)$.   (2) $\sum\limits_{n=1}^{\infty}(-1)^n\dfrac{1}{n-\ln n}$.

解 (1)所给级数为交错级数,且满足

$$u_n=\frac{1}{n^p}>\frac{1}{(n+1)^p}=u_{n+1}\quad(n=1,2,\cdots)$$

$$\lim\limits_{n\to\infty}u_n=\lim\limits_{n\to\infty}\frac{1}{n^p}=0$$

由莱布尼茨审敛法可知级数 $\sum\limits_{n=1}^{\infty}(-1)^{n-1}\dfrac{1}{n^p}$ 收敛.

(2)令 $u_n=\dfrac{1}{n-\ln n}$,取 $f(x)=x-\ln x$,则 $f'(x)=1-\dfrac{1}{x}\geqslant0(x\geqslant1)$,因此 当 $x\geqslant1$ 时,函数 $f(x)=x-\ln x$ 单调增加,因此

$$n+1-\ln(n+1)\geqslant n-\ln n$$

则

$$u_{n+1}\leqslant u_n$$

又

$$\lim_{n\to\infty} u_n = \lim_{n\to\infty} \frac{1}{n-\ln n} = \lim_{n\to\infty} \frac{\dfrac{1}{n}}{1-\dfrac{\ln n}{n}}$$

由于 $\lim\limits_{x\to\infty} \dfrac{\ln x}{x} = \lim\limits_{x\to\infty} \dfrac{1}{x} = 0$，故 $\lim\limits_{n\to\infty} \dfrac{\ln n}{n} = 0$，因此

$$\lim_{n\to\infty} u_n = \lim_{n\to\infty} \frac{\dfrac{1}{n}}{1-\dfrac{\ln n}{n}} = 0$$

由定理 6 可知，级数 $\sum\limits_{n=1}^{\infty} (-1)^n \dfrac{1}{n-\ln n}$ 收敛.

12.2.3　任意项级数及其审敛法

观察级数 $\dfrac{\sin\alpha}{2} + \dfrac{\sin 2\alpha}{3} + \cdots \dfrac{\sin n\alpha}{n+1} + \cdots = \sum\limits_{n=1}^{\infty} \dfrac{\sin n\alpha}{n+1}$，其中 α 为常数，该级数中各项的符号没有一定的规律，将这类其正负项可以任意出现的级数称为任意项级数.

下面讨论任意项级数的审敛法.

设 $\sum\limits_{n=1}^{\infty} u_n$ 为任意项级数，将它的每一项取绝对值后就构成一个正项级数 $\sum\limits_{n=1}^{\infty} |u_n|$，对于正项级数的敛散性，我们已讨论了一些判别法. 下面通过研究正项级数 $\sum\limits_{n=1}^{\infty} |u_n|$ 与任意项级数 $\sum\limits_{n=1}^{\infty} u_n$ 的敛散性之间的关系，得出任意项级数 $\sum\limits_{n=1}^{\infty} u_n$ 敛散性的判别法.

由例 8(1) 可知，级数 $\sum\limits_{n=1}^{\infty} (-1)^{n-1} \dfrac{1}{n}$ 与 $\sum\limits_{n=1}^{\infty} (-1)^{n-1} \dfrac{1}{n^2}$ 均收敛，由它们的每一项取绝对值后构成的正项级数分别为 $p-$级数 $\sum\limits_{n=1}^{\infty} \dfrac{1}{n}$ 与 $\sum\limits_{n=1}^{\infty} \dfrac{1}{n^2}$，而 $\sum\limits_{n=1}^{\infty} \dfrac{1}{n}$ 发散，$\sum\limits_{n=1}^{\infty} \dfrac{1}{n^2}$ 收敛.

由此可知，当级数 $\sum\limits_{n=1}^{\infty} u_n$ 收敛时，$\sum\limits_{n=1}^{\infty} |u_n|$ 可能收敛也可能发散.

定义 3　设 $\sum\limits_{n=1}^{\infty} u_n$ 是任意项收敛级数，若 $\sum\limits_{n=1}^{\infty} |u_n|$ 收敛，则称级数 $\sum\limits_{n=1}^{\infty} u_n$ **绝对收敛**；若 $\sum\limits_{n=1}^{\infty} |u_n|$ 发散，而级数 $\sum\limits_{n=1}^{\infty} u_n$ 收敛，则称级数 $\sum\limits_{n=1}^{\infty} u_n$ **条件收敛**.

容易看出，级数 $\sum\limits_{n=1}^{\infty} (-1)^{n-1} \dfrac{1}{n^2}$ 是绝对收敛的，而级数 $\sum\limits_{n=1}^{\infty} (-1)^{n-1} \dfrac{1}{n}$ 是条件收

敛的.

绝对收敛与收敛间有下列重要关系：

定理 7　若级数 $\sum\limits_{n=1}^{\infty}|u_n|$ 收敛，则级数 $\sum\limits_{n=1}^{\infty}u_n$ 必收敛.

证　因为 $0 \leqslant u_n+|u_n| \leqslant 2|u_n|$，而级数 $\sum\limits_{n=1}^{\infty}2|u_n|$ 收敛，根据比较审敛法可知，正项级数 $\sum\limits_{n=1}^{\infty}(u_n+|u_n|)$ 收敛. 又因为

$$u_n=(u_n+|u_n|)-|u_n|$$

所以级数 $\sum\limits_{n=1}^{\infty}u_n$ 收敛.

需要指出：定理 7 的逆命题不成立，即当级数 $\sum\limits_{n=1}^{\infty}u_n$ 收敛时，级数 $\sum\limits_{n=1}^{\infty}|u_n|$ 未必收敛，例如 $\sum\limits_{n=1}^{\infty}(-1)^{n-1}\dfrac{1}{n}$ 收敛，而它的每一项取绝对值后所构成的正项级数 $\sum\limits_{n=1}^{\infty}\dfrac{1}{n}$ 发散.

由定理 7，可以将许多任意项级数的收敛性问题转化为正项级数的收敛性问题. 即如果级数 $\sum\limits_{n=1}^{\infty}|u_n|$ 收敛，则可断定级数 $\sum\limits_{n=1}^{\infty}u_n$ 也收敛，且为绝对收敛. 但是，如果判定级数 $\sum\limits_{n=1}^{\infty}|u_n|$ 发散，则不能断定级数 $\sum\limits_{n=1}^{\infty}u_n$ 也发散.

注意：当级数 $\sum\limits_{n=1}^{\infty}u_n$ 收敛时，级数 $\sum\limits_{n=1}^{\infty}|u_n|$ 未必收敛，例如 $\sum\limits_{n=1}^{\infty}\dfrac{(-1)^n}{n}$.

一般地，要判别任意项级数 $\sum\limits_{n=1}^{\infty}u_n$ 是否收敛，可先考虑正项级数 $\sum\limits_{n=1}^{\infty}|u_n|$，用正项级数的审敛法进行判定，若级数 $\sum\limits_{n=1}^{\infty}|u_n|$ 收敛，则任意项级数 $\sum\limits_{n=1}^{\infty}u_n$ 绝对收敛；若级数 $\sum\limits_{n=1}^{\infty}|u_n|$ 发散，可用其他方法来判定级数 $\sum\limits_{n=1}^{\infty}u_n$ 的敛散性.

例 9　证明级数 $\sum\limits_{n=1}^{\infty}\dfrac{\sin nx}{n^{\alpha}}(\alpha>1)$ 绝对收敛.

证明　由于

$$\left|\frac{\sin nx}{n^{\alpha}}\right| \leqslant \left|\frac{1}{n^{\alpha}}\right|=\frac{1}{n^{\alpha}}$$

已知当 $\alpha>1$ 时，$\sum\limits_{n=1}^{\infty}\dfrac{1}{n^{\alpha}}$ 收敛，故 $\sum\limits_{n=1}^{\infty}\left|\dfrac{\sin nx}{n^{\alpha}}\right|$ 收敛，从而 $\sum\limits_{n=1}^{\infty}\dfrac{\sin nx}{n^{\alpha}}(\alpha>1)$ 绝对收敛.

例 10 判别下列级数的敛散性,若收敛,指出是绝对收敛还是条件收敛.

(1) $\displaystyle\sum_{n=1}^{\infty}(-1)^{n-1}\frac{1}{n^p}$.   (2) $\displaystyle\sum_{n=1}^{\infty}\frac{(-1)^{\frac{n(n+1)}{2}}n^2}{3^n}$.

解 (1) $\displaystyle\sum_{n=1}^{\infty}\left|(-1)^{n-1}\frac{1}{n^p}\right|=\sum_{n=1}^{\infty}\frac{1}{n^p}$,当 $p>1$ 时级数 $\displaystyle\sum_{n=1}^{\infty}\frac{1}{n^p}$ 收敛,因此当 $p>1$ 时所给级数绝对收敛.

当 $0<p\leqslant1$ 时,$\displaystyle\sum_{n=1}^{\infty}\left|(-1)^{n-1}\frac{1}{n^p}\right|=\sum_{n=1}^{\infty}\frac{1}{n^p}$ 是发散的,但数列 $\left\{\dfrac{1}{n^p}\right\}$ 单调递减,且 $\displaystyle\lim_{n\to\infty}\frac{1}{n^p}=0$,由莱布尼茨审敛法可知级数 $\displaystyle\sum_{n=1}^{\infty}(-1)^{n-1}\frac{1}{n^p}$ 收敛,因此 $\displaystyle\sum_{n=1}^{\infty}(-1)^{n-1}\frac{1}{n^p}$ 条件收敛.

当 $p\leqslant0$ 时,显然 $\displaystyle\lim_{n\to\infty}(-1)^{n-1}\frac{1}{n^p}\neq0$,故原级数发散.

综上所述,$\displaystyle\sum_{n=1}^{\infty}(-1)^{n-1}\frac{1}{n^p}$ 当 $p>1$ 时绝对收敛,当 $0<p\leqslant1$ 时条件收敛,当 $p\leqslant0$ 时发散.

(2) 由于

$$\left|\frac{(-1)^{\frac{n(n+1)}{2}}n^2}{3^n}\right|=\frac{n^2}{3^n}$$

对级数 $\displaystyle\sum_{n=1}^{\infty}\frac{n^2}{3^n}$ 用比值审敛法判别,由于

$$\rho=\lim_{n\to\infty}\frac{u_{n+1}}{u_n}=\lim_{n\to\infty}\frac{\dfrac{(n+1)^2}{3^{n+1}}}{\dfrac{n^2}{3^n}}=\frac{1}{3}<1$$

级数 $\displaystyle\sum_{n=1}^{\infty}\frac{n^2}{3^n}$ 收敛,因此级数 $\displaystyle\sum_{n=1}^{\infty}\frac{(-1)^{\frac{n(n+1)}{2}}n^2}{3^n}$ 绝对收敛.

对于级数 $\displaystyle\sum_{n=1}^{\infty}|u_n|$,若应用比值审敛法,且

$$\lim_{n\to\infty}\frac{|u_{n+1}|}{|u_n|}=\rho>1$$

由极限的保号性可知,$\exists N\in N^+$,当 $n>N$ 时,有 $|u_{n+1}|>|u_n|$. 因此,当 $n\to\infty$ 时,$|u_n|$ 不趋于零,即 $\displaystyle\lim_{n\to\infty}|u_n|\neq0$,从而 $\displaystyle\lim_{n\to\infty}u_n\neq0$,故级数 $\displaystyle\sum_{n=1}^{\infty}u_n$ 发散. 因此,得到任意项级数的比值判别法:

定理 8 对于级数 $\displaystyle\sum_{n=1}^{\infty}|u_n|$,若应用比值审敛法或根值审敛法,当

$$\lim_{n\to\infty} \frac{|u_{n+1}|}{|u_n|} = \rho \text{ 或 } \lim_{n\to\infty} \sqrt[n]{|u_n|} = \rho$$

存在时,则

(1) 若 $\rho < 1$, $\sum\limits_{n=1}^{\infty} |u_n|$ 收敛,于是 $\sum\limits_{n=1}^{\infty} u_n$ 绝对收敛.

(2) 若 $\rho > 1$,则 $\sum\limits_{n=1}^{\infty} u_n$ 发散.

例 11 讨论级数 $\sum\limits_{n=1}^{\infty} \frac{(-1)^{n-1}x^n}{n}$ 的敛散性.

解 令 $u_n = \frac{(-1)^{n-1}x^n}{n}$,因为

$$\rho = \lim_{n\to\infty} \frac{|u_{n+1}|}{|u_n|} = \lim_{n\to\infty} \frac{\left|\frac{x^{n+1}}{n+1}\right|}{\left|\frac{x^n}{n}\right|} = \lim_{n\to\infty} \frac{n|x|}{n+1} = |x|$$

对 x 分下列情况讨论,可知:

(1) 当 $|x| < 1$ 时,级数 $\sum\limits_{n=1}^{\infty} \frac{(-1)^{n-1}x^n}{n}$ 绝对收敛.

(2) 当 $|x| > 1$ 时,级数 $\sum\limits_{n=1}^{\infty} \frac{(-1)^{n-1}x^n}{n}$ 发散.

(3) 当 $x = 1$ 时,原级数成为交错级数 $\sum\limits_{n=1}^{\infty} \frac{(-1)^{n-1}}{n}$,是收敛的,且是条件收敛.

(4) 当 $x = -1$ 时,原级数成为级数 $\sum\limits_{n=1}^{\infty} \frac{-1}{n}$,是发散的.

综上可得:当 $-1 < x \leqslant 1$ 时级数 $\sum\limits_{n=1}^{\infty} \frac{(-1)^{n-1}x^n}{n}$ 收敛,x 取其他值时发散.

最后不作证明给出绝对收敛级数的两个常用性质.

性质 1 绝对收敛级数任意交换各项次序,级数的敛散性不变,和也不变.

性质 2 若级数 $\sum\limits_{n=1}^{\infty} u_n$、$\sum\limits_{n=1}^{\infty} v_n$ 都绝对收敛,它们的和分别为 s 和 t,则它们的乘积

$$\left(\sum_{n=1}^{\infty} u_n\right)\left(\sum_{n=1}^{\infty} v_n\right) = \sum_{i,k=1}^{\infty} u_i v_k$$

$$= (u_1v_1) + (u_2v_1 + u_1v_2) + \cdots + (u_1v_n + u_2v_{n-1} + \cdots + u_nv_1) + \cdots$$

也绝对收敛,且其和为 st.

习题 12.2

1. 用比较审敛法或其极限形式判别下列级数的敛散性:

(1) $\displaystyle\sum_{n=1}^{\infty} \sin\frac{\pi}{2^n}$.

(2) $\displaystyle\sum_{n=1}^{\infty} \frac{1}{\sqrt{n^2+1}}$.

(3) $\displaystyle\sum_{n=1}^{\infty} \frac{3+(-1)^n}{2^n}$.

(4) $\displaystyle\sum_{n=1}^{\infty} \tan\frac{\pi}{2n}$.

(5) $\displaystyle\sum_{n=1}^{\infty} \frac{1}{n\sqrt{n+2}}$.

(6) $\displaystyle\sum_{n=1}^{\infty} \frac{n+1}{n(n+4)}$.

(7) $\displaystyle\sum_{n=1}^{\infty} 2^n \sin\frac{\pi}{5^n}$.

(8) $\displaystyle\sum_{n=1}^{\infty} \frac{\pi\sin^2\frac{n\pi}{3}}{3^n}$.

2. 用比值审敛法或根植审敛法判别下列级数的敛散性:

(1) $\displaystyle\sum_{n=1}^{\infty} \frac{2n-1}{3^n}$.

(2) $\displaystyle\sum_{n=1}^{\infty} n\left(\frac{2}{5}\right)^n$.

(3) $\displaystyle\sum_{n=1}^{\infty} \frac{n!}{2^n+1}$.

(4) $\displaystyle\sum_{n=1}^{\infty} \frac{(12)^n}{n!}$.

(5) $\displaystyle\sum_{n=0}^{\infty} \frac{1}{(2n+1)!}$.

(6) $\displaystyle\sum_{n=1}^{\infty} \frac{2^n n!}{n^n}$.

(7) $\displaystyle\sum_{n=1}^{\infty} \frac{5^n}{n\cdot 2^n}$.

(8) $\displaystyle\sum_{n=1}^{\infty} n\sin\frac{\pi}{2^n}$.

(9) $\displaystyle\sum_{n=1}^{\infty} \left(\frac{n}{2n+1}\right)^n$.

(10) $\displaystyle\sum_{n=1}^{\infty} \frac{1}{[\ln(n+1)]^n}$.

(11) $\displaystyle\sum_{n=1}^{\infty} \left(\frac{n}{n+1}\right)^{2n}$.

(12) $\displaystyle\sum_{n=1}^{\infty} \frac{7}{n3^n}$.

3. 用适当的方法判别下列级数的敛散性:

(1) $\displaystyle\sum_{n=1}^{\infty} \frac{3^n n!}{n^n}$.

(2) $\displaystyle\sum_{n=1}^{\infty} \frac{1}{1+a^n} \ (a>1)$.

(3) $\displaystyle\sum_{n=1}^{\infty} \frac{a_n}{(10)^n} \ (0<a_n<10)$.

(4) $\displaystyle\sum_{n=1}^{\infty} \frac{1}{\sqrt{n}}\ln\left(1+\frac{1}{n}\right)$.

(5) $\displaystyle\sum_{n=1}^{\infty} \frac{x^n}{\sqrt{n}} \ (x>0)$.

(6) $\displaystyle\sum_{n=1}^{\infty} \frac{(n+1)\sin^2\frac{n\pi}{5}}{a^n} \ (a>0)$.

4. 判定下列级数的敛散性,如果收敛,指出是绝对收敛,还是条件收敛:

(1) $\displaystyle\sum_{n=1}^{\infty} (-1)^{n-1}\frac{n-1}{n}$.

(2) $\displaystyle\sum_{n=1}^{\infty} (-1)^{n+1}\frac{1}{\sqrt{n}}$.

(3) $\displaystyle\sum_{n=1}^{\infty}(-1)^n\left(\frac{2n+10}{3n+1}\right)^n.$

(4) $\displaystyle\sum_{n=1}^{\infty}\frac{\sin nx}{n^2}.$

(5) $\displaystyle\sum_{n=1}^{\infty}\frac{n\sin\dfrac{nx}{3}}{3^n}.$

(6) $\displaystyle\sum_{n=1}^{\infty}\frac{n\cos n\pi}{n^2+1}.$

(7) $\displaystyle\sum_{n=1}^{\infty}(-1)^n\frac{2^n}{n!}.$

(8) $\displaystyle\sum_{n=1}^{\infty}(-1)^{n-1}\frac{\ln n}{n}.$

(9) $\displaystyle\sum_{n=1}^{\infty}(-1)^{\frac{n(n+1)}{2}}\frac{n^n}{n!}.$

(10) $\displaystyle\sum_{n=1}^{\infty}\frac{a+n}{n^2}.$

5. 利用级数收敛的必要条件,证明下列极限:

(1) $\displaystyle\lim_{n\to\infty}\frac{a^n}{n!}=0.$

(2) $\displaystyle\lim_{n\to\infty}\frac{n^n}{(n!)^2}=0.$

6. 设级数 $\displaystyle\sum_{n=1}^{\infty}a_n^2$ 与 $\displaystyle\sum_{n=1}^{\infty}b_n^2$ 都收敛,证明:$\displaystyle\sum_{n=1}^{\infty}|a_nb_n|$ 及 $\displaystyle\sum_{n=1}^{\infty}\frac{|a_n|}{n}$ 都收敛$\Big[$提示:$ab<\dfrac{1}{2}(a^2+b^2)\Big].$

7. 设级数 $\displaystyle\sum_{n=1}^{\infty}u_n$、$\displaystyle\sum_{n=1}^{\infty}v_n$ 都收敛,且对任意的 n 都有 $u_n\leqslant w_n\leqslant v_n$,证明级数 $\displaystyle\sum_{n=1}^{\infty}w_n$ 收敛.

12.3　幂级数

前面介绍了常数项级数及其审敛法,下面将讨论函数项级数的基本概念、收敛特性以及和的问题,着重介绍两类简单而又重要的函数项级数:幂级数与傅立叶级数. 利用它们可以将复杂函数用一系列简单函数的叠加,即函数项级数来表示,从而函数项级数在函数表示、研究函数性质及进行数值计算等方面都具有重要作用. 本节首先讨论幂级数及其收敛特性.

12.3.1　函数项级数的基本概念

定义1　设 $u_1(x),u_2(x),\cdots,u_n(x),\cdots$ 是定义在区间 I 上的函数列,称表达式

$$u_1(x)+u_2(x)+\cdots+u_n(x)+\cdots \text{ 或 } \sum_{n=1}^{\infty}u_n(x) \qquad (12-12)$$

为定义在区间 I 上的**函数项无穷级数**,简称为**函数项级数**,$u_n(x)$ 称为它的**通项**,前 n 项之和 $S_n(x)=\displaystyle\sum_{k=1}^{n}u_k(x)$ 称为它的**部分和**.

定义 2 若 $x_0 \in I$，且数项级数 $\sum\limits_{n=1}^{\infty} u_n(x_0)$ 收敛，则称 x_0 为函数项级数 $\sum\limits_{n=1}^{\infty} u_n(x)$ 的一个**收敛点**；若 $x_0 \in I$，且 $\sum\limits_{n=1}^{\infty} u_n(x_0)$ 发散，则称 x_0 为级数 $\sum\limits_{n=1}^{\infty} u_n(x)$ 的一个**发散点**. 由收敛点的全体所构成的集合称为该函数项级数的**收敛域**，由发散点的全体所构成的集合称为该函数项级数的**发散域**.

因此，函数项级数 $\sum\limits_{n=1}^{\infty} u_n(x)$ 在收敛域 I 上处处收敛，而在余下的点处发散. 因此对于收敛域上的任一个数 x，函数项级数 $\sum\limits_{n=1}^{\infty} u_n(x)$ 都对应一个确定的和 $s(x)$ $= \sum\limits_{n=1}^{\infty} u_n(x)$，因此 $s(x)$ 是定义在收敛域上的函数，称为函数项级数 $\sum\limits_{n=1}^{\infty} u_n(x)$ 的**和函数**.

由数项级数与函数项级数的收敛性与和的定义可知，在收敛域上有

$$\lim_{n \to \infty} s_n(x) = s(x)$$

并称

$$R_n(x) = s(x) - s_n(x) = \sum_{k=n+1}^{\infty} u_k(x)$$

为函数项级数 $\sum\limits_{n=1}^{\infty} u_n(x)$ 的**余项**（只是当 x 为收敛点时才有意义），并有

$$\lim_{n \to \infty} R_n(x) = 0$$

例 1 讨论等比级数 $\sum\limits_{n=0}^{\infty} x^n$ 的收敛性，并求其收敛域上的和函数.

解 等比级数 $\sum\limits_{n=0}^{\infty} x^n = 1 + x + x^2 + \cdots + x^n + \cdots$ 的定义域为实数域，其部分和为

$$s_n(x) = 1 + x + x^2 + \cdots + x^{n-1} = \frac{1-x^n}{1-x}$$

当 $|x| < 1$ 时，由于 $\lim\limits_{n \to \infty} x^n = 0$，所以

$$\lim_{n \to \infty} s_n(x) = \lim_{n \to \infty} \frac{1-x^n}{1-x} = \frac{1}{1-x}$$

因此这时级数 $\sum\limits_{n=0}^{\infty} x^n$ 收敛，且其和函数为

$$s(x) = \lim_{n \to \infty} s_n(x) = \frac{1}{1-x}$$

当 $|x| > 1$ 或 $x = -1$ 时，由于 $\lim\limits_{n \to \infty} x^n$ 都不存在，则 $\lim\limits_{n \to \infty} s_n(x) = \lim\limits_{n \to \infty} \frac{1-x^n}{1-x}$ 不存

在,所以这时级数 $\sum\limits_{n=0}^{\infty} x^n$ 发散.

当 $x=1$ 时,由于其部分和为

$$s_n(1)=1+1+1+\cdots+1=n$$

所以

$$\lim_{n\to\infty}s_n(1)=\lim_{n\to\infty}n=\infty$$

即极限 $\lim\limits_{n\to\infty}s_n(1)$ 也不存在,因此这时级数 $\sum\limits_{n=0}^{\infty} x^n$ 发散.

综上讨论可知,等比级数 $\sum\limits_{n=0}^{\infty} x^n$ 当 $|x|<1$ 时,收敛;当 $|x|\geqslant 1$ 时,发散.

所以此级数的收敛域为实轴上的对称区间 $(-1,1)$,且有和函数为

$$s(x)=\frac{1}{1-x}$$

即

$$\sum_{n=0}^{\infty} x^n=\frac{1}{1-x}\quad(|x|<1)$$

12.3.2 幂级数及其收敛性

幂级数的各项都是幂函数,因此它是函数项级数中结构简单且应用广泛的一类级数.它的部分和 $s_n(x)=\sum\limits_{k=0}^{n-1}a_k x^k$ 是一个关于 x 的 $n-1$ 次多项式,如果在区间 I 上 $\{s_n(x)\}$ 处处收敛于和函数 $s(x)$,即对 $\forall x\in I$,有

$$s(x)=\lim_{n\to\infty}s_n(x)$$

那么尽管和函数 $s(x)$ 可能很复杂,但总可以用多项式 $s_n(x)$ 来近似地表达,多项式次数 n 越高,近似程度就越好,当多项式 $s_n(x)$ 的次数 n 足够高时,这种表达可达到任意要求的精度.

定义 3 形如

$$\sum_{n=0}^{\infty}a_n x^n=a_0+a_1 x+a_2 x^2+\cdots+a_n x^n+\cdots \tag{12-13}$$

或

$$\sum_{n=0}^{\infty}a_n(x-x_0)^n=a_0+a_1(x-x_0)+a_2(x-x_0)^2+\cdots+a_n(x-x_0)^n+\cdots$$

$$\tag{12-14}$$

的函数项级数称为**幂级数**,其中 $a_0,a_1,\cdots,a_n$ 称为幂级数的**实系数**.

若令 $x-x_0=t$,级数(12-14)可转化成(12-13)的形式.因此为方便起见,也

不失一般性，下面仅讨论形如式(12 - 13)的幂级数及其敛散性.

下面先给出幂级数 $\sum\limits_{n=0}^{\infty} a_n x^n$ 的收敛特性.

定理 1(Abel 定理) 对于幂级数 $\sum\limits_{n=0}^{\infty} a_n x^n$，下列命题成立：

(1) 若幂级数 $\sum\limits_{n=0}^{\infty} a_n x^n$ 在 $x = x_0(x_0 \neq 0)$ 处收敛，则对任意满足条件 $|x| < |x_0|$ 的 x，对应的级数都绝对收敛.

(2) 若幂级数 $\sum\limits_{n=0}^{\infty} a_n x^n$ 在 $x = x_0$ 处发散，则对任意满足条件 $|x| > |x_0|$ 的 x，对应的级数都发散.

证 (1) 由题设可知 $\sum\limits_{n=0}^{\infty} a_n x_0^n$ 收敛，根据级数收敛的必要条件，有 $\lim\limits_{n \to \infty} a_n x_0^n = 0$，由极限的性质可知数列 $\{a_n x_0^n\}$ 有界，即存在正常数 M，使得 $|a_n x_0^n| \leqslant M(n = 1, 2, \cdots)$，故对满足条件 $|x| < |x_0|$ 的任意 x，有

$$|a_n x^n| = \left| a_n x_0^n \cdot \frac{x^n}{x_0^n} \right| = |a_n x_0^n| \left| \frac{x}{x_0} \right|^n \leqslant M \left| \frac{x}{x_0} \right|^n$$

由于 $|x| < |x_0|$，所以 $\left| \dfrac{x}{x_0} \right| < 1$，则以公比为 $\left| \dfrac{x}{x_0} \right|$ 的等比级数 $\sum\limits_{n=0}^{\infty} M \left| \dfrac{x}{x_0} \right|^n$ 收敛，由比较法可知，级数 $\sum\limits_{n=0}^{\infty} |a_n x^n|$ 收敛，因此级数 $\sum\limits_{n=0}^{\infty} a_n x^n$ 绝对收敛.

(2) 用反证法. 由题设可知幂级数当 $x = x_0$ 时发散，假设有一点 x_1 适合 $|x_0| < |x_1|$ 且使级数 $\sum\limits_{n=0}^{\infty} a_n x_1^n$ 收敛，则由上述命题(1)可知级数在 $x = x_0$ 处必定收敛，这显然与题设相矛盾，因此定理得证.

显然，$x = 0$ 时，幂级数 $\sum\limits_{n=0}^{\infty} a_n x^n = a_0$，即幂级数 $\sum\limits_{n=0}^{\infty} a_n x^n$ 在 $x = 0$ 处总收敛于 a_0，因此它的收敛域是非空的. 如果它在任何 $x \neq 0$ 处都发散，那么它的收敛域仅由原点 $x = 0$ 组成；如果存在点 $x_0 \neq 0$，使该级数在 x_0 处收敛，则它在 $|x| < |x_0|$ 内绝对收敛；即在开区间 $(-x_0, x_0)$ 内绝对收敛；如果存在 $x_1 \neq 0$，使该级数在 x_1 处发散，则它在 $|x| > |x_1|$ 内发散，即在区间 $[-x_1, x_1]$ 外发散. 综上分析可知，当级数 $\sum\limits_{n=0}^{\infty} a_n x^n$ 既有收敛点又有发散点时，我们从原点出发，沿 x 轴向两边走，开始经过的点必定都是收敛点，只要接触到发散点，则后面的点就全是发散点，且在原点的两侧收敛点与发散点的分界点关于原点对称.

即对于幂级数 $\sum\limits_{n=0}^{\infty} a_n x^n$,它的收敛性有以下三种情形:

(1) 当且仅当 $x=0$ 时收敛,即对任意 $x \neq 0$,级数 $\sum\limits_{n=0}^{\infty} a_n x^n$ 都发散,这时该级数的收敛域只有一个点 $x=0$.

(2) 对所有 $x \in (-\infty, +\infty)$,级数 $\sum\limits_{n=0}^{\infty} a_n x^n$ 都收敛,这时该级数的收敛域是 $(-\infty, +\infty)$.

(3) 幂级数 $\sum\limits_{n=0}^{\infty} a_n x^n$ 的收敛域既不是一点 $x=0$,也不是实数域 $(-\infty, +\infty)$,则必存在正数 R,使得当 $|x| < R$ 时该幂级数绝对收敛;当 $|x| > R$ 时幂级数发散;在 $|x| = R$ 处该幂级数可能收敛,也可能发散,此时的正数 R 称为幂级数 $\sum\limits_{n=0}^{\infty} a_n x^n$ 的**收敛半径**. 对于情形(1)和(2)则规定幂级数的收敛半径分别是 $R=0$ 和 $R=+\infty$. 开区间 $(-R, R)$ 又称为幂级数 $\sum\limits_{n=0}^{\infty} a_n x^n$ 的**收敛区间**.

由以上的讨论知道,对于幂级数 $\sum\limits_{n=0}^{\infty} a_n x^n$,只要知道了它的收敛半径 R,也就知道了它的收敛区间 $(-R, R)$,且幂级数在该收敛区间内绝对收敛;在收敛区间的端点上既可能收敛又可能发散,因此这时对具体的级数要进行具体分析,从而对其端点 $x = \pm R$ 处的收敛性给出判别,从而确定幂级数的收敛域. 幂级数在收敛域外处处发散.

例如,对于幂级数 $\sum\limits_{n=0}^{\infty} \dfrac{x^n}{n!}$,由于当 $\forall x, x \neq 0$ 时,都有

$$\lim_{n \to \infty} \left| \frac{\dfrac{x^{n+1}}{(n+1)!}}{\dfrac{x^n}{n!}} \right| = \lim_{n \to \infty} \frac{|x|}{(n+1)} = 0 < 1$$

由比值审敛法可知,$\sum\limits_{n=0}^{\infty} \dfrac{x^n}{n!}$ 处处绝对收敛,因此幂级数 $\sum\limits_{n=0}^{\infty} \dfrac{x^n}{n!}$ 在 $(-\infty, +\infty)$ 内绝对收敛,其收敛半径为 $R=+\infty$.

又例如,对于幂级数 $\sum\limits_{n=0}^{\infty} n^n x^n$,由于当 $\forall x$,且 $x \neq 0$ 时,$\lim\limits_{n \to \infty} n^n x^n = \infty (\neq 0)$,不满足级数 $\sum\limits_{n=0}^{\infty} n^n x^n$ 收敛的必要条件,因此幂级数 $\sum\limits_{n=0}^{\infty} n^n x^n$ 除在 $x=0$ 点外,处处发散,它仅在 $x=0$ 一点处收敛,其收敛半径为 $R=0$.

再例如,对于幂级数 $\sum\limits_{n=0}^{\infty} x^n$,由例 1 可知,当 $|x|<1$ 时收敛,当 $|x|\geqslant 1$ 时发散,即幂级数 $\sum\limits_{n=0}^{\infty} x^n$ 在 $(-1,1)$ 内收敛,其收敛半径为 $R=1$.

那么,如何求幂级数 $\sum\limits_{n=0}^{\infty} a_n x^n$ 的收敛半径呢?下述定理 2 给出了求幂级数收敛半径的一个常用的方法.

定理 2 在幂级数 $\sum\limits_{n=0}^{\infty} a_n x^n$ 中,若 $a_n \neq 0$ $(n=0,1,2,\cdots)$,且 $\lim\limits_{n\to\infty}\left|\dfrac{a_{n+1}}{a_n}\right|=\rho$,则幂级数 $\sum\limits_{n=0}^{\infty} a_n x^n$ 的收敛半径

$$R=\begin{cases} \dfrac{1}{\rho} & (0<\rho<+\infty) \\ +\infty & (\rho=0) \\ 0 & (\rho=+\infty) \end{cases}$$

证 考察幂级数 $\sum\limits_{n=0}^{\infty} a_n x^n$,由于 $a_n \neq 0 (n=0,1,2,\cdots)$,则

$$\lim_{n\to\infty}\left|\frac{a_{n+1}x^{n+1}}{a_n x^n}\right|=\lim_{n\to\infty}\left|\frac{a_{n+1}}{a_n}\right||x|=\rho|x|$$

(1) 当 $0<\rho<+\infty$ 时,根据比值审敛法,如果 $|x|<\dfrac{1}{\rho}$,即有 $\rho|x|<1$,这时 $\sum\limits_{n=0}^{\infty} a_n x^n$ 绝对收敛.

如果 $|x|>\dfrac{1}{\rho}$,即有 $\rho|x|>1$,由极限的运算法则可知,$\exists N$ 使得 $n>N$ 时,有 $|a_{n+1}x^{n+1}|>|a_n x^n|$,因此 $\lim\limits_{n\to\infty} a_n x^n \neq 0$,由级数收敛的必要条件可知,级数 $\sum\limits_{n=0}^{\infty} a_n x^n$ 发散,故收敛半径 $R=\dfrac{1}{\rho}$.

(2) 当 $\rho=0$ 时,对任意 $x \in (-\infty,+\infty)$ 都有 $\lim\limits_{n\to\infty}\left|\dfrac{a_{n+1}x^{n+1}}{a_n x^n}\right|=\rho|x|=0<1$,这时在整个实数域上级数 $\sum\limits_{n=0}^{\infty} a_n x^n$ 绝对收敛,因此收敛半径 $R=+\infty$.

(3) 当 $\rho=+\infty$ 时,对所有 $x(\neq 0)$,$\lim\limits_{n\to\infty}\left|\dfrac{a_{n+1}x^{n+1}}{a_n x^n}\right|=\lim\limits_{n\to\infty}\left(\left|\dfrac{a_{n+1}}{a_n}\right||x|\right)=+\infty>1$,因而幂级数 $\sum\limits_{n=0}^{\infty} a_n x^n$ 仅在 $x=0$ 处收敛,其他点处均发散,故收敛半径 $R=0$.

定理证毕.

需要指出:定理 2 的结论仅适合幂级数 $\sum\limits_{n=0}^{\infty} a_n x^n$,其中 $a_n \neq 0 (n = 0, 1, 2, \cdots)$.

而有些幂级数,例如幂级数 $\sum\limits_{n=1}^{\infty} \frac{1}{4^n} x^{2n}$,它只含 x 的偶数次幂,即奇数次幂系数全为

零,一般地,当幂级数 $\sum\limits_{n=0}^{\infty} a_n x^n$ 的系数并非是其每一项的系数 $a_n \neq 0$ $(n = 0, 1, 2,$

$\cdots)$,即存在某些项数 n,使得其系数 $a_n = 0$,称这类幂级数为**缺项幂级数**,如

$\sum\limits_{n=1}^{\infty} \frac{1}{4^n} x^{2n}$,$\sum\limits_{n=1}^{\infty} \frac{1}{2^n} x^{2n-1}$,$\sum\limits_{n=1}^{\infty} x^{3n}$ 等都是缺项幂级数. 对于缺项幂级数,不能直接应用

定理 2 的公式求收敛半径,这时一般对此类幂级数常常直接用比值审敛法即定理 2 的证明过程来求其收敛半径.

例 3 求下列幂级数的收敛半径、收敛区间和收敛域:

(1) $\sum\limits_{n=0}^{\infty} n! x^n$. (2) $\sum\limits_{n=0}^{\infty} (-1)^n \dfrac{x^n}{n!}$. (3) $\sum\limits_{n=0}^{\infty} \dfrac{2^n}{n+2} x^n$.

解 (1) 由于

$$\rho = \lim_{n\to\infty} \left| \frac{a_{n+1}}{a_n} \right| = \lim_{n\to\infty} \frac{(n+1)!}{n!} = +\infty$$

由定理 2 可知,收敛半径为 $R = 0$,即该幂级数仅在 $x = 0$ 处收敛. 因此它无收敛区间,其收敛域为单点集 $\{0\}$.

(2) 由于

$$\rho = \lim_{n\to\infty} \left| \frac{a_{n+1}}{a_n} \right| = \lim_{n\to\infty} \frac{\dfrac{1}{(n+1)!}}{\dfrac{1}{n!}} = \lim_{n\to\infty} \frac{1}{n+1} = 0 = \rho$$

所以收敛半径 $R = +\infty$,即级数的收敛区间与收敛域均为 $(-\infty, \infty)$.

(3) 由于

$$\rho = \lim_{n\to\infty} \left| \frac{a_{n+1}}{a_n} \right| = \lim_{n\to\infty} \frac{\dfrac{2^{n+1}}{n+3}}{\dfrac{2^n}{n+2}} = \lim_{n\to\infty} \frac{2(n+2)}{n+3} = 2$$

所以收敛半径 $R = \dfrac{1}{\rho} = \dfrac{1}{2}$,收敛区间为 $\left(-\dfrac{1}{2}, \dfrac{1}{2}\right)$.

当 $x = -\dfrac{1}{2}$ 时,原级数化为 $\sum\limits_{n=0}^{\infty} \dfrac{(-1)^n}{n+2}$,它是收敛的;当 $x = \dfrac{1}{2}$ 时,原级数化为

$\sum\limits_{n=0}^{\infty} \dfrac{1}{n+2}$,它是发散的. 从而,该幂级数的收敛域为 $\left[-\dfrac{1}{2}, \dfrac{1}{2}\right)$.

例 4 求下列幂级数的收敛半径和收敛域:

(1) $\sum\limits_{n=1}^{\infty} \dfrac{1}{n^2}(x-1)^n.$ (2) $\sum\limits_{n=1}^{\infty} \dfrac{1}{4^n}x^{2n}.$

解 (1) 令 $t=x-1$，考察幂级数 $\sum\limits_{n=1}^{\infty} \dfrac{1}{n^2}t^n$ 的收敛半径.

由于

$$\rho = \lim_{n\to\infty}\left|\dfrac{a_{n+1}}{a_n}\right| = \lim_{n\to\infty}\dfrac{n^2}{(n+1)^2} = 1$$

所以幂级数 $\sum\limits_{n=1}^{\infty} \dfrac{1}{n^2}t^n$ 的收敛半径 $R=1$.

当 $t=1$ 时，幂级数化为 $\sum\limits_{n=1}^{\infty} \dfrac{1}{n^2}$，它是收敛的；当 $t=-1$，幂级数化为 $\sum\limits_{n=1}^{\infty} \dfrac{(-1)^n}{n^2}$，它也是收敛的.

因此幂级数 $\sum\limits_{n=1}^{\infty} \dfrac{1}{n^2}t^n$ 的收敛半径为 $R=1$，收敛域为 $[-1,1]$. 又由 $-1 \leqslant t = x-1 \leqslant 1$，解得 $0 \leqslant x \leqslant 2$，故该幂级数 $\sum\limits_{n=1}^{\infty} \dfrac{1}{n^2}(x-1)^n$ 的收敛域为 $[0,2]$.

(2) 这个幂级数仅含 x 的偶数次幂，奇数次幂的系数全为零，因此它是缺项幂级数，不能直接应用定理 2 的公式求幂级数的收敛半径，下面直接用比值审敛法讨论. 由

$$\rho = \lim_{n\to\infty}\left|\dfrac{u_{n+1}(x)}{u_n(x)}\right| = \lim_{n\to\infty}\dfrac{\dfrac{1}{4^{n+1}}|x|^{2n+2}}{\dfrac{1}{4^n}|x|^{2n}} = \lim_{n\to\infty}\dfrac{1}{4}|x|^2 = \dfrac{1}{4}|x|^2$$

根据比值审敛法可知：当 $\rho = \dfrac{1}{4}|x|^2 < 1$，即当 $|x| < 2$ 时，原级数绝对收敛；当 $\rho = \dfrac{1}{4}|x|^2 > 1$，即当 $|x| > 2$ 时，原级数发散. 所以该级数的收敛半径 $R=2$，收敛区间为 $(-2,2)$，当 $x = \pm 2$ 时，原级数化为 $\sum\limits_{n=1}^{\infty} 1$，它是发散的，故原幂级数的收敛域为 $(-2,2)$.

12.3.3 幂级数的运算及其和函数的性质

首先介绍幂级数的代数运算.

1) 幂级数的运算

定理 3 设幂级数 $\sum\limits_{n=0}^{\infty} a_n x^n$ 与 $\sum\limits_{n=0}^{\infty} b_n x^n$ 的收敛半径分别为 R_1 与 R_2，且 $R_1 \neq R_2$，令 $R = \min\{R_1, R_2\}$，则在它们公共的收敛区间 $(-R, R)$ 内，有

（1）幂级数 $\lambda \sum\limits_{n=0}^{\infty} a_n x^n + \mu \sum\limits_{n=0}^{\infty} b_n x^n$ 收敛，并且

$$\lambda \sum_{n=0}^{\infty} a_n x^n + \mu \sum_{n=0}^{\infty} b_n x^n = \sum_{n=0}^{\infty} (\lambda a_n + \mu b_n) x^n \quad （其中 \lambda、\mu 为任意常数）$$

（2）它们的乘积级数收敛，并且

$$\left(\sum_{n=0}^{\infty} a_n x^n \right) \left(\sum_{n=0}^{\infty} b_n x^n \right) = \sum_{n=0}^{\infty} (a_0 b_n + a_1 b_{n-1} + \cdots a_n b_0) x^n$$

定理 3 中（1）的证明可直接从数项级数的性质 1 得到，（2）的证明从略.

必须指出，两个收敛半径相同的幂级数相加减或相乘所得到的幂级数，其收敛半径有

$$R \geqslant \min\{R_1, R_2\}$$

例如，$\sum\limits_{n=0}^{\infty} a_n x^n = \sum\limits_{n=0}^{\infty} x^n$，$\sum\limits_{n=0}^{\infty} b_n x^n = - \sum\limits_{n=0}^{\infty} x^n$，则 $R_1 = R_2 = 1$，而它们相加后得到的幂级数为

$$\sum_{n=0}^{\infty} a_n x^n + \sum_{n=0}^{\infty} b_n x^n = \sum_{n=0}^{\infty} 0 x^n$$

显然其收敛半径 $R = +\infty$，即 $R \geqslant \min\{R_1, R_2\}$.

一般地，当 $R_1 \neq R_2$ 时，$\sum\limits_{n=0}^{\infty} a_n x^n \pm \sum\limits_{n=0}^{\infty} b_n x^n$ 的收敛半径 $R = \min\{R_1, R_2\}$；当 $R_1 = R_2$ 时，$\sum\limits_{n=0}^{\infty} a_n x^n \pm \sum\limits_{n=0}^{\infty} b_n x^n$ 的收敛半径 $R \geqslant \min\{R_1, R_2\}$.

2）幂级数的和函数的性质

幂级数的和函数 $s(x)$ 具有下列重要的分析性质.

定理 4 设幂级数 $\sum\limits_{n=0}^{\infty} a_n x^n$ 的和函数为 $s(x)$，收敛半径 $R > 0$，收敛域为 I，则

（1）$s(x)$ 在收敛域 I 上连续.

（2）$s(x)$ 在收敛区间 $(-R, R)$ 内可导，且有如下的逐项求导公式：

$$s'(x) = \left(\sum_{n=0}^{\infty} a_n x^n \right)' = \sum_{n=0}^{\infty} (a_n x^n)' = \sum_{n=1}^{\infty} n a_n x^{n-1} \quad (x \in (-R, R))$$

（3）$s(x)$ 在收敛域 I 上可积，并且有如下的逐项积分公式：

$$\int_0^x s(t) \mathrm{d}t = \int_0^x \left(\sum_{n=0}^{\infty} a_n t^n \right) \mathrm{d}t = \sum_{n=0}^{\infty} \int_0^x a_n t^n \mathrm{d}t = \sum_{n=0}^{\infty} \frac{a_n}{n+1} x^{n+1} \quad (x \in I)$$

并且逐项求导或逐项求积分后所得的幂级数与原幂级数有相同的收敛半径，但在收敛区间端点处的敛散性有可能改变.

（证明略.）

由定理 4 可知：

(1) 三个幂级数 $\sum\limits_{n=0}^{\infty} a_n x^n$，$\sum\limits_{n=1}^{\infty} n a_n x^{n-1}$，$\sum\limits_{n=0}^{\infty} \dfrac{a_n}{n+1} x^{n+1}$ 的收敛半径与收敛区间相同，但收敛域不一定相同，要看其收敛区间的端点处的敛散性有没有发生改变.

(2) 幂级数 $\sum\limits_{n=0}^{\infty} a_n x^n$ 的和函数 $s(x)$ 在收敛区间 $(-R,R)$ 内具有任意阶可导性，利用这些性质可以求一些简单幂级数的和函数.

例 5　求幂级数 $\sum\limits_{n=1}^{\infty} (-1)^{n-1} n x^{n-1}$ 的和函数，并求级数 $\sum\limits_{n=1}^{\infty} \dfrac{n}{2^n}$ 的和.

解　由于

$$\rho = \lim_{n \to \infty} \left| \frac{a_{n+1}}{a_n} \right| = \lim_{n \to \infty} \frac{n+1}{n} = 1$$

故收敛半径为 $R = 1$. 当 $x = 1$ 时，原级数化为 $\sum\limits_{n=1}^{\infty} (-1)^{n-1} n$，它发散；当 $x = -1$ 时，原级数化为 $\sum\limits_{n=1}^{\infty} n$，它也发散. 因此幂级数的收敛域为 $I = (-1,1)$.

设其和函数为 $s(x)$，即

$$s(x) = \sum_{n=1}^{\infty} (-1)^{n-1} n x^{n-1}, x \in (-1,1)$$

对上式两边在区间 $[0,x]$ 上积分，得

$$\int_0^x s(t) \mathrm{d}t = \int_0^x \Big[\sum_{n=1}^{\infty} (-1)^{n-1} n t^{n-1} \Big] \mathrm{d}t = \sum_{n=1}^{\infty} \int_0^x (-1)^{n-1} n t^{n-1} \mathrm{d}t$$

$$= \sum_{n=1}^{\infty} (-1)^{n-1} x^n = \frac{x}{1+x}, x \in (-1,1)$$

再对上式两端求导，得

$$s(x) = \left(\int_0^x s(t) dt \right)' = \left(\frac{x}{1+x} \right)' = \frac{1}{(1+x)^2}, x \in (-1,1)$$

因为 $x = -\dfrac{1}{2} \in (-1,1)$，故幂级数在 $x = -\dfrac{1}{2}$ 处收敛，因此有

$$\sum_{n=1}^{\infty} \frac{n}{2^n} = \frac{1}{2} \sum_{n=1}^{\infty} \left[(-1)^{n-1} n \cdot \left(-\frac{1}{2} \right)^{n-1} \right] = \frac{1}{2} s\left(-\frac{1}{2} \right) = \frac{1}{2} \frac{1}{\left(1 - \frac{1}{2} \right)^2} = 2$$

例 6　求幂级数 $\sum\limits_{n=0}^{\infty} \dfrac{1}{n+1} x^n$ 的和函数.

解　先求收敛域. 由于

$$\rho = \lim_{n \to \infty} \left| \frac{a_{n+1}}{a_n} \right| = \lim_{n \to \infty} \frac{n+1}{n+2} = 1$$

故收敛半径为 $R = 1$.

在端点 $x=-1$ 处,幂级数成为 $\sum\limits_{n=0}^{\infty}\dfrac{(-1)^n}{n+1}$,它是收敛的;在端点 $x=1$ 处,幂级

数成为 $\sum\limits_{n=0}^{\infty}\dfrac{1}{n+1}$,它是发散的. 因此该级数的收敛域为 $I=[-1,1)$.

设和函数为 $s(x)$,即

$$s(x)=\sum_{n=0}^{\infty}\frac{1}{n+1}x^n \quad (x\in[-1,1))$$

于是

$$xs(x)=\sum_{n=0}^{\infty}\frac{1}{n+1}x^{n+1}$$

对上式两边求导得

$$[xs(x)]'=\sum_{n=0}^{\infty}\left(\frac{1}{n+1}x^{n+1}\right)'=\sum_{n=0}^{\infty}x^n=\frac{1}{1-x} \quad (x\in(-1,1))$$

对上式在区间 $[0,x]$ 上积分,得

$$xs(x)=\int_0^x\frac{1}{1-t}\mathrm{d}t=-\ln(1-x)$$

于是,当 $x\neq 0$ 时,有 $s(x)=-\dfrac{1}{x}\ln(1-x)$. 又 $s(0)=1$,从而

$$s(x)=\begin{cases}-\dfrac{1}{x}\ln(1-x), & 0<|x|<1\\ 1, & x=0\end{cases}$$

由于和函数在收敛域上具有连续性,故

$$s(-1)=\lim_{x\to-1^+}s(x)=\ln 2$$

综上所述,得

$$s(x)=\begin{cases}-\dfrac{1}{x}\ln(1-x), & x\in[-1,0)\bigcup(0,1)\\ 1, & x=0\end{cases}$$

习题 12.3

1. 设幂级数 $\sum\limits_{n=0}^{\infty}a_n(x-2)^n$ 在 $x=0$ 处条件收敛,讨论该级数在 $x=-2$ 与 $x=1$ 处的收敛性.

2. 设幂级数 $\sum\limits_{n=0}^{\infty}a_n(x+1)^n$ 在 $x=-2$ 处条件收敛,求该幂级数的收敛半径.

3. 设幂级数 $\sum\limits_{n=0}^{\infty}a_nx^n$ 的收敛半径为 R,求幂级数 $\sum\limits_{n=0}^{\infty}a_n\left(\dfrac{x}{3}\right)^n$ 及 $\sum\limits_{n=0}^{\infty}a_nx^{2n}$ 的收敛

半径.

4. 求下列幂级数的收敛半径及收敛域：

(1) $\displaystyle\sum_{n=1}^{\infty} \frac{1}{2n-1} x^n$.

(2) $\displaystyle\sum_{n=1}^{\infty} \frac{3^n}{n!} x^n$.

(3) $\displaystyle\sum_{n=1}^{\infty} n^2 \left(x+\frac{1}{2}\right)^n$.

(4) $\displaystyle\sum_{n=1}^{\infty} \left(\frac{1}{2^n}+3^n\right) x^n$.

(5) $\displaystyle\sum_{n=1}^{\infty} \frac{3^n+(-2)^n}{n} (x-1)^n$.

(6) $\displaystyle\sum_{n=1}^{\infty} \frac{3^n(x-1)^n}{\sqrt{n}}$.

(7) $\displaystyle\sum_{n=1}^{\infty} \frac{n}{4^{n-1}} x^{2n}$.

(8) $\displaystyle\sum_{n=0}^{\infty} \frac{2^n}{n+1} x^{2n+1}$.

5. 求下列幂级数的和函数：

(1) $\displaystyle\sum_{n=1}^{\infty} (n+1)x^n$.

(2) $\displaystyle\sum_{n=0}^{\infty} (-1)^n \frac{x^{n+1}}{n+1}$.

(3) $\displaystyle\sum_{n=1}^{\infty} (-1)^{n+1} \frac{x^{2n-1}}{2n-1}$.

(4) $\displaystyle\sum_{n=0}^{\infty} (n+1)x^{2n}$.

6. 求幂级数 $\displaystyle\sum_{n=1}^{\infty} (-1)^n n x^n$ 的和函数,并求级数 $\displaystyle\sum_{n=1}^{\infty} (-1)^n \frac{n}{3^n}$ 的和.

12.4 函数展开成幂级数

在上一节中,我们对于给定的幂级数讨论了它的收敛区间以及其和函数的性质,了解到幂级数不仅形式简单,而且在它的收敛区间内还可以像多项式一样地进行运算.因此,在实际应用中把一个函数表示为幂级数,对于研究函数以及函数计算有着更为重要的意义.本节我们讨论如何用幂级数来表示函数.

12.4.1 函数展开成幂级数

如果对于给定的函数 $f(x)$,可确定一个幂级数,在这个幂级数的收敛区间内,幂级数的和函数就是 $f(x)$,则称**函数 $f(x)$ 在该区间能展开成幂级数.**

在3.3节中,我们知道,当函数 $f(x)$ 在点 x_0 的某一邻域内具有直到 $(n+1)$ 阶的导数时,在该邻域内有如下的泰勒公式:

$$f(x) = f(x_0) + f'(x_0)(x-x_0) + \frac{f''(x_0)}{2!}(x-x_0)^2 + \cdots + \frac{f^{(n)}(x_0)}{n!}(x-x_0)^n + R_n(x)$$

$$(12-15)$$

其中 $R_n(x)$ 为拉格朗日型余项:

$$R_n(x) = \frac{f^{(n+1)}(\xi)}{(n+1)!}(x-x_0)^{n+1} \quad (\xi \text{ 介于 } x \text{ 与 } x_0 \text{ 之间})$$

由泰勒公式(12-15)可知,当 x 在点 x_0 附近时,函数 $f(x)$ 可用 n 次多项式

$$p_n(x) = f(x_0) + f'(x_0)(x-x_0) + \frac{f''(x_0)}{2!}(x-x_0)^2 + \cdots + \frac{f^{(n)}(x_0)}{n!}(x-x_0)^n$$

来近似表示,且误差是其余项 $R_n(x)$. 当 $R_n(x)$ 随着 n 的增大而减小,就可以用增加多项式 $p_n(x)$ 的项数的方法来提高精确度.

由此如果 $f(x)$ 在点 x_0 的某一邻域内具有任意阶的导数 $f'(x), f''(x), \cdots$, $f^{(n)}(x) \cdots$, 则让多项式 $p_n(x)$ 中项数趋于无穷而成为幂级数

$$\sum_{n=0}^{\infty} \frac{f^{(n)}(x_0)}{n!}(x-x_0)^n = f(x_0) + f'(x_0)(x-x_0) + \frac{f''(x_0)}{2!}(x-x_0)^2$$
$$+ \frac{f'''(x_0)}{3!}(x-x_0)^3 + \cdots + \frac{f^{(n)}(x_0)}{n!}(x-x_0)^n + \cdots$$

$$(12-16)$$

称幂级数(12-16)为函数 $f(x)$ 的**泰勒(Taylor) 级数**.

显然,当 $x = x_0$ 时,$f(x)$ 的泰勒级数收敛于 $f(x_0)$. 那么除了 $x = x_0$ 外,$f(x)$ 的泰勒级数是否收敛?如果收敛,它是否一定收敛于 $f(x)$?关于这些问题,我们有下面的定理.

定理 1 设函数 $f(x)$ 在区间 (x_0-R, x_0+R) 内具有任意阶导数,则 $f(x)$ 在 (x_0-R, x_0+R) 内可以展开成 $x-x_0$ 的幂级数

$$f(x) = \sum_{n=0}^{\infty} \frac{f^{(n)}(x_0)}{n!}(x-x_0)^n \tag{12-17}$$

的充分必要条件是:对于 $\forall x \in (x_0-R, x_0+R)$($R$ 为该幂级数的收敛半径),$f(x)$ 在 $x = x_0$ 处的泰勒公式中的余项 $R_n(x) \to 0 (n \to \infty)$,且展开式是唯一的.

证 设 $f(x)$ 可以展开成 $x-x_0$ 的幂级数:

$$f(x) = \sum_{n=0}^{\infty} a_n (x-x_0)^n$$

R 为其收敛半径,根据幂级数在收敛区间 (x_0-R, x_0+R) 内可逐项求导的特性,$\forall x \in (x_0-R, x_0+R)$,对上式逐项求导,得

$$f'(x) = a_1 + 2a_2(x-x_0) + 3a_3(x-x_0)^2 + \cdots + na_n(x-x_0)^{n-1} + \cdots$$
$$f''(x) = 2a_2 + 3 \cdot 2a_3(x-x_0) + \cdots + n(n-1)a_n(x-x_0)^{n-2} + \cdots$$
$$\cdots$$
$$f^{(n)}(x) = n!a_n + (n+1)!a_{n+1}(x-x_0) + \cdots \quad (n = 1, 2, \cdots)$$
$$\cdots$$

将 $x = x_0$ 代入上述各式,得

$$a_0 = f(x_0), \quad a_1 = f'(x_0), \quad f''(x_0) = 2a_2, \quad \cdots, \quad f^{(n)}(x_0) = n!a_n, \quad \cdots$$

于是

$$a_0 = f(x_0), \quad a_1 = f'(x_0), \quad a_2 = \frac{f''(x_0)}{2!}, \quad \cdots, \quad a_n = \frac{f^{(n)}(x_0)}{n!}, \quad \cdots$$

因此,若函数 $f(x)$ 能展开成 $x - x_0$ 的幂级数,则必有

$$f(x) = f(x_0) + f'(x_0)(x - x_0) + \frac{1}{2!}f''(x_0)(x - x_0)^2$$

$$+ \cdots + \frac{f^{(n)}(x_0)}{n!}(x - x_0)^n + \cdots$$

上式称为 $f(x)$ 在点 x_0 处的泰勒展开式,右端的级数称为泰勒级数,它的系数可用

$$a_n = \frac{f^{(n)}(x_0)}{n!} \quad (n = 0, 1, 2, \cdots)$$

来表示. 且从上面的推导过程来看,$f(x)$ 的泰勒展开式是唯一的.

由于

$$f(x) = \sum_{n=0}^{n-1} \frac{f^{(n)}(x_0)}{n!}(x - x_0)^n + R_n(x)$$

故

$$R_n(x) = f(x) - \sum_{n=0}^{n-1} \frac{f^{(n)}(x_0)}{n!}(x - x_0)^n$$

而

$$\lim_{n \to \infty} s_n(x) = \lim_{n \to \infty} \sum_{n=0}^{n-1} \frac{f^{(n)}(x_0)}{n!}(x - x_0)^n = f(x)$$

所以,$\forall x \in (x_0 - R, x_0 + R)$,函数 $f(x)$ 能展开成泰勒级数的充分必要条件是

$$\lim_{n \to \infty} R_n(x) = 0$$

特别地,$f(x)$ 在 $x_0 = 0$ 处的泰勒展开式为

$$f(x) = \sum_{n=0}^{\infty} \frac{f^{(n)}(0)}{n!} x^n$$

称上式为 $f(x)$ 的**麦克劳林(Maclaurin)展开式**,其中右端的级数称为 $f(x)$ 的**麦克劳林级数**,其系数表达式为

$$a_n = \frac{f^{(n)}(0)}{n!} \quad (n = 0, 1, 2, \cdots)$$

需要说明的是定理1中 $R_n(x) = \frac{f^{(n+1)}(\xi)}{(n+1)!}(x - x_0)^{n+1}$,其中 ξ 介于 x_0 与 x 之间,

所以要证明 $\lim_{n \to \infty} R_n(x) = \lim_{n \to \infty} \frac{f^{(n+1)}(\xi)}{(n+1)!}(x - x_0)^{n+1} = 0$ 并不容易,甚至有困难,下面

给出判别 $\lim_{n \to \infty} R_n(x) = 0$ 的一个简便方法.

定理 2 定理1中 $\lim_{n \to \infty} R_n(x) = 0 (x \in (x_0 - R, x_0 + R))$ 成立的充分条件为存

在常数 M,使得对 $\forall n \in N^+$ 及 $\forall x \in (x_0 - R, x_0 + R)$,恒有 $|f^{(n)}(x)| \leqslant M$.

证　略.

由定理 2 可知：当 $f^{(n)}(x)$ 有界时就有 $\lim\limits_{n\to\infty}R_n(x)=0$，因此这时函数 $f(x)$ 可展开为泰勒级数，且展开式是唯一的.

一般地，函数展开成幂级数，有直接方法与间接方法. 下面先用直接法给出几个常用初等函数的麦克劳林展开式，然后介绍利用这些麦克劳林展开式求得其他一些简单函数的幂级数.

1）直接展开法

要把函数 $f(x)$ 展开成 x 的幂级数，可以直接按下列步骤进行：

（1）求出 $f(x)$ 的各阶导数在 $x=0$ 处的值 $f^{(n)}(0)$.

（2）写出 $f(x)$ 的麦克劳林级数（即幂级数）

$$f(0)+f'(0)x+\frac{f''(0)}{2!}x^2+\cdots+\frac{f^{(n)}(0)}{n!}x^n+\cdots$$

并求出其收敛半径 R.

（3）考察 $\lim\limits_{n\to\infty}R_n(x)=\lim\limits_{n\to\infty}\frac{f^{(n+1)}(\xi)}{(n+1)!}x^{n+1}=0$ 是否成立，其中 $\forall x\in(-R,R)$，ξ 介于 0 与 x 之间. 如果 $\lim\limits_{n\to\infty}R_n(x)=0$，则在 $(-R,R)$ 上，就得函数 $f(x)$ 的幂级数展开式为

$$f(x)=\sum_{n=0}^{\infty}\frac{f^{(n)}(0)}{n!}x^n \quad (\forall x\in(-R,R))$$

下面利用直接法计算 e^x、$\sin x$ 等几个常用的初等函数的幂级数展开式.

例 1　将函数 $f(x)=\mathrm{e}^x$ 展开成麦克劳林级数.

解　由于

$$f^{(n)}(x)=(\mathrm{e}^x)^{(n)}=\mathrm{e}^x$$

故

$$f^{(n)}(0)=\mathrm{e}^0=1$$

因此 e^x 的麦克劳林展开式为

$$\sum_{n=0}^{\infty}\frac{f^{(n)}(0)}{n!}x^n=1+x+\frac{x^2}{2!}+\cdots+\frac{x^n}{n!}+\cdots \tag{12-18}$$

易求得该幂级数的收敛半径 $R=+\infty$，

下面证明幂级数（12-18）在 $(-\infty,+\infty)$ 内收敛于 e^x. 由于对 $\forall x\in(-\infty,+\infty)$，总存在正数 M，使得 $|x|<M$，则

$$|f^{(n)}(x)|=|(\mathrm{e}^x)^{(n)}|=|\mathrm{e}^x|\leqslant\mathrm{e}^{|x|}\leqslant\mathrm{e}^M$$

即 $f^{(n)}(x)$ 有界，由定理 2 可知，幂级数（4）收敛于 e^x，即

$$\mathrm{e}^x=1+x+\frac{x^2}{2!}+\cdots+\frac{x^n}{n!}+\cdots=\sum_{n=0}^{\infty}\frac{x^n}{n!} \quad (x\in(-\infty,+\infty))$$

$$\tag{12-19}$$

特别地,取 $x = 1$ 时,有

$$e = 1 + 1 + \frac{1}{2!} + \cdots + \frac{1}{n!} + \cdots$$

例 2 将函数 $f(x) = \sin x$ 展开成 x 的幂级数.

解 由于所给函数的各阶导数为

$$f^{(n)}(x) = \sin\left(x + \frac{n\pi}{2}\right) \quad (n = 0, 1, 2, \cdots)$$

将 $x = 0$ 代入上式中,得

$$f(0) = 0, \ f'(0) = 1, \ f''(0) = 0, \ f'''(0) = -1$$
$$f^{(4)}(0) = 0, \ f^{(5)}(0) = 1, \ f^{(6)}(0) = 0, \ f^{(7)}(0) = -1$$
$$\cdots$$
$$f^{(2n-1)}(0) = (-1)^{n-1}, \ f^{(2n)}(0) = 0, \ \cdots$$

即

$$f^{(n)}(0) = \sin\frac{n\pi}{2} = \begin{cases} 0 & (n = 2k) \\ (-1)^k & (n = 2k+1) \end{cases} \quad (k = 0, 1, 2, \cdots)$$

对 $\forall x \in (-\infty, +\infty)$,有

$$\mid f^{(n)}(x) \mid = \left| \sin\left(x + \frac{n\pi}{2}\right) \right| \leqslant 1$$

得 $\sin x$ 的关于 x 的幂级数为

$$\sin x = x - \frac{x^3}{3!} + \frac{x^5}{5!} - \frac{x^7}{7!} + \cdots + (-1)^n \frac{x^{2n+1}}{(2n+1)!} + \cdots$$
$$= \sum_{n=0}^{\infty} (-1)^n \frac{x^{2n+1}}{(2n+1)!}, x \in (-\infty, +\infty) \tag{12-20}$$

类似地利用直接法可求得初等函数 $\cos x$ 关于 x 的幂级数为

$$\cos x = 1 - \frac{x^2}{2!} + \frac{x^4}{4!} - \frac{x^6}{6!} + \cdots + (-1)^n \frac{x^{2n}}{(2n)!} + \cdots \quad (x \in (-\infty, +\infty))$$

$$\tag{12-21}$$

例 3 求幂函数 $f(x) = (1+x)^\alpha (\alpha \in \mathbf{R})$ 的麦克劳林展开式.

解 由于 $f(x) = (1+x)^\alpha (\alpha \in \mathbf{R})$,连续求导得 $f(x)$ 的各阶导数为

$$f'(x) = \alpha(1+x)^{\alpha-1}$$
$$f''(x) = \alpha(\alpha-1)(1+x)^{\alpha-2}$$
$$\cdots$$
$$f^{(n)}(x) = \alpha(\alpha-1)(\alpha-2)\cdots(\alpha-n+1)(1+x)^{\alpha-n}$$
$$\cdots$$

将 $x = 0$ 分别代入上列各式中,得

$$f(0) = 1, \quad f'(0) = \alpha, \quad f''(0) = \alpha(\alpha-1) \quad \cdots$$

$$f^{(n)}(0) = \alpha(\alpha - 1)\cdots(\alpha - n + 1) \quad \cdots$$

于是 $f(x)$ 的麦克劳林级数为

$$1 + \alpha x + \frac{\alpha(\alpha - 1)}{2!}x^2 + \cdots + \frac{\alpha(\alpha - 1)\cdots(\alpha - n + 1)}{n!}x^n + \cdots$$

此级数中 x^{n+1} 与 x^n 的系数的绝对值之比的极限为

$$\lim_{n \to \infty}\left(\left|\frac{\alpha(\alpha - 1)\cdots(\alpha - n + 1)(\alpha - n)}{(n + 1)!} \Big/ \frac{\alpha(\alpha - 1)\cdots(\alpha - n + 1)}{n!}\right|\right) = \lim_{n \to \infty}\left|\frac{(\alpha - n)}{(n + 1)}\right| = 1$$

即该麦克劳林级数的收敛半径 $R = 1$, 收敛区间为 $(-1, 1)$. 假设在 $(-1, 1)$ 内它的和函数为 $s(x)$, 即

$$s(x) = 1 + \alpha x + \frac{\alpha(\alpha - 1)}{2!}x^2 + \cdots + \frac{\alpha(\alpha - 1)\cdots(\alpha - n + 1)}{n!}x^n + \cdots \quad (x \in (-1, 1))$$

则

$$s'(x) = \alpha + \frac{\alpha(\alpha - 1)}{1}x + \cdots + \frac{\alpha(\alpha - 1)\cdots(\alpha - n + 1)}{(n - 1)!}x^{n-1}$$
$$+ \frac{\alpha(\alpha - 1)\cdots(\alpha - n + 1)(\alpha - n)}{n!}x^n + \cdots$$
$$= \alpha\Big[1 + (\alpha - 1)x + \cdots + \frac{(\alpha - 1)\cdots(\alpha - n + 1)}{(n - 1)!}x^{n-1}$$
$$+ \frac{(\alpha - 1)\cdots(\alpha - n)}{n!}x^n + \cdots\Big]$$

用 $(1 + x)$ 乘等式两边, 并合并同类项, 可得

$$(1 + x)s'(x) = \alpha\Big\{1 + [(\alpha - 1) + 1]x + \cdots$$
$$+ \Big[\frac{(\alpha - 1)\cdots(\alpha - n + 1)}{(n - 1)!} + \frac{(\alpha - 1)\cdots(\alpha - n)}{n!}\Big]x^n + \cdots\Big\}$$
$$= \alpha\Big[1 + \alpha x + \cdots + \frac{\alpha(\alpha - 1)\cdots(\alpha - n + 1)}{n!}x^n + \cdots\Big] = \alpha s(x)$$

所以 $s(x)$ 满足一阶微分方程 $s'(x) = \dfrac{\alpha}{1 + x}s(x)$ 及初始条件 $s(0) = 1$, 解之得 $s(x) = (1 + x)^\alpha$, 因此 $s(x)$ 等于 $f(x)$, 即

$$(1 + x)^\alpha = 1 + \alpha x + \frac{\alpha(\alpha - 1)}{2!}x^2 + \cdots + \frac{\alpha(\alpha - 1)\cdots(\alpha - n + 1)}{n!}x^n + \cdots$$
$$(x \in (-1, 1)) \tag{12 - 22}$$

公式 $(12 - 22)$ 称为**二项式展开式**, 当 α 是正整数时, 它就是通常的二项式定理. 在区间 $(-1, 1)$ 的端点处, 展开式是否收敛一般需要由 α 的值来确定, 这里不作一一讨论.

取 α 为不同的实数值, 可得到与之相对应的二项展开式, 例如分别取 $\alpha = -1$,

$\alpha = -\dfrac{1}{2}$, 得

$$\frac{1}{1+x} = 1 - x + x^2 - x^3 + \cdots + (-1)^n x^n + \cdots \quad (x \in (-1,1))$$

$$\frac{1}{\sqrt{1+x}} = 1 - \frac{x}{2} + \frac{1 \cdot 3}{2^2(2!)}x^2 - \cdots + (-1)^n \frac{1 \cdot 3 \cdots (2n-1)}{2^n(n!)}x^n + \cdots$$

$$(x \in (-1,1])$$

再分别用 $-x$ 与 $-x^2$ 代入上面两式, 有

$$\frac{1}{1-x} = 1 + x + x^2 + x^3 + \cdots + x^n + \cdots \quad (x \in (-1,1))$$

$$\frac{1}{\sqrt{1-x^2}} = 1 + \frac{x^2}{2} + \frac{1 \cdot 3}{2^2(2!)}x^4 + \cdots + \frac{1 \cdot 3 \cdots (2n-1)}{2^n(n!)}x^{2n} + \cdots \quad (x \in (-1,1))$$

对上式两端积分, 其中右端逐项积分, 得

$$\arcsin x = x + \frac{1}{2} \cdot \frac{x^3}{3} + \frac{1 \cdot 3}{2^2(2!)}\frac{x^5}{5} + \cdots + \frac{1 \cdot 3 \cdots (2n-1)}{2^n(n!)}\frac{x^{2n+1}}{2n+1} + \cdots$$

$$(x \in [-1,1])$$

上述展开式中, 最常用的有下面两个二项式幂级数:

$$\frac{1}{1-x} = 1 + x + x^2 + \cdots + x^n + \cdots \quad (x \in (-1,1)) \qquad (12-23)$$

$$\frac{1}{1+x} = 1 - x + x^2 - x^3 + x^4 \cdots + (-1)^n x^n + \cdots \quad (x \in (-1,1))$$

$$(12-24)$$

从以上例子可看出, 利用直接法求函数的幂级数, 除了要按公式 $a_n = \dfrac{f^{(n)}(0)}{n!}$ 计算幂级数的系数外, 还要考察余项 $R_n(x)$ 是否趋于零或 $f^{(n)}(x)$ 是否有界. 因此这种直接展开的方法只有对比较简单的函数才能做到, 而多数情况下无论是求 n 阶导数 $f^{(n)}(x)$, 还是研究余项的极限等都是困难的. 因此下面我们讨论用间接法得到 $f(x)$ 的幂级数展开式.

2) 间接展开法

当 $f(x)$ 比较复杂时, 用直接展开法往往比较困难. 根据定理 2 关于函数展开为幂级数的唯一性, 我们可以从上面几个已知的简单函数 $\Big(e^x \text{、} \sin x \text{、} \cos x \cos x \text{、}$ $\dfrac{1}{1-x} \text{、} \dfrac{1}{1+x}\Big)$ 的幂级数出发, 再利用幂级数的四则运算、逐项求导、逐项积分及变量代换等方法, 求得所给函数的泰勒级数或麦克劳林级数. 这种利用已知函数的幂级数展开式求得所给函数的幂级数的方法称为间接展开法, 间接展开法是可以避免计算 $f^{(n)}(x_0)$ 以及讨论余项的有界性而能将所给函数展开为幂级数的最常用的方法.

例 4 将函数 $f(x) = \ln(1+x)$ 展开成 x 的幂级数.

解 因为 $f'(x) = \dfrac{1}{1+x}$,由式(12-24)可知

$$\frac{1}{1+x} = 1 - x + x^2 - x^3 + \cdots + (-1)^{n-1}x^{n-1} + \cdots \quad (x \in (-1,1))$$

对上式两边在区间 $[0,x]$ 上积分,得

$$\ln(1+x) = x - \frac{x^2}{2} + \frac{x^3}{3} - \frac{x^4}{4} + \cdots + (-1)^{n-1}\frac{x^n}{n} + \cdots \quad (x \in (-1,1))$$

再考察上面级数在端点处的收敛性,可知 $x = \pm 1$ 处分别对应收敛的级数 $\displaystyle\sum_{n=0}^{\infty} (-1)^n \frac{1}{n}$ 与发散的级数 $\displaystyle\sum_{n=0}^{\infty} \frac{1}{n}$,因此有

$$\ln(1+x) = x - \frac{x^2}{2} + \frac{x^3}{3} - \frac{x^4}{4} + \cdots + (-1)^{n-1}\frac{x^n}{n} + \cdots \quad (x \in (-1,1])$$

例 5 将函数 $f(x) = \ln x$ 展开成 $x - 2$ 的幂级数.

解法 1:由于

$$\ln(1+x) = x - \frac{x^2}{2} + \frac{x^3}{3} - \cdots + \frac{(-1)^{n-1}}{n}x^n + \cdots \quad (x \in (-1,1])$$

所以有

$$\ln x = \ln(2 + (x-2)) = \ln\left[2\left(1 + \frac{x-2}{2}\right)\right] = \ln 2 + \ln\left(1 + \frac{x-2}{2}\right)$$

$$= \ln 2 + \frac{x-2}{2} - \frac{1}{2}\left(\frac{x-2}{2}\right)^2 + \cdots + \frac{(-1)^{n-1}}{n}\left(\frac{x-2}{2}\right)^n + \cdots$$

$$= \ln 2 + \frac{1}{2}(x-2) - \frac{1}{2\cdot 2^2}(x-2)^2 + \cdots + \frac{(-1)^{n-1}}{n\cdot 2^n}(x-2)^n + \cdots$$

$$(0 < x \leqslant 4)$$

解法 2:由于

$$f'(x) = \frac{1}{x} = \frac{1}{2+x-2} = \frac{1}{2}\cdot\frac{1}{1+\frac{x-2}{2}} = \frac{1}{2}\sum_{n=0}^{\infty}\left(-\frac{x-2}{2}\right)^n = \sum_{n=0}^{\infty}\frac{(-1)^n}{2^{n+1}}(x-2)^n$$

其中 $\left|\dfrac{x-2}{2}\right| < 1$,即 $0 < x < 4$,对上式在区间 $[2,x]$ 上积分得

$$f(x) - f(2) = \sum_{n=0}^{\infty}\frac{(-1)^n}{2^{n+1}(n+1)}(x-2)^{n+1} = \sum_{n=1}^{\infty}\frac{(-1)^{n-1}}{n2^n}(x-2)^n$$

由于 $f(2) = \ln 2$,并考虑到收敛区间两端点处的收敛性,即可得

$$f(x) = \ln 2 + \sum_{n=1}^{\infty}\frac{(-1)^{n-1}}{n2^n}(x-2)^n, 0 < x \leqslant 4$$

例 6 将函数 $f(x) = \cos x$ 展开成 $x - \dfrac{\pi}{4}$ 的幂级数.

解 由于

$$f(x) = \cos x = \cos\left[\left(x - \frac{\pi}{4}\right) + \frac{\pi}{4}\right] = \frac{\sqrt{2}}{2}\left[\cos\left(x - \frac{\pi}{4}\right) - \sin\left(x - \frac{\pi}{4}\right)\right]$$

利用

$$\cos\left(x - \frac{\pi}{4}\right) = 1 - \frac{1}{2!}\left(x - \frac{\pi}{4}\right)^2 + \cdots + \frac{(-1)^n}{(2n)!}\left(x - \frac{\pi}{4}\right)^{2n} + \cdots$$

$$(x \in (-\infty, +\infty))$$

$$\sin\left(x - \frac{\pi}{4}\right) = \left(x - \frac{\pi}{4}\right) - \frac{1}{3!}\left(x - \frac{\pi}{4}\right)^3 + \cdots + \frac{(-1)^n}{(2n+1)!}\left(x - \frac{\pi}{4}\right)^{2n+1} + \cdots$$

$$(x \in (-\infty, +\infty))$$

则得

$$\cos x = \frac{\sqrt{2}}{2}\left[1 - \left(x - \frac{\pi}{4}\right) - \frac{1}{2!}\left(x - \frac{\pi}{4}\right)^2 + \frac{1}{3!}\left(x - \frac{\pi}{4}\right)^3 + \cdots\right]$$

$$(x \in (-\infty, +\infty))$$

例 7 将函数 $f(x) = \dfrac{x-1}{x^2 - 2x - 3}$ 展开成 x 的幂级数.

解 由于

$$f(x) = \frac{x-1}{(x-3)(x+1)} = \frac{1}{2}\left(\frac{1}{x+1} + \frac{1}{x-3}\right)$$

而

$$\frac{1}{1+x} = \sum_{n=0}^{\infty} (-1)^n x^n \quad (|x| < 1)$$

$$\frac{1}{x-3} = \frac{1}{-3} \cdot \frac{1}{1 - \frac{x}{3}} = \frac{1}{-3}\sum_{n=0}^{\infty}\left(\frac{x}{3}\right)^n = \sum_{n=0}^{\infty}\left(\frac{-1}{3^{n+1}}\right)x^n \quad \left(\left|\frac{x}{3}\right| < 1\right)$$

所以当 $|x| < 1$ 时,上面两式同时成立,则有

$$f(x) = \frac{1}{2}\left[\sum_{n=0}^{\infty}(-1)^n x^n + \sum_{n=0}^{\infty}\left(\frac{-1}{3^{n+1}}\right)x^n\right] = \frac{1}{2}\sum_{n=0}^{\infty}\left[(-1)^n - \frac{1}{3^{n+1}}\right]x^n$$

$$(x \in (-1, 1))$$

例 8 将函数 $f(x) = \dfrac{1}{x^2 + 3x + 2}$ 展开成 $x - 1$ 的幂级数.

解 由于

$$f(x) = \frac{1}{x^2 + 3x + 2} = \frac{1}{(x+1)(x+2)} = \frac{1}{1+x} - \frac{1}{2+x}$$

$$= \frac{1}{2\left(1 + \frac{x-1}{2}\right)} - \frac{1}{3\left(1 + \frac{x-1}{3}\right)}$$

而

$$\frac{1}{2\left(1+\dfrac{x-1}{2}\right)} = \frac{1}{2}\sum_{n=0}^{\infty}(-1)^n\frac{(x-1)^n}{2^n} \quad (-1 < x < 3)$$

$$\frac{1}{3\left(1+\dfrac{x-1}{3}\right)} = \frac{1}{3}\sum_{n=0}^{\infty}(-1)^n\frac{(x-1)^n}{3^n} \quad (-2 < x < 4)$$

当 $-1 < x < 3$ 时上面两式都成立,故得展开式

$$f(x) = \frac{1}{x^2+3x+2} = \sum_{n=0}^{\infty}(-1)^n\left(\frac{1}{2^{n+1}}-\frac{1}{3^{n+1}}\right)(x-1)^n \quad (-1 < x < 3)$$

*12.4.2 幂级数的应用

1) 利用幂级数展开式进行近似计算

例 9 计算 ln2 的近似值,使误差不超过 10^{-4}.

解 由于对数函数 $\ln(1+x)$ 的展开式在 $x = 1$ 处也成立,所以有

$$\ln2 = 1 - \frac{1}{2} + \frac{1}{3} - \cdots + (-1)^{n-1}\frac{1}{n} + \cdots$$

如果用右端级数的前 n 项之和作 ln2 的近似值,根据交错级数理论,为使绝对误差小于 10^{-4},需要计算一万项,计算量太大,这是由于这个级数的收敛速度太慢,而利用 $\ln\dfrac{1+x}{1-x}$ 的展开式计算可以加快收敛速度.

$$\ln\frac{1+x}{1-x} = \ln(1+x) - \ln(1-x) = \sum_{n=1}^{\infty}(-1)^{n-1}\frac{x^n}{n} + \sum_{n=1}^{\infty}\frac{x^n}{n}$$

$$= 2\sum_{n=1}^{\infty}\frac{x^{2n-1}}{2n-1} \quad (x \in (-1,1))$$

令 $\dfrac{1+x}{1-x} = 2$,得 $x = \dfrac{1}{3}$,代入上式得

$$\ln2 = 2\left[\frac{1}{3} + \frac{1}{3}\left(\frac{1}{3}\right)^3 + \frac{1}{5}\left(\frac{1}{3}\right)^5 + \frac{1}{7}\left(\frac{1}{3}\right)^7 + \cdots + \frac{1}{2n-1}\left(\frac{1}{3}\right)^{2n-1} + \cdots\right]$$

由于

$$|R_n| = \sum_{k=n+1}^{\infty}\frac{2}{2k-1}\left(\frac{1}{3}\right)^{2k-1} = \frac{2}{3}\sum_{k=n+1}^{\infty}\frac{1}{2k-1}\left(\frac{1}{9}\right)^{k-1} < \frac{1}{3n}\sum_{k=n+1}^{\infty}\left(\frac{1}{9}\right)^{k-1}$$

$$< \frac{1}{3n}\frac{\left(\dfrac{1}{9}\right)^n}{1-\dfrac{1}{9}} = \frac{1}{24n9^{n-1}} < \frac{1}{n\cdot9^n}$$

只要取 $n = 4$,就有 $|R_n| < 10^{-4}$,即达到所要求的精度,由此求得

$$\ln 2 \approx 2\left[\frac{1}{3} + \frac{1}{3}\left(\frac{1}{3}\right)^3 + \frac{1}{5}\left(\frac{1}{3}\right)^5 + \frac{1}{7}\left(\frac{1}{3}\right)^7\right] \approx 0.693\ 1$$

2）利用幂级数推导欧拉公式

欧拉公式：

$$e^{ix} = \cos x + i\sin x$$

（其中 $x \in \mathbf{R}, i = \sqrt{-1}$ 是虚单位）揭示了三角函数与复变量指数函数之间的一种联系，在复变函数及函数表示中经常用到.

下面利用幂级数给出了欧拉公式的推导过程.

由于

$$e^x = \sum_{n=0}^{\infty} \frac{x^n}{n!} \quad (x \in (-\infty, +\infty))$$

由复变函数可知，上式在复数域内仍成立，即有

$$e^z = \sum_{n=0}^{\infty} \frac{z^n}{n!}, \quad z = a + bi, \quad |z| < \infty$$

且右端幂级数在复平面内处处绝对收敛，令 $z = ix$，则

$$e^{ix} = \sum_{n=0}^{\infty} \frac{(ix)^n}{n!} = 1 + ix + \frac{(ix)^2}{2!} + \frac{(ix)^3}{3!} + \cdots + \frac{(ix)^n}{n!} + \cdots$$

$$= 1 + ix - \frac{x^2}{2!} - i\frac{x^3}{3!} + \frac{x^4}{4!} + i\frac{x^5}{5!} - \frac{x^6}{6!} - i\frac{x^7}{7!} + \cdots$$

由于收敛级数加括号后的级数仍收敛，其收敛性与项的次序无关，故有

$$e^{ix} = \left(1 - \frac{x^2}{2!} + \frac{x^4}{4!} - \frac{x^6}{6!} + \cdots\right) + i\left(x - \frac{x^3}{3!} + \frac{x^5}{5!} - \frac{x^7}{7!} + \cdots\right)$$

$$= \cos x + i\sin x$$

因此欧拉公式成立. 类似地有

$$e^{-ix} = \cos x - i\sin x$$

将上面两式相加（减），并整理得欧拉公式的另一种形式：

$$\cos x = \frac{e^{ix} + e^{-ix}}{2}, \quad \sin x = \frac{e^{ix} - e^{-ix}}{2i}$$

习题 12.4

1. 将下列函数展开为 x 的幂级数，并指出其收敛域：

(1) $\ln(4 + x)$.

(2) $\sin^2 x$.

(3) $\dfrac{1}{2 - x}$.

(4) $\dfrac{x}{1 - x - 2x^2}$.

(5) $\dfrac{1}{(1-x)(2-x)}$.

(6) a^x.

2. 将 $f(x) = \arctan x$ 展开为麦克劳林级数.

3. 将下列函数在指定点处展开成幂级数,并指出其收敛域:

(1) $\dfrac{1}{5-x}$, $x_0 = 2$.

(2) $\cos x$, $x_0 = -\dfrac{\pi}{3}$.

(3) $\dfrac{x-1}{x+1}$, $x_0 = 1$.

(4) $\dfrac{1}{x^2+5x+6}$, $x_0 = -4$.

4. 求下列各数的近似值,精确到 10^{-4}:

(1) e.

(2) $\sqrt{1.005}$.

12.5 傅立叶级数

本节我们将讨论另一类在数值计算与工程技术中都有着广泛应用的函数项级数,即由正弦函数与余弦函数列叠加而成的三角级数,也就是所谓的傅立叶级数.

在自然界中,有许多周而复始的现象,如物体的振动,声、光、电的波动等都是周期运动. 在数学上,可以用周期函数来描述周期现象,简谐振动就可用正弦函数(也称为谐函数)$A\sin(\omega t + \varphi)$ 表示,其中 t 为时间,A 为振幅,ω 为角频率,$T = \dfrac{2\pi}{\omega}$ 为周期,φ 为初相. 对比较复杂的周期现象,特别是在电子、自控、通讯等领域中,为了掌握周期信号 $f(t)$(如脉冲) 在传输过程中的变化规律,常需要将它看成一系列正弦波的叠加,即

$$f(t) = \sum_k A_k \sin(\omega_k t + \varphi_k)$$

这种方法在工程上称为**谐波分析**. 相应的数学工具就是傅立叶(Fourier) 级数.

从数学上看,上面的问题就是能否把复杂的非正弦周期函数展开为一系列正弦函数之和,如果可以,那么它在物理意义上,就是把一个比较复杂的周期运动分解成许多简单的简谐振动的叠加,由此就可以通过简谐振动来研究复杂的周期运动. 将这类现象化为数学问题,即要讨论如何将一个周期函数 $f(t)$ 展开为一系列正弦函数 $A_n\sin(n\omega t + \varphi_n)$ $(n = 1,2,\cdots)$ 的和,即

$$f(t) = A_0 + \sum_{n=1}^{\infty} A_n \sin(n\omega t + \varphi_n) \qquad (12\text{-}25)$$

其中 $A_0, A_n, \varphi_n (n = 1,2,\cdots)$ 都是常数.

由于

$$A_n\sin(n\omega t + \varphi_n) = A_n\cos n\omega t \cdot \sin\varphi_n + A_n\sin n\omega t \cdot \cos\varphi_n \quad (n = 1,2,\cdots)$$

令 $A_0 = \dfrac{a_0}{2}, A_n\sin\varphi_n = a_n, A_n\cos\varphi_n = b_n, \omega t = x$,则式(12-25)右端的级数化为

$$\frac{a_0}{2} + \sum_{n=1}^{\infty}(a_n\cos nx + b_n\sin nx) \tag{12-26}$$

形如式(12-26)的级数称为**三角级数**,它是研究周期现象的重要数学工具.本节着重讨论如何将一个已知函数表示为三角级数以及三角级数的收敛性问题.

12.5.1　以 2π 为周期的函数展开成傅立叶级数

设周期函数 $f(x)$ 能展开成三角级数(12-26),那么展开式中的系数 $a_0, a_n, b_n(n = 1, 2, \cdots)$ 如何计算?

显然三角级数(12-26)是由三角函数中正弦与余弦函数组成的函数列

$$\{1, \cos x, \sin x, \cos 2x, \sin 2x, \cdots, \cos nx, \sin nx, \cdots\}$$

构成的,通常称该函数列为**三角函数系**.下面先讨论三角函数系的正交性,再利用三角函数系的正交性求出三角级数(12-26)中的系数公式.

1) 三角函数系的正交性

先介绍三角函数系的积分性质.

由于三角函数系

$$\{1, \cos x, \sin x, \cos 2x, \sin 2x, \cdots, \cos nx, \sin nx, \cdots\}$$

中的每一个函数都以 2π 为周期,容易验证这个函数系有如下的重要性质:**三角函数系中任意两个不同函数的乘积在 $[-\pi, \pi]$ 上的积分都等于零**,即

$$\int_{-\pi}^{\pi} 1 \cdot \cos nx\, \mathrm{d}x = 0$$

$$\int_{-\pi}^{\pi} 1 \cdot \sin nx\, \mathrm{d}x = 0$$

$$\int_{-\pi}^{\pi} \cos kx \sin nx\, \mathrm{d}x = 0$$

$$\int_{-\pi}^{\pi} \cos kx \cos nx\, \mathrm{d}x = 0 \quad (k \neq n, \text{且 } k, n \in \mathbf{N}_+)$$

$$\int_{-\pi}^{\pi} \sin kx \sin nx\, \mathrm{d}x = 0 \quad (k \neq n, \text{且 } k, n \in \mathbf{N}_+)$$

$$(k, n = 1, 2, \cdots)$$

但其中任一函数的平方在 $[-\pi, \pi]$ 上的积分都不等于零,且有

$$\int_{-\pi}^{\pi} \mathrm{d}x = 2\pi$$

$$\int_{-\pi}^{\pi} \sin^2 nx\, \mathrm{d}x = \pi$$

$$\int_{-\pi}^{\pi} \cos^2 nx \, dx = \pi \quad (n \in \mathbf{N}_+)$$

称这个性质为**三角函数系的正交性**. 根据周期函数的积分性质,上述等式在任一长为 2π 的积分区间 $[a, a+2\pi]$ 上也成立.

上述性质读者可以通过计算直接验证. 这里仅验证第五式:

$$\int_{-\pi}^{\pi} \sin kx \sin nx \, dx = 0 \quad (k \neq n, \text{且 } k, n \in \mathbf{N}_+)$$

证　由积化和差公式,对任意的 $k, n = 1, 2, \cdots,$ 可得

$$\sin kx \sin nx = \frac{1}{2}[\cos(k-n)x - \cos(k+n)x]$$

当 $k \neq n$ 时,有

$$\int_{-\pi}^{\pi} \sin kx \sin nx \, dx = \frac{1}{2} \int_{-\pi}^{\pi} [\cos(k-n)x - \cos(k+n)x] dx$$

$$= \frac{1}{2} \left[\frac{\sin(k-n)x}{k-n} - \frac{\sin(k+n)x}{k+n} \right] \Big|_{-\pi}^{\pi}$$

$$= 0$$

2) 周期为 2π 的函数展开成傅立叶级数

设 $f(x)$ 是以 2π 为周期的函数,且能展开成三角级数

$$f(x) = \frac{a_0}{2} + \sum_{n=1}^{\infty} (a_n \cos nx + b_n \sin nx) \tag{12-27}$$

那么展开式(12-27)中的系数如何确定?在什么条件下三角级数(12-27)收敛于函数 $f(x)$?

下面先利用三角函数系的正交性解决第一个问题.

利用周期函数的积分性质,只要对 $f(x)$ 在 $[-\pi, \pi]$ 上讨论就可以了. 假设右端级数在 $[-\pi, \pi]$ 上可以逐项积分,左端函数 $f(x)$ 在 $[-\pi, \pi]$ 上可积. 对式(12-27)两端分别在 $[-\pi, \pi]$ 上积分得

$$\int_{-\pi}^{\pi} f(x) dx = \frac{a_0}{2} \int_{-\pi}^{\pi} dx + \sum_{n=1}^{\infty} \int_{-\pi}^{\pi} (a_n \cos nx + b_n \sin nx) dx$$

由三角函数系的正交性,等式右端的积分除第一项外其余均为零,则

$$\int_{-\pi}^{\pi} f(x) dx = a_0 \pi$$

即得

$$a_0 = \frac{1}{\pi} \int_{-\pi}^{\pi} f(x) dx$$

在式(12-27)两端同乘以 $\cos kx (k = 1, 2, \cdots)$ 后在区间 $[-\pi, \pi]$ 上积分,利用逐项积分公式得

$$\int_{-\pi}^{\pi} f(x)\cos kx\,\mathrm{d}x = \frac{a_0}{2}\int_{-\pi}^{\pi}\cos kx\,\mathrm{d}x + \sum_{n=1}^{\infty}\left(a_n\int_{-\pi}^{\pi}\cos nx\cos kx\,\mathrm{d}x + b_n\int_{-\pi}^{\pi}\sin nx\cos kx\,\mathrm{d}x \right)$$

由三角函数系的正交性,得

$$\int_{-\pi}^{\pi} f(x)\cos kx\,\mathrm{d}x = a_k\int_{-\pi}^{\pi}\cos^2 kx\,\mathrm{d}x = \pi a_k$$

从而

$$a_k = \frac{1}{\pi}\int_{-\pi}^{\pi} f(x)\cos kx\,\mathrm{d}x \quad (k=1,2,\cdots)$$

类似地,用 $\sin kx$ 同乘以式(12-27)的两端,并在$[-\pi,\pi]$上逐项积分,再利用三角函数系的正交性可得

$$b_k = \frac{1}{\pi}\int_{-\pi}^{\pi} f(x)\sin kx\,\mathrm{d}x \quad (k=1,2,\cdots)$$

将上面两式中的 k 用 n 代替,并令 $n=0$,即得到 a_0、a_n、b_n 的系数公式为

$$\begin{cases} a_0 = \dfrac{1}{\pi}\int_{-\pi}^{\pi} f(x)\,\mathrm{d}x \\[2mm] a_n = \dfrac{1}{\pi}\int_{-\pi}^{\pi} f(x)\cos nx\,\mathrm{d}x \quad (n=1,2,\cdots) \\[2mm] b_n = \dfrac{1}{\pi}\int_{-\pi}^{\pi} f(x)\sin nx\,\mathrm{d}x \quad (n=1,2,\cdots) \end{cases} \tag{12-28}$$

式(12-28)称为欧拉-傅立叶公式.按该公式算出的系数 a_0、a_n、$b_n (n=1,2,\cdots)$ 称为**函数 $f(x)$ 的傅立叶系数**,由傅立叶系数确定的三角级数

$$\frac{a_0}{2} + \sum_{n=1}^{\infty}(a_n\cos nx + b_n\sin nx)$$

称为函数 $f(x)$ 的傅立叶级数,记作

$$f(x) \sim \frac{a_0}{2} + \sum_{n=1}^{\infty}(a_n\cos nx + b_n\sin nx) \tag{12-29}$$

需要指出式(12-29)中不用"$=$"号,而用"$\sim$"符号,是因为 $f(x)$ 的傅立叶级数$\dfrac{a_0}{2}$ $+ \sum\limits_{n=1}^{\infty}(a_n\cos nx + b_n\sin nx)$ 是否收敛于 $f(x)$,还尚待考查.

在傅立叶级数(12-29)中$\dfrac{a_0}{2}$ 称为**直流分量**,$a_1\cos x + b_1\sin x$ 称为**基波**,$a_n\cos nx + b_n\sin nx$ 称为 n 次**谐波**.

在求出函数 $f(x)$ 的傅立叶级数后,我们想知道,函数 $f(x)$ 在什么条件下才能保证其傅立叶级数收敛?如果收敛,是否收敛于 $f(x)$?事实上,傅立叶级数的收敛性问题是一个比较复杂的理论问题,下面仅不加证明地给出一个应用比较广泛的充分条件.

定理[狄利克雷(Dirichlet)收敛定理] 设 $f(x)$ 是以 2π 为周期的函数,它在 $[-\pi,\pi]$ 上满足:

(1) 连续或只有有限个第一类间断点;

(2) 至多只有有限个极值点,

则 $f(x)$ 的傅立叶级数收敛,且

(1) 当 x 是 $f(x)$ 的连续点时,级数收敛于 $f(x)$;

(2) 当 x 是 $f(x)$ 的间断点时,级数收敛于 $\dfrac{1}{2}[f(x^-)+f(x^+)]$.

收敛定理中的条件通常称为**狄利克雷条件**,初等函数和实际问题中的分段函数一般都能满足此条件,由此可见将函数展开为傅立叶级数的条件比展开成幂级数的条件要低得多,因此傅立叶级数具有更广泛的应用性.

当证明了该级数收敛性且连续点处收敛于函数 $f(x)$ 后,则式(12-29)中就可以把符号"~"换成等号"="了.

若记 $I=\left\{x\Big|f(x)=\dfrac{1}{2}[f(x^-)+f(x^+)]\right\}$,则根据收敛定理有

$$f(x)=\frac{a_0}{2}+\sum_{n=1}^{\infty}(a_n\cos nx+b_n\sin nx)\quad(x\in I)\qquad(12-30)$$

其中

$$\begin{cases}a_n=\dfrac{1}{\pi}\displaystyle\int_{-\pi}^{\pi}f(x)\cos nx\,\mathrm{d}x\quad(n=0,1,2,\cdots)\\[3mm]b_n=\dfrac{1}{\pi}\displaystyle\int_{-\pi}^{\pi}f(x)\sin nx\,\mathrm{d}x\quad(n=1,2,\cdots)\end{cases}$$

式(12-30)称为函数 $f(x)$ 的**傅立叶级数展开式**,而 I 称为**展开区域**.

例 1 设 $f(x)$ 是以 2π 为周期的函数,它在 $(-\pi,\pi]$ 上的定义为

$$f(x)=\begin{cases}0 & (-\pi<x<0)\\ x & (0\leqslant x\leqslant\pi)\end{cases}$$

将 $f(x)$ 展开成傅立叶级数.

解 函数 $f(x)$ 的图形如图 12-2 所示.根据系数公式(12-28),得

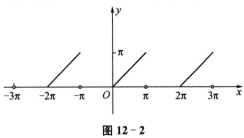

图 12-2

$$a_0 = \frac{1}{\pi}\int_{-\pi}^{\pi} f(x)\mathrm{d}x = \frac{1}{\pi}\int_0^{\pi} x\mathrm{d}x = \frac{\pi}{2}$$

$$a_n = \frac{1}{\pi}\int_{-\pi}^{\pi} f(x)\cos nx\,\mathrm{d}x = \frac{1}{\pi}\int_0^{\pi} x\cos nx\,\mathrm{d}x = \frac{(-1)^n - 1}{n^2\pi} = \begin{cases} -\dfrac{2}{n^2\pi} & (n\text{ 为奇数}) \\[2mm] 0 & (n\text{ 为偶数}) \end{cases}$$

$$b_n = \frac{1}{\pi}\int_{-\pi}^{\pi} f(x)\sin nx\,\mathrm{d}x = \frac{1}{\pi}\int_0^{\pi} x\sin nx\,\mathrm{d}x$$

$$= \frac{1}{\pi}\left[\frac{-x\cos nx}{n}\Big|_0^{\pi} + \frac{1}{n}\int_0^{\pi}\cos nx\,\mathrm{d}x\right] = \frac{(-1)^{n+1}}{n}$$

显然，$f(x)$ 满足狄利克雷条件，因此根据狄利克雷定理，$f(x)$ 的傅立叶级数展开式为

$$f(x) = \frac{\pi}{4} + \sum_{n=1}^{\infty}\left[\frac{-2}{\pi(2n-1)^2}\cos(2n-1)x + \frac{(-1)^{n+1}}{n}\sin nx\right]$$

$$(-\infty < x < +\infty, x \neq \pm\pi, \pm3\pi, \cdots)$$

当 $x = k\pi\,(k = \pm1, \pm3, \cdots)$ 时，$f(x)$ 的傅立叶级数均收敛于

$$\frac{1}{2}\left[f(-\pi+0) + f(\pi-0)\right] = \frac{\pi}{2}$$

例 2 设 $f(x)$ 是周期为 2π 的周期函数，它在 $[-\pi, \pi)$ 上的表达式为

$$f(x) = \begin{cases} -1 & (-\pi \leqslant x < 0) \\ 1 & (0 \leqslant x < \pi) \end{cases}$$

将 $f(x)$ 展开成傅立叶级数.

解 由题设可知，$f(x)$ 为奇函数，根据傅立叶系数公式(12-28)，并利用对称区间上奇、偶函数的积分性质可知，由于 $f(x)\cos nx$ 为奇函数，故

$$a_n = \frac{1}{\pi}\int_{-\pi}^{\pi} f(x)\cos nx\,\mathrm{d}x = 0 \quad (n = 0, 1, 2, \cdots)$$

由于 $f(x)\sin nx$ 为偶函数，故

$$b_n = \frac{1}{\pi}\int_{-\pi}^{\pi} f(x)\sin nx\,\mathrm{d}x = \frac{2}{\pi}\int_0^{\pi} 1\cdot\sin nx\,\mathrm{d}x = \frac{2}{\pi}\left[-\frac{\cos nx}{n}\right]_0^{\pi}$$

$$= \frac{2}{n\pi}\left[1 - (-1)^n\right] = \begin{cases} \dfrac{4}{n\pi} & (n = 1, 3, 5, \cdots) \\[2mm] 0 & (n = 2, 4, 6, \cdots) \end{cases}$$

于是得函数 $f(x)$ 的傅立叶级数为

$$\frac{4}{\pi}\left[\sin x + \frac{1}{3}\sin 3x + \cdots + \frac{1}{2n-1}\sin(2n-1)x + \cdots\right]$$

由于函数 $f(x)$ 满足收敛定理的条件，它在点 $x = k\pi\,(k = 0, \pm1, \pm2, \cdots)$ 处不连续，在其他点处连续，从而由狄利克雷收敛定理可知：$f(x)$ 的傅立叶级数收敛，并且当 $x = k\pi$ 时收敛于

$$\frac{1}{2}\big[f(x^-)+f(x^+)\big]=\frac{1}{2}(-1+1)=0$$

当 $x\neq k\pi$ 时级数收敛于 $f(x)$. 即

$$f(x)=\frac{4}{\pi}\Big[\sin x+\frac{1}{3}\sin 3x+\cdots+\frac{1}{2n-1}\sin(2n-1)x+\cdots\Big]$$

$$(-\infty<x<+\infty,x\neq 0,\pm\pi,\pm 2\pi,\cdots)$$

该傅立叶级数的和函数的图形如图 12-3 所示.

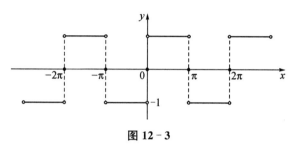

图 12-3

3）正弦级数和余弦级数

设 $f(x)$ 为奇函数时,则 $f(x)\cos nx$ 是奇函数, $f(x)\sin nx$ 是偶函数,根据奇偶函数在对称的区间上的积分性质,它的傅立叶系数为

$$a_n=\frac{1}{\pi}\int_{-\pi}^{\pi}f(x)\cos nx\,\mathrm{d}x=0\quad(n=0,1,2,\cdots)$$

$$b_n=\frac{2}{\pi}\int_{0}^{\pi}f(x)\sin nx\,\mathrm{d}x\quad(n=1,2,\cdots)$$

所以,奇函数的傅立叶级数是只含有正弦项的**正弦级数**

$$f(x)\sim\sum_{n=1}^{\infty}b_n\sin nx \qquad (12-31)$$

设 $f(x)$ 为偶函数时,则 $f(x)\cos nx$ 是偶函数, $f(x)\sin nx$ 是奇函数,故它的傅立叶系数为

$$a_n=\frac{2}{\pi}\int_{0}^{\pi}f(x)\cos nx\,\mathrm{d}x\quad(n=0,1,2,\cdots)$$

$$b_n=0\quad(n=1,2,\cdots)$$

所以,偶函数的傅立叶级数是只含有常数项和余弦项的**余弦级数**

$$f(x)\sim\frac{a_0}{2}+\sum_{n=1}^{\infty}a_n\cos nx \qquad (12-32)$$

例 3　设 $f(x)$ 是以 2π 为周期,在 $(-\pi,\pi]$ 上的表达式为 $f(x)=|x|$ 的三角波函数,试将 $f(x)$ 展开成傅立叶级数.

解　函数 $f(x)$ 在 $(-\infty,+\infty)$ 内处处连续,所以 $f(x)$ 在 $[-\pi,\pi]$ 上满足狄利克雷条件,且 $f(x)$ 是偶函数,所以 $b_n=0(n=1,2,\cdots)$,而

$$a_0 = \frac{2}{\pi} \int_0^\pi f(x)\mathrm{d}x = \frac{2}{\pi} \int_0^\pi x\mathrm{d}x = \pi$$

$$a_n = \frac{2}{\pi} \int_0^\pi f(x)\cos nx\,\mathrm{d}x = \frac{2}{\pi} \int_0^\pi x\cos nx\,\mathrm{d}x$$

$$= \frac{2}{n\pi}\left(x\sin nx\,\Big|_0^\pi - \int_0^\pi \sin nx\,\mathrm{d}x\right) = \frac{2}{n^2\pi}\cos nx\,\Big|_0^\pi$$

$$= \frac{2}{n^2\pi}\left[(-1)^n - 1\right] = \begin{cases} 0 & （n \text{ 为偶数}） \\ -\dfrac{4}{n^2\pi} & （n \text{ 为奇数}） \end{cases}$$

从而得 $f(x)$ 的傅立叶展开式为余弦级数

$$f(x) = \frac{\pi}{2} - \frac{4}{\pi} \sum_{n=1}^{\infty} \frac{1}{(2n-1)^2}\cos(2n-1)x$$

$$= \frac{\pi}{2} - \frac{4}{\pi}\left(\cos x + \frac{1}{3^2}\cos 3x + \frac{1}{5^2}\cos 5x + \cdots\right) \quad (-\infty < x < +\infty)$$

12.5.2　非周期函数的傅立叶级数

1) 将 $[-\pi,\pi)$ 或 $(-\pi,\pi]$ 上的函数展开为傅立叶级数

在工程技术中，有时需要把只定义在区间 $[-\pi,\pi)$ 或 $(-\pi,\pi]$ 上且满足狄利克雷条件的非周期函数 $f(x)$ 展开成傅立叶级数. 这时，我们可将 $f(x)$ 延拓成以 2π 为周期的函数 $F(x)$，即定义一个以 2π 为周期的新函数 $F(x)$，使它按 $f(x)$ 在 $[-\pi,\pi)$ 上的图形向两端以 $T=2\pi$ 的周期延拓. 而在 $[-\pi,\pi)$ 或 $(-\pi,\pi]$ 上，$F(x)=f(x)$，$F(x)$ 称为 $f(x)$ 的**周期延拓**. 将 $F(x)$ 展开成傅立叶级数，其傅立叶系数为

$$a_n = \frac{1}{\pi} \int_{-\pi}^{\pi} F(x)\cos nx\,\mathrm{d}x = \frac{1}{\pi} \int_{-\pi}^{\pi} f(x)\cos nx\,\mathrm{d}x \quad (n = 0,1,2,\cdots)$$

$$b_n = \frac{1}{\pi} \int_{-\pi}^{\pi} F(x)\sin nx\,\mathrm{d}x = \frac{1}{\pi} \int_{-\pi}^{\pi} f(x)\sin nx\,\mathrm{d}x \quad (n = 1,2,\cdots)$$

若将 $F(x)$ 的傅立叶级数限制在 $[-\pi,\pi)$ 或 $(-\pi,\pi]$ 上，即得定义在区间 $[-\pi,\pi)$ 或 $(-\pi,\pi]$ 上的函数 $f(x)$ 的傅立叶级数.

　　例 5　将函数 $f(x) = \begin{cases} 1+x & (-\pi \leqslant x \leqslant 0) \\ 1-x & (0 < x < \pi) \end{cases}$ 展开成傅立叶级数，并计算 $\sum_{n=1}^{\infty} \dfrac{1}{(2n-1)^2}$ 的值.

　　解　因为 $f(x)$ 是 $(-\pi,\pi)$ 上的偶函数，对其进行 $T=2\pi$ 的周期延拓，得到 $T=2\pi$ 的周期函数 $F(x)$，显然 $F(x)$ 连续且满足狄利克雷条件，其傅立叶系数为

$$a_0 = \frac{2}{\pi} \int_0^\pi (1-x)\mathrm{d}x = 2 - \pi$$

$$a_n = \frac{2}{\pi}\int_0^\pi (1-x)\cos nx\,\mathrm{d}x = \frac{2}{n^2\pi}[1-(-1)^n] = \begin{cases} \dfrac{4}{\pi n^2} & (n \text{ 为奇数}) \\[2mm] 0 & (n \text{ 为偶数}) \end{cases}$$

$$b_n = 0 \quad (n = 1,2,\cdots)$$

根据狄利克雷收敛定理,得

$$f(x) = 1 - \frac{\pi}{2} + \frac{4}{\pi}\left(\cos x + \frac{\cos 3x}{9} + \frac{\cos 5x}{25} + \cdots\right) \quad (-\pi \leqslant x < \pi)$$

上式对$[-\pi,\pi)$上的任意一点都成立. 如果取 $x = 0$,即得

$$\frac{\pi}{2} = \frac{4}{\pi}\left(1 + \frac{1}{3^2} + \frac{1}{5^2} + \cdots + \frac{1}{(2n-1)^2} + \cdots\right)$$

即得

$$\sum_{n=1}^\infty \frac{1}{(2n-1)^2} = 1 + \frac{1}{3^2} + \frac{1}{5^2} + \cdots + \frac{1}{(2n-1)^2} + \cdots = \frac{\pi^2}{8}$$

例 6 设函数 $f(x)$ 在$[-\pi,\pi)$上的表达式为 $f(x) = x$,将 $f(x)$ 展开成傅立叶级数.

解 显然 $f(x)$ 是$[-\pi,\pi)$上的奇函数,对其进行 $T = 2\pi$ 的周期延拓,得到函数 $F(x)$,$F(x)$ 在$(-\pi,\pi)$上连续且满足狄利克雷条件,所以其傅立叶系数为

$$a_n = 0 \quad (n = 0,1,2,\cdots)$$

$$b_n = \frac{2}{\pi}\int_0^\pi f(x)\sin nx\,\mathrm{d}x = \frac{2}{\pi}\int_0^\pi x\sin nx\,\mathrm{d}x$$

$$= \frac{-2}{n\pi}\int_0^\pi x\,\mathrm{d}\cos nx = \frac{-2}{n\pi}\left[(x\cos nx) - \left(\frac{\sin nx}{n}\right)\right]_0^\pi$$

$$= -\frac{2}{n}\cos n\pi = (-1)^{n+1}\frac{2}{n} \quad (n = 1,2,\cdots)$$

从而得 $f(x)$ 的傅立叶展开式为

$$f(x) = \sum_{n=1}^\infty b_n\sin nx$$

$$= 2\left[\sin x - \frac{1}{2}\sin 2x + \frac{1}{3}\sin 3x - \cdots + \frac{(-1)^{n+1}}{n}\sin nx + \cdots\right] \quad (-\pi < x < \pi)$$

2) 将$[0,\pi)$上的函数展开成正弦级数和余弦级数

在实际应用中,有时还需要把定义在$[0,\pi)$上且满足狄利克雷条件的函数 $f(x)$ 展开成傅立叶级数.

为此,首先要在$[0,\pi)$的以原点为中心的对称区间$(-\pi,0]$上补充定义,从而得到一个定义在$(-\pi,\pi)$上的函数 $F(x)$,再对它进行 $T = 2\pi$ 的周期延拓,得到一个以 $T = 2\pi$ 为周期的函数 $F(x)$,即可求得 $F(x)$ 的傅立叶级数,最后将 $F(x)$ 的傅立叶级数限制定义在$[0,\pi)$上即可得所求函数 $f(x)$ 的傅立叶级数. 因此定义在$[0,\pi)$

上的函数 $f(x)$ 的傅立叶级数是不唯一的,这就给应用带来了一定的不便.为了简便起见,实际应用中,常常首先要在$(-\pi,0)$上进行特殊的补充定义,得到一个定义在$(-\pi,\pi)$上的函数 $F(x)$,使得 $F(x)$ 在$(-\pi,\pi)$上是奇函数或偶函数,在$[0,\pi)$上等于 $f(x)$ 且满足狄利克雷条件.对按这种方式延拓函数定义域的过程分析称为**奇延拓或偶延拓**.最后我们将奇延拓或偶延拓后的函数 $F(x)$ 在$(-\pi,\pi)$上展开为傅立叶级数,再将其限制在$[0,\pi)$上,那么就可得到 $f(x)$ 在$[0,\pi)$上的正弦级数或余弦级数.

由奇偶函数在对称区间上的傅立叶系数公式可知,求傅立叶系数时只需在$[0,\pi)$上求积分,而无需在$(-\pi,\pi)$上进行积分.因此在计算傅立叶系数时,只要用到 $f(x)$ 在$[0,\pi)$上的值,所以并不需要具体给出辅助函数 $F(x)$ 的表达式,只要指明采用哪一种延拓方式即可.

综上分析可得满足狄利克雷条件的$[0,\pi)$上的函数 $f(x)$ 展开成正弦级数和余弦级数的具体方法.

(1) 偶延拓 —— 函数展开为余弦级数

如果要将 $f(x)$ 在$[0,\pi)$上展开成余弦级数,需采用偶延拓的方式,即定义

$$F(x) = \begin{cases} f(x) & (0 \leqslant x < \pi) \\ f(-x) & (-\pi < x \leqslant 0) \end{cases}$$

则 $F(x)$ 是$(-\pi,\pi)$上的偶函数,再以 2π 为周期将 $F(x)$ 延拓到$(-\infty,\infty)$,这样 $F(x)$ 就成为一个以 2π 为周期的偶函数.将 $F(x)$ 展开为傅立叶级数,其傅立叶系数为

$$a_n = \frac{2}{\pi}\int_0^\pi f(x)\cos nx\,\mathrm{d}x \quad (n = 0,1,2,\cdots)$$
$$b_n = 0 \quad (n = 1,2,\cdots)$$

在$(-\infty,\infty)$内

$$F(x) \sim \frac{a_0}{2} + \sum_{n=1}^\infty a_n\cos nx$$

在$[0,\pi)$上

$$f(x) \sim \frac{a_0}{2} + \sum_{n=1}^\infty a_n\cos nx$$

再讨论其收敛性,即得 $f(x)$ 在$[0,\pi)$上的余弦级数.

(2) 奇延拓 —— 函数展开为正弦级数

如果要将 $f(x)$ 在$[0,\pi)$上展开为正弦级数,则需要采用奇延拓的方式,即定义

$$F(x) = \begin{cases} f(x) & (0 \leqslant x < \pi) \\ -f(-x) & (-\pi < x < 0) \end{cases}$$

则 $F(x)$ 是$(-\pi,\pi)$上的奇函数,再以 2π 为周期将 $F(x)$ 延拓到区间$(-\infty,\infty)$,这

样 $F(x)$ 就成为一个以 2π 为周期的奇函数. 将 $F(x)$ 展开为傅立叶级数,其傅立叶系数为

$$a_n = 0 \quad (n = 0, 1, 2, \cdots)$$

$$b_n = \frac{2}{\pi} \int_0^\pi f(x) \sin nx \, dx \quad (n = 1, 2, \cdots)$$

在 $(-\infty, \infty)$ 内

$$F(x) \sim \sum_{n=1}^\infty b_n \sin nx$$

在 $[0, \pi]$ 上

$$f(x) \sim \sum_{n=1}^\infty b_n \sin nx$$

再讨论其收敛性,即得 $f(x)$ 在 $[0, \pi]$ 上的正弦级数.

无论是对 $f(x)$ 进行偶延拓还是奇延拓,在计算其傅立叶系数时,只需用到 $f(x)$ 在 $[0, \pi]$ 上的表达式. 因此在求解过程中并不需要具体给出辅助函数 $F(x)$ 的表达式,只要指明采用的延拓方式即可,最后要将 x 限制在 $[0, \pi]$ 上,根据狄利克雷收敛定理,即得 $[0, \pi]$ 上函数 $f(x)$ 的正弦级数或余弦级数.

例 7 试将函数 $f(x) = x + 1 (0 \leqslant x < \pi)$ 分别展开成正弦级数与余弦级数.

解 先将函数 $f(x) = x + 1 (0 \leqslant x < \pi)$ 展开成正弦级数. 为此对 $f(x)$ 进行奇延拓再进行 $T = 2\pi$ 的周期延拓,则对应的傅立叶系数为

$$a_n = 0 \quad (n = 0, 1, 2, \cdots)$$

$$b_n = \frac{2}{\pi} \int_0^\pi f(x) \sin nx \, dx = \frac{2}{\pi} \int_0^\pi (x+1) \sin nx \, dx$$

$$= \frac{2}{\pi} \left[-\frac{(x+1)\cos nx}{n} + \frac{\sin nx}{n^2} \right] \Big|_0^\pi = \frac{2}{n\pi} [1 - (\pi + 1)\cos n\pi]$$

$$= \frac{2}{n\pi} [1 - (-1)^n (\pi + 1)]$$

$$= \begin{cases} \dfrac{2}{\pi} \cdot \dfrac{\pi + 2}{n} & (n = 1, 3, 5, \cdots) \\ -\dfrac{2}{n} & (n = 2, 4, 6, \cdots) \end{cases}$$

再根据 $f(x) = x + 1$ 在 $(0, \pi)$ 内连续,于是有

$$x + 1 = \sum_{n=1}^\infty \frac{2}{n\pi} [1 - (-1)^n (\pi + 1)] \sin nx$$

$$= \frac{2}{\pi} \left[(\pi + 2)\sin x - \frac{\pi}{2}\sin 2x + \frac{1}{3}(\pi + 2)\sin 3x - \cdots \right] \quad (0 < x < \pi)$$

下面将函数 $f(x) = x + 1 (0 \leqslant x < \pi)$ 展开成余弦级数,为此先对 $f(x)$ 进行

偶延拓再进行 $T=2\pi$ 的周期延拓,则对应的傅立叶系数为

$$a_0 = \frac{2}{\pi}\int_0^\pi (x+1)\mathrm{d}x = \pi + 2$$

$$a_n = \frac{2}{\pi}\int_0^\pi (x+1)\cos nx\,\mathrm{d}x = \frac{2}{\pi}\left[\frac{(x+1)\sin nx}{n} + \frac{\cos nx}{n^2}\right]\Big|_0^\pi$$

$$= \frac{2}{n^2\pi}(\cos n\pi - 1) = \frac{2}{n^2\pi}[(-1)^n - 1] = \begin{cases} 0 & (n=2,4,6,\cdots) \\ -\dfrac{4}{n^2\pi} & (n=1,3,5,\cdots) \end{cases}$$

$$b_n = 1,2,\cdots$$

再根据 $f(x)=x+1$ 在 $[0,\pi)$ 上连续,于是有

$$x+1 = \frac{\pi}{2} + 1 + \frac{2}{\pi}\sum_{n=1}^\infty \frac{[(-1)^n - 1]}{n^2}\cos nx$$

$$= \frac{\pi}{2} + 1 - \frac{4}{\pi}\left(\cos x + \frac{1}{3^2}\cos 3x + \frac{1}{5^2}\cos 5x + \cdots\right) \quad (0 \leqslant x < \pi)$$

习题 12.5

1. 下列函数 $f(x)$ 是以 2π 为周期的函数,它在 $[-\pi,\pi)$ 或 $(-\pi,\pi]$ 上的表达式如下,试将其展开成傅立叶级数,并讨论其收敛性:

(1) $f(x) = \begin{cases} 0 & (-\pi \leqslant x < 0) \\ 1 & (0 \leqslant x < \pi) \end{cases}$.

(2) $f(x) = \begin{cases} -\dfrac{\pi}{2} & \left(-\pi \leqslant x < -\dfrac{\pi}{2}\right) \\ x & \left(-\dfrac{\pi}{2} \leqslant x < \dfrac{\pi}{2}\right) \\ \dfrac{\pi}{2} & \left(\dfrac{\pi}{2} \leqslant x < \pi\right) \end{cases}$.

(3) $f(x) = \left|\dfrac{Ax}{\pi}\right|$,$-\pi \leqslant x < \pi$,其中 A 为常数.

(4) $f(x) = \cos\dfrac{x}{2}$,$-\pi < x \leqslant \pi$.

2. 将下列定义在 $[-\pi,\pi]$ 上的函数展开为傅立叶级数:

(1) $f(x) = x^2$.   (2) $f(x) = 2\sin\dfrac{x}{3}$.

3. 将函数 $f(x) = 2x + 3$ 在 $[0,\pi)$ 上展开为余弦级数.

4. 将函数 $f(x) = x^2$ 在 $[0,\pi)$ 上展开成正弦级数.

5. 将级数 $f(x) = 1(0 \leqslant x < \pi)$ 展开成正弦级数,并求常数项级数 $\sum\limits_{n=1}^{\infty} (-1)^{n-1} \dfrac{1}{2n-1}$ 的和.

6. 证明:

(1) 当 $0 \leqslant x < \pi$ 时,有 $x(x-\pi) = -\dfrac{\pi^2}{6} + \sum\limits_{n=1}^{\infty} \dfrac{1}{n^2}\cos 2nx$.

(2) $\sum\limits_{n=1}^{\infty} \dfrac{(-1)^{n-1}}{n^2} = \dfrac{\pi^2}{12}$.

12.6 以 $2l$ 为周期的函数的傅立叶级数

我们已经讨论了以 2π 为周期的周期函数如何展开成傅立叶级数. 在很多实际应用中,还需要将周期不是 2π 的函数展开成傅立叶级数. 下面将利用变换的方法将 $T = 2l$ 的周期函数化为 $T = 2\pi$ 的周期函数,再利用前面讨论的结果,从而得到其傅立叶级数,并且该傅立叶级数有类似的收敛特性.

设 $f(x)$ 是 $T = 2l$ 的周期函数,并且它在一个周期上满足狄利克雷条件. 作变量代换 $x = \dfrac{l}{\pi}t$,则 $f(x) = f\left(\dfrac{l}{\pi}t\right)$,若记 $F(t) = f\left(\dfrac{l}{\pi}t\right)$,则当 $-l < x < l$,有 $-\pi < t < \pi$,因此 $F(t) = f\left(\dfrac{l}{\pi}t\right)$ 是 $T = 2\pi$ 的周期函数,显然 $F(t)$ 在 $[-\pi, \pi]$ 上满足狄利克雷条件,从而得到 $F(t)$ 的傅立叶级数

$$F(t) \sim \frac{a_0}{2} + \sum_{n=1}^{\infty} (a_n\cos nt + b_n\sin nt)$$

其中

$$a_n = \frac{1}{\pi}\int_{-\pi}^{\pi} F(t)\cos nt\,\mathrm{d}t \quad (n = 0,1,2,\cdots)$$

$$b_n = \frac{1}{\pi}\int_{-\pi}^{\pi} F(t)\sin nt\,\mathrm{d}t \quad (n = 1,2,\cdots)$$

再在上面各式中代入变换 $t = \dfrac{\pi}{l}x$ 及 $F(t) = f\left(\dfrac{l}{\pi}t\right) = f(x)$,即得 $f(x)$ 的傅立叶级数为

$$f(x) \sim \frac{a_0}{2} + \sum_{n=1}^{\infty} \left(a_n\cos\frac{n\pi}{l}x + b_n\sin\frac{n\pi}{l}x\right)$$

其中

$$a_n = \frac{1}{\pi}\int_{-\pi}^{\pi} F(t)\cos nt\,\mathrm{d}t = \frac{1}{l}\int_{-l}^{l} f(x)\cos\frac{n\pi}{l}x\,\mathrm{d}x \quad (n = 0,1,2,\cdots)$$

$$b_n = \frac{1}{\pi}\int_{-\pi}^{\pi} F(t)\sin nt\,\mathrm{d}t = \frac{1}{l}\int_{-l}^{l} f(x)\sin\frac{n\pi}{l}x\,\mathrm{d}x \quad (n = 1,2,\cdots)$$

从而得到以下定理.

定理 设 $f(x)$ 为 $T = 2l$ 的周期函数,并且在 $[-l, l]$ 上满足狄利克雷条件,则它的傅立叶级数展开式为

$$\frac{a_0}{2} + \sum_{n=1}^{\infty} \left(a_n \cos \frac{n\pi}{l} x + b_n \sin \frac{n\pi}{l} x \right) \tag{12-33}$$

其中

$$\begin{cases} a_n = \dfrac{1}{l} \displaystyle\int_{-l}^{l} f(x) \cos \dfrac{n\pi}{l} x \, \mathrm{d}x & (n = 0, 1, 2, \cdots) \\[3mm] b_n = \dfrac{1}{l} \displaystyle\int_{-l}^{l} f(x) \sin \dfrac{n\pi}{l} x \, \mathrm{d}x & (n = 1, 2, \cdots) \end{cases} \tag{12-34}$$

在 $f(x)$ 的连续点处,级数(12-33)收敛于 $f(x)$;在 $f(x)$ 的间断点处,级数(12-33)收敛于 $f(x)$ 在该点的左极限与右极限的算术平均值 $\dfrac{1}{2}[f(x^-) + f(x^+)]$.

特别地,当 $f(x)$ 为奇函数时,它的傅立叶级数展开式为正弦级数

$$f(x) \sim \sum_{n=1}^{\infty} b_n \sin \frac{n\pi}{l} x \tag{12-35}$$

其中系数公式为

$$b_n = \frac{2}{l} \int_0^l f(x) \sin \frac{n\pi}{l} x \, \mathrm{d}x \quad (n = 1, 2, \cdots) \tag{12-36}$$

当 $f(x)$ 为偶函数时,它的傅立叶级数展开式为余弦级数

$$f(x) \sim \frac{a_0}{2} + \sum_{n=1}^{\infty} a_n \cos \frac{n\pi}{l} x \tag{12-37}$$

其中系数公式为

$$a_n = \frac{2}{l} \int_0^l f(x) \cos \frac{n\pi}{l} x \, \mathrm{d}x \quad (n = 0, 1, 2, \cdots) \tag{12-38}$$

应用收敛定理,易知在 $f(x)$ 的连续点处,上述级数(12-35)、(12-37)右端收敛于 $f(x)$;在 $f(x)$ 的间断点处,它们收敛于 $f(x)$ 在该点的左、右极限的平均值.

对于定义在 $[-l, l]$ 上的非周期函数 $f(x)$,用类似于定义在 $[-\pi, \pi]$ 上的函数的傅立叶级数的求法,只要对 $f(x)$ 作周期延拓,即可将 $f(x)$ 展开成形如式(12-33)的傅立叶级数.

对于定义在 $[0, l]$ 上的非周期函数 $f(x)$,用类似于定义在 $[0, \pi]$ 上的函数的傅立叶级数的求法,对函数 $f(x)$ 作奇或偶延拓,再作周期延拓,从而得到 $f(x)$ 的正弦级数与余弦级数,公式(12-36)与(12-38)为相应的傅立叶系数公式,级数的收敛条件与收敛性与定理一致,这里不再一一赘述.

例 1 设 $f(x)$ 是以 2 为周期的周期函数,它在 $(-1, 1)$ 内的表达式为 $f(x) = 2 + |x|$,求它的傅立叶级数展开式.

解 由于 $f(x) = 2 + |x|$ 为偶函数,且在 $(-\infty, \infty)$ 内处处连续,故它的傅立

叶系数为

$$b_n = 0 \quad (n = 1, 2, \cdots)$$

$$a_0 = 2\int_0^1 (2+x)\mathrm{d}x = 5$$

$$a_n = 2\int_0^1 (2+x)\cos n\pi x \mathrm{d}x = 2\int_0^1 (2+x)\mathrm{d}\frac{\sin n\pi x}{n\pi}$$

$$= 2\left[(2+x)\frac{\sin n\pi x}{n\pi} \Big|_0^1 + \frac{\cos n\pi x}{(n\pi)^2} \Big|_0^1 \right]$$

$$= \frac{2}{n^2\pi^2}[(-1)^n - 1] \quad (n = 1, 2, \cdots)$$

可得 $f(x)$ 的傅立叶级数为

$$2+|x| = \frac{5}{2} + \sum_{n=1}^{\infty} \frac{2}{n^2\pi^2}[(-1)^n - 1]\cos n\pi x$$

$$= \frac{5}{2} - \frac{4}{\pi^2} \sum_{k=1}^{\infty} \frac{1}{(2k-1)^2}\cos(2k-1)\pi x \quad (x \in (-\infty, +\infty))$$

例 2 将函数 $f(x) = 2 - x$ 在 $[0,2]$ 上展开成以 4 为周期的正弦级数.

解 先对函数 $f(x)$ 进行 $(-2,0]$ 上的奇延拓,再进行 $-\infty < x < +\infty$ 上的周期延拓,延拓后的函数在 $(0,2)$ 内连续. 因此有

$$a_n = 0 \quad (n = 0, 1, 2, \cdots)$$

$$b_n = \frac{2}{2}\int_0^2 (2-x)\sin\frac{n\pi x}{2}\mathrm{d}x = \frac{-2}{n\pi}\int_0^2 (2-x)d\cos\frac{n\pi x}{2}$$

$$= \frac{-2}{n\pi}\left[(2-x)\cos\frac{n\pi x}{2} \Big|_0^2 + \frac{2}{n\pi}\sin\frac{n\pi x}{2} \Big|_0^2 \right]$$

$$= \frac{4}{n\pi} \quad (n = 1, 2, \cdots)$$

于是

$$2 - x = \sum_{n=1}^{\infty} \frac{4}{n\pi}\sin\frac{n\pi x}{2} \quad (0 < x < 2)$$

例 3 将函数 $f(x) = x + 1 (0 \leqslant x \leqslant 2)$ 分别展开成正弦级数和余弦级数.

解 (1) 展开成正弦级数.

根据要求,应采用奇延拓. 因此有

$$a_n = 0 \quad (n = 0, 1, 2, \cdots)$$

$$b_n = \int_0^2 f(x)\sin\frac{n\pi}{2}x\mathrm{d}x = \int_0^2 (x+1)\sin\frac{n\pi}{2}x\mathrm{d}x = \frac{2}{n\pi}[1 - 3 \cdot (-1)^n]$$

$$f(x) = \frac{2}{\pi} \sum_{n=1}^{\infty} \frac{1 - 3 \cdot (-1)^n}{n}\sin\frac{n\pi}{2}x \quad (0 < x < 2)$$

当 $x = 0, 2$ 时,$f(x)$ 的傅立叶级数收敛于 0.

(2) 展开成余弦级数.

根据要求,应采用偶延拓.因此有

$$b_n = 0 \quad (n = 1, 2, \cdots)$$

$$a_0 = \int_0^2 (x+1)\mathrm{d}x = 4$$

$$a_n = \int_0^2 (x+1)\cos\frac{n\pi}{2}x\mathrm{d}x = \frac{4}{n^2\pi^2}((-1)^n - 1) = \begin{cases} 0 & (n \text{ 为偶数}) \\ -\dfrac{8}{n^2\pi^2} & (n \text{ 为奇数}) \end{cases}$$

$$f(x) = 2 - \frac{8}{\pi^2}\sum_{n=1}^{\infty}\frac{1}{(2n-1)^2}\cos\frac{2n-1}{2}\pi x \quad (0 \leqslant x \leqslant 2)$$

习题 12.6

1. 下列函数 $f(x)$ 是以 $2l$ 为周期的函数,试将各函数展开成傅立叶级数:

(1) 设 $f(x)$ 是以 4 为周期的周期函数,其在 $[-2, 2]$ 上的表达式为

$$f(x) = \begin{cases} \dfrac{1}{2\delta} & (\,|\,x\,| < \delta) \\ 0 & (\delta \leqslant |\,x\,| \leqslant 2) \end{cases}$$

(2) 设 $f(x)$ 是以 2 为周期的周期函数,其在 $[-1, 1)$ 上的表达式为

$$f(x) = x^2$$

2. 将函数 $f(x) = \begin{cases} x & (0 \leqslant x < 1) \\ 2 - x & (1 \leqslant x \leqslant 2) \end{cases}$ 展开为正弦级数.

3. 设函数 $f(x)$ 是以 2 为周期的周期函数,且在 $[-1, 1)$ 上的表达式为

$$f(x) = \begin{cases} x & \left(0 \leqslant x \leqslant \dfrac{1}{2}\right) \\ 2 - 2x & \left(\dfrac{1}{2} < x < 1\right) \end{cases}$$

已知其傅立叶级数为 $\dfrac{a_0}{2} + \sum\limits_{n=1}^{\infty} a_n\cos n\pi x = s(x), x \in (-\infty, +\infty)$,求 $s\left(-\dfrac{5}{2}\right)$.

总复习题 12

1. 判别下列级数的敛散性:

(1) $\sum\limits_{n=1}^{\infty}\left(\dfrac{1}{n^3} - \dfrac{\ln 3}{3^n}\right)$.

(2) $\sum\limits_{n=1}^{\infty}\dfrac{2 + (-1)^n}{2^n}$.

(3) $\sum\limits_{n=1}^{\infty}\dfrac{1}{\sqrt{n+1}}\ln\left(1 + \dfrac{1}{n}\right)$.

(4) $\sum\limits_{n=2}^{\infty}\sin\dfrac{\pi}{\ln^2 n}$.

2. 判别下列级数的敛散性,如果收敛,判定是条件收敛还是绝对收敛:

(1) $\displaystyle\sum_{n=1}^{\infty} \frac{2^n n!}{n^n} \sin\frac{n\pi}{3}$.

(2) $\displaystyle\sum_{n=1}^{\infty} \frac{(-1)^{n+1}}{n^{p+\frac{1}{n}}}$($p$ 为常数).

3. 已知级数 $\displaystyle\sum_{n=1}^{\infty} (-1)^n a_n \cdot 2^n$ 收敛,证明级数 $\displaystyle\sum_{n=1}^{\infty} a_n$ 绝对收敛.

4. 求下列幂级数的收敛域:

(1) $\displaystyle\sum_{n=1}^{\infty} \frac{(x+2)^n}{n \cdot 3^n}$.

(2) $\displaystyle\sum_{n=0}^{\infty} \frac{n^2+1}{2^n n!}(x-1)^n$.

(3) $\displaystyle\sum_{n=1}^{\infty} \frac{5^n}{n^2} x^n$.

(4) $\displaystyle\sum_{n=1}^{\infty} \frac{n}{2^n} x^{2n}$.

5. 设幂级数 $\displaystyle\sum_{n=0}^{\infty} a_n(x-x_0)^n$ $(x_0 \neq 0)$ 在 $x=0$ 处收敛,在 $x=2x_0$ 处发散,指出该幂级数的收敛半径与收敛域并说明理由.

6. 求下列幂级数的和函数:

(1) $\displaystyle\sum_{n=0}^{\infty} \frac{x^{4n+1}}{4n+1}$.

(2) $\displaystyle\sum_{n=1}^{\infty} n(x-1)^n$.

7. 求数项级数 $\displaystyle\sum_{n=0}^{\infty} \frac{2n+1}{n!}$ 的和.

8. 将函数 $\ln\dfrac{1+x}{1-x}$ 展开为麦克劳林级数,并指明它的收敛域.

9. 将函数 $f(x) = \dfrac{x}{x+2}$ 在 $x=1$ 处展开成幂级数.

10. 将 $f(x) = \dfrac{\pi-x}{2}$ $(0<x<\pi)$ 展开成正弦级数.

附录 Ⅴ　MATLAB 软件简介(下)

一、Matlab 在空间解析几何中的应用

例1　作出以极坐标方程 $r = 2a(1+\cos\varphi), a = 1, \varphi \in [0, 2\pi]$ 表示的心脏线.

解

```
≫ clear; close;
≫ t = 0:2 * pi/30:2 * pi;
≫ r = 2 * (1 + cos(t));
≫ x = r. * cos(t); y = r. * sin(t); % 极坐标转化为直角坐标
≫ plot(x,y)
```

运行结果见图 1.

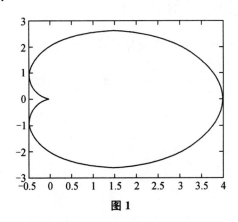

图 1

例2　绘制极坐标系下曲线 $\rho = a\cos(b+n\theta)$,并讨论参数 a, b, n 的影响.

解

```
≫ theta = 0:0.1:2 * pi; % 产生极角向量
≫ for i = 1:2
≫ a(i) = input('a = '); b(i) = input('b = '); n(i) = input('n = ');
≫ rho(i,:) = a(i) * cos(b(i) + n(i) * theta); % 极坐标方程
≫ subplot(1,2,i),polar(theta,rho(i,:)); % 极坐标系绘图
≫ end
```

运行并输入如下不同参数:

a = 2,b = pi/5,n = 5 (5 叶玫瑰线)

a = 2,b = 0,n = 3 (3 叶玫瑰线)

结果分别如图 2 和图 3 所示.

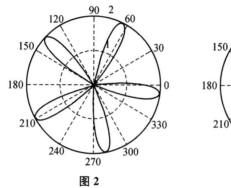 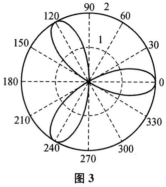

图 2　　　　　　　　　　图 3

二、Matlab 在多元函数微分法中的应用

命令 1　偏导数

格式:diff(f,x,n)　　　　　　　% 求函数 f 关于自变量 x 的 n 阶导数

　　　jacobian(f,x)　　　　　　% 求向量函数 f 关于自变量 x(x 也为向量) 的

　　　　　　　　　　　　　　　%jacobian 矩阵

例 3　　求函数 $z = x^4 - 6xy + 2y^2 - 3$ 的极值点和极值.

解　　首先用 diff 命令求 z 关于 x,y 的偏导数:

≫ clear; syms x y;

≫ z = x^4 − 6 * x * y + 2 * y^2 − 3;

≫ diff(z,x)

≫ diff(z,y)

运行后输出结果为

ans =

　　　4 * x^3 − 6 * y

ans =

　　　− 6 * x + 4 * y

即 $\dfrac{\partial z}{\partial x} = 4x^3 - 6y, \dfrac{\partial z}{\partial y} = -6x + 4y$. 再求解正规方程,求得各驻点的坐标.

　　一般方程组的符号解用 solve 命令,当方程组不存在符号解时,solve 将给出数

值解. 求解正规方程的 MATLAB 代码为

≫ [x,y] = solve('4 * x^3 - 6 * y = 0','- 6 * x + 4 * y = 0','x','y')

结果有三个驻点,分别是 P(3/2,9/4),Q(0,0),R(- 3/2, - 9/4). 下面再求判别式中的二阶偏导数:

≫ syms x y;

≫ z = x^4 - 6 * x * y + 2 * y^2 - 3;

≫ A = diff(z,x,2)

≫ B = diff(diff(z,x),y)

≫ C = diff(z,y,2)

运行后输出结果为

A =

　　12 * x^2

B =

　　- 6

C =

　　4

由判别法可知 P(3/2,9/4) 和 R(- 3/2, - 9/4) 都是函数的极小值点,而点 Q(0,0) 不是极值点. 我们可以通过画函数图形来观测极值点与鞍点. 代码如下:

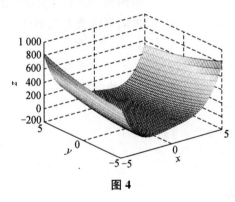

图 4

≫ x = - 5:0. 2:5; y = - 5:0. 2:5;

≫ [X,Y] = meshgrid(x,y);

≫ Z = X.^4 - 6 * X. * Y + 2 * Y.^2 - 3;

≫ mesh(X,Y,Z)

≫ xlabel('x'),ylabel('y'),zlabel('z')

运行结果见图 4. 可在图 4 中不容易观测极值点与鞍点,这是因为 z 的取值范围为 [- 200,1 000],是一幅远景图,局部信息丢失较多,观测不到图像细节. 可以通

过画等值线来观测极值. 代码如下:

>> contour(X, Y, Z, 600)

>> xlabel('x'), ylabel('y')

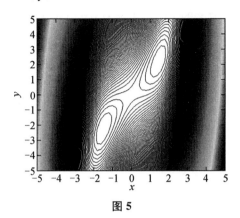

图 5

运行结果见图 5. 由图 5 可见,随着图形灰度的逐渐变浅,函数值逐渐减小,图形中有两个明显的极小值点 P(3/2, 9/4) 和 R(-3/2, -9/4). 根据梯度与等高线之间的关系,梯度的方向是等高线的法方向,且指向函数增加的方向. 由此可知,极值点应该有等高线环绕,而点 Q(0,0) 周围没有等高线环绕,不是极值点是鞍点.

三、Matlab 在重积分中的应用

命令 2　重积分

函数:quad8, fblquad

格式:R = quad8('fun', a, b, tol)　　% 变步长数值积分, fun 表示被积函数的
　　　　　　　　　　　　　　　　　%M 函数名; a, b 分别为积分上下限;
　　　　　　　　　　　　　　　　　%tol 为精度,缺省值为 $1e-3$

　　　R = fblquad('fun', a, b, c, d)　　% 矩形区域二重数值积分, fun 表示被积
　　　　　　　　　　　　　　　　　% 函数的 M 函数名; a, b 分别为 x 的上下
　　　　　　　　　　　　　　　　　% 限; c, d 分别为 y 的上下限

例 4　计算数值积分 $\iint\limits_{x^2+y^2\leqslant 1} (1+x+y)\mathrm{d}x\mathrm{d}y$.

解　先将此二重积分转化为累次积分:

$$\iint\limits_{x^2+y^2\leqslant 1} (1+x+y)\mathrm{d}x\mathrm{d}y = \int_{-1}^{1}\mathrm{d}x\int_{-\sqrt{1-x^2}}^{\sqrt{1-x^2}}(1+x+y)\mathrm{d}y$$

编写四个 M 函数文件:

％二重积分算法文件 j5. m

function S ＝ j5(f＿ name,a,b,'lo','hi',m,n)

％其中 f_name 为被积函数字符串；lo 和 hi 分别是 y 的下限和上限函数，都是 x 的标量函数；a,b 分别为 x 的下限和上限；m,n 分别为 x 和 y 方向上的等分数(缺省值为 100)

```
if nargin < 7
    n = 100;
end
if nargin < 6
    m = 100;
end
hx = (b-a)/m;
x = a+(0:m) * hx;
for i = 1: m+1
    ylo = feval(lo,x(i)); ％ 执行由字符串指定的函数
    yhi = feval(hi,x(i));
    hy = (yhi-ylo)/n;
    for k = 1:n+1
        y(i,k) = ylo+(k-1) * hy;
        f(i,k) = feval(f＿ name,x(i),y(i,k));
    end
    G(i) = trapz(y(i,:),f(i,:));
end
S = trapz(x,G);
```

％被积函数 j6. m

```
function z = j6(x,y)
    z = 1+x+y;
```

％积分下限函数 j7. m

```
function y = j7 (x)
    y =- sqrt(1-x^2);
```

％积分上限函数 j8. m

```
function y = j8(x)
    y = sqrt(1-x^2);
```

保存后，在命令窗口输入 MATLAB 代码：

≫ j5('j6', −1,1,'j7','j8')

运行后输出结果为

ans ＝

　　　3.138 3

实际上,我们知道此二重积分的精确值为

$$\iint\limits_{x^2+y^2\leqslant 1}(1+x+y)\mathrm{d}x\mathrm{d}y=\pi=3.141\ 592\ 65\cdots$$

为了得到更精确的数值解,需将区间更细化,比如 x 和 y 方向等分为 2 000 份, MATLAB 代码为:

≫ j5('j6', −1,1,'j7','j8',2000,2000)

运行后输出结果为

ans ＝

　　　3.1416.

此题也可用 int 符号计算求解,MATLAB 代码为:

≫ syms x y;

≫ out ＝ int(1＋x＋y,y,− sqrt(1−x^2),sqrt(1−x^2));

≫ int(out,x,−1,1)

运行后输出结果为

ans ＝

　　　pi

四、Matlab 在曲线积分与曲面积分中的应用

例 5   计算 $\int_L\sqrt{y}\mathrm{d}s$,其中 L 是抛物线 $y=2x^2$ 上点 $O(0,0)$ 与点 $B(1,1)$ 之间的一段弧.

解

≫ syms x;

≫ I ＝ int(sqrt(2 ∗ x^2) ∗ sqrt(1＋diff(2 ∗ x^2)^2),x,0,1)

运行后输出结果为

I ＝

　　　17/48 ∗ 17^(1/2) ∗ 2^(1/2)−1/48 ∗ 2^(1/2)5/12 ∗ 5^(1/2)−1/12

例 6   计算曲线积分 $\int_\Gamma(x^2+y^2+z^2)\mathrm{d}s$,其中 Γ 为螺线 $x=2a\cos t,y=2a\sin t,$ $x=kt$ 上相应于 t 从 0 到 2π 的一段弧.

解

```
≫ syms t a k;
≫ x = 2 * a * cos(t);
≫ y = 2 * a * sin(t);
≫ z = k * t;
≫ I = int((x^2 + y^2 + z^2) * sqrt(diff(x)^2 + diff(y)^2 + diff(z)^2),t,
0,2 * pi)
```

运行后输出结果为

I =

$\quad$ 8 * (4 * a^2 + k^2)^(1/2) * a^2 * pi + 8/3 * (4 * a^2 + k^2)^(1/2) * k^2 * pi^3

例 7 计算曲面积分 $\iint\limits_{\sum} \sqrt{1+4x^2+4y^2}\,\mathrm{d}s$，其中 $\sum$ 是旋转抛物曲面 $\sqrt{z=x^2+y^2}$ 被曲面 $z=1$ 所截得的底部.

解 由条件易知曲面在 xOy 平面上的投影区域 D_{xy} 为圆型闭区域：$x^2+y^2 \leqslant 1$. 利用下面的代码并建立 M 文件，运行后则可以得到曲线的积分值：

```
≫ syms x y;
≫ f = sqrt(1 + 4 * x^2 + 4 * y^2);
≫ z = x^2 + y^2;
≫ x_1 = -1;x_2 = 1;
≫ y_1 = - sqrt(1 - x^2);
≫ y_2 = sqrt(1 - x^2);
≫ I = int(int(f * sqrt(1 + diff(z,x)^2 + diff(z,y)^2),y,y_1,y_2),x,x_1,x_2)
```

运行后输出结果为

I =

$\quad$ 3 * pi

例 8 试求出曲面积分 $\iint\limits_{\sum} 2xyz\,\mathrm{d}x\mathrm{d}y$，其中 $\sum$ 是球面 $x^2+y^2+z^2=1$ 外侧在 $x\geqslant 0,y\geqslant 0$ 的部分.

解 先引入参数方程 $x=\sin u\cos v,y=\sin u\sin v,z=\cos u$，且 $0\leqslant u\leqslant \dfrac{\pi}{2}$，$0\leqslant v\leqslant \dfrac{\pi}{2}$，由下面的代码即可求出曲面积分：

```
≫ syms u v;
≫ x = sin(u) * cos(v);
```

$\gg y = \sin(u) * \sin(v);$

$\gg z = \cos(u);$

$\gg dxdy = \text{diff}(x,u) * \text{diff}(y,v) - \text{diff}(x,v) * \text{diff}(y,u);$

$\gg I = \text{int}(\text{int}(2 * x * y * z * dxdy,u,0,pi),v,0,pi/2)$

运行后输出结果为

I =

　　4/15

五、Matlab 在无穷级数中的应用

命令3　级数

函数:symsum,taylor

格式:symsum(s,v,a,b)　　　% 表达式 s 关于变量 v 从 a 到 b 求和

　　　taylor(f,a,n)　　　% 将函数 f 在 a 点展为 n－1 阶泰勒多项式

例9　用 taylor 命令观测函数 $y = \sin x$ 的展开式的前 6 项.

解

$\gg$ syms x;

$\gg$ taylor(sin(x),0,1)

$\gg$ taylor(sin(x),0,2)

$\gg$ taylor(sin(x),0,3)

$\gg$ taylor(sin(x),0,4)

$\gg$ taylor(sin(x),0,5)

$\gg$ taylor(sin(x),0,6)

运行后输出结果为

ans =

　　　0

ans =

　　　x

ans =

　　　x

ans =

　　　$x - 1/6 * x\hat{}3$

ans =

　　　$x - 1/6 * x\hat{}3$

ans =

    x－1/6 * x^3＋1/120 * x^5

然后在同一坐标系里作出函数 $y = \sin x$ 和它的泰勒展开式的前几项构成的多项式函数 $y = x, y = x - \dfrac{x^3}{3!}, y = x - \dfrac{x^3}{3!} + \dfrac{x^5}{5!}$ 的图形（图 6），观测这些多项式函数的图形向 $y = \sin x$ 的图形逼近的情况. 例如，在区间 $[0,\pi]$ 上作函数 $y = \sin x$ 与多项式函数 $y = x, y = x - \dfrac{x^3}{3!}, y = x - \dfrac{x^3}{3!} + \dfrac{x^5}{5!}$ 图形的 MATLAB 代码为

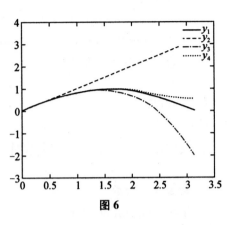

图 6

$\gg$ x＝0:0.01:pi; y1＝sin(x); y2＝x; y3＝x－x.^3/6; y4＝x－x.^3/6＋x.^5/120;

$\gg$ plot(x,y1,x,y2,x,y3,x,y4)

运行结果如图 6 所示.

例 10 计算级数 $\displaystyle\sum_{n=1}^{\infty} \dfrac{1}{n^4}$ 的值.

解 可用 symsum 命令，相应的 MATLAB 代码为

$\gg$ syms k;

$\gg$ out＝simple(symsum(1/k^4,1,Inf)) %simple 求解最简形式,Inf 为无
                                      % 穷 大

运行后输出结果为

out ＝

    1/90 * pi^4

例 11 用公式 $\displaystyle\sum_{n=0}^{\infty} \dfrac{1}{n!} = e$ 来计算 e 的近似值,精确到小数点后 20 位.

解

$\gg$ digits(25);   % 设置今后数值计算以 25 位相对精度进行

$\gg$ a＝1.0; k＝1.0;   % 赋初值

$\gg$ for n＝1:20

$\gg$ k＝k/n;

$\gg$ a＝a＋k;

$\gg$ end

≫ vpa(a,20)   ％以 20 位相对精度给出 a 的值

运行后输出结果为

ans ＝

    2. 718 281 828 459 045 534 9

附录 Ⅵ 常见曲面

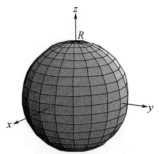

球面 $x^2 + y^2 + z^2 = R^2$

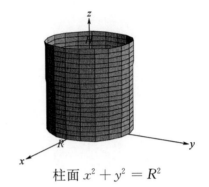

柱面 $x^2 + y^2 = R^2$

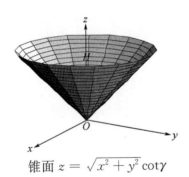

锥面 $z = \sqrt{x^2 + y^2}\cot\gamma$

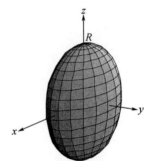

椭球面 $\dfrac{x^2}{a^2} + \dfrac{y^2}{b^2} + \dfrac{z^2}{c^2} = 1$

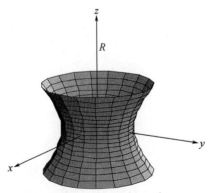

单叶双曲面 $\dfrac{x^2}{a^2} + \dfrac{y^2}{b^2} - \dfrac{z^2}{c^2} = 1$

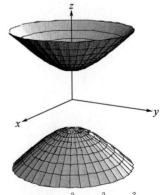

双叶双曲面 $\dfrac{x^2}{a^2} + \dfrac{y^2}{b^2} - \dfrac{z^2}{c^2} = -1$

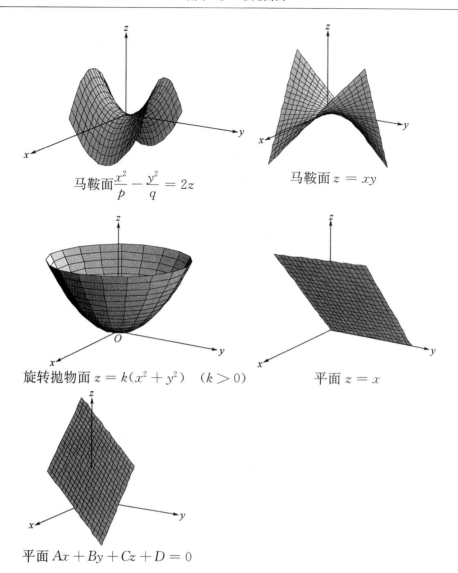

马鞍面 $\dfrac{x^2}{p} - \dfrac{y^2}{q} = 2z$

马鞍面 $z = xy$

旋转抛物面 $z = k(x^2 + y^2)$　（$k > 0$）

平面 $z = x$

平面 $Ax + By + Cz + D = 0$

参 考 答 案

8　向量代数 与空间解析几何

习题 8.1

1. (1) $(a,b,-c),(-a,b,c),(a,-b,c)$；(2) $(a,-b,-c),(-a,b,-c),(-a,-b,c)$；(3) $(-a,-b,-c)$. 　2. 略. 　3. $(0,6,0)$. 　4. $\sqrt{14},\sqrt{13},\sqrt{10},\sqrt{5}$. 　5. 略. 　6. $\sqrt{227},\sqrt{83}$.

7. $\pm\dfrac{1}{11}(-7,6,-6)$. 　8. 略. 　9. (1) $3,-\dfrac{1}{3},-\dfrac{2}{3},\dfrac{2}{3}$. 　10. $\dfrac{5\sqrt{2}}{2}$ 　11. $13,7\boldsymbol{j}$.

12. $A(-2,3,0)$. 　13. $\left(-\dfrac{2}{\sqrt{6}},-\dfrac{1}{\sqrt{6}},-\dfrac{1}{\sqrt{6}}\right)$. 　14. $\boldsymbol{i}+2\boldsymbol{j}+2\boldsymbol{k}$ 或 $\boldsymbol{i}+2\boldsymbol{j}-2\boldsymbol{k}$. 　15. (1) $(0,7,-32)$；(2) $5\lambda+\mu=0$. 　16. $\cos\alpha=\cos\beta=\cos\gamma=\dfrac{\sqrt{3}}{3}$ 或 $\cos\alpha=\cos\beta=\cos\gamma=-\dfrac{\sqrt{3}}{3}$；$\pm\left(\dfrac{\sqrt{3}}{3},\dfrac{\sqrt{3}}{3},\dfrac{\sqrt{3}}{3}\right)$.

习题 8.2

1. (1) ×；(2) ×；(3) √；(4) ×；(5) ×. 　2. (1) 30；(2) 2；(3) $(0,-1,-1)$. 　3. $\angle AMB=\dfrac{\pi}{3}$. 　4. $-\dfrac{3}{2}$. 　5. $\sqrt{14}$. 　6. $\pm\dfrac{1}{\sqrt{17}}(3,-2,-2)$. 　7. 5 880(焦耳). 　8. $\boldsymbol{a}\cdot\boldsymbol{b}=18$，$\mathrm{Prj}_{b}\boldsymbol{a}=6$. 　9. 30. 　10. $2\{7,-1,-17\}$. 　11. 略. 　12. 4. 　13. 1. 　14. 不共面.

习题 8.3

1. $2x-6y+2z-7=0$. 　2. $x^2+y^2+z^2-2x-6y+4z=0$. 　3. $(2,1,-2),3$. 　4. $x-3y+z+2=0$. 　5. $x+2y-z-12=0$. 　6. $x-3y-2z=0$. 　7. 略. 　8. $\dfrac{\pi}{3}$. 　9. $x+y-3z-4=0$. 　10. $x+3y=0$ 或 $-3x+y=0$. 　11. $x+2y+3z=0$. 　12. (1) $x-3y=0$. (2) $z+2=0$. 　13. $6x+y+6z+6=0$ 或 $6x+y+6z-6=0$. 　14. 1. 　15. $\sqrt{6}$. 　16. 略.

习题 8.4

1. $\dfrac{x-3}{2}=\dfrac{y+1}{1}=\dfrac{z-1}{-1}$. 　2. $\dfrac{x}{-1}=\dfrac{y+2}{2}=\dfrac{z-1}{0}$. 　3. $\dfrac{x}{-2}=\dfrac{y-1}{1}=\dfrac{z-2}{3}$，$\begin{cases}x=-2t\\y=1+t\\z=-2+3t\end{cases}$.

4. $x + 4y + 7z - 1 = 0$.   5. $\dfrac{x-1}{-2} = \dfrac{y-2}{3} = \dfrac{z-1}{1}$ 6. $\dfrac{x-2}{-1} = \dfrac{y-1}{1} = \dfrac{z-2}{0}$ 或

$\begin{cases} \dfrac{x-2}{-1} = \dfrac{y-1}{1} \\ z - 2 = 0 \end{cases}$.   7. $\left(-\dfrac{5}{2}, \dfrac{2}{3}, \dfrac{2}{3}\right)$.   8. $\dfrac{\pi}{3}$.   9. $2x - z - 5 = 0$.   10. (1) 平行;(2) 垂直;

(3) 相交.   11. $\begin{cases} x + 2y - z + 5 = 0 \\ 3x - y + z + 1 = 0 \end{cases}$.   12. $10\sqrt{2}$.   13. $\dfrac{5}{3}$.

习题 8. 5

1. (1) $x^2 = 4(y^2 + z^2)$, $z^2 = \dfrac{1}{4}(x^2 + y^2)$;(2) $x^2 + z^2 = 4y$;(3) $x^2 + y^2 + z^2 = 16$;(4) $\dfrac{y^2}{4} - \dfrac{x^2 + z^2}{9} = 1$, $\dfrac{x^2 + y^2}{4} - \dfrac{z^2}{9} = 1$.   2. (1) 由 xOy 坐标面上的椭圆 $\dfrac{x^2}{4} + \dfrac{y^2}{9} = 1$ 绕 x 轴旋转一周;

(2) 由 xOy 坐标面上的双曲线 $x^2 - \dfrac{y^2}{4} = 1$ 绕 y 轴旋转一周;(3) 由 xOy 坐标面上的双曲线 $x^2 - y^2 = 1$ 绕 x 轴旋转一周;(4) 由 yOz 坐标面上的直线 $z = y + a$ 绕 z 轴旋转一周.   3. (1) y 轴,yOz 平面;(2) 直线,平行于 z 轴的平面;(3) 圆,母线平行于 z 轴的圆柱面;(4) 抛物线,母线平行于 z 轴的抛物柱面;   4. (1) 上半球面;(2) 圆柱面;(3) 旋转抛物面;(4) 上半圆锥面.

5. 略.

习题 8. 6

1. 略.   2. $\begin{cases} 2x^2 - 2x + y^2 = 8 \\ z = 0 \end{cases}$ 3. $\begin{cases} y^2 - 2x + 9 = 0 \\ z = 0 \end{cases}$.   4. (1) $\begin{cases} x = \dfrac{3}{\sqrt{2}} \cos t \\ y = \dfrac{3}{\sqrt{2}} \cos t \\ z = 3\sin t \end{cases}$ $(0 \leqslant t \leqslant 2\pi)$;

(2) $\begin{cases} x = 1 + \sqrt{3} \cos t \\ y = \sqrt{3} \sin t \\ z = 0 \end{cases}$.   5. $\begin{cases} 3y^2 - z^2 = 16 \\ 3x^2 + 2z^2 = 16 \end{cases}$.   6. $\begin{cases} x^2 + y^2 \leqslant ax \\ z = 0 \end{cases}$; $\begin{cases} z^2 + x^2 \leqslant a^2 \\ y = 0 \end{cases}$, $x \geqslant 0, z \geqslant 0$.

总复习题 8

1. (1) $\lambda = 3$;(2) $\sqrt{19}$;(3) $\dfrac{19}{\sqrt{29}}$;(4) $\begin{cases} 2x - 1 = 0 \\ z = 0 \end{cases}$;(5) $21y - 5z + 9 = 0$.   2. 略.   3. 略.

4. $\arccos \dfrac{2}{\sqrt{7}}$.   5. 略.   6. 30.   7. $(x-1)^2 + (y+1)^2 = 4(z-1)$.   8. (1) $\begin{cases} z = 4y^2 \\ x = 0 \end{cases}$, z 轴;

(2) $\begin{cases} \dfrac{x^2}{9} + \dfrac{y^2}{4} = 1 \\ z = 0 \end{cases}$, y 轴;(3) $\begin{cases} z = 3y \\ x = 0 \end{cases}$, z 轴;(4) $\begin{cases} x^2 - z^2 = 1 \\ y = 0 \end{cases}$, y 轴.   9. $5x + 3y - z - 1 = 0$.

10. $k=-1$.　　11. $2x-9y+3z+1=0$　　12. $-2y+z=0,2x+z=0$.　　13. $\begin{cases} x^2+y^2=x+y \\ z=0 \end{cases}$,

$\begin{cases} 2x^2+2xz+z^2-4x-3z+2=0 \\ y=0 \end{cases}$.　　14. $\begin{cases} (x-1)^2+y^2\leqslant 1 \\ z=0 \end{cases}$.　　15. 略.

9　多元函数微分法及其应用

习题 9.1

1. (1) 开集、区域、有界集;(2) 开集、无界集;(3) 开集、区域、无界集;(4) 闭集、有界集.

2. (1)$\{(x,y)\mid x^2\geqslant y\}$;(2) $\{(x,y)\mid x+y<4\}$;(3) $\{(x,y,z)\mid \sqrt{x^2+y^2}\leqslant |z|\}$;(4) $\{(x,y)\mid x+y\geqslant 1,x\neq 0\}$.　　3. $f(x,y)=\dfrac{x^2+y^2}{xy}$.　　4. $f\left(x+y,\dfrac{y}{x}\right)=x^2-y^2$.　　5. (1) ln2;

(2) $-\dfrac{1}{2}$;(3) 0;(4) 3;(5) 0;(6) 2;(7) a;(8) 4.　　6. 略.　　7. $\{(x,y,z)\mid x^2+y^2+z^2=1\}$.

8. (1) 连续;(2) 连续.　　9. 略.

习题 9.2

1. (1) $\dfrac{\partial z}{\partial x}=y\sec^2(xy),\dfrac{\partial z}{\partial y}=x\sec^2(xy)$;(2) $\dfrac{\partial z}{\partial x}=\dfrac{y}{x^2+y^2},\dfrac{\partial z}{\partial y}=\dfrac{-x}{x^2+y^2}$;(3) $\dfrac{\partial z}{\partial x}=2\cos(2x-$

$y)$;$\dfrac{\partial z}{\partial y}=-\cos(2x-y)$;(4) $\dfrac{\partial z}{\partial x}=ye^{\sin\pi xy}(1+\pi xy\cos\pi xy),\dfrac{\partial z}{\partial y}=xe^{\sin\pi xy}(1+\pi xy\cos\pi xy)$;(5) $\dfrac{\partial z}{\partial x}$

$=\dfrac{1}{x+\ln y},\dfrac{\partial z}{\partial y}=\dfrac{1}{y(x+\ln y)}$;(6) $\dfrac{\partial z}{\partial x}=\dfrac{1}{2\sqrt{x}}\sin\dfrac{y}{x}-\dfrac{y}{x\sqrt{x}}\cos\dfrac{y}{x},\dfrac{\partial z}{\partial y}=\dfrac{1}{\sqrt{x}}\cos\dfrac{y}{x}$;(7) $\dfrac{\partial u}{\partial x}=$

$\dfrac{2x}{x^2+y^2+z^2},\dfrac{\partial u}{\partial y}=\dfrac{2y}{x^2+y^2+z^2},\dfrac{\partial u}{\partial z}=\dfrac{2z}{x^2+y^2+z^2}$;(8) $\dfrac{\partial u}{\partial x}=y^2x^{y^2-1},\dfrac{\partial u}{\partial y}=x^{y^2}\ln x\cdot 2y$.

2. 略.　　3. 略.　　4. $\dfrac{\pi}{2}$.　　5. $\dfrac{\pi}{6}$.　　6. $\dfrac{\partial z}{\partial x}\Big|_{\substack{x=0 \\ y=0}}$ 与 $\dfrac{\partial z}{\partial y}\Big|_{\substack{x=0 \\ y=0}}$ 都不存在.　　7. (1) $\dfrac{\partial^2 z}{\partial x^2}=6xy^2,\dfrac{\partial^2 z}{\partial y^2}$

$=2x^3-18xy,\dfrac{\partial^2 z}{\partial x\partial y}=6x^2y-9y^2-1$;(2) $\dfrac{\partial^2 z}{\partial x^2}=-a^2\sin(ax+by),\dfrac{\partial^2 z}{\partial x\partial y}=-ab\sin(ax+by)$,

$\dfrac{\partial^2 z}{\partial y^2}=-b^2\sin(ax+by)$;　(3)　$\dfrac{\partial^2 z}{\partial x^2}=\dfrac{xy^3}{\sqrt{(1-x^2y^2)^3}}$,　$\dfrac{\partial^2 z}{\partial x\partial y}=\dfrac{1}{\sqrt{(1-x^2y^2)^3}}$,　$\dfrac{\partial^2 z}{\partial y^2}=$

$\dfrac{x^3y}{\sqrt{(1-x^2y^2)^3}}$;(4) $\dfrac{\partial^2 z}{\partial x^2}=2y(2y-1)x^{2y-2},\dfrac{\partial^2 z}{\partial x\partial y}=2x^{(2y-1)}(1+2y\ln x),\dfrac{\partial^2 z}{\partial y^2}=4x^{2y}\ln^2 x$.　　8.

$f_{xy}(0,0,1)=2,f_{xx}(1,0,2)=2$.　　9. 略.

习题 9.3

1. (1) $dz=\left(ye^{xy}+\dfrac{1}{x+y}\right)dx+\left(xe^{xy}+\dfrac{1}{x+y}\right)dy$;(2) $dz=2x\cos y\,dx-x^2\sin y\,dy$;(3) $dz=$

$\left(2e^{-y}-\dfrac{\sqrt{3}}{2\sqrt{x}}\right)dx-2xe^{-y}dy$;(4) $du=x^{xy}\left[\dfrac{yz}{x}dx+z\ln x\,dy+y\ln x\,dz\right]$.　　2. (1) $dz=-(4dx+$

4dy)；　(2) $dz = 2dx - dy$.　3. $dz = -0.2, \Delta z \approx -0.204\,04$.　4. **略**.　5. **略**.　*6. 2.039 3.
*7. 圆柱体受压后体积约减少 $200\pi\ cm^3$.

习题 9.4

1. $\dfrac{dz}{dt} = e^{2x-y}(2\cos t - 3t^2)$.　2. $\dfrac{dz}{dt} = 3^t\left(\ln t \cdot \ln 3 + \dfrac{1}{t}\right) + \cos t$.　3. $\dfrac{dz}{dx} = \dfrac{e^x(1+x)}{1+x^2 e^{2x}}$.　4. $\dfrac{dy}{dx}$
$= -\sin^3 x(\cos x)^{-\cos^2 x} + \sin 2x(\cos x)^{\sin^2 x}\ln\cos x$.　5. $\dfrac{\partial z}{\partial x} = e^{xy}[y\sin(x+y) + \cos(x+y)], \dfrac{\partial z}{\partial y} =$
$e^{xy}[x\sin(x+y) + \cos(x+y)]$.　6. $\dfrac{\partial z}{\partial u} = \dfrac{2x}{v}\ln y + \dfrac{3x^2}{y}, \dfrac{\partial z}{\partial v} = -\dfrac{2xu}{v^2}\ln y - \dfrac{x^2}{y}$.　7. **略**.　8. u_x
$= 2x + 4x^3\cos^2 y, u_y = 2y - 2x^4\sin y\cos y$.　9. $dz = (2z + f_x e^{2x+y})dx + (z + f_y e^{2x+y})dy$.　10.
$\dfrac{\partial w}{\partial x} = f'_1 + e^y f'_3, \dfrac{\partial^2 w}{\partial x \partial y} = f''_{12} + xe^y f''_{13} + e^y f'_3 + e^y f''_{32} + xe^{2y}f''_{33}$.　11. $\dfrac{\partial z}{\partial y} = xf_1 + f_2; \dfrac{\partial^2 z}{\partial y^2}$
$= x^2 f_{11} + 2xf_{12} + f_{22}$.　12. $\dfrac{\partial u}{\partial x} = 2xf'_1 + ye^{xy}f'_2, \dfrac{\partial^2 u}{\partial x\partial y} = e^{xy}(1+xy)f'_2 - 4xyf''_{11} + 2(x^2 -$
$y^2)e^{xy}f''_{12} + xye^{2xy}f''_{22}$.　13. **略**　14. $\dfrac{\partial z}{\partial v} - u\dfrac{\partial^2 z}{\partial u\partial v} = 0$.

习题 9.5

1. $\dfrac{dy}{dx} = -\dfrac{y}{x}$.　2. $\dfrac{\partial z}{\partial x} = \dfrac{y-1}{3z^2-2}, \dfrac{\partial z}{\partial x} = \dfrac{x-2y}{3z^2-2}$.　3. $\dfrac{\partial z}{\partial x} = -\dfrac{e^x-3yz}{e^y-3xz}, \dfrac{\partial z}{\partial x} = -\dfrac{e^x-3xy}{e^y-3xz}$.
4. $dz = \dfrac{dx - ze^{yz}dy}{2z+ye^{yz}}$.　5. $z_x(1,0) = \dfrac{1}{2}, z_y(1,0) = \dfrac{1}{2}$.　6. **略**.　7. $\dfrac{\partial z}{\partial x} = \dfrac{f'_1 + yzf'_2}{1 - f'_1 - xyf'_2}$,
$\dfrac{\partial x}{\partial y} = -\dfrac{f'_1 + xzf'_2}{f'_1 + yzf'_2}, \dfrac{\partial y}{\partial z} = \dfrac{1 - f'_1 - xyf'_2}{f'_1 + xzf'_2}$.　8. **略**.　9. (1) $\dfrac{dy}{dz} = \dfrac{1+2x}{2(y-x)}(x \neq 0), \dfrac{dx}{dz} =$
$\dfrac{1+2y}{2(x-y)}(x \neq y)$;(2) $\dfrac{dy}{dx} = -\dfrac{x(6z+1)}{2y(3z+1)}, \dfrac{dz}{dx} = \dfrac{x}{3z+1}$.　10. $\dfrac{du}{dx} = \cos(x+y)\dfrac{2+e^y+\cos x}{1+e^y}$.

习题 9.6

1. $\dfrac{\partial u}{\partial x}\Big|_{(1,1)} = 2, \dfrac{\partial u}{\partial l}\Big|_{(1,1)} = -2$.　2. $\dfrac{\partial f}{\partial l}\Big|_{(1,1,2)} = (2,3,2) \cdot \left(\dfrac{1}{2}, \dfrac{\sqrt{2}}{2}, \dfrac{1}{2}\right) = 2 + \dfrac{3\sqrt{2}}{2}$.　3. $\dfrac{\partial u}{\partial n} =$
$\pm\dfrac{1}{\sqrt{27}}\left(10\ln 8 - \dfrac{1}{2}\right)$.　4. **略**.　5. $\dfrac{\partial z}{\partial n} = -2\ln 2$.　6. $\dfrac{\partial u}{\partial l} = -\dfrac{5\sqrt{3}}{3}$.　7. **grad** $f(1,-1,2) = (2,$
$3, e^2)$　8. $\sqrt{6}$.　9. $\dfrac{\partial r}{\partial l} = \cos\theta\cos\varphi + \sin\theta\sin\varphi = \cos(\theta-\varphi)$.　10. 沿 $(-1,2,1)$ 方向的方向导数
最大,其最大值为 $\sqrt{6}$.

习题 9.7

1. 切线方程为 $\dfrac{x-1}{2} = \dfrac{y}{2} = \dfrac{z+1}{3}$,法平面方程为 $2x+2y+3z+1 = 0$.　2. 切线方程为 $\dfrac{x-\ln 9}{12}$

$= \dfrac{y - \ln 9}{5} = \dfrac{z - \ln 3}{36}$，法平面方程为 $12x + 5y + 36z = 70\ln 3$. 3. $(-1,1,-1)$ 和

$\left(-\dfrac{1}{3}, \dfrac{1}{9}, -\dfrac{1}{27}\right)$. 4. 切平面方程为 $x - y - 2z = 0$，法线方程为 $x - 1 = \dfrac{y+1}{-1} = \dfrac{z-1}{-2}$.

5. 切平面方程为 $4x - 8y - z - 8 = 0$，法线方程为 $\dfrac{x-2}{4} = \dfrac{y+1}{-8} = \dfrac{z-8}{-1}$. 6. 切平面方程为

$\dfrac{x}{a} + \dfrac{y}{b} + \dfrac{z}{c} = \sqrt{3}$，法线方程为 $a\left(x - \dfrac{a}{\sqrt{3}}\right) = b\left(y - \dfrac{b}{\sqrt{3}}\right) = c\left(z - \dfrac{c}{\sqrt{3}}\right)$. 7. 切平面方程为 $x +$

$z - 2y - 1 = 0$，法线方程为 $x - 1 = \dfrac{y-1}{-2} = z - 2$. 8. $2x + 2y - z - 2 = 0$.

9. $\left(\dfrac{5}{2}, -1, -\dfrac{5}{2}\right), \left(-\dfrac{5}{2}, 1, +\dfrac{5}{2}\right), 3x - 2y - z - 12 = 0$ 和 $3x - 2y - z + 12 = 0$.

10. $\left(-\dfrac{1}{2}, \dfrac{1}{2}, \dfrac{a-b}{4}\right)$，法线方程为 $\dfrac{x + \dfrac{1}{2}}{a} = \dfrac{y - \dfrac{1}{2}}{b} = z - \dfrac{a-b}{4}$.

习题 9.8

(1) $\sin(x^2 + y^2) = x^2 + y^2 - \dfrac{2}{3}\left[3\theta(x^2 + y^2)^2 \sin(\theta^2 x^2 + \theta^2 y^2) + 2\theta^3(x^2 + y^2)^3 \cos(\theta^2 x^2 + \theta^2 y^2)\right]$,

$0 < \theta < 1$. (2) $\dfrac{x}{y} = 1 + (x-1) - (y-1) - (x-1)(y-1) + (y-1)^2 + (x-1)(y-1)^2$

$- (y-1)^3 - \dfrac{(x-1)(y-1)^3}{[1 + \theta(y-1)]^4} + \dfrac{1 + \theta(x-1)}{[1 + \theta(y-1)]^5}(y-1)^4, 0 < \theta < 1$. (3) $f(1 + x + y) = x +$

$y - \dfrac{1}{2}(x+y)^2 + \dfrac{1}{3}(x+y)^3 - \dfrac{1}{4}\dfrac{(x+y)^4}{(1 + \theta x + \theta y)^4}, 0 < \theta < 1$. (4) $f(x,y) = 5 + 2(x-1)^2 - (x$

$-1)(y+2) - (y+2)^2$.

习题 9.9

1. 极小值 $f(1,0) = -1$. 2. 极大值 $f(3,2) = 36$. 3. 最大值 $u\left(2,1,-\dfrac{2}{3}\right) = 6$，最小值

$u\left(-2,-1,\dfrac{2}{3}\right) = -6$. 4. 最大值 3，最小值 $-\dfrac{3}{2}$. 5. 最小值 $u(2,4,4) = 36$. 6. 最小距离

为 $\sqrt{2}$. 7. 当三棱长相等，都等于 $\dfrac{a}{\sqrt{6}}$ 时，长方体体积最大. 8. 点 $P(-2,-2,8)$ 为最大值点，最

大值为 72. 9. 最小值 $z(1,-2) = -15$，最大值 $z(-\sqrt{5}, 2\sqrt{5}) = 15 + 10\sqrt{5}$. 10. $\left(1,2,\dfrac{1}{3}\right)$.

总复习题 9

1. (1) 充分，必要；(2) 充分；(3) $2a$；(4) $e\,dx + e\,dy$；(5) $4x + 2y - z - 6 = 0$.

2. $\left\{ (x,y) \;\middle|\; \begin{array}{l} |y| \leqslant |x| \\ x \neq 0 \\ x \leqslant x^2 + y^2 < 2x \end{array} \right\}$. 3. (1) 0；(2) $-\dfrac{1}{6}$. 4. $\dfrac{\partial z}{\partial x} = \dfrac{1}{1 + x^2}, \dfrac{\partial z}{\partial y} = \dfrac{1}{1 + y^2}, \dfrac{\partial^2 z}{\partial x^2} =$

$\dfrac{-2x}{(1+x^2)^2}, \dfrac{\partial^2 z}{\partial y^2}=\dfrac{-2y}{(1+y^2)^2}, \dfrac{\partial^2 z}{\partial x\partial y}=\dfrac{\partial^2 z}{\partial y\partial x}=0.$ 5. $\dfrac{\partial z}{\partial x}=e^v(y\sin u+yu\cos u+u\sin u), \dfrac{\partial z}{\partial y}=$

$e^v(x\sin u+xu\cos u+u\sin u).$ 6. $\dfrac{\partial z}{\partial x}=ye^{-(xy)^2}-1, \dfrac{\partial z}{\partial y}=xe^{-(xy)^2}.$ 7. $2xyf\left(\dfrac{y}{x}\right)=2z;$

8. 6. 9. $\dfrac{\partial z}{\partial y}=xf_1+f_2; \dfrac{\partial^2 z}{\partial y^2}=x^2 f_{11}+2xf_{12}+f_{22}.$ 10. $\dfrac{\partial^2 u}{\partial x^2}=\dfrac{1}{y}f''\left(\dfrac{x}{y}\right)+\dfrac{y^2}{x^3}g''\left(\dfrac{y}{x}\right),$

$\dfrac{\partial^2 u}{\partial x\partial y}=-\dfrac{x}{y^2}f''\left(\dfrac{x}{y}\right)-\dfrac{y}{x^2}g''\left(\dfrac{y}{x}\right), x\dfrac{\partial^2 u}{\partial x^2}+y\dfrac{\partial^2 u}{\partial x\partial y}=0.$ 11. $\dfrac{5}{2}+\dfrac{3\sqrt{2}}{2}.$ 12. 1/2. 13. $\sqrt{2}.$

14. 切线方程为 $\dfrac{x-a}{0}=\dfrac{y}{a}=\dfrac{z}{b}$, 法平面方程为 $ay+bz=0.$ 15. 长半轴与短半轴之长分别为

3 和 $\sqrt{6}$. 16. $\left(\dfrac{8}{5},\dfrac{16}{5}\right)$ 就是要求的最小值点.

10 重积分

习题 10.1

1. $V=\iint\limits_{D: x^2+y^2\leqslant 4}\sqrt{8-x^2-y^2}\,\mathrm{d}\sigma.$ 2. $I_1=4I_2.$ 3. $(1)I_1>I_2; (2)\ I_1<I_2; (3)I_1<I_2.$

4. $(1)\ 0\leqslant I\leqslant \pi^2; (2)\ 4\pi e^{-1}\leqslant I\leqslant 4\pi e; (3)\ 0\leqslant I\leqslant 2\sqrt{5}.$

习题 10.2

1. $(1)\ \dfrac{6}{55}; (2)\ e-\dfrac{1}{e}; (3)\ \dfrac{5}{2}-4\ln 2; (4)\ \dfrac{1}{2}(1-e^{-1}); (5)\ \dfrac{1}{3}(1-\cos 1).$ 2. $(1)\ \displaystyle\int_0^4 \mathrm{d}x\int_{x/2}^{\sqrt{x}} f(x,$

$y)\mathrm{d}y;\quad (2)\ \displaystyle\int_0^1 \mathrm{d}y\int_{2-y}^{1+\sqrt{1-y^2}} f(x,y)\mathrm{d}x;\quad (3)\ \displaystyle\int_0^2 \mathrm{d}y\int_{\sqrt{2y}}^{\sqrt{8-y^2}} f(x,y)\mathrm{d}x.$ 3. $(1)\ \pi(e^{b^2}-e^{a^2});$

$(2)\ \dfrac{a^3}{3}\left(\pi-\dfrac{4}{3}\right); (3)\ \dfrac{3}{64}\pi^2; (4)\ \pi(3e^4-e^2); (5)\ \dfrac{4\pi}{3}.$ 4. $(1)\ \dfrac{\pi}{8}(\pi-2); (2)\ 14a^4; (3)\ 1-$

$\sin 1; (4)\ \dfrac{3}{8}e-\dfrac{1}{2}\sqrt{e}; (5)\ \dfrac{11}{15}.$ 5. $(1)\ \dfrac{17}{6}; (2)\ \dfrac{3}{32}\pi a^4.$ 6. $\dfrac{2\pi}{3}f'(0).$

习题 10.3

1. $\dfrac{3}{2}.$ 2. 略. 3. $(1)\ \dfrac{1}{2}; (2)\ \dfrac{\pi}{4}+\dfrac{1}{2}; (3)\ \dfrac{\pi}{4}; (4)\ \dfrac{1}{2}\left(\ln 2-\dfrac{5}{8}\right).$ 4. $(1)\ 0; (2)\ \dfrac{16\pi}{3};$

$(3)\ \dfrac{32\pi}{3}.$ 5. $I=\displaystyle\int_0^{2\pi}\mathrm{d}\theta\int_0^{\pi}\mathrm{d}\varphi\int_0^a f(r\sin\varphi\cos\theta, r\sin\varphi\sin\theta, r\cos\varphi)r^2\sin\varphi\,\mathrm{d}r.$ 6. $(1)\ \dfrac{\pi}{10}; (2)\ \dfrac{7}{6}\pi a^4;$

$(3)\ 0.$ 7. $(1)\ 8\pi; (2)\ \dfrac{7\pi}{12}.$ $(3)\ \dfrac{512\pi}{3}; (4)\ \dfrac{64}{9}\pi.$ 8. $(1)\ \dfrac{\pi}{2}; (2)\ \dfrac{2}{3}\pi(5\sqrt{5}-8);$

$(3)\ \dfrac{\pi}{3}(b^3-a^3)(2-\sqrt{2}).$ 9. $4\pi t^2 f(t^2).$ 10. 8 cm.

习题 10.4

1. (1) $2a^2(\pi-2)$；(2) $16R^2$；(3) $\sqrt{2}\pi$.　2. (1) $\left(0,\dfrac{3a}{2\pi}\right)$；(2) $\left(\dfrac{5}{6},0\right)$.　3. (1) $I_x=\dfrac{72}{5}\rho$,

$I_y=\dfrac{96}{7}\rho$；(2) $I=\dfrac{75}{4}\pi$；(3) $I_z=\dfrac{8}{15}\pi R^5$.　4. (1) $\boldsymbol{F}=\left\{0,0,2\pi ka\mu\left(\dfrac{1}{\sqrt{R^2+a^2}}-\dfrac{1}{\sqrt{r^2+a^2}}\right)\right\}$,

k 为引力常数；(2) $\boldsymbol{F}=\{0,0,2\pi k(R+H-\sqrt{R^2+H^2})\}$，$k$ 为引力常数.

总复习题 10

1. (1) C；(2) D；(3) C；(4) 24；(5) $\dfrac{2\pi}{3}$.　2. (1) $\dfrac{1}{2}$；(2) $-6\pi^2$；(3) $-\dfrac{2}{5}$（提示：利用对称性计

算）；(4) $\dfrac{15}{2}\pi$；(5) $\dfrac{88}{105}$；(6) $\dfrac{\pi}{6}(7-4\sqrt{2})$；(7) 336π；(8) $\dfrac{\pi}{60}(96\sqrt{2}-39)$.　3. $\dfrac{32}{3}\pi$.

4. $\dfrac{1}{6}\pi a^2(6\sqrt{2}+5\sqrt{5}-1)$.　5. $a=-1,b=1,\varphi_1(x)=1-\sqrt{1-x^2}$，$\varphi_2(x)=1+\sqrt{1-x^2}$.

6. $2\pi ht\left[\dfrac{h^2}{3}+f(t^2)\right]$，$\dfrac{\pi}{3}h[h^2+f(0)]$.　7. 略.　8. $I_z=\dfrac{1}{2}\pi ha^4$.

11　曲线积分与曲面积分

习题 11.1

1. (1) $\displaystyle\int_\Gamma \rho(x,y,z)\,\mathrm{d}s$；(2) $I_x=\displaystyle\int_\Gamma(y^2+z^2)\rho(x,y,z)\,\mathrm{d}s$，$I_y=\displaystyle\int_\Gamma(z^2+x^2)\rho(x,y,z)\,\mathrm{d}s$.

2. (1) $\dfrac{17\sqrt{17}-1}{48}$；(2) $2a^2$；(3) $1+\sqrt{2}$；(4) $16\sqrt{2}$；(5) $\dfrac{256}{15}a^3$；(6) $2\pi^2a^3(1+2\pi^2)$；

(7) $e^a\left(2+\dfrac{\pi}{4}a\right)-2$；(8) $2\pi a^5$；(9) $\dfrac{\sqrt{3}}{2}(1-e^{-2})$；(10) $4\sqrt{2}$.　3. $R^3(\alpha-\sin\alpha\cos\alpha)$.　4. (1) $M=$

$\dfrac{2}{3}\pi\sqrt{2}(3+4\pi^2)$；(2) $I_z=2\pi\sqrt{2}\left(1+\dfrac{4}{3}\pi\right)$；(3) $\bar{x}=\dfrac{1}{3+4\pi^2}$，$\bar{y}=\dfrac{-6\pi}{3+4\pi^2}$，$\bar{z}=\dfrac{3(\pi+2\pi^3)}{3+4\pi^2}$.

习题 11.2

1. (1) 0；(2) $\dfrac{\sqrt{3}}{120}$；(3) $\dfrac{111}{30}\pi$；(4) $\pi a(a^2-h^2)$；(5) $2\pi RH\left(R^2+\dfrac{H^2}{3}\right)$；(6) 16π；(7) $\sqrt{2}\pi$；

(8) $\pi a(a^2-h^2)$；(9) $\dfrac{64\sqrt{2}}{15}$.　2. $\dfrac{2}{15}\pi(6\sqrt{3}+1)$.　3. $(\bar{x},\bar{y},\bar{z})=\left(0,0,\dfrac{a}{2}\right)$，$I_z=\dfrac{4}{3}\pi a^4\mu$.

4. $\left(0,0,\dfrac{2}{3}a\right)$.

习题 11.3

1. 略. 2. (1) $-\dfrac{14}{15}$; (2) $-\dfrac{\pi}{2}a^3$; (3) 0; (4) $-2\pi ab$; (5) -2π; (6) $\dfrac{3\pi}{16}a^{\frac{4}{3}}$; (7) 13; (8) $-\pi a^2$; (9) $-\pi$. 3. (1) $\dfrac{34}{3}$; (2) 14; (3) $\dfrac{32}{3}$. 4. (1) $-\pi$; (2) π. 5. $-\dfrac{13}{15}$. 6. $a=1$时,积分 I 最小;所求曲线 L 为 $y=\sin x(0\leqslant x\leqslant \pi)$.

习题 11.4

1. $\dfrac{3}{8}\pi a^2$. 2. (1) $\dfrac{1}{2}$; (2) $\dfrac{\pi}{2}a^4$; (3) $-2\pi ab$; (4) 0; (5) πa^2; (6) -8; (7) $\dfrac{3}{4}\pi^2 a^2$; (8) $\dfrac{\pi m}{8}a^2$.

3. 略. 4. (1) $\dfrac{1}{3}x^3+x^2 y-xy^2-\dfrac{1}{3}y^3$; (2) $x^3 y+e^x(x-1)+y\cos y-\sin y$; (3) $x^2+x\sin y$.

5. (1) $9\cos 2+4\cos 3$; (2) 12; (3) 4; (4) $e^a\cos b-1$. 6. (1) 0; (2) -2π. 7. 9. 8. $\dfrac{\pi^2}{4}$(功的单位). 9. (1) $xy^2-x^2-y=C$; (2) $\cos x\sin 2y=C$; (3) $xe^y-y^2=C$; (4) $x^3+3x^2 y^2+\dfrac{4}{3}y^3$ $=C$; (5) $(\sqrt{1+x^2}+x^2-\ln x)y=C$; (6) $\rho(1+e^{2\theta})=C$.

习题 11.5

1. (1) $-\dfrac{\pi}{2}R^4$; (2) $\dfrac{16\pi}{3}$; (3) $-\dfrac{2\pi}{105}R^7$; (4) $-\dfrac{2}{3}\pi$; (5) $\dfrac{1}{8}$; (6) $4R^3$; (7) -3π; (8) $2\pi e^2$.

2. $\dfrac{1}{2}$. 3. (1) 2π; (2) $\dfrac{\pi}{4}$. 4. (1) 0; (2) 0. 5. π.

习题 11.6

1. (1) $\dfrac{1}{2}$; (2) 6π; (3) $\dfrac{32}{15}\pi R^5$; (4) $\dfrac{\pi}{2}h^4$; (5) $-\dfrac{3}{2}\pi$; (6) $-\dfrac{\pi}{3}$; (7) $\dfrac{4\pi}{5}a^2$. 2. (1) $y-x\sin(xy)$ $-x\sin(xz)$; (2) 8. 3. 0. 4. $V=\dfrac{\pi a^4}{2}$. 5. 略.

习题 11.7

1. (1) $\dfrac{3}{2}$; (2) $-\sqrt{3}\pi$; (3) $3a^2$; (4) -2; (5) -24. 2. (1) 2π; (2) -2π. 3. (1) $(0,0,0)$; (2) $(0,0,0)$; (3) $(2,4,6)$. 4. (1) $\mathbf{rot}A=2(z,x,y)$; (2) $\Gamma=\dfrac{1}{4}\pi R^3$.

总复习题 11

1. (1) C; (2) D; (3) D; (4) $\dfrac{8-2\sqrt{2}}{3}$; (5) $y\cos(xy)+\dfrac{1}{x+y}+4yz^3$; (6) 0. 2. (1) $\dfrac{\sqrt{2}}{8}k\pi^2$;

$(2) -\pi;(3) \pi;(4) \dfrac{2}{3};(5) 0;(6) \dfrac{3\pi}{2};(7) 34\pi;(8) 12\pi;(9) -\dfrac{\pi}{4}a^3.$　　3. $Q(x,y)=x^2+2y-1.$

12　无穷级数

习题 12.1

1. 9.　2. 发散.　3. 当 $\displaystyle\sum_{n=1}^{\infty}u_n$ 收敛时，$\displaystyle\sum_{n=1}^{\infty}(u_n-0.001)$ 发散；当 $\displaystyle\sum_{n=1}^{\infty}u_n$ 发散时，$\displaystyle\sum_{n=1}^{\infty}(u_n-0.001)$ 的敛散性不能确定.　4. (1) $\dfrac{2+(-1)^n}{3^n};(2) \dfrac{1}{3n-1}.$　5. (1) 发散；(2) 收敛；(3) 发散；(4) 发散；(5) 收敛；(6) 发散.　6. (1) 收敛；(2) 发散；(3) 发散；(4) 发散.

习题 12.2

1. (1) 收敛；(2) 发散；(3) 收敛；(4) 发散；(5) 收敛；(6) 发散；(7) 发散；(8) 收敛.　2. (1) 收敛；(2) 收敛；(3) 发散；(4) 收敛；(5) 收敛；(6) 收敛；(7) 收敛；(8) 收敛；(9) 收敛；(10) 收敛；(11) 发散；(12) 收敛.　3. (1) 发散；(2) 收敛；(3) 收敛；(4) 收敛；(5) 当 $0<x<1$ 时收敛,当 $x\geqslant 1$ 时发散；(6) 当 $a>1$ 时收敛,当 $0<a\leqslant 1$ 时发散.　4. (1) 发散；(2) 条件收敛；(3) 绝对收敛；(4) 绝对收敛；(5) 绝对收敛；(6) 条件收敛；(7) 绝对收敛；(8) 条件收敛；(9) 发散；(10) 发散.　5. (1) 略；(2) 略.　6. 略.　7. 略.

习题 12.3

1. $x=-2$ 处发散，$x=1$ 处收敛.　2. $R=3.$　3. $3R, \sqrt{R}.$　4. (1) $R=1, [-1,1);(2) R=+\infty,(-\infty,+\infty);(3) R=1,\left(-\dfrac{3}{2},\dfrac{1}{2}\right);(4) R=\dfrac{1}{3},\left(-\dfrac{1}{3},\dfrac{1}{3}\right);(5) R=\dfrac{1}{3},\left[\dfrac{2}{3},\dfrac{4}{3}\right);$
$(6) R=\dfrac{1}{3},\left[\dfrac{2}{3},\dfrac{4}{3}\right);(7) R=2,(-2,2);(8) R=\dfrac{1}{\sqrt{2}},\left(-\dfrac{1}{\sqrt{2}},\dfrac{1}{\sqrt{2}}\right).$　5. (1) $S(x)=\dfrac{2x-x^2}{(1-x)^2}, x\in(-1,1);(2) S(x)=\ln(1+x)\ x\in(-1,1];(3) S(x)=\arctan x, -1\leqslant x\leqslant 1;$
$(4) S(x)=\dfrac{1}{(1-x^2)^2}, x\in(-1,1).$　6. $s(x)=\dfrac{-x}{(1+x)^2}, x\in(-1,1),\displaystyle\sum_{n=1}^{\infty}(-1)^n\dfrac{n}{3^n}=-\dfrac{3}{16}.$

习题 12.4

1. (1) $2\ln 2+\displaystyle\sum_{n=1}^{\infty}(-1)^{n-1}\dfrac{x^n}{n\cdot 4^n}, -4<x\leqslant 4;(2) \displaystyle\sum_{n=1}^{\infty}(-1)^{n-1}\dfrac{2^{2n-1}}{(2n)!}x^{2n}, x\in(-\infty,+\infty);$

(3) $\displaystyle\sum_{n=0}^{\infty}\frac{x^n}{2^{n+1}}$, $-2<x<2$; (4) $\displaystyle\frac{1}{3}\sum_{n=0}^{\infty}[2^n+(-1)^{n+1}]x^n$, $-\frac{1}{2}<x<\frac{1}{2}$; (5) $\displaystyle\sum_{n=0}^{\infty}\left(1-\frac{1}{2^{n+1}}\right)x^n$,

$-1<x<1$; (6) $\displaystyle\sum_{n=0}^{\infty}\frac{(\ln a)^n}{n!}x^n$, $x\in(-\infty,+\infty)$. 2. $\displaystyle\sum_{n=0}^{\infty}\frac{(-1)^n x^{2n+1}}{2n+1}$, $(-1<x<1)$.

3. (1) $\displaystyle\frac{1}{5-x}=\sum_{n=0}^{\infty}\frac{1}{3^{n+1}}(x-2)^n$, $-1<x<5$; (2) $\displaystyle\cos x=\frac{1}{2}\sum_{n=0}^{\infty}(-1)^n\left[\frac{\left(x+\frac{\pi}{3}\right)^{2n}}{(2n)!}+\right.$

$\left.\sqrt{3}\cdot\dfrac{\left(x+\frac{\pi}{3}\right)^{2n+1}}{(2n+1)!}\right]$, $x\in(-\infty,+\infty)$; (3) $\displaystyle\frac{x-1}{x+1}=\sum_{n=0}^{\infty}(-1)^n\frac{(x-1)^{n+1}}{2^{n+1}}$, $-1<x<3$;

(4) $\displaystyle\frac{1}{x^2+5x+6}=\sum_{n=0}^{\infty}\left(1-\frac{1}{2^{n+1}}\right)(x+4)^n$, $-5<x<-3$. 4. (1) $\mathrm{e}\approx2.718\,3$; (2) $1.002\,5$.

习题 12.5

1. (1) $\displaystyle\frac{1}{2}+\frac{2}{\pi}\sum_{n=1}^{\infty}\frac{1}{2n-1}\sin(2n-1)x=\begin{cases}0, & -\pi<x<0\\ 1, & 0<x<\pi\\ \dfrac{1}{2}, & x=0,\pm\pi\end{cases}$; (2) $f(x)=$

$\displaystyle\frac{2}{\pi}\sum_{n=1}^{\infty}\left[\frac{1}{n^2}\sin\frac{n\pi}{2}-(-1)^n\frac{\pi}{2n}\right]\sin nx$, $x\neq\pm\pi,\pm3\pi,\cdots$; (3) $f(x)=\dfrac{A}{2}-\dfrac{4A}{\pi^2}\displaystyle\sum_{n=1}^{\infty}$

$\displaystyle\frac{1}{(2n-1)^2}\cos(2n-1)x$, $x\in(-\infty,+\infty)$; (4) $\displaystyle\cos\frac{x}{2}=\frac{2}{\pi}+\frac{4}{\pi}\sum_{n=1}^{\infty}\frac{(-1)^{n-1}}{4n^2-1}\cos nx$, $-\infty<$

$x<+\infty$. 2. (1) $\displaystyle x^2=\frac{\pi^2}{3}+\sum_{n=1}^{\infty}(-1)^n\frac{4}{n^2}\cos nx$, $-\pi\leqslant x\leqslant\pi$; (2) $\displaystyle 2\sin\frac{x}{3}=$

$\displaystyle\frac{18\sqrt{3}}{\pi}\sum_{n=1}^{\infty}(-1)^{n-1}\frac{n}{9n^2-1}\sin nx$, $-\pi<x<\pi$. 3. $\displaystyle 2x+3=\pi+3-\frac{8}{\pi}\sum_{n=1}^{\infty}\frac{\cos(2n-1)x}{(2n-1)^2}$,

$x\in[0,\pi]$. 4. $f(x)=\left(2\pi-\dfrac{8}{\pi}\right)\sin x-\pi\sin 2x+\left(\dfrac{2\pi}{3}-\dfrac{8}{27\pi}\right)\sin 3x+\cdots$, $x\in[0,\pi)$.

5. $f(x)=\displaystyle\sum_{n=1}^{\infty}\frac{4}{(2n-1)\pi}\sin(2n-1)x$, $0<x<\pi$; $\displaystyle\sum_{n=1}^{\infty}(-1)^{n-1}\frac{1}{2n-1}=\frac{\pi}{4}$.

6. (1) 略; (2) 略.

习题 12.6

1. (1) $\displaystyle\frac{1}{4}+\frac{1}{\pi\delta}\sum_{n=1}^{\infty}\frac{1}{n}\sin\frac{n\pi\delta}{2}\cos\frac{n\pi}{2}x=\begin{cases}f(x) & x\neq\pm\delta+4k,k=0,\pm1,\pm2,\cdots\\ \dfrac{1}{4\delta} & x=\pm\delta+4k,k=0,\pm1,\pm2,\cdots\end{cases}$; (2) $x^2=$

$\displaystyle\frac{1}{3}+\frac{4}{\pi^2}\sum_{n=1}^{\infty}\frac{(-1)^n}{n^2}\cos n\pi x$, $-\infty<x<+\infty$. 2. $\displaystyle\frac{8}{\pi^2}\sum_{n=1}^{\infty}(-1)^{n-1}\frac{1}{(2n-1)^2}\sin\frac{2n-1}{2}\pi x=$

$f(x)$, $0\leqslant x\leqslant 2$. 3. $s\left(-\dfrac{5}{2}\right)=\dfrac{3}{4}$.

总复习题 12

1. (1) 收敛; (2) 收敛; (3) 收敛; (4) 发散.　2. (1) 绝对收敛; (2) $p \leqslant 0$ 时, 发散; $0 < p \leqslant 1$ 时, 条件收敛; $p > 1$ 时, 绝对收敛.　3. 略.　4. (1) $[-5, 1)$; (2) $(-\infty, +\infty)$; (3) $\left[-\dfrac{1}{5}, \dfrac{1}{5}\right]$; (4) $(-\sqrt{2}, \sqrt{2})$.　5. $R = |x_0|, x_0 > 0$ 时, $I = [0, 2x_0); x_0 < 0$ 时, $I = (2x_0, 0]$.　6. (1) $s(x) = \dfrac{1}{4} \ln \dfrac{1+x}{1-x} + \dfrac{1}{2} \arctan x$, $x \in (-1, 1)$; (2) $s(x) = \dfrac{x-1}{(2-x)^2}$, $x \in (0, 2)$.　7. $3e - 1$.

8. $\ln \dfrac{1+x}{1-x} = 2 \sum\limits_{n=1}^{\infty} \dfrac{x^{2n-1}}{2n-1}$, $-1 \leqslant x < 1$.　9. $\dfrac{x}{x+2} = \dfrac{1}{3} - \dfrac{2}{3} \sum\limits_{n=1}^{\infty} (-1)^n \dfrac{(x-1)^n}{3^n}$, $-2 < x < 4$.　10. $\dfrac{\pi - x}{2} = \sum\limits_{n=1}^{\infty} \dfrac{1}{n} \sin nx$, $0 < x < \pi$.

《乳腺癌防治导读》
（第2版）
编写委员会

名誉主编：陈龙邦　王靖华

主　　编：于正洪

副 主 编：郭仁宏　洪　专　陈礼明　陈映霞
　　　　　　曹　兵　张　稳

编　　委：（按姓氏笔画为序）
　　　　　　丁　颖　王守慧　王玲玲　王新星
　　　　　　冯平柏　吉爱军　朱锡旭　祁晓平
　　　　　　李惠玉　李宝石　吴爱珍　时永辉
　　　　　　邹继红　张　珞　张　群　陆　放
　　　　　　陈双双　陈玉超　陈巍巍　罗立国
　　　　　　金　毅　周丽君　周晓辉　郑锦锋
　　　　　　孟庆欣　赵　红　赵　爽　姜明霞
　　　　　　耿　建　顾　远　高大志　郭苏皖
　　　　　　唐　林

英文翻译：陆　放

主编介绍

主编：于正洪

于正洪，医学博士，南京军区南京总医院肿瘤内科副主任，主任医师，教授，南京中医药大学博士生导师，南京大学、南京医科大学硕士生导师，美国临床肿瘤学会会员，江苏省抗癌协会传统医学专业委员会委员，美国西北大学访问学者。参与一项国家自然科学基金，参与获得军队医疗成果二等奖一项，主持一项第八批江苏省六大人才高峰和两项教育部项目，论文已被《Cancer Letter》、《PLOS ONE》、《Lung Cancer》和《WJG》等录用，在统计源期刊发表论文50多篇，主编《肺癌防治导读》、《从心出发，征服癌症》、《乳腺癌，这样征服》和《食管癌防治导读》，参编《循证肿瘤治疗学》和《现代肿瘤循证诊疗手册》，为《中华实用医药杂志》常务编委、《中华临床医师杂志》特约编委和《中华老年多脏器疾病杂志》审稿专家。发表科普文章50多篇，著有文集《快乐是片大海》，江苏省作家协会会员。《从心出发，征服癌症》被《扬子晚报》连载，获得2013年江苏省优秀科普图书，《从心出发，征服癌症》系列丛书获2015年江苏医学会科普奖。曾在江苏人民广播电台名医坐堂、中国江苏网e视坊、第三届和第五届江苏书展、南京电视台标点健康和健康大讲堂栏目、江苏卫视台万家灯火栏目、江苏电视台名医问诊栏目、扬图讲坛和爱德公益沙龙等任主讲嘉宾。

个人网页：yuzhenghong.haodf.com

时永辉　南京军区南京总医院检验科　副主任技师

邹继红　东南大学附属中大医院老年科　主任医师

张　珞　常州市中医院　医师

张　群　南京军区南京总医院肿瘤内科　副主任医师

陆　放　美国雪城大学　学生

陈双双　南京中医药大学　硕士研究生

陈玉超　江苏省中医院肿瘤内科　主任医师　硕士生导师　医学博士

陈巍巍　南京军区南京总医院肿瘤内科　主治医师

罗立国　南京军区南京总医院心胸外科　副主任医师

金　毅　南京军区南京总医院疼痛科　副主任医师　硕士生导师

周丽君　南京军区南京总医院信息科　副主任护师

周晓辉　南京军区南京总医院干部保健科　副主任　副主任医师

郑锦锋　南京军区南京总医院营养科　主任　副主任医师

孟庆欣　南京军区南京总医院超声诊断科　副主任医师

赵　红　美国西北大学癌症中心　副教授　医学博士,美国国立卫生院博士后

赵　爽　南京大学医学院　硕士研究生

姜明霞　南京军区南京总医院营养科　主治医师,博士

耿　建　南京军区南京总医院肿瘤内科　主治医师　医学博士

顾　远　复旦大学医学院　学生

高大志　南京军区南京总医院医学影像科　副主任医师

郭苏皖　南京脑科医院医学心理科　主任医师

唐　林　南京军区南京总医院肿瘤内科　医师

序 1

乳腺癌是严重威胁女性健康的恶性肿瘤,目前占城市妇女恶性肿瘤的第一位,而且其发病还有年轻化的倾向。如何正确认识乳腺癌、早期发现乳腺癌、合理对抗乳腺癌、有效预防乳腺癌是人类共同面临的紧迫而严峻的课题。

随着现代肿瘤学的发展,近年来乳腺癌的治疗理念发生了根本性的改变,治疗模式从单一的手术治疗发展到现在以手术为主的多学科综合治疗模式。这种治疗模式对不同临床病理特征、不同临床分期分类的肿瘤患者显示出积极的作用,充分体现个体化、人性化的治疗理念,对提高乳腺癌治愈率、降低死亡率以及改善患者的生活质量有着重大意义,同时也为其他实体瘤的治疗起到了示范作用。

世界卫生组织(WHO)已将癌症定性为慢性病。疾病重在预防,现在的很多疾病都与生活方式有关,是内因和外因共同作用的结果。乳腺癌的发病率在我国已步入一个增长期,每年以 2%~3% 的增长率持续上升,其实乳腺癌可防可治,与其他实体瘤相比,乳腺癌的治疗手段较多,也有着更好的治疗前景。如果在生活中,我们能戒除一些不良习惯,还是可以预防一部分乳腺癌的发生。乳腺癌如果早期发现的话,根治的机会很大。但一般群众对乳腺癌还缺少科学的认识,对乳腺癌的各种治疗手段还持有怀疑的态度。

由国内外中青年专家组织编写的这本书旨在让我们更深入更全面地了

解：乳腺癌是慢性病，乳腺癌有可防可治的趋势，而且在多学科规范化治疗、个体化治疗、综合治疗下效果良好。本书分了解乳腺癌、明确乳腺癌、控制乳腺癌、关注乳腺癌、远离乳腺癌五个章节进行阐述，也介绍了乳腺癌患者的社会心理问题，包括医师如何与患者沟通，有助于大家对疾病、治疗、患者三方面的关系有更全面的认识。该书结构全面、特色鲜明，既有学术水平，又有实用价值。希望该书的出版，能对从事乳腺癌诊断和治疗的医师有所帮助，同时也引导普通大众树立乳腺癌可防可治的观念。

中国人民解放军南京军区南京总医院
全军普通外科研究所所长
中国工程院院士

Forward 2

Breast cancer is the most common cancer among American women, after skin cancer, and the second leading cause of cancer death in women, exceeded only by lung cancer. About 1 in 8 (12%) women in the US will develop invasive breast cancer during their lifetime. The chance that breast cancer will be responsible for a woman's death is about 1 in 36 (about 3%). After fighting for breast cancer for decades in the US, female breast cancer incidence rates decreased by about 2% per year from 1999 to 2005 and Death rates from breast cancer have been declining since about 1990, with larger decreases in women younger than 50. These decreases are believed to be, in part, the result of earlier detection through screening and increased awareness, as well as improved treatment. The decrease in postmenopausal hormone replacement therapy as of 2002 also contributed the recent decrease in the incidence and mortality from breast cancer.

Breast cancer is also the leading women's disease in Asia, followed by cervical cancer; historically, breast cancer incidence is lower in Asian women. However, I am aware that the rate of breast cancer among urban Chinese women jumped sharply over the past decade mainly caused by an increasing appetite for Western—style fast food and unhealthy lifestyles. In the developing countries, interruption of ovulatory cycles by higher number of pregnancies and lactation was believed to be protective against breast cancer. It remains to be seen whether decreased pregnancy rates and lactation induced by one—child—policy in China as of 1979 will have an effect on the incidence of breast cancer. In China's commercial center of Shanghai, 55 out of every 100,000 women have breast cancer, a 31 percent increase since 1997; about 45 out of every 100,000 women in Beijing have the

1

disease, a 23 percent increase over 10 years. Therefore, this book is raising public awareness of breast cancer in China and providing general knowledge for breast cancer prevention and treatment.

Several of this book's authors are medical scientists or visiting scholars at Northwestern University (USA). They are focusing on the study of the mechanisms of breast carcinogenesis, breast cancer metastasis and the relationship between breast cancer and obesity. They are the experts in the field of breast cancer research. In the book they describe how breast cancer can be prevented beginning with healthy lifestyle changes, and can be treated with surgery, radiation therapy, chemotherapy, hormone therapy or targeted therapy. The book is for the general public but is written by people with strong medical and scientific background.

I hope that one day, we can stop breast cancer through the combined efforts of all of us including all women, physicians and medical scientists.

November 27, 2012
Yours sincerely,

Serdar E. Bulun

Serdar E. Bulun, M. D.
George H. Gardner Professor of Clinical Gynecology
Chief, Division of Reproductive Biology Research
Department of Obstetrics and Gynecology
Northwestern University Feinberg School of Medicine

序 2

（翻译）

乳腺癌是除了皮肤癌以外在美国妇女中最常见的癌症，并且对女性患者的致死率仅次于肺癌。在美国大约 12％的妇女在其一生中会遭遇这种极具侵略性疾病的困扰，大约 3％的妇女因患乳腺癌死亡。人们与乳腺癌的斗争已经持续了几十年，从 1999 年到 2005 年，女性乳腺癌发病率以大约每年 2％的速度递减，同时自 1990 年以来死亡率也一直在下降，特别是 50 岁以下的女性。这些减少某种程度上归功于疾病的及早发现、体检上的完善和时下人们对乳腺癌不断增加的关注使更多患者能及早得到治疗，此外不断提升的医疗技术也功不可没。自 2002 年起激素替代疗法的减少使用也对乳腺癌发病率和死亡率的减少做出了贡献。

在亚洲，乳腺癌是也是妇女最常见的疾病，仅次于宫颈癌。从历史上来看，乳腺癌在亚洲女性中的发病率较低。然而，据我所知，中国城市女性中乳腺癌的发病率在近几十年中呈跳跃式增长，其主要原因则是对于西式快餐的喜爱和不健康的生活方式。在发展中国家，通过多次妊娠和哺乳打断女性生理周期被认为有对抗乳腺癌的功效。而对于中国自 1979 年以来实行的独生子女政策是否会影响中国女性乳腺癌的发病率，我们仍持观望态度。在中国的商业中心上海，每 10 万名女性中有 55 人罹患乳腺癌，自 1997 年以来增加了 31％；而在北京，10 万名女性中则有约 45 人身患此病，10 年增长超过 23％。因此，这本书旨在唤起中国公众对乳腺癌的警觉，并且提供了预

1

防和治疗乳腺癌的基础知识。

这本书的编委中有几位是来自美国西北大学的医学科学家或客座教授，他们专注于乳腺癌致病及转移机制和肥胖与乳腺癌之间的关系的研究，他们都是乳腺癌研究领域中的专家。在书中编委详解了如何通过健康的生活方式来预防乳腺癌，并介绍了乳腺癌的手术治疗、放疗、化疗、激素疗法及靶向治疗。这本面向公众的书是由有着深厚科学及医学背景的专家所撰写的。

我希望有一天，通过包括所有的女性、临床医生及医学科学家在内的所有人的共同努力使乳腺癌永远不再困扰人类。

Serdar E. Bulun

Serdar E. Bulun，医学博士

美国妇科协会主席

临床妇产科冠名"乔治 H·加德纳"教授

美国西北大学 Feinberg 医学院妇产科系主任

美国西北大学附属 Prentice 妇产医院首席医师

英文翻译：陆放

前　言

平均每 3 分钟世界上就有一位妇女被诊断为乳腺癌,我国女性乳腺癌的发病率正以每年 3％～4％的增长率急剧上升,城市乳腺癌发病率以每年 7.5％的速度上升,死亡率平均每年上升 6.9％。乳腺癌已经成为都市女性的"头号杀手",严重威胁女性的身体健康。

中国人口协会近日发布的《中国乳腺疾病调查报告》称,只有 5％的女性每年进行一次乳腺疾病检查。与西方发达国家乳腺癌发病率增高而死亡率下降的趋势不同,我国乳腺癌发病率和死亡率均呈上升趋势。

其实乳腺是非常敏感的器官,乳腺癌是最可以预防的恶性肿瘤之一,早期诊断将大大地提高治愈率,乳腺癌算得上是"早发现可获得治愈"的典范。乳腺癌的治疗也较其他肿瘤有着更多的治疗手段和更好的治疗前景。疾病重在预防,如何正确认识乳腺癌,早期诊断乳腺癌,合理对抗乳腺癌,远离致癌因素,已日益受到患者和医学界的关注。

目前乳腺癌的治疗手段有手术、放疗、化疗、内分泌治疗、靶向治疗、生物免疫治疗、中医治疗等。其中主要治疗手段各有其适应证,乳腺癌需要综合治疗。

将各种治疗方法有机地结合起来,根据患者的个体化状况,制定确切有效的整体综合治疗方案,利用各种治疗方法的优势以提高疗效,这是乳腺癌近代综合治疗的基本概念,采用综合治疗,乳腺癌治疗效果得到空前的提高。多学科联动,整体化、个性化方案治疗是适应乳腺癌跨学科综合治疗需要的诊疗模式,是保障和提高乳腺癌综合治疗效果的关键举措。根据乳腺肿瘤临床分期、乳腺专用磁共振多维评估结果、病理组织学类型、激素受体检测结果、HER2 受体等多种免疫组化标记检测结果等多方面疾病资料,制定和实施包括手术在内的完全适合于个体情况的综合治疗,消灭肿瘤,获得最佳治疗效果。

而对乳腺癌的各种治疗手段持怀疑态度一直是广大老百姓对待乳腺癌的一个显著特征,加之一些所谓"秘方"和"经验"广为流传,使乳腺癌患者更难以接受有关治疗方面的正确意见。作为乳腺癌专业医师,我们认识到处于个人和家庭危机中的乳腺癌患者通常需要立即作出治疗决定。乳腺癌患病人群广、治疗手段复杂,医患沟通的重要性在治疗中显得尤其突出,顺畅的医患沟通正日益成为乳腺癌治疗过程中的重要环节。

普通老百姓对乳腺癌怀着恐惧,对之却缺少科学的认识,本书旨在倡导健康的生活方式,推广多学科诊治模式,呼吁乳腺癌临床医师,在临床工作中多花一分钟时间和每位乳腺癌患者沟通,帮助患者和家属正确认识乳腺癌、了解最新治疗手段,使更多患者树立信心、选择合理的治疗方案。本书侧重于面向社区医生、医学生和普通大众,希望乳腺癌可防可治的观念能深入每个老百姓的心中。

本书的乳腺癌内科治疗部分由江苏省肿瘤医院的郭仁宏主任医师撰写,我们谨以这本书对郭主任致以最诚挚的感谢和最深的祝福!

于正洪

2015 年 1 月

目　　录

第一篇　了解乳腺癌——正确认识乳腺癌 ……………… 1

一、乳腺的概念 ……………………………… 5

二、乳腺的发育 ……………………………… 5

三、乳腺疾病 ………………………………… 6

四、什么是乳腺癌 …………………………… 7

五、乳腺癌的常见症状 ……………………… 8

六、乳腺癌的发病因素 ……………………… 9

七、乳腺癌认识上的误区 …………………… 10

八、人们对乳腺癌的一些常见疑问 ………… 11

第二篇　明确乳腺癌——早期诊断乳腺癌 ………… 19

一、乳腺癌或乳腺癌转移的疑诊时机 ……… 24

二、乳腺癌诊断的内容和基本路径 ………… 24

三、常用的检验或检查手段 ………………… 26

四、乳腺癌的分类 …………………………… 32

五、乳腺癌的分期 …………………………… 33

第三篇　控制乳腺癌——合理对抗乳腺癌 ………… 37

乳腺癌的治疗原则 …………………………… 41

乳腺癌的化学治疗 …………………………… 42

一、什么是化疗 ……………………………… 42

二、术前化疗（新辅助化疗）……………………………… 44

三、术后辅助化疗 …………………………………………… 48

四、晚期乳腺癌解救性全身治疗 …………………………… 52

五、三阴性乳腺癌 …………………………………………… 58

六、化疗副作用的防护 ……………………………………… 59

乳腺癌的内分泌治疗 ………………………………………… 68

一、为什么要进行内分泌治疗 ……………………………… 68

二、内分泌治疗的原理 ……………………………………… 68

三、内分泌治疗的适应证与注意事项 ……………………… 69

四、乳腺癌内分泌治疗方案 ………………………………… 70

五、乳腺癌内分泌治疗具体的副作用 ……………………… 72

六、乳腺癌内分泌治疗方案的原理 ………………………… 72

七、内分泌解救治疗的选择及注意事项 …………………… 73

乳腺癌的分子靶向治疗 ……………………………………… 74

一、针对 Her-2 阳性的分子靶向治疗药物——曲妥珠单抗和拉帕替尼…… 74

二、针对血管内皮生长因子（VEGF）的靶向治疗药物——贝伐单抗 …… 76

三、mTOR 抑制剂——依维莫司 …………………………… 76

四、针对表皮生长因子受体（EGFR）酪氨酸激酶的靶向治疗 … 77

五、其他分子靶向治疗途径 ………………………………… 78

乳腺癌的放射治疗 …………………………………………… 80

一、不同类型乳腺癌的放射治疗 …………………………… 80

二、乳腺癌的放疗 …………………………………………… 87

三、乳腺癌放疗中的常见问题 ……………………………… 88

四、乳腺癌放疗注意事项 …………………………………… 91

乳腺癌的外科治疗 …………………………………………… 92

一、乳腺癌外科手术原则 …………………………………… 94

二、乳腺癌手术的配合 ……………………………… 100

三、乳腺术后患肢功能锻炼指导 ………………… 103

四、乳腺癌患者术后的心理调适 ………………… 106

五、乳腺癌术后的饮食指导 ………………………… 107

六、义乳或乳房再造术——使你看上去更美观 ……… 108

七、乳腺癌手术后的后续治疗 ……………………… 108

八、写给患者的家人和朋友 ………………………… 109

乳腺癌骨转移治疗 ……………………………………… 111

一、临床表现 ………………………………………… 111

二、骨转移的治疗 …………………………………… 111

三、全身治疗 ………………………………………… 112

四、局部治疗 ………………………………………… 112

五、止痛治疗 ………………………………………… 113

六、乳腺癌骨转移药物 ……………………………… 113

乳腺癌局部和区域淋巴结复发诊治原则 …………… 115

乳腺癌的中医药治疗 ………………………………… 118

一、中医对乳腺癌的认知 …………………………… 118

二、中医如何治疗乳腺癌 …………………………… 120

三、精神因素在乳腺癌中的作用 ………………… 125

四、中医治疗与饮食关系 …………………………… 126

乳腺癌的康复与日常生活 …………………………… 128

一、乳腺癌患者出院后的康复 …………………… 128

二、乳腺癌患者如何安排日常生活 ……………… 128

三、乳腺癌患者的家庭护理 ………………………… 129

四、临终护理 ………………………………………… 131

第四篇 关注乳腺癌——全面迎战乳腺癌 ·············· 133

乳腺癌与心理 ·································· 138

一、乳腺癌患者的心路历程 ···················· 138

二、乳腺癌患者的一般心理问题 ················ 145

三、乳腺癌患者的一般心理问题的处理 ·········· 146

乳腺癌与营养、体力活动 ······················ 153

一、膳食、营养与癌症 ························ 153

二、乳腺癌的营养防治 ························ 157

三、身体活动对乳腺癌发生发展的影响 ·········· 161

四、乳腺癌的膳食营养预防 ···················· 161

五、乳腺癌的营养治疗 ························ 163

六、身体活动对乳腺癌患者免疫功能的影响 ······ 164

乳腺癌与疼痛 ································ 166

一、疼痛概述 ································ 166

二、癌痛认识上的误区 ························ 168

三、乳腺癌与疼痛 ···························· 170

四、乳腺癌疼痛的治疗 ························ 171

第五篇 远离乳腺癌——有效预防乳腺癌 ·············· 185

一、乳腺癌的高危因素 ························ 190

二、乳腺癌的高危人群 ························ 190

三、乳腺癌的病因 ···························· 191

四、乳腺癌的病因学预防 ······················ 192

附录 ·· 201

一、乳腺癌与粉红色丝带 ······················ 201

二、乳腺癌患者快乐旅行指南 …………………………………… 202

三、呵护 8 大关键部位 决定女人的一生健康 …………… 203

四、漂亮女人要警惕乳腺癌 …………………………… 204

五、聪明找对好医生 ………………………………………… 206

六、国内外肿瘤咨询网站 …………………………………… 210

七、美国癌症协会 31 条防癌指南 …………………………… 211

祈愿有晚星

照耀着你

祈愿暮色笼罩时

你的心依然坚定

信念会指引我们向前

祝福我们每个都能回归真实

回归到对自然和造物必要的崇敬

第一篇　了解乳腺癌

——正确认识乳腺癌

是谁赋予我们

一颗智慧的心

是谁赐予我们

一颗理解的心

让我们拥有

一颗认识的心

一颗谅解的心

生命的意义就在我们的心中

愿我们与生命同步

在心中我们点燃了世界

乳腺癌的发病率越来越高,已位列城市女性恶性肿瘤第一位,发病年龄也越来越年轻,原因是多方面的。近年名女人里面患乳腺癌的不在少数,有才有貌还多金的陈晓旭走了,佳人在人们的叹息声与种种的猜测声中走了,她走的那么匆忙又那么决然,以至没有留下任何可供世人再为之嚼舌的遗言,她从来就不想多说,一直就是清高和孤傲的,但是一个不争的事实是她患了乳腺癌,一个优秀的女子被无情的病魔夺去了光彩的生命。回顾陈晓旭的病史,2006年3月,陈晓旭感觉身体不适,不经意间总是托着右胸,但不愿就医。2006年6月被查出患上乳腺癌并已到晚期,她感觉不适却只在很难受的时候服用一些中药,拒绝西医医治,更不愿手术;2006年10月,陈晓旭开始在长春的百国兴隆寺闭关修行;2007年2月23日,潜心修行的陈晓旭在长春剃度出家,遁入空门成为"妙真法师",2007年5月13日,陈晓旭香消玉殒,享年42岁,生存期未满1年。

　　陈晓旭具有乳腺癌高发人群的特征:性格内向、多愁善感、没有生育过、曾流产、工作职位高、压力大、40岁左右等,但对乳腺癌缺少正确的认识从而拒绝治疗也应该是她生存期比较短的一个原因。其实乳腺癌有着较多的治疗选择,也有着良好的治疗前景,近三成晚期乳腺癌病人可活过5年。

作为目前女性最容易发生的癌症,乳腺癌正在以前所未有的速度向人类逼近。虽然近年来乳腺癌的诊断和治疗均取得了可喜的进步,但仍任重而道远。乳腺癌是妇女健康的大敌,乳腺癌的病因尚不明确,女性应该了解乳腺癌常识,认识其病因和治疗方法,同时要勇敢地面对,而且要用一种积极的状态面对。有效防治乳腺癌首先要建立在对乳腺癌正确认识的基础上。

Know yourself and know your enemy, victory is assured.

一、乳腺的概念

乳腺位于皮下浅筋膜的浅层与深层之间。浅筋膜伸向乳腺组织内形成条索状的小叶间隔，一端连于胸肌筋膜，另一端连于皮肤，将乳腺腺体固定在胸部的皮下组织之中。起支持作用和固定乳房位置的纤维结缔组织称为乳房悬韧带或 Cooper's 韧带。浅筋膜深层位于乳腺的深面，与胸大肌筋膜浅层之间有疏松组织相连，称乳房后间隙。它可使乳房既相对固定，又能在胸壁上有一定的移动性。有时，部分乳腺腺体可穿过疏松组织深入到胸大肌浅层，因此，作乳腺癌根治术时，应将胸大肌筋膜及肌肉一并切除。纤维结缔组织伸入乳腺组织之间，形成许多间隔。所以在急性乳腺炎时，脓腔也常常被隔为好几个。这些纤维结缔组织对乳房起固定作用，使人站立时乳房不致下垂，所以称为乳房悬韧带。患乳腺癌时，肿瘤可侵犯此韧带使之收缩，所以乳房皮肤凹陷，形成"橘子皮"样表现。乳房腺体由15～20个腺叶组成，每一腺叶分成若干个腺小叶，每一腺小叶又由10～100个腺泡组成。这些腺泡紧密地排列在小乳管周围，腺泡的开口与小乳管相连。

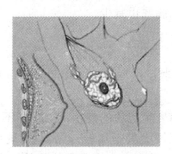

正常乳腺的影像学表现

二、乳腺的发育

乳腺于青春期开始发育，其结构随年龄和生理状况的变化而异。妊娠期和授乳期的乳腺分泌乳汁，称活动期乳腺。无分泌功能的乳腺，称静止期乳腺。

1. 乳腺的一般结构 乳腺被结缔组织分隔为15～25个叶，每个叶又分为若干小叶，每个小叶是一个复管泡状腺。腺泡上皮为单层立方或柱状，在上皮细胞和基膜间有肌上皮细胞。导管包括小叶内导管、小叶间导管和总导管。小叶内导管多为单层柱状或立方上皮,小叶间导管为复层柱状上皮,总导管又称输乳管,开口于乳头,管壁为复层扁平上皮,与下乳头表皮相续。

2. 静止期乳腺　是指未孕女性的乳腺,腺体不发达,仅见少量导管和小的腺泡,脂肪组织和结缔组织丰富。在排卵后,腺泡和导管略有增生。

3. 活动期乳腺　在雌激素和孕激素的作用下,妊娠期乳腺的小导管和腺泡迅速增生,腺泡增大,上皮为单层柱状或立方细胞,结缔组织和脂肪组织相应减少。至妊娠后期,在垂体分泌的催乳激素的影响下,腺泡开始分泌。乳腺为顶浆分泌腺,分泌物中含有脂滴、乳蛋白和母源性抗体等,称为初乳。初乳中还有吞噬脂肪的巨噬细胞,称初乳小体。

哺乳期的乳腺结构与妊娠期相似,但腺体发育更好,腺泡腔增大。腺泡处于不同的分泌时期,有的腺泡呈分泌前期,细胞呈高柱状;有的腺泡处于分泌后期,细胞呈立方形或扁平形,腺腔充满乳汁。腺细胞内富含粗面内质网和线粒体等,呈分泌状态的腺细胞内有许多分泌颗粒和脂滴。

断乳后,催乳激素水平下降,乳腺停止分泌,腺组织逐渐萎缩,结缔组织和脂肪组织增多,乳腺又转入静止期。绝经后,体内雌激素及孕激素水平下降,乳腺组织萎缩退化,脂肪也减少。

三、乳腺疾病

乳腺疾病是女性常见的一类疾病,尤其是乳腺癌,严重威胁女性的健康。

一般乳腺病都会有乳房包块的症状,但是,并不是所有摸起来像包块的都是乳腺疾病。有的女性尤其是年轻未婚女子,乳腺的腺体和结缔组织有厚薄不均的现象,摸起来有疙疙瘩瘩或颗粒状的感觉,这可能是正常的。如果是新长出的包块就需特别注意,因为青春发育期后出现乳房肿块,很可能是乳腺疾病所致。因此,学会乳房的自我检查,早发现病情,及早治疗是十分重要的。

1. 乳房的自我检查　每次月经后7～10天是做乳房自我检查的最佳时期,因为此时乳腺结节和触痛最不明显,有利于明确诊断。女性在30～35岁以后应1～3个月自我检查一次,每半年由医生检查一次。

自查的方法可见本书第五篇。

2. 乳腺增生症　又称乳腺病,在成年女性中极为常见。目前它的病因不明,可能与雌激素水平有关。乳房疼痛和乳房包块是其常见症状。乳房疼痛常与月经周期有关。常表现为经前乳痛加重，经期过后疼痛减轻，也有疼痛不规律者。乳房包块常为多个，一般较小，形状不定，边界有时并不清楚。此症状可长期稳定在一定阶段。女性朋友若发现有这些症状，应先到医院检查、诊断，以排除乳腺癌。确诊为乳腺病的，尽管此病的恶变率较低，也应长期坚持到医院随访。本病西医无特殊治疗，中医主要是疏肝理气、软坚化结。

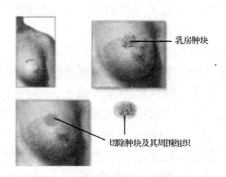

乳房肿块

切除肿块及其周围组织

乳腺良性肿瘤

3. 乳腺纤维瘤　此病以 20～50 岁发病率最高，是乳房良性肿瘤中最常见的一种。发病的主要原因在于小叶内的纤维细胞对雌激素的敏感性异常增高，从而使纤维细胞过度增生而形成肿瘤，因此纤维腺瘤多见于女青年。本病与雌激素有关，虽然避孕药等可起一定的保护作用，但也不可滥吃。乳房出现无痛性肿块，单个或多个，肿块边界清，可活动，表面光滑，与周围无粘连，病程慢，可几年甚至更长时间保持原状，这是乳腺纤维瘤的主要症状。尽管乳房纤维腺瘤的恶变率只有 0.2%，但仍应警惕。纤维瘤如果采取手术切除，术后要常规送病理活检。

四、什么是乳腺癌

乳腺癌是女性最常见的恶性肿瘤之一，据资料统计，发病率占全身各种恶性肿瘤的 7%～10%。它的发病常与遗传有关，以 40～60 岁、绝经期前后的妇女发病率较高。乳腺癌指发生在乳房腺上皮组织的恶性肿瘤，是一种严重影响妇女身心健康甚至危及生命的最常见的恶性肿瘤之一，男性乳腺癌罕见，仅 1%～2% 的乳腺患者是男性。

乳腺癌是一种常见的高发性肿瘤，全球每年新增病人超过 120 万，欧美国家发病率较高,我国随着经济发展和生活模式的改变,乳腺癌的发病率逐年增高,并且存在明显的地区差异,沿海地区明显高于内陆地区,在女性因癌症死亡的病例中,因乳腺癌死亡的占 4%～5%。

五、乳腺癌的常见症状

1. 肿块

早期:乳房内可触及蚕豆大小的肿块,较硬,可活动。一般无明显疼痛,少数有阵发性隐痛、钝痛或刺痛。

晚期:乳内肿块是乳腺癌晚期症状最主要的表现,一般发生在乳腺的外上部。尤其成年妇女乳内肿块应引起高度重视。乳腺癌多为单个,极少可见同一乳房内多个病灶。肿块形态差异较大,一般形态不规则,边缘不清晰,质地偏硬。癌性肿块在早期限于乳腺实质内,尚可推动,但又不似良性肿瘤那样有较大活动度,一旦侵犯筋膜或皮肤,肿块就不能推动,病期亦属较晚。如果起源于腺管上皮的原位癌,或处于大乳房较深处的小肿块一般难以发现,直径大于 1 cm 的肿块较容易发现。还有一种少见的隐匿性乳腺癌,其乳内肿块不能发现,晚期时出现腋下转移才被查觉。

2. 疼痛

早期:部分早期乳腺癌患者虽然在乳房部尚未能够触摸到明确的肿块,但常有局部不适感,特别是绝经后的女性,有时会感到一侧乳房轻度疼痛不适,或一侧肩背部发沉、酸胀不适,甚至牵及该侧上臂。

晚期:乳腺癌晚期一般疼痛比较明显,而且多为阵发性刺痛、隐痛。

3. 乳房皮肤改变 乳腺癌皮肤改变与肿块部位深浅和侵犯程度有关。肿块小,部位深,皮肤多无变化,肿块大,部位浅,较早与皮肤粘连,使皮肤呈现凹陷。若癌细胞堵塞皮下淋巴管引起皮肤水肿,形成橘皮样变,属晚期表现。

4. 乳头改变

早期:

"酒窝症"——乳头近中央伴有乳头回缩、乳房皮肤有轻度的凹陷。

乳头糜烂、乳头不对称。

"橘皮症"——乳房的皮肤有增厚变粗、毛孔增大现象。

晚期:

乳头高低不一——当乳头附近有癌肿存在,乳头常被上牵,故双侧乳头高低不一。

乳头内陷——乳房中心区癌肿的重要体征,乳头难以用手指牵出,乳头处于固定回缩状态。

乳头糜烂——湿疹样癌常见乳头呈糜烂状,常有痂皮,病变区与皮肤分界十分清楚,病变皮肤较厚。乳腺癌晚期患者,这些现象更为明显和严重。

5. 乳头溢液　乳头溢液可以是生理性或病理性的,非妊娠、哺乳期的乳头溢液发生率为 3％～8％,溢液可以是无色、乳白色、淡黄色、棕色、血性等,也可呈水样、血样、浆液样脓性。血性溢液应特别注意作进一步检查。溢液量可多可少,间隔时间亦不一样,一般晚期患者溢液比较严重,这时可以对乳头溢液进行涂片细胞学检查以明确诊断。当然乳腺癌多数伴有乳腺肿块。单纯以乳头溢液为症状者少见。

6. 乳房外形改变　正常乳房外形呈自然弧形,乳腺癌晚期则弧形发生严重异常。

7. 区域淋巴结肿大　以同侧腋窝淋巴结肿大最多见。锁骨上淋巴结肿大者已属晚期。

乳腺癌的 **12** 个征象

六、乳腺癌的发病因素

乳腺癌的病因尚不能完全明了,已证实的某些发病因素亦仍存在着不少争议,绝经前和绝经后雌激素是刺激发生乳腺癌的明显因素;此外,遗传因素、饮食因素、外界理化因素,以及某些乳房良性疾病与乳腺癌的发生有一定关系。

1. 初潮、绝经时间　月经初潮年龄小于 12 岁比大于 17 岁的乳腺癌发生相对危险增加 2.2 倍;闭经年龄大于 55 岁比小于 45 岁者发生乳腺癌的危险性增加 1 倍。月经初潮早、绝经晚是乳腺癌最主要的两个危险因素。

2. 遗传因素 有研究发现,如果其母亲在绝经前曾患双侧乳腺癌的妇女,自身患乳腺癌的危险性为一般妇女的 9 倍,而且乳腺癌病人的第二代出现乳腺癌的平均年龄约比一般人提早 10 年。姐妹当中有患乳腺癌的女性,危险性为常人的 3 倍。需要强调的是,乳腺癌并不是直接遗传,而是一种"癌症素质"的遗传,乳腺癌病人的亲属并非一定患乳腺癌,只是比一般人患乳腺癌的可能性要大。

3. 婚育 流行病学研究表明,女性虽婚而不育或第一胎在 30 岁以后亦为不利因素,但未婚者发生乳腺癌的危险为已婚者的 2 倍。专家认为,生育对乳腺有保护作用,但仅指在 30 岁以前有足月产者。近年来的研究认为,哺乳对乳腺癌的发生有保护作用,主要是对绝经前的妇女。

4. 电离辐射 乳腺是对电离辐射致癌活性较敏感的组织。年轻时为乳腺有丝分裂活动阶段,对电离辐射致癌效应最敏感,而电离辐射的效应有累加性,多次小剂量暴露与一次大剂量暴露的危险程度相同,具有剂量-效应关系。

5. 不健康的饮食习惯 乳腺癌的发病率和死亡率与人均消化脂肪量有较强的相关。有些公司职员高收入造成高生活水准,形成不科学的、不健康的"高热量、高脂肪"饮食习惯,结果导致乳腺癌的发病率大大提高,所以乳腺癌也属于"富贵病"。

七、乳腺癌认识上的误区

误区一: 乳腺癌是不会遗传的。

实际上乳腺癌约有 10% 来自遗传。

误区二: 乳腺癌患者在治愈之后,就不必担心再次患病了。

虽然早期乳腺癌在手术 5 年后,即进入稳定期,复发可能性不大,但不能排除新发乳腺癌。

误区三: 绝经之后,就不会患乳腺癌了。

实际上妇女绝经后,患乳腺癌的可能性还是很大的。

误区四: 男性不会得乳腺癌。

其实凡有乳腺组织的部位都可能发生乳腺癌,男性也有乳腺导管上皮组织,也可能癌变。

误区五：生育子女和母乳喂养，不利于预防乳腺癌。

实际上生育和哺乳，会促进乳房的自我调节，增强乳房的免疫能力。

误区六：小女孩不可能患乳腺癌。

目前，国内儿童普遍出现性早熟，因此乳腺癌发病也开始呈现出低龄化趋势。

误区七：乳腺癌与饮食和生活习惯无关。

医学专家认为，乳腺癌的产生，与人体对热量的摄入直接相关。建议女性少吃油腻食品，特别是尽量少进食动物脂肪，保持正常体重。

八、人们对乳腺癌的一些常见疑问

Q：什么是早期乳腺癌？

A：临床上所称的恶性肿瘤早期，是指癌在发生、发展过程中，其病变尚局限于器官组织的一小部分。乳腺早期癌有两种标准：一种是乳腺小叶原位癌和导管原位癌；一种是把直径小于 5 mm 的小浸润癌（亚临床癌），直径小于 1 cm、局部活动度大、无腋下淋巴结肿大的微癌等划归为早期乳腺癌。

Q：怎样尽早发现乳腺癌？

A：癌是指身体某一部分细胞发生了改变，开始不受控制地生长，通常这样疯狂生长的细胞在局部会形成一个肿块，称为肿瘤。癌症就是指这些恶性的肿瘤，它们的特点是癌细胞会脱离发生部位的肿块，通过血液或淋巴系统定居在身体的其他部位，并生长成新的肿块，医学上将这一过程称为"转移"。

由于乳腺癌生长于身体可以触摸到的部位，因此经常自我检查十分重要。有患者体会在洗浴时，皮肤表面有沐浴液时以除大拇指外的四指在乳腺表面稍用力滑动检查的感觉最为清晰，以右手检查左乳，左手检查右乳。

发现可疑肿块的患者应该尽快去医院检查，当然每年定期体检则更为重要，医院的检查手段主要有：

① 可先进行乳房 B 超检查，了解有无乳房肿块或有无钙化。

② 乳腺 X 线钼靶照片。

③ 乳腺核磁共振检查。

④ 细胞学和组织学检查，也就是平常所说的活检，用针刺吸取或手术切开等方法，切取一块肿瘤组织然后进行病理检查。

Q：**怎样评估乳腺癌的预后？**

A：预后是指癌症患者自发现后存活时间有多长，医生一般根据以下三点进行估计：① 肿瘤的大小，② 有无腋窝淋巴结转移，③ 病理报告的情况。近年来，由于医疗科学技术的发展，乳腺癌的生存率已经大大提高，肿瘤直径≤1 cm 的乳腺癌无论有无淋巴结转移，20 年的复发率仅为 12％；肿瘤直径＜1 cm，且无腋窝淋巴结转移的患者 5 年存活率高达 98％以上。

Q：**怎样读懂病理报告？**

A：病理报告一般描述切面—肿块，直径有多少厘米（cm），或者总体积是多少公分，这是指乳房癌肿的大小。然后会描述癌细胞的排列、形状等，是用来判断乳腺癌的病理类型，病理类型对于指导化疗方案的使用和预后有意义。还会说明有无淋巴结转移，例如 2/20 是指找到 20 个淋巴结，其中 2 个淋巴结中发现有癌细胞的存在。

Q：**怎样认识免疫组化的结果？**

A：各个医院的病理科出具的报告免疫组化的项目并不一致，但是一般都会报告以下项目：Her-2、ER、PR、CK、Ki67 等等，用于判断癌细胞的病理类型，Her-2 指人表皮生长因子受体系数，ER 和 PR 分别指雌激素受体和孕激素受体，CK 是基底细胞角蛋白的英文缩写，Ki67 指细胞增殖指数，这些指标对于选择化疗方案和判断预后有帮助。

Q：**什么是三阴乳腺癌？**

A：三阴乳腺癌是指免疫组化显示 ER、PR 和 Her-2 均阴性的乳腺癌，英文缩写为 TNBC，这种乳腺癌有它特殊的临床病程，内脏转移和脑转移几率较高，对化疗药物不太敏感，但是近年来，随着科学技术的发展，发现血管生成抑制剂、酪氨酸激酶抑制剂、贝伐单抗、拉帕替尼治疗转移性三阴乳腺癌，都显示了不俗的有效率，因此，患三阴乳腺癌的患者，要放下包袱，调整心态，正规治疗，延长生命，等待科学技术发展的成果。

Q：**乳腺癌会传染吗？**

A：根据国内外多年的医学研究，结论是癌症不传染。虽然癌细胞在患者体内能够到处扩散或转移，但它不会像细菌和病毒那样，一个人传染给另一个人。对自己而言，他人的癌细胞就是一种异物，机体通过强大的免疫排异能力,将癌细胞破坏掉。因此如果免疫功能正常,他人的癌细胞是无法在自己体内生存的。

Q:乳腺癌会遗传吗?

A:遗传是指由于血缘关系,家族内多人患同一种疾病。如果双亲当中患有某种癌,即为明显的肿瘤家族史,其子女患同样类型癌的可能性就较大。调查表明,癌症就发病率而言,有血缘关系的高于无血缘关系的,近亲高于远亲,父系亲属与母系亲属之间则无明显差别,这说明癌症的发病与遗传因素有一定的关系。对有肿瘤家族史的人群,进行定期检查以及安排重点的防护措施,是有效的预防方法,对肿瘤的早期发现、早期诊断和早期治疗具有重要的临床意义。

子女的遗传物质一半来自于父亲,一半来自于母亲,如果父母任何一方在遗传物质上存在缺陷,都有可能传给子女。现已证实,遗传性乳腺癌的发生与这些遗传物质上的缺陷是相关的,存在遗传物质缺陷的人容易患乳腺癌,所以,乳腺癌可以通过遗传缺陷的传递而传给下一代的。在白种妇女中已经发现了这样的遗传缺陷基因 BRCA-1,携带该基因的妇女患乳腺癌的机会大于 80%,同时发病年龄比普通人早,往往 50 岁以前发病,且伴发卵巢癌的几率也高。所以在乳腺癌高危人群中检测这些基因缺陷有利于乳腺癌的早期诊断和早期预防。

Q:乳腺癌是慢性病吗?

A:世界卫生组织已于 2006 年将癌症定性为慢性病,乳腺癌也是一种慢性病,如果只要及时规范治疗,乳腺癌患者可以和糖尿病、高血压患者等一样,长期服药、长期生存。

目前,25% 的早期乳腺癌患者,通过以外科手术为主的综合治疗手段,已经可以达到临床治愈,即不会因癌症而死亡;中晚期患者通过手术、放疗、化疗等手段,延长生命,也不会很快因之死亡;即使是一发现肿瘤就出现颅脑转移、骨转移甚至全身多处转移的晚期患者,也可以通过包括内分泌治疗、靶向治疗在内的综合治疗手段,减轻痛苦,延长生存期。

不过,大部分患者一经确诊,常常已经不是早期,所以手术治疗后还需要放化疗等辅助治疗;部分已经失去了手术根治机会的,也需要通过其他治疗手段赢得生存时间。但即使无法彻底切除肿瘤,如果通过治疗可以控制其生长，使之与人体和平共处，长期"带瘤生存"，那么在这场战争中，也算赢得了胜利。而这也是现在将癌症视为"慢性病"的理由。

有人用"苟延残喘"描述晚期乳腺癌患者的生存状态。但近20年，晚期乳腺癌治疗的进展，特别是新药的应用，使得患者不仅获得更长的生存期，也活得更有尊严。

Q：如何早期发现乳腺癌？

A：乳腺癌在女性疾病中是比较多见的，其实乳腺癌的发生是一个复杂而又漫长的过程，乳腺癌早期时病人无任何不适，仅在乳房内有一个比较小的肿块，不痛、不痒，乳头也无变化，大多是体检时发现，少数是由病人无意中自行摸到后再请医生确诊。因此，为了早期发现乳腺癌，特别是中年女性应经常自己检查乳房内有无肿块存在。正确的检查方法是将手指伸直并拢进行扪摸，而不是手指抓提乳房，以免将正常的乳腺组织误认为是肿块，如发现乳房内有可疑的肿块，必须请医生检查，并作必要的化验，包括钼靶 X线摄片、活体组织切片检查，以明确诊断。乳腺是相对敏感的器官，有乳腺癌高危因素的人群要注意定期检查。

Q：乳腺癌分早期、晚期，乳腺癌的分期对患者的治疗有影响吗？

A：确诊乳腺癌，一定要先分期，后治疗。乳腺癌分期前必须要行胸部CT、头颅 MRI（增强）、ECT（全身骨扫描）、腹部超声或腹部 CT、血液肿瘤标志物等检查！排除乳腺外转移后再决定手术治疗！千万不要急诊手术！因为不同分期的乳腺癌治疗策略不一样，治疗效果也不一样。

Q：男性也会遭遇乳腺癌吗？

A：通常人们认为乳腺癌是女性的疾病，其实男性同样也会患乳腺癌。在美国每年有 1400 名男子被诊断为乳腺癌，每年约有 300 名中老年男子因乳腺癌而死亡。男性乳腺癌的发病率较低，但近年似有增高趋势。男性乳腺癌的发病年龄较女性略大，诊断时的平均年龄约为 67 岁，这可能与患者对疾病的认识和重视程度不够有关。目前认为，在男性与女性身上的乳腺癌的病因是相同的，所以诊断和治疗方法相同。男性乳腺癌的发病率较低，但一旦发病一般恶性程度都比女性高，同时由于人们传统观念的影响，往往忽视男性乳腺癌；而且几乎没有男性定期检查自己的乳房，确诊时都已经到了晚期,所以男性乳腺癌的存活率比女性患者低。对男性而言,很难接受自己患了乳腺癌,不少男性在得知自己患了乳腺癌后不仅要承受疾病本身带来的痛苦,还要忍受传统观念对自己心理上的折磨。如果男性发现自己的乳房有不同于平时的变化,如乳房内增大的肿块、乳头有液体流出等乳腺癌的特征就应当引起重视,并及时请医生进行检查,不要讳疾忌医。

Q:许多患者患了乳腺癌后会很恐慌,常常不知所措,到处求医,还有人会相信民间的药方和偏方,对这类患者有何建议?

A:演员陈晓旭发病后就一直依赖中药治疗,其实相对于其他肿瘤,乳腺癌有着很好的治疗前景。乳腺癌患者发病后关键要规范化诊治,**一定要科学就医!千万不要相信伪科学!**一旦确诊乳腺癌,一定要到正规的医院就诊,最好到地区乳腺癌诊疗中心或三甲医院的普通外科、肿瘤科就诊,千万不要相信"祖传秘方"和"特异功能"之类的伪科学,也不要将希望寄托在那些保健品上,要科学理智地进行医疗消费。

Q:关于乳腺癌的治疗技术有很多宣传,常常看得人眼花缭乱,到底患者该如何选择呢?

A:慎重选用乳腺癌治疗新技术!近年一些投资商在各大医院投资购进了乳腺癌治疗新设备,用商业手段吸引各大医院肿瘤科为其介绍乳腺癌患者。其中绝大多数由肿瘤专家把关,而少数医疗机构是以赚钱为目的,没有专业的肿瘤医生,没有综合治疗手段,医疗质量没有保障。请慎重选用所谓的"新技术"。

Q:近10多年注册上市的治乳腺癌新药有哪些?
A:

化疗药类	内分泌类	二磷酸盐类	分子靶向
紫杉醇	阿那曲唑	骨膦	曲妥珠单抗
多西紫杉醇	来曲唑	帕米膦酸二钠	拉帕替尼
长春瑞宾	依西美坦	唑来膦酸	贝伐单抗
卡培他滨	托瑞米芬	伊班膦酸	依维莫司
吉西他滨	戈舍瑞林		
	氟维司群		

Q：乳腺癌属于肿瘤内科也属于普通外科,到哪个科就诊更好呢?

A：乳腺癌强调多学科综合治疗! 随着对肿瘤生物学的认识、临床资料和临床经验的不断积累,乳腺癌领域专家学者强调乳腺癌要多学科综合治疗。晚期乳腺癌是以化疗为主的多学科综合治疗,局部早、中期乳腺癌是以外科手术为主的多学科综合治疗。近年来的临床研究表明,有效的术前新辅助化疗和术后辅助化疗可以延长乳腺癌的五年生存率。

Q：预防乳腺癌的关键是什么?

A：肿瘤、环境和老龄化已成为公众最为关注的三大卫生问题,正是人类对环境肆无忌惮的破坏才导致了肿瘤在世界各地的泛滥成灾。环境因素也是导致乳腺癌发病率升高的重要原因,预防乳腺癌的关键是乳房自查,高危人群筛查,保持健康体重,慎用激素类药物,坚持运动与健康饮食同样重要。不吸烟、戒烟、远离二手烟污染、不饮烈性酒和保持好心情是最好的预防手段。同时重视房屋的绿色装修、厨房的抽风设施和科学的烹调方法,注意职业保护、避免电离辐射、改善空气污染、治理环境污染。

Q：国家已经颁布全民允许生二胎的政策,对于普通家庭或许是件值得高兴的事情,但是对于乳腺癌患者,还可以做妈妈吗?

A：目前年轻乳腺癌患者逐渐增多,在这部分患者中有相当一部分在诊断乳腺癌之前尚未生育,或者在治疗后仍有生育二胎的需求。然而,乳腺癌是一个全身性、系统性的疾病,针对乳腺癌的各种治疗方法都有可能影响患者的生育能力。有研究表明,那些术后生育了孩子的乳腺癌患者比没有生孩子的患者预后好,引起这种差异的原因很多,但起码说明乳腺癌患者不需要因为担心复发风险而放弃做母亲的权利。

其实,关于乳腺癌与怀孕的关系,国内并没有太多的研究。但是国外一些指南和临床研究的结论可以供我们参考。根据国外的文献资料大家可以参照一下建议。

① 尽管内分泌治疗后闭经对激素受体阳性患者预后有改善,但研究表明,治疗后生育并不影响乳腺癌患者的远期生存,甚至能够降低患者死亡的相对危险。

② 有研究提示,与一般人群相比,癌症患者所生育后代在遗传异常和儿童期肿瘤的发生率上,并无统计学意义上的显著差异。

③ 化疗和内分泌治疗对女性卵巢功能具有损害,但由于一些乳腺癌激素依赖的特点,卵巢功能的损害部分起到了内分泌治疗的作用。有一部分患者在综合治疗结束后,可能会停经,甚至失去生育能力。所以,如果确诊乳腺癌之后,患者还有生育的计划,一定告知主管医生,在采用化疗和内分泌治疗之前,采用保护卵巢的方法。

保护卵巢的方法可以使用戈舍瑞林、亮丙瑞林等药物(虽然这类药物并不能 100％地保护病人的生育功能),这些药物需要在全身治疗前 2 周左右开始使用。也可以求助于辅助生殖技术(这个需要到生殖中心咨询)。

④ 刊登在《柳叶刀肿瘤》杂志上的一项国际性研究结论指出:乳腺癌妇女在孕期可以接受治疗,不会增加胎儿和孕妇不良结局的风险。然而,研究者确实发现宫内暴露于化疗的胎儿比未暴露的胎儿出生体重要低,也有更多的并发症,但是两组间没有显著差异。重要的是,没有重大的出生缺陷。

但是鉴于国内的医疗习惯,大部分乳腺科医生不会建议患者在化疗和内分泌治疗期间去怀孕。尤其是在怀孕前 3 个月,这些肿瘤药物更有可能导致胎儿异常。服用他莫昔芬的患者,建议至少停药 3 个月之后再考虑怀孕。

⑤ 乳腺癌患者在怀孕前要咨询乳腺科医生和妇产科医生。准备怀孕之前,应做一些常规检查,排除肿瘤的复发和转移。

⑥ 已经确诊为晚期(4 期)的转移性乳腺癌患者,不再建议怀孕。

⑦ 对于导管内癌和小叶原位癌的患者,证据不是很多,个人的观点是可以更放心的去怀孕。

⑧ 至于诊断乳腺癌后多久再怀孕,一般建议至少 3 年后。因为大部分乳腺癌的复发和转移时间发生在确诊后 3 年内。

⑨ 既往提示怀孕不增加乳腺癌复发的证据,都是在乳腺癌治疗完成后怀孕。所以,有患者问如果中断乳腺癌的正常治疗,怀孕生育,之后再补充治疗。这样做会不会增加复发,我也没有查到资料。

⑩ 由于化疗和分子靶向治疗可能影响心脏功能,怀孕也会加重心肺负担。孕期要重视超声心动图的检查。

⑪ 怀孕期间不建议行骨扫描和盆腔 X 线的检查。

⑫ 乳腺癌术后生育了,能不能哺乳? 目前认为健侧乳房哺乳是可以的,保乳手术的病人,由于患侧经过了放疗,放疗后的组织纤维化使很多患者丧失了患侧乳房哺乳功能。正在服用他莫昔芬或使用赫赛汀的患者是不建议哺乳的。

乳腺癌患者,尤其是年龄大一些的患者在准备怀孕之前,一定咨询好自己的主管医生,因为他最了解患者的病情,也最好咨询一下产科医生,他会给一些产科专业的建议。

但是如果在怀孕时查出乳腺癌怎么办?专家告诉你:最好的策略是终止妊娠。但如果在孕中期或者孕晚期发现患有乳腺癌,则可以根据具体情况选择治疗的方案,不一定必须终止妊娠,提前终止妊娠生出的早产儿发生的并发症更多。但是,继续妊娠并不意味着对乳腺癌听之任之,需要通过积极的化疗或者手术治疗来控制乳腺癌的发展。

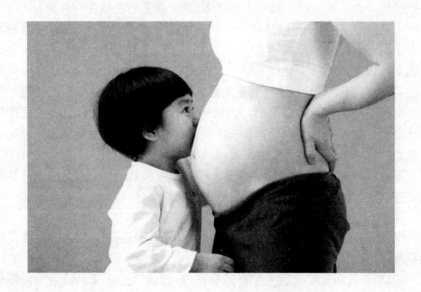

第二篇　明确乳腺癌

——早期诊断乳腺癌

人们通常都死在常识上面，

一次浪费一个机会。

生活就是这一个机会，

没有后来，

所以，

让你的生命之火永远闪耀着最灿烂的火花吧。

蔡琴一路踏歌而来，醉人无数。小时候因为嗓音低而自卑，离婚后独自疗情伤。2000年，蔡琴往医生处接受普通检查，医生问她曾否检查乳房，她说从来没试过，医生建议她做。她当时想，以自己的年龄也有需要接受妇科检查，所以立即接受提议，结果医生发现一边乳房健康，另一边则不能确定是否有问题，检查时发现竟然是乳房肿瘤，进一步化验得知是良性的，立即做乳房肿瘤切除手术，幸亏发现得早，病情很快获得控制，手术后痊愈，蔡琴也因此成为台湾最著名的一位抗瘤成功的女艺人。乳腺肿瘤手术后，蔡琴尽管做了定期的检查，还是被医生发现在胸口开刀的附近有细胞增生的现象。虽然不是癌细胞，但医生提醒她多余的细胞留在体内，难保日后不会病变，因此要有随时手术的心理准备。蔡琴本人对于病痛非常乐观，她曾经在接受采访时称自己没有患过癌症，那只是乳腺上的一个良性肿瘤。蔡琴，没有老公没有孩子，一个低调懂爱的女人，在疾病面前孤单面对，所表现的那一份大度和豁朗让多少人为之称赞。经过这一次事情，也让蔡琴更加珍惜生命、善待自己。经过这几年的调养，蔡琴渐渐恢复健康，加上保养有术，反而更显青春活力与美丽。她表示，"女人首先一定要保持一个好心情，其次则是要内心满足，就像现在我觉得自己很幸运，我很满意现在的状态。"

而一位从台湾去美国的女生，名校毕业，现在是一个大公司白领，26岁时结束了她的第一次婚姻。36岁时，她认识了现在的丈夫，但也发现了乳房上有个小包块，她太渴望婚姻了，一直回避这个问题，在38岁完婚后才去检查，发现乳腺癌已经伴转移。

《南方日报》曾报道过武汉33岁的苏青女士，一年前发现乳房有个肿块，但她抱着侥幸心理没去医院，依然经常熬夜到凌晨四五点。后来意识到病情严重去医院检查，医生告知她的乳腺癌已经转移，肺上有肿瘤，肝脏也有转移病灶,脑肿瘤几乎占了大脑四分之一!

　　著名歌手姚贝娜却从镜子里的改变引起了最初的警觉。大约在 2011 年 4 月,她忽然从镜子中发现,自己左乳的局部地区有类似酒窝的浅淡痕迹。直觉和知识积累告诉她,这多半不是好事儿。然而在各大医院辗转了一圈,除人民医院的大夫怀疑可能与肿瘤恶变有关外,其他医院的专家均开出了平安诊断,认为是炎症或纤维瘤,建议三个月后再复查。这也难怪,姚贝娜的 B 超和其他各项检测都显示一切正常,触诊也摸不到任何肿块或异样。医生的话并未使姚贝娜释怀,总觉得事情没那么简单。20 多天后,"酒窝"更深了,她再次找到大夫,当天便住了院。只有手术病理检查才能确诊。摆在姚贝娜面前的问题很现实:如果真是癌症,切,还是保?"切啊!"几乎脱口而出的表态让医生大吃一惊。面前这个不满 30 岁的年轻女子,竟然可以毫不纠结地和自己的左乳说再见吗?"大家说我的反应很罕见,但我自己觉得真没什么特别。乳腺疾病在如今很普遍,与其绞尽脑汁担惊受怕地保乳,不如干干净净把生病的部分切掉。"用大夫的话说,自己在乳腺外科干了这么些年,见过两种病人:一种很担心病情,每天都哭,闹着自杀,也有闷头不说话严重抑郁的;另一种则压根不把这个病当回事,该吃吃,该喝喝。姚贝娜明显属于后者,而且程度"有点儿过"。等待手术的那段日子里,她没掉过一滴眼泪,每天总是阳光灿烂地和别人聊天,最后甚至担起开导同龄病友的责任,而且成效显著。"住院期间,我看到人生百态,不是没有感慨,想找回一个健康的身体,就不能拖着一颗破碎的心。"

　　歌手卡莉·西蒙,1997 年被诊断出癌症,随后做了乳房切除和化疗。她后来以这段经历为主题制作了一张专辑。"我对女人的忠告就是,不知道(自己的病情)比知道并采取必要措施更可怕"。她这样说。

Perfect time, perfect life

治好乳腺癌的重要环节是要早期诊断。只有早期诊断、早期治疗，才能收到好的疗效。尽管90%以上的乳腺癌患者都有症状，但并非早期特异性症状，往往不会引起患者重视，甚至不会引起医师的重视，以至延误诊治，造成治疗困难，疗效不佳。乳腺癌的诊断要经过很多的检查，才能明确，确诊主要是为后续的治疗服务。目前，乳腺癌治疗正在快速进入"个体化"时代，乳腺癌诊断的内涵也变得更加丰富，除了要在诊断中包含病变的具体部位（原发部位及有无侵犯或转移部位）、组织细胞类型、疾病分期等基本信息，还要尽可能包含一些能左右"个体化"治疗方案的"分子学"或"基因"信息。

翔实、完整的诊断信息，无论对于经典的化疗、放疗，还是对于新兴的"内分泌治疗"、"分子靶向治疗"或"免疫治疗"，均有非常重要的意义，甚至直接或间接影响到患者的生存时间与生存质量。部分患者在被疑诊为"乳腺癌"时非常紧张，本人或家属常常要求立即开始治疗，唯恐再在检查上花时间会"耽误治疗"。有个别基层医疗单位也会应患者要求，立即凭所谓"经验"进行手术、化疗、放疗，甚至"靶向治疗"，虽对患者、家属是一种短暂的心理安慰，却往往对远期生存无益，且枉费钱财，有时反而会错过最佳的治疗方法与治疗时机。

"磨刀不误砍柴功"。对于初诊甚至部分复诊患者，通过一些必要的检验或检查项目，尽量获取完整的诊断信息，对制定最佳治疗方案、获得最佳治疗效果极为重要。

本篇着重从何时要疑诊及确诊乳腺癌或乳腺癌转移、乳腺癌的诊断内容、诊断的基本路径、检验或检查手段、乳腺癌病变部位分类、（病理）组织细胞类型、乳腺癌的分期等方面，为大家作出简要介绍。

一、乳腺癌或乳腺癌转移的疑诊时机

1. 重视乳腺癌的早期信号　当出现如下情况时,应警惕有乳腺癌的可能,需要进一步正规检查以求确诊或排除。

(1) 乳腺微小肿块:如果触及微小孤立的乳腺肿块,质地较硬者,应引起高度警惕,做进一步的检查明确诊断。

(2) 乳头溢液:挤压乳头时或自动溢出液体,尤其是血性溢液可能是乳腺癌的早期信号。

(3) 乳腺局限性增厚:出现于乳腺肿块与周围组织界限不清时。

(4) 乳头内陷或抬高偏位。

(5) 乳房区域皮肤有橘皮样改变。

(6) 乳晕区湿疹样改变,或有糜烂、破溃、经久不愈等症状。

2. 已发生肿瘤转移时的常见表现

(1) 脑转移:可能出现头痛、头昏、眩晕、晕厥、视物模糊、呕吐、大小便失禁,以及肢体抽搐、无力、麻木、感觉障碍、吞咽困难、呛咳等。

(2) 骨转移:可能出现骨骼疼痛,甚至在未承受明显外力情况下发生骨折。

(3) 肝转移:可能有厌食、消瘦、乏力、肝功能异常、皮肤黄染、右上腹部疼痛不适。

(4) 淋巴结转移:颈部、腋下和(或)腹股沟等体表部位出现无痛的结节,有时结节会有逐渐增大趋势。

(5) 其他部位转移:会出现相应的症状,或者并无特殊不适。

3. 乳腺癌可能伴随的全身症状　常见的有无法解释的乏力、发热、精神萎靡、体重下降甚至明显消瘦、食欲不振等等。

二、乳腺癌诊断的内容和基本路径

1. 确诊乳腺癌　乳腺癌诊断的关键证据是能证实乳腺癌细胞的存在,也就是医学上的"病理学"或"组织细胞学"证据。病理诊断为确诊乳腺癌的"金标准"。对于疑诊乳腺癌的患者,如果没有检查到乳腺癌细胞,仅根据临床表现、超声影像学及血液检验等结果,则最多只能确定为"临床诊断",而非"病理诊断"或严格意义上的"确诊"。

2. 乳腺癌诊断的内容　由于乳腺癌治疗学在迅速发展,乳腺癌诊断已

不仅局限于确诊而已，其内涵正日益丰富。出于治疗和评判预后的需要，诊断乳腺癌的同时，应尽量明确如下内容：

（1）乳腺癌的组织学类型。

（2）乳腺癌原发病灶的部位。

（3）乳腺癌原发病灶的大小、有无对邻近组织侵犯及侵犯的程度，有无局部或全身淋巴结转移及转移的淋巴结数目，有无其他脏器的转移（即乳腺癌的分期情况）。

（4）该患者乳腺癌细胞的分子生物学或遗传学特征，如与放、化疗敏感性相关的基因表达水平的高低，"分子靶向治疗"或"抗体（免疫）治疗"疗效相关的基因是否存在突变或表达水平的高低等。

3. 乳腺癌诊断的基本路径

（1）详细询问病史和体检：病史包括何时发现乳腺肿块，生长速度，有无疼痛及与月经的关系，乳头有无溢液及糜烂，既往有无乳腺外伤、炎症及肿瘤，以及月经生育史和家族史等。体检要注意观察肿块的大小、部位、形态、质地、与皮肤胸肌有无粘连，皮肤有无橘皮样改变、水肿、卫星样改变、结节，乳头有无内陷、溢液，腋下淋巴结数量、位置、大小、质地、与周围有无粘连等。患者的一般状况及体力状况评分。

（2）双侧乳腺钼靶 X 线摄片或 B 超检查：可作为术前辅助诊断并有助于活检的准确定位。对于考虑实行保乳手术的乳腺癌患者，建议行 MRI 检查。

（3）常规胸部 X 线摄片及肝脏 B 超检查，必要时 CT 扫描：对腋窝淋巴结肿大或乳腺肿块大于 2 cm，应常规进行放射性核素骨扫描（ECT）检查。脑部 MRI 根据情况必要时进行。

（4）乳腺肿块细针抽吸细胞学检查或快速冰冻活检。

（5）实验室检查：常规检查血常规、肝肾功能，骨髓微小转移灶以及血肿瘤标志物 CEA 及 CA-153 等检查虽然对乳腺癌诊断的价值有限，但对治疗效果的评价、术后随访过程中作为有无早期复发或转移的指标具有较大意义[对术后组织标本除常规病理、ER、PR 和 Her-2（C-erbB2）检查外，应进行增殖相关的标志物 Ki67、DNA 倍体、SPF、P53、组织蛋白酶 D 及 EGF 受体检查]。

三、常用的检验或检查手段

1. 病理学检查 乳腺的任何病理性肿块,均需通过病理检查以明确其性质。一般常用方法是将肿瘤及其周围部分乳腺组织一并完整切除,进行病理检查。避免部分切除肿瘤组织。对于不愿切除肿块或不能切除者,用细针抽吸细胞学检查,吸出少量肿瘤细胞进行涂片检查,或者采用粗针穿刺取少量的组织标本进行病理检查。在作好手术准备的情况下,将切除或切取的肿瘤组织进行冰冻切片检查,可迅速获得病理诊断,为目前采用最多的术前病理诊断方法。

2. 病理学相关的分子标志 除了 ER、PR 和 Her-2(C-erbB2)必需检查外,可进行增殖相关的标志物 Ki67、DNA 倍体、SPF、P53、组织蛋白酶 D 及 EGF 受体检查。

3. 乳腺钼靶 X 线检查 乳腺癌影像检查的目的有三:

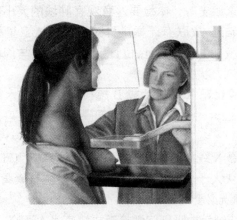

钼靶

① 早期检出乳腺癌。

② 准确分期及治疗后随诊。

③ 将影像学表现与其他临床指标对照以显示肿瘤的生物学行为。

目前临床上常用的乳腺检查方法有:乳腺钼靶 X 线检查(乳腺钼靶 DR)、乳腺超声检查、CT 检查、MRI 检查、PET-CT 检查。乳腺钼靶 X 线是乳腺癌筛查最常用和有效的方法之一,钼靶检查对微钙化的显示具有一定的优势,乳腺内的钙化灶体积小、形态多变,通常由多个细小的钙化灶聚集形成钙化族,临床上称为微钙化,有文献报道乳腺癌内微钙化的发生率为 30%,通过对钙化灶良恶性的判断为诊断提供依据。DR 即数字化乳腺摄影技术,具有操作简便、图像清晰、对比度适中、重拍率低、可数字化存储等优点,尤其是具有多种后处理功能,如局部放大、整体放大、黑白翻转、对比度及频率处理等,极大地丰富了诊断信息。能准确发现乳腺肿块及微小钙化灶(可分辨 50 μm 的钙化灶)。

乳腺癌的钼靶直接征象

(1) 单纯钙化:最易出现在导管原位癌,钙化的形成是瘤细胞坏死、脱屑和钙盐沉积所致。钙化灶的表现分为三种:线状、短杆状,泥沙样,成丛成簇样钙化。线状或泥沙样钙化的密度、形态和大小多不均质;丛状及簇状钙化多呈圆形、不规则形或从乳头向深部走向的 V 形。

(2) 单纯肿块:改变最常见,大多见于黏液腺癌、髓样癌和浸润性导管癌,肿块多为不规则形,浸润边缘、星芒状边缘及小分叶状边缘被认为是恶性征象。如果 X 线片上所测量的肿块小于临床所扪及的肿块,也是诊断乳腺癌的有力证据。

(3) 肿块伴钙化:钙化常位于肿块中、边缘或周围,钙化灶多为泥沙样或针尖大小,当肿块伴钙化中的钙化颗粒数目多于 10 枚,或 1 cm×1 cm 范围内超过 5 枚,或钙化灶直径≥3 cm 时,浸润性导管癌的比例明显增高。

(4) 结构扭曲:正常乳腺结构被扭曲,包括从一点发出的放射状影、局灶性收缩,或者在实质的边缘扭曲,而未见明显肿块。

乳腺癌钼靶的间接征象

间接征象是指乳腺癌周围组织继发性改变所形成的影像。大多数病例均有不同程度分别伴有 1～2 个间接征象。常见间接征象有血管异常增粗、局限性皮肤增厚、漏斗征、恶性晕圈征、Cooper's 韧带牛角征等。临床实践表明:如果同时出现 2 种以上直接 X 线征象,或者 1 种直接 X 线征象加 2 种间接征象,则诊断乳腺癌的准确性高。

乳腺钼靶摄片目前仍是乳腺最主要的影像检查方法。乳腺癌主要诊断指征是有毛刺的肿物及微小钙化。由于乳腺实质致密以及重叠等因素,其假阴性率仍达 5%～15%,也无法鉴别边缘光整肿物的囊实性,特别是由于目前不少妇女在围绝经期及绝经后采用内分泌替代治疗,其乳腺腺体可以不退化,密度高,是检出乳腺癌的一大障碍。

钼靶的分级标准

目前乳腺钼靶诊断报告多采用美国放射学会制定并为国际广泛采用的报告分级标准。

Ⅰ级　正常。

Ⅱ级　局灶良性病变。

Ⅲ级　不能定性,可能良性,应短期(6个月)复查或做其他影像检查。

Ⅳ级　不能定性,建议活检。

Ⅴ级　高度提示恶性,需活检。

4. 超声检查　是乳腺X线摄影最重要的补充及释疑方法。由于高频实时换能器的应用,图像质量得以大幅改善。超声成像经济、简便,无放射线辐射,鉴别囊实性病变的诊断准确率达98%～100%。

小贴士

在正规医院做完乳腺的影像检查(彩超、钼靶、核磁等),拿到报告单后,你会注意到,在报告单上往往都可以看到一串字母:BI-RADS分级。后面会跟着Ⅰ、Ⅱ、Ⅲ、Ⅳ、Ⅴ等数字符号。"这个BI-RADS分级是什么意思啊? 是不是很严重?"很多患者朋友看到这个就紧张了。其实,"BI-RADS"是指美国放射学会的乳腺影像报告和数据系统(Breast Imaging Reporting and Data System)的缩写。BI-RADS分级标准被广泛应用于乳腺的各种影像学检查,如X线钼靶摄影、彩超、核磁共振等,用来评价乳腺病变良恶性程度的一种评估分类法。BI-RADS分级法将乳腺病变分为0～6级,一般来说,级别越高,恶性的可能性越大。看懂了这个,你也就大概了解了自己乳腺疾病的严重程度。各个级别的具体含义分述如下:BI-RADS0级:是指评估不完全。需要召回病人,补充其他相关影像检查,或需要结合以前的检查结果进行对比来进一步评估。

以下为评估完全的最后分级:

BI-RADS1级:阴性结果,未发现异常病变,亦即正常乳腺。

BI-RADS2级:良性病变,可基本排除恶性。定期复查即可。

BI-RADS3级:可能是良性病变,建议短期(一年以内,一般建议3～6个月)随访,医生需要通过短期随访观察来证实良性的判断,如连续2～3年稳定,可改为BI-RADS2级。BI-RADS3级病变的恶性率一般<2%。

BI-RADS4级:可疑恶性病变。需要医生进行临床干预,一般首先考虑活检,如空心针穿刺活检、麦默通活检或手术活检。此级可进一步分为 4a、4b、4c 三类。

4a:需要活检,但恶性可能性较低(3%~30%)。如活检良性结果可以信赖,可以转为半年随访。

4b:倾向于恶性。恶性可能性为 31%~60%。

4c:进一步疑为恶性,可能性 61%~94%

BI-RADS5 级:高度可能恶性,几乎可以肯定。恶性可能性≧95%,应采取积极的诊断及处理。

BI-RADS6 级:已经过活检证实为恶性,但还未进行治疗的病变,应采取积极的治疗措施。

当然,诊断一个疾病的过程绝非这样简单。还要根据专业医生的临床经验进行具体综合分析,拿到报告单后切不可自作主张,必须要请教专业医生,才能得到正确的指导。

超声检查最大的局限性

(1)微小钙化的检出率低,常难以检出微小浸润癌,以及 X 线可疑有微小钙化的病灶。

(2)诊断的准确性在极大程度上取决于检查者的技术和责任心。

(3)超声成像目前仍不能用于乳腺癌的筛查。在临床日常工作中,乳腺 X 线钼靶摄片和超声检查对照结合的方法称为乳腺影像学检查的"黄金组合"。

乳腺超声检查的适应证

(1)囊、实性肿物的鉴别诊断。

(2)评估临床扪及异常而 X 线片显示为致密的乳腺,确认有无肿物及鉴别囊性或为实性(临床扪及异常而 X 线和超声检查均为阴性者需根据临床所见进行活检)。

(3)协助诊断 X 线表现不能明确诊断其性质的病变。

(4)评估年龄小于 30 岁的青年妇女或妊娠、哺乳期妇女的乳腺病变。

(5)引导介入性操作(活检、抽吸囊液等)。

(6)评估植入乳腺假体后可疑病变。

(7)评估炎性病变中有无脓肿。

(8)乳房成形术或保乳手术后的随诊检查。

超声检查能显示出乳腺癌微小状态时的声像特征,具有高度的敏感性和良好的特异性。直接征象包括形态、部位、方向、横径与前后径的比值,轮廓边缘、内部回声(高、低或无回声,回声的均质性)、声吸收特性(声衰减、透声性)、有无钙化。间接征象包括邻近结构扭曲、悬韧带是否回缩或成角、有无导管扩张,皮肤、皮下脂肪及胸大肌的改变。

动态观察包括观察肿物的可压缩性及活动度。主要表现为:

(1)恶性肿块:通常轮廓不整齐,呈分叶状,边缘多粗糙,纵径通常大于横径,无包膜回声,内部回声不均匀,呈实性衰减,肿块后方回声多减弱且不清,侧方声影少见,常有周围组织浸润,CDFI 显示肿块内有较丰富的高阻血流。

(2)钙化:呈强回声光点或光团,其后方有声影,但对于微小钙化显示有困难。

(3)结构紊乱:表现为腺体增厚,内部呈强弱不等的网格状回声。

(4)导管改变:可显示增粗扩张的导管。

(5)转移性淋巴结肿大:多表现为单个或多个群集淋巴结,形态不规整,边缘不光滑,被膜断续可见,皮髓质分界不清且回声较低,CDFI 显示皮髓质区血流信号丰富。

5. CT 扫描 具有高分辨率,空间定位准确,可清晰显示乳腺各层的解剖结构,对囊肿、出血和钙化的敏感性高,而增强扫描能提高致密型乳腺中恶性病变的检出率。

CT 主要对乳腺癌的临床分期和制定放疗方案很有帮助,对于贴近胸肌的深部肿块,判断胸肌有无侵犯,胸骨后及腋窝淋巴结有无转移等优于钼靶及超声检查。也是检测胸骨后淋巴转移,肺门、纵隔淋巴结转移及发现肺、肝转移的主要检查方法。CT 扫描是乳腺癌患者随诊的重要检查方法。但因其检查费用高,X 线辐射剂量大,不适合作为乳腺疾病的初诊检查。对临床诊断不明确,X 线钼靶及其他检查方法难以发现及定性的病变,可作为进一步补充的检查方法。

乳腺癌 CT 形态特点

(1)肿块:形态学上 CT 表现与 X 线相似,但由于 CT 的空间及密度分辨率高,可发现较小的病变,同时可根据 CT 值的测量对囊肿、肿块内的脂肪以及出血、坏死进行判断。增强 CT 扫描后恶性肿瘤多有明显强化,CT 值增高在 50Hu 以上。

（2）钙化：与 X 线表现相似，但对于非常细小的钙化灶显示不及 X 线钼靶。

（3）乳头内陷及局部皮肤增厚、凹陷。

（4）乳腺后间隙消失及淋巴结增大：能够显示腋窝及胸骨后肿大的淋巴结。

6. 乳腺 MRI　自 20 世纪 90 年代开始临床应用乳腺 MRI，需用特制的表面线圈以优化信噪比并减少运动伪影。乳腺 MRI 不受乳腺致密度的影响，形态学分析与 X 线片相似，其强化后病变的形态学表现更能显示其生长类型、病变范围及内部结构，能显示出常规方法难以检出的多灶或多中心性病变。形态学上主要表现为形态不规则，呈星芒状或蟹足样，边缘不清或呈毛刺样。T1WI 上病变多呈低或中等信号，T2WI 上病变信号强度根据其细胞、纤维成分及含水量不同而异，纤维成分多的病变信号强度低，细胞及含水量多的病变信号强度高，恶性病变内部可有液化、坏死、囊变或纤维化，甚至出血，可在 T2WI 上表现为高、中、低混杂信号。大多数乳腺癌在动态增强 MRI 显示为"速升速降"或"速升-平台-缓降"的强化曲线。良性病变多为"缓升缓降"的表现。MRI 检出的敏感性高，但特异性低。必须结合乳腺钼靶摄片及超声成像的表现来决定随诊观察或穿刺活检。

MRI 适应证

（1）已发现乳腺癌拟行保乳手术而需排除多中心乳腺癌者。

（2）腋窝转移性淋巴结，但 X 线及超声成像未发现乳腺癌。

（3）乳腺癌保乳手术及放疗后 X 线及超声成像随诊未获满意结果者，MRI 有助于显示残余肿瘤。

（4）植入乳腺假体，超声成像不能得到满意结果者。

（5）MRI 有助于观察乳头或胸壁是否受侵。

7. 核素显像　目前较常用的是正电子发射计算机体层成像（PET-CT），PET 通过检测葡萄糖代谢等指标可以获得功能和代谢信息。目前多用 18 氟-2-脱氧-D-葡萄糖（FDG）检查乳腺癌原发病灶及转移灶，正在开发研究结合雌激素的示踪剂 FES，显示氨基酸的示踪剂 L-(^{11}C-甲基)-蛋氨酸。FDG 对检出 2～5 cm 乳腺癌的敏感性为 92%，在原发癌大于 2 cm 者，FDG 检出腋淋巴结转移的敏感度为 95%。PET 检出溶骨性及混合性骨转移的敏感度高，但可遗漏成骨性转移，可检出软组织特别是臂丛区转移。其主要局限性在于：

31

(1) FDG 不是肿瘤特异性显像剂,炎症、肉芽组织均可表现为假阳性。

(2) 生长缓慢和小的肿瘤可为假阴性。

(3) 显示病灶周围的解剖结构效果差。

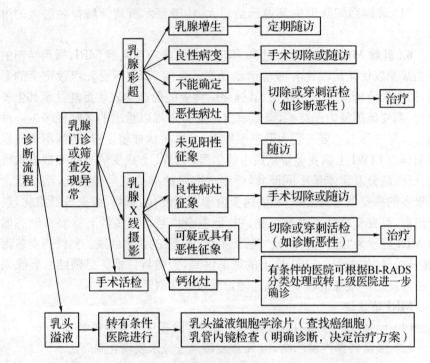

乳腺癌诊断流程图

四、乳腺癌的分类

按病理组织细胞类型乳腺癌可分为:

1. 非浸润性癌(原位癌)

(1) 导管原位癌:又称导管内癌,约占 2%,是来自乳腺中小导管的肿瘤,癌细胞局限于导管内。临床可触及肿块,部分病例伴有乳头 Paget's 病。肉眼见癌组织切面呈颗粒状,镜下根据导管内癌细胞的组织结构特征又可分为粉刺癌、乳头状、筛状型、实质型等亚型。本病倾向于多中心生长,彻底切除后预后良好。

(2) 小叶原位癌:发生于乳腺小叶,70% 为多中心性,约占乳腺癌的

1.5%。小叶原位癌发病年龄较其他类型乳腺癌早8～10年,常为多中心性,累及多数小叶,累及双侧乳腺的机会较多。临床往往无明确可及的肿块,可与其他类型的癌并存。小叶原位癌发展缓慢,预后良好。

2. 浸润性癌　癌细胞穿破乳腺导管或腺泡的基底膜而侵入间质者称为浸润性癌。

(1) 浸润性导管癌:占浸润性乳腺癌的80%左右,是乳腺癌最常见的病理类型。发病年龄以40～60岁为高峰,部位以外上象限最多(35%～50%),其次为乳头周围区域(20%～30%)、外下及内下象限。根据组织结构,可分为以下亚型:

① 单纯癌:形态特点是癌组织中的主质和间质比例相当,最为多见。

② 硬癌:癌主质少于间质,常与其他类型的乳腺癌并存。

③ 不典型髓样癌:癌主质多于间质。

④ 腺癌:癌组织切片上有一半以上区域由腺管样结构组成。

⑤ 混合性浸润性导管癌:由两种形态以上混合组成。

这些亚型的临床表现、治疗及预后相似。

(2) 浸润性小叶癌:占浸润性乳腺癌的5%～10%。

(3) 髓样癌:占浸润性乳腺癌的2%～10%,预后较浸润性导管癌为好。

(4) 黏液癌:又称黏液腺癌、胶样癌,占2%左右,肿瘤生长缓慢,转移发生迟,预后较好。

(5) 管样癌:又称腺管样癌,较少见,仅占浸润性癌1%～2%,发展慢,恶性程度低。

(6) 乳头状癌:较少见,多发生在乳腺大导管内,预后较好。

(7) 大汗腺样癌:少见,预后较好。

(8) 腺样囊腺癌:不到1%。

(9) Paget's病:又称湿疹样癌。单纯Paget's病发展慢,预后好。但单纯Paget's病极少,多和其他浸润性癌伴发,其预后取决于伴发癌的类型和淋巴结转移情况。

其他罕见的类型有分泌性癌、鳞癌、未分化癌等。

五、乳腺癌的分期

按AJCC 2010年标准:

原发肿瘤（T）

T_X		原发肿瘤不能确定。
T_0		没有原发肿瘤证据。
	Tis	原位癌：
	Tis(DCIS)	导管原位癌
	Tis(LCIS)	小叶原位癌
	Tis(Paget)	不伴肿块的乳头 Paget's 病(伴有肿块的按肿瘤大小分类)
T_1		肿瘤最大直径≤2 cm
	T_1mic	微小浸润癌，最大直径≤0.1 cm
	T_{1a}	肿瘤最大直径>0.1 cm，但≤0.5 cm
	T_{1b}	肿瘤最大直径>0.5 cm，但≤1 cm
	T_{1c}	肿瘤最大直径>1 cm，但≤2 cm
T_2		肿瘤最大直径>2 cm,但≤5 cm
T_3		肿瘤最大直径>5 cm
T_4		无论肿瘤大小，直接侵及胸壁或皮肤
	T_{4a}	肿瘤侵犯胸壁,不包括胸肌
	T_{4b}	乳腺皮肤水肿(包括橘皮样变)，或溃疡，或不超过同侧乳腺的皮肤卫星结节
	T_{4c}	同时包括 T_{4a} 和 T_{4b}
	T_{4d}	炎性乳腺癌

区域淋巴结（N）

N_X		区域淋巴结不能确定(例如已切除)
N_0		区域淋巴结无转移
N_1		同侧腋窝淋巴结转移,可活动
N_2		同侧腋窝淋巴结转移,固定或相互融合或缺乏同侧腋窝淋巴结转移的临床证据，但临床上发现有同侧内乳淋巴结转移
	N_{2a}	同侧腋窝淋巴结转移,固定或相互融合
	N_{2b}	仅临床上发现同侧腋窝淋巴结转移，而无同侧腋窝淋巴结转移的临床证据
N_3		同侧锁骨下淋巴结转移伴或不伴有腋窝淋巴结转移;或临床上发现同侧内乳淋巴结转移和腋窝淋巴结转移的临床证据;或同侧锁骨上淋巴结转移伴或不伴腋窝或内乳淋巴结转移
	N_{3a}	同侧锁骨下淋巴结转移
	N_{3b}	同侧内乳淋巴结及腋窝淋巴结转移

N$_{3c}$	同侧锁骨上淋巴结转移

区域淋巴结病理分类（pN）

pN$_X$	区域淋巴结无法评估(手术未包括该部位或以前已切除)
pN$_0$	无区域淋巴结转移
pN$_1$mi	微小转移(最大直径＞0.2 mm,但≤2 mm)
pN$_1$	1～3枚同侧腋窝淋巴结转移,和(或)前哨淋巴结活检发现内乳淋巴结镜下转移,但无临床征象
pN$_{1a}$	1～3枚腋窝淋巴结转移,至少1处转移灶＞2 mm
pN$_{1b}$	经前哨淋巴结活检发现内乳淋巴结镜下转移,但无临床征象
pN$_{1c}$	pN$_{1a}$＋pN$_{1b}$
pN$_2$	4～9枚同侧腋窝淋巴结转移;或有同侧内乳淋巴结转移临床征象,但不伴有腋窝淋巴结转移
pN$_{2a}$	4～9枚腋窝淋巴结转移,至少1个转移灶＞2 mm
pN$_{2b}$	临床上发现内乳淋巴结转移,但无腋窝淋巴结转移
pN$_3$	≥10枚同侧腋窝淋巴结转移;或锁骨下淋巴结(Ⅲ级腋窝淋巴结)转移;或有同侧内乳淋巴结转移临床征象,并伴有至少1枚以上Ⅰ、Ⅱ级腋窝淋巴结转移;或≥3枚腋窝淋巴结转移,伴无临床征象的内乳淋巴结镜下转移;或同侧锁骨上淋巴结转移
pN$_{3a}$	≥10枚腋窝淋巴结转移(至少1个转移灶＞2 mm)或锁骨下淋巴结(Ⅲ级腋窝淋巴结)转移
pN$_{3b}$	同侧内乳淋巴结转移临床征象,并伴≥1枚腋窝淋巴结转移;或≥3枚腋窝淋巴结转移,通过检测前哨淋巴结发现镜下内乳淋巴结转移,但无临床征象
pN$_{3c}$	同侧锁骨上淋巴结转移

远处转移（M）

M$_0$	无远处转移
M$_1$	有远处转移

临床分期标准

0 期	Tis	N$_0$	M$_0$
ⅠA 期	T$_1$	N$_0$	M$_0$
ⅠB 期	T$_0$	N$_{1mi}$	M$_0$
	T$_1$	N$_{1mi}$	M$_0$
ⅡA 期	T$_0$	N$_1$	M$_0$

	T_1	N_1	M_0
	T_2	N_0	M_0
ⅡB 期	T_2	N_1	M_0
	T_3	N_0	M_0
ⅢA 期	T_0	N_2	M_0
	T_1	N_2	M_0
	T_2	N_2	M_0
	T_3	N_1 , N_2	M_0
ⅢB 期	T_4	N_0 , N_1 , N_2	M_0
C 期	任何 T	N_3	M_0
Ⅳ 期	任何 T	任何 N	M_1

小贴士

虽然 TNM 系统分期比较复杂,但是更精确。简单来说:

T 形容肿瘤的大小。从 $T_0 \sim T_4$ 有五个等级。

N 形容肿瘤是否扩散到淋巴系统。从 $N_0 \sim N_3$ 共四个等级,形容有多少淋巴结受到癌细胞的侵入。

M 形容癌肿是否已经扩散到身体其他组织,如肝脏、肺部或骨等继发性或转移性癌。共分两个阶段: M_0 是尚未扩散; M_1 是已经扩散。

乳腺癌分子分型

St. Gallen 共识(2013 版)

分子分型	ER+和/或 PR+	Her-2+	Ki-67	治疗类型
Luminal A 型	是	否	低	大多数患者仅需内分泌治疗
Luminal B (Her-2一型)	是	否	高	全部患者均需内分泌治疗,大多数需加用化疗
Luminal B (Her-2+型)	是	是	任何	化疗+抗 Her-2 治疗
Her-2+型	否	是	任何	化疗+抗 Her-2 治疗
基底样(三阴性)型	否	否	任何	化疗

· 采用 14% 作为判断 Ki-67 高低的界值

· 以 20% 作为 PgR 表达高低的判定值

第三篇　控制乳腺癌

——合理对抗乳腺癌

关注癌细胞

也要关注正常细胞

平衡就是健康

调整也是治疗

生活是一种哲学

1972 年,秀兰·邓波儿患上了乳腺癌,并接受了乳房切除手术。当时多数女性都觉得患有这种病是自己做错了什么,不敢公开。她是第一位向公众坦白病史、并倡议防治乳腺癌的名人。她不但积极配合治疗,勇敢接受手术,并为防治乳腺癌工作四处奔波演讲,让公众关注女性的乳房健康。战胜乳腺癌后,她的生活更加多姿多彩。1974 年福特总统当政期间,她成为美国驻加纳大使,两年后又担任国务院礼宾司司长。1989 年她被老布什总统任命为驻原捷克斯洛伐克大使,任期 3 年。2014 年邓波儿病逝,享年 85 岁。

1987 年,当时的美国"第一夫人"南希·里根被确诊患上乳腺癌。她没有选择乳房肿瘤切除术,而是立即接受了乳房切除术。南希的这种做法得到了后来很多乳腺癌患者的效仿。

曾经于 20 世纪 70 年代出演《铁杆神探》的男演员理查德·饶恩特里是乳腺癌明星名单上唯一一名男性患者。在接受了乳房切除术和化疗后,51 岁的饶恩特里恢复了健康。

1994 年,"阿姐"汪明荃患上甲状腺癌,2002 年又再发现乳房有肿瘤。她秘密入住九龙法国医院接受割除乳房肿瘤手术,病愈后,除积极面对人生,更呼吁女性应定期做身体检查,如发现问题及早诊治。

2003 年 1 月,29 岁的美国女歌手安娜斯塔西亚进行缩胸手术前的一次乳房 X 线检查,在她的胸部发现了可疑阴影,后被确诊为乳腺癌。她立即接受了手术和放射治疗,并于 2006 年痊愈。

现代医学模式已经从"治疗疾病"过渡到"治病救人",体现了"以人为本"的治疗理念。乳腺癌患者发病后关键要规范化诊治,乳腺癌的治疗提倡多学科诊治模式,治疗手段有手术、化疗、放疗、内分泌治疗、靶向治疗等,手术和放疗属于局部治疗,化疗、内分泌治疗和靶向治疗属于全身治疗。德国哲学家莱布尼茨说过"世界上没有两片完全相同的树叶",随着个体化治疗的应用与发展,需要医生提供的是"量体裁衣"式的医学诊疗模式。癌症治疗的新理念逐渐成熟,特别是对于无法彻底治愈的晚期癌症患者,治疗不再以消灭肿瘤为唯一目标,疗效评价标准已由单纯观察肿瘤大小变化,转变为**重视患者的生活质量**,提倡"带瘤生存""与癌同眠",从而让梦想照进现实。

Longer life, better life

乳腺癌的治疗原则

乳腺癌治疗方法较多,相对于其他实体瘤,临床上对早、中期患者以手术为首选,中晚期患者以综合治疗为妥。

1. Ⅰ期 可根据情况作改良根治术或较保守的切除术。一般患者术后不一定需要辅助化、放疗。高危患者(雌激素受体阴性、脉管受侵、癌细胞DNA含量高、S相细胞多及组织学分级级别差)可作术后辅助化疗;部分Her2阳性患者需要行术后辅助靶向治疗;雌激素受体(ER)表达阳性或孕妇激素受体(PR)表达阳性患者需要行术后内分泌治疗;乳腺肿瘤位于内象限,术后作内乳区照射。

2. Ⅱ、ⅢA期 行根治性手术,2～4周内行辅助性化疗和放射治疗。ER或PR阳性患者在术后辅助化疗结束后服用三苯氧胺至少5年,如为绝经后患者也可改用芳香化酶抑制剂进行术后内分泌治疗。亦可行保留乳房手术,术前化疗(或加用靶向治疗或内分泌治疗)和术后根治性放疗,以及术后辅助药物治疗(化疗、内分泌治疗或靶向治疗等)。

3. Ⅳ期 以药物治疗(化疗、内分泌治疗或靶向治疗)为主,配合局部放疗或姑息性局部切除术。

乳腺癌的化学治疗

乳腺癌的内科治疗用药，既包括细胞毒类药物，也包括内分泌治疗、靶向治疗、免疫治疗药物及某些特殊作用机制的药物如抗血管生成药物等，并包括化疗期间改善生活质量的药物。

化疗是一门专业学科，必须在有经验的专科医生指导下进行，化疗应严格根据适应证、禁忌证进行，同时要根据病情及药物的毒副反应程度随时调整用药剂量并进行相应的处理。

一、什么是化疗

化疗是使用化学药物控制肿瘤组织的生长和增殖，达到治疗肿瘤的目的。化疗可以有效地控制肿瘤的生长和转移，但是化疗药物同时也有一定的毒性反应或产生耐药性。

对于大部分晚期癌症患者来说，化疗是有效的治疗选择。与支持性疗法相比，接受化疗不但可以延长存活时间，并且有助于减缓病情恶化、改善生活品质。

化疗的给药方式是周期性的，也就是接受治疗一段时间后会休息一段时间，然后再进入下一个治疗周期。抗癌药物可经由口服或静脉注射再经过血液循环到全身。通常部分患者是在医院门诊或家中接受化疗，但依据给药方式、选用的药物及患者的身体情况，有时候可能需要短期的住院。

由于抗癌药物均对细胞具有毒性，在杀死癌细胞的同时也会对我们体内的正常细胞有些影响，所以会产生一些副作用。这些副作用通常随着患者接受药物的累积剂量增加而出现，但是会在治疗结束后减轻或逐渐消失。

化疗前必须检验患者的血细胞数量与肝肾功能，以确保治疗可行性，并会测量患者的身高、体重，然后算出其体表面积，再以体表面积计算出适合患者的治疗剂量。

那么，接受化疗前，应该告诉医生什么？

小贴士

化疗前如有下列情况,请先告诉您的医师:

(1) 曾有其他肠道方面疾病或有肠梗阻的病史。

(2) 过去化疗过程中,曾有过敏反应。

(3) 目前怀孕或哺乳母乳。

(4) 有肝脏方面的疾病。

(5) 使用其他非医师处方的药物。

1. 乳腺癌化疗的原理 当乳腺癌发展到大于 1 cm,在临床上可触及肿块时,往往已是全身性疾病,可存在远处微小转移灶,只是用目前的检查方法尚不能发现而已。手术治疗的目的在于使原发肿瘤及区域淋巴结得到最大程度的局部控制,减少局部复发,提高生存率。但是肿瘤切除以后,体内仍存在残余的肿瘤细胞。基于乳腺癌在确诊时已是一种全身性疾病,全身化疗的目的就是根除机体内残余的肿瘤细胞以提高乳腺癌的治愈率。

目前乳腺癌的辅助性化疗包括术前化疗(新辅助化疗)及术后的辅助化疗。

2. 乳腺癌化疗的禁忌证和相对禁忌证

(1) PS 评分＞2 分的乳腺癌患者不宜进行化疗:化疗前应对患者的体力状况(performance status,PS)进行评分:

0 分:正常活动;

1 分:症状轻,生活自在,能从事轻体力活动;

2 分:能耐受肿瘤的症状,生活自理,但白天卧床时间不超过 50%;

3 分:肿瘤症状严重,白天卧床时间超过 50%,但还能起床站立,部分生活自理;

4 分:病重卧床不起;

5 分:死亡。

(2) 白细胞少于 3.0×10^9 /L,中性粒细胞少于 1.5×10^9 /L,血小板少于 60×10^9 /L,红细胞少于 2×10^{12} /L,血红蛋白低于 80 g /L 的患者,原则上不宜化疗。

(3) 乳腺癌患者肝肾功能异常,其检查指标超过正常上限 2 倍,或有严重并发症包括感染发热或出血倾向者不宜化疗。

（4）在化疗中出现以下情况应考虑停药或更换方案：

① 治疗 2 周期后病变进展，或在化疗周期的休息期出现恶化者，应停止原方案，酌情选用其他方案。

② 化疗不良反应达 3～4 级，应调整用药剂量并进行相应的处理，对患者生命有明显威胁时，应停止用药，下次治疗时改用其他方案。

③ 出现严重并发症应停药，下次治疗时改用其他方案。

二、术前化疗（新辅助化疗）

术前化疗，又叫新辅助化疗，是指乳腺癌患者在手术或放疗之前所进行的化疗。是与乳腺癌术后的辅助化疗相对而言的。最早应用该治疗的目的是使不可手术切除的乳腺癌患者变为可以手术。目前新辅助化疗主要是针对局部进展期乳腺癌、无法手术切除或有保乳意愿而需要降期及炎性乳腺癌患者。以全身化疗作为乳腺癌的第一步治疗，可以通过治疗，使肿瘤缩小或淋巴结明显缩小后，采取手术及其他治疗。除非证实为浸润性乳腺癌，否则不应进行术前化疗。一般是在手术前给予 2～4 个周期化疗，以后再手术或放疗。

1. 新辅助化疗的优点

（1）消灭微小转移灶。

（2）有可能防止耐药细胞株的形成。

（3）缩小肿瘤，降低分期，增加保乳治疗的机会。

（4）可观察到化疗前后肿瘤的大小、病理学及生物学指标的变化，直观地了解到肿瘤对所给的化疗药物、方案是否敏感、有效，并为进一步选择合适的治疗方案及判断患者预后提供依据。

（5）降低肿瘤细胞的活力，减少远处播散的机会。

2. 新辅助化疗的适应证

（1）一般适合临床 Ⅱ、Ⅲ 期的乳腺癌患者。

（2）Ⅰ 期患者行术前化疗的意义尚不肯定。Ⅳ 期患者化疗为姑息解救治疗手段，而非新辅助治疗适应证。

（3）对隐匿性乳腺癌行新辅助化疗是可行的。隐匿性乳腺癌指找不到其他原发灶的腋窝淋巴结的转移性腺癌，尽管临床体检和现有的影像学检查均不能发现乳房肿块，甚至术后病理也未查及乳腺癌的原发病灶，但还是可以诊断这是一类特殊类型乳腺癌。

（4）局部晚期乳腺癌（LABC）、原发肿瘤较大的浸润性乳腺癌，而患者又有保乳意向，可通过新辅助化疗，肿瘤消失或明显缩小后，采取保乳手术的综合治疗。

（5）原发肿瘤较大或伴有腋窝淋巴结转移，以及有高危复发、转移倾向的患者，新辅助化疗的疗效可作为术后辅助化疗药物的一个选择依据，也可以通过治疗肿瘤缩小或转移灶明显缩小后，采取手术及其他治疗。

3. 新辅助化疗的禁忌证

（1）未经组织病理学确诊的乳腺癌：推荐得到 ER、PR、Her-2/Neu 及 Ki67 等免疫组化指标，不推荐将细胞学检查作为病理诊断标准。

（2）妊娠早期、妊娠中期女性患者，应慎重选择化疗。

（3）年老体弱且伴有严重心、肺等器质性病变，预期无法耐受化疗者。

4. 新辅助化疗的意义

（1）新辅助化疗是局部晚期乳腺癌或炎性乳腺癌的规范疗法，可以使肿瘤降期以利于手术，或变不可手术为可手术。

（2）若能达到病理完全缓解，则预示远期生存率提高。

（3）对于肿瘤较大且有保乳意愿的患者可以提高保乳率。

部分乳腺癌对新辅助化疗初始治疗方案不敏感。若 2 个周期化疗后肿瘤无变化或反而增大时，需要更换化疗方案或采用其他疗法。

接受有效的新辅助化疗之后，即使临床上肿瘤完全消失，也必须接受既定的后续治疗，包括手术治疗，并根据手术后的病理和免疫组化结果来决定下一步的辅助治疗方案。

新辅助化疗的最大缺点是如果治疗无效，可能延误患者的手术治疗时机。另外基于化疗的众多副作用，新辅助化疗也增加了后续手术及放疗并发症的风险。最近研究也认为，新辅助化疗的疗效可能被高估，部分降期保乳的患者复发风险增加。

5. 新辅助化疗具体药物 新辅助化疗方案与术后辅助化疗方案基本相同。

多年来，在乳腺癌的药物治疗中，含有蒽环类的联合化疗方案（CAF，AC 等）始终占有主导地位。近年来紫杉类药物的开发使用，使肿瘤的药物治疗成绩有了明显提高。

含蒽环类的联合化疗效果优于 CMF 方案；加用或序贯用紫杉类药方案优于 AC 方案，可提高临床完全缓解率（CR）、病理完全缓解率（CR）和保乳手术的成功率。

紫杉类加入蒽环类为主的方案,病理 CR 率从≤10%提高到 15%~20%。但是,对于Ⅱ期乳腺癌患者,还没有证实术前化疗在疾病特异生存率方面显著优于术后辅助化疗。

(1) 以蒽环类为主的化疗方案,如 CAF/FAC、AC、CEF/FEC 方案。

(2) 蒽环类与紫杉类联合方案,如 A(E)T、TAC。

(3) 蒽环类与紫杉类序贯方案,如 AC→P 或 AC→T。

(4) 其他含蒽环类的化疗方案,如 NE。

小贴士 >

化疗方案中的字母含义:

A:多柔比星或同等剂量的吡柔比星　　M:甲氨蝶呤

C:环磷酰胺　　　　　　　　　　　　N:长春瑞滨

E:表柔比星　　　　　　　　　　　　P:紫杉醇

F:氟尿嘧啶　　　　　　　　　　　　T:多西他赛

H:曲妥珠单抗　　　　　　　　　　　U:顺铂

---

6. 新辅助化疗周期数　一般认为新辅助化疗周期数不应少于 3~4 个,其中多个随机对照研究结果显示,3 个周期病理 CR 为 10%左右,6 个周期病理 CR 在 20%左右。

7. 新辅助化疗的术后辅助化疗　目前尚有争议。一般可以根据术前化疗的周期数、疗效以及术后病理检查结果而再继续选择相同化疗方案、或更换新的化疗方案以及不行辅助化疗,鉴于目前尚无足够证据,故无法统一。一般新辅助化疗加辅助化疗的总周期数为 6~8 个周期。

8. 新辅助化疗的术后辅助放疗　推荐根据化疗前的肿瘤临床分期来决定是否需要辅助放疗以及放疗范围。放疗范围包括全胸壁和锁骨上和锁骨下范围,临床上内乳有累及或者临床上强烈考虑内乳可能会累及的需行内乳放疗。

9. 新辅助化疗患者的辅助内分泌治疗、辅助分子靶向治疗　新辅助化疗患者加辅助内分泌治疗的时间与未行新辅助治疗的术后辅助内分泌治疗相同,新辅助化疗加辅助曲妥珠单抗的总治疗时间为 1 年。

10. 新辅助化疗转归　新辅助化疗过程中肿瘤进展的情况极少发生(约

5%),一旦发生应改用二线化疗或手术治疗。

11. 新辅助化疗注意事项

(1) 新辅助化疗前的基线评估:乳房超声、乳腺 X 线下肿瘤的最长径(建议采用 MRI 评估)。局部晚期乳腺癌或炎性乳腺癌患者还需加做全身骨扫描、胸部 CT。既往有心脏病史的患者建议行必要的心功能检查(如心超测 LVEF)。

(2) 治疗前必须对乳腺原发灶行空芯针活检,诊断为浸润性癌,或原位癌(可能存在组织学低估)同时伴有细针穿刺证实的同侧腋窝淋巴结转移,明确组织学诊断及免疫组化检查(隐匿性乳腺癌除外),才可行新辅助化疗。

(3) 肿大的区域淋巴结是否为乳腺癌转移,必须穿刺得到病理证实。如果阳性,不必作前哨淋巴结活检;如果阴性,可在新辅助化疗前行前哨淋巴结活检。

(4) 需要在原发灶内放置标记物,或对肿瘤表面皮肤进行标记,为化疗后续手术范围提供原发灶依据。

(5) Her-2 阳性者可在化疗的基础上同时应用抗 Her-2 的药物(如曲妥珠单抗)。

(6) 绝经后激素受体阳性(ER 或 PR 阳性)的患者可考虑单用内分泌治疗,推荐使用芳香化酶抑制剂。新辅助内分泌治疗应持续 5~8 个月或至最佳疗效。

(7) 一般情况下,建议在化疗第 2 个周期末,即计划第 3 个周期之前全面评估疗效。新辅助化疗前后的检查手段应该一致,评估无效的患者建议更改化疗方案重新进入评价程序,或改变总体治疗计划,改用手术、放疗或者其他全身治疗措施。

(8) 对新辅助化疗有效的患者,目前推荐完成既定的新辅助化疗疗程,即便肿瘤退缩明显,也应完成原计划疗程(除非不能耐受),避免因化疗有效而临时中断新辅助治疗、立即手术的情况。国内专家推荐对新辅助化疗患者在术前即完成辅助疗的总疗程数(如 6 或 8 个周期),术后可不再化疗。

(9) 术后残存肿瘤的组织学分型、分级、ER,PR 及 Her-2 等免疫组化结果可供参考。无论是术前还是术后获得的病理资料,只要出现 1 次 ER,PR 或 Her-2 阳性,就可以给予相应的内分泌治疗或曲妥珠单抗治疗。

三、术后辅助化疗

根据乳腺癌术后复发风险,全面评估患者手术以后复发风险的高低,是制定全身辅助治疗方案的重要依据。

1. 术后辅助化疗的适应证

(1) 肿瘤>2 cm。

(2) 腋窝淋巴结阳性;腋窝淋巴结阴性者,如原发肿瘤大小在 0.5~1 cm,有不良预后因素(不良因素指脉管癌栓、高级别的核分级或组织学分级、ER 和(或)PR 阴性、Her-2 基因高表达、年龄小于 35 岁)之一者考虑辅助化疗。

(3) 激素受体阴性。

(4) Her-2 阳性。

(5) 组织学分级为 3 级。

辅助化疗方案的制定应综合考虑肿瘤的临床病理学特征、患者方面的因素和患者的意愿以及化疗可能的获益和由之带来的毒性等。行免疫组化检测时,应该常规包括 ER、PR、Her-2 和 Ki67。

淋巴结阴性乳腺癌的高危复发因素有如下几点:

① 激素受体(ER,PR)阴性。

② 肿瘤 S 期细胞百分率高。

③ 异倍体肿瘤。

④ 癌基因 CerbB-2(注:Her-2 的另一表述形式)有过度表达或扩增者。

2. 术后辅助化疗的现代观点

(1) 辅助化疗宜术后早期应用,争取在术后 2 周应用,最迟不能超过术后一个月,如果待病灶明显后再用,将降低疗效。

(2) 辅助化疗中联合化疗比单药化疗的疗效好。

(3) 一般推荐首次给药剂量不得低于推荐剂量的 85%,后续给药剂量应根据患者的具体情况和初始治疗后的不良反应,可以 1 次下调 20%~25%。每个辅助化疗方案仅允许剂量下调 2 次。

(4) 治疗期不宜过长,对乳腺癌术后主张连续 6~8 个疗程的化疗。

(5) 辅助化疗一般不与内分泌治疗或放疗同时进行,化疗结束后再开始内分泌治疗,放疗与内分泌治疗可先后或同时进行。

3. 术后辅助化疗方案

(1) CMF 方案：环磷酰胺(C)400 mg /m²，甲氨蝶呤(M)40 mg /m²，氟尿嘧啶(F)400 mg /m²。CMF 方案，适用于：

① 低度及中度复发危险病例；

② 老年患者尤其是 70 岁以上者；

③ 以往有心脏功能不全或高血压病史的患者。

(2) 蒽环类方案：以蒽环类药物为主的辅助化疗常用方案有 AC、CAF、CEF 等。蒽环类药物的化疗已作为乳腺癌术后常用的方案，尤其对术后淋巴结有转移、有高危复发危险的患者。但由于其对心脏有一定的毒性，因而其临床应用受到一定的限制，有心脏疾病的患者慎用。近年来的多项临床研究表明，含蒽环类药物(AC、CAF)方案优于 CMF 方案，目前趋向于使用含蒽环类药物的方案；Her-2 阳性乳腺癌患者可能对 CMF 方案和 TAM 方案耐药，因此 Her-2 阳性应考虑使用含蒽环类药物的联合方案化疗。

(3) 含紫杉类药物辅助化疗：应用紫杉类药物应高度注意防治过敏及其神经毒性副作用，如神经性肠麻痹。

TAC 方案：多西他赛(T)75 mg /m²，多柔比星(A)60 mg /m²，环磷酰胺(C)600 mg /m²。

TA 方案：紫杉醇(T)175 mg /m²，多柔比星(A)60 mg /m²。

AC→T 方案(适用于转移、复发高危患者)：多柔比星(A)60 mg /m²，环磷酰胺(C)600 mg /m²，紫杉醇 175～225 mg /m²。

不含蒽环类的紫杉类药物联合化疗方案：

TC 方案：多西他赛(T)75 mg /m²，环磷酰胺(C)600 mg /m²。适用于老年、低中度复发风险、蒽环类禁忌或不能耐受的患者。

紫杉类药物(紫杉醇、多西他赛)的问世是乳腺癌化疗中的一个重要突破，并已用于乳腺癌的术后辅助治疗。TAC 方案是淋巴结阳性的乳腺癌患者最有效的辅助化疗方案之一。对于淋巴结阴性的乳腺癌患者，含紫杉类方案未增加生存益处。

4. 淋巴结状态与辅助化疗方案

(1) 淋巴结阴性：对于淋巴结阴性患者，应掌握适应证，根据预后指标判断，有针对性地对有高度复发危险性的患者进行术后辅助化疗。

近年研究结果表明，腋窝淋巴结阴性患者约 70% 仅用手术治疗即可治愈，术后辅助化疗仅对约 30% 的患者可能受益。迄今提出的相关预后指标很多,比较肯定的有肿瘤大小、组织病理学、受体状态、DNA 倍体或含量及癌基因扩增等。对于激素受体阳性、淋巴结阴性的低复发风险的患者是否需要术后辅助化疗,有专家推荐还需经过 21 基因复发风险检测(RS)等检测手段进一步评估。RS 检测分值为 0～100 分。其中,<18 分为复发低危,18～31 分为复发中危,>31 分为复发高危。如 RS 检测的低危患者,可以进行单纯的内分泌治疗,而无需接受辅助化疗。而 RS 高危患者,除需接受内分泌治疗外,还能够从化疗中获益,中国专家组暂不推荐在临床中应用 21 基因复发风险检测。

(2) 淋巴结阳性:淋巴结阳性患者,即使是内分泌反应肿瘤,其复发风险仍很高,且在肿瘤内存在内分泌耐药性克隆,故一般应考虑化疗。术后辅助化疗总体上能明显延长其生存期,降低复发率。淋巴结阳性乳腺癌患者 5 年生存率从未治疗时的大约 65%,到 CMF 方案的 70%,升高到现在的含蒽环紫杉类方案化疗的 85% 左右。而且无论绝经前或绝经后,化疗均能使患者受益,但以绝经前患者更为显著,目前公认,对腋窝淋巴结阳性的绝经前患者,辅助化疗是首选治疗手段。

5. 辅助化疗方案的选择

(1) 不含曲妥珠单抗方案首选的包括:TAC(多西他赛、多柔比星和环磷酰胺);AC(多柔比星和环磷酰胺);剂量密集的 AC 序贯紫杉醇方案;AC 序贯每周紫杉醇方案;TC(多西他赛和环磷酰胺)。

(2) 含曲妥珠单抗方案首选的包括:多柔比星和环磷酰胺序贯紫杉醇加曲妥珠单抗(AC→TH);多西他赛和卡铂加曲妥珠单抗(TCH)等。

乳腺癌术后辅助曲妥珠单抗治疗

临床研究结果表明,曲妥珠单抗用于 Her-2 阳性早期乳腺癌术后辅助治疗,可明显降低复发和死亡。因此美国综合癌症网(NCCN)和中国抗癌协会乳腺癌诊治指南与规范都将曲妥珠单抗辅助治疗写入其中。

① 适应证

• 原发肿瘤>1.0 cm 时,推荐使用曲妥珠单抗;原发肿瘤在>0.5 cm 但<1.0 cm 时,可考虑使用。

• Her-2/Neu 基因过表达是指:免疫组化法 3+,或荧光原位杂交法(FISH)阳性,或者色素原位杂交法(CISH)阳性。

• 经免疫组化检测 Her-2 为(++)的患者,应进一步用 FISH 或 CISH 法明确是否有基因扩增。

② 相对禁忌证

• 治疗前左室射血分数(LVEF)测定<50%。

• 同期正在进行蒽环类药物化疗。

• 治疗过程中,LVEF 较基线下降≥15%。

小贴士

★ 治疗前患者须知

• 目前多项临床研究结果显示,对于 Her-2/Neu 蛋白过表达或基因扩增(Her-2 阳性)的乳腺癌患者,采用 1 年曲妥珠单抗辅助治疗可以降低乳腺癌的复发率。

• 曲妥珠单抗是一种生物靶向制剂,经 10 年以上的临床应用证实其不良反应少,但其中较严重的不良反应是当其与蒽环类药物联合应用会增加充血性心力衰竭的机会。

• 曲妥珠单抗高昂的价格,Her-2 状态确认的重要性及其检测费用。

• 精确的 Her-2/Neu 检测。建议将浸润性乳腺癌组织的石蜡标本(蜡块或白片)送往国内有条件的病理科进行复查。

• 心功能检查(心脏超声或同位素扫描,以前者应用更为普遍)。

★ Her-2 阳性乳腺癌曲妥珠单抗辅助治疗用药推荐

• AC→TH:多柔比星(或表柔比星)联合环磷酰胺,1/21 d×4 个周期,然后紫杉醇或多西紫杉醇 4 个周期,同时曲妥珠单抗周疗 2 mg/kg(首剂 4 mg/kg),或 3 周 1 次 6 mg/kg(首剂 8 mg/kg),共 1 年。

• 不适合蒽环药物的患者可以用 TCH:多西他赛 75 mg/m², 卡铂 AUC 6,每 21 d 为 1 个周期,共 6 个周期,同时曲妥珠单抗周疗,化疗结束后曲妥珠单抗 6 mg/kg,3 周 1 次,至 1 年。

• 标准化疗后单用曲妥珠单抗治疗 1 年,曲妥珠单抗 6 mg/kg,(首剂 8 mg/kg),每 3 周方案,治疗时间为 1 年。

• 研究结果显示,对于术后初始未接受曲妥珠单抗治疗的 Her-2 阳性乳腺癌,延迟使用曲妥珠单抗辅助治疗也可以获益,因此辅助化疗已经结束,但仍处于无病状态的患者可以使用 1 年曲妥珠单抗。

(3) 剂量密度:研究提示剂量密集方案优于常规辅助治疗方案。

临床试验显示,紫杉醇每周方案优于 3 周方案,多西他赛 3 周方案优于每周方案,紫杉醇每周方案和多西他赛 3 周方案疗效相同。

6. 辅助化疗期限

早年国外学者就曾比较了 12 周期与 6 周期 CMF 方案的疗效相当。4 周期 AC 方案的疗效与 6 周期 CMF 的疗效相等。而 3 周期 FEC 的疗效低于 6 周期 FEC 的疗效。

对于低危患者术后可给予 4 周期 AC 方案辅助化疗;高危患者可给予 6 周期的含蒽环类或紫杉类方案辅助化疗。延长化疗时间或给予更多周期化疗并不能提高疗效,反而增加了化疗的不良反应和治疗费用。若无特殊情况,一般不建议减少化疗的周期数。

7. 辅助化疗注意事项

化疗时应注意化疗药物的给药顺序,输注时间和剂量强度,严格按照药品说明和配伍禁忌使用。

蒽环类药物有心脏毒性,使用时须评估 LVEF,至少每 3 个月 1 次。如果患者使用蒽环类药物期间发生有临床症状的心脏毒性、或无症状但 LVEF<45% 亦或较基线下降幅度超过 15%,应先停药并充分评估患者的心脏功能,后续治疗应慎重。尽管早期有临床试验提示同时使用右丙亚胺和蒽环类药物可能会降低化疗的客观有效率,但是荟萃分析显示右丙亚胺会引起较重的粒细胞减少,但是并未降低化疗的疗效,且可降低约 70% 的心力衰竭发生率。

四、晚期乳腺癌解救性全身治疗

晚期乳腺癌包括复发和转移性乳腺癌,是不可治愈的疾病。晚期乳腺癌的治疗目的是控制疾病发展和改善患者生活质量,延长生存期。

治疗前应进行全面的病情评估,包括:详尽的病史采集和体格检查,尤其要注意明确既往药物治疗的情况;尽可能采用全面的重要内脏器官的影像学检查(胸部、腹部 CT 或 MRI)和骨扫描,以明确患者的病变范围;尽可能对初次复发病灶进行活检确认,尤其是对于既往病灶的雌/孕激素受体(ER/PR)状态和 Her-2 状态不明或检测阴性的患者,应测定新出现的复发或转移病灶,或重新测定原有病理标本。

化疗药物在乳腺癌复发转移的解救治疗中占有非常重要的地位。对于病变进展迅速,有症状的内脏转移(如肝、肺转移),初治后无病生存期(DFS)<2 年,以及既往内分泌治疗无效者,应首选化疗。

1. 晚期乳腺癌化疗适应证（具备以下一个因素即可考虑首选化疗）

（1）激素受体阴性。

（2）有症状的内脏转移。

（3）激素受体阳性但对内分泌治疗耐药的患者。

（4）年龄＜35 岁。

2. 晚期乳腺癌化疗药物选择原则

一般来说，如果在辅助治疗或一线治疗 1 年以上出现复发或转移，则解救方案仍可使用与原方案相似的方案；如果在辅助或一线方案化疗后很快出现复发或转移，则应考虑更换方案。

根据复发转移性乳腺癌的既往治疗的不同情况，可采用不同的治疗方案。

（1）既往辅助治疗仅用内分泌治疗而未用化疗的患者

此类患者可选择 CMF 或 CAF 或 AC 方案，也可以选择紫杉类为主的化疗方案或其他化疗方案，不过临床上不常见。蒽环类药物由于疗效确切且价格较低，仍然是治疗晚期乳腺癌的首选药物之一。对以前未经治疗的晚期患者，阿霉素（ADM）单药有效率为 38％～50％，个别报道超过 50％；对以前接受过治疗的患者，ADM 的有效率为 30％。表阿霉素（EPI）也是一种有效的药物，由于其心脏毒性、血液学和非血液学毒性均比 ADM 低，因此在欧洲常用其代替 ADM。吡喃阿霉素是 ADM 的类似物，其疗效与 ADM 相似，但脱发的发生率明显低于 ADM。含蒽环类药物的联合化疗方案是晚期乳腺癌的标准治疗方法之一，其疗效优于传统的 CMF 方案，但由于在乳腺癌的辅助治疗中，蒽环类药物被广泛应用，同时其存在剂量限制性毒性，因而在复发转移乳腺癌中，再次使用蒽环类药物的几率较小。

（2）辅助治疗未用过蒽环类和紫杉类化疗的患者

CMF 辅助治疗失败的患者，首选 AT（蒽环类联合紫杉类）方案；部分辅助治疗用过蒽环类和（或）紫杉类化疗，但临床未判定耐药和治疗失败的患者也可使用阿霉素联合紫杉类的方案。

紫杉类药物由于其独特的作用机制和较高的疗效，目前已经广泛应用于晚期乳腺癌的治疗。对于乳腺癌的一线治疗，紫杉醇（PTX）有效率为 32％～56％，多西他赛（TXT）为 54％～67％。紫杉类与蒽环类联合的方案是晚期乳腺癌治疗的最有效方案之一。

（3）蒽环类辅助治疗失败的患者

紫杉类为主的化疗方案显示明显的生存优势。对蒽环类药耐药的复发转移乳腺癌的二线治疗,PTX 和 TXT 的有效率分别为 6％～47％与 19％～57％。最近的两项多中心临床研究,显示了两种联合化疗方案的生存优势。

① 卡培他滨联合多西他赛（XT）方案:对蒽环类耐药的乳腺癌,多西他赛是单药治疗有效率最高的药物之一。5-FU 的口服衍生物卡培他滨能选择性在肿瘤细胞内活化,对多柔比星、紫杉醇治疗无效的转移性乳腺癌的单药有效率达 15％～25％,中位缓解期 8.1 个月。XT 方案是第一个被证实可延长 ADM 耐药患者生存期的方案。

② 吉西他滨联合紫杉醇（GT）方案:在晚期乳腺癌,吉西他滨单药缓解率达 25％～46％。美国食品药物管理局（FDA）于 2004 年批准 GT 方案可用于转移或复发性乳腺癌的一线治疗。

以上两个方案有效率相仿(42％ vs 39.3％),中位 TTP 接近(6.1 个月 vs 5.4 个月),但 XT 方案不良反应较大,在临床使用中约 2/3 患者需减少用药剂量。

（4）紫杉类治疗失败的患者

目前尚无标准方案推荐。可以考虑的药物有卡培他滨、长春瑞滨、吉西他滨、铂类和新型化疗药物如培美曲赛等,采取单药或联合化疗。近年来的研究表明,去甲长春花碱(长春瑞滨)是一种新的有效药物,单药治疗转移性乳腺癌有效率为 35％～50％。

一般认为联合化疗的疗效优于单一药物治疗。联合化疗作为 MBC 的一线治疗的有效率为 45％～80％,其中 CR 率 5％～25％,中位有效时间 4～8 周,中位缓解期 5～13 个月,有效病例的中位生存期 15～33 个月。

3. 晚期乳腺癌化疗方案的选择

推荐的首选化疗方案包括单药序贯化疗或联合化疗。与单药化疗相比,联合化疗通常有更好的客观缓解率和疾病进展时间,然而联合化疗的毒性较大且生存获益很小。此外,序贯使用单药能降低患者需要减小剂量的可能性。需要使肿瘤迅速缩小或症状迅速缓解的患者选择联合化疗;耐受性和生活质量作为优先考虑因素的患者选择单药序贯化疗。

推荐的首选一线单药:

蒽环类—多柔比星、表柔比星、聚乙二醇脂质体多柔比星;

紫杉类—紫杉醇、多西他赛、白蛋白结合型紫杉醇;

抗代谢药—卡培他滨、吉西他滨;

非紫杉类微管形成抑制剂——长春瑞滨、艾日布林。

推荐的一线联合化疗方案：

FAC/CAF；FEC；AC；EC；AT；CMF；XT；GT。

其他有效的单药：

环磷酰胺、顺铂、口服依托泊苷、长春花碱、米托蒽醌和氟尿嘧啶持续静脉给药和伊沙匹隆等方案。

标准的药物治疗为应用一个治疗方案直至疾病进展换药，但由于缺乏总生存期方面的差异，应该采用长期化疗还是短期化疗后停药或维持治疗需权衡疗效、药物不良反应和患者生活质量。

4. 解救化疗的剂量与期限

目前尚无统一的认识。近年来的资料显示，与常规化疗相比，大剂量化疗并未显示更好的姑息性治疗效果。最佳化疗期限尚不清楚。目前的一种治疗策略是，在化疗取得 CR 或 PR 后，再原方案化疗 1～2 周期后停用，进入临床随访，当出现肿瘤进展时，再考虑下一疗程的化疗。随机分组试验已证实这种治疗策略的疗效与持续化疗的疗效相同而毒性较低。另一种治疗策略是采取不同的手段序贯治疗，如在化疗取得缓解后，序贯内分泌治疗。

5. 化疗与个体化治疗

乳腺癌是一种异质性很强的肿瘤，具有相同临床病理特征的乳腺癌可能有不同的生物学行为，对治疗的反应及预后不尽相同。基于基因芯片技术的研究显示，乳腺癌是由一组疾病所组成的，根据基因表达谱的不同可分为 LuminalA 型、LuminalB 型、Her-2 阳性型、Basal-like 型乳腺癌，该分型能较好地反映乳腺癌的生物学行为。

目前，利用各种分子芯片技术，如基因芯片、蛋白质芯片、特定信号传导通路芯片等，可绘制相应的分子表达谱，探索其在乳腺癌发生、发展过程中的分子机制，从而帮助阐明乳腺癌生物学行为的异质性。

乳腺癌分子表达谱研究的发展速度非常快，除了乳腺癌固有分型外，还包括 70 基因预后表达图谱、21 基因复发分数、新辅助疗效预测 30 基因表达谱等，更加准确地指导临床的诊治。

（1）雌激素受体的表达与化疗的关系：雌激素受体的表达除了与内分泌治疗的反应性相关外，也与化疗的疗效相关。雌激素受体阴性患者对化疗更敏感，试验结果显示化疗对雌激素受体阴性乳腺癌的疗效较阳性显著，但雌激素受体阴性患者的总体预后较阳性差。因此，雌激素受体阴性患者以化疗为主,雌激素受体阳性有较高复发、转移风险的患者可选择化疗和内分泌治疗的联合方案。

研究证实多西他赛联合希罗达方案是 ER 阳性晚期乳腺癌患者的有效治疗方案。

(2) Her-2 状态与化疗的关系:Her-2 阳性晚期复发转移乳腺癌,首选治疗应该是含曲妥珠单抗为基础的治疗,根据患者激素受体状况、既往(新)辅助治疗用药情况,选择治疗方案,使患者最大受益。

① 适应证

• Her-2/Neu 阳性的复发或转移性乳腺癌。

• 免疫组化检测 Her-2＋＋的患者,应该进一步行 FISH 或 CISH 检测明确是否有基因扩增。

② 相对禁忌证

• 治疗前 LVEF＜50％。

• 同时进行蒽环类药物化疗。

• 治疗过程中,LVEF 较基线下降≥15％。

Her-2 状态对辅助化疗疗效的预测有指导,试验结果显示:Her-2 高表达患者对环磷酰胺、TAM、氨甲蝶呤等耐药,以蒽环类药物为基础的辅助化疗,优于以非蒽环类药物为基础的辅助化疗。研究结果显示:Her-2 高表达患者以紫杉类为基础辅助化疗,在 PFS 和 OS 上均有更多受益。

(3) 一线治疗方案的选择和注意事项

① 曲妥珠单抗可联合的化疗药物和方案有紫杉醇联合或不联合卡铂、多西他赛、长春瑞滨和卡培他滨。

② Her-2 和激素受体同时阳性的晚期乳腺癌患者中,对病情发展较慢或不适合化疗的患者,可以选择曲妥珠单抗联合内分泌治疗。

③ 使用期间,每 3 个月检查 1 次 LVEF。

(4) 二线治疗方案的选择和注意事项

① 在含曲妥珠单抗方案治疗后发生疾病进展的 Her-2 阳性转移乳腺癌患者中,后续治疗应继续阻滞 Her-2 通路。

② 可保留曲妥珠单抗,而更换其他化疗药物,如卡培他滨。

③ 也可换用拉帕替尼与其他化疗药物,如卡培他滨。

④ 也可停细胞毒药物,而使用两种靶向治疗药物的联合,如拉帕替尼联合曲妥珠单抗。

曲妥珠单抗单药治疗 Her-2 阳性转移性乳腺癌有一定疗效,但更多临床研究显示,曲妥珠单抗与化疗药物联合效果更好。曲妥珠单抗联合紫杉类药物是 Her-2 阳性晚期乳腺癌一线治疗药。

一般蒽环类化疗失败的 Her-2 阳性乳腺癌,可以选择曲妥珠单抗联合紫杉醇或多西紫杉醇方案。

紫杉类治疗失败的 Her-2 阳性乳腺癌,可以使用曲妥珠单抗联合长春瑞滨、铂类、卡培他滨、吉西他滨等其他化疗药物。

Her-2 与激素受体阳性的绝经后转移性乳腺癌患者,可以采用曲妥珠单抗联合芳香化酶抑制剂治疗。

⑤ 也可考虑使用 TDM-1(是一种将细胞毒药物 DM1 和曲妥珠单抗连接起来的新型抗体－药物共轭的新药)。

(5) 曲妥珠单抗治疗疾病进展后治疗策略

继续使用曲妥珠单抗,更换其他化疗药物:传统细胞毒药物治疗,出现疾病进展意味着需要更换治疗方案。但曲妥珠单抗由于其不同的作用机制,患者曾经治疗有效而其后出现疾病进展时并不一定需要停药。临床前研究显示,持续应用曲妥珠单抗抑制 Her-2 表达有助于控制乳腺癌细胞生长,而停止曲妥珠单抗,则肿瘤生长加快。因此,Her-2 阳性乳腺癌曲妥珠单抗联合化疗治疗出现疾病进展后,可保留曲妥珠单抗继续使用,而换用其他联合化疗方案。也可考虑更换为另一个抗 Her-2 治疗的药物联合化疗,如拉帕替尼联合卡培他滨,还可以考虑双靶向抗 Her-2 治疗药物(如曲妥珠单抗联合拉帕替尼)的非细胞毒药物方案或联合化疗。

6. 晚期乳腺癌维持治疗

肿瘤维持治疗并不是一个全新的概念,概念最初来源于结核病治疗的经验,后续在白血病的治疗中得以应用。目前很多实体瘤治疗中都会应用维持治疗的概念,例如乳腺癌、肺癌、结直肠癌等。"肿瘤维持治疗"是指对接受若干个疗程联合治疗后疾病无进展(CR、PR 或 SD)的患者,为巩固疗效而采取的进一步治疗。经典的模式是保留其中一个药作为维持治疗(continuation-maintenance)直至疾病进展,另一种方式是换药维持(switch-maintenance)。

晚期乳腺癌是不可治愈的疾病,治疗目的是为了减轻症状,改善生活质量和延长生存。但是随着研究深入和治疗手段的进步,2003 年世界卫生组织(WHO)就提出将恶性肿瘤作为一种慢性疾病,2011 年圣安东尼奥国际乳腺大会也进一步强调晚期乳腺癌"慢性病"治疗的理念。因此晚期乳腺癌需要转变现有治疗策略,将其作为"慢性病"进行长期的治疗和管理。而这些也正契合了维持治疗的治疗策略。所以说对于维持治疗理念,目前是有共识的,但如何进行维持治疗,包括患者的选择、方案的选择等,还没有标准方案推荐。

在晚期乳腺癌的肿瘤病灶没有进展的情况下,延长其一线化疗的时间可以延缓肿瘤进展时间,甚至带来总生存率的获益。但在临床实践中,往往会出现在肿瘤没有进展的时候,患者因为不能耐受联合化疗药物毒性而提前中断化疗,因此能否有一种方法既能维持疗效,毒性又能耐受,能长期持续治疗呢?较多的临床研究和实践证实,可以考虑原先联合化疗方案中其中一个单药进行维持治疗,以尽量延长疾病控制时间,常用的维持治疗药物有卡培他滨(希罗达)和紫杉类等。

对于受体阳性(ER 或 PR 阳性)的晚期乳腺癌患者,可考虑在全身化疗数个疗程后(疾病控制)转换为内分泌药物来进行维持治疗,当然也可以用诱导化疗方案中的一种化疗药物进行维持治疗;对于 Her-2 阳性患者,化疗加靶向治疗(如曲妥珠单抗)诱导缓解后,可以用靶向治疗进行维持,或者用诱导化疗中的一种化疗药物或内分泌药物(如果受体阳性)进行维持。最终维持药物的选择除了临床疗效、毒副反应以外,还要考虑维持治疗患者的方便性以及患者的经济承受能力等方面。

五、三阴性乳腺癌

三阴乳腺癌(TNBC)特指 ER、PR 及 Her-2 均阴性的乳腺癌患者。三阴性乳腺癌占所有乳腺癌的 $10\%\sim17\%$,其发病年龄较非三阴乳腺癌年轻,肿瘤侵袭性强,易出现腋窝淋巴结转移和远处转移,术后 1～3 年是其复发和转移高峰,内脏及软组织转移较骨转移更多见,如脊髓、脑膜、脑、肝、肺转移,70%的三阴乳腺癌患者在确诊后 5 年内死亡,预后较差,病理组织学分级多为 3 级,细胞增殖比例较高,c-kit、p53、EGFR 表达多为阳性,基底细胞标志物 CK5/6、CK17 也多为阳性。

目前研究显示 TNBC 内分泌治疗和曲妥珠单抗靶向治疗无效,治疗上主要依靠化疗。与其他类型乳腺癌相比,三阴性乳腺癌对化疗、放疗敏感性较高,但如果只是常规的标准治疗,其预后依然很差,无复发生存率和总生存率较低。目前,还没有针对三阴性乳腺癌的治疗指南,其治疗一般按预后差乳腺癌治疗常规进行。

TNBC 在新辅助化疗中可获得 12%～48% 的病理完全反应率（pCR），高于其他类型乳腺癌，但其 pCR 在文献报道中波动幅度较大。辅助化疗在早期 TNBC 中的应用仍存在争议。紫杉类、蒽环类等细胞毒性药物仍是目前 TNBC 解救化疗的主力药物。由于其常伴有 p53 和 BRCA1 基因功能的丧失或降低，因此抑制 DNA 修复的药物如铂类、VP-16 和烷化剂对三阴乳腺癌可能更有效。临床试验显示，联合应用吉西他滨或卡培他滨可延长患者生存期。

用于三阴乳腺癌的新型化疗药物

① 白蛋白结合型紫杉醇是通过纳米技术把紫杉醇和只有红细胞 1% 大小的纳米白蛋白颗粒结合在一起的新一代紫杉醇纳米制剂。美国 FDA 已经批准 Abraxane 用于治疗转移性乳腺癌的新药申请。与紫杉醇相比，Abraxane 具有作用时间长、副作用小的优势。

② 伊沙匹隆是第一种埃博霉素类抗肿瘤药物，与紫杉类有不同的微管结合位点，因此对紫杉类耐药者仍有活性。研究以为，对于蒽环类和紫杉类耐药及蒽环类、紫杉类、卡培他滨三重耐药的转移性乳腺癌，包括三阴性乳腺癌患者，伊沙匹隆联合卡培他滨均有一定的疗效，但 3～4 级不良反应增加明显，特别是周围神经病变。

伊沙匹隆用于三阴性乳腺癌的辅助治疗，与紫杉醇的毒副反应相似，最常见的患者不能耐受的毒副反应是神经毒性。

③ 埃博霉素Ⅲ期临床研究证实，无论是在一线治疗还是二线治疗，该药联合卡培他滨的客观缓解率（ORR）和中位无进展生存（PFS）均优于卡培他滨单药治疗，但联合组白细胞降低的发生率为 68%，单药组为 11%，且并没有改善总生存率（OS）。该药在美国 FDA 被批准应用于乳腺癌治疗，但在欧盟和中国没有被批准。

④ Eribulin 是 2011 年被美国 NCCN 指南纳入的新的微管抑制剂。但由于研究数据仍不够充分，因此，中国相关指南未予以推荐。

六、化疗副作用的防护

化疗过程中会出现一系列的副作用，包括恶心、呕吐、口腔溃疡、骨髓抑制、腹泻、肝肾损害、心脏毒性、神经毒性等。很多患者在接受化疗前会害怕、恐惧，这很正常。化疗前，请与主管医师多多沟通，做好心理准备。

• 消除焦虑情绪：复习前面有关术前化疗的意义和必要性，不要盲目要求手术。在与癌症的斗争中，要相信医生会拿出最佳的治疗方案，因为医护人员和病人是同一战线的。

• 消除对化疗不良反应的恐惧：医生在化疗前会根据病人的理解及承受能力讲解化疗药物的作用机制及可能出现的不良反应。应用化疗药物难免有副作用，但应用化疗药前，都会有相应的预防性药物及措施，如果仍有不适，医护人员会想办法给予处理，只有消除思想顾虑、做好心理准备，才能积极配合治疗。

1. 厌食、恶心、呕吐

接受化疗之后，由于药物作用会随着药物在体内的浓度高低而有强弱不等的副作用，一般在化疗后 3～4 小时开始，也可能立即发生，不适感在治疗后 1～2 天最为明显，胃口不佳的情形可能持续 3 天左右。建议患者在治疗前不要吃的太饱，保持心情平静，不要过于害怕。医生也会在治疗开始前给予患者适当的止吐药保护胃黏膜，以避免或减低恶心、呕吐的发生。

如果发生恶心、呕吐情况，请试试下列建议：

可采用"少量多餐"的进食方式。

除非您有要限制饮食的疾病（例如糖尿病、高血压、肾功能受损等），否则并无特殊的饮食禁忌。

• 避免辛辣、味道浓烈或油腻的食物。

• 喝些洋甘菊茶或薄荷茶、姜茶舒缓您的胃。

• 下床之前吃些饼干。

• 可借由喝清汤或果汁来补充流失的水分。

• 不要吃您爱吃的食物（您会开始将这些食物和恶心及呕吐联想在一起，并对它们产生强烈的反感）。

• 经常漱口，避免坚硬食物或让人恶心的气味。

• 尽量休息好。

• 放松，看电视、听收音机或做一些感兴趣的活动来分散注意力。

• 穿宽大的衣服，尽可能使自己感到舒适，以便减轻您身体的压力。

• 对饮食做重大改变之前，请先咨询您的医生或护士。

2. 口腔炎

许多化疗药物可引起口腔、食管、胃肠等黏膜炎症、浅表糜烂及溃疡，主要表现在病人唇、颊、舌、口底、齿龈充血、红肿、糜烂、溃疡、腹痛，腹泻等。

其中以口腔炎最为常见,大约 40% 的患者可发生口腔炎。

化疗期间应注意:

- 保持口腔卫生,可用 0.9% 生理盐水或杜贝液漱口,注意饭后漱口。
- 暂避免进食油炸及辛辣刺激食物,多进软质饮食,多饮水,保持口腔湿润。
- 定期进行口腔检查,医生会根据口腔 pH 选用不同的漱口液含漱,如复方硼砂溶液、2% 碳酸氢钠、银离子抗菌液等,每天 3~4 次可预防和减少口腔溃疡的发生。
- 若已发生口腔溃疡,可用别嘌呤醇研碎加入 0.9% 生理盐水中含漱,每天 4 次,还可用锡类散、西瓜霜涂于患处。
- 口腔溃疡病人宜进食温凉的流质或无刺激性食物,注意维生素及蛋白质的摄入。
- 若溃疡疼痛剧烈,可在饭前用 2% 利多卡因液喷雾,对大面积口腔炎或食管炎时,应用全胃肠外营养。
- 如发现白色念珠菌白斑,可用 1:10000 制霉菌素液涂抹患处或漱口,也可用 1:5000 洗必泰溶液或 5%NaHCO$_3$ 溶液漱口。

3. 血小板减少、出血、感染

化疗后骨髓的造血功能受到抑制,表现为白细胞减少,尤其是粒细胞下降。随着剂量增加,血小板和红细胞也受到不同程度的影响。严重骨髓再生障碍时,常常会引发感染和出血。白细胞减少可引起机体抵抗力下降和感染的发生;血小板减少可导致出血倾向,出血表现为皮肤黏膜、牙龈和鼻出血,甚至可发生致命性出血。骨髓抑制对患者的危害很大,是化疗被迫减量或停药的最常见原因。一旦发现出血,应减量或停药观察。

- 严格掌握化疗适应证,化疗前检查血象及骨髓情况。
- 化疗期间,如果白细胞在 $3.5×10^9$/L,血小板在 $80×10^9$/L 以下时应及时调整药量或暂停化疗防止骨髓严重抑制。及时补充血液成分,可按需要输入白细胞、血小板或红细胞。
- 白细胞低于 $1.0×10^9$/L 者应予保护性隔离。患者需戴口罩,房间每日通风 2 次,限制探视,病房进行湿式消毒或紫外线消毒。特别注意饮食卫生,防止腹泻。重度骨髓抑制病人,应置于层流室内,严格保护,精心护理,预防继发感染。
- 血小板低下者注意防止出血,病人应减少活动,软毛牙刷刷牙,不要挖鼻,并协助做好生活护理,减少磕碰,必要时输入血小板。

• 化疗中给予必要的支持治疗,充分输液水化,患者应多饮水,以促进代谢产物的排泄。

4. 肝功能损害

多数肿瘤药物需肝脏代谢,常损害肝功能,一般在用药1周后可出现血清转氨酶及胆红素一过性升高。经保肝治疗后,约2周肝功能可恢复。化疗期间应注意监测肝功能,口服保肝药物,发现异常及时停药以减少肝脏的损害,并进食高蛋白、高碳水化合物的食物以增强营养。出现肝功能异常时,不要过于担心,配合医生治疗即可。

5. 肾脏损害

大多数常用抗癌药物都能抑制细胞免疫和体液免疫,从而不同程度的影响机体免疫功能。顺铂导致肾损害的主要改变是局灶性肾小管坏死,肾小管明显扩张和管型形成;丝裂霉素可引起延迟性肾毒性;环磷酰胺可导致出血性膀胱炎。所以,用药前医生会详细询问肾脏病史并检查肾功能,凡有肾功不全者,应避免应用肾毒性抗癌药物,其他抗癌药物也应根据所测肌酐清除率调整剂量;化疗期间要监测尿常规。补充水分和利尿,是防止肾毒性的主要方法。因此,化疗期间要多喝水、充分输液,减少药物对膀胱的刺激;还需要记录24小时出入量,尿少者(<3 000 ml)使用利尿剂,并常规碱化尿液,可口服碳酸氢钠或静滴5%碳酸氢钠,同时大量输液。

6. 腹泻

对于化疗患者来说腹泻是一个常见的问题。腹泻可以非常严重,甚至危及生命。如果出现腹泻应尽早将情况告诉您的医生,及时治疗腹泻能帮助您仍坚持化疗。

以下任一情形发生时,就算是腹泻:

• 一天排便次数比平时多。
• 粪便量明显变多。
• 粪便呈现较稀水状。

小贴士

为什么腹泻是一个值得关注的问题?

- 腹泻不会自行消失。
- 不采取适当的治疗措施,腹泻会加重。
- 腹泻使身体无法吸收您进食的任何液体。
- 腹泻使身体不能充分消化食物。
- 腹泻会引起血行感染。

在化疗期间可能会发生两种类型的腹泻:早发性腹泻;迟发性腹泻。

什么是早发性腹泻?

当您使用化疗药物时即可能发生,也可能在用药后的 24 小时内发生腹泻。这种类型的腹泻多数较轻,并迅速消失。

您可能会有其他一些伴随早发性腹泻的症状,如更多的水样鼻涕,口中更多的唾液(痰液),流更多的眼泪水。您也可能出汗较多,颜面潮红,或胃部绞痛。这些症状统称乙酰胆碱综合征,详细内容请询问您的医生。

什么是迟发性腹泻?

迟发性腹泻指在用药超过 24 小时后发生的腹泻。这种类型的腹泻如果不及时控制会有非常严重甚至会威胁到生命的后果。迟发性腹泻会使您出现下列情况:

- 每天大便的次数超过化疗前的正常大便次数。
- 出现软便,稀便,或水样大便。
- 频繁的腹痛和(或)腹部胀气。
- 胃部疼痛。
- 感觉乏力、虚弱。

一旦发生腹泻,应及时告知医生,配合治疗。

7. 疲倦

因癌症所引起的疲倦感与日常生活的劳累是不同的。造成疲倦的因素很多,包括:

- 癌症的治疗:如果您正接受放射线治疗或化学治疗,感到疲倦是正常的情形,而且这种感觉通常会在治疗完成后减轻。
- 睡眠中断:药物治疗或压力所引起的睡眠中断。

- 营养的因素：恶心和呕吐是由于药物或压力,使身体正常消化食物的机能改变。
- 体重减轻。
- 慢性疼痛。
- 贫血。
- 焦虑或沮丧。

由化疗所产生的疲倦可能突然出现,您可能会感到"很累"、"无法集中注意力"。每个人所感觉到的疲倦都不尽相同。重新获得精力的第一步,就是找出真正耗损精力的原因。医生判别出疲劳的原因后,就能为您建议最好的处理方式。

小贴士

舒缓疲倦小方式

- 计算您的日常生活与休息时间,白天以小睡或短暂休息来替代一段长时间的睡眠。
- 觉得比较没那么累时,可以多安排几次活动。如果感觉在早上最有精神,那就将约会和活动排在中午以前。
- 试着简化或缩短您所喜爱的活动方式。如果可能,试着短距离的散步或轻度的运动,有助于减少疲惫。
- 尽自己所能地吃得好,喝足够量的水分,并限制咖啡因及酒精的摄取。
- 试试冥想、念经或祈祷、瑜伽、听轻柔的音乐、导引式想象放松、打坐或写日记,也都有助于减少疲惫。
- 请家人或朋友代劳一些琐事,保留您的体力来作最重要的事情。
- 与其他人分享您的感受,能够让疲惫的负担变得轻松些,也能够得知其他人是如何处理他们的疲惫。

8. 脱发

脱发的情况通常不会太严重,因为毛囊受到化学治疗药物的影响,掉发通常会发生在接受数次化学治疗之后,您会觉得头发掉的比平常厉害,累计多次之后,头发较为稀松,容易看见头皮,但不至于掉光,在疗程结束后约1个月,它们会重新开始生长,新长出的头发会比以前更柔软黑亮,所以请不要担心。

尽管脱发让人烦恼，但没有生命危险。请记住，**脱发的多少与您的病情和治疗的疗效都没有关系**！

> **小贴士** ▶
>
> - 在治疗期间出现明显掉发现象时，您可先剪短头发以方便整理与清洁。
> - 使用温和的洗发用品与软毛梳子。
> - 准备一顶假发，它将有助于您感觉更好。
> - 用帽子或头巾来保护您敏感的头皮，以避免阳光的厉害。
> - 戴冰帽可以减少脱发。

9. 体温改变

化疗会降低您身体中白细胞的数量，这被称为中性粒细胞减少，意味着您的身体更容易发生感染，使您感觉到比平时更热或更冷。

发热是您身体有感染的一种征象，所有接受化疗的患者都应该在家备一个体温表，定期测体温。正常的体温在 37 ℃左右。

> **小贴士** ▶
>
> 当您的体温高于 38 ℃或低于 35.6 ℃时，立即告诉您的医生或护士。高热是一种危险的现象。如果出现，您应立即与医生联系，遵照医嘱治疗。一般来说，您要立即住院进行抗生素治疗。

10. 化疗药物外渗的预防

化疗药物外渗可致局部组织坏死，一旦形成皮肤溃疡，经久不愈，缺乏有效的治疗办法，因此，重在预防。

化疗前护士会对病人进行针对性宣教，病人在接受注射时如有痛感或异常感觉，应立即告诉护士，不可勉强忍痛。如出现局部隆起，或输液不通畅，应首先停止输液并及时汇报护士。滴注发疱剂时，应减少活动。

乳腺癌常用化疗药物中的诺维本、阿霉素、表阿霉素等属强刺激性化疗药，对血管内膜刺激性大，若注射方法不对、多次同一血管浅静脉给药或不慎漏出血管外，可引起血栓性静脉炎、局部组织坏死等不良后果。**因此：必**

65

须到专科医院或专业肿瘤化疗病区接受化疗。化疗时出现红、肿、疼、不适时应及时告诉医生护士,不可勉强忍痛。因乳腺癌术后患侧肢体输液受限,只能通过健侧上肢输液,因此有条件者可接受医生的建议进行深静脉置管,可有效预防静脉炎及局部组织坏死。出现静脉炎或局部组织坏死时,一定要听从医生护士的意见,配合做好相应处理,**绝不能依据自己既往的经验采用热敷等错误的方法。**

11. 其他问题

除了以上副作用,有些人还会有疼痛、体重下降、气急、咳嗽、眩晕或失眠、皮肤过敏等反应。其中有些可能是因为药物所致,有些可能是癌症本身所致。

(1) 过敏反应:了解有无过敏史,过敏体质的病人应及时告诉医护人员。在给药后第一小时应每15分钟监测血压、脉搏、呼吸。紫杉类药物给药前严格预处理。

(2) 心脏毒性:化疗前检查心电图,心功能指标,了解心脏情况。在使用对心脏毒性较大的药物如 ADM(阿霉素)、E-ADM(表阿霉素)时,应监测心率、脉搏,必要时给予保护心脏的药物。

(3) 神经毒性:长春新碱、草酸铂等有神经毒性作用,表现为指(趾)端麻木、袜套感、针刺样感觉。化疗前做好健康宣教,告知患者药物的不良反应,嘱患者穿软底鞋,活动时有人陪伴,以免发生意外。

化疗的方案和疗程是专科医生根据患者的病情和经济等因素综合考虑的,采用静脉注射化疗,通常疗程是 21 或 28 天进行一次,还有每周的序贯疗法,患者可以与经治医生讨论化疗方案,了解所采用方案对心脏、肝脏和肾脏的毒性大小及注意事项,进行充分准备:

小贴士

- 保持室内清洁,经常以紫外灯进行空气消毒。
- 保持个人清洁,常洗手,常更衣。
- 尽量少食多餐,不减正常进食量。
- 多吃全麦食物,采用低脂易消化饮食,新鲜水果、蔬菜,尤其是黄色、红色、黑色系的。
- 少吃热性水果和辛辣食物。
- 避免剧烈的体力活动,避免摔跤。
- 如有寒战、咳嗽、咽痛、腹泻、心悸、呼吸不畅,皮肤出现淤斑等情况及时告知医生。
- 止吐药一定要在化疗药前用,要根据用药说明书严格控制止吐药和化疗药之间的间隔时间。
- 保持愉快的心情,有所为,有所不为,人不能胜天,但是精神因素会在很大程度上影响疾病的转归。
- 补充足量的水溶性维生素,也可以在一定程度上减轻化疗的副作用,增强体质。
- 根据经济能力,适当用免疫调节药物。
- 可以请有经验的中医,调整食欲和机体的气血和阴阳平衡。

乳腺癌的内分泌治疗

近年来我国乳腺癌的发病率明显上升,该病严重威胁着女性朋友的身体健康。因此,乳腺癌治疗成了患者十分关注的问题,一般乳腺癌手术治疗后患者会出现一些毒副作用,破坏患者的免疫系统,而乳腺癌内分泌治疗可提高患者免疫力,阻止癌细胞增长,对提高治愈率有很大帮助。

一、为什么要进行内分泌治疗

乳腺癌的内分泌治疗是一种非常重要的治疗,与化疗、放疗不同,是直接针对乳腺癌的发病与发展因素的治疗。它的价值绝不亚于化疗、放疗及手术治疗。而且由于其毒副反应轻微,相对经济实惠,往往具有其他治疗措施不可替代甚至无可比拟的优势。乳腺癌早期病变即可以隐匿性地从淋巴系统或血液发生远处转移,这种微小的转移病灶可以潜伏数年后再复发,因此认为乳腺癌是一种全身性疾病,必须序贯地,合理地安排化疗,放疗,内分泌治疗等,从而发挥各种治疗的优势,延长存活期。内分泌治疗是为了消除体内残存的癌细胞,并且抵制癌细胞生长所需的激素,抑制癌细胞的增殖。

二、内分泌治疗的原理

有些乳腺癌的生长依赖雌激素,雌激素受体是存在于细胞表面的一种微小的结构,举个例子,我们常吃的麻团就像一个细胞,麻团表面的芝麻就如一个个受体,但是这些受体犹如细胞上的一个个通道的大门,雌激素与受体结合后才能进入细胞内,通过一系列复杂的过程激活细胞核内的雌激素敏感基因,从而促进细胞生长并且表达孕激素受体,因此被雌激素刺激引起细胞生长的乳腺癌被称为雌激素受体阳性的癌症(ER+),这就是刺激乳腺细胞增长的重要因素,内分泌治疗的目的就是为了调整患者体内雌激素水平。

大约有 2/3 的绝经后患者雌激素受体(ER)和或孕激素受体(PR)表达

阳性,对内分泌治疗敏感。

三、内分泌治疗的适应证与注意事项

1. 乳腺癌术后辅助内分泌治疗适应证　激素受体 ER 和(或)PR 阳性的乳腺癌术后患者。

辅助内分泌治疗与化疗同时应用可能会降低疗效。一般在化疗之后使用,但可以和放射治疗以及曲妥珠单抗治疗同时应用。

2. 绝经前患者辅助内分泌治疗方案与注意事项

(1) 一般情况下,首选他莫昔芬 20 mg/d×5 年。治疗期间注意避孕,并每半年至 1 年行 1 次妇科检查,通过 B 超了解子宫内膜厚度。服用他莫昔芬 5 年后,患者仍处于绝经前状态,部分患者(如高危复发)可考虑延长服用至 10 年。2014 年美国临床肿瘤年会就绝经前早期乳癌患者卵巢功能抑制(药物绝经)以后的内分泌治疗的观点是:与他莫西芬＋OFS 相比,依西美坦＋OFS 辅助内分泌治疗可以明显提高 DFS, BCFI 和 DRFI,因此为 HR＋早期乳腺癌患者的辅助内分泌治疗提供了一种新的选择。

虽然托瑞米芬在欧美少有大组的绝经前乳腺癌循证医学资料,但在我国日常临床实践中,用托瑞米芬代替他莫昔芬也是可行的。

(2) 卵巢去势:又称外科内分泌疗法,推荐用于下列绝经前患者:高度风险且化疗后未导致闭经的患者,可同时与他莫昔芬联合应用。卵巢去势后也可考虑与第三代芳香化酶抑制剂联合应用,但目前尚无充分证据显示芳香化酶抑制剂联合卵巢功能抑制将优于他莫昔芬联合卵巢功能抑制。不愿意接受辅助化疗的中度风险患者,可同时与他莫昔芬联合应用。对他莫昔芬有禁忌者。

卵巢去势有手术切除卵巢、卵巢放射及药物去势(GnRHa)等方法,若采用药物性卵巢去势,目前推荐的治疗时间是 2～3 年。

(3) 患者应用他莫昔芬 5 年后处于绝经后状态,后续强化可继续服用芳香化酶抑制剂 5 年。

3. 绝经后患者辅助内分泌治疗的方案及注意事项

(1) 第三代芳香化酶抑制剂可以向所有绝经后的 ER 和(或)PR 阳性患者推荐,尤其是具备以下因素的患者:高度复发风险患者;对他莫昔芬有禁忌的患者;或使用他莫昔芬出现中、重度不良反应的患者;使用他莫昔芬 20 mg/d×5 年后的高度风险患者。

(2) 芳香化酶抑制剂可以从一开始就应用 5 年(来曲唑、阿那曲唑或依西美坦),也可以在他莫昔芬治疗 2～3 年后再转用芳香化酶抑制剂满 5 年,或直接改用芳香化酶抑制剂满 5 年;也可以在他莫昔芬用满 5 年之后再继续应用 5 年芳香化酶抑制剂,还可以在芳香化酶抑制剂应用 2～3 年后改用他莫昔芬用满 5 年。不同的芳香化酶抑制剂种类都可选择。

(3) 选用他莫昔芬 20 mg /d×5 年,是有效而经济的治疗方案。治疗期间应每半至 1 年行 1 次妇科检查,通过 B 超了解子宫内膜厚度。

(4) 也可选用他莫昔芬以外的其他雌激素受体调节剂,如托瑞米芬。

(5) 绝经前患者内分泌治疗过程中,因月经状态改变可能引起治疗调整。

(6) 芳香化酶抑制剂和 LHRH 类似物可导致骨密度下降或骨质疏松,因此在使用这些药物前常规推荐骨密度检测,以后在药物使用过程中,每 6 个月监测 1 次骨密度。并进行 T-评分(T-Score),T-Score＜−2.5,为骨质疏松,开始使用双膦酸盐治疗;T-Score−2.5～−1.0,为骨量减低,给予维生素 D 和钙片治疗,并考虑使用双膦酸盐;T-Score＞−1.0,为骨量正常,不推荐使用双膦酸盐。

4. 晚期乳腺癌内分泌治疗适应证

(1) ER 和(或)PR 阳性的复发或转移性乳腺癌。

(2) 转移灶仅局限于骨或软组织。

(3) 无症状的内脏转移。

(4) 复发距手术时间较长,一般＞2 年。

(5) 原则上内分泌治疗适合于激素受体阳性的患者,但是如果是受体不明或受体为阴性的患者,只要其临床病程发展缓慢,也可以试用内分泌治疗。

四、乳腺癌内分泌治疗方案

1. 选择性雌激素受体调节剂(雌激素竞争抑制剂)

代表药物:他莫昔芬(三苯氧胺)、托瑞米芬。

这类药物可以抑制体内正常雌激素的作用。他莫昔芬的分子结构类似于雌激素,可以与乳腺癌细胞表面的激素受体结合,从而阻止体内正常雌激素和孕激素与受体的结合。让我们想象一下:一把错误的钥匙插进门锁中,可以很合适的插入,但无法转动,而正确的钥匙因为锁孔被占无法开锁。这样,癌细胞无法接受激素的刺激,肿瘤停止生长。

2. 芳香化酶抑制剂

代表药物:来曲唑、阿那曲唑和依西美坦。

芳香化酶是女性体内产生雌激素过程必需的一种活性酶,抑制芳香化酶可以有效的减少体内雌激素水平,起到减少"钥匙"的作用,因而减少其对癌细胞的刺激作用。

3. 去势药物

代表药物:戈舍瑞林(诺雷得)。

绝经前女性体内雌激素主要由卵巢分泌。以往我们是通过对绝经前妇女施行卵巢切除(用外科手术和射线)、或者肾上腺切除和垂体切除来降低雌激素水平。现在我们可以采用药物来达到类似的作用。

4. 激素受体调节剂

代表药物:氟维司群。

氟维司群的主要功能是破坏雌激素受体和阻断雌激素和雌激素受体之间的相互作用,因而起到内分泌治疗的作用。

绝经后患者的内分泌治疗包括:芳香化酶抑制剂包括非甾体类(阿那曲唑和来曲唑)和甾体类(依西美坦)、雌激素受体调变剂(他莫昔芬和托瑞米芬)、雌激素受体下调剂(氟维司群)、孕酮类药物(甲地孕酮)、雄激素(氟甲睾酮)、大剂量雌激素(乙炔基雌二醇)。

绝经前患者的内分泌治疗包括:他莫昔芬、促黄体激素释放激素(LHRH)类似物(戈舍瑞林和 luprolide)、外科手术去势、孕酮类药物(甲地孕酮)、雄激素(氟甲睾酮)和大剂量雌激素(乙炔基雌二醇)。

乳腺癌内分泌治疗需要首先判断是否绝经。

目前对绝经的定义是:

(1) 双侧卵巢切除术后。

(2) 年龄大于 60 岁。

(3) 年龄小于 60 岁,停经大于 12 个月,没有接受化疗、他莫西芬、托瑞米芬或接受抑制卵巢功能治疗,且卵泡刺激素(FSH)及雌二醇水平在绝经后范围内。

(4) 年龄小于 60 岁,正在服用他莫西芬或托瑞米芬,FSH 及雌二醇水平应在绝经后范围内。

(5) 正在接受 LHRH 激动剂或抑制剂治疗的患者无法判断是否绝经。

（6）正在接受化疗的绝经前妇女，停经不能作为判断绝经的依据，因为尽管患者在接受化疗后会停止排卵或出现停经，但卵巢功能仍可能正常或有恢复可能。对于化疗引起停经的妇女，如果考虑芳香化酶抑制剂作为内分泌治疗，则需进行卵巢切除或连续多次检测 FSH 和 /或雌二醇水平以确保患者处于绝经状态。医生可能不清楚患者之前治疗的情况，所以只能提供以上几点，供患者判断。

目前常用的乳腺癌内分泌治疗药物有以下几种：

（1）三苯氧胺(他莫昔芬)适用于任何年龄，不论绝经前或绝经后，可作为术后辅助治疗。

（2）依西美坦。

（3）来曲唑适用于绝经后乳腺癌患者，可作为术后辅助治疗。

（4）阿那曲唑。

（5）戈舍瑞林适用于绝经前乳腺癌患者，可作为术后辅助治疗。

（6）氟维司群适用于绝经后乳腺癌患者，可作为其他内分泌药物治疗失败的解救治疗。

绝经期前的患者可以选择：三苯氧胺、诺雷得＋三苯氧胺、诺雷得＋阿那曲唑或双侧卵巢切除。

绝经期后的患者可以选择：三苯氧胺、依西美坦、来曲唑、阿那曲唑。

患者可以根据自己的月经状况选择其中一种药物进行内分泌治疗，也可以选择其中的 2 种联合或序贯用药。当然，具体的内分泌治疗方案必须是在医生指导下制定。

五、乳腺癌内分泌治疗具体的副作用

三苯氧胺可能会造成：① 潮热；② 阴道干燥；③ 月经周期改变；④ 恶心；⑤ 白内障；⑥ 子宫内膜增厚并子宫内膜癌的发生率升高；⑦ 血栓。

芳香化酶抑制剂可能造成：① 潮热；② 恶心；③ 便秘；④ 腹泻；⑤ 胃痛；⑥ 头痛；⑦ 背痛；⑧ 肌肉和关节痛。

六、乳腺癌内分泌治疗方案的原理

由于乳腺癌是一种激素依赖性肿瘤，癌细胞的生长受体内多种激素的调控。其中，雌激素在大部分乳腺癌的发生发展中起着至关重要的作用，而内分泌治疗则是通过降低体内雌激素水平或抑制雌激素的作用，达到抑制

肿瘤细胞的生长。哪些患者适合作内分泌治疗,临床是通过检测患者乳腺癌细胞的雌激素受体(ER)和孕激素受体(PR),如两者皆阳性或任一为阳性,目前认为,不论年龄、月经状况,术后都应该接受内分泌治疗,如两者皆阴性,则术后应以化疗为主,不推荐辅助内分泌治疗。

七、内分泌解救治疗的选择及注意事项

1. 没有接受过抗雌激素治疗或无复发时间较长的绝经后复发患者,他莫昔芬、芳香化酶抑制剂或氟维司群都是合理的选择。

2. 他莫昔芬辅助治疗失败的绝经后患者可选芳香化酶抑制剂或氟维司群。

3. 既往接受过抗雌激素治疗并且距抗雌激素治疗 1 年内复发转移的绝经后患者,芳香化酶抑制剂是首选的一线治疗。

4. 未接受抗雌激素治疗的绝经前患者,可选择治疗为他莫昔芬、卵巢去势、卵巢去势加他莫昔芬或芳香化酶抑制剂。

5. 尽量不重复使用辅助治疗或一线治疗用过的药物。

6. 一类芳香化酶抑制剂治疗失败患者可选另外一类芳香化酶抑制剂(加或不加依维莫司)或氟维司群(500 mg 或 250 mg);若未证实有他莫昔芬抵抗,也可选用他莫昔芬。

7. ER 阳性的绝经前患者可采取卵巢手术切除或其他有效的卵巢功能抑制治疗,随后遵循绝经后妇女内分泌治疗指南。

上述详细介绍了乳腺癌内分泌治疗方案,除内分泌治疗外,中药治疗对提高治愈率、减低药物副反应也有很大帮助。所以建议患者可采用中西医结合,提高免疫力、降低副作用,提高治愈率。

乳腺癌的分子靶向治疗

随着医疗技术的不断进展,乳腺癌的综合治疗已经为医生所接受,分子靶向治疗也是乳腺癌治疗中常用的一种方法。乳腺癌分子靶向治疗是指针对乳腺癌发生、发展有关的癌基因及其相关表达产物来进行治疗。近年来,乳腺癌的分子靶向治疗取得了令人瞩目的进展,是乳腺癌治疗研究最为活跃的领域,并有可能成为今后乳腺癌药物研究的主要方向。

我们希望这些药物只针对恶性肿瘤细胞,而尽量不影响正常细胞,随着分子检测技术的发展,人们有办法检测到那些对健康不利的恶性基因,通过分子技术和单克隆抗体的技术去阻断它,从而达到抑制肿瘤或者杀灭肿瘤细胞而又不损伤正常细胞的目的,这就是我们理解的选择性靶向治疗药物。

由于癌细胞和正常细胞的差异而研究出了分子靶向治疗药物,这样可以有选择性的最大限度的杀伤肿瘤细胞,而对正常细胞损伤相对较小,对适宜的患者是一种高效、低毒的治疗方法,有人形象地将肿瘤的分子靶向治疗药物称为"生物导弹"。

肿瘤分子靶向治疗常用的治疗靶点主要有:细胞受体、信号传导和抗血管生成等,已经应用于临床的分子靶向治疗药物主要有两类:单克隆抗体和小分子化合物。

目前用于乳腺癌临床治疗的有确切疗效的分子靶向治疗药物主要有三类,一类是针对 Her-2 阳性的分子靶向治疗药物,包括曲妥珠单抗和拉帕替尼等;第二类是针对血管内皮生长因子(VEGF)的靶向治疗药物贝伐单抗;第三类是哺乳动物雷帕霉素靶蛋白(mTOR)抑制剂依维莫司。

一、针对 Her-2 阳性的分子靶向治疗药物——曲妥珠单抗和拉帕替尼

1. 曲妥珠单抗(赫赛汀)

是一种人源化单克隆抗体,主要用于 Her-2 阳性的乳腺癌,既可以用于转移性乳腺癌的治疗,又可以用于乳腺癌手术后的辅助治疗及术前的新辅助治疗。

(1) Her-2 是乳腺癌检测"金标准":Her-2/Neu 蛋白位于细胞表面,易被抗体接近,故 Her-2 蛋白可作为抗肿瘤治疗的一个靶点。Her-2/Neu 基因的扩增目前已成为临床医学上评估乳腺癌恶性程度、乳腺癌患者术后复

发及预后风险的重要指标。Her-2 已被公认为是乳腺癌肿瘤标记物检测中的"金标准"。

注意：用目前可取得的新鲜标本做 Her-2 检测,是对目前临床状况最具有预测指导意义的。早期乳腺癌根治手术时保留的病理检查石蜡块也可进行 Her-2 检测,同样可以说明病人体内的 Her-2 水平。如果医院没有规范的 Her-2 检测,那么建议将病人的肿瘤蜡块标本送往已建立规范化病理检测的医院。按照国际上的建议是要求所有的乳腺癌患者在手术切除的标准都进行检测,目前国内越来越多的医院也是这么做的。

（2）1998 年美国 FDA 批准用曲妥珠单抗治疗 Her-2 阳性的转移性乳腺癌,2005 年批准用于乳腺癌的术后辅助治疗。曲妥珠单抗是第一个用于临床的分子靶向治疗药物,它不仅疗效确切,而且不良反应轻微,可以说是一种高效低毒的治疗 Her-2 阳性乳腺癌的药物。

（3）抗适应证：肿瘤细胞有 Her-2 / Neu 的扩增/过度表达,故在治疗前,应行分子病理检查,测定肿瘤组织中的 Her-2 状态。实验室测定 Her-2 状态的最常用的检测手段是免疫组化（IHC）和荧光原位杂交（FISH）。

曲妥珠单抗的单药有效率根据肿瘤 Her-2 的阳性强度而有所不同,Her-2(＋＋＋)的患者治疗有效率较 Her-2(＋＋)的患者高。

（4）推荐用法：首剂 4 mg / kg,静脉滴注,以后每周维持剂量 2 mg / kg;也可以每 3 周使用,首剂 8 mg / kg,静脉滴注。以后每 3 周维持剂量 6 mg / kg,可一直应用至疾病进展为止。如果是术后辅助治疗,建议使用一年。

（5）主要不良反应：首次输注后的发热和寒战（40％）,以及心脏毒性（4.7％）。因此在治疗前必须检查左心射血分数并且做适当的预处理以防其反应。

2. 拉帕替尼

用于 Her-2 过度表达的晚期乳腺癌的治疗。

拉帕替尼是对 Her-2 阳性乳腺癌治疗有效的靶向治疗药物。它与曲妥珠单抗无交叉耐药,且能通过血脑屏障,是对曲妥珠单抗耐药及脑转移患者的又一新选择。

3. 曲妥珠单抗与拉帕替尼的区别

这两种都是分子靶向药,曲妥珠单抗仅针对 Her-2,拉帕替尼针对 Her-2 和 Her-1,是一个多靶点的药物;拉帕替尼是口服的、小分子的化合物,可能更容易通过血脑屏障,所以治疗领域今后可能会更广。

同样是针对 Her-2 的靶向药是先用曲妥珠单抗还是先用拉帕替尼?

目前批准的拉帕替尼适应证是 Her-2 过表达、曲妥珠单抗治疗无效的患者。所以,临床上应先考虑用曲妥珠单抗,如果患者不能承担曲妥珠单抗的治疗费用,也可以直接使用拉帕替尼,因为即使曲妥珠单抗治疗失败,拉帕替尼都可能有疗效。

拉帕替尼作为一个多靶点的药物显示了更多有效的机会,但也可能会阻断更多的信号传导,目前为止并没有资料提示更容易耐药,反倒应该认为多靶点耐药的机会会多一点。

二、针对血管内皮生长因子(VEGF)的靶向治疗药物——贝伐单抗

随着分子生物学等相关技术的迅猛发展和人类对乳腺癌发病机制认识的不断深入,大量的回顾性研究表明乳腺癌是一种血管依赖性疾病,血管生成在乳腺癌的发生、侵袭、转移中起着重要作用,也是乳腺癌一个独立的预后因素。因此,选择肿瘤血管生成中的一些关键环节或参与的重要因子作为靶点,意在阻断血供从而遏制肿瘤的增生、侵袭及转移的靶向治疗已成为乳腺癌治疗的研究热点和重要策略,显示出良好的应用价值和广阔的应用前景。VEGF 在乳腺癌的发生、发展及预后方面起重要作用。

贝伐单抗是针对血管内皮生长因子 A(VEGF-A)亚型的重组人源化单克隆抗体,对经多程化疗的转移性乳腺癌有效。研究结果表明,对晚期乳腺癌,贝伐单抗联合紫杉醇的疗效显著优于单用紫杉醇。紫杉醇是欧洲最常用的化疗药物,也是最常与安维汀(贝伐珠单抗)联用于一线治疗转移性乳腺癌的药物。欧委会支持安维汀(贝伐珠单抗)联用紫杉醇这一疗法。但美国食品药物管理局(FDA)于 2011 年 11 月撤销了贝伐单抗用于晚期乳腺癌治疗的适应证。最近研究还表明来曲唑联合贝伐单抗方案安全有效。

三、mTOR 抑制剂——依维莫司

mTOR 是蛋白激酶家族中新的一员,这类蛋白激酶又属于磷酯酰肌醇激酶相关激酶(PIKK)。由于 mTOR 在细胞增殖、分化、转移和存活中的重要地位,mTOR 已经成为癌症治疗中的一个新靶点。mTOR 抑制剂的抗癌机制都是通过首先与 FKBP-12 蛋白生成复合物,此复合物再与 mTOR 的 FRB 区域结合由此抑制 mTOR 的功能,从而抑制了下游的相关因子的功能,将肿瘤细胞阻滞于 G1 期(前 DNA 合成期)从而使肿瘤细胞的生长受抑

制并最终阻滞细胞的增殖甚至使细胞凋亡。mTOR 抑制剂依维莫司在晚期肾细胞癌和神经内分泌肿瘤的治疗中取得了令人瞩目的疗效。

2011 年的一项大规模的临床试验结果表明,mTOR 抑制剂依维莫司对于既往内分泌治疗后已经出现疾病进展的绝经后激素受体阳性(ER 或 PR 阳性)乳腺癌患者,与依西美坦或安慰剂相比,依维莫司＋依西美坦联合治疗可使中位无进展生存期和临床获益率翻倍。因其较好的疗效,目前这一联合治疗方案已分别获得了美国 FDA、欧洲药品管理局(EMEA)以及相关指南的一致推荐。

四、针对表皮生长因子受体(EGFR)酪氨酸激酶的靶向治疗

针对表皮生长因子受体(EGFR)酪氨酸激酶的靶向治疗药物,如吉非替尼、埃罗替尼、西妥昔单抗(C-225)在非小细胞肺癌、肠癌等肿瘤的治疗中取得了令人瞩目的疗效,这些药物在乳腺癌的实验室研究中显示出一定的抑制乳腺癌细胞生长的作用,但临床研究尚未表现出一致的令人满意的疗效。

1. 吉非替尼

是强有力的 EGFR 酪氨酸激酶抑制剂。临床前研究显示,对内分泌治疗耐药的乳腺癌细胞系中 EGFR 表达水平上升。吉非替尼可以抑制对内分泌治疗抗拒的 MCF－7 细胞系的生长。

吉非替尼和他莫西芬联合,对 MCF－7 细胞系的抑制作用优于单用他莫西芬。

原发乳腺癌中 10%～36% 的 EGFR 和 Her-2 表达阳性。吉非替尼可以通过抑制 EGFR 的酪氨酸激酶而抑制 Her-2 的信号传导。因此,有人提出联合使用曲妥珠单抗和吉非替尼可能对抑制 Her-2 阳性乳腺癌有协同作用。

2. 西妥昔单抗(C－225)

也是一种抗 EGFR 单克隆抗体,与伊利替康为主的化疗方案联合或单药使用,用于治疗 ras 基因野生型的转移性结直肠癌。

近来,有不少结果显示了西妥昔单抗将来可能应用于 EGFR 高表达的乳腺癌的治疗中。

3. 埃罗替尼

小分子化合物埃罗替尼也是一种 EGFR 拮抗剂。通过在细胞内与三磷酸腺苷竞争性结合受体酪氨酸激酶的胞内区催化部位,抑制磷酸化反应,从而阻断向下有增殖信号传导,抑制肿瘤细胞配体依赖的 Her-1 /EGFR 的活性,

达到抑制肿瘤细胞增殖的作用。

五、其他分子靶向治疗途径

1. 帕妥珠单抗(pertuzumab,omnitarg,2C4)

是一种重组的单克隆抗体,与 Her-2 受体胞外结构域Ⅱ区结合,抑制二聚体的形成,抑制受体介导的信号转导通路。在标准的曲妥珠单抗＋多西他赛化疗基础上加用该新型 Her-2 阻断剂,可延长这类患者的无进展生存期。帕妥珠单抗在 2012 年 6 月 8 日通过了美国 FDA 的认证,用于治疗 Her-2 阳性的转移性乳腺癌。

2. 环氧化酶-2(cyclooxygenase-2,COX-2)

是前列腺素(PG)合成过程中的重要酶。COX-2 异常表达导致 PG 合成增加,进而刺激细胞增殖及介导免疫抑制。

塞来昔布(西乐葆,celecoxib)是一种选择性 COX-2 抑制剂。研究结果提示塞来昔布对乳腺癌可能不仅有预防作用,也有治疗作用。

塞来昔布可抑制花生四烯酸转化为前列腺素的关键酶,而前列腺素是合成芳香化酶的基本成分;依西美坦则可抑制芳香化酶的活性,使雄激素不能转化为雌激素。由于塞来昔布和依西美坦作用于不同的靶点(COX-2 与芳香化酶),对乳腺癌患者,联合两药的疗效可能优于单一药物。

3. bcl-2

是一种重要的凋亡抑制物,它在肿瘤中过度表达,并可能使得肿瘤细胞对细胞毒药物产生耐药性,因此,bcl-2 成为了大家关注的一个可能的抗肿瘤靶点。

4. G3139

是一种反义寡核苷酸,可以与 bcl-2 mRNA 结合,下调具有抑制凋亡作用的 bcl-2 蛋白水平。

5. SU5416

是一种类醌类衍生物,能特异性地抑制 Flk-1 酪氨酸激酶和 C-Kit 介导的信号传导。临床前实验证实 SU5416 可以逆转肿瘤对放疗的抵抗。

6. G3139

是一种反义寡核苷酸,可以与 bcl-2 mRNA 结合,下调具有抑制凋亡作用的 bcl-2 蛋白水平。

7. TDM-1

用于既往接受过曲妥珠单抗和一线紫杉类药物治疗的、不能手术切除的局部晚期或转移性 Her-2 阳性乳腺癌患者的治疗。

分子靶向治疗是目前乳腺癌研究的活跃领域,随着肿瘤发病、转移等机制的进一步明确,人们将会发现更多的肿瘤治疗靶点、开发出更多的靶向治疗新药,为肿瘤的治疗带来新的希望。

但是,从目前情况来看,靶向治疗的费用仍然较高,给国家医疗保险和患者本人带来了巨大的经济负担,而且目前靶向治疗药物的疗效并不都令人满意。

乳腺癌的靶向治疗给了我们医生更多治疗疾病的手段,但是单纯靠它或者用它来代替我们现有的治疗目前还不成熟,而正确的治疗理念应该是基于标准的手术、放疗、化疗、内分泌治疗,选择合适的患者加用靶向治疗,以最大程度地提高疗效。

乳腺癌的放射治疗

放射治疗,简称放疗,就是利用放射线对人体肿瘤进行治疗。我们利用放射线给予一定的肿瘤体积准确的、均匀的剂量,同时保护周围正常组织,使周围正常组织受到放射线照射的量很小,这样,既根治了恶性肿瘤,又保证了患者的生存质量。

一、不同类型乳腺癌的放射治疗

与手术治疗相似,乳腺癌放射治疗也是一种局部/局部区域性治疗手段。放射治疗在乳腺癌治疗中作用主要体现在以下几个方面。

1. 早期乳腺癌保乳术后的放疗

在我国现有的大部分大型医疗机构,早期乳腺癌的常规治疗方式也已成为:保乳手术+术后的放射治疗。

保乳术后的全乳放疗可以将早期乳腺癌保乳手术后的10年局部复发率降低到约原来的1/3,所以原则上所有保乳手术后的患者都具有术后放疗适应证。但70岁以上、病理Ⅰ期、激素受体阳性、切缘阴性的患者鉴于绝对复发率低,全乳放疗后乳房水肿,疼痛等不良反应消退缓慢,可以考虑单纯内分泌治疗而不行放疗。

无辅助化疗指征的患者术后放疗建议在术后8周内进行。由于术后早期手术腔的体积存在动态变化,尤其是含有术腔血清肿的患者,所以不推荐术后4周内开始放疗。接受辅助化疗的患者应在末次化疗后2～4周内开始。内分泌治疗与放疗的时序配合目前没有一致意见,可以同期或放疗后开展。靶向治疗(曲妥珠单抗)患者只要放疗前心功能正常就可以与放疗同时使用。但必须注意的是,一是这些患者不宜照射内乳区,二是左侧患者尽可能采用三维治疗技术,减少心脏照射体积(评估心脏照射平均剂量至少应低于8 Gy)。

(1) 绝对禁忌证:美国外科学会肿瘤部主任 Morrow 于1999年提出保乳手术+放疗的绝对禁忌证。

• 在乳腺不同的象限内有2个或2个以上的肿瘤或弥漫性恶性纤维钙化。

• 切缘持续阳性。

- 乳腺区以往有放疗病史。

- 妊娠期妇女。

（2）保乳术后的全乳放疗照射靶区

① 腋窝淋巴结清扫或前哨淋巴结活检阴性的患者,亦或腋窝淋巴结转移 1～3 个但腋窝淋巴结清扫彻底(腋窝淋巴结检出数≥10 个),且不含有其他复发的高危因素的患者,照射靶区只需包括患侧乳腺。

② 腋窝淋巴结转移≥4 个,或腋窝淋巴结转移 1～3 个但含有其他高危复发因素,如年龄≤40 岁、激素受体阴性、淋巴结清扫不彻底或转移比例>20%、Her-2/neu 过表达等的患者照射靶区需包括患侧乳腺,锁骨上、下淋巴引流区。

③ 腋窝未作解剖或前哨淋巴结未转移而未做腋窝淋巴结清扫者,可根据各项预后因素综合判断腋窝淋巴结转移概率,决定在全乳照射基础上是否需要进行腋窝和锁骨上、下区域的照射。

（3）保乳术后的全乳放疗照射技术

① 常规放疗技术:X 线模拟机下直接设野,基本射野为乳房内切野和外切野。内界和外界需要各超过腺体 1 cm,上界一般在锁骨头下缘,或者与锁骨上野衔接,下界在乳房皱褶下 1～2 cm。一般后界包括不超过 2.5 cm 的肺组织,前界皮肤开放,留出 1.5～2 cm 的空隙防止在照射过程中乳腺肿胀超过射野边界。同时各个边界需要根据病灶具体部位进行调整,以保证瘤床处剂量充分。

②射线和剂量分割:原则上采用直线加速器 6 MV X 线,个别身材较大的患者可以考虑选用 8～10 MV X 线以避免在内外切线野入射处形成高剂量,但不宜使用更高能量的 X 线,因为皮肤剂量随着 X 线能量增高而降低。全乳照射剂量(45～50)Gy,(1.8～2)Gy/次,5 次/周。在无淋巴引流区照射的情况下也可考虑"大分割"方案治疗,即 2.66 Gy×16 次,总剂量 42.6 Gy,或其他等效生物剂量的分割方式。对于正常组织包括心脏和肺照射体积大或靶区内剂量分布梯度偏大的患者,不推荐采用大分割治疗。

③瘤床加量:大部分保乳术后患者在全乳照射基础上均可通过瘤床加量进一步提高局部控制率。在模拟机下包括术腔金属夹或手术疤痕周围外放 2～3 cm,选用合适能量的电子线,在瘤床基底深度超过 4 cm 时建议选择 X 线小切线野以保证充分的剂量覆盖瘤床并避免高能电子线造成皮肤剂量过高。剂量为(10～16)Gy/(1～1.5)周,共 5～8 次。

④三维适形和调强照射技术:CT定位和三维治疗计划设计适形照射可以显著提高靶区剂量均匀性和减少正常组织不必要的照射,尤其当治疗涉及左侧患者需要尽可能降低心脏的照射剂量,存在射野的衔接,以及胸部解剖特殊的患者常规设野无法达到满意的正常组织安全剂量时,三维治疗计划上优化尤其体现出优势,是目前推荐的治疗技术。其中全乳靶区勾画要求如下:上界为触诊乳腺组织上界上5 mm,下界为乳腺下皱褶下1 mm,内界一般位于同侧胸骨旁,参照临床标记点,外界位于触诊乳腺组织外界外5 mm。前界为皮肤下方5 mm,包括脂肪组织,后界为肋骨前方。可以采用楔形滤片技术,正向或逆向调强技术进行剂量优化,其中逆向调强技术对各方面技术要求均较高,需要在条件成熟的单位内开展。

(4) 部分乳腺短程照射术(accelerated partial breast irradiation,APBI)

① APBI适应证:关于APBI的初步研究显示,对于某些早期乳腺癌患者,保乳术后APBI可能获得与标准的全乳放疗相当的局部控制率,同时具有大幅度缩短疗程,减少正常组织照射体积-剂量的优势,但随访和大样本前瞻性研究尚在进行中。可能通过APBI治疗获得和全乳照射相似的局部控制率的患者应该是属于低复发风险的亚群,如根据美国肿瘤放射治疗学会(American Society of Radiation Oncology, ASTRO)的共识,严格符合"低危"标准的患者必须同时具备下列条件:年龄≥60岁,T1N0的单灶肿块,未接受新辅助治疗,切缘阴性,无脉管受侵,无广泛导管内癌成分,激素受体阳性的浸润性导管癌或其他预后良好的浸润性癌。虽然不同的共识对真正"低危"的定义不完全一致,但目前尚不推荐在临床试验以外将APBI作为常规治疗。

② APBI技术选择:无论何种技术,APBI的核心都包括原发肿瘤床及周围一定范围的正常乳腺作为临床肿瘤靶区(clinical target volume,CTV),而不是传统的全乳。技术上可行性最高的是三维适形外照射,可以参照RTOG0413的剂量进行分割:38.5 Gy/10次,每天2次,间隔>6小时。其他技术包括插植和水囊导管(mammosite)的近距离治疗、术中放疗等。

总之,早期乳腺癌保乳手术+术后放疗与改良根治术相比,不仅保留乳房,有良好的美容效果,而且早期乳腺癌保乳手术和放疗综合治疗的疗效与改良根治术相同,即使出现局部和区域淋巴结复发,再用全乳腺切除术挽救,仍能取得很好的疗效。

2. 乳腺癌根治术或改良根治术后辅助性放疗

（1）适应证：全乳切除术后放疗可以使腋窝淋巴结阳性的患者5年局部-区域复发率降低到原来的1/4左右。全乳切除术后，具有下列预后因素之一，则符合高危复发，具有术后放疗指征，该放疗指征与全乳切除的具体手术方式无关：

①原发肿瘤最大直径≥5 cm，或肿瘤侵及乳腺皮肤、胸壁。

②腋窝淋巴结转移≥4枚。

③淋巴结转移1～3枚的T1/T2，目前的资料也支持术后放疗的价值。其中包含至少下列一项因素的患者可能复发风险更高，术后放疗更有意义：年龄≤40岁，腋窝淋巴结清扫数目＜10枚时转移比例＞20％，激素受体阴性，Her-2/neu过表达等。

具有全乳切除术后放疗指征的患者一般都具有辅助化疗适应证，所以术后放疗应在完成末次化疗后2～4周内开始。个别有辅助化疗禁忌证的患者可以在术后切口愈合，上肢功能恢复后开始术后放疗。内分泌治疗与放疗的时序配合目前没有一致意见，可以同期或放疗后开展。靶向治疗（曲妥珠单抗）患者只要开始放疗前心功能正常可以与放疗同时使用，但这些患者不宜照射内乳区；其次，左侧患者尽可能采用三维治疗技术，降低心脏照射体积（评估心脏照射平均剂量至少低于8 Gy）。

（2）术后辅助性放疗照射靶区

① 由于胸壁和锁骨上是最常见的复发部位，约占所有复发部位的80％，所以这两区域是术后放疗的主要靶区；但T3N0患者可以考虑单纯胸壁照射。

② 由于内乳淋巴结复发的比例相对低，内乳野照射的意义现在尚不明确，对于治疗前影像学诊断内乳淋巴结转移可能较大或者经术中活检证实为内乳淋巴结转移的患者，需考虑内乳野照射。原发肿瘤位于内侧象限同时腋窝淋巴结有转移的患者或其他内乳淋巴结转移概率较高的患者，在三维治疗计划系统上评估心脏剂量的安全性后可谨慎考虑内乳野照射。原则上Her-2过表达的患者为避免抗Her-2治疗和内乳照射心脏毒性的叠加，决定内乳野照射时宜慎重。

（3）术后辅助性放疗照射剂量

所有术后放疗靶区原则上给予共50 Gy（5周，25次）的剂量，对于影像学（包括功能性影像）上高度怀疑有残留或复发病灶的区域可局部加量至

60 Gy或以上。

（4）术后辅助性放疗常规照射技术

① 锁骨上/下野：上界为环甲膜水平，下界位于锁骨头下1 cm与胸壁野上界相接，内界为胸骨切迹中点沿胸锁乳突肌内缘向上，外界与肱骨头相接，照射野需包括完整的锁骨。可采用X线和电子线混合照射以减少肺尖的照射剂量。治疗时为头部偏向健侧以减少喉照射，机架角向健侧偏斜10°～15°以保护气管、食管和脊髓。内上射野必要时沿胸锁乳突肌走向作铅挡保护喉和脊髓。

② 胸壁切线野：上界与锁骨上野衔接，如单纯胸壁照射上界可达锁骨头下缘，下界为对侧乳腺皮肤皱褶下1 cm。内界一般过体中线，外界为腋中线或腋后线，参照对侧腺体附着位置。同保乳术后的全乳照射，各边界也需要根据原发肿瘤的部位进行微调，保证原肿瘤部位处于剂量充分的区域，同时需要包括手术疤痕。胸壁照射如果采用电子线照射，各设野边界可参照切线野。无论采用X线或电子线照射，都需要给予胸壁组织等效填充物以提高皮肤剂量至足量。

③ 腋窝照射：

• 锁骨上和腋窝联合野，照射范围包括锁骨上/下和腋窝，与胸壁野衔接。腋锁联合野的上界和内界都同锁骨上野，下界在第二肋间，外界包括肱骨颈，需保证射野的外下角开放。采用6 MV X线，锁骨上/下区深度以皮下3～4 cm计算，达到锁骨上区肿瘤量50 Gy（5周，25次）的剂量后，腋窝深度根据实际测量结果计算，欠缺的剂量采用腋后野补量至DT 50 Gy，同时锁骨上区缩野至常规锁骨上野范围，采用电子线追加剂量至50 Gy。

• 腋后野作为腋锁联合野的补充，采用6 MV X线，上界平锁骨下缘，内界位于肋缘内1.5 cm，下界同腋－锁骨联合野的下界，外界与前野肱骨头铅挡相接，一般包括约1 cm肱骨头。光栏转动以使射野各界符合条件。

④ 内乳野：常规定位的内乳野需包括第1～3肋间，上界与锁骨上野衔接，内界过体中线0.5～1 cm，宽度一般为5 cm，原则上2/3及以上剂量需采用电子线以减少心脏的照射剂量。

（5）三维适形照射技术

与二维治疗相比，基于CT定位的三维治疗计划可以显著提高靶区剂量均匀性和减少正常组织不必要的照射，提高射野衔接处剂量的合理性，所以即使采用常规定位，也建议在三维治疗计划系统上进行剂量参考点的优化，楔形滤片角度的选择和正常组织体积剂量的评估等,以更好地达到靶区剂量的完整覆盖和放射损伤的降低。胸壁和区域淋巴结靶区勾画可以参照RTOG标准或其他勾画指南。如果采用逆向优化计划,一定要严格控制照射野的角度,避免对侧乳腺和其他不必要的正常组织照射。

3. 乳腺癌新辅助化疗、改良根治术后放疗

该类患者的放疗指征暂同未做新辅助化疗者,原则上主要参考新辅助化疗前的初始分期,尤其是初始分期为ⅡB期以上的患者,即使达到病理完全缓解也仍然有术后放疗适应证。放疗技术和剂量同未接受新辅助化疗的改良根治术后放疗。

对于有辅助化疗指征的患者,术后放疗应该在完成辅助化疗后开展;如果无辅助化疗指征,在切口愈合良好,上肢功能恢复的前提下,术后放疗建议在术后8周内开始。与靶向治疗和内分泌治疗的时间配合同保乳治疗或无新辅助化疗的改良根治术后放疗。

4. 乳房重建术与术后放疗

原则上不论手术方式,乳房重建患者的术后放疗指征都需遵循同期别的乳房切除术后患者。无论是自体组织或假体重建术,都不是放射治疗的禁忌证。但是从最佳的肿瘤控制和美容兼顾的角度考虑,如采用自体组织重建,有条件的医院可以将重建延迟至术后放疗结束,期间可考虑采用扩张器保持皮瓣的空间,这样在一定程度上比Ⅰ期重建后放疗提高美容效果。当采用假体重建时,由于放疗以后组织的血供和顺应性下降,Ⅱ期进行假体植入会带来更多的并发症,包括假体移位、挛缩等,所以考虑有术后放疗指征,又需采用假体的患者建议采用Ⅰ期重建。

乳房重建以后放疗的技术可以参照保乳术后的全乳放疗。由于重建的乳房后期美容效果在很大程度上取决于照射剂量,而重建后放疗的患者一般都有淋巴引流区的照射指征,所以尽可能提高靶区剂量均匀性,避免照射野衔接处的热点,是减少后期并发症的关键。在这个前提下,建议采用三维治疗技术,尽可能将淋巴引流区的照射整合到三维治疗计划中。

明确需要接受术后辅助放疗的患者,建议考虑进行延期重建;放疗可能对重建乳房的外形造成不利影响;有经验的团队可考虑即刻重建后再给予放疗。当考虑进行组织扩张和植入物即刻重建时,建议先放置组织扩张器,在放疗开始前或结束后更换为永久性假体。曾经接受放疗的患者如果采用植入物重建,常发生较严重的包囊挛缩、移位、重建乳房美观度差和植入物暴露,因此,放疗后的延期乳房重建,不宜使用组织扩张器和植入物的重建方法。

5. 局部晚期乳腺癌的放疗

局部晚期乳腺癌是指乳腺和区域淋巴引流区有严重病变,但尚无远处脏器转移的一组病变,包括皮肤溃疡、水肿、卫星结节,肿瘤与胸壁固定,腋窝淋巴结>2.5 cm,淋巴结固定或锁骨上下淋巴结或内乳淋巴结转移等。

对于这类乳腺癌需要包括化疗、放疗、手术在内的综合治疗。目前,大多数学者主张新辅助化疗(即在术前、放疗前进行的化疗)3~4周期后,再做手术、放疗或手术+放疗,然后再进行术后或放疗后辅助性化疗。

局部晚期乳腺癌新辅助化疗后未做手术者,放疗范围需包括乳腺、胸壁和锁骨上淋巴引流区。照射剂量:全乳腺、胸壁,照射 50~60 Gy/5~6 周,然后缩小放射范围,针对局部残留病灶追加照射 10~25 Gy/1~2.5 周。淋巴引流区,45~50 Gy/4.5~5 周,然后针对肿大淋巴结局部追加剂量 10~15 Gy/1~1.5 周。

局部晚期乳腺癌经上述综合治疗后 5 年生存率在 35%~76%,远高于单纯放疗的 5 年生存率 29%。

6. 根治术后局部和区域淋巴结复发及远处转移的放疗

(1) 根治术后局部和区域淋巴结复发的放疗:根治术后复发近半数为胸壁复发,部分患者可行再次手术治疗,多数患者需要行放射治疗。多数学者认为,对以往未进行过放射治疗的患者,局部胸壁复发最好行全胸壁和腋窝淋巴引流区的放疗,即大范围照射,对于以往已经做过全胸壁放疗的患者,可行局部小野照射。

(2) 乳腺癌远处转移的放疗:乳腺癌远处转移以骨转移、肺或胸膜转移比较常见,还可见肝转移,脑转移,眼球、眼眶转移,这些就比较少见了。

① 乳腺癌骨转移:首选放疗。乳腺癌骨转移可表现为多发和单发,以胸腰椎、肋骨多见。乳腺癌骨转移的放疗属于姑息性放疗,目的是消除或缓解症状,改善生存质量,部分患者能延长生存。放射治疗局部骨转移镇痛作用是非常有效的,可达 80%~90% 的疼痛缓解率,放射治疗的症状缓解起始时间一般在 4 周之内。对于估计有较长生存期,而且病人一般状况好的单发患者,宜给予照射剂量:30 Gy/10 次/2 周或 40 Gy/20 次/4 周,不仅副作用小,而且疼痛缓解维持时间长。对于有脊髓压迫症或神经症状的病人,在给予大剂量激素治疗后,应马上进行 MR 扫描了解病情,尽早给予放疗。如果

压迫症状明显,病情发展快,有手术条件者,应先进行肿瘤切除减压和固定,然后再行放疗。

② 乳腺癌脑转移:首选放疗。脑转移瘤可选择激素治疗、手术切除、全脑放疗、X 刀或 γ 刀等治疗。

③ 乳腺癌脉络膜转移:放疗是唯一有效的治疗方法。

④ 乳腺癌眼眶转移:放疗有效。

二、乳腺癌的放疗

1. 放疗前的准备工作

术后伤口愈合即可对患侧上肢进行功能锻炼,最好使患侧手能抱头坚持 20～30 分钟。

2. 放疗中的不良反应

(1) 放射性皮肤反应:乳腺癌术后患者,放射野内皮肤比较薄,术后皮肤弹性差,放疗中可能产生不同程度的皮肤反应。比如干性脱皮、湿性脱皮,严重者可能有溃疡形成,不过发生率极低。所以,从放疗开始就应该做好放射野内皮肤的保护,预防放射性皮炎的发生。首先,要保证放射野皮肤干燥、清洁,避免用有刺激的沐浴产品,避免日光暴晒,穿棉制或丝质的衣服,避免放射野皮肤受压或摩擦,放射野内皮肤避免搔抓,避免涂化学油膏(粘贴胶布)。其次,放疗中,如果皮肤出现瘙痒,可用 3％薄荷淀粉局部使用;湿性脱皮可用氢地油外用,同时使用促进表皮生长的药物;如果出现溃疡,应该密切观察皮肤变化,必要时停止放疗。

(2) 放射性肺炎:患者放疗中及放疗结束后可能出现咳嗽、咳痰、胸闷、气急、低热等症状,并呈进行性加重,这时请告知主管医生,给予相应的治疗,根据病情严重程度给予吸氧、祛痰、支气管扩张剂,必要时应用肾上腺皮质激素、抗生素治疗。

(3) 消化道反应:部分患者可能出现不同程度的消化道反应,表现为恶心、呕吐、纳差等,应该吃清淡易消化的饮食,保证放疗顺利完成。

(4) 口咽反应:照射锁骨上野时可能出现咽痛、咽干症状,主要给予对症处理,可采用漱口水、消炎的喷剂,含麻醉剂的含漱液,促进黏膜愈合的制剂,严重者可使用抗生素治疗。

(5) 白细胞下降:部分患者可出现白细胞下降,可给予口服升白药,严重者给予粒细胞集落刺激因子皮下注射,如若白细胞继续严重下降,需要暂时停止放疗。

(6) 放射性心脏损伤：过去照射内乳野，部分患者可能出现放射性心脏损伤，目前随着调强放疗和多个切线野放疗，以及内乳野的较少应用，放射性心脏损伤发生率明显下降。绝大部分患者无症状或只有轻微症状，如窦性心动过速，心率＞100 次 /分，偶尔可能出现严重的心绞痛、心包积液、心包炎、心力衰竭等，治疗上给予对症支持治疗。

3. 放疗后的护理

(1) 患肢水肿、功能障碍：我们要求患者放疗中即开始进行患肢的功能锻炼以减少水肿的发生率。

(2) 放射性皮肤损伤：保证放疗区域皮肤清洁，避免化学及物理刺激。

三、乳腺癌放疗中的常见问题

Q：乳腺癌手术后为什么要做放疗？

A：乳腺癌手术分为保留乳房手术和根治性手术，前者主要适用于早期病人，从乳房中切取肿瘤；而后者针对病人病期相对晚，患侧乳房全部切除并进行腋窝淋巴结清扫。由于肿瘤的固有生物学特性，在肿瘤周围可能还存在肉眼看不见或病理不能发现的肿瘤细胞，这些肿瘤就成为将来肿瘤复发的根源。在临床实践中也能看到这样一个事实，很多病人虽然肿瘤切除手术做的很好，一定时间后肿瘤还是局部复发。因此，有必要对手术治疗后的病人再进行进一步的局部放疗以减少复发，提高病人生存。当然，也不是所有乳腺癌病人术后都要进行放疗，放疗有它的适应证。

Q：乳腺癌全乳房切除后哪些病人需要放疗？

A：乳腺癌全乳房切除和腋窝清扫后是否行放射治疗，一般要从原肿块的大小、淋巴结是否有转移以及转移的数目和部位，手术切缘是否有肿瘤残留等因素决定是否做术后放疗。原则上乳腺癌腋窝淋巴结清扫后病理上见到淋巴结肿瘤转移的病人，经过胸壁和区域淋巴结放疗可以提高无病生存率与总生存率。具体来说：

腋窝 4 个及 4 个以上淋巴结转移一定要行胸壁及区域淋巴结放疗；

1～3 个腋窝淋巴结转移建议积极考虑术后局部放疗，但如果同时原发肿瘤大于 5 cm 或手术病例切缘有肿瘤残留应当进行胸壁和锁骨上区域放疗；

腋窝淋巴结阴性，而原发肿瘤大于 5 cm、切缘距病灶很近（小于 1 mm）

或切缘病理阳性患者推荐胸壁放疗,并同时考虑同侧锁骨上区和同侧内乳区进行放疗。

Q：哪些乳腺癌病人适合保乳治疗?

A：保乳治疗是基于早期乳腺癌保乳治疗的效果与根治性手术治疗效果相同,但同时可以获得较好的美容效果这样一个事实。需强调的是此类病人术后一定要进行放疗。因此,对这类病人要求:

乳腺肿块为≤3 cm 的单发病灶;

乳腺要相对大确保肿瘤切除术后乳腺外形没有明显畸形;

乳腺肿瘤不能位于乳晕区;

要尽量确保腋窝无肿大淋巴结;

无胶原病病史;

病人有保乳治疗意愿;

年龄不宜太大。

Q：乳腺癌术后放疗一般照哪些部位? 多少剂量?

A：乳腺癌术后放疗区域取决于病期的早与晚或肿瘤侵犯的范围。早期乳腺癌保乳治疗患者,一般情况下只照射患侧全乳房和胸壁,共 50 Gy/25 次/5 周。然后针对肿瘤床,即手术前肿瘤生长部位周围再加 10 Gy/5 次/1 周,有病灶残留者可再加(4~6)Gy/(2~3)次。腋窝淋巴结转移 4 个或 4 个以上时,还应同时照射腋窝和锁骨上区。局部晚期乳腺癌根治或改良根治后需要照射胸壁区域淋巴结和锁骨上区域,剂量 50 Gy/25 次/5 周即可。

Q：乳腺癌术后胸壁放疗皮肤会有哪些反应? 如何处理?

A：乳腺癌术后放疗时,由于放射区域皮肤是临床需要照射的部分,它的受辐射量即为医生给出的照射量。因此随着照射剂量的升高,皮肤会呈现出相应的反应,这种反应可因病人的身体素质不一而异,同时也与术后胸壁局部血供情况相关,血供好皮肤修复快,损伤后易恢复。皮肤受照后的初期1~2 周皮肤一般无任何改变;3~4 周有些病人皮肤充血,可能会有瘙痒,外表看上去较红;4~6 周个别病人会有皮肤湿性反应,表现为水样渗出。

对于皮肤反应一般不需特别处理,夏季湿热天气尽量保持局部皮肤干燥,受照区域应避免受压、摩擦等物理刺激,贴身的衣服以柔软棉制品为宜。为减轻皮肤放疗反应,临床上可使用皮肤保护剂。

Q：乳腺癌放疗一般选什么样的射线？

A：乳腺癌的放疗归纳起来包括两个部分，一是较表浅的皮肤组织；另是相对较深的淋巴结引流区域。对不同区域的照射所选放射线要求是不一样的。皮肤组织如术后胸壁一般应选择电子线照射，通过运用适当的技术也可以选择同位素钴- 60 或能量较低的高能 X 线；区域淋巴结照射可选 X 线或能量较高的电子线。总之，放射线的选择是根据需照射部位的深度来定，无论电子线、同位素钴- 60 还是高能 X 线，它们对肿瘤的杀灭效果是一样的。

Q：乳腺癌骨转移可否放疗？

A：乳腺癌的病人一旦出现骨转移后会逐渐出现转移部位的疼痛，若不进行临床治疗疼痛会非常严重，还会出现骨折，影响病人的生活，降低生活质量。对于乳腺癌出现骨转移的病灶最有效的治疗办法就是放疗，放疗不仅可以有效的止痛，还可以达到有效杀灭肿瘤细胞的作用。乳腺癌的骨转移放疗有多种方法，需根据病人症状、治疗预期和病人预计寿命等因素来决定。如果病人剧烈疼痛，且一般情况较差，可以采用单次或数次大剂量照射如一次给 5～10 Gy 照射，这种方法疼痛缓解迅速，治疗当日就可有明显的疼痛缓解。对于预计寿命比较长的病人可以选择常规的照射方法，这种方法的主要缺点是疼痛症状缓解较慢，一般要 2～3 周时间。转移部位经过放射治疗后，大多数情况下疗效可以维持终生。

Q：乳腺癌术后放疗对正常器官有什么影响？有哪些表现？如何应对？

A：肿瘤的放疗和其他治疗（如化疗）一样是一种损伤性治疗，但相较其治疗作用，损伤的表现要次要得多。乳腺癌放射治疗时所涉及正常器官主要包括肺、食管、脊髓和心脏。最常见的是食管炎，表现为在治疗 2～3 周以后部分病人感到进食不适感，有些病人担心自己患了食管癌，其实这是放射食管炎的表现，一般无需临床处理会很快自然消失。其次是肺部，肺部在乳腺癌术后照射中受照体积非常小，一般不会产生病人能够觉察到的反应，极个别病人可能会有咳嗽等类似肺炎的症状，但经过简单临床处理即可改善。脊髓和心脏受量很低，一般不会给病人带来影响。

Q：乳腺癌放疗期间是否可以洗澡？

A：有人做过一个实验，将乳腺癌放疗病人分为两组，一组正常洗澡，另一组限制洗澡,结果发现正常洗澡的一组病人的皮肤反而不易破溃。因此,乳腺癌病人照射期间洗澡不会加重皮肤破损。但是在临床上,往往因为病人身上画有放疗标记线,限制了病人的洗澡。建议:如果不能保证标记线的不脱落,还是以不洗澡为好,毕竟治疗期间首要的是保证放疗投照的准确性。

四、乳腺癌放疗注意事项

1. 放疗注意事项

(1)照射时充分暴露照射野部位。

(2)每次照射时头、手、身体尽可能保持与定位时的体位同样的位置。

(3)技术员摆位时,配合于舒适体位,在照射治疗过程中,不随意变动。

2. 照射野皮肤护理

(1)照射野皮肤忌摩擦、理化因素刺激,忌搔抓,洗澡禁用粗毛巾搓擦,局部用软毛巾吸干。

(2)穿柔软棉质病号服,并及时更换,保持照射野皮肤清洁干燥。

(3)患肢"叉腰"状,可减少腋下皮肤摩擦。

(4)出现干性皮肤反应时,忌撕掉脱皮,一般不做特殊处理,若伴明显瘙痒可用比亚芬、维斯克、金因肽涂患处。

(5)湿性皮肤反应时,可采用暴露疗法,局部涂喜疗妥乳膏或冰蚌油或用比亚芬、维斯克、康复新、金因肽。

(6)出现溃疡坏死,应暂停放疗,局部换药,行抗炎治疗并外涂上述药物,减轻疼痛并控制感染,若溃疡经久不愈且较深,可考虑手术治疗,也可试用高压氧治疗。

3. 放射性肺损伤

肺部放疗均可能造成不同程度的肺损伤,应加强预防。

(1)指导患者戒烟、酒,避免过度疲劳,少去公共场所。

(2)提供安静舒适的休养环境,减少不良刺激。

(3)注意保暖,保持病室内空气新鲜,防止呼吸道感染。

乳腺癌的外科治疗

外科手术治疗是乳腺癌治疗中最古老、最重要的手段之一,也是早期乳腺癌首选和最有效的治疗方法。目前,乳腺癌的外科治疗技术已日臻完善,乳腺癌外科从以局部解剖学为基础的追求手术彻底性的 Halsted 根治术、扩大根治术,向全身生物学改变为指导理论的缩小手术范围的微创方向发展。

扩展阅读:乳腺癌外科治疗发展史

19 世纪乳腺癌被认为是一种局部病变,区域淋巴结是癌细胞通过的机械屏障,乳腺癌先经原发灶转移至区域淋巴结,之后再出现血行播散。若在病灶扩散前能将其完整切除,就能获得治愈。根据这一理论,1894 年 Halsted 创建的乳腺癌根治术,使乳腺癌的 5 年存活率由过去的 10％～20％提高到 40％～50％,被誉为是乳腺癌外科治疗的里程碑。

1918 年,Stibbe 描述了内乳淋巴结的分布。随后的二三十年人们逐渐认识到乳腺癌除了腋窝淋巴结转移途径外,内乳淋巴结同样也是转移的第一站,锁骨上、纵隔淋巴结为第二站。并发现和意识到 Halsted 术式遗漏第二站淋巴结。此后人们试图通过切除尽可能多的组织及区域淋巴结,达到治愈乳腺癌。1949 年 Margotini 报道的根治术＋胸膜外内乳淋巴切除;1951 年 Urban 报道的根治术＋胸膜内内乳淋巴结切除,Anderssen,Dahl-Iversen 报道的超根治术＋内乳淋巴切除＋锁骨上淋巴结切除;1956年 Wangensteen 报道的根治术＋内乳淋巴切除＋锁骨上淋巴结切除＋纵隔淋巴结切除,都是上述理念的有益探索。(超)扩大根治术被迅速推广,但随后的观察表明疗效并未提高。试图通过扩大切除范围将局部蔓延的癌灶一网打尽的设想未能被证实。

1950 年 Auch-inclass 提出了保留胸大、小肌的乳腺癌改良根治Ⅰ式,Party 提出切除胸小肌,保留胸大肌的乳腺癌改良根治Ⅱ式。国际协作的多中心、前瞻性随机试验比较了乳腺癌根治术与改良根治术,经随访 10～15 年其生存率无统计学差异,但形体效果、上肢功能占有优势。由此,改良根治术开始盛行。

随着生物学、免疫学研究的深入,Fisher 提出:乳腺癌是全身性疾病,区域淋巴结虽然具有重要的生物学免疫作用,但不是癌细胞的有效屏障,血流转移更具临床意义。这为缩小手术范围提供理论依据。加上 20 世纪70 年代后一些大规模临床前瞻性随机对照试验(RCT)结果的影响,乳腺癌的术式从根治术逐渐趋向保留乳腺和软组织的术式。

100 多年来乳腺癌外科治疗发生了巨大变革,从根治,到扩大根治,到改良根治,再到保留乳房。保乳手术是乳腺癌外科治疗的重大变革,手术范围经历了由小到大、再由大到小的演变过程。正是这一过程反映了乳腺癌外科治疗理念的变化。使外科治疗模式从"可以耐受的最大治疗"转变到"最小有效治疗"的轨道上。由于人们对乳腺癌术后生存质量要求的提高和抗癌新药的出现,认识到乳腺癌一开始就是一种全身性疾病,其治疗效果取决于远处微小转移灶的控制程度,而非局部处理范围的大小,故手术范围的大小不是预后的决定性因素。临床实践发现,乳腺癌根治手术最终治疗失败的原因是远处转移而不是局部复发。在提高患者生存率的前提下,最大限度地保留乳房外观,患者可以保持良好心理状态,术后并发症少,手术创伤轻,乳房形态满意。目前,国际上已基本摒弃了经典乳腺癌根治术和扩大根治手术,保乳手术与改良根治手术已成为主流术式。

一、乳腺癌外科手术原则

手术治疗仍为乳腺癌的主要治疗手段之一。术式有多种,对其选择尚缺乏统一意见,总的发展趋势是尽量减少手术破坏,在设备条件允许的情况下对早期乳腺癌患者尽力保留乳房外形。无论选用何种术式,都必须严格掌握以根治为主,保留功能及外形为辅的原则。

1. 手术适应证

乳腺癌根治术因手术合理、疗效明确,近百年来成为人们治疗乳腺癌所遵循的标准方式,目前对具体术式争论较多。乳房局部切除和全乳切除是保守手术的代表性手术。术后需辅以放疗,放射剂量不一,一般为 30~70 Gy,对严格选择的局限性早期癌,可以收到较好的疗效。但是否作为早期乳腺癌的常规治疗方法,以及如何准确无误地选择此类早期癌,还难得出结论。

2. 手术禁忌证

(1) 全身性禁忌证

① 肿瘤远处转移者。

② 年老体弱不能耐受手术者。

③ 一般情况差,呈现恶液质者。

④ 重要脏器功能障碍不能耐受手术者。

(2) 局部病灶的禁忌证

Ⅲ期患者出现下列情况之一者:

① 乳房皮肤橘皮样水肿超过乳房面积的一半;

② 乳房皮肤出现卫星状结节;

③ 乳腺癌侵犯胸壁;

④ 临床检查胸骨旁淋巴结肿大且证实为转移;

⑤ 患侧上肢水肿;

⑥ 锁骨上淋巴结病理证实为转移;

⑦ 炎性乳腺癌。

有下列五种情况有两种者:

① 肿瘤破溃;

② 乳房皮肤橘皮样水肿占全乳房面积 1/3 以内;

③ 癌瘤与胸大肌固定;

④ 腋淋巴结最大长径超过 2.5 cm;

⑤ 腋淋巴结彼此粘连或与皮肤、深部组织粘连。

3. 手术方式

（1）乳腺癌根治术：1894 年 Halsted 及 Meger 分别发表乳腺癌根治术操作方法的手术原则：

• 原发灶及区域淋巴结应作整块切除；

• 切除全部乳腺及胸大、小肌；

• 腋淋巴结作整块彻底的切除。

Haagensen 改进了乳腺癌根治手术，强调了手术操作应特别彻底，主要有：

• 细致剥离皮瓣；

• 皮瓣完全分离后，从胸壁上将胸大、小肌切断，向外翻起；

• 解剖腋窝、胸长神经应予以保留，如腋窝无明显肿大淋巴结者则胸背神经亦可以保留；

• 胸壁缺损一律予以植皮。

术中常见并发症有：

腋静脉损伤：多因在解剖腋静脉周围脂肪及淋巴组织时，解剖不清，或因切断腋静脉分支时，过于接近腋静脉主干所致。因此，清楚暴露及保留少许分支断端，甚为重要。

气胸：在切断胸大肌、胸小肌的肋骨止端时，有时因钳夹胸壁的小血管穿通支，下钳过深，而致触破肋间肌及胸膜，造成张力性气胸。表现为：皮下积液，多因皮片固定不佳或引流不畅所致。可采用皮下与胸壁组织间多处缝合固定及持续负压引流而防止。皮片坏死、皮肤缝合过紧及皮片过薄等均可为其发生原因。皮肤缺损较多时，宜采用植皮。

患侧上肢水肿、患侧上肢抬举受限：主要是术后活动减少，皮下瘢痕牵引所致。因此，要求术后及早进行功能锻炼，一般应在术后 1 个月左右基本可达到抬举自如程度。

（2）乳腺癌扩大根治术：乳癌扩大根治术包括乳腺癌根治术即根治术及内乳淋巴结清除术，即清除第 1～4 肋间淋巴结，本术需切除第 2、3、4 肋软骨。手术方式有胸膜内法及胸膜外法，前者创伤大，并发症多，因而多用后者。

（3）仿根治术（改良根治术）：主要用于非浸润性癌或Ⅰ期浸润性癌。Ⅱ期临床无明显腋淋巴结肿大者，亦可选择应用。

Ⅰ式:保留胸大肌、胸小肌。皮肤切口及皮瓣分离原则同根治术。先做全乳切除(胸大肌外科筋膜一并切除),将全乳解剖至腋侧,然后行腋淋巴结清除,清除范围基本同根治术。胸前神经应予保留。最后,将全乳和腋淋巴组织整块切除。

Ⅱ式:保留胸大肌,切除胸小肌。皮肤切口等步骤同前,将乳房解离至胸大肌外缘后,切断胸大肌第4、5、6肋的附着点并翻向上方以扩大术野,在肩胛骨喙突部切断胸小肌附着点,以下步骤同根治术,但须注意保留胸前神经及伴行血管,最后将全乳腺、胸小肌及腋下淋巴组织整块切除。

(4)乳房单纯切除术:作为一种古老术式而曾经被乳腺癌根治术所取代。近年来随着乳腺癌生物学的发展,全乳切除术又重新引起重视。它的适应证:① 对非浸润性或腋窝淋巴结无转移的早期病例,术后可以不加放疗。② 对局部较晚期乳腺癌用单纯切除术后辅以放疗。从美容学要求看,全乳切除术需要后续复杂的乳房再造术,不适于中青年妇女的病。因此主要适用于年老体衰者或某些只能行姑息切除的晚期病例。

(5)小于全乳切除的术式:近年来,由于检查技术的进步,发现的病灶较以往为早以及病人对术后生存质量的要求提高,因而出现了小于全乳房切除的保守手术方式。手术的方式自局部切除直到1/4乳房切除,术后可应用放疗。

4. 保乳手术指征与应用原则

保乳手术包括乳腺原发肿瘤的切除和腋窝淋巴结切除或前哨淋巴结活检。原发肿瘤的切除手术方式主要有肿瘤切除术和乳腺象限切除术两种。肿瘤切除术是切除原发肿瘤及其周围2~3 cm正常乳腺组织、表面部分皮肤、肿瘤下方的胸肌筋膜。乳腺象限切除术切除范围比肿瘤切除术要多,术后造成的乳腺缺损较明显,美容效果不如肿瘤切除术。腋窝淋巴结清扫的范围目前大多只清扫第1、2组淋巴结即可,以降低上肢水肿的发生率。

经大样本临床试验证实(超过1万名患者),早期乳腺癌患者接受保留乳房治疗和全乳切除治疗后生存率以及发生远处转移的概率相似。但也应该清楚,同样病期的乳腺癌,保留乳房治疗和乳腺切除治疗后均有一定的局部复发率,前者5年局部复发率为2%~3%(含第二原发乳腺癌),后者约1%,≤35岁的患者有相对高的复发和再发乳腺癌的风险。保乳治疗患者一旦出现患侧乳房复发仍可接受补充全乳切除术,并仍可获得很好的疗效。

保留乳房的手术并非适合于所有乳腺癌病例,亦不能代替所有的根治术,而是一种乳房癌治疗的改良方式,应注意避免局部复发。

(1) 保乳治疗的适宜人群:主要针对具有保乳意愿且无保乳禁忌证的患者。

① 临床Ⅰ期、Ⅱ期的早期乳腺癌:肿瘤大小属于 T1 和 T2 分期,尤其适合肿瘤最大直径不超过 3 cm,且乳房有适当体积,肿瘤与乳房体积比例适当,术后能够保持良好的乳房外形的早期乳腺癌患者。

② Ⅲ期患者(炎性乳腺癌除外):经术前化疗或术前内分泌治疗充分降期后也可以慎重考虑。

(2) 保乳治疗的绝对禁忌证

① 同侧乳房既往接受过乳腺或胸壁放疗者。

② 病变广泛或确认为多中心病灶,且难以达到切缘阴性或理想外形。

③ 肿瘤经局部广泛切除后切缘阳性,再次切除后仍不能保证病理切缘阴性者。

④ 患者拒绝行保留乳房手术。

⑤ 炎性乳腺癌。

(3) 保乳治疗的相对禁忌证

① 活动性结缔组织病,尤其硬皮病和系统性红斑狼疮或胶原血管疾病者,对放疗耐受性差。

② 肿瘤直径>5 cm 者。

③ 靠近或侵犯乳头(如乳头 Paget's 病)。

④ 广泛或弥漫分布的可疑恶性微钙化灶。

(4) 保乳手术

术前准备

① 乳房的影像学评估,双侧乳腺 X 线、乳房超声(有条件者可做双侧乳房 MRI 检查)检查。

② 签署知情同意书。

③ 有条件者应争取术前空芯针活检确诊,有利于与患者讨论术式的选择及手术切除的范围。空芯针活检前应与活检医生密切协商沟通,选取合适的穿刺点,以确保术中肿瘤和穿刺针道的完整切除(没有确诊时,患者可能心存侥幸,不能正确、严肃地考虑保乳和前哨的优缺点。容易在术后表现出对手术方式和复发风险的不信任)。

④ 体检不能触及病灶者应在手术前行 X 线、MRI 或超声下病灶定位,

也可采用活检放置定位标记。

⑤ 麻醉宜采用全麻或硬膜外麻醉。

⑥ 其余术前准备同乳腺肿瘤常规手术。

手术过程

① 一般建议乳房和腋窝各取一切口,若肿瘤位于乳腺尾部,可采用一个切口。切口方向与大小可根据肿瘤部位及保证术后美容效果来选择弧形或放射状切口。肿瘤表面皮肤可不切除或仅切除小片。

② 乳房原发灶切除范围应包括肿瘤、肿瘤周围 1～2 cm 的乳腺组织以及肿瘤深部的胸大肌筋膜。活检穿刺针道、活检残腔以及活检切口皮肤疤痕应包括在切除范围内。可采用肿瘤整形技术,改善术后乳房外观。

③ 对乳房原发灶手术切除的标本进行上、下、内、外、表面及基底等方向的标记。钙化灶活检时,应对术中切除标本行钼靶摄片,以明确病灶是否被完全切除及病灶和各切缘的位置关系。

④ 对标本切缘进行术中快速冰冻切片检查或印片细胞学检查,术后需要石蜡病理切片核实或术中切缘染色后行石蜡病理切片检验。

⑤ 乳房手术残腔止血、清洗,推荐放置 4～6 枚惰性金属夹(例如钛夹)作为放疗瘤床加量照射的定位标记(术前告知患者)。逐层缝合皮下组织和皮肤。

⑥ 腋窝淋巴结清扫(或前哨淋巴结活检,根据活检结果决定是否进行腋窝淋巴结清扫术)。

⑦ 若术中或术后病理报告切缘阳性,则需扩大局部切除范围以达到切缘阴性。虽然对再切除的次数没有严格限制,但当再次扩大切除已经达不到美容效果的要求或再次切除切缘仍为阳性时建议改行全乳切除。

5. 乳房重建与整形原则

(1)乳房重建的目的:女性因各种原因,特别是接受乳房恶性肿瘤手术治疗后,可能造成乳房的缺失或乳房外形的毁损。乳房重建可以帮助乳腺癌患者重塑身体外形,使两侧乳房外形基本对称,能够使患者在穿上衣着后,自信地恢复正常的社会和生活角色。

(2)乳房重建的指征:乳房重建适合于因各种原因准备或已经接受乳房切除的女性,或因为保乳手术导致乳房明显变形的患者。

(3)乳房重建的类型:根据重建的时间,乳房重建可以分为即刻重建和延期重建两大类。乳房重建可以在全乳切除的同时,在一次麻醉过程中完成,称为即刻重建;也可以在全乳切除术后的数月或数年后进行,称为延期重建,这一重建的时间往往取决于患者。乳房重建的时机选择取决于很多因素,只有充分考虑了两种重建手术的优缺点,以及患者自身的诸多因素,才能确定最佳的时间。

根据重建的材料,乳房重建可以分为自体组织(皮瓣)重建、植入物重建以及联合两种材料(如背阔肌联合植入物)的重建。

(4)乳房重建的原则与注意事项

① 乳腺癌手术后的乳房重建应该由一支专业的多学科团队完成,在术前对患者进行充分评估,评估内容包括肿瘤治疗策略、体型、个体及家属的要求、合并的疾病及有无吸烟史,从而确定手术的安全切缘、乳房重建的最佳时机和方法、手术与辅助治疗的顺序安排。有长期吸烟史的患者发生术后伤口不愈和皮瓣坏死的风险增加,因此建议将有长期吸烟习惯的患者视为乳房重建手术的相对禁忌证。

② 保留皮肤的全乳切除可以使接受即刻乳房重建后的乳房的美容效果得到极大的改善,证据显示,与传统的全乳切除手术比较,保留皮肤的全乳切除不会增加局部和区域的肿瘤复发风险。对于乳腺癌患者而言,保留乳头乳晕复合体的全乳切除手术也受到关注,一些报道显示,乳头乳晕复合体受肿瘤累及的比例虽然较低,短期随访中仍有少部分病例发生局部复发,但是目前仍缺乏长期的随访数据;同时,保留乳头乳晕复合体后,乳头感觉、乳房外形自我满意度等生活质量数据缺乏好的研究报告,这一术式应审慎应用,尚有待前瞻性临床研究证实其安全性。

③ 保乳手术过程中,通常采用肿块广泛切除或更大范围的区段/象限切除术,足够安全的切缘距离意味着切除较大范围的正常乳腺组织,有可能导致乳房局部腺体缺失,术后或放疗后出现乳房变形、乳头乳晕复合体移位等乳房外观的不满意。在不影响肿瘤局部治疗效果的前提下,术前由肿瘤外科医生或整形外科医生对乳房的缺损进行评估,并做好相应准备,术中采用肿瘤整形手术技术,在缺损部位进行局部的充填,根据肿瘤部位、乳房大小和乳房下垂情况设计相应的切口。包括平行四边形切口(外上肿瘤)、蝙蝠翼切口(中央区肿瘤)、缩乳手术切口(下方肿瘤)和皮肤环形切口(上方和外侧肿瘤)等。这一术式可以通过一次麻醉和手术过程完成,能在一定程度上改善乳房的形态与外观。和常规保乳手术相同,也需要在原术腔放置 4～6 枚惰性金属夹以备术后放疗时作为瘤床的标记。

④ 乳房重建的方法包括植入物、自体组织以及联合上述两种材料。植入物可以在乳房重建手术时,在胸大肌下方直接放置永久假体;或者先行放置组织扩张器,再择期更换为永久假体。植入物可以使用盐水囊假体、硅胶假体或含有硅胶外壳的盐水囊混合型假体。自体组织重建可以选择多种带蒂或游离皮瓣,转移至胸壁进行乳房塑型;最为常用的自体组织皮瓣包括扩大背阔肌肌皮瓣、带蒂横型腹直肌肌皮瓣(TRAM)、游离横型腹直肌肌皮瓣(F-TRAM)、保留肌束的游离 TRAM(MS-FTRAM)、腹壁下血管穿支皮瓣(DIEP)、臀上动脉穿支皮瓣(SGAP)等。游离皮瓣乳房重建涉及显微外科技术,以及游离皮瓣的术后监测团队的建立。

⑤乳房重建和整形手术中尚需要考虑到其他的手术方式,包括乳头乳晕重建,对侧乳房的缩乳成型、乳房提升、隆乳,目的是达到双侧乳房的对称效果;一般而言,对侧乳房的缩乳成型、乳房提升、隆乳可与患侧重建手术同期进行,而乳头乳晕重建建议延期实施,以便达到双侧乳头对称,并应该在术前和患者充分沟通。

二、乳腺癌手术的配合

1. 手术前准备

患者在手术前要入院,接受一些血液检验、胸片检查、心电图检查等以确保手术的安全。

进行乳房手术的医护人员将帮助患者了解关于手术前后所遇到的状况。如有任何疑问,患者尽管放心地请教或者与医护人员讨论自己的忧虑与担心。不提任何问题对患者很不利而且也没有必要的。做好心理上的准备是很重要的。

为了手术部位的卫生,护士可能会在患者的手术部位刮除体毛。为了让患者有充足的睡眠,医生会给患者服用些轻微的镇静药。为了确保麻醉安全,午夜之后患者需要禁食。手术的当天患者必须早些洗浴。

手术前几日应尽可能进食高营养、易消化的食物,保证休息和睡眠,缓解自身的紧张、焦虑情绪,以达到身体最佳状态,才能耐受手术和之后的各种治疗。

2. 手术后的治疗配合

乳房切除之后,刀口处用线缝合。当它痊愈之后,将会留下一条伤疤,并逐渐消退成线状。为了促进痊愈插入两条引流管帮助排出伤口中的液体,当你醒来时仍然可以看到。手术部位加上弹性绷带,是为了避免出血。你的手术侧上臂在活动时会受到一些限制,护理人员将指导你怎样做。

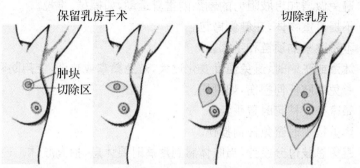

各种类型的手术切口

在多数的病例中,伤口的痊愈需要 6 周,大约 3 个月之后,你的身体就会康复了。我们应认识到术后患侧上肢水肿及活动受限是暂时现象。可以在术后用一软枕垫于患肢下面,以抬高患肢;尽早配合进行上肢功能锻炼,促进血液、淋巴回流,可减轻、消除水肿。

禁止在手术侧上臂测量血压、静脉输液或其他注射。

观察患侧手指皮肤情况,如肢端温度低、肤色发绀,提示腋窝血管受压,应立即告知医生,要重新包扎伤口。

由于淋巴结携带感染病毒的细胞被切除,因此上臂也变得更加容易受感染。手术之后你应该留意你患处上臂,妥当护理,避免皮肤损伤或受感染。

(1)手术侧手臂淋巴水肿管理

病人手术后,手臂的周围会出现轻微的浮肿,这种症状叫淋巴水肿。这是由于手术时淋巴结通常被切除了,手臂上的淋巴结分泌生出的液体和淋巴结被切除后所产生的液体累积在腋下或者手臂内,大约有 5% 的病人会出现持续的上臂浮肿,但通常不会影响到上臂的功能。浮肿并不意谓着癌症复发。

乳腺癌术后上肢淋巴水肿是一种终生的慢性症状。影响患者的生存质量。在国内,尚未引起医生、护士、患者的重视。有关这方面的健康宣教也很少,现摘录一些预防措施,供患者参考。

① 绝不能忽视上肢或胸部水肿的轻微加重,及时报告评估上肢的水肿。

② 不在患肢抽血或注射,佩带淋巴水肿标识物。

③ 避免在患肢测血压。如果双侧上肢淋巴水肿,要在下肢测量血压。

④ 保持患肢皮肤清洁、干燥,注意皱褶和手指间隙,浴后擦润肤露。

⑤ 避免做增加患肢阻力的剧烈的重复运动,如擦拭、推拉。

⑥ 不提过重物体,在健侧挎包。

⑦ 不戴过紧的项链和手镯。

⑧ 沐浴或洗刷时,避免温度变化过大,避免桑拿或热浴,使用防晒产品。

⑨ 避免患肢任何损伤,如割伤。

⑩ 做家务或种花时戴手套。

⑪ 修剪指甲时避免任何损伤。

⑫ 避免患肢过分疲劳,当肢体感到疼痛时要休息,抬高肢体。建议做一些运动。

⑬ 乘坐飞机时要戴弹力袖套。

⑭ 戴轻重量的假乳或合适的、没有钢托的乳罩。

⑮ 使用电动剃须刀除去腋毛。

⑯ 淋巴水肿的患者要戴弹力袖套。

⑰ 出现任何感染症状,如皮疹、瘙痒、发红、疼痛、皮温增高或发热时要及时报告。

⑱ 保持理想体重,低盐、高蛋白、易消化饮食,避免吸烟、喝酒。

(2)乳腺癌患者术后的体能训练

运动是手术后护理重要的部分,它能帮助你重新获得上臂和肩部运作功能,使你重返正常生活。另一个重要原因是运动可以帮助你防止并发症,如淋巴水肿等。

有计划的运动练习应该是在医生许可之后就要尽快开始,通常是手术后一天之内。练习刚开始的时候要做一些慢动作,轻松一点,慢慢地增加多点运动。一开始,自己吃饭、梳头、洗脸也是一种锻炼方式。有规律的练习应该成为正常生活的一部分,即使你上臂可以运动了,也需要继续。

如果你能够通过头顶的顶端摸到对侧的耳朵而腋下和手术部位没有牵拉的感觉,就说明你的肩部功能已恢复正常了。大部分患者在手术后两三个月之后就可以做到。

具体锻炼方法见下文。

三、乳腺术后患肢功能锻炼指导

术后日期	动 作	遍/次	次/天
第1～3天	主要锻炼患侧手腕及肘关节功能,可做伸指、握拳、屈腕、屈肘等锻炼	10	5～6
第4天	用健侧手帮助患肢内收上举手掌与面部相平	3	3～4
第5～6天	用健侧手捏住患肢大拇指内收抬高患肢过头顶,开始练习以患侧手掌摸对侧肩部及同侧耳部动作	3	3～4
第7～10天	用健侧手托住患肢肘部抬举过头顶,手臂尽可能伸直。禁止肩关节外展,可用患肢刷牙、梳头、吃饭	3～5	4～5
第10～14天	用患肢手指尖在身体前方顺着墙渐渐向上爬行,练习爬墙运动、划圈、手臂滑溜运动	4～5	5～6
3周以上	根据伤口愈合情况,以肩关节为中心做旋前、旋后的圆周运动。练习将患侧手掌置于颈后,使患侧上肢逐渐抬高,开始锻炼时低头位,逐渐抬头挺胸位,进而能用患侧手掌越过头顶部,触摸对侧耳部	2～3	3～5
3个月内	上肢负重不宜过大过久。禁止患肢提举重物		
出院后	继续上述各项练习,特别是爬墙抬高上肢运动。除此之外,为了进一步使各项动作协调、自然轻松,还可以进行上肢旋转运动、上肢后伸运动、扩胸运动等		
注意事项	以上锻炼顺序根据伤口愈合情况、体质情况,在护士指导下循序渐进地进行肢体功能锻炼,不可强求。原则上,上肢活动在10天以后,7天之内不要上举,14天之内不要外展		

1. 基本动作 抬头直立并双臂放于两侧。双脚分开与臂同宽以保持平衡。收腹挺胸。尽力用肩关节做所有运动。

每个动作重复5次开始,最多到20次。最终目标是碰到尽可能高的地方,以重新获得正常的肩部运动范围。

如果可以的话,在镜子前面进行练习以确保姿势和动作正确。

2. 挤球运动　特别能帮助预防与减少患侧上臂暂时性的浮肿。

手握皮球,躺在床上。直直抬起双臂并交替进行挤球和松球动作。

做这些练习的次数应根据医生指示。

如果你上臂直着抬起不舒服的话,你可以用几个枕头支持你的上臂。

3. 滑溜运动　可加强肩部动作。在尼龙绳的两端打两个蝴蝶结。用健康的上臂把尼龙绳的一端投挂在门的顶端,拉下绳索使两端相等。脚底紧踏地面,双腿夹紧门的两侧坐好。

用两手的中指、无名指分别抓住绳索两端的蝴蝶结。

在觉得舒服的情况下,慢慢举起受伤的手臂,而健康的手臂则将尼龙绳慢慢拉下至腰部,尽量把举起的手臂靠近头部,这样交替重复地运动练习数次。

4. 划圈运动　取一根绳子,一端系于门柄或其他物体上,另一端握于患侧手中,面对门或物体而立,以画圆圈的方式转动绳子作圆周运动,由小到大,由慢至快。

5. 上肢旋转运动　先将患侧上肢自然下垂,五指伸直并拢,自身体前方逐渐抬高患肢至最高点,再从身体外侧逐渐回复原位。

注意:高举上肢时,要尽量伸直,避免弯曲,动作要连贯,亦可反向进行锻炼。

6. 上肢后伸运动　应保持抬头挺胸位,患侧上肢自然下垂,握拳,然后尽量向后摆动上肢,再回复原位,反复进行。

7. 扩胸运动　曲肘,五指伸直并拢,双手指尖相对,掌心向下,置于胸前,然后掌心上翻,双臂向前伸直,再向左右两侧平伸并挺胸。

8. 爬墙运动　这是为了增加肩部的动作。以标准姿势开始,两脚趾距离墙面 15～30 cm,面向墙壁。

肘部弯曲,手掌接触墙壁与肩同高。

双手平衡,向墙的上方尽量升举,直到患肢有拉紧和痛的感觉为止,做个记号以便观察进展。如果感到疲劳,脚和身体靠近墙壁。双手回到肩的高度。回到标准姿势。如果你的头部靠在墙上可以使你轻松一些。

9. 抓背运动　用手碰到你的背脊中部。

以标准姿势开始。把健康的手放在髋部以便平衡。受伤的肘部弯曲,用手臂接触你的背部,逐渐的把手移到你的背部,直到手指碰到对侧肩胛骨。

慢慢放下手臂并回到标准姿势。

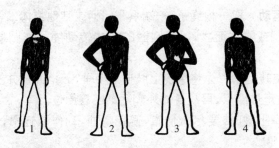

10. 肘部拉紧运动　这项运动是加强你的肩部和双臂运转。

以标准姿势开始。双臂向两旁伸展与肩平行。弯肘,双手拉紧放在颈后。双肘并拢直到双肘相碰。双肘再慢慢松开与第 3 点同。回到肘臂在两旁与肩平行的位置。

回到开始的标准姿势。

四、乳腺癌患者术后的心理调适

对一个女人来说,失去乳房是一次悲痛的经历。她们不仅要面对身体恢复后的样子,同时又担心失去性吸引力,不能接受体态形象的剧烈改变。不过,时间是可以冲淡记忆的,在亲人和朋友的鼓励下,一些曾经做过乳房切除术的女性都会发现她们可以找回往日的快乐,生动而正常地生活。

手术后的一段日子里,病人要面对的是失去乳房的悲伤。如果你感到自卑、伤心、恐惧和无助,请告诉自己并不寂寞、孤单。朋友和亲人就在你的身边,他们会听你倾诉感受和减轻你的精神压力。大家会体谅你和帮助你的。让情绪自然的发泄,以下是一些建议,帮助病人克服困难。

用一些时间来克服低落的情绪,向亲人倾诉心事或感受。越坦白讲出你的感受,问题就会越少。我国社会比较保守,大家都不愿讲出不开心的事,你可能会发现,周围的人都避免问一些可能触痛你的感受的问题,那是害怕万一说错了话而引起你难过。所以你不妨主动打破僵局,把话题谈开来。还有主动结识那些曾经做过乳房切除术、而且现在已经开始过着幸福生活的妇女,对你也会有很大的帮助。她们会鼓励你,而使你更具信心去克服心理恐惧与担忧。

集中精力于痊愈

当你的情绪平衡后,就把精力集中在体能的康复上,接下来医务人员会指示你去做运动。运动可以促进身体恢复健康和过着往日一种正常的生活。对你未来的日常生活要更有信心。

自己制定一些目标

乳房的切除是一个无法改变的事实,你要面对现实,别为了失去乳房而伤心。日子仍然要继续,所以你应该给自己制定一些适当的生活目标,然后去实现它。首先你不妨改变一下你的仪表,例如:衣着的款式,选择一些舒服、美观大方的款式。你知道吗? 至少你仍然拥有生命,生命太宝贵了,不能因为自己的一些遗憾而浪费它。

对未婚女性及其未来的生活

对未婚女子来说,确实也有许多在动了乳房切除术之后,仍然结婚,婚后过着美满的家庭生活。也许,你觉得很难启齿,向一个男人讲述自己曾经动过手术。还有要在什么时候告诉他? 从何讲起? 其实,这些事情可以由你自己决定,只要你做好了心理准备,待时机成熟时,再告诉他,大多数的男人会被你的诚恳和勇气而深深感动。如果你的爱人是真爱你的话,你的遭遇根本不会改变他对你的态度。

五、乳腺癌术后的饮食指导

营养不良是癌症患者病情恶化和死亡的主要原因,因此,支持疗法在癌症患者的治疗中有极其重要的作用,它可以促进手术后的康复,增强抵抗力,提高对化疗、放疗等治疗的承受力。

乳腺癌患者应进高蛋白、高维生素、高热量、低脂肪饮食,使用优质蛋白,如瘦肉、鸡蛋、鱼肉等。对于放疗、化疗的患者,应提供清淡易消化的食物,避免辛辣刺激性食物,少量多餐,必要时可以要素饮食和胃肠外营养。在放疗和化疗间歇期间,可采用超食疗法,进食浓缩优质蛋白质。

(1)饮食要定时、定量,要有计划地摄入足够的营养和热量。

(2) 多吃富含维生素 A、维生素 C 的食物,多吃绿色蔬菜和水果。常吃含有抑制致癌作用的食物,如卷心菜、芹菜、蘑菇等。

(3) 坚持低脂肪饮食,常吃些瘦肉、鸡蛋、酸奶。不吃盐腌、发霉变质和烟熏火烤及烤糊焦化的食物。

(4) 少吃精米、精面,多吃粗米、玉米面、黄米饭、豆类等杂粮。

(5) 常吃富有营养的干果种子类食物,如芝麻、南瓜籽、西瓜籽、花生、葡萄干等,这些食物中含有多种维生素及微量元素,且富含纤维素、蛋白质及不饱和脂肪酸,营养价值高,建议多吃。

(6) 少吃或不吃女性滋补品,降低雌激素水平。

六、义乳或乳房再造术——使你看上去更美观

乳房切除后,有些妇女决定装上一个乳房模型(也称义乳)。有些人更喜欢在做乳房切除术的同时或晚一些时候做一次乳房再造术。每个计划决定都有它的利与弊,也许在手术前同整形专科医生谈一谈是有帮助的,但再造术缓后几年再做也是可以的。

乳房再造术,有各式各样的方法来进行乳房再造手术,一些是用人工移植,另一些是移植身体其他部分的细胞组织。你应该与外科医生商量关于各种再造术的利弊。

乳房模型(即义乳),除了美观,从医学的角度来看是需要有一个好的乳房模型,否则,当一个乳房模型看上去不美观或者你不习惯,你就会有弯曲双肩把它给掩饰起来的趋势,不对的姿势最终将导致你的脊椎出现问题,你的衣着不合适,体态也不好看。其次,乳房的重量与从前不同,身体失去平衡,这同样可以引起脊椎弯曲的问题。如果留下的乳房是在身体的左边,心脏会受到压迫,身体不能平衡。重要的是乳房模型必须美观,而且还必须同你本身的乳房有同样的大小与重量。

七、乳腺癌手术后的后续治疗

乳腺癌患者手术后是否需要化疗,医生会根据患者的年龄,身体情况,肿瘤分期,肿瘤免疫组化所显示的肿瘤分型等决定,一般的判断标准是:淋巴结无转移,肿瘤小于 1 cm,再结合其他预后指标判断,可以化疗或不化疗,如果淋巴结有转移,或者肿瘤大于 1 cm,则应该行化疗。目前通告的术后辅助治疗的原则是:从最大的耐受治疗向最小的有效治疗转化,避免过度治

疗,但不要轻易放弃必要的治疗乳腺癌的治疗方法。

乳腺癌的治疗方法除了手术外,其余的治疗统称为辅助治疗,辅助治疗的目的是为了消灭体内残余的癌细胞,防止肿瘤的复发转移。外科医生会根据肿块的大小,部位有无可疑淋巴结转移和患者的意愿等,选择手术切除范围的大小和是否保乳,如果采用乳房切除术,您也可与医生讨论是否选择乳型重塑术,这种手术可以与乳房切除术同时进行,也可以在以后选择合适的时间进行。

根据手术切除范围的大小,手术分为单纯肿瘤切除手术,部分乳房切除术,乳腺癌根治术,乳腺癌改良根治术,乳腺癌扩大根治术。

辅助治疗有放射治疗、化学治疗、内分泌治疗和中医中药治疗、免疫治疗。

患者应及时到乳腺癌综合诊治中心就诊,制定术后综合治疗方案,在专家的指导下进行后续治疗,以巩固手术疗效,切忌根据虚假广告自己选择服药或迷信民间偏方。目前乳腺癌的规范化诊治方案是全世界的专家学者经过几十年的研究、总结,不断完善后提出的,每年都在不断更新,基本排除了因为医生水平有限造成的主观上的失误,因此,到正规医院和乳腺癌综合诊治中心进行后续治疗,应是乳腺癌患者的最佳选择。

术后需要进行辅助化疗的患者,一般是 21 天一个疗程,需完成 4～6 个周期术后辅助化疗。每次化疗期间都要常规进行一些检查,如果发现了复发,就及时处理。

八、写给患者的家人和朋友

手术后,是否能够成功的适应生活,这与患者的丈夫、家人及朋友的支持和关怀是分不开的。

身为丈夫的将扮演着一个重要的角色来帮助妻子适应生活。女人最担心的就是失去性吸引力,那么,理解她的心理,照顾她的感受。更重要的是让你的妻子相信,失去乳房并不会影响到你们之间的感情。

交流是关键的一环,发自内心的关心,真诚的交谈往往会收到意想不到的效果。丈夫可以和妻子共同做的一些事情:

> **小贴士**
>
> **夫妻共同面对**
>
> 用行动同时用语言表示你的爱。不要让妻子感到这是对她的怜悯。
>
> 陪她到医院去复诊。
>
> 了解更多关于乳房切除知识并理解她的经历。同她的医生和护士交谈。寻找有关的书籍,有充足的认识,让夫妻之间的交谈更顺畅。
>
> 在她穿衣、脱衣的时候不要回避,不然她会担心你在嫌弃她。提醒你的妻子做上臂运动,同她一起做,鼓励她。帮助她做一些家务或搬运重物,以便使你的妻子在恢复期间不会太累。最好是在她恢复期间,把那些是她不该做的家务承担下来。

其他家属和朋友也可运用这里所提供的建议帮助病人恢复信心。

同时,请根据患者的饮食习惯,尽量在饭菜的色、香、味上下工夫,提供好的就餐环境,保证患者手术后的营养。督促患者根据医生要求进行功能锻炼。鼓励她们多参与各种娱乐活动,帮助她们放松情绪。

• 提醒患者进行乳腺自我检查:曾患过一侧乳腺癌的患者,是乳腺癌的高发人群之一,乳腺自我检查最佳时间是月经干净后5～10日,每月检查1次(具体方法请见第五篇)。然后侧卧位,对侧手平触乳房有无肿块及乳头有无分泌物,忌刺激或捏乳房。其检查顺序为:乳房的内上、外上、外下、内下、乳晕部,最后检查腋窝,切勿遗漏每一个检查部位,如发现异常及时到医院就诊。

• 合理用药及定期复查:接受放疗和化疗的患者,由于要注意血象、肝功能、肾功能的检测,应遵照医嘱定期检查,如有异常及时就诊,以便及时治疗。

• 适度的性生活:许多妇女在患乳腺癌之后,就丧失了性兴趣,并再也不能恢复。有些担心性生活会引起癌症的发展或复发,产生不必要的顾虑。其实适度的性生活不仅不会促进肿瘤复发,反而会提高病人对生活的信心,增进家庭和睦,有利于病人的康复。只是乳腺癌病人要做好避孕,因为怀孕可能是一个刺激因素。

乳腺癌骨转移治疗

乳腺癌是亲骨性肿瘤,容易发生骨转移,发生率高达 65％～75％。乳腺癌远处转移中,首发症状为骨转移者占 27％～50％,骨痛、骨损伤、骨相关事件(SRE)及生活质量降低是乳腺癌骨转移常见的并发症。骨转移不直接威胁患者生命,有效的治疗手段较多,不合并内脏转移的患者生存期相对较长,患者对出现骨转移不要太悲观,应配合医生进行积极的治疗。

一、临床表现

乳腺癌骨转移一般经血行播散,可累及全身各骨,较多见的乳腺癌骨转移部位是胸椎、腰椎、盆骨、肋骨、股骨等,多数为溶骨性改变。主要症状是疼痛,当累及脊神经、马尾或脊髓时,将出现特征性放射痛、束带感或截瘫,还会引起一系列骨相关事件如病理性骨折、功能障碍、高钙血症、骨髓功能抑制和脊髓压迫等严重并发症。

骨放射性核素扫描(ECT)可以作为骨转移的初筛诊断方法,确诊还需要 X 线拍片、CT 扫描或磁共振扫描(MRI),当然正电子发射计算机断层显像(PETCT)也可以作为诊断使用,只是价格相对较贵。

二、骨转移的治疗

1. 治疗目标

骨转移的治疗目标:
① 缓解疼痛、恢复功能和改善生活质量。
② 预防和治疗骨相关事件。
③ 控制肿瘤进展和延长生存期。

2. 治疗方案

乳腺癌骨转移已经是一种全身性疾病,应以全身治疗为主。

可以选择的治疗手段包括:① 化疗、内分泌治疗、分子靶向治疗等;② 双膦酸盐治疗;③ 手术治疗;④ 放射治疗;⑤ 镇痛和其他支持治疗。可根据患者具体病情来制定个体化的综合治疗方案。

其中化疗、内分泌治疗、分子靶向治疗是复发转移乳腺癌的基本药物治疗;双膦酸盐类可以预防和治疗 SRE。

合理的局部治疗可以更好地控制骨转移症状,其中手术是治疗单发骨转移病灶的积极手段,而放射治疗是有效的局部治疗手段,可迅速缓解局部骨痛。

三、全身治疗

治疗时还要同时考虑到患者肿瘤组织内激素受体状态(ER/PR)、Her-2情况、年龄、月经状态和疾病进展是否缓慢等。原则上疾病进展缓慢的激素反应性者应首选内分泌治疗,疾病进展迅速者首选化疗,而Her-2过表达者可以同时考虑单独或联合使用靶向治疗药物曲妥珠单抗治疗。

由于骨转移不直接威胁患者生命,所以尽量避免不必要的强烈化疗。而晚期乳腺癌患者如治疗后病情长期保持稳定应被视为临床获益,内分泌治疗更适合长期用药,可以尽量延长治疗时间,以便延长疾病控制时间。

如果ER和PR均阴性、术后无病间隔期短、疾病进展迅速、合并内脏转移、对内分泌治疗无反应,则应考虑化疗。

四、局部治疗

1. 放疗

放疗是乳腺癌骨转移姑息性治疗的有效方法。骨疼痛是骨转移的常见症状,也是影响患者生活质量及活动能力的主要原因。脊椎、股骨等负重部分骨转移并发病理性骨折的危险约为30%。病理性骨折将显著影响患者的生活质量和生存时间。放射治疗用于乳腺癌骨转移治疗的主要作用是缓解骨疼痛和降低病理性骨折危险。

放疗包括体外照射与放射性核素治疗两类。体外照射是骨转移姑息治疗的常用有效方法,主要适应证为有症状的骨转移灶,缓解疼痛及恢复功能,选择性用于负重部位骨转移的预防性放疗,如脊柱或股骨转移。

放射性核素治疗对缓解全身广泛性骨转移疼痛有一定疗效,但有些患者在核素治疗后骨髓抑制发生率较高,而且恢复较慢(约需12周)可能会影响化疗的进行。因此,临床上使用放射性核素治疗前应充分考虑选择合适的病例和恰当的治疗时机。

2. 手术治疗

手术减压和术后放疗适用于有脊髓压迫或者脊柱不稳定患者,要求该部分患者一般情况较好,并且预计生存期较长。适应症:难以控制的疼痛;

长骨的病理性骨折;脊柱转移灶引发的神经症状不超过 3 周;持续加重的神经损害预计生存期长于 3 个月;骨盆部位的放疗经放疗化疗估计存活时间超过 4 个月;原发病灶已经根治的孤立性骨转移瘤。

骨转移外科治疗的目的是提高患者生活质量。骨外科技术的进步可最大限度地解决癌症骨转移患者肿瘤压迫神经的问题,并可减轻疼痛、恢复肢体功能,从而改善患者生活质量。对骨转移患者进行密切的随访观察以便早期发现骨转移灶,对具有潜在病理性骨折的长骨作出恰当的判断以决定是否需要手术。

五、止痛治疗

止痛药是缓解乳腺癌骨转移疼痛的主要方法。骨转移疼痛的止痛药治疗应遵循 WHO 癌症三阶梯止痛指导原则:首选口服及无创给药途径,按阶梯给药,按时给药,个体化给药及注意细节。

非类固醇类抗炎药是骨转移疼痛止痛治疗的基础用药,当止痛效果不佳或出现中、重度疼痛时,推荐联用阿片类止痛药。发生神经病理性疼痛时,应根据病情选择辅时用药,例如出现烧灼痛、坠胀痛等表现时,可选择联用阿米替林、去甲替林或多塞平等三环类抗抑郁剂;出现电击样疼痛或枪击样疼痛时,可选择联用加巴喷丁或卡马西平等抗惊厥药。

止痛药可与双膦酸盐、放疗等联用。

六、乳腺癌骨转移药物

最常用的一类药物是双膦酸盐,双膦酸盐是焦膦酸盐分子的稳定类似物。破骨细胞聚集于矿化骨基质后,通过酶水解作用导致骨重吸收,而双膦酸盐可以抑制破骨细胞介导的骨重吸收作用。双膦酸盐可以抑制破骨细胞成熟、抑制成熟破骨细胞的功能、抑制破骨细胞在骨质吸收部位的聚集、抑制肿瘤细胞扩散、浸润和黏附于骨基质。

在乳腺癌骨转移中使用双膦酸盐的主要目的是降低骨相关事件的发生率,同时可以治疗骨痛和高钙血症。

目前主要药物有二代的帕米膦酸二钠和阿仑膦酸钠。以及三代的唑来膦酸和伊班膦酸。

帕米膦酸二钠静脉滴注,每次 60~90 mg,输注时间不少于 3 小时,每3~4 周用药 1 次。

　　唑来膦酸静脉滴注,每次 4 mg,输注时间大于 15 分钟,每 3～4 周用药 1 次。

　　伊班膦酸静脉滴注,每次 6 mg,输注时间大于 15 分钟,每 3～4 周用药 1 次。

　　用药时间至少 6 个月。

　　停药指征包括:

　① 使用中监测到不良反应,且明确与双膦酸盐相关;

　② 治疗过程中出现肿瘤进展恶化、出现其他脏器转移危及生命;

　③ 临床医生认为可以停止使用;

　④ 但经其他治疗后骨痛缓解不是停药指征。

　　注意事项:使用双膦酸盐前应检测患者的血清电解质水平,重点关注血肌酐、血清钙、磷酸盐、镁等指标。

乳腺癌局部和区域淋巴结复发诊治原则

1. 局部和区域复发的定义

局部复发是指早期乳腺癌乳房保留治疗后同侧乳腺内，或可手术乳腺癌乳房切除术后同侧胸壁再次出现肿瘤；区域复发是指患侧的淋巴引流区，包括腋窝、锁骨上/下及内乳淋巴结区域出现肿瘤。孤立性复发是指在发现局部－区域复发时，通过常规检查未发现合并其他部位的转移。

2. 诊断

完整全面地检查以明确复发时有无合并远处转移。

细针穿刺虽然可以提供复发的依据，但仍需要获得复发灶的组织诊断，并确定复发病变的生物学标志物（ER、PR 和 Her-2）状态。胸部 CT 等影像学检查，需要覆盖完整的胸壁和区域淋巴结。如果复发患者既往曾接受术后放疗，则诊断复发时的影像学检查需要明确复发病灶在放射野内还是放射野外，以及距离放射野边缘的距离。此外还需要增加对有无放射性肺损伤的评估。如接受过术后放疗的患者出现臂丛神经症状或上肢水肿，且临床无明显淋巴结肿大，推荐行增强 MRI 或 PET/CT 扫描，有助于鉴别复发和放射性纤维化。18-FDG PET/CT 可与 CT 同时进行，有助于评估复发患者复发的完整范围，尤其是当胸部 CT 表现可疑或不能确定性质时，有助于评估有无远处转移，并有助于鉴别治疗后改变与复发。

3. 治疗原则

无论乳房保留治疗后复发还是乳房切除术后复发，均需要多学科评估和治疗，以最大程度优化治疗原则，目的在于一方面有效地控制局部疾病，另一方面尽可能地减少或延迟再次复发或远处转移的发生。

（1）保乳术后同侧乳房复发

① 单灶复发或可手术的复发患者，补救性乳房切除是最主要的局部治疗手段，可以获得 60%～70% 的 5 年局部控制率和约 85% 的总生存率。如果首次手术时未行腋窝淋巴结清扫，乳房切除术的同时可行 I/II 组腋窝淋巴结清扫。若以往曾经行腋窝淋巴结清扫，经临床或影像学检查发现淋巴结侵犯证据时可行腋窝手术探查或补充清扫。

② 若复发范围广泛或累及皮肤，甚至呈现炎性乳腺癌表现，则需先行全身治疗后再考虑局部手术和（或）放疗。

③ 补救性乳房切除术后一般不考虑胸壁放疗,但如腋窝淋巴结有转移而既往未行区域淋巴结照射的患者需补充锁骨上/下淋巴结的照射。

(2)乳房切除术后复发:与保乳术后孤立乳房内复发患者相比,乳房切除术后胸壁和区域淋巴结复发的患者预后较差。同时首发胸壁复发患者,后续锁骨上淋巴结复发率较高。而首发区域淋巴结复发的患者,后续胸壁复发率也可高达30%。所以在既往没有接受过术后放疗的患者,在首次复发行放疗时,需包括易再次复发的高危区域。

(3)胸壁复发:胸壁结节可切除者,推荐局部广泛切除。但是单纯手术切除的后续再次复发率可达60%～75%,放射治疗可以显著降低再次复发率,是局部区域性复发患者综合治疗的主要手段之一。首次复发患者局部小野照射会带来高达50%以上的再次复发率,且小野照射后再次复发中有2/3位于原射野以外,所以在既往没有接受过术后放疗的患者中照射靶区需要覆盖患侧全胸壁,并需要对锁骨上/下淋巴引流区进行预防性照射。弥漫性复发患者需要先行全身治疗,根据局部病变的退缩情况并排除远处转移后,再行胸壁和区域淋巴结的放疗。

对于以往曾经行术后放疗的患者,再次照射的价值尚未证实,若复发病变不能手术或切除不完全,在充分考虑术后放疗与复发的间隔时间,放疗后正常组织改变的程度、局部-区域复发的风险,并且平衡了再照射的风险和益处之后,可针对复发病变局部再照射。

(4)孤立的腋窝淋巴结复发:手术切除为主要的治疗手段,若以往未行腋窝淋巴结清扫,则需要补充清扫。而腋窝淋巴结清扫后复发患者如可手术,则对复发灶行补充切除。在既往无术后放疗的患者补充腋清扫后,需对锁骨上/下淋巴引流区和胸壁行预防性照射。对于复发病变无法完全切除的患者,照射范围还需包括腋窝。

(5)锁骨上淋巴结复发:如既往未行放疗,放疗靶区需包括锁骨上/下淋巴引流区和胸壁;如既往有乳房和胸壁照射史,可单独给予锁骨上/下淋巴引流区的放疗,照射野需与原照射野衔接。对既往无放疗史患者,可考虑行锁骨上淋巴结清扫术。

(6)内乳淋巴结复发:内乳淋巴结复发的治疗原则与锁骨上淋巴结复发相同,如既往无胸壁照射史,放疗范围除包括内乳区外,还需要包括患侧胸壁。但胸壁和其他区域淋巴结复发患者,在放疗靶区的选择上,原则上不需要对内乳区进行预防性照射。

（7）放射治疗技术：与二维治疗相比，基于 CT 定位的三维治疗计划可以显著提高靶区覆盖程度，并合理评估正常组织照射体积和剂量，推荐在复发患者中尽可能采用。全胸壁和区域淋巴结照射剂量达到 50 Gy，共 25 次或相应的生物等效剂量后对复发灶需要加量至 60 Gy，对未切除的复发灶照射剂量需要达到60 Gy以上，但必须控制正常组织损伤。加热配合局部放疗可以在一定程度上改善局部控制率。

（8）全身治疗策略：下列情况需要考虑全身治疗：孤立的局部区域复发在得到有效的局部治疗后，巩固化疗有可能改善无病生存和总生存，应考虑化疗，尤其是复发病灶对内分泌治疗不敏感或无效者；激素受体阳性患者内分泌治疗，具有可持续治疗和降低再次复发率的价值；复发灶广泛乃至放射治疗难以覆盖完整的靶区，同期放化疗可以提高局部控制率；Her-2 阳性患者可以联合靶向治疗。与其他复发转移患者的治疗原则一致，应密切跟踪治疗方案的疗效，并适时调整治疗方案。推荐局部-区域复发患者参加前瞻性临床研究。

乳腺癌的中医药治疗

中医把难治之病称为绝证,中医外科有四绝证——失荣、舌疳、乳岩、肾岩翻花。这里的乳岩就是现代医学所说的乳腺癌。可见乳腺癌从古至今都是难治性疾病。乳腺癌是妇女最常见的恶性肿瘤之一,现代医学治疗强调包括手术、放疗、化疗、内分泌、生物治疗、中医药等的综合治疗,"以有效疗法为主的综合治疗"已成为乳腺癌公认的治疗方案。中医药治疗可以贯穿于其中任何一个环节。

虽然现代医学的发展给乳腺癌患者带来了革命性的治疗,但其也存在一定的不足,主要表现在对生活质量重视不够。近年来,现代医学已经意识到生活质量的重要性,譬如保乳手术、保腋窝手术的开展以及止吐药物的更新换代都是注重人性化治疗的表现,但究其根本,主要治疗重点仍然是人的"病",而不是生病的"人"。中医学认为形体是第一性的,精神是第二性的,两者相互依附不可分割。"形乃神之宅,神乃形之主",在人的生命活动中以及疾病的治疗中缺一不可,"故能形与神俱,而尽终其天年"。所以在改善乳腺癌患者生活质量的治疗过程中中医辨证治疗体现出了独特的优势。长期临床实践也表明了中医药提高生活质量在参与乳腺癌治疗方面的重要性。

大量的临床观察和实验研究结果均显示中医药在乳腺癌围术期、围化疗期、围放疗期以及巩固期的治疗中有着广阔的适应证和独特的优势。从整体出发,调整机体阴阳、气血、脏腑功能的平衡,中医药能减轻患者手术、化疗、放疗以及内分泌治疗的毒副反应,提高患者的生存质量,同时通过调整机体功能,增强抗肿瘤的免疫力,预防乳腺癌术后复发转移。

一、中医对乳腺癌的认知

1. 中医对乳腺癌病名及症状的认识

在中医古代文献中,对乳腺癌最早描述见于晋·葛洪《肘后备急方》:"痈结肿坚如石,或如大核,色不变,或作石痈,不消。""若发肿至坚而有根者,名曰石痈。"它描述了乳腺癌的石样硬度。根据乳腺癌的临床表现,大略对应于中医的石痈、乳石痈、乳岩、奶岩、石奶、审花奶、乳栗、奶栗、乳痞、翻花石榴、乳中结核、妒乳、乳疳、乳节、乳癌等。

古代文献对乳腺癌症状、体征记载颇为详细,对乳腺癌有了较确切的认识。《外科正宗》对乳腺癌的症状描述甚详："聚结成核，初如豆大，渐若棋子，半年一年，二载三载，不痛不痒，渐渐而大，始生疼痛，痛则无解，日后肿如堆粟，或如覆碗，紫色气秽，渐渐溃烂，深者如岩穴，凸者若泛莲，疼痛连心，出血则臭，其时五脏俱衰，四大不救，名曰乳岩。"可以看出当时对乳腺肿瘤的观察和认识已相当深入，对乳腺癌的不良预后都有一定的认识。

2. 中医对乳腺癌病因病机的认知

（1）正气不足、气血两虚是乳腺癌发生的内在和根本：当气虚引邪客于乳络而患本症。《内经》："正气存内，邪不可干"和"邪之所凑，其气必虚"的理论，对乳腺癌的发病是由正虚而得是理论指导依据。

（2）情志内伤、忧思郁怒是本病发生发展的重要因素：根据脏腑经络学说，乳头属足厥阴肝经，肝脉布络胸胁，宜疏泄调达。郁怒伤感，肝失疏泄则胸胁脉络气机不利。乳房属胃，脾胃互为表里，脾伤则运化无权而痰浊内生，以致无形之气郁与有形之痰浊相互交凝，经络痞涩，日积月累，结滞乳中而成本病。

（3）肝肾不足、冲任失调：肾为元气之根，冲任之本。肾气充盛则冲任脉盛，冲任之脉上贯于乳，下濡胞宫。冲为血海，任主胞胎，冲任系于肝肾，肝肾不足，无以充养冲任，可致通盛失常，冲任之脉起气街（胞内），与胃经相连，循经上行乳房。肝肾不足，冲任失调而致气、血虚，气血运行不畅而致气滞血凝，阻于乳中而成本病。

（4）毒邪蕴结：由于气郁痰浊结聚或气滞血凝，积久化火成毒以致毒邪蕴结，结成坚核。临床见苍肿紫色气秽、肿块表面网布血丝，孔窍溢出红褐色血水，溃后渗流臭秽血水等。

（5）瘀血凝滞：乳癌肿块坚硬，表面高低不平，血丝网络，乳头溢液，舌质紫有瘀斑等体征，中医辨证均属血瘀证候。乳癌中晚期可见痛引胸腋，属于"久病血瘀"，"九虚夹瘀"。瘀由肝郁气滞，气滞血瘀，病久气郁化火，气火内盛，气血津液被煎熬，痰浊瘀血互结，经络痞涩，结滞乳中而成。

（6）厚味所酿，痰浊凝滞：恣食厚味，脾胃运化失司，以致痰浊凝结，积聚日久，痰凝成核，痞阻经络而成乳癌。朱丹溪《格致余论》："厚味所酿，以致厥阴之气不行，故窍不得通，而不得生。"这与现代研究高脂肪饮食可以影响细菌在肠道内产生致癌作用的雌激素，而发生乳癌，是相吻合的。

二、中医如何治疗乳腺癌

中医药治疗有着广泛的适应证和独特的优势,几乎适用于任何乳腺癌患者,尤其是对于已经丧失手术根治机会而又不宜放化疗的晚期患者,更有重要的治疗作用。虽然中药治疗的近期有效率低,瘤体的缩小或许改变不明显或较缓慢,但其治疗作用和缓持久,患者术后体质恢复快,临床症状改善明显,生命质量提高,复发转移率低,远期稳定率高,总的生存期延长,无明显的毒副作用,并可以减轻放、化疗所致的毒副反应。其重要的临床意义和广泛的应用前景,日益受到人们的重视。

1. 辨证论证为主

我们常将乳腺癌分为四型:

(1) 肝郁气滞型

主症:临床多见情志不畅、精神抑郁、胸闷胁胀、纳食不香,舌质暗,脉弦或弦细。

治法:疏肝理气,养血散结。

方药:常以逍遥散(当归、白术、白芍、柴胡、茯苓、生姜、薄荷、甘草)加减。

(2) 脾虚痰湿型

主症:身体肥胖,纳差乏力,大便溏薄,舌质淡胖,或边有齿痕,苔白略厚腻。

治法:健脾祛湿,散结化痰。

方药:常以六君子汤(人参、茯苓、白术、甘草、陈皮、半夏)加减。

(3) 瘀毒蕴结型

主症:临床多见疼痛剧烈、气短、乏力,舌质暗、边有瘀斑,苔薄黄、脉涩。

治法:解毒化瘀,扶正祛邪。

方药:桃红四物汤(桃仁、红花、当归、白芍、生地黄、川芎)加银花、野菊花、蒲公英。

(4) 气血双亏

主症:临床多见全身乏力、形体消瘦、精神不振、纳差,舌质淡,苔薄白,脉沉细弱。

治法:益气养血,温阳解毒。

方药:八珍汤(人参、茯苓、白术、甘草、当归、地黄、川芎、白芍)加肉桂、黄芪。

2. 辨证与辨病相结合

辨证是以中医学四诊八纲为主要手段,综合分析临床各种证候表现来研究疾病的病因、病位、病性、病机、病势及邪正斗争的强弱、病机及发生、发展的规律,认识和辨别疾病的部位、寒热、虚实以及转归等,然后确定治疗方法,它强调治疗的个体化、阶段性。而辨病是应用现代科学的理论和工具,通过物理、生化等检查手段,作出相对准确的诊断,并从病因学的角度确定治疗原则,以消除致病因素,促使机体修复,强调治病的系统性、连续性、普遍性。

临床一般先以西医诊断确定病名,然后再按照中医理论进行辨证论治,在中医理论的指导下,使治疗原则与方药结合的更紧密以提高治疗效果,更好地应用于临床。治疗乳腺癌常用的中药有:山慈姑、蒲公英、白花蛇舌草、半枝莲、夏枯草、草河车、郁金、白英、蛇莓、蜀羊泉,临证时常选其中一二味,做到病有主药。如出现肺转移,常以沙参、麦冬、鱼腥草、川贝、土茯苓、百部等药酌情加减,如出现肝转移,常加茵陈、龙葵、八月札、凌霄花、炙鳖甲、炮山甲,如出现骨转移,常加川断、牛膝、透骨草、鹿含草、木瓜、威灵仙,如出现脑转移,常加枸杞子、菊花、生地等药。而这些辨病,必须是在中医的辨证分型基础上加减使用的。

3. 扶正与祛邪相结合

中医学指出"邪之所凑,其气必虚",提出了以内虚为根本病因的学说,致癌因素是变化的条件,内虚是发病的根本,内外合邪引起人体气滞血瘀、痰凝毒结。因而在辨证论治中应分清虚实之主次,辨别邪正盛衰。认真权衡后立足于扶正祛邪并施,力争以扶正来祛邪,以祛邪来扶正。临床上需因人因时因地制宜,不能盲目地重用峻猛攻逐和苦寒的药物,这样势必耗气伤阴败胃。也不能一味地只用扶正药,而不用祛邪药去缩小和消除肿瘤,这将导致肿瘤的生长。如选用苦寒的半枝莲、白花蛇舌草等清热解毒类药物时,常佐以党参、白术、茯苓、黄芪等益气健脾。在应用活血化瘀药时,如莪术、桃仁等,时间不宜久,需佐以扶正的太子参、黄芪以免转移。这样攻中寓补,攻而不伐。如果一味妄攻,无视病机所在,往往导致治疗的失败。

4. 手术、放化疗后并发症的治疗

乳腺癌术后皮瓣坏死:乳腺癌术后出现皮瓣坏死糜烂,皮肤灰白,腐肉色暗不鲜。多因供血不足所致头晕目眩,少气懒言,肢软神疲,惊悸失眠,面色少华,纳食少思。苔薄色淡,脉细无力。

治法:益气养血、宁心安神、活血化瘀,扶正祛邪。

方药:人参养荣汤合血府逐瘀汤。

党参 15 g	黄芪 30 g	焦白术 15 g	茯苓 15 g
当归 9 g	红花 6 g	紫丹参 30 g	桃仁 9 g
赤白芍 9 g	制首乌 12 g	砂仁 3 g	陈皮 6 g
姜半夏 9 g	制香附 12 g	白花蛇舌草 30 g	

加减:心悸失眠加枣仁 9 g、远志 6 g、麦冬 9 g;头晕耳鸣加熟地黄 15 g;肩臂牵制受限加鸡血藤 15 g、桑枝 15 g;疮面感染加蒲公英 30 g;腐肉加黄芪 50 g;疮面光红加生晒参 9 g。

术后身体虚弱者,治宜调补气血。药用:

党参 12 g	白术 12 g	茯苓 12 g	炙甘草 6 g
当归 12 g	熟地黄 15 g	白芍 12 g	何首乌 15 g
生黄芪 30 g	黄精 15 g	山药 15 g	生薏仁 30 g

乳腺癌术后腋淋巴转移上肢水肿:患者上肢水肿、肿胀连及手指,指间关节板滞,皮肤麻木。时伴胸闷心悸,纳谷少思,苔薄白质淡,脉迟缓。

治法:补气养血、健脾祛湿、通经活络、化痰消肿。

方药:解悬汤合桃红四物汤加减。

党参 15 g	当归 9 g	黄芪 15 g	茯苓皮 15 g
焦白术 15 g	紫丹参 15 g	益母草 15 g	赤芍 9 g
女贞子 15 g	桃仁 9 g	红花 9 g	川芎 6 g
鸡血藤 15 g	桑枝 15 g	半枝莲 15 g	天仙藤 15 g

放疗后邪毒伤阴:皮肤干燥,局部触痛或瘙痒,皮肤发红,或呈深褐色,毛发稀疏脱落。神疲乏力,食欲减退,舌光红,脉细数。

治法:益气养阴,凉血解毒。

方药:生脉饮合清营解毒汤。

黄芪 30 g	生地黄 30 g	玄参 15 g	南北沙参 15 g
麦冬 12 g	芦根 30 g	石斛 15 g	玉竹 10 g
银花 15 g	白花蛇舌草 30 g		

加减:胃阴不足,恶心呕吐者加姜竹茹 9 g、代赭石 15 g;失眠虚烦者加百合 15 g、枣仁 9 g;血象偏低者加黄精 20 g、制首乌 10 g。

放疗后放射性肺炎,治宜养阴清肺。药用:

芦根 30 g	桑白皮 9 g	知母 12 g	南北沙参各 15 g
天麦冬各 15 g	炙枇杷叶 9 g	杏仁 9 g	生薏仁 30 g
橘叶皮各 6 g			

化疗后骨髓抑制白细胞减少:头晕乏力,恶心呕吐,口腔糜烂,胸闷心悸,面色少华,齿龈出血。苔薄质胖,边有齿印,脉濡细。

治法:益气养阴,生津润燥,培补气血,健脾和胃。

方药:八珍汤合六味地黄汤加减。

党参 12 g	黄芪 30 g	生熟地 15 g	焦白术 12 g
当归 15 g	白芍 15 g	淮山药 15 g	山萸肉 9 g
茯苓 9 g	川芎 9 g	阿胶 9 g	天麦冬 12 g
北沙参 12 g			

加减:口干舌红者加西洋参 6 g、川石斛 15 g、天花粉 12 g、炙龟板 30 g;干哕、呕吐者加姜半夏 9 g、姜竹茹 9 g。

化疗后白细胞减少者,治宜养血生血。药用:

黄芪 30 g	当归 12 g	党参 15 g	何首乌 15 g
熟地黄 15 g	龙眼肉 15 g	女贞子 15 g	旱莲草 15 g
补骨脂 15 g	炙甘草 6 g	枸杞子 15 g	阿胶(烊冲)15 g

化疗后消化道反应,治宜健脾和胃。药用:

陈皮 12 g	姜半夏 15 g	茯苓 12 g	生薏仁 30 g
鸡内金 30 g	白术 15 g	紫苏梗 12 g	竹茹 9 g
砂仁 3 g	木香 6 g	枳壳 6 g	炒谷麦芽各 30 g

乳腺癌肺及胸膜转移:咳嗽、痰中带血或咯血,胸膜渗液或胸痛。

治法:滋润肺阴,凉血解毒。

方药:六味地黄汤合百合固金汤加减。

北沙参 15 g	生地黄 15 g	麦冬 12 g	百合 12 g
黄芩 10 g	全瓜蒌 15 g	藕节 5 g	仙鹤草 30 g
徐长卿 30 g	夏枯草 15 g	白花蛇舌草 30 g	

加减:阴虚潮热加炙龟板 30 g、地骨皮 15 g;气阴二虚短气自汗加黄芪 15 g、生晒参 9 g;脾虚痰湿,腹胀痰多加炒白术 12 g、鱼腥草 30 g;气滞血瘀胸痛,痰色褐加延胡索 12 g、三七 2 g。

乳腺癌肝转移：面目俱黄，胁痛腹胀，纳少呕恶，小便黄赤，大便干结。伴见腹水及恶液质。

治法：清热利湿，养肝健脾。

方药：茵陈蒿汤和归芍六君汤加减。

茵陈 12 g	炒山栀 9 g	全当归 15 g	炒白芍 12 g
党参 12 g	炒白术 12 g	茯苓 12 g	白花蛇舌草 30 g
玄胡 12 g	蜀羊泉 30 g	徐长卿 30 g	制香附 12 g
七叶一枝花 30 g			

加减：见血瘀证候加桃仁 12 g、泽兰 12 g、三棱 12 g、莪术 12 g；见阴虚胃热，口鼻、牙龈出血者加生地黄 30 g、川牛膝 15 g、芦根 30 g；脾虚腹胀尿少加大腹皮 15 g、炒车前子 12 g、黑白丑各 12 g、鸡内金 9 g；便燥干结者加生大黄 9 g；枳实 9 g；全瓜蒌 15 g。

乳腺癌骨转移：受累骨骼持续疼痛，腰背伴下肢放射痛，行动不便，翻身困难，骨肿坚硬疼痛难忍，如针扎锥刺，皮色紫褐，形瘦神疲。

治法：补益肝肾，祛瘀解毒。

方药：调元肾气丸加减。

独活 9 g	生熟地黄 15 g	当归 15 g	山萸肉 9 g
川断 12 g	杜仲 9 g	怀牛膝 15 g	蜀羊泉 30 g
山慈姑 9 g	肿节风 15 g	桃仁 12 g	白花蛇舌草 30 g
制香附 12 g	延胡索 12 g		

加减：见血瘀者加三棱 12 g、莪术 12 g；痛入骨髓者加蜈蚣 5 g、僵蚕 12 g、土茯苓 30 g；阴虚内热，消瘦者加炙鳖甲 30 g、地骨皮 15 g；阴阳两虚，骨软无力加鹿角片 9 g、巴戟天 12 g、黄精 20 g；骨肿痛甚者加七叶一枝花 30 g、石见穿 30 g、延胡 12 g、寻骨风 30 g。

乳腺癌脑转移：头痛，神昏，目糊，呕吐，抽搐，甚者可昏迷。

治法：育阴潜阳，祛风解毒。

方药：羚羊钩藤饮加减。

羚羊角 0.6 g	钩藤 12 g	龙齿 30 g	生石决明 30 g
珍珠母 30 g	生地黄 30 g	姜竹茹 12 g	僵蚕 9 g
川芎 9 g	枸杞子 15 g	天麻 9 g	白花蛇舌草 30 g
蜀羊泉 30 g	七叶一枝花 30 g		

加减:肝肾阴亏者加山萸肉9 g、熟地黄30 g;抽搐甚者加全蝎8只、蜈蚣3条、地龙10 g研为细末,分6包,每次1包,每日3次;热毒内甚者加广犀角15 g、葛根15 g、黄芩10 g;气虚痰壅加生晒参12 g、石菖蒲12 g、广郁金9 g、莱菔子30 g。

晚期乳腺癌不能手术者:乳腺癌肿块质坚,高低不平,推之不动,皮色紫暗,腋下胸锁肿块累累,手臂肿胀。头晕乏力,神疲气短,痛引胸胁,夜寐不宁,口干津少,苔薄质紫,脉细弦小数。

治法:活血散瘀,解毒散坚。

方药:蜂穿不留汤加减。

| 露蜂房9 g | 穿山甲9 g | 石见穿15 g | 留行子15 g |
| 莪术15 g | 黄芪15 g | 当归15 g | 三七粉2 g |

加减:癌块直径超过3 cm加水红花子9 g、桃仁12 g、蛇六谷30 g(先煎);已溃加太子参15 g、土茯苓30 g;偏阳虚畏寒者加淡附子9g、鹿角9 g;阴虚低热者加炙龟板30 g、地骨皮15 g、生地黄30 g。

单验方

- 薜荔果(鬼馒头)30～60 g。
- 鲜天门冬30～60 g,水煎服,每日一次。或剥皮后生吃。
- 生蟹壳数十枚,焙干后研末,吞服或黄酒送服,每日6 g。
- 龟板数块,炙黄研末,黑枣肉捣烂为丸。每日10 g,白开水送下。
- 藤梨根30 g、野葡萄根30 g、八角金盘3 g、生南星3 g。煎服每日一剂。

三、精神因素在乳腺癌中的作用

情志,是"七情"与"五志"的合称,我们现今称谓的"七情"曰"喜、怒、忧、思、悲、恐、惊"。情志是一种精神心理状态,通过内外因的相互作用而形成。其实,情志远不止"七情、五志"。七、五只是一个虚数,源于古人对人体解剖及五行学说的特殊理解。情志是一个广义的概念,是中医学特有的称谓,是人精神活动中常见的情绪状态的总体概括,是中医学特有的研究人的精神心理活动的基本概念之一。中医认为,七情是健全个体日常生活中始终存在着的正常过程,在正常情况下,七情一般不会使人发病,即所谓的"人非草木,孰能无情"。但是情志刺激或其他不良因素突然、强烈或长期持久地作用于人体,超过了人体本身生理活动的调节范围,就会导致人体气机紊乱,脏腑气血功能失调而发病,故内经上强调"百病始于气(情志)"。

中医认为七情内伤是乳腺癌的主要病因之一。从女性的生理特点来看,女性属阴,以血为体为用,血常不足,气分偏盛。从心理特点来看,女性偏于情感,不耐情伤,情绪易于波动。孙思邈《备急千金要方》中分析:"女子嗜欲多于丈夫,感病倍于男子,加以慈恋爱憎,妒忌忧患,染着坚牢,情不自抑。"说明妇女在脏腑气血变化的过程中,更易于受情志因素的影响,而发生癌症。中医认为情志内伤可导致气血运行紊乱,脏腑功能失调,气滞、血瘀、痰凝、毒聚相互搏结,蕴集乳络,最终发为乳癌。

乳腺癌是情志之病,治疗上也应重视精神调养。明清医家对本病的治疗多重视疏肝理气法的应用。中医有"女子以肝为先天"的说法强调了肝郁在妇女疾病中特殊、肝气郁滞,最易克乘脾土,引起脾的功能失调,肝郁脾虚,则气血郁滞,痰湿留聚。清代《外证医案汇编》:"若治乳症,从一气字着笔,无论虚实新久,温凉攻补,各方之中挟理气疏络之品,使其乳络疏通,气为血之帅,气行则血行……自然窒者易通,郁者易达,结者易散,坚者易软",奠定了以疏肝理气来治疗各种乳房疾病的理论基础。

四、中医治疗与饮食关系

中医素有"药补不如食补"、"能食补就不用药补"之说,食补的优势主要是:① 食物营养丰富,是补养气血,调节机体阴阳平衡的必需品;② 食物具有性味,通过它可以纠偏疗疾,且性味平和无毒;③ 食物与药物相比资源丰富,价格低廉,故在康复中应以食补为主。在癌症康复中,调理脾胃十分重要,只有脾胃健康,才能进补受补。调理脾胃宜选甘淡食物为主,应避峻补、远滋腻,并注意缓调,持之以恒。

中医食疗具有以下几个鲜明的特点:

1. 平衡饮食原则 是指饮食的种类齐全,数量充足,比例适当。平衡饮食首先要种类齐全"食不厌杂"。其次,要寒热温凉阴阳平衡。寒凉之食可清热,但易伤阳,如过食久食阴性食物,则可产生阳虚,或生内寒;温热之食可去寒,但易伤阴,如过食久食阳性食物,则可阳亢或生内热,所以饮食一定要保持寒热温凉的平衡。再次,要保持酸苦甘辛咸五味的平衡,五味都是人之所需,但是过偏就会损害健康。第四,还要注意食物的合理配伍,中医认为,食物之间也同药物一样存在着相须相使、相畏相杀和相恶相反的关系,食物配伍一定要符合前两种关系,避免后四种关系。

2. 有利无害原则 中医认为脾为后天之本,为人体水谷精微主要来源,任何饮食都不应损伤脾胃功能,这是其一。第二,中医非常重视不同生理状态下的饮食禁忌,首要是病中饮食禁忌。《金匮要略》指出:"所食之味,有与病相宜,有与身为害,若得宜则宜体,害则成疾"。所以在疾病的不同时期,就有不同的饮食禁忌,尤其是肿瘤疾病,因易复发和转移,更要注意禁忌。

3. 三因施食原则 中医食疗主张因人、因时、因地制宜,饮食营养要与人的身体状况相适应。首先要因人制宜。中医对于男女老幼有着不同的食养进补原则。认为男性属阳,阳常有余,阴常不足,平时可多食阴性食物。少女属阴,阳常不足,平时可多进食温热阳性食物,但中年产妇气血常不足,阴虚内热,又宜多食益气养血清热之品。老年人要以健脾补肾食物为主。此外,中医还十分注意因不同季节、不同地域,所选食物亦不同。

乳腺癌患者要注意

• 忌食生葱蒜、母猪肉、南瓜、醇酒以及辛温、煎炒、油腻、荤腥、厚味、陈腐、发霉等助火生痰有碍脾运的食物。

• 乳腺癌术后,可给予益气养血、理气散结之品,巩固疗效,以利康复,如山药粉、菠菜、丝瓜、海带、山楂、玫瑰花等。

• 放疗时,易耗伤阴精,故宜服甘凉滋润食品。如杏仁霜、枇杷果、白梨、乌梅、莲藕、香蕉、橄榄等。

• 化疗时,若出现消化道反应及骨髓抑制现象,可食和胃降逆、益气养血之品,如鲜姜汁、鲜果汁、粳米、白扁豆、黑木耳、葵花子等。

> **小贴士**
>
> 乳腺癌从人群比较研究提示,总的脂肪摄取与乳腺癌死亡率相关。增加脂肪摄取可使促乳激素分泌增加。因此,降低脂肪占总热量的比例,脂肪摄取量由占 40% 降低至 10%～15%,是预防乳腺癌的重要手段。而多吃蔬菜也有预防乳腺癌的作用。

乳腺癌的康复与日常生活

一、乳腺癌患者出院后的康复

康复通常要 3～6 个月时间,康复活动主要从精神和身体两方面进行。

1. 精神方面 树立抗癌信心,保持精神愉快。如听音乐、看书、读报、旅游等。

2. 身体方面

用药:出院时医生通常会建议你继续辅助治疗。如抗癌药物、增强免疫力药物的服用或注射,请按医嘱准确用药。

复诊:保管好你的门诊挂号卡单,出院后一个月后到门诊复查。如果出现胸闷、胸痛、气促等情况,回医院门诊检查。

饮食:进食营养丰富食物,如肉、鱼、蛋、蔬菜等含有丰富的维生素及纤维素,既增加营养,也可减少便秘发生,避免煎炸、腌熏食物,戒烟酒。

休息:注意休息,劳逸结合,参加适当的体育锻炼,如散步、打太极拳、练气功等。活动量根据本身情况而定。

二、乳腺癌患者如何安排日常生活

由于疾病的影响,患者的日常活动常受到限制。根据病情及生活习惯的不同,每个患者的日常生活安排也是不一样的。

日常生活安排得好,就能使自己感受到生活的乐趣,增强身体的抵抗力。癌症是一种复杂的疾病,要达到最佳康复必须采取综合手段。

1. 要保证心情舒畅

这是康复的前提,也是战胜癌症的精神支柱。我国古代医学早就指出"心动则五脏六腑皆摇"。被誉为医学之父的国外医学家希波克拉底说得好"人的情绪便是自己疾病的良医"。一定要正确认识癌症,正确对待癌症,树立战胜疾病的信心,尽快消除恐惧、抑郁等不健康的情绪。精神振作,意志坚定,药物才能更好地发挥作用,自身的免疫系统就能更好地运转。事实亦如此,许多治愈或好转的癌症病人无不谈到精神因素的重大作用。

2. 积极配合治疗

患者在康复阶段仍要继续治疗,要了解医师的治疗方案,主动配合,及时反映治疗中的反应,使医生掌握病情变化,适时调整治疗方案和用药剂量,收到最佳疗效。

3. 重新调节生活规律

患者患病后无论生理、心理上都会发生很大变化,要重新建立生活规律,养成良好习惯。

4. 要适当加强营养

加强营养,这是康复的物质基础。

5. 坚持经常锻炼

这是康复体质的重要手段。要根据自己的病情选择适当的锻炼项目,循序渐进,持之以恒,由被动变主动,由无趣变有趣,进而使锻炼成为最大的乐趣。

三、乳腺癌患者的家庭护理

癌症患者由于被疾病本身所折磨,患者免疫力下降,机体功能减弱,全身状况较差。因此做好乳腺癌护理工作,是治疗期间以及康复期间必须注意的,妥善的乳腺癌护理往往能降低并发症的发生率,提高患者生活质量。

1. 重视环境,注意休息

患者住的房间要清洁优雅,周围安静,避免吵闹。保持房间空气新鲜,阳光充足,定时开窗换气,避免直接吹风,防止受凉。根据温度的变化情况,随时增减衣被,室内温度和湿度要适宜。

房间的色调:病人出院回到家中,居室色调应与病房有所区别,使病人有一种新鲜感、安全感,对康复起着积极的作用。对颜色的选用,并无定论:红、橙、黄等属于温暖色调可刺激和增加脉搏、血压,促进食欲;深蓝色、绿色为冷色调,能使人产生安静、和平、舒适的感觉。家属可根据病人的爱好布置房间,色调要协调、淡雅、柔和,不宜选择对比强烈的色调。

房间的家具:最好为病人安排单独的房间,家具不宜过多,讲究实用、安全,为病人留出足够的室内活动空间。如果病人是老年人,应考虑到安全因素。床铺应尽量摆在有自然光的位置,尽量使用单人床,离墙有一定的距离,便于护理。

房间的音响:可以放一些柔和温暖的音乐,音响超过一定限制会影响病人的身心健康。患者在卧床时对音响更敏感。突然的音响,会使病人从熟睡中惊醒,连续的音乐也会引起病人烦恼、急躁。因此,做家务、走路、说话、

娱乐、开关门时不要产生过大声响,病人睡觉时更应避免噪音。

房间的清洁与消毒:病人由于放疗,抵抗力减低,易发生感染。保证房间清洁,空气新鲜,对病人康复十分重要。主要措施有:定期开窗通风,开窗通风可以有效地降低灰尘及细菌的密度。通风时,不能让风直吹病人,如病人卧床应帮其盖好被子。应根据不同季节选择合适的通风时间,冬天最好在气温较高时;夏天可选择早晚通风,避免中午最热时间开窗,以免炎热空气进入室内使病人感到不适。使用空调和换气设备,应定期擦拭灰尘,以免滋生细菌。含有灰尘的空气易使病人咳嗽,因此在整理床铺时,用半湿毛巾轻轻打扫;清洁地面时,可用拖把擦地,避免干扫。

禁止吸烟:吸烟会严重污染空气,因为烟雾中含有大量有害物质,它可降低病人机体免疫力,以致易发生感染。

避免异味刺激:由于化疗可以增加病人对异味的敏感度,家人在烹调时应尽量减少异味对病人的刺激,如做饭时把病人房间的门窗关上,特别是病人消化道反应严重时应尽量做到清淡。

房间的温、湿度:房间温度在 18～24 ℃,湿度在 50%～60% 较为舒适。

2. 调配饮食,适当活动

由于患者久病,体质衰弱,热量和蛋白质消耗较多,故可适当补充营养和水分,每餐配备富含高热量、高蛋白、高维生素的半流质饮食。如蛋类、牛奶、瘦肉、鸡肉、大米、面食、米粥、鱼类、蔬菜、水果等。绝对戒烟和禁止酗酒,避免食用刺激之物。

3. 注意观察患者的心理活动

癌症患者精神负担重,易失去生存的信心。这时家人要随时观察并与患者沟通思想,重视其心理活动,时时关心体贴安慰患者;要耐心倾听患者的诉说,使患者感到亲人的温暖;避免情绪波动,消除顾虑,保持心情舒畅;合理安排生活起居,维持患者生存的希望。

4. 病情观察

癌症患者多数体质弱,免疫力低下,故要注意预防感冒,避免感染使病情恶化。督促患者外出要戴口罩,少去公共场所。

癌症转移及压迫邻近器官产生的症状,要给予对症处理。当患者病情危重、生活不能自理时,嘱其卧床少动,注意皮肤护理,定时翻身,每天用温水擦洗皮肤,按摩手足,可用红花油、酒精涂擦受压部位,防止压疮发生。

总之要定期复查:一般术后隔月进行一次胸部透视、肝脏 B 超检查。以后随着时间延长,逐渐延长复查的间隔时间。不要讳疾忌医,有情况主动到医院进行检查,治疗上千万不要盲目投药,乱吃秘方等。

5. 乳腺癌切除术后,尽早进行呼吸功能锻炼

做扩胸运动,深呼吸,通过扩胸动作增加通气功能;做腹式呼吸,挺胸时深吸气,收腹时深呼气,改善胸腔的有效容量和呼吸功能。

6. 乳腺癌化放疗期间的家庭护理

舒适度环境:保持室内清洁通风、温湿度适应,避免噪音、异味。

合理的饮食:饮食要求规律、适量、营养丰富、易消化。进食高蛋白(每日蛋白应大于 300 g,如瘦肉、禽蛋、鱼类、牛奶、动物内脏及豆制品等),高维生素(如新鲜蔬菜及水果等),高能量(主食大于 300 g/d,热量为 6 277~7 533 kJ),含铁丰富(动物内脏、鸡蛋黄、奶制品、水果、绿叶菜、大豆、海带、木耳、香菇及芝麻等)和低脂肪的食物。

适量的活动:根据自我感觉,依照血红蛋白水平与血小板计数决定活动量。活动时注意安全,最好有人陪伴,防止碰伤和发生病理性损伤;同时要注意劳逸结合,保持睡眠时间充足。

预防皮肤及口腔黏膜出血:注意口腔卫生,使用软毛牙刷;忌用牙签剔牙;避免过热、过咸、粗、硬及刺激性食物;保持皮肤清洁,使用软毛巾温水擦浴时,动作要轻柔,忌搔抓挤压皮肤;不抠鼻痂,不掏耳道;防止碰伤、擦伤及烫伤。

按时服药,定期门诊随访:定期复查血、尿常规,肝、肾功能等。

四、临终护理

晚期乳腺癌患者,即指那些临床Ⅲ期以上的、不可手术的病例;或术后发生多处淋巴转移,或随血行发生骨骼及远端脏器转移的患者;或术后发生肿瘤复发的患者。这些患者一般预后较差,时日无多,其中有些已经发生恶液质,有多个脏器衰竭的表现。

面对晚期乳腺癌的患者,医护人员及家属都有一种回天无术的无奈,也都有一种发自内心的同情和责任感。一方面,应不放弃每一点希望及曙光,继续进行适当的、积极的治疗;另一方面,一切治疗及护理手段均应以尽可能地减少患者的痛苦、以提高患者的生存质量为基本原则。

如果患者以衰竭的表现为主,则应精心地进行常规护理,避免产生压疮;如果患者以剧烈疼痛的表现为主,应予强力镇痛剂,以减少其痛苦。在患者进入最后的弥留之前,应尽量满足其愿望,令其心满意足地离开人世,而不致留有巨大遗憾。

经常与患者推心置腹地交谈,给予精神上的安慰,用亲情去温暖患者,让其安心并感到没有被抛弃。了解患者的心理活动,减轻患者心理压力以及对死亡的恐惧,使患者树立起延续生命的信心。

第四篇　关注乳腺癌

——全面迎战乳腺癌

癌症就在我们身边

我们每个人都是癌症候选人

关注是一种责任

关注是一种美德

曾经演唱过《寂寞在唱歌》《叶子》的歌手"阿桑"，因为歌声很沧桑，唱片公司为了帮她取个比本名更好叫的小名，从她的歌声中想到了"桑"，就取名叫阿桑。阿桑的个性低调，自己的私事从不愿让人知道，2008年10月罹患乳腺癌晚期，于2009年4月6日早8:30病逝，年仅34岁。

著名青年女歌手叶凡2003年查出患乳腺癌，当时行了保乳手术，2007年乳腺癌复发，3月18日进入医院治疗时，癌细胞已扩散到全身，11月27日去世，终年37岁。"有了好身体，再简单的生活也会过得华丽；没了好身体，再平常的日子也会多风多雨；保重身体，千万要在意，就算是为自己，就算是为家里……"叶凡的新歌《保重身体》刚刚录完还未发行，她就带着对人生无比的眷恋，被乳腺癌夺走了生命。

作为已经出道并签约了唱片公司、曾在青歌赛中获得金奖的歌手，姚贝娜以31岁的"高龄"参加2013年的《中国好声音》，她的勇敢曾经打动了很多人。2011年4月，姚贝娜被检查出患乳腺癌。29岁时就患上乳腺癌，不保守治疗，选择切除手术，术后选择最高强度的化疗，化疗期间开始吃中药；在知道左乳可能长了"坏的东西"到等待手术的时间里，一次没哭过，化疗期间进录音棚录制了《甄嬛传》主题曲和插曲，手术一年后发行了新专辑，2013年又参加了比赛强度极高的《中国好声音》……2015年1月16日姚贝娜因乳腺癌复发病逝于北京大学深圳医院，年仅33岁。姚贝娜的去世再次引发了大众对乳腺病的关注，人死不能复生，也许从另一个方面也提醒着我们每一个人：工作一方面来说是好事，年轻人应该多干点，但是千万别忘了，身体是一切的基础。

姚贝娜去世的那个晚上作者也在一直听她的歌,并用她的歌名写了条微信:这条"鱼"游出了她的"生命之河",留下的是她的《心火》,这是一场《红颜劫》。作为医生,我们觉得非常的惋惜,她在《中国好声音》的导师那英也在追悼会上讲她是个傻姑娘。乳腺癌现在是高发病、高生存率的肿瘤,姚贝娜29岁时就患上乳腺癌,而且患病前期的表现是非常勇敢的,作为演员,她没有选择回避,像陈晓旭那样依靠中医和信仰。手术医生说她的复发率最多5%,但医生想找她复查,她总说在忙。

　　乳腺癌强调全程管理,康复期的调理也是非常重要的,姚贝娜2011年手术,术后2年又参加了中国好声音,自己本人又是个用心演唱的好歌手,可能这么快复发转移与她没有定期复查、随访,高强度的工作,经常夜间工作,生活没有规律,经常要用化妆品,又肺部感染过有关系。她视唱歌为生命,称最后的3年是她最快乐的时光,但对于生命的意义,复旦大学的老师、也是乳腺癌患者的于娟后来总结得很好:活着就是王道。

　　这三位歌手的病例提醒大众:生命,是一场善待自己的旅行乳房是女性美的体现，同时乳房疾病却常常威胁着女性的健康，现今越来越多女性的健康遭受到乳腺癌的侵袭，对乳房健康的关注刻不容缓，应当改变乳腺癌离自己还很遥远的观念。现在有很多女明星患乳腺癌，也有很多女明星积极参与粉红丝带运动。每年10月是"世界乳腺癌防治月"，而10月18日被定为"乳腺癌防治日"。粉红丝带运动是关爱乳房的运动，更是人们对健康和美丽的一种追求，她已经成为了一种爱心和时尚，正在世界各地迅速升温，越来越多的媒体、政要、名人、明星也参与其中。本篇主要讲述乳腺癌与心理、营养、肥胖、运动和疼痛方面的关系。

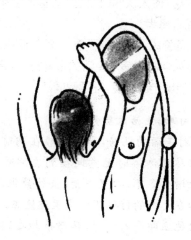

Focusing on women，paying attention to health.

乳腺癌与心理

一、乳腺癌患者的心路历程

乳房是女性美的标志之一,拥有健康挺拔的乳房是成熟女性的骄傲。

乳腺癌患者面临乳房切除的问题,乳房切除会给患者身体和心理带来一定的伤害。乳房切除让乳腺癌患者觉得自己不再完美,身体的残缺影响患者的心理。女性把乳房看得比身体的其他器官更重要,甚至有人说:"我宁愿缺胳膊少腿,也不希望切除乳房。"部分患者会觉得自卑,认为自己从此不再是女人,还有人患癌后就将自己完全归入病人角色,不再行使正常人的功能,从此意志消沉,抑郁寡欢……

有的乳腺癌患者需要面对化疗和放疗及其副反应,肝脏、肾脏、造血功能的损害等,脱发、蛋白减低、身体衰弱、甚至死亡的威胁。所以癌症会影响人的生命,癌症会让人感受生命的无常,人生的不可控性,进而带来无力感、无助感。癌症会让人抑郁、焦虑,使人认知改变、生活状态发生变化,还有对死亡的恐惧,这一切将时刻困扰着患者。

故乳腺癌患者在不同阶段、不同的严重程度会有不同的心理问题。我们尝试讨论几个案例,看看如何将疾病对生活的影响减少到最小,怎样让生活继续下去,怎样可以在患癌后能够走出困境,继续驰骋江湖。

案例1　选择自强自助,生活依然美好

40 岁的林缈,有一对美丽的乳房,如白鸽般在胸前耸立,姐妹们经常美慕她的好身材。半年前林缈沐浴时无意间摸到左侧腋下有一个小小包块,联想到自己有乳腺小叶增生多年,心里一紧,虽然紧张,但是不太想去检查,担心会查出问题。最后在丈夫的催促下才去医院检查。发现是癌症。

她的主治医生建议她立即手术治疗,林缈很担心,反复和医生探讨治疗方案,最后选择保留乳房的手术。不过主治医生要求她术后做化疗。林缈觉得这是她能够接受的最佳方案。手术很顺利,但是化疗让她脱去一头秀发,刚出院的几天闷在家里不敢出门,犹豫了好几天,终于决定走出家门。出门前她找出各种靓丽的帽子和丝巾,在镜子前站了好久,终于选中一款,穿戴好决定去逛街。走进商场,营业员赞美她的帽子很漂亮,没有人用异样

的眼光看她,慢慢地心中的忐忑逐渐消除。不久,夏天来了,头发才稀稀拉拉长出一点点,以前夏天是林缈最爱的季节,她可以展示不同的衣服,长发披肩,美目顾盼有神。可是今年的夏天,林缈犯愁了,头发没了,大热的天,不能带个帽子出门吧。

　　某天正对着镜子很无奈,闺蜜王静来看望她。王静是她可以分担忧愁分享快乐的好朋友。王静打量了一下林缈,说:"阿缈,我发现你的头型很漂亮,以前没机会看到你的光头。40岁的女人几乎没有机会剃光头的,现在老天给了你一个机会,这不是每个人都会有的。你为什么不试试?"林缈说:"你疯了。"林缈的丈夫打趣地说:"我看行。"林缈心里说:"就当你们拿我开心吧",当时没往心里去。夜深人静时,林缈又想起王静的话,觉得不无道理,她在内心做了一个重要决定:明天去理发店理光头发。头发没了,依然可以美目盼兮,衣裙飘兮。第二天顶着光头的林缈,穿着夸张的衣服走上街头,美丽的林缈成了一道风景线,甚至有人会问她:"你是模特吗?光头配衣服配得这么好。"林缈觉得自己走出了心中的阴影,世界一片光明,五彩缤纷,生活依然美好。

　　很多初发乳腺癌的患者都会经历林缈的心理历程,从开始拒绝承认,到矛盾犹豫,最后逐渐接受,平静地生活,积极地应对。医学上分为以下几个历程:

休克—恐惧期

否认—怀疑期

愤怒—沮丧期

接受—适应期

　　对疾病和死亡的恐惧是正常的心理反应,关键是要积极调整心态,达到心理平衡,而且身体状态也会随心理状态的改变朝好的方面发展。

　　正如日本著名医学专家伊丹指出:"惧怕死亡和疾病是非常健康的心理,没有这种害怕,心理是不正常的,对惧怕的心理不要去管它,重点应放在追求有意义的度日上"。

　　几乎每个患者都会走过以上几个阶段,适应之后,最重要的是勇敢面对,走出自己的心理阴影,走进阳光天地。在这个过程中,家人、朋友甚至单位、整个社会的支持都很重要。

　　美国有个女患者化疗后脱发,也剃了个光头,她的闺蜜一起剃了光头并和她合影留念,照片上我们看不出谁是患者,每个人的笑容都发自内心。

生命是相互扶持的,世界需要同理心。

案例2　和谐家庭蒙上阴影,病友示范走出灰暗

陈筱云乳腺癌手术切除术后化疗疗程也结束了,出院已经一个多月了。可是她依然每天折磨着自己,也折磨着丈夫甚至女儿。她每天反复询问丈夫还爱不爱自己,嫌不嫌弃自己,经常长时间地把自己关在房间里,对着穿衣镜中自己残缺的身体默默不语。有时发呆几小时后歇斯底里地发作,使劲捶自己右侧平坦的胸部,继而号啕大哭。这样的过程每天重复,她觉得自己的天空塌了,生活灰暗,没有前途没有光明。经常对女儿发脾气,小小的女儿总是胆战心惊地躲在父亲的背后。筱云也意识到自己的问题已经影响到了夫妻关系,影响女儿的心理健康,但是她就是无法控制。

直到有一天她看到一篇关于乳腺癌患者心理干预的报道,说台湾有这样一群乳腺癌患者,他们都是乳腺癌的幸存者,成立了一个小组来帮助自己也帮助其他乳腺癌患者。每当他们听说有人患了乳腺癌,失去生活的信心,她们便打扮得漂漂亮亮,相约去这个人家里,一到这户人家,她们便关紧房门,每个人轮流依次将上衣脱光,将自己的"乳房"呈现给患者看,她们的伤口或大或小,或长或短,或宽或窄,完全地展现出来。然后穿上各自漂亮的衣服,坐成一圈,每个人分享自己的故事,分享她们发现肿瘤、进行治疗的全过程,讲述各自的心路历程,最后告诉她目前的生活状态,每个人都可以继续穿时髦的衣服,过寻常的生活,进而鼓励病人走出阴影,生活还得继续。

她们的理念是:无论发生什么,生活都得继续。乳腺癌患者也可以活得精彩。

很多乳腺癌患者切除乳房后,会感到羞耻、自卑,觉得不如别人,不愿出门,不想见任何人。有的人对自己失去信心,每天纠缠丈夫问爱不爱自己,要用别人的承诺来武装自己的自信。

其实乳房切除术只是让身体残缺,心理不能残缺。残缺有时也是一种美,残缺的维纳斯带给人更多震撼的美丽、无限的魅力。乳腺癌患者的互助可以现身说法,病友的示范作用比任何心理治疗更有效,能够更快地帮助患者走出阴影,过健康快乐的生活。

在我国,由一些乳腺癌志愿者自行组织的民间病友社会团体正在起着积极的助人、自助的作用。全国15个城市的16家医院共同启动了"友爱历程"乳腺癌患者关怀项目。为乳腺癌患者寻求"同伴支持",对乳腺癌患者提供有益的帮助。该项目将爱心护理、患者教育、日常保健、心理康复等一起包含在乳腺癌个体化治疗中,提升乳腺癌患者长期生存的信心。也有很多艺人参加"粉红丝带"运动,旨在关爱乳房,引导人们健康生活,预防乳腺癌的发生。

案例3　病在她的身上,疼在我的心上,家庭支持、心理援助很重要

"看着她日渐消瘦,看着她日益萎靡,看着她自我否定,看着她自暴自弃、拒绝治疗,病在她的身上,疼却在我的心上。"

"我们是自由恋爱结婚的,大学里我们是同班同学,我对她一见钟情,她对我也很有好感,之后我们一直在一起,这辈子我一定是与她共度的那个人。可是,现在她怀疑我,不信任我,我真的很心痛。为她,为我们二十年的稳固幸福婚姻,我一定要把她治好,倾家荡产我在所不惜。我多次咨询过外科医生了,她属于中期,虽有转移,但是积极化疗之后能够生活很多年。有的人可以一直活下去的,不过,她现在的状态我真的很担心。她已经十几天几乎不吃不喝了,喂她一些她就勉强吃点,不喂她她就不吃,躺在床上不起来,什么也不做,不看电视不看报纸,洗澡都懒得洗。她这是想把自己饿死啊!医生,你一定得想想办法救救她。"

江盈盈的丈夫对江盈盈目前萎靡不振的状态特别着急,江盈盈的外科主治医生建议他丈夫带她做心理检查。在江盈盈进入诊室前,她丈夫先道出了款款深情,接着精神科医生给江盈盈作了详细的检查,诊断她患有抑郁症,建议她接受抗抑郁治疗,江盈盈很是抗拒。医生予以耐心地解释,她的丈夫则又哄又劝,终于说服江盈盈接受治疗,经过3个月的持续治疗,江盈盈慢慢恢复了活泼的状态,走出了灰色的抑郁情绪。

约80%的乳腺癌患者均会在治疗期或康复期出现心理问题,大部分患者可能是一定程度的焦虑、抑郁、恐惧等,其中有40%～60%会出现较为明显的抑郁症状,需要专业的心理治疗。可能还会有大约10%的患者会发展为抑郁症或其他精神类疾病,需到精神科接受正规的药物治疗。

治疗期间,家庭的支持对于乳腺癌患者术后的心理恢复特别重要,当患者抑郁、烦躁、发火时,江盈盈丈夫一直不离不弃,与妻子共同面对,在妻子抑郁严重时说服妻子去精神科进行抑郁症的治疗,从心理上帮助妻子摆脱负面情绪的干扰。

可是,也有的乳腺癌患者家庭,经受不住癌症的破坏,丈夫无法忍受妻子的坏脾气,无法忍受压抑的家庭气氛,另寻新欢,使患病的妻子雪上加霜。

有的乳腺癌患者会走过一段痛不欲生的时期,重新走出阴影,寻觅到新的爱情;也有的会选择离婚后独身,其实独身也是一种自由。

有专家说过:"其实乳腺癌不是人生的尽头,而是该转弯了,乳腺癌可能是上天赐予的一份礼物,目的是让我们学会善待自己,学会放下,学会如何生活得更精彩。"从积极的一面阐释了乳腺癌的意义。很多乳腺癌患者会更加珍惜生命、珍爱自己、关爱他人,使未来的人生过得更有意义。

案例 4　善意谎言破坏了关系,结成同盟勇敢地面对

丈夫一直善意地瞒着招娣,说肿瘤是良性的,不要紧。丈夫为了让招娣好好活着,央求护士帮他一起隐瞒。即使床头的诊断牌上什么也没写,问医生护士也问不出结果,丈夫每次都说没事没事,其实身体的感觉早就让她猜到了自己的病。手术之后没有了乳房,化疗后一头秀发也脱得干净,躯体的疼痛与心理的折磨,使得招娣生活在绝望之中。每次看着丈夫小心翼翼的眼神,招娣心里就越发难受,仿佛小时候爸爸因为自己是个女孩而失望、嫌弃的神态。招娣觉得患病之后两个人的距离越来越远了,丈夫本来就是个内向的人,这下更加少语了。安慰的话也就是"没事没事"四个字,招娣经常想他是在安慰我呢,还是自我安慰呢。想不明白时,她就会发无名火,内心不被人信任,独自面对疾病,不能与人分享的痛苦折磨着招娣。

出院了,回家了,两个人如同陌路。从不讨论患病的事情,谁也不提,好像没这回事,可是床头柜上摆放的一堆药品、招娣身体上的疼痛无时无刻不在说,家里有个癌症患者。夫妻俩各自面对自己的痛苦和无助,善意的谎言让彼此之间产生隔阂。

重度患者,晚期患者经常生活在希望和绝望的夹缝里,体验着孤军奋战、独自面对疾病与死亡的痛苦。家属善意的隐瞒使得彼此之间产生信任的危机,影响亲密关系。慢性疾病让全家人受创,保守秘密会让病人不能安心,怀疑自己战胜疾病、延长自己生命的能力,使病人变得被动、感到孤立无援。更让家属背负沉重的压力,有的家庭妻子生病了,丈夫却先垮了,吓坏了,不知道该怎么办。

家属确实有很多负担,因为病人患病之后,有理由什么都不干,什么都不想,由医生来拟定治疗方案,由家属来照顾饮食起居,免去各种社会家庭责任和义务。于是家属需要面对很多事情,不知道如何对病人说病情,瞒着好还是全盘告诉好,说深了好还是说浅了好,心理上很有压力。要想办法筹措资金,交齐住院费。手术前要签字,承担手术的风险。照顾病人的同时还要照顾老人、孩子,要处理家里原来两个人承担的责任,加起来往往是平常四倍的压力。这个时候最痛苦不是病人,而是家属。但是大家常常忽略家属,其实这个角色非常重要,因为他的支持度、心理承受能力、乐观程度对患者的恢复有极其重要的影响。

所以善意的谎言往往会造成彼此间的距离,固守秘密具有潜在的破坏力,不能坦诚相对将在亲人间筑起藩篱。为了避免让病人觉得孤立,家属觉得无援,心理医生应该介入,帮助患者和家属一起讨论所有的疗程和计划,共同参与、共同决定、共同面对,在乳腺癌面前,让家人结成同盟、勇敢面对。患者需要支持,家属也需要支持,两个支持加起来便是 **1+1>2**!

案例 5　告别亲人,临终关怀,别让亲人离开的伤痛伤害你

肖疆从发现乳腺癌转移到现在已经 5 年了,5 年来一直辗转于医院和家庭,她很配合治疗,家人也尽力协助。可是,这一次肖疆觉得上帝在召唤她了,她不再想挣扎了,她决定选择离开。这几天她开始想念自己多年以前因乳腺癌去世的奶奶,又要见到奶奶了,还有十几年前相继去世的父母,她想念他们,她很平静,已经做好离开丈夫儿女的准备,去赴奶奶和父母的约了,她就要和她们团聚了。临终前最大的心愿就是离开满是消毒药水的医院,回到自己家里,希望丈夫和儿女都能陪在自己身边,送自己一程。不过她要求孙子、外孙女不要在场,他们还太小,她希望自己走后,儿子、女儿告诉他们的孩子:奶奶见自己的奶奶去了,奶奶会在天上看着他们长大,保佑他们平安。奶奶永远爱他们!

趁着自己清醒,肖疆把所有想要说的事情和儿女、丈夫都说了,觉得这辈子不会再有烦恼了,只等着老天来召唤了。

有一些晚期乳腺癌患者最终会离开人世,大多数人临死前希望能够有亲人陪伴,走时不孤独、没有遗憾。临终关怀对于死者固然重要,对于生者更有意义。若能够把死亡看成一件正常的事情,亲人间的分别只是暂时的,多年以后大家还会相聚。心里怀着某种希望,有利于心理平衡。

有一部分乳腺癌患者会因病去世,他们的离去会给家人造成永久的伤痛。

心理学家戴维·席本的外祖母在他很小的时候便去世了,多年以后有一天黄昏,他回家时发现母亲独自一人在起居室里哭泣,他问母亲什么事,母亲回答他:"今天是外祖母的生日。"他想起一位好友描述的失去女儿的感受:"这就像在你身上挖一个洞,也许表面会愈合,看不出是个伤口,但里面永远也不会好,你学会绕过它,但偶尔还是会跌进去。"

电影《兔子洞》中 Howie 的母亲分享失去儿子以后长久的、无法消除的痛苦感受,说了一段话很经典:"就像是你的口袋里的一块砖头,你不想要它,可是它一直在那里。随着时间的推移,你可以忘记一段时间,但是,当你把手伸进口袋时,你就会摸到它,会想起不愉快的感觉,就是这样。"

丧亲之后的居丧反应也是家庭成员需要面对的。除了悲痛之外,翻看家人的影集、纪念册、物品也会勾起我们悲伤的回忆。

那个在心里挖的洞一直在那儿了,那块砖头已经是你生命的一部分。同时,是否可以将现在的生活继续呢?

面对家庭内的死亡状况时,每个人都会产生无力感。陪伴、分担是多么重要的一门功课,值得我们每一个人学习。最重要的是帮助丧亲的人继续日常生活,继续吃饭、睡觉、训练日常生活功能,慢慢走出丧亲之痛。

案例 6　将疾病还原为疾病,不带隐喻,男人也会患乳腺癌。

李鸣山,63 岁了,3 年前退休,想起这辈子都郁郁不得志的经历,他便会唉声叹气。虽说老伴关心、儿女孝敬,可是,男人哪,退休时竟然没有一官半职的是多么失败。李鸣山一直带着这种观念生活,常感慨此生不如意。去年竟然发现患了乳腺癌,天哪,简直雪上加霜,我是男人,怎么会得这种病? 李鸣山心里又急又恨,还有一种莫名的耻辱感。除了老伴和单位管理报销的人员外,没有人知道李鸣山患的是乳腺癌,连儿女都不知道。李鸣山害怕从别人的眼神里看到鄙夷不屑,怕别人笑话,所以对于别人的打听总是躲躲闪闪,周围人觉得李鸣山患病后更加孤僻了,几乎不与人来往了。

男性患乳腺癌的比例占总发病率的 1%,但是男性也会患乳腺癌,这是不争的事实。为何男性患乳腺癌,会有耻辱感呢? 这是疾病被社会赋予的隐喻。

美国学者、作家兼诗人苏珊·桑塔格是个癌症患者,她是和疾病抗争的真正勇士,她后半生一直和癌症奋战,先是乳腺癌,后是子宫癌,最后是血液肿瘤。她用自己的亲身体验道出了疾病的意义。她在《疾病的隐喻》中写道:每个人一出娘胎便具有双重国籍,健康国度和疾病国度。尽管我们都喜欢前者的护照,但是或早或晚,我们都得承认另一个国籍的公民身份。无疑,乳腺癌患者已经拿到了后者的护照。

苏珊·桑塔格指出:对疾病的恐惧感和疾病本身的"神秘性"正是隐喻的滋生地。在疾病带来的痛苦之外,还有一种更为可怕的痛苦,那就是关于疾病的意义的阐释以及由此导致的对于疾病和死亡的态度。在很多人的眼里,癌症＝死亡,死亡的隐喻缠绕着癌症,这使很多患者悲痛和沉沦,甚至放弃治疗。不仅如此,癌症还隐喻着病人人格上的缺陷,"癌症"这个名称,让人感受了贬抑或身败名裂。只要某种特别的疾病被当作邪恶的、不可克服的坏事而不仅仅被当作疾病来看待,那大多数癌症患者一旦获悉自己所患之病,就会在道德上低人一等。因为附加在癌症疾病之上的诸多污名让患者知道:一旦患上癌症,就可能被当作一桩丑事,会危及他的性爱生活、他的晋升机会,甚至他的工作。所以癌症患者往往对自己所患疾病表现得极为谨慎。癌症的死亡意义不仅在文学作品中经常被阐发,甚至一些医疗机构的肿瘤专家也有意无意地在强化这种观念。他们向患者撒谎,隐瞒实情,认为大多数癌症患者都承受不了真相。由于怕被人"另眼相看",一些病人也不能坦率地谈论自己所患疾病。

李鸣山的羞耻感就是疾病生出的隐喻、附加的内容。当我们把疾病只看成是疾病本身的时候,便不会背负那么多负担。所以卸下对疾病的隐喻,才可以轻松应对。

二、乳腺癌患者的一般心理问题

乳腺癌这一威胁生命的杀手,同时更是心灵的杀手。有不少乳腺癌患者都有心理障碍,这些情绪上的问题不仅会影响患者的生活质量,更会影响她们的免疫功能和内分泌,从而增加了癌症复发的几率。乳腺癌的治疗,在保住患者生命的同时,还应关注患者的心理问题,这是至关重要的一环。

诊断乳腺癌后,患者的心理会经历震惊、怀疑(拒绝接受事实)、恐惧、幻想、绝望和平静期。

治疗期间的矛盾心理:患者一方面希望能够通过手术来拯救生命,另一方面又因为乳房切除使得躯体器官的完整性受损,使其作为女人的感觉和自尊心受到威胁,产生极其矛盾的状态。

手术以后,乳房缺失成为患者的最痛:顾虑形体变化引起别人异样的眼光,自信心下降,存在生活空虚感,对事物的兴趣丧失等。很难适应乳房切除后生活的变化,并把自己归入残疾人的行列之中。

患者术后侧肩关节活动障碍：上肢功能下降，影响了患者工作和家务劳动能力，给患者带来了极大的心理负担，容易引起患者焦虑、抑郁、沮丧、敌视、悲伤、灰心、愤怒等不良情绪。

性生活方面：由于肢体活动受限和连续的化疗使体力不支而性欲下降，导致性生活次数减少，甚至消失。部分患者由于失去了乳房，感到自己作为女人的吸引力下降而回避配偶。还有相当一部分患者由于不能肯定能否进行性生活而干脆停止，或者担心性生活会加速自己癌症的转移或复发而拒绝性生活。

化疗带来的负反应：在术后化疗阶段，有20％的患者会出现由于药物引起的抑郁。消化道反应、内分泌系统的失调会给患者带来很多痛苦。也有的患者，会因为缺失乳房的打击和脱发影响形象而产生抑郁状态。

担心癌症转移和复发，也时时困扰患者，产生焦虑抑郁的情绪。

年轻女子，对于生育、哺乳的考虑，乳房的切除可能会影响择偶、婚姻等。

这些心理上的问题更是治疗乳腺癌的关键，心灵上的伤害是乳腺癌患者永远的痛，希望患者自强不息，社会家庭能给予乳腺癌患者更多的心理上的呵护，让乳腺癌患者彻底康复，尽可能减少复发。

三、乳腺癌患者的一般心理问题的处理

1. 患者自身能力的发挥

更好地接纳：患者越能接纳这种状况，适应的情况就会更好。"人不能决定你自己是否患癌，但是你可以决定，当你患癌的时候，能够第一时间发现它，第一时间去医院治疗。不拖延不回避，勇敢面对。"

化疗后的脱发是不可避免的，也是暂时的，将来还有可能拥有新生的秀发。暂时放下对脱发的担忧，从容应对，展望未来。

乳房的切除只是局部的切除手术，和人的魅力、美丽没有关联，切除乳房依然可以活出精彩。乳房缺少是不争的事实，可是缺少了乳房，就抹杀了生命的全部意义却是狭隘的观点。即使有所缺失，仍然可以过快乐的日子。

乳腺癌不是生活的全部，生活可以继续，可以选择与癌症共生，带癌存活。癌症既然已经是身体的一部分，不妨接纳它、与之和平共处。

保持积极的心理状态：展示你坚强的一面，积极面对疾病。每个人都有坚强的一面，只是平日顺利的环境无法将其显现出来，而患病恰巧能够驱使

出这种坚强的本性。

认知调整　是患病后的第一步调整,寻找一个自己能够接受的解释,有助于缩短否认阶段的时间。学习疾病相关的治疗、康复知识,凭借这些知识能够更好地进行自主选择并明确自己行为的必要性。

信念调整　是继认知调整后的表现,要坚定战胜病魔的决心,为了他人、为了自己、为家庭、为孩子坚强地活下去。无论是初发还是复发患者,都要充满自信,以开朗、乐观的心态面对生活。专家指出,实际上乳腺癌是癌症中治疗效果最好的癌症之一,绝大多数病人生命期较长,特别是一些早期乳腺癌,5 年治愈率可达 90％以上。一般患者经过治疗可重返工作岗位。

行为调整　作为第三步也是最关键的一步调整,要积极地参与到自己的治疗康复过程,明确每一项治疗的重要性,绝不轻易放弃,表现出良好的遵医行为。要意识到自己行为的价值,要知道度过难关只有凭借自己的力量,他人无法替代,尤其在精神情绪方面,更需要自身的调节与控制。可以通过自我暗示、适度忍耐、适当宣泄的方式有效地控制自己的情绪。

2. 保持积极心态的具体方法

重塑自我形象:适当化妆,合理地搭配衣着,佩戴适合的义乳和假发,乳房再造等。外科整形手术可以缓解心理上的压力,使病人在躯体形象方面得到较好的弥补。改善术后外在形象,弥补躯体缺陷,可以减轻负性情绪,重建自信心。

塑造内在魅力:增加兴趣爱好,拓宽知识面。

合理安排日常活动:生活有规律,按时起居。多做适当的有氧运动,放松心情。保持充足的睡眠。

建立良好的家庭、社会关系:回归家庭和社会,尽可能恢复工作、恢复家庭和社会角色。

3. 家庭、社会支持

亲友关系:无论发生什么情况,家人和朋友永远是你避难的港湾,随时都愿意向你伸出援手,但有时他们可能不知道你需要什么及如何帮助你。你可以将自己的要求讲出来,肯定会得到家人和朋友的支持。

夫妻关系:化疗或内分泌治疗可以引起性欲改变,你可将自己的感受告诉丈夫以获得理解,也可以通过拥抱等方式来表达你的感情。丈夫也交换自己的真实想法和感受,从而减轻彼此的心理压力,丈夫的情感支持尤为重要。鼓励病人建立和谐的性生活。治疗可能引起短暂或永久的不孕,如果

你想要孩子,请和丈夫一起去咨询医生。

医疗系统的支持:选择正规的医疗机构、信任的医生、亲切的护士,有爱心和责任感的医疗团队。

医生综合分析病情,提供个体化的治疗,避免过度治疗是缓解病人心理压力的最好方法。应把握乳腺癌诊治领域的最新进展,拥有更新的观念与高超的技能。

医生和护士具备掌握患者病情,深受患者信任的优势,心理干预容易起效。而大多数患者也把医护人员作为主要的求助对象。因此,医护人员要有高度的同情心和责任感,积极真诚的态度,和蔼的言行,有意识地多接近患者,劝导和鼓励患者。激发病人对家庭和社会的责任感,战胜恐惧。

社区关怀:正常对待患者,鼓励参加社区活动,恢复社会交往。

单位帮助:工会提供探视,领导关心照顾,提供医疗报销和保险。

4. 专业心理治疗

(1) 哪些乳腺癌患者需要进行心理治疗?

我们在考虑是否需要心理治疗时,要评价个体应激能力、病人的健康信念、起主导作用的防御和应对过程以及病人的个人治疗目标等因素。

所以乳腺癌患者有以下情况时需要进行心理治疗:

① 对癌症及其治疗的焦虑和抑郁反应。

② 出现植物神经功能症状或精神症状,如睡眠障碍,内在的坐立不安,注意集中困难,无躯体原因的疼痛、恶心,非特异性虚弱和疲乏,尤其在化疗和放疗期间。

③ 患癌后出现明显的潜在冲突或人格障碍。

④ 伤后应激反应。

⑤ 配偶关系和原生家庭中的冲突和接受问题。

(2) 对乳腺癌患者开展心理治疗的目标和意义

干预的目的在于疾病应对中的支持和改善生活质量。具体目标有:

① 减少情绪症状如焦虑和抑郁。

② 支持病人将应激性情绪如愤怒、恐惧和失望用言语表达出来。

③ 学习应对疾病中的行为技巧。

④ 学习重新过正常的生活。

⑤ 减少家庭或伴侣关系中的情绪应激。

⑥ 解除对死亡开展讨论的禁忌。

⑦ 学习放松技术以减轻失眠、疼痛和恶心等生理症状。

（3）具体的心理治疗方法

① 支持性治疗：大多数乳腺癌病人在疾病的发生、发展、治疗、转归的过程中都经历情绪上的不安，病人及其家庭所面临的心理社会问题受到个体、社会文化、医学和家庭因素的影响，支持性心理治疗有助于将不适水平减到最少，增强控制感，改善生活质量。

支持表达式团体治疗可改善乳腺癌患者的情绪和对疼痛的知觉，对那些最初较为痛苦的妇女尤其如此。支持表达式治疗可用于帮助癌症病人表达和应付与疾病相关的情绪，增加社会支持，巩固同家庭和医生的关系，改善症状控制。研究认为：在癌症经历中可利用各式各样的社会支持服务，参与支持性服务给人们提供了一些机会学习积极的应对技能，让乳腺癌病人认识到他们并非独自一人，去学习如何享受现在，给"希望"和"治愈"赋予新的意义。

② 认知行为治疗（CBT）：能加快与癌症相关抑郁的恢复，改善病人生活质量。对病人环境的认知行为治疗技术的应用也可减轻和预防抑郁。

病人和家庭关于癌症的观点具有情绪和行为后果，影响应付诊断和治疗的能力，适于集中临床干预。认知干预可帮助病人用客观而适应性的方式看待癌症。临床医生运用提问的认知思路来扩展病人故事和引出病人关于癌症病因、控制和责任的信念很有效，所以认知干预是承认和依靠每个学派共有的多种访谈技能、以问题解决为中心的简明干预。

③ 音乐治疗：通过聆听、欣赏乐曲，引起人体心理生理状态改变，产生兴奋或抑制的情绪反应，从而达到治疗作用。

音乐疗法能调节肿瘤患者情绪，优化情感效应，改善躯体症状，增强免疫功能，调动体内积极因素，提高机体的自我调解力。

有研究认为音乐治疗是一种能对晚期癌症病人的疼痛和痛苦症状极有帮助的多样化治疗方式，包括发音技术、倾听以及乐器表演。这些技术用于探讨混合疼痛体验的感受和问题。

④ 生活意义疗法：要求患者做到：

• 把自己当作治疗的主治医师，积极与病魔作斗争。

• 把一天当中的事情有意义地去完成。

• 有为他人做点好事的诚意。

• 锻炼与死的威胁共存的坚强意志。

● 明白生与死是自然界存在的规律,眼前自己能做到的,有建设性的行为,就尽量去做。

此疗法能有效治疗癌症患者的不安和对死亡的恐惧。

有些病人之所以感觉好一点,是因为他们正视疾病且修复疾病所带来的情绪影响,同时对疾病保持展望,不让疾病限制他们或取代他们的生命。他们能保持应对癌症挑战的智慧,也看到生存的最宝贵动机,这些动机在他们同癌症的斗争中激励和支撑着他们。同时他们也觉得,生存不是唯一重要的目标,除此之外,生活和生活的质量,生存价值和灵性也值得注意。他们平静地知道会死于癌症,如果那一天来到,死亡并不会带走生活所赋予他们和他们所爱的人的意义、价值和乐趣。

在癌症期间和癌症之后重新创造自己的生活。经历癌症的人同有关存在的忧虑作斗争,这些忧虑与控制、同一性、关系和意义连在一起。对于精神取向的人,宗教和精神问题可能深入到有关存在的忧虑中。而且,精神资源可能在解决这些问题时发挥作用。当人们面临一个创伤性生活事件时,精神和宗教更有可能发挥有益作用。癌症病人同样如此,将精神问题和资源整合在一起就会更有效。

⑤ 尊严心理治疗:对许多病人而言,和保持尊严连在一起的看法是:他们的某些特征会超越死亡本身的事件而继续存在下去。在尊严心理治疗中,要求那些濒死病人以及认为是生命中最后 6 个月之内的病人在录音中讲述他们生活中最希望被人永久记录和永远记住的多个方面。根据尊严模式对病人提出一系列问题,这些问题的焦点是他们觉得最重要的事情以及最想要所爱的人记住的事情。不论他们是否觉得自己在生活中有重要作用,这一干预都能造成一种感觉:他们会留下非常宝贵的东西,要么感谢所爱的人,请求宽恕,留下重要的信息或指导,要么提供安慰的话语。

小贴士

尊严心理治疗问题:

● 你能告诉我一些你的生活史吗?尤其是那些你记忆最深或你认为最重要的内容?

● 你什么时候感到最有活力?

● 你有一些特殊的事情想要家人知道吗?或者有一些特别的事情你想要他们记住吗?

- 你在生活中所承担的最重要角色是什么(比如家庭、职业、社区服务)?
- 这些角色为什么对你这么重要? 你认为自己在这些角色中实现了什么?
- 你最重要的成就是什么? 你感到最自豪的是什么?
- 你觉得有一些很特别的事情需要告诉你所爱的人吗? 或者哪些事情是你想要花时间再说一遍的?
- 对你所爱的人,你的希望和梦想是什么?
- 关于生活你学到了什么? 你想要传授给他人的东西有什么?
- 你希望把什么忠告或指导性言语传给你的儿子、女儿、丈夫/妻子、父母、其他人?
- 为了安慰家人,你有一些话或可能甚至一些指示提供给家人吗?
- 在制造这份永久记录时,还有其他一些你想要包括进去的内容吗?

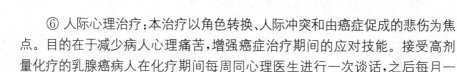

⑥ 人际心理治疗:本治疗以角色转换、人际冲突和由癌症促成的悲伤为焦点。目的在于减少病人心理痛苦,增强癌症治疗期间的应对技能。接受高剂量化疗的乳腺癌病人在化疗期间每周同心理医生进行一次谈话,之后每月一次。病人可邀请配偶接受个别电话治疗。有助于患者和其家属的心理社会功能的恢复。

⑦ 行为治疗:行为训练可帮助癌症病人减轻心理应激和躯体并发症,干预技术有渐进性肌肉放松(PMR)、催眠、深呼吸、生物反馈、主动放松和指导性想像(GI)。行为训练可用于减轻癌症病人的化疗副反应,还可用于减轻病人一般性苦恼。

行为干预能有效控制经受化疗的成年和儿科癌症病人预期的恶心和呕吐。综合多种行为方法的行为干预可改善同侵入性医学治疗相关的焦虑和痛苦。类似催眠的方法如放松、暗示和转移性想象对疼痛处理给予最好保证。运用行为理论和方法对接受侵入性治疗的病人护理有着重要作用。

渐进性肌肉放松训练伴指导性想象,目的是减少心理不适,增强病人内部控制感。能够帮助病人对付疼痛、恶心、呕吐和焦虑。

指导性想象也称想象疗法,要求患者在治疗时保持乐观情绪,把癌肿看成敌人,想象自己的免疫细胞,如同骑士的利剑向敌人砍去,并认为瘤体渐渐缩小。或想象愉快的情绪,想象美丽的自然景观,想象漂亮的图案等。也可想象自己体内的肿瘤细胞非常脆弱而混乱,是像面包一样很容易被击碎的东西,免疫细胞是一支强大的军队,它们有无穷无尽的数量和巨大力量,很快就发现癌细胞并迅速加以摧毁,肿瘤逐渐缩小,被排除在体外。肿瘤已经切除的病人,想像身体内的生命卫士——免疫细胞在全身巡逻,发现异常细胞就立即摧毁,自己感觉到疾病逐渐消失,身体逐渐恢复。意像内容在柔和细腻的背景音乐衬托下,由男低音播音员以柔和的声音播放。

事实证明这种方法是有效的,这可以让患者找回对自己身体的控制感。临床观察也证实这一方法在缓解患者化疗期间的临床不适方面效果很好。干预在治疗头3周效果特别显著。而且,为该群体设计的指导性想象录音磁带就费用、人员和时间而言是很有效的资源。

⑧ 家庭治疗和性心理治疗:妇女被诊断为乳腺癌以及治疗的创伤可能极大地影响妇女的性心理和亲密关系。据乳腺癌存活者汇报,关于体象、性欲和伴侣交流的问题极少由卫生保健人员提出来讨论。心理治疗可帮助妇女应对体象和性功能的复杂改变,婚姻治疗师和性治疗师更适合提供乳腺癌病人的心理卫生服务。

癌症是一个家庭事件,癌症影响整个家庭,尤其配偶常极度痛苦。乳腺癌对一对夫妇而言有特殊重要性。一起帮助病人和丈夫更方便。这种干预同个别心理治疗相比,所需时间和花费的费用有所下降,可以有效减轻病人负担。

在发现癌症的最初6个月,心理肿瘤学干预显得特别有必要。对夫妇伴侣的心理治疗显示对其提高彼此交流能力的帮助,减少无助感和更多接受来自外部的支持。

⑨ 集体心理治疗:对癌症病人进行集体干预,包括健康教育、医疗和营养知识、如何与护士配合、集体支持、启发式人际交流、死亡和临终讨论、家庭间讨论等等。在集体治疗中,有效、适当的方法应该是多种技术的有机结合,而且集体中病人间的相互作用提供了情感支持的重要基础。

集体干预模式在减少抑郁和反应性(非慢性)焦虑症状方面有效。

⑩ 综合性心理治疗:对患者在进行常规放疗、化疗等生物治疗的基础上,应用一般性心理支持治疗、疾病知识教育、个别心理治疗、患者互助治疗、家庭和社会支持治疗、音乐结合肌肉放松训练及内心意念引导等常用心理治疗方法综合治疗,能使患者心理痛苦得到改善,激发患者生存欲望,增强忍受治疗痛苦的耐受力及提高配合治疗的积极性。

乳腺癌与营养、体力活动

一、膳食、营养与癌症

进入 21 世纪以来,癌症仍然是危害人类健康和生命的重大问题,已经成为人类死亡的第二位原因。在癌症的发病原因中,约有 1/3 与营养和食物有关。癌症发病过程中营养代谢的变化加速了病程的恶化。放疗、化疗等治疗措施给患者的食欲、血常规、抵抗力带来许多不利影响。采取营养补给以增强患者体质,使之能坚持各种治疗手段成为重要的措施之一。更重要的是依靠营养、食物以及生活方式干预来预防癌症的发生,近年来所取得的研究成就为人们带来了希望。

1. 膳食、营养与癌症的发生、发展

癌症形成与发展的原因虽然仍未完全清楚,但目前达成共识的是,多因素的综合影响是肯定的,其中包括环境因素、遗传因素、精神心理因素等。专家认为不良的生活方式和环境可导致 80% 的恶性肿瘤发病,诱发癌症的主要因素是膳食不合理(占 35%)、吸烟(占 30%)和饮酒(占 10%)。膳食、营养可以影响癌症生成的启动、促进、进展的任何一个阶段。

在食物中既存在致癌的因素,也存在抗癌因素,两类因素都可以影响癌的发生。

(1) 食物中的致癌因素:研究较多的食物中的致癌物是 N-亚硝基化合物、黄曲霉毒素、多环芳烃类化合物和杂环胺类化合物四类。除此以外,食物受到农药、添加剂、重金属、食品包装容器及包装材料中致癌物质污染而具有致癌作用,还有食品中的激素、抗生素、霉菌毒素、氯丙醇、二噁英、丙烯酰胺等都有致癌作用。

(2) 食物中的抗癌因素:研究结果证明具有抑制癌生成的食物营养素有维生素 A、C、E,微量元素硒、锌、Ω-脂肪酸、膳食纤维;还有非营养素类成分——植物化学物,包括粮油、蔬菜和水果中的各种植物化学物,都具有抑制致癌作用。

(3) 膳食模式和饮食习惯:膳食模式可以影响癌症的发生和种类。当前世界上采用不同膳食模式的国家,其癌症的发生有明显的不同。

东方膳食模式(印度、巴基斯坦及非洲一些国家):以谷类食物为主,动

物性食物比例很低,罹患癌症以消化道的胃癌、食管癌发病率较高,乳腺癌、前列腺癌发生率较低。

经济发达国家膳食模式(美国、加拿大、澳大利亚和德国等):以动物性食物为主,谷类、蔬菜摄入量较低,脂肪提供量占总能量的36%～37%,以乳腺癌、前列腺癌、结肠癌发病率较高,而胃癌、食管癌发病率较低。

地中海膳食模式(希腊、意大利等国家):蔬菜、水果、豆类摄入量较多,小麦是热能的主要来源;富含单不饱和脂肪酸的橄榄油食用量较多,其癌症、心血管病的死亡率比西欧北美国家都低。

习惯于高脂肪饮食人群,结肠癌、乳腺癌、直肠癌的危险性增加;

习惯于高胆固醇饮食人群,肺癌、膀胱癌以及胰腺癌的危险性增加;

习惯于高能量饮食人群,乳腺癌和子宫内膜癌危险性增加;

习惯于高碳水化合物伴低蛋白饮食人群,胃癌危险性增加;

习惯于高盐饮食人群,胃癌发病率明显增高;

大量饮酒与口腔癌、喉癌、食管癌、肝癌的发病有关。

人群干预研究提示,食用蔬菜、水果、谷物等富含膳食纤维的膳食,有预防结肠、直肠癌作用,也有一定的预防乳腺癌的作用。

2. 身体活动对癌症发生、发展的影响

身体活动是指通过骨骼肌进行的任何形式的身体移动。对久坐的人来说,轻度的身体活动包括站立、在办公室走动、购物和准备食物。娱乐活动可能会涉及轻度、中度或剧烈的身体活动,这取决于活动的性质和强度、爱好和追求。对大多数采取积极生活方式的人而言,他们在工作中(体力劳动)或在家中(手工做家务)所从事的是中度或重度的身体活动、交通方式(走路、骑马和骑车)为中度的身体活动。久坐工作的人们如果能在工作之余进行有规律的、中度的(偶尔剧烈)身体活动,就有可能具有和体力劳动者同等的身体活动。

坐、站和其他轻度身体活动是正常清醒状态的生活,如伸腰、摆弄东西和保持某一姿势,这些均为身体活动。

锻炼和其他身体训练是娱乐性身体活动。包括:需氧运动,如跑步、骑车、跳舞等,这些活动能增加耗氧量并改善心血管功能;厌氧运动,如负重耐力训练,能增加肌肉的力量和质量。

身体活动会增加能量的消耗,从而影响能量平衡。一个人在活动中消耗的总能量取决于该活动持续的时间和强度。不同活动消耗的能量不同,这取决于个人的基础能量消耗、年龄、性别、体形、技能和肥胖程度。进行长时间的低强度活动或较短时间高强度活动均可使总能量消耗增高。但这两种不同类型的活动可能有不同的生理作用。

总的来说，各种类型和强度的身体活动都对或可能对癌症有保护作用（极端水平的活动除外），因为身体活动能保持正常体重，所以可能预防某些癌症，超重、体重增加和肥胖可增加这些癌症的危险性。反之亦然，即久坐生活方式可增加或可能增加某些癌症的危险性。

高水平的身体活动具有预防许多癌症的作用；而低水平的身体活动是或可能是体重增加、超重或肥胖的病因，而后者本身也是某些癌症的病因。人类在其生命的进化过程中已经适应了身体的活动性，因此，久坐的生活方式是不健康的。目前，不仅在高收入国家，在全世界范围内，大多数生活在城市化和工业化地区的人们都采取久坐的生活方式。

3. 膳食、营养与癌症的预防

来自全世界的研究结果表明大多数的癌症是可以预防的，对于公共卫生政策和癌症的防治有重要的指导意义和巨大的影响。

癌症预防的观念：癌症预防包括免于罹患癌症和延迟癌症发生两部分内容。大多数针对其他非癌症疾病的预防策略，同样对预防癌症也是有益的。减少癌症危险性的三种主要方法是：**避免使用烟草、摄入适宜的膳食、限制接触致癌物**。WHO 和全世界大多数的卫生机构都赞成这一结论。只要识别癌症的主要危险因素，而且具备有效可行的预防措施，就应该把癌症的一级预防置于防治计划的最优先位置。针对病因和危险因素开展的癌症一级预防，其结果不仅可以减少癌症的发生，同时也可以预防与该病因有关的其他疾病。例如吸烟不仅是癌症的重要危险因素，也是心脑血管疾病和慢性呼吸系统疾病的危险因素。

根据癌症已知的主要危险因素，提出拟采取的预防措施，一般包括两大类：一类是通过行政立法，由政府及主管部门采取行政法规的措施；另一类则是通过健康教育，改变人们不健康的行为习惯和生活方式。为了保证干预措施的效果，还要不断进行干预措施的效果评价。

癌症的一级预防：一级预防是面向健康人群或亚健康人群，消除危险因素的积极主动性预防，也是公共卫生工作者的主要工作和任务。专家们估计通过合理平衡的膳食可以预防全世界 30%～40% 的癌症。以全球为基础，通过合理膳食，每年可减少 300 万～400 万病例。含有丰富蔬菜水果的膳食可以减少 20％或更多的癌症病人。

近年来,国际营养界对膳食指南的认识发生了方向性转变,即从营养素为基础的膳食指南,转向以食物为基础的膳食指南。这是因为只调整营养素的摄入,而不注意膳食结构的改善,仍然不能达到预防癌症的目的。第二个发展的新趋势是,在膳食指南中强调体力活动的重要性。因为已有充分的证据表明体力活动不仅有助控制体重,也是影响癌症发生的重要因素。世界癌症研究会和美国癌症研究所组织专家组,在评价饮食、营养与癌症的各项研究证据基础上,提出了十四条预防癌症的膳食建议。

① 食物多样化,主要选择植物型食物,如蔬菜、水果、豆类并选用粗粮。

② 避免体重过轻或过重。

③ 坚持体力活动,每天快步走路或类似运动 1 小时,并且每周至少参加活动量较大的运动 1 小时。

④ 坚持每天吃各种蔬菜和水果 400～800 g,保持蔬菜 3～5 种,水果 2～4 种。

⑤ 每天吃谷类、豆类、根茎类多种食物 600～800 g,尽量多吃粗加工的谷类,限制摄入精制糖。

⑥ 鼓励不饮酒。如果饮酒,男性限制在 2 杯以内,女性限制在 1 杯以内(1 杯酒相当啤酒 250 ml,葡萄酒 100 ml,白酒 25 ml)。

⑦ 控制肉的摄入量每天在 80 g 以下,最好选用鱼、禽肉取代红肉(猪、牛、羊肉)。

⑧ 限制脂肪含量高,特别是动物性脂肪含量高的食物。选择植物油,尤其是单不饱和脂肪酸含量高、氢化程度低的油。摄入油脂的能量占总能量的 15％～30％。

⑨ 减少腌制食物和食盐摄入量,每天食盐不超过 6 g。

⑩ 避免食用被霉菌毒素污染又在室温下长期储藏的食物。

⑪ 易腐败食物应用冷藏或其他适当方法保存。

⑫ 控制食物中的食品添加剂、农药及其残留物在安全限量水平以下,并且实行适当有效的监督管理。

⑬ 不要吃烧焦的食物,避免把肉、鱼烧焦。尽量少吃火焰上直接熏烤的肉和鱼,以及熏制和烟熏的肉和鱼。

⑭ 一般不需要服用营养补充剂。

最后应当指出的是,虽然吸烟不是膳食行为,但是任何预防癌症的建议都不应该忽视"不吸烟"的建议,减少烟草的危害已经提升到中国政府和人民的重要议程上,开展广泛深入的吸烟有害的健康教育,充分发挥社会各媒体及社会团体的积极作用,降低我国居民的吸烟率,特别是控制青少年的吸烟率,对于预防控制癌症的发生、降低癌症的患病率有重要的公共卫生学意义。

除了膳食和吸烟的干预之外,还要注意避免与癌症发生有关的感染、性行为和职业、环境致癌因素,并且加强卫生立法;还要注意保持心理平衡、精神愉快。

二、乳腺癌的营养防治

1. 乳腺癌发生的饮食相关危险因素

(1) 饮食模式:饮食与肿瘤的关系一直是人们关注的焦点,国内外学者多认为高脂肪、低蔬菜及豆类饮食与乳腺癌的发生存在强关联性。国外研究发现:高蔬菜、高水果摄入、低动物油脂摄入——即不采用典型的西方饮食方式所造成的乳腺癌风险比采用西方饮食模式或类似西方饮食模式所造成的乳腺癌风险性小。饮食模式中高猪肉和其他肉类摄入和高马铃薯摄入所造成乳腺癌危险的相关性也是不同的。乳制品、豆制品、蔬菜的摄入是乳腺癌的保护因素,腌制食品为乳腺癌的危险因素。居民豆制品的摄入量与乳腺癌发病率呈负相关,中国、日本等亚洲国家的乳腺癌死亡率较低,这与传统的东亚居民膳食中富含大豆制品是分不开的。然而,日本近年来乳腺癌的患病率有所上升与猪肉消费上升存在正相关。乳制品的摄入可降低乳腺癌的患病率,原因可能在于:乳制品中的乳脂是共轭亚油酸同分异构体的一个很好来源,而共轭亚油酸是乳房肿瘤的一个有效抑制剂。

(2) 膳食脂肪:主要由甘油三酯构成。甘油三酯属于脂类,是一类含有碳氢化合物的有机化合物,还包括胆固醇。脂类是植物、动物和人类贮存能量的形式、细胞膜的组成部分以及某些重要激素的前体。脂肪酸按照化学结构的不同分为"饱和"和"不饱和"两种,不同的结构导致它们有不同的形态和物理特性。饱和脂肪酸在室温下通常为固体,不饱和脂肪酸通常为液体。

长期以来,人们一直认为脂肪是乳腺癌的主要膳食危险因素。增加脂肪总摄入量会增加乳腺癌的危险性。此外,有研究表明,脂肪类型而不是总脂肪量是乳腺癌的影响因素,饱和脂肪酸、单不饱和脂肪酸和多不饱和脂肪酸对乳腺癌的影响不同。众多研究显示：主要来自鱼类的 Ω-3 系列的多不饱和脂肪酸可抑制化学致癌剂诱导的乳腺癌发生，有抗肿瘤及诱导肿瘤细胞凋亡的作用；而主要来自植物油 Ω-6 系列多不饱和脂肪酸则促进肿瘤发生和肿瘤细胞的生长。

（3）碳水化合物：高碳水化合物饮食不仅仅是增大腰围，还有可能增高罹患乳腺癌的危险性。科学家们发现，与进食较少的淀粉和糖类食物者相比，摄入大量的碳水化合物的墨西哥妇女发生乳腺癌的几率可能是前者的 2 倍以上。专家认为碳水化合物可通过迅速提高血糖水平而增高癌症的危险性，其结果引致细胞分裂和血雌激素水平增高，两者均可促使乳腺癌的发生。

（4）腌制食品：硝酸盐，亚硝酸盐在胃内可以在胃酸和细菌作用下形成亚硝胺，是一种强致癌物。硝酸盐、亚硝酸盐可出现在各式各样食物中，肉类、蛋类、鱼类、乳类，以及发酵食品如酱油、醋、白酒、酸菜等均可检出。盐腌干鱼、火腿、腊肉，因在腌制过程中常加入硝酸钠和硝酸钾，因此易检出亚硝胺。腌制食品增加乳腺癌发病可能在于：① 腌制食品多含有较高的亚硝酸盐；② 含盐量过高，对慢性病不利；③ 蔬菜腌制使维生素损失，而维生素可通过抑制体内多不饱和脂肪酸的氧化反应保护乳腺靶细胞过度增生。

（5）肥胖：肥胖与乳腺癌危险性及其临床表现之间具有复杂的关系。对于绝经后妇女，尤其是老年绝经妇女来说，各种方法定义的肥胖均与乳腺癌危险性成正相关。但绝经前体重增加与乳腺癌危险性成负相关。对于绝经前乳腺癌和绝经后乳腺癌，体重及肥胖对癌症危险性的影响机制均与雌激素活性有关。

目前，普遍认为内源性雌激素具有致乳腺癌的作用。绝经后，肾上腺和卵巢所产生的 C19 类固醇雄烯二酮被脂肪组织中的芳香化酶芳香化后生成雌酮。肥胖者无论是雄烯二酮的产生还是芳香化酶的活性都增加。来源于脂肪组织的雌酮被利用转化成更具生物活性的雌二醇，血液中雌酮和雌二醇水平与绝经后妇女的体重成正相关关系，这种雌激素水平随着体重的增加与乳腺癌危险性升高有关。

肥胖还可以影响对乳腺组织发挥生物学作用的总循环雌二醇的比例。正常情况下，雌激素活性受到严格调控：30%～50%的血浆雌二醇与性激素结合蛋白 ShBG 紧密结合，没有功能；其余大部分与白蛋白呈较弱的结合状态，可随时与其分离；1%～2%为游离态的雌二醇，这两部分雌激素具有生物可利用性。而血浆 ShBG 水平随着体重的增加而降低,因此肥胖者体内雌二醇的生物活性比健康人群高,这正是肥胖的绝经后妇女乳腺癌危险性增加的原因。

(6)吸烟:饮食与烟酒在日常生活中密不可分,研究显示吸烟可减少胡萝卜素、维生素 C 和维生素 E 及膳食纤维的作用,而水果和蔬菜可中和代谢产生及外界因素(如吸烟)导致的自由基的作用。吸烟有致癌作用,也可能有抗雌激素作用,吸烟会增加女性患乳腺癌的危险性,被动吸烟是乳腺癌有统计学显著意义的危险因素,并且被动吸烟年龄越早危险性越大。例如,当前吸烟的妇女,烟龄≥40 年,一生吸烟>11 包/年,患乳腺癌的危险性提高 30%～40%。

(7)饮酒:过量饮酒会增加患某些癌症的危险。乳腺癌危险性随着酒精消耗量的增加而上升,特别是每天消耗增加 10 g 酒精,危险性增加 7%。而经常每日饮酒的,到 75 岁估计每 1 000 人将有 11 人会发生乳腺癌。酒精的作用机制可能包括 DNA 损害、增强乳腺易感性和提高类固醇激素水平。所以,有营养学家建议每周饮酒量不超过 1～2 杯。另外,吸烟和饮酒者可通过富含各种维生素的水果和蔬菜来达到减少危险的目的。

饮食习惯是人类一种复杂的生活行为,了解饮食因素对于人体健康的影响十分重要而且必要。单一因素并不能引发乳腺癌,饮食只是乳腺癌诸多危险因素中的一方面,但是,与日常生活息息相关的饮食习惯是可以培养和改变的。因此,改变不良的饮食习惯、保持健康的饮食习惯是降低乳腺癌发病率和死亡率的策略之一。

2. 影响乳腺癌发生、发展的膳食营养因素

(1)能量:能量间接反映三大宏量营养素的摄入状况,摄入高能量的食品可增加患乳腺癌的危险性。婴幼儿期增重过快、月经初潮过早(两者均与膳食能量有关)可增加乳腺癌的危险性。限制膳食能量可减少某些乳腺癌的发生,而且还可降低多种致癌物诱发乳腺癌的发生率。

(2)宏量营养素

脂肪:一些人群流行病学调查结果认为,高脂肪膳食地区、国家人群的结直肠癌及乳腺癌的发病率及死亡率高,尤其与动物脂肪的摄入量呈正相关。高脂肪膳食使人体产生大量的活性代谢产物,包括脂质过氧化物和氧自由基,攻击生物大分子如 DNA 和蛋白质,引起 DNA 损伤,促进癌症的发生。

蛋白质:有流行病学和实验研究表明,膳食蛋白质摄入量低时食管癌和胃癌发生的危险性增加;而富含蛋白质的食品尤其动物蛋白摄入过高可诱发结肠癌、乳腺癌和胰腺癌。有研究表明,高大豆蛋白膳食可降低胃癌的危险性,可能与大豆富含大豆异黄酮等有关。

碳水化合物:有资料表明,摄食精制糖与乳腺癌、结直肠癌的危险性增加有关,高淀粉食物可能增加胃癌的危险性。高淀粉膳食本身无促癌作用,但常伴有蛋白质摄入量偏低和其他保护因素不足,且伴有胃的容积增大,易造成胃黏膜损伤。

在碳水化合物与肿瘤关系的研究方面,近年来多集中在膳食纤维与肿瘤的关系。许多学者认为,膳食纤维的主要作用是吸附致癌物质,增加粪团的体积,稀释致癌物质,减少致癌物质与结肠黏膜的接触,降低癌肿发病的危险,同时富含膳食纤维的食物又是低能量食物,而低能量食物可以降低超重和肥胖,而超重和肥胖是结直肠癌和食管癌的危险因素。

（3）微量营养素

维生素 A:血清流行病学资料表明,多种癌症病人血清中维生素 A 和 β-胡萝卜素的水平低于正常人。维生素 A 抑制或预防癌症的可能机制包括诱导细胞的正常分化、提高机体的免疫功能、基因调控等。

β-胡萝卜素:能杀灭自由基、阻止生物膜上多不饱和脂肪酸的过氧化,保护细胞的正常功能。

维生素 D:有报道称每天安排一定时间晒太阳,有助于减少乳腺癌的发生。因为维生素 D 可能使乳腺癌发病危险性下降 30% 或更多,在对乳腺癌病人的生活习惯与正常妇女作比较中发现,平时适当晒太阳可降低患乳腺癌的危险性。

维生素 D_3 诱导钙吸收,降低骨质疏松,从而降低乳腺癌的发生率。所以,乳腺癌病人应定期运动并适量补钙、补充维生素 D。

（4）植物化学物

大豆异黄酮:是存在于大豆及其制品中的一类黄酮类化合物,种类较多,在体内呈现雌激素样活性,由此而称为植物雌激素。大豆异黄酮可与雌二醇竞争结合雌激素受体,拮抗雌激素的作用,从而对激素相关的癌症有保护作用,另外还可抑制酪氨酸蛋白激酶,干扰信号传导途径,阻遏细胞生长。同时异黄酮是抗氧化剂,可抗细胞增生、血管增厚,它抑制细胞因子和生长因子的作用都与抗癌作用有关。

有机硫化物:葱蒜类蔬菜包括大蒜、洋葱、韭菜、大葱、小葱等,含不同的有机硫化合物,其挥发油中的最主要成分是烯丙基硫醚。葱蒜组织破坏时散发出的特有气味是它们所含的蒜氨酸在蒜氨酸酶裂解作用下形成蒜素引起的。蒜素是一组不稳定的有机化合物。葱素的主要作用在于抗菌消炎、降血脂、抗血凝、降血糖、增强免疫功能等,近期研究指出可以抑制乳腺癌的发生。

(5)食品加工过程:鱼或肉类经过烟熏、烧烤,食物表面可形成多环芳烃类(PAH)和杂环芳香胺类有毒物质,如苯丙(a)芘是多环芳烃类代表物质,具有很强的致突变性,因而是致癌物质。为蛋白质氨基酸热解后所产生,其中尤以色氨酸热解物的致突变性最强。流行病学调查研究指出,吃了这样制作的食物,患乳腺癌的危险性常会增加。这些都是指在 250 ℃以上的热解物。

三、身体活动对乳腺癌发生发展的影响

多数研究显示,增加身体活动可降低乳腺癌的危险性。每周进行7MET(能量代谢分量)1 个小时的娱乐活动可使乳腺癌的危险性降低 10%。持续适度的身体活动可提高代谢率和增加最大氧摄取。长期规律的这种身体活动可增加身体的代谢率和能力(完成活动的量),并且能降低血压和胰岛素抗性。而且,身体活动可降低绝经后期妇女雌激素和雄激素的水平。进行大量体力活动也可降低绝经前期女性的血液雌激素水平、延长月经周期和减少排卵。

四、乳腺癌的膳食营养预防

每一种癌症的发生发展都不是单个原因决定,大多数为各种因素的协同作用。乳腺癌也是一种与多因素有关的疾病,其发生是家族因素,遗传因素,饮食和生活习惯等因素共同作用的结果。因此对乳腺癌预防中,应针对上述的危险因素,实行三级预防,是有效的措施。

1. 谷物 全谷及全谷制品(如糙米、全麦面包)较谷物精制品(如精白米、精白面)含有较多的膳食纤维、维生素和矿物质,碾磨越精,丢失越多。根茎、块茎富含淀粉,也是我国某些地区的主食,它们一般都是膳食纤维、类胡萝卜素、维生素 C、其他维生素、钾和无机盐的良好来源。因此,我们应多选用全谷类及精制程度低的谷物制品。

2. 蔬菜和水果 水果、蔬菜已被认为是机体的保护因素,可能是由于它们富含营养素和膳食纤维。高膳食纤维饮食对乳腺癌有保护作用,并随着

摄入量的增加，其保护作用增强。对纤维囊性乳腺疾病的研究显示，在患增生性疾病的妇女中水果、蔬菜摄入比在无乳腺增生妇女中有更强的保护作用。

蔬菜和水果都含有许多被认为是可预防癌症的成分，其中有一些是已知的营养素，如β-胡萝卜素、维生素C及硒，而另一些是最近才被确定有抗癌活性的。橙色蔬菜和水果如胡萝卜、甘薯、南瓜、冬瓜、甜瓜、芒果和木瓜中含β-胡萝卜素最多。其他类胡萝卜素也有可能的抗癌作用，如存在于绿色蔬菜中的叶黄素、番茄中的番茄红素、橘黄色蔬菜中的α-胡萝卜素。维生素C主要存在于柑橘类水果及果汁、绿色叶菜、西兰花、辣椒、番茄、甜瓜和土豆中。硒在植物性食物中的含量取决于土壤中的硒含量。绿色叶菜和柑橘类水果也富含叶酸，叶酸是完成甲基化过程所必需的。

十字花科蔬菜，如西兰花、菜花、卷心菜和甘蓝，含有若干可能有抗癌作用的生物活性物质，如异硫氰酸盐等。蒜属蔬菜如葱头、蒜、大葱、韭菜，含有蒜素、烯丙基硫醚、丙烯甲基三硫化物。

日常饮食中每人应摄入蔬菜 300～500 g，水果 200～400 g，其中绿叶类蔬菜应占总摄入量的 2/3，橙黄色根茎类蔬菜占 1/3。

3. 豆类 膳食中的豆类大多可以预防癌症，豆类富含膳食纤维，含有叶酸、皂素、植物固醇和植酸，能够起到抑制癌症发生的作用。而且大豆含异黄酮也很高，它能抑制雌激素，减少乳腺癌的发生。

4. 坚果仁和种子 果仁和种子富含维生素、无机盐和其他生物活性化合物，包括维生素E和硒等。果仁和种子也含有植酸，可能有预防癌症的作用。核桃或其他坚果仁含有鞣花酸，是一种酚类物质，可降低患癌症危险性。种子中含有木酚素可减少乳腺癌的危险性。

5. 肉、禽、鱼、蛋、乳 肉类被认为是可能的致癌因素。肉类是饱和脂肪酸的重要来源，而饱和脂肪酸和总脂肪被认为是与癌症关系最密切的食物成分。专家建议以瘦肉代替肥肉，食用去皮的禽肉和多吃鱼。多种研究证明多吃鱼类，特别是深海鱼，可以起到预防乳腺癌、卵巢癌、直肠癌等作用。

6. 饮茶 许多流行病学研究和实验室研究先后发现茶多酚有降低多种疾病危险性的作用。但是对于饮茶和乳腺癌的关系的流行病学研究结果不多，相关报道主要来自于对西方妇女的调查，且研究结果多认为饮茶与乳腺癌间没有关系。这可能是与西方妇女很少饮茶而且以饮用红茶为主有关。而在红茶的发酵过程中绝大多数的茶多酚被氧化，也降低了红茶的保护作用。国内进行的以人群为基础的病例对照研究结果显示,饮茶与乳腺癌之间呈负相关。至于茶叶特别是绿茶抑制细胞癌变的机制,可能是由于绿茶中的茶多酚,通过抗氧化反应物而促进Ⅱ相解毒酶的转化。

五、乳腺癌的营养治疗

1. 乳腺癌的营养治疗原则

(1) 预防与纠正蛋白质—热能营养不良:在治疗之前,少量的体重减轻(小于5%)对预后也会带来影响。故重点放在预防上,为此应及早对患者进行营养评价,内容包括饮食史、人体测量与生化指标观测等。鼓励患者口服饮食,必要时补充富含蛋白质及热量的营养品。

(2) 时间与餐次:患者由于消化液分泌减少,胃肠黏膜萎缩等原因,导致消化功能减退,感到日间进食能力下降,清晨成为最佳进餐时间,故主张早餐要吃好,日间应少食多餐。

(3) 饮食配制应适合患者的需要:患者由于味觉改变、恶心、呕吐等会对食物产生反感或喜好,如厌恶添加强烈调味品的食物,或较好地耐受清淡食物,如凉拌菜等,在化疗、放疗期间应尽可能满足患者要求。

(4) 可根据患者的营养情况,选择胃肠外营养或完全胃肠外营养支持途径。

2. 乳腺癌抗癌治疗后的营养措施

各种抗癌治疗可能使患者发生恶心、呕吐、食欲减退和无食欲等症状,需调整食物以改善其进食状况。

急性消化道症状:可服用清淡流质、低脂肪食品、牛奶制品、乳酪、肉汁、鱼籽、米汤、水果汁,也可用银耳汤、红枣汤、白萝卜汁或红枣代替点心。

食欲缺乏:用开胃、提高食欲、助消化的食物,如山楂、鸡内金、鸭肫、谷芽、麦芽、白萝卜、山药、扁豆等,也可用南瓜籽、牛奶、豆浆等。

食管炎:可用流质饮食、稀饭、软饭、肉汤、水果汁、碳酸氢钠液、牛奶、豆浆、银耳加糖煮汤、白萝卜煎浓汤加蜂蜜、乌梅加冰糖、绿豆汤、藕粉、椰子汁、西瓜汁等。

呕吐:可用清淡流质饮食、牛奶、生姜粥、藕粉、新藕加荸荠绞汁、牛奶加蜂蜜、乌梅加冰糖、绿豆汤、葱白饮、韭菜汁。

口腔干燥:可用流质饮食、茶叶水、水果汁、葡萄糖液、西瓜汁、橙汁、乌梅汤、碳酸氢钠液、梨汁、橘汁等。

腹胀：可用萝卜汁,山药粥加饴糖少许,白萝卜加粳米稀粥,果酱,砂仁粥等。

腹泻：用低脂清淡食物,生姜汁粳米粥,苹果酱,扁豆粥,苋菜汤,莲子加绿茶汤等。

脂肪痢：用清淡素流质,少油无渣软饭,银花加绿茶煎汁,山楂加红糖汤,葡萄汁加红糖,山药粥,苹果泥,胡萝卜泥,挂面,山药加扁豆汤等。

唾液分泌减少：用高湿性食物,西瓜汁,瓜类,蒸蛋,含柠檬食物,青菜汤,葡萄糖,香蕉,鱼汤,肉汤,酸梅汤。

味觉异常：用常规食物与多种冰冻食物、乳制品、水果类、巧克力、咖啡、茶水等。

六、身体活动对乳腺癌患者免疫功能的影响

在已经发生乳腺癌的个体,机体的肿瘤防御功能显然已经出现不同程度的缺陷,免疫监视和免疫防御作用已经发生某种程度障碍。而在肿瘤生长过程中,可产生各种免疫抑制因子,不但可使之逃逸机体免疫系统的监视和攻击,并可能促进肿瘤生长。已有研究表明,多数乳腺癌患者的自身免疫调节网络中呈现抑制性优势,存在不同程度的原发性或继发性免疫缺陷,机体的抗肿瘤免疫功能低下。另外,在恶性肿瘤得到根除的个体,最终战胜肿瘤仍需依赖机体的抗肿瘤免疫功能。

医学专家进行的一次大规模调查表明,每天锻炼1小时以上,可将乳腺癌发病率降低20%。这里所说的体育运动包括散步和慢跑等。患乳腺癌的女性每周至少走路1小时,其击败病魔的概率高于完全不运动的患者;如果被诊断出患乳腺癌后减少运动量,也将降低自己的存活率。经常运动可降低雌激素的分泌量,提高存活概率。雌激素有促进乳腺癌生长的作用。但研究还发现：每周走路3～5小时的女性死于乳腺癌的危险比每周运动不到1小时或完全不运动的女性低五成,一周就算只步行1小时也可以提高存活率,不过每周运动超过5小时并不能进一步提高存活时间。

美国研究人员最近发现,经常进行身体活动可降低女性乳腺癌的危险。对35～64岁的女性而言,经常运动的确很有效,可使乳腺癌的危险减少20%。所以,美国疾病防治中心建议：所有人每天应该做至少30分钟中等强度的运动,每周5天,采纳这项建议的乳腺癌患者存活时间会延长。

此外,运动本身也是一种心理干预手段,运动可以有效地降低焦虑和应

激强度,加强机体的免疫监控能力;运动还可以作为一种应付方式,大强度运动会抑制机体的免疫系统;适度的运动训练可以减弱应激所导致的心理变化,从而增强免疫功能。

综上所述,运动是提高机体免疫功能的众多因素之一。有规律的运动可以减少乳腺癌的发生和提高乳腺癌患者的生存率。乳腺癌患者在康复治疗期间,应做些慢跑、散步或上肢活动为主的中等强度的运动,每周运动不应超过 5 小时为宜。

乳腺癌与疼痛

一、疼痛概述

（一）疼痛的定义

疼痛是一个非常复杂的问题，人们经过长期的探索研究之后，才逐步对它有了正确的认识，目前学术界比较公认的定义是国际疼痛学会 1994 年提出的，即"疼痛是一种与组织损伤和潜在的组织或类似的损伤有关的一种不愉快的感觉和情绪体验"。疼痛是主观性的，您觉得痛就是痛。

疼痛是一种不可缺少的生理特征，通俗地讲，疼痛也有好坏之分，所谓"好痛"，是生理性疼痛，是人体正常的防御保护机制，是对外环境伤害的躲避，如针扎手后你立即出现缩手动作；所谓"坏痛"，就是病理性疼痛，如癌症引起的疼痛，它对人体损害比较大且持续时间长，其成因复杂，往往会干扰患者的正常治疗，使患者遭受无尽的担忧和身心折磨，严重影响患者的生活质量。

（二）癌痛及其特点

癌症疼痛是与癌症本身和癌症治疗有关的疼痛（包括手术治疗、放射治疗、化学治疗、生物治疗、介入治疗、热疗等），与精神、心理和社会因素相交织，是癌症患者最常见的症状之一。癌症疼痛会给患者造成痛苦，应及早、积极处理。

癌痛与普通疼痛相比，有其显著的特点：

1. 癌痛往往程度比较剧烈。

有时用"痛不欲生"来形容，一点也不为过，不少患者也有过切身的体验，这时他才想起来或家属动员他去医院就诊处理。

2. 癌痛持续时间长。

癌痛有可能伴随癌症发生、发展的全过程，往往是一个反复发生、持续存在的漫长过程，其对癌症的分期往往没有必然的联系，也就是说出现的疼痛，并不能说明你患癌症已经到了晚期。

3. 癌痛常常会伴有心理上的变化。

特别是癌症患者有了疼痛症状，如果不及时干预和处理，久而久之将会形成恶性循环，伴随紧张、焦虑、抑郁、失眠等症状，临床上我们有时也会遇到病人出现严重失眠时，因为睡眠质量差或整夜不能睡觉时，病人才来处理疼痛问题。

4. 癌痛成因机制复杂。

介于癌症发生、发展的机制复杂,故而癌痛的成因机制也复杂,往往涉及肿瘤压迫、牵拉、破坏、出血、感染等因素,所以临床上会发现患者会自行用一些一般的镇痛药,往往反映效果不好,从而进一步寻求治疗方法。

（三）癌痛的分类

根据癌痛产生的原因,可大致分为三类：

1. 与癌症本身有关的疼痛

（1）根据癌痛发生情况和持续时间可分为

① 急性痛：一般有明确的开始时间和原因,持续时间较短,病因祛除后可缓解,一般的止痛方法可控制。

② 爆发痛：是一种间歇发作的剧烈疼痛,持续时间较短暂且程度剧烈,常在活动时出现,也可在夜间睡眠时突然发生。

（2）根据疼痛的生理机制可分为

① 躯体痛：多位于身体表面,患者自己可以准确说出疼痛的部位,疼痛多表现为刺痛、酸痛,如骨转移和手术后疼痛。

② 内脏痛：是胸腔、腹腔内器官受癌肿侵犯、压迫或牵拉所致,患者自己多不能准确说出疼痛的部位,疼痛常表现为钝痛、胀痛。

③ 神经痛：癌肿侵犯神经末梢或神经主干所致,表现为烧灼痛或触电样的疼痛,程度重,往往伴有感觉或运动功能丧失。

2. 癌症治疗引起的疼痛

（1）手术后痛

与手术损伤有关,如开胸手术、乳腺癌根治术后肋间神经被切断,引起伤口处神经痛,常为烧灼样,周围皮肤痛觉过敏,活动可使疼痛加剧。

（2）放射治疗后疼痛

放疗引起的局部组织炎症、软组织水肿、纤维化、坏死,加强神经损伤,如神经纤维化、脊髓损伤、直肠炎、骨坏死等,都是放疗后患者疼痛的主要原因。

（3）化学治疗后疼痛

一些抗肿瘤的化疗药物可损伤神经末梢,导致神经痛,常表现为麻木、疼痛,多会在治疗结束后逐渐减轻或消失。

3. 非癌症疾病引起的疼痛

二、癌痛认识上的误区

〈误区一:〉**非阿片类比阿片类药物更安全**

如果正确掌握阿片类药物剂量,积极防治药物的不良反应,考虑长期用药对肝肾功能的影响,阿片类药物的使用就是安全的。

相比之下,非甾体类抗炎镇痛药长期应用可引起胃肠道和肾脏毒性,并且会明显抑制血小板功能,且存在药物剂量的封顶效应。

因此,对于需要长期接受镇痛药物治疗的患者,使用阿片类药更安全有效。

〈误区二:〉**只有疼痛剧烈时才能用镇痛药**

事实上,对于疼痛患者,及时、按时用镇痛药才更安全有效,而且所需要的镇痛药强度和剂量也最低。另外,长期疼痛还会引起一系列生理变化,影响患者的心理健康,甚至出现交感神经功能紊乱、痛觉过敏和异常疼痛等难治性疼痛。因此应及早给予治疗。

〈误区三:〉**用阿片类药物出现不良反应时应该立即停药**

除便秘外,阿片类药物的副作用大多是暂时性的。阿片类药物的恶心、呕吐、过度镇静等副作用一般会出现在用药的最初几天,数日后症状多会自行消失。

对阿片类药物的副作用进行积极预防治疗,可以减轻或避免副作用的发生,使患者顺利接受阿片止痛治疗。治疗要按照医生指导进行,随意或不按时服药没有任何好处。

〈误区四:〉**长期使用阿片类药物会成瘾**

静脉直接注射使血内药物浓度突然增高,容易出现欣快感及毒性反应,从而易于导致成瘾,应避免。

在慢性疼痛治疗中,采用阿片类药物控释、缓释制剂,口服或经皮肤吸收给药时,可以避免血液中出现过高的药物峰值浓度,并且使治疗所需的血药浓度保持恒定,发生成瘾(精神性依赖)的危险性极小。

对阿片类药物产生耐受性或生理依赖性并非意味已成瘾,也不影响继续安全使用阿片类药物镇痛。

误区五： 癌痛患者一旦使用阿片类药物就意味着无药可救

不少人以为只要癌症患者用上了镇痛药，尤其是用上了吗啡等强效止痛药，就说明已进入癌症的"终末期"。这完全是一种误解。

疼痛是癌症患者的一个最常见症状，疼痛的严重程度及是否用强效止痛药，与临床分期和疾病严重程度没有太大的关系。癌症疼痛是癌症疾病过程中的普遍现象，可以发生在任何时期。

疼痛会造成各种严重危害，无论处于癌症的哪一期，一旦出现疼痛，都应接受止痛治疗。

误区六： 服药后仍有疼痛便立即换药

初次接受阿片类药物治疗时，医生往往采用较小的起始剂量，根据止痛效果逐渐调整药物剂量，要找到患者适合的有效剂量需要一定的时间。所以在止痛治疗的最初几天，疼痛可能有所控制，但不如患者和亲属所期望的那样有效，此时患者一定不能自行停药，和医生多沟通将有助于医生尽快把止痛药物剂量调整到患者适合的最佳剂量。

误区七： 过早使用镇痛药物今后无镇痛药可用

癌痛作为一种疾病，应及早使用镇痛药，将癌痛控制在萌芽状态，可以避免形成难治性疼痛；镇痛药使用越早，剂量越小，效果越好。

阿片类镇痛药物无剂量限制性，可以根据病情变化调整、增加用药剂量，直至达到满意的止痛效果。

及时进行有效的止痛治疗，还可使患者摆脱疼痛困扰，以更好的状态接受抗肿瘤治疗。

误区八： 每个人的镇痛药使用都一样

不是的。癌症患者的疼痛是非常复杂的，而且同样的药物在不同人身上疗效也不一定一样，需要分析每个人的疼痛原因进行有针对性的镇痛治疗，称为"个体化"的止痛治疗。个体化的镇痛治疗应成为医生、患者及家属追求的共同目标。

误区九： 吃镇痛药会影响肿瘤的治疗

不会。因为止痛药只会控制疼痛，并不会影响疾病本身，更不会影响化学治疗或放射治疗的效果。控制疼痛可以使患者更有精力进行抗肿瘤治疗。

误区十：几种镇痛药混着用效果更好

癌症患者疼痛的病因复杂,所以强调药物联合止痛治疗,目的是针对疼痛产生的不同机制或是利用不同类型止痛药物的不同作用特点进行综合治疗,但一般不主张同时使用相同作用机制的几种药物,因为相同作用机制的药物混用有可能会导致镇痛疗效不增加,而不良反应增加的现象。

三、乳腺癌与疼痛

(一)引起乳腺癌疼痛的原因

1. 肿瘤侵犯

乳腺疼痛并不是乳腺癌的常见症状,但肿瘤侵犯可出现局部乳腺疼痛。疼痛局限在胸部,肿瘤伴有炎症时可以有胀痛或压痛。晚期肿瘤若侵及神经或腋淋巴结肿大压迫或侵犯臂丛神经时可有肩部胀痛。

2. 肿瘤压迫

(1)压迫上腔静脉:可引起头面部,颈部和上肢水肿,静脉曲张,头痛,头晕等症状。

(2)压迫臂丛神经:可引起同侧关节钝痛,椎旁痛,肘痛,手指感觉异常,上肢下垂,前臂放置不利,手内收肌萎缩,如交感神经受累则出现霍纳氏综合征,小指、无名指烧灼样痛及感觉异常。

3. 肿瘤转移

(1)淋巴结转移:最常见的淋巴转移部位是同侧腋窝淋巴结。淋巴结常由小逐步增大,淋巴结数目由少逐步增多,起初,肿大的淋巴结可以推动,最后相互融合,固定。肿大的淋巴结如果侵犯、压迫腋静脉常可使同侧上肢水肿;如侵及臂丛神经时引起肩部酸痛。

(2)脑转移:乳腺癌转移至脑所表现的症状可因转移的部位不同而异。病人可出现头痛,呕吐,头晕,共济失调,神志异常等症状。

(3)骨转移:乳腺癌转移至骨时,受侵部位出现局部顽固性疼痛,且有明确的压痛点。常见的转移部位为脊柱骨、肋骨、股骨、肱骨、颅骨等。

(4)肝转移:乳腺癌转移至肝脏时,可出现肝区疼痛,并伴有肝脏肿大、恶心、厌食、黄疸及腹水,多发生在乳腺癌晚期。

4. 抗癌治疗

手术、放射治疗、化学治疗等是目前乳腺癌治疗的主流方法。但无论哪种方法，在治疗过程中及治疗后，不可避免地会出现一系列副反应，疼痛为其症状之一。

（1）手术治疗：有 4%～6% 的乳房切除术患者发生术后疼痛，其中根治术发生最多，也可发生在广泛腋窝淋巴结清扫后，其原因是手术损伤了肋间神经，结果造成腋窝内侧臂、前胸烧灼样、刀刺样疼痛，还可发生感觉过敏、感觉迟钝、痛觉过敏或减退症状，手臂稍作活动就感到疼痛。

（2）化学治疗：乳腺癌的化疗过程中，由于使用的化疗药物不同，所致疼痛机制也不同，故表现亦不尽相同。

（3）放射治疗：乳腺癌局部放射治疗后可引起不同程度的放疗并发症，常见为肺损伤，包括急性放射性肺炎和后期肺纤维化、心脏损害和脊髓炎。当乳腺癌出现脑转移时，头部放疗是其主要的治疗手段，放射线可引起脑组织水肿，导致放疗过程中常出现头痛及头晕、疼痛以闷痛为特点，可伴有头重脚轻的感觉。

5. 心理因素

疼痛受心理因素影响非常大。焦虑、紧张或恐惧时，对疼痛的耐受力低，而身体放松、心情愉快时，对疼痛的耐受力就相对高。晚期癌痛患者一般都有不同程度的心理问题，主要表现为焦虑、抑郁、害怕、失眠、恐惧、绝望、孤独感和承受能力的降低。有时患者的疼痛病情并非十分严重和难于控制。然而，伴随患者的不良心理反应却可能使患者感到疼痛难以忍受，如果治疗不及时，将可能在癌症患者的心理和躯体之间形成恶性循环，从而导致严重的身心障碍。

四、乳腺癌疼痛的治疗

癌痛并不是癌症发展到晚期的标志，癌症早期也会出现疼痛，积极的镇痛治疗可以使大部分的癌痛得到控制，并有助于改善患者的情绪、舒适度、睡眠和食欲以及患者的体质和免疫力，有机会接受更好的治疗。目前常见的治疗方法有：

（一）药物治疗

药物是控制和缓解癌痛最主要的方法，80% 以上的癌痛患者，通过药物疼痛可以得到良好缓解。

治疗方案的具体实施方法是在对癌痛的性质和原因作出正确的评估基础上,根据患者疼痛的程度和原因选择相应的镇痛药物及辅助药物,规范的镇痛治疗应遵循五大原则,即:

① 口服给药尽可能避免创伤性给药途径。

② 按时给药:固定给药时间,而非需要时才给药。

③ 按阶梯用药:按照三阶梯治疗原则合理使用,首先从第一阶梯开始。

④ 用药个体化:特别注意具体患者的实际疗效及副反应。

⑤ 注意具体细节:密切观察其疼痛缓解程度并积极预防和处理不良反应。

主要药物有:

(1) 非甾体类抗炎药:用于轻中度疼痛治疗。代表用药是对乙酰氨基酚。其他常用药物包括吲哚美辛、布洛芬、双氯芬酸钠、塞来昔布等。

(2) 弱阿片类药:用于中度疼痛治疗。代表性用药是可待因。其他常用药物包括可待因、曲马多、氨酚曲马多、氨酚羟考酮等。

(3) 强阿片类药:用于重度疼痛治疗。代表性用药是吗啡。其他药物包括羟考酮、芬太尼贴剂、美沙酮等。

(4) 止痛药用药剂量的调整:初次用药后24小时需要重新评估疼痛程度。计算24小时用药总量,将其作为次日按时给药量,并根据病情继续调整止痛药剂量,直至满意止痛。

剂量调整注意事项:

① 最好在24~72小时内调整至较理想止痛用药剂量。

② 剂量增加幅度:疼痛程度≥7,增加剂量50%~100%;疼痛程度5~6,增加剂量25%~50%;疼痛程度≤4,增加剂量25%。

③ 调整剂量应同时调整按时给药和必要时给药的用量。

④ 当扑热息痛及非甾体类抗炎药用量超过最高日限量时,应只增加阿片类药物的用药剂量。

⑤ 待剂量调整至基本满意控制疼痛时,将按时给药的药物改为缓释片或控释片,同时仍备用阿片类即释片作为必要时用药。

⑥ 疼痛程度<4或副反应严重时减量。

⑦ 大多数长期服用阿片类止痛药的癌症疼痛病人用药剂量相对恒定,如果用药剂量突然较明显变化,应重新评估疼痛及病情。

⑧ 老年人及肾功能不良者使用阿片类药物的初始剂量应低,剂量调整

增加幅度也不宜过大。

1. 阿片类镇痛药

阿片类镇痛药又称麻醉性镇痛药,是一类能消除或减轻疼痛并改变对疼痛情绪反应的药物。除少数作用弱的药物外,此类药物若使用不当多具有成瘾性,但规范化用于临床止痛导致成瘾极为少见。

(1) 常用阿片类药分类

根据阿片类药的镇痛强度,临床分为强阿片药和弱阿片药。弱阿片药如可待因、双氢可待因,强阿片药包括吗啡、羟考酮、芬太尼等。弱阿片药主要用于轻至中度癌痛的治疗(表 4-1),强阿片类则用于中至重度癌痛的治疗(表 4-2)。不同的阿片类药物以及不同的给药途径可以进行等效换算(表 4-3)。

表 4-1　弱阿片类药物药常用剂量及持续时间

药　物	半衰期	常用剂量 (mg/4~6 h)	给药途径	作用持续时间(h)
可待因	2.5~4	30	口服	4
氨酚待因 (对乙酰氨基酚 0.5 g+可待因 8.4 mg)		1~2 片	口服	4~5
氨酚待因Ⅱ号 (对乙酰氨基酚 0.3 g+可待因 15 mg)		1~2 片	口服	4~5
双氢可待因复方片 (对乙酰氨基酚 0.5 g+双氢可待因 10 mg)		1~2 片	口服	4~5
强痛定		30~60 50~100	口服 肌注	8
曲马多		50~100	口服	4~5
氨酚羟考酮片 (对乙酰氨基酚 0.375 g+羟考酮 5 mg)		1 粒	口服	4~6

表 4-2 强阿片类药物常用剂量及持续时间

药　物	半衰期(h)	常用有效剂量	给药途径	作用持续时间(h)
盐酸吗啡	2.5	5~30 mg/4~6 h	口服	4~5
		10 mg/4~6 h	肌注、皮下	
硫酸(盐酸)吗啡控释片		10~30 mg/12 h	口服	8~12
芬太尼透皮贴剂		25~100 μg/h	透皮贴剂	72
美沙酮	7.5~48	10~20 mg/次	口服	1~12
盐酸羟考酮控释片	4.5~5.1	10 mg/12 h	口服	8~12

表 4-3 阿片类药物剂量换算表

药　物	非胃肠给药	口服	等效剂量
吗啡	10 mg	30 mg	非胃肠道：口服=1:3
可待因	130 mg	200 mg	非胃肠道：口服=1:1.2
			吗啡(口服):可待因(口服)=1:6.5
羟考酮		10 mg	吗啡(口服):羟考酮(口服)=1:0.5
芬太尼透	25 μg/h		芬太尼透皮贴剂 μg/h,q72 h
皮贴剂	(透皮吸收)		剂量=1/2×24 小时口服吗啡 mg/d 剂量

(2) 常用阿片类药物

① 吗啡

吗啡是目前使用最为广泛的阿片类药物之一,因其止痛效果确切、价格低廉而被世界卫生组织(WHO)推荐为阿片类镇痛药物的标准用药,通常也作为其他阿片类药物临床评估的参考。

吗啡口服易吸收,由于肝脏和消化道的首过效应,只有 30%~40%吸收入血,控缓释剂与即释制剂生物利用度相近,直肠给药生物利用度变异比较大。皮下、肌肉和静脉注射吗啡无首过效应,生物利用度接近 100%。

吗啡的中枢神经作用同其他阿片类药物类似,包括镇痛、镇静、镇咳以及呼吸抑制、瞳孔缩小、恶性呕吐、尿储留等。

口服即释吗啡主要用于癌性爆发痛的控制以及控缓释剂的剂量滴定。不推荐长期间断使用静脉、皮下和肌肉注射吗啡用于缓解癌痛。

② 羟考酮

羟考酮控释剂采用了精确的控释技术,可以让 38%的羟考酮从控释片中快速释放,随后其余 62%的羟考酮持续缓慢的释放,因而不仅起效快(1 小时内起效)而且持续作用达 12 小时。

羟考酮控释片适用于中到重度的癌痛病人，无封顶剂量。起始剂量取决于疼痛强度或参考目前服用的阿片类药物剂量进行剂量转化。羟考酮的不良反应发生率与药物剂量、基础疾病、病人对阿片类药物的耐受能力等相关，最常见的不良反应（＞5％）包括便秘、恶心、嗜睡（以上＞20％）、眩晕、呕吐、瘙痒（以上＞10％）、头痛、口干、出汗和乏力。

氨酚羟考酮为羟考酮的复方制剂，每片含羟考酮 5 mg＋对乙酰氨基酚 325 mg，为即释剂型，起效时间 20～30 min，约 2～3 h 达峰浓度，作用持续时间 4～6 h，由于含对乙酰氨基酚，考虑到肝脏毒性，一般每日最大量≤6 片，适用于轻、中度癌痛的控制。

③ 芬太尼透皮贴剂

芬太尼透皮贴剂（商品名为多瑞吉）经过皮肤药物不断被吸收入血液循环。在首次使用贴剂后 6～12 小时，逐步开始出现镇痛作用，一般 24 小时达峰浓度，且在整个 72 小时期间保持稳定。

芬太尼透皮贴剂适用于中、重度癌痛患者，尤其适用于不能进食，吞咽困难，重度恶心呕吐，或用吗啡等强阿片类药物出现严重便秘副反应的患者。芬太尼透皮贴剂是吗啡口服制剂的理想替代物，是癌痛第三阶梯的推荐用药之一，长期用药疗效稳定，耐受性好。芬太尼透皮贴剂的不良反应与吗啡等阿片类药相似。

小贴士

使用芬太尼透皮贴剂的注意事项

- 粘贴部位应为上臂或躯干无毛平坦区，清洁并干燥皮肤；
- 启封后立即使用；
- 务必使药膜与皮肤粘贴平、牢固，以免影响药物吸收；
- 更换时一定要将旧贴摘除，不能舍不得摘除而与新贴一起使用；
- 更换新贴可换用其他地方粘贴；
- 粘贴部位不能加热（如取暖器、电热毯等），否则会加速药物吸收，易造成不良后果；
- 足够的剂量一般可维持 72 小时，但有些患者可能需要每 48 小时更换。

2. 曲马多

曲马多是一种作用机制比较特殊的中枢镇痛药。因其成瘾性和药物依赖性低，克服了传统止痛药物的缺点，适用于各种中重度癌性疼痛，被 WHO 列为癌痛三阶梯止痛治疗的第二阶梯推荐药物。

曲马多最常见的副作用为恶心、呕吐,预先给予止吐药(胃复安)可以预防;曲马多引起头晕、便秘、镇静、耐受和依赖的发生率比阿片类药物要低,且程度较轻;曲马多仅在肾功能衰竭者因 M1 代谢产物蓄积才可能导致呼吸抑制,通常情况下曲马多并无呼吸抑制之虞。氨酚曲马多是曲马多与对乙酰氨基酚的复合制剂。

3. 对乙酰氨基酚和非甾体类抗炎药

对乙酰氨基酚和非甾体类抗炎药是一类具有解热、镇痛、抗炎、抗风湿、抗血小板聚集作用的药物。

(1)对乙酰氨基酚:是临床常用的解热镇痛药,单独应用对轻至中度疼痛有效,与阿片类或曲马多或非甾体类抗炎药药物联合应用,可发挥镇痛相加或协同效应。

(2)非甾体类抗炎药:非甾体类抗炎药是 WHO 癌痛三阶梯药物镇痛指南推荐的第一阶梯药物,也是另外两个阶梯的重要辅助用药,常用的非甾体类抗炎药物的剂量和作用时间见表 4-4 和表 4-5。但其对重要脏器的毒性作用,主要是胃肠道、肾脏和血小板功能的影响也不应忽视,有些高危因素(表 4-5)应慎用甚至禁用 NSAIDs。

表 4-4 常用的口服非甾体类药物

药 物	每日最大剂量(mg)	每次剂量(mg)	次/日
缓释布洛芬	2 400～3 600	400～600	1～2
缓释双氯芬酸	75～150	25～50	1～2
美洛昔康	7.5～15	7.5～15	1
塞来昔布	200～400	100～200	1～2
依托考昔	120	30～120	1～2

表 4-5 使用非甾体类药物的高危因素

年龄＞60 岁(男性易发)

原有易损脏器的基础疾病:上消化道溃疡、出血史;缺血性心脏病或脑血管病史(冠状动脉搭桥围术期禁用,脑卒中或脑缺血发作史慎用);肾功能障碍;出、凝血机制障碍(包括使用抗凝药)

同时服用皮质激素或 ACEI 及利尿剂

长时间、大剂量服用

高血压、高血糖、吸烟、酗酒

非甾体类药物用于癌痛治疗时需注意：

① 轻度非炎性疼痛时，首选对乙酰氨基酚止痛，疗效不佳或合并炎性疼痛时再考虑使用 NSAIDs 治疗，任何 NSAIDs 均不宜长期、大量服用，以避免毒性反应。

② NSAIDs 均有"天花板"效应，故不应超量给药；此类药物的血浆蛋白结合率高，故不同时使用两种药物，但一种药物效果不佳，可能另外一种药物仍有较好作用。

③无胃肠道溃疡或出血的危险因素时，可用非选择性 COX 抑制剂，酌情考虑是否同时给予质子泵抑制剂。长期服药应首选选择性 COX-2 抑制剂 NSAIDs，在老年人使用前应评估心血管事件的风险。

④ 存在 NSAIDs 高危因素时应避免使用。除禁忌证(慢性肾功能不全、冠状动脉搭桥术后)外，如确需 NSAIDs 治疗的，应定期监测血压、尿素氮、肌酐、血常规和大便潜血。

4. 辅助用药

(1) 抗抑郁药与抗惊厥药：癌症相关性神经病理性疼痛是导致顽固性癌痛最主要的原因之一，也是令癌痛患者最为痛苦的事件之一。抗抑郁药与抗惊厥类疼痛药物是控制癌性神经病理性疼痛主要的手段之一。临床实践证实，阿片类药物联合使用抗抑郁药或/和抗惊厥药，可以有效缓解癌性神经病理性疼痛，并可以减少前者的用量。常用抗抑郁药和抗惊厥药用量用法见表 4-6。

表 4-6　常用抗抑郁药和抗惊厥药用量用法

药　物	起始剂量(mg)	增量方法(mg)	剂量范围(mg/天)	服用方法(次/日)
阿米替林	12.5/睡前	12.5/5~7 天	25~100	1~2
多虑平	25/睡前	25/5~7 天	25~100	1~2
文拉法辛	75/天	75 mg/>4 天	75~225	1~2
度洛西汀	20/天	20/>4 天	20~120	1~2
奥卡西平	300/天	300/3~4 天	900~1 800	1~2
加巴喷丁	第 1 天 300　1/日 第 2 天 300　2/日 第 3 天 300　3/日	300/3~4 天	900~3 600	2~3
普瑞巴林	150/天	300/3~7 天	300~1 200	1~2

（2）抗焦虑药：解除癌痛病人的烦躁、激动、恐惧、失眠等焦虑状态是癌痛治疗的重要内容。苯二氮䓬类药的抗焦虑作用较明显，其遗忘效果有利于焦虑的缓解。其中地西泮和咪达唑仑较常用，失眠者宜选用半衰期长者，如劳拉西泮或硝西泮，后者睡前服用 5～10 mg 催眠效果好。对于严重焦虑症状如出现幻觉应给予吩噻嗪类或丁酰苯类强效药物，前者常用氯丙嗪和甲氧异丁嗪，后者主要用氟哌啶醇。氟哌啶醇的抗精神病作用较氟哌啶强，且持续时间长，但锥体外系反应发生率高。

（3）甾体类抗炎药：此类药物可减轻肿瘤周围软组织肿胀和水肿等炎性反应，对脑转移瘤造成的颅内压升高性头痛和肝转移瘤造成的上腹部疼痛，甾体类药物有缓解疼痛的效果。对阿片类药物部分敏感的疼痛如肿瘤压迫或浸润神经造成的神经病理性疼痛，在给阿片类药的同时，应加用甾体类药物，能增强其镇痛作用。甾体激素可阻断感受伤害信息传入的 C 纤维，抑制磷脂酶 A2 的作用，而此酶与细胞膜受损、细胞水肿和致痛物质释放有关，故有一定的直接止痛效果。强的松龙和地塞米松是两种常用的甾体激素，后者作用更强。但甾体类药物必须用最短时间、最小剂量，而且高血压、糖尿病、溃疡病与肺结核患者应慎用或禁用。

（4）双膦酸盐类药：双膦酸盐类用于治疗肿瘤引起的高血钙症，肿瘤骨转移引起的疼痛，肿瘤骨转移引起的骨并发症作用肯定。国内目前使用于骨转移双膦酸盐类药物有唑来膦酸伊班膦酸、帕米膦酸二钠、氯屈膦酸二钠等，双膦酸盐常见的副反应为低热、恶心、呕吐、急性可逆的肾功能衰竭和低钙血症，其中肾毒性是最重要的不良反应。

乳腺癌骨转移患者使用双膦酸盐类药物应注意：

① 使用双膦酸盐，以避免或减少乳腺癌骨转移患者接受姑息性放射治疗。

② 对于没有诊断骨转移证据的患者，不推荐使用双膦酸盐。

③ 不能为预防乳腺癌骨转移而使用双膦酸盐。

④ 双膦酸盐可治疗癌症患者的骨丢失。癌症治疗可能导致不同程度的骨丢失，尤其是绝经后患者长期使用内分泌治疗会加剧骨丢失，因此应该定期检测骨密度。由医生根据规范的评价方法，确定什么时候应该开始双膦

酸盐治疗。

⑤ 乳腺癌患者易发生骨质疏松。女性乳腺癌患者由于其年龄和相关治疗,均有可能存在骨质疏松。医生应该常规对这些女性的骨骼健康进行评估,但不推荐使用双膦酸盐预防骨质疏松。

5. 主要不良反应的防治措施

(1) 便秘

使用阿片类药物的患者,都应同时进行预防性通便药物治疗。预防便秘应努力克服形成便秘的可逆因素。

- 多饮水。
- 使用高纤维食品,如水果、新鲜蔬菜等。
- 适当运动,腹部按摩,培养定时排便习惯。
- 乳酸菌、双歧杆菌、多酶片、大豆低聚糖等有助消化及排便。
- 预防性地给予通便药物治疗。
- 交替使用少量缓泻剂,如番泻叶、芦荟、麻仁丸、比沙可啶等。

便秘是阿片类药物的常见不良反应,且有可能贯穿整个治疗的全过程,特别是老年人,目前通便药物种类较多,应慎重选择,以减少通便药物带来的不良影响。

① 容积性泻药:主要有硫酸镁、乳果糖等。它们是通过减少肠道水分吸收而达到通便作用,但在阻止水分吸收的同时也会使电解质吸收减少,过量应用可出现水电解质丢失。故对于严重肾病、肝病及心脏疾病的患者应慎用,以防止因电解质紊乱出现意外。

② 刺激性泻药:代表药物是果导片、番泻叶、比沙可啶等。这类药物主要通过对肠黏膜刺激使肠蠕动增加,并阻止肠液吸收,起到通便作用。常用于临时性通便,不可长期应用。长期应用最常见的副作用为药物性肠炎,表现为腹痛、腹泻,对于炎症性肠病、肠道出血及缺血性肠疾病不宜使用。

③ 润滑性泻药:主要有甘油、石蜡、开塞露等。它们通过润滑肠道、软化粪便使大便容易排出,可口服和肛门给药,不良反应较轻,但大剂量口服易出现较重腹泻,引起脱水致体内液体失衡。肛门给药不当还有引起直肠黏膜坏死的危险。

④ 中成药:主要有黄连上清丸、三黄片、麻仁丸、五仁丸、复方芦荟胶囊等,中药是我国便秘防治的一大特色,治疗前先应辨证施治,合理选择。长

期应用中成药防治便秘应注意药物的毒性反应。

当您出现便秘时,应仔细分析原因,兼顾针对症状和病因的治疗。一味使用通便药物而不纠正病因,是不能达到理想治疗效果的,尤其是老年人更应注意这点。

(2) 恶心、呕吐

恶心、呕吐发生率比便秘低得多,预防措施包括:

① 饮食宜清淡,不可过饱,可少食多餐。

② 常用止吐药物:促进肠胃蠕动药物;糖皮质激素和氟哌啶醇;中枢性止吐药物。

③ 对不能耐受的严重反应,可更换阿片类药物品种或减量。

④ 可选用其他治疗方法,如一些非药物的方法包括针灸、指压、电针刺激等。

(3) 嗜睡

① 初次药物剂量不宜过大,尤其对老年人及重危患者。

② 规范地进行剂量调整,遵循逐步增减剂量的原则。

③ 如果出现持续性嗜睡或意识模糊者,可减少阿片类药物剂量或换用另一种阿片类药物。

(4) 尿潴留

① 听流水声,诱导自行排尿。

② 温水冲会阴部。

③ 膀胱区按摩或针灸疗法。

④ 导尿,一次性导尿,而非持续性导尿。即导出尿液后就拔掉导尿管,以后定时排尿。

(5) 皮肤瘙痒

① 可以使用抗过敏制剂,如:苯海拉明、息斯敏等。

② 地塞米松等皮质类固醇对缓解皮肤瘙痒也有一定效果。

③ 外用药:如炉甘石洗剂等。

(6) 呼吸抑制

① 停止给予阿片类药物,如果使用贴剂应立即揭除,避免药物继续吸收。

② 立即吸氧。

③ 疼痛强烈刺激:疼痛是呼吸抑制的兴奋剂,只要患者有痛感、清醒就

不会呼吸抑制。静脉注射纳洛酮，以后用纳洛酮静脉滴注，调控速度使之改善呼吸又不对抗止痛作用。

6. 中医药疗法

中医认为，乳腺癌疼痛的发病是情志失调、饮食失节、冲任不调及外感风寒之气或先天禀赋不足引起机体阴阳失调、脏腑失和而发病，治疗当辨明病机，辨证论治。

1. 肝郁气滞证　表现为情志抑郁，或急躁，胸闷胁胀，或伴经前乳房作胀，或少腹作胀；乳房部肿块皮色不变，质硬而边界不清；苔薄脉弦均为肝郁气滞之象。治当疏肝解郁，理气消核。方药为逍遥散加减。

2. 冲任失调证　表现为月经紊乱，素有经前期乳房胀痛；或婚后未育，或多次流产史；损伤冲任，乳房结块坚硬，或术后患者对侧乳房多枚片块质软；苔薄舌淡，脉濡细均为冲任失调之象。治当调理冲任，理气化痰。方药为二仙汤合逍遥散加减。

3. 瘀毒内阻证　表现为瘀毒入内，久而气滞血瘀，凝聚成积，症见乳房肿块，疼痛；瘀血阻滞，气血壅遇而致脉络瘀阻；水湿不化，脾胃虚弱则见纳少，泄泻，恶心呕吐；苔黄腻，舌质红，脉滑数等均为湿热蕴结之象。治当清热解毒，活血化瘀。方药为清瘟败毒饮合桃红四物汤加减。

4. 气血衰竭证　表现为晚期或手术，或放疗、化疗后，形体消瘦，面色萎黄或无华，头晕目眩，神倦乏力，少气懒言，纳呆，苔薄白，舌质淡，脉濡细均为气血衰竭之象。治当益气养血，调理脾胃。方药为人参养荣汤加减。

（二）非药物治疗

非创伤性物理治疗和心理治疗，有助于缓解部分病人的疼痛，并可能改善他们的生活质量。

1. 物理治疗

（1）提供睡眠、沐浴和行走支持。

（2）指导患者调整体位。

（3）物理治疗。

（4）节约生命能量，放慢生活步调。

（5）按摩。

（6）冷热敷。

（7）经皮神经电刺激。

(8) 针灸或穴位按压。

(9) 超声刺激。

2. 心理治疗

调整情绪和行为的心理学治疗有助于癌症疼痛的治疗,有以下几种方法:

- 想象/催眠。
- 分散注意力训练。
- 放松训练。
- 积极应对训练。
- 认知行为训练。
- 精神关怀。

心理因素与健康关系密切,情绪的变化可诱发多种疾病,包括癌症。患者应该学会自我调适,并注意以下几点:

(1) 要有生活的信心:只有树立了这种信念,才能保持乐观情绪,发挥主观能动性,提高机体的抗病能力。

(2) 要学会缓解紧张情绪:方法很简单,主要是静坐,放弃杂念。

(3) 可以适当的渲泄:有话、有气千万不要憋在肚子里,可在适当的场合和对适当对象进行倾诉。必要时可向心理医生求助。

(4) 做力所能及的工作:工作是一种心理寄托,也是心理安定的要素,可分散和转移注意力。

3. 微创介入治疗

当患者病情允许时,应争取行手术、放疗及化疗等抗癌治疗,以利更有效地控制疼痛。对于顽固的局限性剧烈疼痛。可考虑行神经阻滞或神经松解手术等治疗。当使用大剂量强效阿片类药物和辅助镇痛药仍难以控制癌痛或副作用明显患者又无法耐受药物治疗时,介入治疗不失为一种可供选择的方法,也是药物治疗的重要辅助镇痛措施。

(1) 神经阻滞

一般适用于有特定神经支配的区域性癌痛。可根据癌痛的神经分布定位穿刺点,选择周围神经阻滞和椎管内阻滞。单次神经阻滞作用时间有限,因而很少用于治疗癌痛。随着技术的进步,现在可以在超声引导下,通过神经电刺激仪定位,将注药通道(导管)放置到传导癌痛的相应的神经丛或神经干附近实施持续镇痛。

硬膜外间隙置管后可将药物输注通道植入体内连接微量镇痛泵,可持续注入低浓度局麻药和/或阿片类药物,也可采用手工分次注入或患者自控镇痛技术。缺点是病人行动不便,反复多次给药,硬膜外感染几率高,且局麻药产生快速耐受,故通常用在生命的晚期。

（2）神经毁损

常用的神经破坏药为乙醇和苯酚。蛛网膜下腔和硬膜外腔神经毁损术是将神经破坏药注入蛛网膜下腔或硬膜外腔,阻滞脊神经的传导而产生节段性镇痛的方法。虽然镇痛效果确切,但并发症亦较多。且需由有经验的专科医师操作。

（3）鞘内药物输注系统

植入性电子药物输注泵,通过植入体内的电脑程控式输注泵将阿片类药物直接注入蛛网膜下腔,作用于中枢阿片类受体,从而有效缓解疼痛。由于所需吗啡剂量只相当于口服剂量的1/300,避免了成瘾性,同时根据疼痛类型调节输注模式,长期有效的控制疼痛,可明显的改善患者生活能力,提高患者生存质量。

（三）乳腺癌疼痛患者的居家指导

1. 家属要向医生了解哪些问题

（1）每种药物的基本特点,应该观察什么副作用?

（2）每种药物怎么服用? 饭前还是饭后服? 药片可以碾碎服用吗?

（3）治疗持续性疼痛的药物和治疗爆发痛的药物有什么区别? 分别什么时间服用? 如果持续性疼痛在下次给药时间还没到时加重怎么办? 如果患者爆发痛不能很快缓解怎么办?

（4）如果及早、按时服药了但疼痛不缓解怎么办? 是增加服药剂量还是看医生?

（5）患者半夜痛醒怎么办?

（6）应该留意什么副作用? 出现什么样的副作用时需要疼痛医生帮助?

2. 如何向医生描述癌痛

有些人觉得疼痛很难向别人描述清楚,但是若能试着去用文字把它表达出来,别人就更能知道你的感受。您可以尝试从以下几个方面描述您的疼痛。

（1）什么地方痛? 一个地方还是全身?

（2）什么时候开始痛的？是持续性疼痛还是间断性疼痛？

（3）是什么样的疼痛？尖锐的刀割样疼痛？还是钝痛？隐痛？

（4）疼痛有多严重或有多强烈？

（5）什么情况下会觉得更痛？

（6）曾试过什么方法来缓解疼痛？哪些有用？哪些无效？

（7）疼痛是一直持续的吗？若不是，一天或一星期痛几次？

（8）每一次疼痛持续多久？

（9）吃过什么镇痛药吗？

3. 家属如何照顾癌痛患者

在癌性疼痛治疗的过程中，为患者解除痛苦，患者家属耐心细致的家庭照护是十分重要的。

（1）正确可靠地评估患者的疼痛，协助医务人员制定出合理的治疗方案。

（2）对患者进行教育及解释，改变患者对药物副作用及耐受性的错误认识，鼓励患者享受人的尊严及权力。

（3）帮助患者了解疼痛产生的原因，服用的药物及服药时间，告诉患者为什么必须按时服用药物，以及药物有可能产生的副作用及其防治。

（4）帮助患者正确用药，选择合适的药物及用药方法，尽量避免患者休息时用药。

（5）评估治疗方法对减轻疼痛的效果，及时地向医生报告。

（6）副作用的防治，如便秘、恶心、呕吐等。

（7）给患者创造一个舒适的环境，帮助患者取得一个舒适的体位等。给患者以安慰、解释及鼓励，使其从精神上摆脱对疼痛的恐惧、增加对生活的希望。

4. 在家里服用镇痛药要注意哪些问题

（1）镇痛药不要放在小孩能够拿到的地方。

（2）不同的药物不要放在一起。

（3）药名、剂量、用法都要在瓶签上写清楚。

（4）没有征得医生的同意，不要轻易改变药物剂量。

（5）如服用液体镇痛药，应有一个有刻度的药杯，以准确用药。

（6）口服镇痛药的前后不要饮酒，因为酒精可以增加镇痛药的毒性。

第五篇　远离乳腺癌

——有效预防乳腺癌

天空的幸福，

是它穿着一身休闲、写意的蓝；

河流的幸福，

是它拥有水晶般的清澈与透明；

森林的幸福，

是它用绿色的环境孕育着无数生命……

我们幸福了吗？

为行动注入我们心的力量

于娟,1978 年出生,博士,海归,复旦大学优秀青年教师,家中的独女,有一个同为大学教师的丈夫和一个两岁多的儿子,她短暂的 33 岁人生留下了最灿烂的篇章。乳腺癌,三个字,让这个篇章在 2011 年 4 月 19 日,距离于娟 33 岁的生日刚过了 17 天,距离 2009 年 12 月被确诊患乳腺癌只有 15 个月时,戛然而止。

　　从 2010 年 1 月被确诊为乳腺癌晚期开始,这位复旦大学社会学系的年轻教师,体会了种种逼近极限的痛苦、悲伤、不舍、不甘等情绪,她用犀利而幽默的文笔,记下病中种种经历,剖白着自己的内心。

　　于娟对自己不良生活方式的反思,意在用自己的经历提醒年轻人珍爱健康,不要透支青春。于娟说:"回想十几年来,12 点前没有睡过觉,平时早睡也基本在凌晨 1 点左右,厉害的时候熬通宵。得了癌症后深刻地理解了'长期熬夜等于慢性自杀'的含义⋯⋯"于娟在生命的最后真诚地提醒人们,关爱健康从健康的生活方式开始。

　　患病后的于娟自学中医,对人体生物钟有着极为深刻的认识,比如夜里 1 点到 3 点是养肝的时间,患病后的于娟因为生活作息的规律,竟然在二期化疗后让肝功能恢复了正常,所以于娟说,祖国医学总结出来的养生理论非常经典,每个人的日常生活也应该恪守这些基本的准则,从而切实做到养成健康的生活方式的习惯。

　　一个大学教师博士后平日的生活其实也很没有规律,突击作业成为于娟的常态生活,用她自己的话来说,她属于典型的"2W"女,所谓"2W"女,是指只有在考试前 2 周才会认真学习的突击女生;考出的成绩也不是很差。对此她还说,为了取得一些证书,她周而复始地参加各种资格考试,到了患病住院才明白一切都是浮云!

据于娟说,她吃过孔雀、海鸥、鲸鱼、河豚、梅花鹿、羚羊、熊胆、熊肉、麋鹿、驯鹿、麂子、锦雉、野猪、五步蛇等这些多数人没见到过的东西,能否对健康造成影响虽不能确定,但在猎奇野味的今天,提醒公众一定不要食用没经检疫的动物或者禽肉。

歌手姚贝娜也说,患病后,自己才反省出之前的生活有很多误区。"首先挑食就很不好,我之前很少吃蔬菜、水果;其次自己乳腺增生的体质,不应长期使用含有雌激素的抗痘药品与化妆品,它们就像癌变的催化剂;第三,我的性格比较'较劲'。"不仅如此,住院期间,姚贝娜发现大多数乳腺癌患者有个规律:左乳癌变的,多数脾气暴躁;右乳癌变的,则大多操劳过度。"而她自己发病前有很长一段时间非常压抑,情绪找不到出口。

来势汹汹的乳腺癌不仅危害着女性的生命,也摧残着女性的自尊。乳腺癌作为常见的恶性肿瘤,其发病年龄有日益年轻化的趋势。其实乳腺癌是最可预防的癌症之一:人体中的细胞从正常状态一下子变到癌细胞是不可能的,它们之间有一个由量变到质变的渐进过程,这个过程可能是5～10年。如果能在癌细胞的萌芽状态就发现它,也许只需要做一个小手术,就可以继续以往的生活,因为早期乳腺癌的治愈率在90%以上。而中晚期乳腺癌患者,大多数不仅失去了美丽的乳房,更失去了无比珍贵的生命。因此,预防乳腺癌越早越好,那么预防乳腺癌要做哪些准备?

按预防疾病的总则,乳腺癌的预防可分为三级预防措施。

一级预防　病因干预,根据已知较明确的致癌因素,采取针对性的预防,主要是乳腺癌高危人群的确定。

二级预防　早期发现,乳房自查,高危人群普查,乳房钼靶X线摄影或B超超声波检查。美国妇女40～50岁1～2年检查1次,50岁以上1年检查1次。

三级预防　为康复预防,对症治疗。当乳腺癌不可逆转时,对中、晚期患者尽量减少痛苦,提高生活质量,延长生存时间。

Reaching people, touching lives.

一、乳腺癌的高危因素

危险因素是指会增加人们患某种疾病(比如乳腺癌)机会的因素。对肿瘤的发现要重视肿瘤筛查尤其是对高危人群的筛查,在美国和欧洲国家,乳腺癌、大肠癌、前列腺癌等肿瘤的高危因素及筛查流程已经写进《肿瘤临床指南》之中,我国对常见肿瘤的高危因素也开展了长期研究,确定了一些肿瘤发生的高危因素。比如,乳腺癌的高危因素有:

(1) 女性 35 岁以上,月经初潮小于 12 岁或绝经大于 55 岁,或月经不规则者。

(2) 没有生育或大于 30 岁生育者。

(3) 乳腺良性增生性病变者如乳腺导管内乳头状瘤。

(4) 接受过放疗者。

(5) 乳腺癌家族史者。

(6) 相关的基因突变者。

(7) 接受雌激素或孕激素替代治疗者等。

二、乳腺癌的高危人群

年龄增加、遗传基因、生活形态等方面的不同,使得某些女性患乳腺癌的几率较一般女性为高,她们的特征是:

(1) 本身即患有乳腺癌或卵巢癌、有乳腺癌家族史,第一代亲属,如母亲、姐妹等,如果有乳腺癌发病,这个家族就属于高危人群。

(2) 未生育或 35 岁以后才生育、40 岁以上未曾哺乳或生育。

(3) 初经在 12 岁以前、停经过晚(如 55 岁以后才停经者)。

(4) 过于肥胖。

(5) 经常摄取高脂肪或高动物性脂肪、爱吃熟牛肉。

(6) 曾在乳部和盆腔做过手术。

(7) 过度暴露于放射线或致癌源(如经常施行 X 光透视或放射线治疗)。

(8) 经由其他癌症转移至乳房(如患子宫内膜腺癌者)。

(9) 有慢性精神压迫。

(10) 不常运动。

三、乳腺癌的病因

从安吉丽娜·朱莉到滴滴总裁柳青,乳腺癌面前,人人平等。

有 5%～10%的乳腺癌据说和遗传因素有关,家庭中有一个一级亲属患乳腺癌,其他成员的患病危险性为正常人群的 1.5～2.0 倍,2 个一级亲属患此病,则其他成员的危险性为 5 倍。BRCA1 可能是一种抑癌基因,有此基因突变的人发病的危险率为:40 岁,20%;50 岁,51%;70 岁,87%。

具体因素可见第一篇。

2013 年 5 月 14 日好莱坞性感女神安吉丽娜·朱莉在《纽约时报》发文,称自己施行了双乳乳腺切除术。虽然弗洛伊德说过,"人类永远无法摆脱失去母亲乳房的痛苦",这暗示了女性的这一身体器官被男性主导的人类历史与制度"据为己有"的过程,但朱莉的宣言无疑再次向世界宣布了一个事实——女人的身体属于她们自己。

这世上最不可能失去乳房的女人选择了乳腺切除术。当这位风靡全球的性感女神,选择健康,忠于自我。在动辄将卖弄性别资本当作上位法宝,将乳沟称为"事业线"的华语娱乐圈,朱莉的选择击碎了一地鸡毛。

朱莉撰写了《我的医疗选择》(My Medical Choice)一文刊登在《纽约时报》上,讲述她因遗传原因有罹患乳癌的高危风险,在医生的常年观察和诊断建议下决定施行乳腺切除术。当年 37 岁的朱莉,6 个孩子的母亲,布拉德·皮特的伴侣,在世界面前宣布,"这个坚决的选择不会让我的女性魅力有分毫减弱,这让我充满了力量。读到这篇文章的女性,我希望能帮助你们意识到,你们拥有自己的观点。"

朱莉的母亲曾跟乳腺癌抗争了近 20 年,但在 56 岁时终因癌症去世。医生在对朱莉的基因进行全面检测后,告诉朱莉她有 87%患乳腺癌的风险,50%患卵巢癌的风险。朱莉在文章中写道,她要让孩子们确信,他们的母亲不会被同样的疾病夺走,"一旦意识到了我的现实处境,我就有了接受手术的决心"。朱莉与皮特共育有三名子女、收养了三名子女。"朱莉皮特大家庭"一直是全球最受注目的明星家庭。这次手术后,朱莉患乳腺癌的风险从87%降到了 5%。她在文章中感谢伴侣布拉德·皮特,称是他的爱与支持陪伴她走过这个过程。

朱莉的选择并不是冲动的结果,她也意识到,一个女明星公开宣布自己选择了这项手术,会引发多少关注。朱莉一向致力于人道主义行动,即使在她实施手术期间,她也到刚果共和国进行慈善探访,并在伦敦举行的 G8 外长峰会上为反对家庭暴力而发言。她如此看待自己的乳腺切除术:"我想鼓励每一位女性,尤其有乳腺癌或卵巢癌家族病史的女性,去获取关于你们生命这一领域的信息,去找到能给予你们医疗帮助的专家——去做你们的决定。"

女人们可以喊出自己的宣言,但也要有幽默的度量和勇气。在2013年的奥斯卡颁奖礼上,主持人塞思·麦克法兰演唱的《咪咪之歌》(We Saw Your Boobs)把好莱坞电影里露过胸的女星来了个大盘点。梅丽尔·斯特里普、娜奥米·沃茨、哈利·贝瑞、查理兹·塞隆、安吉丽娜·朱莉、斯嘉丽·约翰逊、杰西卡·查斯坦等纷纷被点名。凯特·温斯莱特更是因为在《罪孽天使》《无名的裘德》《哈姆雷特》《泰坦尼克号》《携手人生》《身为人母》《朗读者》等片中均有露胸镜头而"连中数枪"。

这只是一个无伤大雅的玩笑。因为这个时代的好处是,你记住了上述诸位的咪咪,但也忘不了以下从不以性搏出位的女演员名字:蒂尔达·斯文顿、凯特·布兰切特、希拉里·斯旺克。

女人如何看待自己的乳房,就是时代如何看待女性。

人们总认为,命运是无法撼动的,只能顺应。朱莉挺身示范的,是一种修正,对健康缺陷的修正,以及对"命"的修正,后者更震撼人心。

四、乳腺癌的病因学预防

1. 接受专业检查

所有成年女性,无论是否生育,都应每年一次到专业诊所进行乳房检查。B超、X线都是乳腺癌最常规的筛查诊断方法,B超检查更适合40岁以下的年轻女性。因为年轻女性的乳腺腺体一般较为致密,当X线成像时,致密的腺体可能使部分组织被遮挡,这其中也包括肿瘤组织,容易漏诊微小病灶。而X线更适合40岁以上女性,尤其是一些高危人群的筛查,如高龄初产妇、乳腺既往有良性病变、长时间服用雌激素的人群。其他乳腺检查常用的方法有CT、乳腺导管造影、乳管镜、穿刺活检肿块及切片活检等。具体应根据病情需要,由医师决定检查项目。

2. 定期自我检查

除了去医院,定期自我检查也是行之有效的办法。

(1)检查时间:停经前的妇女的自我检查最佳时间是在月经结束后的第5~10天,这时乳房组织最柔软,疾病检出率高,如果月经周期不规则,最好在每月的同一时间进行自检;绝经妇女可在每月固定一天做自我检查。

乳腺癌发现越早,治愈的可能性就越大。每月一次的乳房自查,如发现异常应及时到专科医院做进一步专业检查,以便做到早发现、早诊断和早治疗。

(2) 检查方法

① 视查:直立镜前脱去上衣,在明亮的光线下,面对镜子对两侧乳房进行视诊,比较双侧乳房是否对称,注意外形有无大小和异常变化。其异常体征主要包括:乳头溢液、乳头回缩、皮肤皱缩、酒窝征、皮肤脱屑及乳房轮廓外型有异常变化。

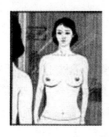

乳房视查

② 触查:举起左侧上肢,用右手三指(食指、中指、无名指)指腹缓慢、稳定、仔细地触摸乳房,方法见下图,在左乳房作顺或逆向逐渐移动检查,从乳房外围起至少三圈,直至乳头。也可采用上下或放射状方向检查,但应注意不要遗漏任何部位。同时一并检查腋下淋巴结有无肿大。

乳房触查

乳房触诊方法

最后,用拇指和食指轻挤压乳头,观察有无乳头排液。如发现有混浊的、微黄色或血性溢液,应立即就医,检查右侧乳房方法同下。

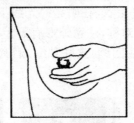

检查乳头的方法

③ 平卧检查:平卧检查时,待检测上肢举过头放于枕上或用折叠的毛巾垫于待检测肩下。于平坦的地方躺下来,在一侧的肩下垫上小枕头或折叠的毛巾,并将同侧的手枕于脑后,另一只手触压乳房检查是否有肿胀或肿块,检查范围必须到腋下为止。另一侧以同样的步骤重复一次。

乳房平卧检查

因为乳腺癌患者的平均年龄在下降,所以女性从 20 岁开始,就应该开始检查。如果发现乳房有异常肿块、非哺乳期乳头有溢液、腋窝淋巴结肿大和上肢水肿,就需要立即到医院做进一步检查。

3. 慎用激素类药物

现实生活中,有的女人为了使乳房丰满而服用激素类药物,也有的女性为了治疗脸上的痘痘而使用激素类药物,结果导致内分泌紊乱,这就增加了乳腺疾病发生癌变的危险,乳腺癌最大的特点就是和雌激素及其代谢有关。

4. 保持正常体重

肥胖是患乳腺癌的高发因素。现代医学普遍认为乳腺癌可能是因体内雌激素分泌过多,刺激乳腺导管上皮细胞过度增生而引起。应尽可能减少高脂肪、高热量食物,特别是油炸食品的摄入。现在的垃圾食品很多,虽然口感很好,但是对健康的危害很大,所以建议女性朋友合理饮食,不要因为一时的嘴馋,而吃那些垃圾食品,为乳腺疾病制造机会。女性如果每天食用4种蔬菜与水果,她们患乳腺癌的概率将会降低。另外,尽量食用生蔬菜,每周食用3次鱼类将为人体提供足够的Ω-3不饱和脂肪酸,保护自己的细胞。避免食用含有多元不饱和脂肪的食物,比如玉米油、葵花子油,不妨将它们换成坚果油或橄榄油。软饮料和垃圾食品中的糖也是应该避免的食物。从预防乳腺癌的角度出发,女性还是有必要保持传统的低脂肪、高纤维膳食的习惯。如果舍不得这点"口福",还有一个办法,那就是多运动,有规律地长期运动。育龄妇女每周平均进行4小时的体育锻炼,患乳腺癌的危险性要减少60%。此外,酒精摄入量和患乳腺癌的概率也有关系。酒精可刺激脑垂体前叶催乳素的分泌,而催乳素又与乳腺癌发生有关。因此,女性尤其是绝经前后的女性,应戒酒或少饮酒。如果一定要喝酒,女性可以服用些叶酸,以抵消酒精的不良作用。另外,女性每天应该食用至少一次低脂乳制品,比如酸奶或脱脂奶。少喝咖啡,多吃白菜和豆制品,多吃鱼,保健品别乱吃。

5. 保持良好心境

现代的女性朋友患上乳腺疾病的几率增高的原因,很大一部分都是因为情绪的问题。健康、愉悦、积极的心态是预防乳腺癌必不可少的。有良好的心态应对压力,劳逸结合,不要过度疲劳。压力是重要的癌症诱因,中医认为压力导致过劳体虚从而引起免疫功能下降、内分泌失调,体内代谢紊乱,压力也可导致精神紧张引起气滞血瘀、毒火内陷等。

6. 顺其自然做母亲

乳腺癌患者中性功能低下、高龄未婚、高龄初产、孀居者的比率明显高于其他人群。因为这类人群体内的激素水平很难维持正常,虽生育但极少哺乳或从未哺乳也容易导致乳房积乳,患乳腺癌的危险性明显增加。建议女人们应该保持正常的性爱,在最佳生育年龄生育(不要超过35岁),并坚持母乳喂养。

7. 根据体型选好 BRA

有人说婚姻像穿鞋,其实更恰当的比喻是婚姻像穿内衣,好不好看显而易见,舒不舒服却只有自己知道。所以选内衣也应像选伴侣,一定要知己知彼。合适的胸罩,漂亮且舒适健康,不适合的胸罩,毁你没有商量。

8. 留意他的乳房地区

对于男性来说,乳房也可能是个"事故多发地"。虽然患乳腺癌的人

99％都是女性,但也有倒霉的 1％不幸摊到了男人头上。所以,作为妻子的你除了留意自己乳房的健康外,还应关注他的乳房。如果他胸部长有质地较硬,边界不清的无痛性肿块,乳头向内凹陷,或有分泌物时,一定要去医院及时做检查。

9. 合理饮食预防乳腺癌

据估计,改善饮食习惯可以预防 1/3 的乳腺癌发病。

(1) 降低食盐摄入,不吃辣酱、榨菜、腌菜、香肠、薯片、虾条、麻辣豆腐干等高盐食品。

(2) 早晚一杯牛奶,乳房的形状主要由脂肪含量决定,良好的营养状况有益于乳房的发育和形态维护。研究发现,女性每日食用两份低脂乳制品,可以降低更年期之前患乳腺癌的几率。

每天喝两杯牛奶,既能够保证基本的营养需要,又有利于乳房健康。

(3) 每天 3 杯白开水,每人对水的需求不同,建议每天保证 3 杯水,早上起床后一杯、午饭前一杯、下班前一杯。外出或锻炼的时候带一个水瓶,随时补允。

(4) 多吃新鲜蔬果,新鲜蔬菜中含有丰富的维生素、矿物质、膳食纤维,丰富、均衡的营养能帮助机体抵御包括乳腺癌在内的各种疾病。

(5) 粗粮细粮搭配食用,粗粮含有丰富的纤维素,促进肠道蠕动帮助机体排毒,还可以降低低密度胆固醇和甘油三酯的浓度,延迟饭后葡萄糖吸收。

(6) 每天食用豆制品,大豆中含有的植物异黄酮能够抑制肿瘤生长,防止癌症,尤其是乳腺癌。

(7) 坚果、种子类作零食,坚果类食物含有大量的抗氧化剂,可起到抗癌的效果。而且坚果和种子食品可增加人体对维生素 E 的摄入,而摄入丰富的维生素 E 能让乳房组织更富有弹性,但要记得选择不加盐炒制的。

(8) 每周吃一次海带,海带和紫菜之所以具有缓解乳腺增生的作用,是由于其中含有大量的碘,可促使卵巢滤泡黄体化,使内分泌失调得到调整,降低女性患乳腺增生的风险。

(9) 少饮烈性酒。

(10) 不吃霉烂变质食物,少食腌制食品;不要食用被污染的食物,如被污染的水,农作物,家禽鱼蛋,发霉的食品等,要吃一些绿色有机食品,要防止病从口入。

(11) 进食时,应细嚼慢咽,不食过烫或过冷食物、过咸而辣的食物;年老体弱或有某种疾病遗传基因者酌情吃一些防癌食品和含碱量高的碱性食品。

（12）脂肪摄入勿过多，摄入量控制在摄入总热量的 30％以下，即每日食取动植物性脂肪 50～80 g；多吃新鲜蔬菜和水果，每天供应 10 g 纤维和一般水平的维生素。

（13）少吃烟熏食品。

（14）不滥用药物，不滥用化妆品和保健品，化妆品和保健品里雌激素的含量常常比较高，尤其不要滥用性激素类药及有细胞毒性的药物，防止药物致癌危险。

10. 良好的生活方式

加强体育锻炼，每周至少运动 3 次，增强体质，多在阳光下运动，多出汗。

生活要规律，生活习惯不规律的人，如彻夜唱卡拉 OK、打麻将、夜不归宿等生活无规律，容易患癌症。应当养成良好的生活习惯，使各种癌症疾病远离自己。

总之，乳腺癌是可以预防的。尽管由于我国患乳腺癌患者多也和人口老龄化有关，还有暴露于吸烟的不良生活方式和环境的人口基数太大，我国的乳腺癌死亡率持续上升。但只要我们坚持不懈，以预防为主，对生理、心理、饮食等方面进行科学指导，相信对乳腺癌的预防会有更大的成效，可以健康快乐地生活。

【特殊病例指引】

媛媛和老公非常般配，在可爱的大女儿 2 岁时，又怀上了第二个孩子，夫妻俩都感到幸福满足。2015 年 1 月在其孕 38＋周时无明显诱因下发现左侧乳房刺痛、肿胀，无乳头溢液，至当地医院多次查 B 超示：左侧乳腺巨大低回声包块，右乳未见明显异常，考虑左侧乳腺炎，自用热水袋捂并予以按摩，病情未见明显好转。2015 年 2 月 25 日在孕 39^{+2} 周时至江苏省人民医院查双侧乳腺 B 超示：左侧乳腺腺体层即脂肪层回声稍紊乱，双侧腋窝淋巴结皮质回声稍厚，于 2 月 26 日在硬膜外麻醉下行"子宫下段剖宫产术"，媛媛家又添了一名千金，可是媛媛来不及享受再次当母亲的喜悦，就在局麻下行左侧乳腺肿块穿刺活检术，术后病理示：乳腺浸润性导管癌，免疫组化：ER 约 10％（＋）、PR（－）、Her-2（－）、Ki67 约 15％（＋）。2015 年 3 月 7 日行 PET/CT 检查提示：左侧乳腺腺体致密、左侧腋窝多发肿大淋巴结，FDG 代谢均增高，结合病史，考虑左侧乳腺癌伴淋巴结转移可能；右侧乳腺外上象限 FDG 代谢异常增高灶、右侧腋窝多发淋巴结 FDG 代谢增高，2015 年 6 月 2 日又行右乳肿块穿刺活检：浸润性导管癌Ⅱ级。免疫组化标记示 PR 30％（2＋），

ER 10%（1＋），Her-2（－），Ki-67（10%＋）。体格检查示双侧乳房不对称，左侧乳房塌陷，弥漫性红肿，呈暗红色，皮肤橘皮样改变，皮温较右乳高。右侧乳晕下方触及肿大包块，质硬，无波动感，活动度差，双侧腋下触及融合肿大淋巴结，质地硬，无明显触压痛。按 TAC 方案行六个疗程化疗，GP 方案化疗四个疗程后，病情仍在进展，已经有血性胸水和广泛骨转移，病情凶险，不容乐观。媛媛才 26 岁，大女儿刚上幼儿园，小女儿嗷嗷待哺，父母和老公都很焦虑。

妊娠期乳腺癌，即妊娠同时发生或妊娠一年内发生的原发性乳腺癌。而哺乳期间发生的原发性乳腺癌，称为哺乳期乳腺癌。这类乳腺癌临床上较少见，但千万不可轻视。据国外报道其发病率约占全部乳腺癌病人的 2%～3%，而我国的报道高于国外水平，约占全部乳腺癌病人的 7%～12%。现在有一种普遍的观点是，不生育不哺乳的女性发生乳腺癌几率较高。但是不能忽略的是，女性在怀孕、哺乳期间，是哺乳期（妊娠期）乳腺癌的高发期。因为怀孕哺乳期的女性体内激素水平大为改变，雌孕激素分泌旺盛，在怀孕末期，雌激素水平的增长如同天文数字，要比正常水平高出 1 000 倍，雌激素水平刺激乳腺癌生长，一旦发生乳腺癌，恶性程度高，患者媛媛应该还合并了炎性乳腺癌，因此治疗困难。

为什么妊娠哺乳期乳腺癌的确诊多有延误呢？由于患者年轻，又处于特殊的时期，患者及医生对妊娠的考虑多，对乳房肿块的重视却不够。而且女性妊娠期间在激素的刺激下乳腺会发生增生和肿胀，此时很多乳腺肿块和泌乳都会被认为是妊娠期的正常生理反应，因此患者和医生都不宜察觉。同时，乳腺的增生和肿胀会影响视诊和触诊的准确性，检查和鉴别都会有一定困难。而妊娠期间增殖的乳腺组织本身在 X 线片中就会形成高密度的背景，与乳腺癌的 X 线表现相近，难以分辨。这些都妨碍了乳腺癌的及时诊断。上述病例中的主人公媛媛就是由于这些原因延误了诊断。

那么如何鉴别哺乳期（妊娠期）乳腺癌和乳腺炎？哺乳期（妊娠期）乳腺炎很容易和乳腺炎相混淆。

（1）从外观来看，两者均可见到乳房部的红肿热痛等炎症表现，但急性乳腺炎时皮肤红肿可较局限，颜色鲜红，而哺乳期（妊娠期）乳腺癌皮肤改变广泛，往往累及整个乳房，颜色为暗红或紫红色。

（2）从淋巴结来看，两者均可见到腋下淋巴结肿大，但急性乳腺炎的腋下淋巴结相对柔软，与周围组织无粘连，推之活动性好，而哺乳期（妊娠期）乳腺癌的腋下淋巴结肿大而质硬,与皮肤及周围组织粘连,用手推之不活动。

(3) 从全身症状来看,急性乳腺炎常有寒战、高热等明显的全身性炎症反应,而哺乳期(妊娠期)乳腺癌通常无明显全身炎症反应,如伴有发热,则为低热。

(4) 从病程来看,急性乳腺炎病程短,抗炎治疗有效,而哺乳期(妊娠期)乳腺癌则病情凶险,抗炎治疗无效。

小贴士

如何早期发现哺乳期(妊娠期)乳腺癌

孕期、哺乳期乳房出现异常症状应立即就医。孕期哺乳期女性应多观察自身乳房情况,一旦有不明显的炎症表现或摸到包块,最好到专科医院就诊,必要时进行 B 超检查。需要指出的是,怀孕超过三个月,接受胸部 B 超不会影响胎儿的健康。哺乳期(妊娠期)乳腺癌早发现、早治疗,临床疗效显著。但关键在于女性自身是否能否重视自我保健。

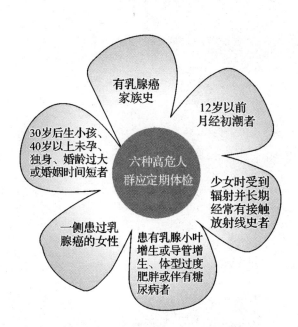

专家提醒:六种乳腺癌高危人群应定期体检

附　录

一、乳腺癌与粉红色丝带

"粉红丝带"作为全球乳腺癌防治活动的公认标识,用于宣传"及早预防,及早发现,及早治疗"这一信息,足迹遍布全球数十个国家。各国政府亦将每年的 10 月定为"乳腺癌防治月"。粉红丝带是一场关爱乳房的运动,更是人们对健康和美丽的一种追求,她已经成为了一种爱心和时尚,她正在世界各地迅速升温,越来越多的媒体、政要、名人、明星正在参与进来,我们已经进入了一个全新的"粉红时代"。

粉红色丝带最早意义的象征是在美国军队行军歌曲中曾经提及到的一条黄丝带。1917 年 George A Norton 第一次将这首歌的版权购买下来。这首歌曲的名字是"黄色的丝带在她的颈上环绕"。

1940 年,许多音乐家都尝试着改写这首歌曲。20 世纪 70 年代早期,歌曲《老橡树上的黄丝带》发行了。在这首歌曲中,一个被困在伊朗的人质的妻子 Penney Laingen,是第一个将黄色的丝带作为有意义的象征物的人。她将黄色的丝带系在树枝上来表达她盼望丈夫早日归来的心情。她的朋友和家人也因为她的忠贞而跟随效仿。当所有的美国人都看到这丝带所表达的信息后,丝带成为了一件传递感情的媒介。1990 年,受到丝带可以作为传递感情和信息的媒介的启发,艾滋病防治的活跃分子决定开始将丝带作为他们对抗艾滋病毒的标志。他们将丝带的颜色定为红色来表达他们的热情。在托尼奖颁奖典礼上,著名影星 Jeremy Irons 将一条红色丝带别在胸口的照片被永远的定格下来。托尼颁奖典礼后,丝带成功地抓住了所有人的眼球并红遍了美国。美国时代杂志更将 1992 年称作是"丝带年"。Alexandra Penney 是 1992 年女性健康杂志《Self》的主编,开始着手编辑新一期全国防治乳腺癌运动的年刊。Evelyn Lauder,雅诗兰黛的副总裁,被邀请成为全国防治乳腺癌运动 1992 年年刊的客串编辑。Penney 和 Lauder 一起提出一个想法,那就是征募所有化妆品集团巨头,说服他们将丝带在美国纽约每个化妆品商店内发送，Evelyn Lauder 当时还承诺她将会把丝带成功地传播到全国各个角落。

　　Charlotte Hayley 是一名和乳腺癌搏斗了多年的患者，生产了一种桃红色的丝带。她在随售的卡片上说道"全国癌症协会每年的资金预算是 18 亿美金，5％用作癌症的防治，让我们戴着这丝带来唤醒我们的立法者吧。"她的留言传播得非常快，并迅速地引起 Penney 和 Evelyn Lauder 的关注，她们主动提出要和 Hayley 一起合作来拓展她的想法，但是 Hayley 拒绝了她们的建议并认为她们的建议太过出于商业目的了。

　　在和 Lauder 商妥合作机遇后，Hayley 和她的律师一起提出了新的丝带的颜色。新的颜色被定为粉红色。而粉红色的丝带成为了全球防治乳腺癌标志。

　　在中国，中华粉红丝带乳腺癌防治活动基金会拥有"粉红丝带标识"与"粉红丝带活动标识"的国家知识产权。该标识提示人们对乳腺癌进行"及早预防、及早发现、及早治疗"，在全国各地被开展粉红丝带活动的单位和组织广为使用与推广，呼吁人们关注健康、关爱女性。

二、乳腺癌患者快乐旅行指南

　　旅行始终是诱人的期待，即便是讨厌的癌症也不能阻止人们这一愿望。但出行之前还是要做一些准备的，健康毕竟是快乐出游的前提。那么，乳腺癌患者和家人在旅行前该考虑哪些问题呢？咨询你的医生当然是最重要的，不过，下面的一些知识可能同样是有用的。

　　飞行：有些乳腺癌患者可能不适合飞行，在飞行的过程中可能会出现氧气浓度和大气压力的变化。例如，一个脑转移瘤的患者或者刚刚做过脑部手术者，会因此诱发或加重脑肿胀，而增加脑部压力出现头疼、恶心呕吐、视物不清，或其他颅内高压的表现，严重时发生脑疝危及生命。手术后 10 天内的患者也不适合空中旅行，否则可能因为气压的变化出现伤口肿胀和疼痛。

　　大气压力的变化，同样会引起淋巴水肿，尤其进行过淋巴清扫的患者，会出现相应区域的肿胀。

　　长途旅行：乳腺癌新近进行外科手术者，可能不适合连续性长时间旅行。因为肿瘤患者常常合并高凝,长时间乘坐交通工具发生血栓的风险增加。其实,飞行、久坐本来就是血栓形成的高危因素。

体力状况:癌症的有些治疗方法,如化疗和放射治疗,常会使人在治疗期间及治疗后容易产生疲劳,可能会限制旅游的强度和行进的速度。

日光照射:化疗和放射治疗可使皮肤暂时或永久对阳光照射更加敏感,造成皮肤更容易受到伤害。如果旅行的目的地是海滩,或大量时间在户外,就要注意了,至少需要加强皮肤的紫外线防护措施。由于雪地对太阳的强烈反射,同样应该注意类似的问题。

接种疫苗:化疗、放射治疗及类固醇治疗将削弱人体的免疫系统,不但降低你的抗病能力,也会降低使用和接种疫苗的有效性。所以到世界的某些地区时要注意。

旅行前准备

药物:为方便使用应随身携带。考虑到丢失的可能和转运中时间的延误,应将药物放在手提包内,而不是托运的行李箱中。另外,如有可能应将药物和原包装盒、说明书一起携带,以避免药物混淆,也方便海关查验。

预防:为减少发生血栓的风险,应充分补充水分和经常站起来走动,至少1小时需要走动一次。咨询你的医生,如果行程中可以服用阿司匹林或其他抗凝药物将会有益处。

对于上肢或下肢淋巴水肿,弹力绷带或弹力袜将会有益,可能会减少水肿发生的几率及严重性。规律的活动也同样有益。

卫生:经常洗手,注意食品卫生。

携带医疗信息:行前,请你的医生给你写一个病情或用药摘要,包括过敏情况、诊断和治疗计划以及用药情况。在整个旅行过程中,该文书以及紧急医疗信息要随身携带。

如参加旅行社,需提前了解旅行信息,协调并获得帮助。例如饮食的限制、特别住宿、轮椅,以及医务人员随行及医疗服务情况。

记住:旅游可以让人疲惫,应计划一些休息时间帮助消除疲劳。

最后,尽量放松,享受您的旅游生活吧!

三、呵护 8 大关键部位 决定女人的一生健康

女性身体的一些部位决定着你的健康,想不想拥有健康的体魄,那么就好好保护好这些部位,说不定决定着你今后的健康哦。好好护理下吧!

1. 乳房

生育孩子能够降低女性患乳腺癌的风险。英国癌症研究专家认为,当女性生育第一个孩子的时候,就意味着她患乳腺癌的可能性减少了7%。用母乳喂养孩子不仅可以令婴儿健康成长,还可以令女性患乳腺癌几率降低4.3%。

2. 心脏

如果一年中体重减少或者增加10斤,那么女性心脏的健康就会受到明显损害,阻碍血流与心脏之间的循环。因此,为了心脏健康,女性一定不要过于苛刻减肥。

3. 臀和手腕

出现骨质疏松症的部位一般是臀和手腕。女性一定要注意适量摄入含钙丰富的食物,因为它不仅可以预防骨质疏松症,还可以缓解压力。

4. 鼻子

每周至少3次、每次半小时的运动有益于提高人的免疫系统,增强女性的呼吸道抗击各种细菌的侵袭。

5. 肺、膀胱和肾

在英国每年大约有11.4万人死于吸烟,这个数字是交通事故、自杀等死亡人数的6倍。吸烟要为30%的癌症患者负责、为80%的支气管炎和肺气肿患者负责。最新研究指出,吸烟还会诱发膀胱癌、牙病和肾病。

6. 眼睛

随着现代女性频频使用电脑,科学家发现患青光眼的女性逐年增多。使用电脑时,人的眼睛长时间盯着屏幕,从而导致青光眼。另外女性抽烟也会诱发青光眼。

7. 皮肤

烈日天气,女性要注意特别保护自己的皮肤,因为长时间暴露在烈日下会引发皮肤癌。女性一定要懂得充分使用防晒霜等物品保护自己的皮肤。

8. 生殖系统

每年全世界大约有25万女性死于子宫癌。科学家发现服用避孕药超过5年的女性患子宫癌的概率增加3倍,服用避孕药超过10年则增加4倍。

四、漂亮女人要警惕乳腺癌

乳房赋予了女人特有的美丽,给了女人得以哺育儿女、感受为人之母的喜悦与骄傲。然而它也会给女人带来灾难。是妇女常见的恶性肿瘤之一。什么样的女性更易患乳腺癌呢？乳腺癌又与生活中的哪些因素关系密切呢？

1. 都市白领易得乳腺癌

目前，我国乳腺癌的发病率在万分之一左右。但是在生活方式改变较快的大城市中，乳腺癌发病率已达到 28 /10 万～40 /10 万。导致城市乳腺癌高发的缘由，除饮食结构的改变外，还与都市女性工作压力沉重、生活节奏快有关。

由于这些女性极易产生紧张、孤独压抑、悲哀忧伤、苦闷失望、急躁恼怒等情绪并长期受其影响，生命节律发生紊乱，神经及内分泌系统功能失调，进而导致内环境失衡，使胸腺生成和释放的胸腺素减少，淋巴细胞、巨噬细胞对体内突变细胞的监控能力和吞噬能力下降，故容易发生癌肿。

2. "酷女郎"上乳癌"黑名单"

乳腺癌的发生与不良生活习惯密切相关。有的女性以吸烟、酗酒为"时髦"，去夜总会、歌舞厅，通宵达旦地沉浸在灯红酒绿之中；有的女子喜吃煎炸食品和各种糕点甜食，粗粮、蔬菜却从不沾口；有的女子独身或 30 岁以后才结婚生育，生了孩子不愿喂奶，怕失去自己的青春风采；有些女子佩戴乳罩过紧或过松，失去了保护乳房的作用。种种不良的习惯和行为，无形之中使自己上了乳腺癌的"黑名单"。

此外，过多食用黄油、油炸快餐等高脂肪饮食也会改变女性内分泌环境，从而增加患乳腺癌的危险性。饮食方式的改变使城市女性乳腺癌发病率迅速增长，并且呈年轻化发展趋势。

3. 过度求美增加患癌危险

有人说漂亮的女性是乳腺癌的高发人群，因为她们体内的雌激素水平高，而高雌激素是导致乳腺癌的一个重要原因。对于这种传闻，专家认为是没有科学依据的。乳癌的发病率与漂亮没有必然联系，但确与雌激素水平密切相关。

如今有些女人为留住美丽容颜，30 岁刚过便开始服用雌激素或食用含有雌激素的补品；知识女性、职业女性和比较富有的女性，多使用含有雌激素的化妆品，以达到美容效果。

在就诊的患者当中，因雌激素使用不当而导致乳腺癌的人不在少数。有关研究证实，乳腺癌亦是对雌激素敏感的肿瘤，雌激素可诱发乳腺肿瘤。

流行病学调查亦表明,使用雌激素 10 年以上,将提高乳腺癌的发生率。因此,患病的妇女如有必要使用雌激素时,应在医生的指导下合理、适量使用。医生不提倡出于其他目的而盲目使用雌激素。

4. 优良的生活习惯能减少患癌几率

(1)保持心理平衡

恶劣的情绪是癌细胞的活化剂,而情绪愉悦则是防癌妙方。因此,女性们要学会自我调控和驾驭情绪,理智地对待人际关系,处理好家庭、婚姻等方面出现的感情纠纷及情感危机。只有心情舒畅,才有利于心理平衡和生理平衡,才能筑起阻挡癌魔的防线。

(2)控制身体肥胖

对进入青春期的女孩,在满足生长发育所需要的各种营养素的同时,必须控制高脂肪、高糖食物的摄入,以免热量过剩而造成肥胖;孕产期后更应预防肥胖,保持适宜体重,可减少患癌风险。

(3)生活方式合理

每个女性应建立起科学的生活方式,做到起居有常,劳逸结合,保证睡眠;膳食平衡,饮食有节,少吃动物脂肪、煎炸熏烤及甜食,并戒除烟酒;多吃黄绿色蔬菜、瓜果以及食用菌和大豆制品;持之以恒地参加体育锻炼和丰富多彩的娱乐活动,以健心身;提倡晚婚和计划生育,结婚不超过 28 岁,生孩子不超过 30 岁,不鼓励终身不育;做好避孕工作,防止多次怀孕;生育后要母乳喂养。

(4)性生活正常、和谐、均衡

有规律的性生活,不仅可以给自己带来身心的乐趣和愉悦,增进夫妻感情,而且还有助于减少癌症和乳腺癌的发病率。

五、聪明找对好医生

医院是知识分子云集的地方,面对一支混杂的医生队伍,也总有一些患者能幸运地碰到好医生,而且并不一定"多半是在熟悉之后"。只不过,一个主动积极的聪明病人,会通过自己的努力去找到这样的好医生,而不是"幸运地碰到"!

一个主动积极的聪明病人,可以千方百计去交一位医生朋友或者护士朋友,打听清楚内幕。他虽然挂不上号,但可以用各种真诚的方法打动专家,给自己加个号……聪明病人要做的是主动积极地给自己开路。只是,在医生这支良莠不齐的队伍里,给自己选一个好医生,聪明病人还必须动用智慧和谋略。

幸运的是,现代社会可以提供的信息已经远远多于 20 年前,甚至 10 年前。现在我们可以买到中国名医录,可以在网站上查到相关专业的名教授名单。在每个大型医院的门诊楼,我们还能看到本院名医的照片、简历,其中包括他毕业于哪个学校,什么学位,主攻方向是什么,做过什么突出的科研课题,得过什么专业奖项。我们还可以利用医院里的导诊台,会有工作人员提供咨询服务。如果你有足够的耐心,你问的问题足够多、足够到位,往往也能找出本院那个不错的、最适合你的医生。除此之外,在网站上我们还能看到病友组织的论坛,在网上发帖咨询也是个不错的主意。

但我们拿什么标准去衡量这些"众说纷纭"的好医生呢？获得信息只是第一步,这些信息只不过提供了公众认为的好医生,并非就是适合你的好医生。

从一个患者嘴里说出来的好医生,也许只是因为他上次去看病时,医生满头白发、态度和蔼、轻言细语,给他开的药还不算贵,临走还交待了回家以后的注意事项……这是一个看上去有人情味的好医生。

而从网站里、医院门诊的墙报上介绍的医生情况,往往更多的是偏重于他的学术地位,比如一个获得博士学位的教授、博士生导师,在哪些国家做过访问学者,在相应的全国医学会或地方医学会里担任着什么重要职位,发表过哪些研究成果,申请过哪些重要科研课题等等,这是一个学术上有成就的好医生。

但是,患者去医院最关心的其实是医术,是医生的临床感觉、临床思维和临床经验,是他能否在第一时间控制住病情,并给病人使用那种受益最大风险最小的药,其他治疗措施也应该是效果最好代价最小。但是,这样的医生,我们怎么辨别？

一个不知情的患者最关心的是医生的医术。对具体的患者来说,更重要的是人情味和医术。如果实在不能兼备,那就医术吧。

而怎么去了解一位医生真正的医术,需要多去问问圈子里的人,多比较几个医生才能知道结果。可惜的是,在这两方面,目前都没有现成的资料问世,只能靠我们自己去研究、去判断,去想方设法交几个医生朋友或者护士朋友,会帮助你了解更多的情况,尽可能去找个最适合自己病情的好医生！我们也就更责无旁贷地要对自己的健康负责,为自己的健康盘算,多花点时间,多托点关系,多找人询问,去找到那个最适合自己的好医生!

1. 聪明患者是沟通高手

在北京西单的一家医院走廊里,有这么一条标语:"换位思考——假如我是患者。"总算有家医院已经开始认识到了同理心对医生有多重要,但去他们的门诊和病房看看,不谙沟通技巧的场景时有发生,当场吵起来的也不在少数。

但一个患者是怎么先学会成为沟通高手的呢? 从前的患者,更多地像被动执行高手,从本质上来说,高度专业信息的掌握使得医生是一群希望有控制权的人,他们希望表现权威,喜欢那些听话、少提问题、按部就班、服从安排的患者。但这类被医生所喜欢的患者,常常因为失去了思考、表达自己想法的机会,而使得医生其实无法从患者那里得到治疗的反馈。有时医生在例行公事的工作中,反而需要患者提醒,才会注意到新的问题,可患者大多不敢多说什么。最后,治病更多地演变成医生自说自话、一意孤行的独角戏。患者自轻自贱,认为自己本来在医院里就应该是"弱者"。这就是过时的医疗风格—"医生下命令,患者去执行"。

2. 聪明病人可以改变弱者地位

在变化的现代医疗风格中,让我们来给聪明病人画一张像。现代聪明病人,应该是在沟通中强势、主动的病人。他能把一次看病的收获,通过自己的努力达到最大化,但这并不是说他粗鲁好斗、让人讨厌、质疑医生、不尊重医生。他能意识到自己的愿望和需要,是积极、主动提问题的病人,想知道每项检查和手续背后的原因。他是为自己的健康着想并时时刻刻要求求证下一步是否正确的人。他拒绝盲从,不因为别的病人都对医生唯唯诺诺就会全盘接受,但他同时又在沟通中表现了对医生足够的尊敬、坦率和真诚。

这样的病人能够获得更多的信息,并用自己的积极参与及时地消除内心的疑虑,及时地向医生提出自己的愿望和想法,避免医生可能会犯的错误。他时刻采取主动,从医生那里争取到最好的服务,发展和医生的良好关系。

但是在平时,有多少病人在离开医生办公室时,还能记得和医生讨论的内容? 有多少病人注意到,如果忘记了一点信息或者一点建议,有可能就会影响到治疗? 有些病人看完病回家,甚至还自作主张地改变治疗方案,不按剂量服药,也不按次数服药,更别提医生提到的忌口或者应该注意的饮食,这些信息常常被病人抛到脑后。

好的医疗,是病人和医生协作互动推进的,二者是一条战线上的,而那些埋怨、牢骚、愤懑……没有一样能起作用。

3. 聪明病人在看病前要准备什么

他需要详细、有条理地列出目前和过去的病史、资料,告诉诊治的医生全部信息,即使有的信息可能不好意思说出口。这些资料包括:

- 你的症状:什么症状? 什么时候开始的? 在什么情况下发生? 什么频率?
- 你的健康史:准备一本个人健康笔记,上面列着你既往的健康问题。
- 个人信息:你是否感觉到有压力? 你的生活发生了哪些变化?
- 现在所用药物:把药瓶带给医生看,或列张单子,包括什么时候服用,服用频率和剂量,以及有没有服用其他补药。
- 服药后有没有副作用出现:有没有让你感觉不舒服的症状? 是否对药物过敏?
- 所做检查:做过哪些检查? 检查单和报告单,在其他医院看病的病史记录。

4. 聪明病人时刻不忘问问题,随时告诉医生哪里没明白

明白的机会是自己争取来的,如果不问,医生会以为你全部理解了。要知道,病人对于自己的健康问题承担着必须了解的责任,自己所患疾病具体来说是什么机理,有什么危害。但有一点要记住,如果你质疑医生所有的话,会激起他对抗和防卫的心理。聪明病人问问题,不是为了挑刺,也不是为了显示自己懂的比医生更多,只是希望他对自己的病情更加了解。面对医生,聪明病人要敢于真诚地提问。

- 开门见山。如果不止一个问题,以最重要的问题开头。提问时注意技巧,首先要说明,你问这些问题,是为了更好地接受医生的治疗建议,这对于奠定你和医生的良性关系很重要。
- 勇敢、有礼貌地问。畏惧、尴尬、怨恨……这些情绪会在病人和医生之间筑起藩篱。不要害怕张口,但也要注意有礼貌地问,礼貌地告诉医生你需要点时间,问些问题。如果害怕某种检查,对身体某些部位的检查感觉害羞,你要开口说出来。如果在检查过程中感觉不舒服,要及时让医生知道。如果医生在检查过程中,发出了让你不安的感叹词或者说了让你疑虑的话,与其自己胡猜乱想,不如请医生解释清楚。

• 说出所有疑问。如果你对诊断或者治疗计划有疑问,告诉医生。如果你不愿意进行某种治疗,需要询问医生有没有其他的方法。如果可能,再去问问其他的医生。

• 不遗漏任何一个问题。如果事后发现忘了提出没有理解的问题,写下来,下次复诊一定要问清楚。

• 注意询问医生。如果治疗方案不奏效或者让你感觉更差,别忘了询问医生。仍然是勇敢地开口,但必须礼貌。

六、国内外肿瘤咨询网站

国内肿瘤咨询网站

中华临床肿瘤学网	www. zhongliu. org. com
中国癌症网	www. cnaizheng. com
上海肿瘤咨询网	www. casos. com. cn
中国抗癌协会	www. caca. org. cn
中国抗癌协会临床肿瘤学协作中心	www. csco. org. cn
CSCO 肿瘤大众网	www. csco. net. cn
中国癌症网	www. cancerfag. cn

国外肿瘤咨询网站

美国癌症学会(ACS)

提供癌症的预防、检测和治疗信息。该网站也引导您取得团体的支持或充当志愿者的机会。

电话:800 - ACS - 2345　　网址:www. cancer. org

美国临床肿瘤学会(ASCO)

包含 40 000 多页信息,包括互联网上的资料、怎样寻找肿瘤专家、关于肿瘤策略问题的最新信息。

电话:703 - 299 - 0150　　网址:www. asco. org

癌症在线资源联盟(ACOR)

这一与癌症有关的互联网邮件大型汇总列表,可帮助癌症患者与那些和他们患同种癌症的患者取得联系。

电话:212 - 226 - 5525　　网址:www. acor. org

癌症治疗

提供免费咨询、支持团体和经济援助。通过电话或网络提供一对一的服务。

电话:212 - 712 - 8080　　网址:www. cancercare. org

癌症希望网

由癌症幸存者担当的志愿者,免费为癌症患者及其家庭提供一对一的支持。

电话:877 - HOPENET 或 908 - 879 - 4039

网址:www. cancerhopenetwork. org

癌症丛书

提供癌症书籍的信息,包括寻找医生和获得其他观点。

网址:www. cancernews. com /cancerbooks. htm

国立癌症研究所(NCI)

NCI 是美国国立卫生研究院的机构之一。NCI 开展并支持癌症的研究和治疗,并向需要者提供癌症信息和教材。

电话:800 - 4 - CANCER(800 - 422 - 6237)

网址:www. cancer. gov

国际癌症生存协会(NCCS)

致力于增强癌症者的生存能力。提供影响癌症者生活质量的政策议题。

电话:877 - 622 - 7937　　网址:www. canceradvocacy. org

国际临终关怀和姑息治疗组织

临终关怀热线可以帮助咨询者找到所在地的临终关怀服务。

电话:800 - 658 - 8898 或 703 - 837 - 1500

网址:www. nhpco. org

患癌症的人(PLWC)

是一个癌症信息网站,由美国临床肿瘤学会(ASCO)提供处理副反应、临床试验和基因测试的信息。

电话:888 - 651 - 3038(ASCO)　　网址:www. plwc. org

七、美国癌症协会 31 条防癌指南

1. 酒精增加癌症发生风险吗?

回答是肯定的。饮酒会显著增加口腔癌、咽喉癌、食道癌、肝癌、结直肠癌和乳腺癌发生的危险性,尤其是与烟草同时作用的情况下。如妇女摄入

叶酸不足,患乳腺癌危险性更高。

2. 各类维生素补充剂对抗癌有何具体作用?

目前尚无确切证据表明其有显著防癌效果。建议仍应从天然食品,如蔬菜和水果而不是所谓营养品中摄取这些身体必需的物质。

3. 甜味剂致癌吗?

目前无任何证据表明其与癌症发生有关。

4. 转基因生物工程食品安全吗?

目前无任何证据表明其与癌症发生或降低癌症发生有关。

5. 钙剂与癌症有何关系?

含钙量高的食品有助于降低结肠和直肠癌发生,但也有证据显示其与高度侵袭性前列腺癌的发生有关。所以,建议对于 19～50 岁的人群补充钙剂量为每日 1 克,50 岁以上者则每日 1.2 g。提倡从绿叶蔬菜和低脂肪乳制品中摄入钙质。

6. 咖啡致癌吗?

目前无任何证据表明咖啡有致癌性,以前曾被公众认为的咖啡可增加乳腺癌和胰腺癌的结论也无从考证。

7. 脂肪与癌症有何关系?

过量摄入脂肪可导致肥胖而增加癌症发生的危险,某些饱和脂肪可能有负面作用,但尚无确切证据表明橄榄油、菜子油有任何特殊防癌益处。

8. 可食性纤维营养有何作用?

可溶性及不可溶性纤维均有降低血脂的作用,但防癌作用微弱。

9. 鱼类制品防癌吗?

鱼类制品富含 ω-3 脂肪酸,其在动物实验中显示有防癌和抑制癌生长的作用,但在人体尚未确定是否具有类似作用。鱼类有助于预防心血管疾病,但由于某些鱼类一直深藏水底,含有相对高的重金属和其他环境污染物,所以孕妇、哺乳期妇女及婴幼儿应减少食用这些鱼类。

10. 氟化物可致癌吗?

回答是否定的。对含氟牙膏、龋齿治疗药品以及加氟水等进行了大量严格实验,结果未显示有任何致癌危险。

11. 叶酸能防癌吗?

叶酸是维生素 B 族物质,见于许多蔬菜、豆类、水果及谷物。其缺乏可导致结、直肠癌和乳腺癌发生概率增高,尤其是对于酗酒者而言。补充叶酸建议从天然食品中摄取。

12. 食品保鲜防腐添加剂致癌吗?

目前经美国食品药品管理局批准使用于食品工业的这类物质没有致癌作用。

13. 大蒜防癌吗?

无确凿证据,但临床实践中常常认为其有抗癌作用。

14. 放射线照射过的食品致癌吗?

不会,射线照射的目的是杀灭食品中的有害微生物。

15. 加工和腌制食品会致癌吗?

过多食用加工和腌制食品导致胃癌和结、直肠癌的发生率增高。这些食品含多种致癌化学物质,尤其是高温油炸、煎烤肉类食品,应尽量少吃。

16. 橄榄油能预防癌症吗?

橄榄油是奶油的健康替代品,可降低心血管疾病发生。与癌症无显著相关性。

17. 有机食品与癌症有何关系?

有机食品指无杀虫剂和人工基因改变的植物类食品,与癌症无显著相关性。

18. 杀虫剂和除草剂致癌吗?

尽管这些物质有一定的毒性,但目前大量研究结果并未能证明其有增加癌症发生的风险。

19. 糖精致癌吗?

答案是否定的。动物实验研究确实表明大剂量糖精可以引起大鼠膀胱结石形成进而导致膀胱癌,但并不引起人类的类似病变。美国国家毒理学研究机构已将其从人类致癌化学物质名单中去除。

20. 饮食高含盐量致癌吗?

在习惯大量食用盐腌制食品的某些国家和地区,胃癌、鼻咽癌和喉癌发生率较高,但在日常饮食中适量用盐并无致癌的危险。

21. 硒可以降低癌的发生吗?

硒是一种矿物质,有抗氧化作用。动物实验显示其可以降低肺癌、结肠癌和前列腺癌发生率。但尚无严格的研究结果。不提倡大量食用其添加剂,若食用每日则不要超过 200 μg。

22. 豆类制品能否降低癌症的发病？

豆制品是极佳的蛋白质来源和肉类替代食物，但与降低癌症发生风险尚无确切因果关系。由于豆类含有类雌激素物质，乳腺癌患者应避免过量食用，或食用人工制作的丸剂、粉剂等食物作为替代品。

23. 过多食用糖对身体有何种危害？

过多食用糖可导致肥胖、糖尿病等，间接引起癌症发生率增高。所以，建议尽量减少食用糖和含糖量极高的糖果、糕点及饮料。

24. 复合维生素和矿物质补充丸剂有降低癌症发病的作用吗？

这类物质并无抗癌作用，天然食品是摄取这些物质最好的来源。即使服用这类丸剂，也应遵照医嘱，不可超过每日规定的剂量。

25. 茶可防癌吗？

动物实验显示茶（如绿茶）可降低某些癌的发生，但尚无研究资料确证。

26. 新鲜、冷冻和罐装蔬菜及水果营养有差别吗？

新鲜蔬菜和水果营养最充分，大量食用有降低口腔癌、食管癌、胃癌、肺癌和结直肠癌发生的作用。以微波炉和蒸熟的烹饪方式保存营养成分最佳。提倡大量并多样化食用蔬菜和水果。但目前并无结论显示纯素食有显著降低癌症发生风险的作用。纯素食者应注意添加维生素 B、锌和铁剂，这对于儿童和绝经前妇女尤其重要。

27. 维生素 A 降低癌症发生吗？

并无确切结论。而事实上，大剂量维生素 A 会增加吸烟者发生肺癌的风险。

28. 维生素 C 降低癌症发生吗？

食用含大量维生素 C 的蔬菜和水果有防癌作用，但服用单纯维生素 C 片并无效果。

29. 维生素 D 降低癌症发生吗？

流行病学资料显示其对结肠癌、前列腺癌和乳腺癌的发生风险有一定降低作用（尚无随机对照研究）。建议通过平衡饮食来获取维生素 D，并且避免过多暴晒阳光。每日食用维生素 D 剂量在 200～2 000 mg 范围。

30. 维生素 E 降低癌症发生吗？

维生素 E 是有效而强力的抗氧化剂，有资料显示其可降低吸烟者前列腺癌的发生率。但其他效用尚无确定的研究结论。

31. 水、果汁可以降低癌症的发生吗？

大量饮水可冲淡膀胱内尿及所含毒性物质的浓度,从而降低膀胱癌发生,甚至有资料提示对预防结肠癌也有益。建议每日饮用至少 8 杯水。注意:果汁可以提供大量水分和营养物质,但其含纤维很少,所以不能以果汁取代食用蔬菜和水果。

远离癌症十二条的核心

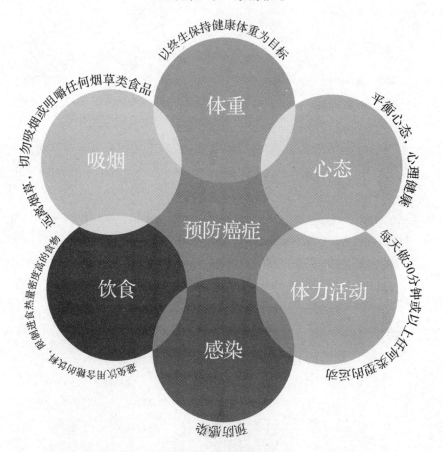

远离癌症，从生活做起